AF393499

Technisch-wissenschaftliche
Abhandlungen
der Osram-Gesellschaft
7. Band

Technisch-wissenschaftliche Abhandlungen der Osram-Gesellschaft

7. Band

Mit Beiträgen von

J. Appel · A. Bauer · P. Brauer · K. Corduan · A. Danneil · P. Dehmel
H.-J. Fähnrich · J. Friedrich · R. Fries · H.-G. Frühling · G. Gottschalk
H. Grabner · W. Gurski · F. Hartig · R. Haspel · H.-J. Helwig · O. Herrmann
R. Herrmann · H. Hoppmann · K. Knoth · R. Knütter · G. Kocher · H. Kocher
E. Krautz · F. Krempel · G. Kressin · B. Kühl · W. Lang · H. Lange · K. Larché
W. Lehmann · A. Lompe · J. Marterstock · E. Mickley · W. Münch · E. Nölle
H. Paschedag · G. Patzer · A. Paulisch · H. Pfisterer · H. Ramert · M. Reger
M. Richter · J. Rudolph · H. Ruffler · W. Schilling · H. Schirmer · A. Schleede
J. Schleede-Glassner · H. Schlegel · M. Schön · H. Schultz · W. Schwiecker
M. Thomas · W. Weiss

Herausgegeben unter Mitwirkung der
Wissenschaftlich-Technischen Dienststelle
der Osram-Gesellschaft
von

Dr. phil. Wilfried Meyer

Honorarprofessor an der Techn. Univ. Berlin
Geschäftsführer der Osram GmbH

Mit 283 Abbildungen

Springer-Verlag
Berlin / Göttingen / Heidelberg
1958

ISBN-13: 978-3-642-99864-5   e-ISBN-13: 978-3-642-99863-8
DOI: 10. 1007/978-3-642-99863-8

Vorwort

Wieder legen wir einen Band unserer Abhandlungen vor als Bericht über die Arbeit in unseren Forschungs- und Entwicklungslaboratorien. Er zeigt die Vielfalt der in unserem Hause bearbeiteten Wissensgebiete.

Im Vergleich zum Inhalt des ersten Bandes offenbart sich im vorliegenden 7. Band die Wandlung, die die Technik der Lichterzeugung in den letzten fast 30 Jahren erfahren hat. Im ersten Band hatten nur vier Arbeiten die Gasentladung und ihre Probleme zum Gegenstand; der vorliegende behandelt dieses Gebiet auf breiter Grundlage. Eine Reihe anderer Arbeiten erfaßt weite Bereiche der Festkörperphysik.

Theoretische und experimentelle Physik der Gasentladung, Schaltungstechnik der Entladungslampen, Emissions- und Halbleiterfragen, Leuchtstoff-, Glas- und Metallforschung, Meßtechnik sowie Analytische Chemie und Mathematische Statistik könnten als Hauptthemen des vorliegenden Buches genannt werden. Entwicklungsarbeiten an den Hochleistungsmaschinen für die Glühlampenfertigung werden nicht beschrieben; Arbeiten für die Glühlampe sind enthalten in den Beiträgen über Glas- und Metallforschung, Meßtechnik, Analytische Chemie und Mathematische Statistik.

In der Gesamtzahl der Arbeiten steht der vorliegende Band den beiden letzten Vorkriegsbänden und dem während des Krieges erschienenen 5. Band nicht nach. Mehr als zwei Drittel aller Arbeiten — weit mehr als in jedem der früheren Bände — sind Originalarbeiten. Damit wird dokumentiert, daß in unseren erweiterten und modern ausgestatteten Laboratorien auch in den letzten Jahren mit Erfolg gearbeitet wurde.

Die Beiträge zu diesem Band gingen im Zeitraum vom April 1956 bis zum Oktober 1957 ein. Die redaktionelle Arbeit an den Technisch-wissenschaftlichen Abhandlungen wurde in den letzten Jahren vorwiegend getragen von dem Leiter unserer Wissenschaftlich-Technischen Dienststelle, Dr. Fritz Born, verstorben Oktober 1955, und seinem Nachfolger Dr. Georg Besemer, verstorben März 1958. Sie waren langjährige und verdiente Mitarbeiter unseres Hauses. Ihr viel zu früh und so schnell aufeinander erfolgter Tod hat die Vorarbeiten zum vorliegenden Band und die Herausgabe verzögert. Die Aktualität der Beiträge scheint uns dennoch gewahrt zu sein.

Wir würden uns freuen, wenn dieser Band eine ebenso wohlwollende Aufnahme fände wie Band 1 bis 6 in den früheren Jahren.

Berlin und München, Juli 1958

Wilfried Meyer

Inhalt[1]

[1] Originalarbeiten sind durch ein Sternchen (*) vor dem Verfassernamen gekennzeichnet.

Der Einfluß des Eigenmagnetfeldes
auf die Transporterscheinungen in einem Plasma*)

Von

H. Schirmer

Der Einfluß des Eigenmagnetfeldes auf die Transporterscheinungen in einem Plasma wird nach der Theorie von Gans untersucht. Die Theorie von Gans nimmt wie die Lorentz-Theorie starrelastische Kugeln als Streuzentren an; ihre sinngemäße Übertragung auf ein Plasma wird besprochen. Die entwickelten Formeln können zur Berechnung des Einflusses des Eigenmagnetfeldes dienen.

1. Einleitung. Die Lösung der Boltzmann-Gleichung bei Anwesenheit eines magnetischen Feldes nach Gans

Die Theorie der Transporterscheinungen bei Anwesenheit eines magnetischen Feldes ist von Gans[1]) entwickelt worden. Er geht von der Boltzmann-Gleichung aus, die durch Einführung der Lorentz-Kraft

$$\mathfrak{K} = e\left(\mathfrak{E} + \left[\mathfrak{v}\,\frac{\mathfrak{H}}{c}\right]\right) \tag{1}$$

erweitert wird. Er nimmt als streuende Zentren lediglich schwere starrelastische Kugeln an; auch die Elektronen werden starrelastisch gedacht. Er setzt ein Magnetfeld $H = H_z$ voraus, betrachtet daher die magnetischen und weiterhin ebenfalls die elektrischen äußeren Kräfte als nur in der x, y-Ebene wirkend. Er schreibt mithin die Boltzmann-Gleichung in der Form

$$(X + X_1)\frac{\partial f}{\partial \xi} + (Y + Y_1)\frac{\partial f}{\partial \eta} + \xi\,\frac{\partial f}{\partial x} + \eta\,\frac{\partial f}{\partial y}$$
$$= n\,R^2\,v\int\{f(\xi', \eta', \zeta') - f(\xi, \eta, \zeta)\}\cos\Theta\,d\Omega\,. \tag{2}$$

Hierbei ist f die gesuchte Verteilungsfunktion der leichten Partikel (der Elektronen), definiert durch die Gleichung

$$dn_e = f(\xi, \eta, \zeta;\ x, y)\,d\xi\,d\eta\,d\zeta\,.$$

ξ, η, ζ sind die Komponenten der Geschwindigkeit v der Elektronen,

$$X = \frac{e}{m}\,E_x\,, \qquad Y = \frac{e}{m}\,E_y \tag{3}$$

sind die durch die elektrischen Kräfte,

$$X_1 = \gamma\cdot\eta,\ Y_1 = -\,\gamma\cdot\xi \tag{4}$$

die durch die magnetischen Kräfte hervorgerufenen Beschleunigungen; hierbei ist

$$\gamma = \frac{e}{m}\,\frac{H}{c}\,[\sec^{-1}]\,. \tag{5}$$

Da im folgenden die x-Richtung mit der Längsrichtung der Entladung, die y-Richtung mit der Querrichtung (der radialen Richtung) identifiziert wird, ist E_x

---

*) Originalmitteilung.

mit dem angelegten elektrischen Gradienten G identisch, während Y späterhin als „eingeprägte Kraft" aufgefaßt wird.

n ist die Zahl der streuenden Teilchen je Volumeneinheit, R ist als „Summe der Radien von Atom und Elektron", beide Teilchen als starrelastische Kugeln aufgefaßt, anzusehen, Θ ist in diesem Bild der Winkel zwischen der Zentrilinie und dem Geschwindigkeitsvektor des Elektrons und $d\Omega$ das Raumwinkelelement der Kugel vom Radius R.

Mit dem Ansatz von Lorentz

$$f = f_0 + \varphi \tag{6}$$

mit

$$f_0 = A\, e^{-h\,(\xi^2 + \eta^2 + \zeta^2)}\,, \tag{7}$$

$$A = n_e \sqrt{\frac{h^3}{\pi^3}}\,, \tag{8}$$

$$h = \frac{m}{2\,k\,T} \tag{9}$$

liefert die Boltzmann-Gleichung (2) unter Vernachlässigung von Größen klein von zweiter Ordnung

$$\left(-2\,h\,A\,X + \frac{\partial A}{\partial x} - v^2 A\,\frac{\partial h}{\partial x}\right)\xi\, e^{-h\,v^2}$$

$$+\left(-2\,h\,A\,Y + \frac{\partial A}{\partial y} - v^2 A\,\frac{\partial h}{\partial y}\right)\eta\, e^{-h\,v^2} + \gamma\left(\frac{\partial \varphi}{\partial \xi}\,\eta - \frac{\partial \varphi}{\partial \eta}\,\xi\right) \tag{10}$$

$$= n\,R^2\,v \int [\varphi\,(\xi', \eta', \zeta') - \varphi\,(\xi, \eta, \zeta)]\cos\Theta\,d\Omega\,.$$

Das Verfahren von Gans besteht nun darin, diese Gleichung durch den Potenzansatz

$$\varphi = \sum_{\nu=0}^{\infty} \gamma^\nu [F_{1\nu}(v)\,\xi + F_{2\nu}(v)\,\eta] \tag{11}$$

zu integrieren.

Durch Einsetzen von (11) in (10) ergibt sich unter Beachtung der schon von Lorentz[2]) für den Fall starrelastischer Kugeln als Streuzentren aufgestellten Relationen

$$\left.\begin{array}{l} \int (\xi' - \xi)\cos\Theta\,d\Omega = -\pi\xi\,, \\[2mm] \int (\eta' - \eta)\cos\Theta\,d\Omega = -\pi\eta \end{array}\right\} \tag{12}$$

nach Einführung der „freien Weglänge"

$$\Lambda = \frac{1}{n\,\pi\,R^2} \tag{13}$$

schließlich

$$\left(-2\,h\,A\,X + \frac{\partial A}{\partial x} - v^2 A\,\frac{\partial h}{\partial x}\right)\xi\, e^{-h\,v^2} + \left(-2\,h\,A\,Y + \frac{\partial A}{\partial y} - v^2 A\,\frac{\partial h}{\partial y}\right)\eta\, e^{-h\,v^2}$$

$$+ \gamma \sum_{\nu=0}^{\infty} \gamma^\nu (F_{1\nu}\,\eta - F_{2\nu}\,\xi) = -\frac{v}{\Lambda} \sum_{\nu=0}^{\infty} \gamma^\nu (F_{1\nu}\,\xi + F_{2\nu}\,\eta)\,. \tag{14}$$

Durch Koeffizientenvergleich der Potenzen von γ ergeben sich die Ausdrücke für sämtliche $F_{1\nu}$ und $F_{2\nu}$, insbesondere für F_{10} und F_{20}.

Die Einführung dieser $F_{1\nu}$ und $F_{2\nu}$ in (11) läßt erkennen, daß φ als Summe zweier geometrischer Reihen dargestellt werden kann, deren Summierung zum endgültigen Ausdruck für f führt in der Form

$$f = f_0 + \frac{F_{10} + \dfrac{\gamma\,\Lambda}{v}\,F_{20}}{1 + \dfrac{\gamma^2\,\Lambda^2}{v^2}}\,\xi + \frac{F_{20} - \dfrac{\gamma\,\Lambda}{v}\,F_{10}}{1 + \dfrac{\gamma^2\,\Lambda^2}{v^2}}\,\eta\,. \tag{15}$$

Mit
$$w^2 = \frac{1}{h} \tag{9a}$$

als wahrscheinlichste Geschwindigkeit ergeben sich hierin

$$\left.\begin{aligned}
F_{10}(v) &= \frac{\Lambda}{v}\left\{\frac{2}{w^2}\,X + \left[\frac{T}{n_e}\frac{\partial n_e}{\partial T} - \frac{3}{2}\right]\frac{1}{T}\left(-\frac{\partial T}{\partial x}\right) + \frac{v^2}{w^2}\frac{1}{T}\left(-\frac{\partial T}{\partial x}\right)\right\}f_0\,, \\
F_{20}(v) &= \frac{\Lambda}{v}\left\{\frac{2}{w^2}\,Y + \left[\frac{T}{n_e}\frac{\partial n_e}{\partial T} - \frac{3}{2}\right]\frac{1}{T}\left(-\frac{\partial T}{\partial y}\right) + \frac{v^2}{w^2}\frac{1}{T}\left(-\frac{\partial T}{\partial y}\right)\right\}f_0
\end{aligned}\right\} \tag{16}$$

unter Berücksichtigung von (7), (8) und (9).

$F_{10}(v)$ entspricht hierbei vollkommen dem $\chi(v)$ in Ausdruck (14) in einer früheren Arbeit des Verfassers[3]; hierbei war χ die in einem LORENTZ-Gas auftretende Störungsfunktion bei Behandlung in eindimensionaler Form ohne Magnetfeld.

Lösung (15) ist unter den angegebenen Voraussetzungen exakt. GANS entwickelt nun diese Lösung bis γ^2 in der Form

$$f = f_0 + F_{10}\left(1 - \frac{\gamma^2\,\Lambda^2}{v^2}\right)\xi + F_{20}\,\frac{\gamma\,\Lambda}{v}\,\xi + F_{20}\left(1 - \frac{\gamma^2\,\Lambda^2}{v^2}\right)\eta - F_{10}\,\frac{\gamma\,\Lambda}{v}\,\eta \tag{17}$$

und setzt diesen Ausdruck in die Integrale

$$\left.\begin{aligned}
j_x &= e\iiint \xi\,f(\xi,\eta,\zeta)\,d\xi\,d\eta\,d\zeta\,, \\
j_y &= e\iiint \eta\,f(\xi,\eta,\zeta)\,d\xi\,d\eta\,d\zeta\,, \\
W_x &= \frac{1}{2}\,m\iiint \xi\,v^2 f(\xi,\eta,\zeta)\,d\xi\,d\eta\,d\zeta\,, \\
W_y &= \frac{1}{2}\,m\iiint \eta\,v^2 f(\xi,\eta,\zeta)\,d\xi\,d\eta\,d\zeta
\end{aligned}\right\} \tag{18}$$

zur Berechnung der Stromdichte und des Leistungstransportes ein.

Bei der Durchführung der Integration ist zu beachten, daß die Quadraturen über die Produkte $\xi\,\eta$ wegfallen, da stets zu einem positiven Bestandteil des Integranden ein gleich großer negativer vorhanden ist. Dies bedeutet, daß durch Integration der zweidimensionalen oder dreidimensionalen BOLTZMANN-Gleichung stets Lösungen gewonnen werden, die auch durch entsprechende Superposition der Lösungen der lediglich eindimensional behandelten BOLTZMANN-Gleichung erhalten werden können, wie leicht allgemein bewiesen werden kann.

2. Anwendung der Theorie von GANS auf Plasmen

Da voraussetzungsgemäß die schweren Streuzentren als starrelastische Kugeln aufgefaßt werden, ist Λ unabhängig von v, so daß sich die auftretenden Quadraturen leicht ausführen lassen. Im Hinblick auf die folgende Übertragung auf nicht-starrelastische Kugelzentren wurden die Ausdrücke unter Anwendung der Relation

$$\frac{2}{\sqrt{\pi}}\,\frac{\Lambda}{w} = \overline{\left(\frac{\Lambda}{v}\right)} \tag{19}$$

als Funktionen von Potenzen von $\overline{\left(\dfrac{\varLambda}{v}\right)}$ geschrieben. Relation (19) ist jedoch wiederum nur unter der Annahme starrelastischer Kugelzentren gültig, d.h. nur dann, wenn die freie Weglänge $\varLambda$ unabhängig von der Elektronengeschwindigkeit v ist.

Es ergeben sich so die folgenden bis zur zweiten Potenz in γ entwickelten Ausdrücke:

$$
\begin{aligned}
j_x = \frac{1}{3}\, e\, n_e\, w^2\, \overline{\left(\frac{\varLambda}{v}\right)} & \left\{ \left[\frac{2}{w^2}\, X + \left(\frac{T}{n_e}\, \frac{\partial n_e}{\partial T} + \frac{1}{2} \right) \frac{1}{T} \left(-\frac{\partial T}{\partial x} \right) \right] \right. \\
& + \frac{\pi}{4} \left[\gamma \, \overline{\left(\frac{\varLambda}{v} \right)} \right] \left[\frac{2}{w^2}\, Y + \left(\frac{T}{n_e}\, \frac{\partial n_e}{\partial T} \right) \frac{1}{T} \left(-\frac{\partial T}{\partial y} \right) \right] \\
& \left. - \frac{\pi}{4} \left[\gamma \, \overline{\left(\frac{\varLambda}{v} \right)} \right]^2 \left[\frac{2}{w^2}\, X + \left(\frac{T}{n_e}\, \frac{\partial n_e}{\partial T} - \frac{1}{2} \right) \frac{1}{T} \left(-\frac{\partial T}{\partial n} \right) \right] \right\} ,
\end{aligned}
\tag{20}
$$

$$
\begin{aligned}
W_x = \frac{1}{3}\, m\, n_e\, w^4\, \overline{\left(\frac{\varLambda}{v}\right)} & \left\{ \left[\frac{2}{w^2}\, X + \left(\frac{T}{n_e}\, \frac{\partial n_e}{\partial T} + \frac{3}{2} \right) \frac{1}{T} \left(-\frac{\partial T}{\partial x} \right) \right] \right. \\
& + \frac{3}{16}\, \pi \left[\gamma \, \overline{\left(\frac{\varLambda}{v} \right)} \right] \left[\frac{2}{w^2}\, Y + \left(\frac{T}{n_e}\, \frac{\partial n_e}{\partial T} + 1 \right) \frac{1}{T} \left(-\frac{\partial T}{\partial y} \right) \right] \\
& \left. - \frac{\pi}{8} \left[\gamma \, \overline{\left(\frac{\varLambda}{v} \right)} \right]^2 \left[\frac{2}{w^2}\, X + \left(\frac{T}{n_e}\, \frac{\partial n_e}{\partial T} + \frac{1}{2} \right) \frac{1}{T} \left(-\frac{\partial T}{\partial x} \right) \right] \right\} .
\end{aligned}
\tag{21}
$$

Die für das Folgende ebenfalls notwendigen Werte j_y und W_y ergeben sich aus den obigen durch Vertauschung von X mit Y, x mit y, wenn gemäß (4) in (20) und (21) $+\gamma$ durch $-\gamma$ ersetzt wird. Dies folgt aus Symmetriegründen und kann durch direkte Ermittlung der Größen j_y und W_y leicht betätigt werden.

Es wird späterhin im Hinblick auf die Anwendungen auf eine Gasentladung die y-Richtung mit der r-Richtung identifiziert; die Aufgabe besteht mithin darin, j_x, W_x und W_y zu berechnen mit der Nebenbedingung[4])

$$
j_y = 0.
\tag{22}
$$

Nebenbedingung (22) läßt Y, die eingeprägte Zwangsbeschleunigung, ermitteln; durch Einsetzen dieses Wertes in die Ausdrücke für j_x, W_x und W_y ergeben sich die gewünschten Formeln.

(22) führt bei Berücksichtigung des quadratischen Gliedes in $\overline{\left(\dfrac{\varLambda}{v}\right)}$ zu

$$
\begin{aligned}
\frac{2}{w^2}\, Y = & -\left[\frac{1}{n_e}\, \frac{\partial n_e}{\partial T} + \frac{1}{2}\, \frac{1}{T} \right] \left(-\frac{\partial T}{\partial y} \right) \\
& + \frac{\pi}{4} \left[\gamma \, \overline{\left(\frac{\varLambda}{v} \right)} \right] \left[\frac{2}{w^2}\, X + \frac{1}{n_e}\, \frac{\partial n_e}{\partial T} \left(-\frac{\partial T}{\partial x} \right) \right] \\
& - \frac{\pi}{4} \left[\gamma \, \overline{\left(\frac{\varLambda}{v} \right)} \right]^2 \frac{1}{T} \left(-\frac{\partial T}{\partial y} \right).
\end{aligned}
\tag{23}
$$

Nach Einführung der Beweglichkeit b_e und der Wärmeleitfähigkeit λ in der Form

$$
j_x = e\, n_e\, b_e\, G,
\tag{24}
$$

$$
W_y = \lambda \left(-\frac{\partial T}{\partial y} \right),
\tag{25}
$$

und nach Identifizierung der x-Richtung mit der Längsrichtung des Bogens, der

y-Richtung mit der radialen r-Richtung, ergeben sich mit (24) und (25) die folgenden endgültigen Formeln:

$$
\begin{aligned}
b_e = \frac{2}{3}\frac{e}{m}\overline{\left(\frac{\Lambda}{v}\right)}\Bigg\{ &1 + \left[\frac{T}{n_e}\frac{\partial n_e}{\partial T} + \frac{1}{2}\right]\left[\frac{k}{eG}\left(-\frac{\partial T}{\partial x}\right)\right] \\
&- \frac{\pi}{8}\left[\gamma\overline{\left(\frac{\Lambda}{v}\right)}\right]\left[\frac{k}{eG}\left(-\frac{\partial T}{\partial r}\right)\right] \\
&- \frac{\pi}{4}\left[\gamma\overline{\left(\frac{\Lambda}{v}\right)}\right]^2\left(\left(1-\frac{\pi}{4}\right)+\left[\left(1-\frac{\pi}{4}\right)\frac{T}{n_e}\frac{\partial n_e}{\partial T}+\frac{1}{2}\right]\left[\frac{k}{eG}\left(-\frac{\partial T}{\partial x}\right)\right]\right)\Bigg\},
\end{aligned}
\tag{26}
$$

$$
\begin{aligned}
W_x = \frac{2}{3}\,m\,n_e\,w^2\left(\frac{\Lambda}{v}\right)\frac{e}{m}\,G\Bigg\{ &1 + \left[\frac{T}{n_e}\frac{\partial n_e}{\partial T}+\frac{3}{2}\right]\left[\frac{k}{eG}\left(-\frac{\partial T}{\partial x}\right)\right] \\
&+ \frac{3}{32}\,\pi\left[\gamma\overline{\left(\frac{\Lambda}{v}\right)}\right]\left[\frac{k}{eG}\left(-\frac{\partial T}{\partial r}\right)\right] \\
&+ \frac{3}{4}\,\pi\left[\gamma\overline{\left(\frac{\Lambda}{v}\right)}\right]^2\left(\left(\frac{\pi}{16}-\frac{1}{6}\right)+\left[\left(\frac{\pi}{16}-\frac{1}{6}\right)\frac{T}{n_e}\frac{\partial n_e}{\partial T}-\frac{1}{12}\right]\left[\frac{k}{eG}\left(-\frac{\partial T}{\partial x}\right)\right]\right)\Bigg\},
\end{aligned}
\tag{27}
$$

$$
\begin{aligned}
\lambda = \frac{4}{9}\,n_e\left(\frac{3}{2}\,k\right)w^2\overline{\left(\frac{\Lambda}{v}\right)}\Bigg\{ &1 + \\
&+ \frac{\pi}{16}\frac{\left[\gamma\overline{\left(\frac{\Lambda}{v}\right)}\right]}{\left[\frac{k}{eG}\left(-\frac{\partial T}{\partial r}\right)\right]}\left(1+\left[\frac{T}{n_e}\frac{\partial n_e}{\partial T}-3\right]\left[\frac{k}{eG}\left(-\frac{\partial T}{\partial x}\right)\right]\right) \\
&- \frac{\pi}{4}\left[\gamma\overline{\left(\frac{\Lambda}{v}\right)}\right]^2\Bigg\}.
\end{aligned}
\tag{28}
$$

3. Berechnung des Einflusses des Eigenmagnetfeldes einer Gasentladung

Die Formeln (26), (27) und (28) sind aus der zweidimensionalen BOLTZMANN-Gleichung abgeleitet worden, also unter der Voraussetzung, daß die äußeren Kräfte in der x, y-Ebene wirken, während das Magnetfeld $H_z = H$ senkrecht auf der x, y-Ebene stehend gedacht wurde.

Die Formeln sind infolgedessen offenbar zur Berechnung der Wirkung des Eigenmagnetfeldes einer Plasmasäule geeignet, da in diesem Falle das jeweilige H, entsprechend der Voraussetzung, stets senkrecht auf dem zugehörigen Radius r steht.

Mit

$$
H(r) = \frac{2\,\mathfrak{J}(r)}{r}
\tag{29}
$$

ergibt sich gemäß (5)

$$
\gamma(r) = \frac{e}{m}\frac{1}{c}\frac{2}{r}\,\mathfrak{J}(r)\,[\text{sec}^{-1}],
\tag{30}
$$

e in elektrostatischen, $\mathfrak{J}$ in elektromagnetischen Einheiten eingesetzt.

Die jeweilige Stromstärke $\mathfrak{J}$ innerhalb des Radius r für eine zylindrische Entladung ist durch Integration der ELENBAAS-HELLERschen Differentialgleichung ermittelbar, mithin auch die radiale Abhängigkeit der Größe $\gamma(r)$.

Die Übertragung der nur für starrelastische Kugelzentren gültigen Gleichungen

(26) bis (28) auf Plasmen läßt sich nun so vornehmen, daß gemäß einer früher abgeleiteten Näherungsformel des Verfassers, die als „Drude-Lorentz-Formel" bezeichnet wurde[3]),

$$\overline{\left(\frac{\varLambda}{v}\right)} = \int\limits_0^\infty \frac{\varLambda\,(v)}{v}\,F_0\,d\,v \quad [\text{sec}] \tag{31}$$

gesetzt wird, wobei allgemein für Plasmen

$$\varLambda\,(v) = \frac{1}{n_a\left[Q_a\,(v) + \dfrac{n_i}{n_a}\,Q_i\,(v)\right]} \tag{32}$$

ist. $Q_a\,(v)$ und $Q_i\,(v)$ sind hier die Transportquerschnitte der Atome und Ionen[3]), F_0 ist das Maxwell-Boltzmannsche Geschwindigkeitsverteilungsgesetz.

Mit $\dfrac{\partial T}{\partial x} = 0$ und $\gamma = 0$ geht Ausdruck (26) in die oben erwähnte Näherungsformel für die Beweglichkeit über, die sich durch Vergleich mit exakt berechneten Werten (in Xenon-Hochdruckentladungen) als praktisch gute Näherung erwiesen hat[5]).

Der Wert

$$\tau = \overline{\left(\frac{\varLambda}{v}\right)} \tag{33}$$

kann als „mittlere Zeitdauer zwischen zwei Stößen der Elektronen mit den schweren Teilchen" gedeutet werden; in der hier betrachteten Näherung gemäß der Ableitung der Formeln braucht die Wechselwirkung der Elektronen untereinander nicht berücksichtigt zu werden, was eine erhebliche Vereinfachung der numerischen Berechnung bedeutet.

Die Formeln lassen sowohl im Falle der Kurzbogenentladung ($-\dfrac{\partial T}{\partial x} \neq 0$) als auch im Falle der Langbogenentladung ($-\dfrac{\partial T}{\partial x} = 0$) die Berechnung des Einflusses des Eigenmagnetfeldes zu.

Für die Achse der Entladung ($-\dfrac{\partial T}{\partial r} = 0$) ergibt sich wegen $\gamma = 0$ in sämtlichen drei Fällen, daß keine magnetische Wirkung vorhanden ist; für λ ist dies aus Symmetriegründen ohne weiteres ersichtlich.

4. Numerische Ergebnisse

Für eine betrachtete Langbogenentladung ($-\dfrac{\partial T}{\partial x} = 0$) ergeben sich gemäß (26), (27) und (28) die folgenden durch das Magnetfeld bedingten Korrekturen gegenüber 1:

$$\varepsilon_1 = \frac{\pi}{8}\left[\gamma\,\overline{\left(\frac{\varLambda}{v}\right)}\right]\left[\frac{k}{eG}\left(-\frac{\partial T}{\partial r}\right)\right],$$

$$\varepsilon_2 = \frac{\pi}{4}\left(1-\frac{\pi}{4}\right)\left[\gamma\,\overline{\left(\frac{\varLambda}{v}\right)}\right]^2,$$

$$\varepsilon_3 = \frac{3}{32}\,\pi\left[\gamma\,\overline{\left(\frac{\varLambda}{v}\right)}\right]\left[\frac{k}{eG}\left(-\frac{\partial T}{\partial r}\right)\right],$$

$$\varepsilon_4 = \frac{3}{4}\,\pi\left(\frac{\pi}{16}-\frac{1}{6}\right)\left[\gamma\,\overline{\left(\frac{\varLambda}{v}\right)}\right]^2,$$

$$\varepsilon_5 = \frac{\pi}{16} \frac{\left[\overline{\gamma\left(\frac{\Lambda}{v}\right)}\right]}{\left[\frac{k}{eG}\left(-\frac{\partial T}{\partial r}\right)\right]},$$

$$\varepsilon_6 = \frac{\pi}{4} \left[\overline{\gamma\left(\frac{\Lambda}{v}\right)}\right]^2.$$

Die Ausrechnung liefert unter Zugrundelegung einer mehrfach beschriebenen $T(r)$-Kurve einer untersuchten flüssigkeitsgekühlten Xenon-Hochdruckentladung[6,7]) die Werte der Tabelle 1.

Tabelle 1 zeigt die Geringfügigkeit der durch das Eigenmagnetfeld bedingten Korrekturen für einen Bogen der betrachteten Art.

Tabelle 1. Durch das Eigenmagnetfeld bedingte Korrekturen, berechnet für die Säule einer flüssigkeitsgekühlten Xenon-Hochdrucklampe.

$T~[^\circ K]$	$\left[\overline{\gamma\left(\frac{\Lambda}{v}\right)}\right]$	ε_1	ε_2	ε_3
7820	$1{,}06 \cdot 10^{-6}$	$0{,}04 \cdot 10^{-8}$	$0{,}19 \cdot 10^{-12}$	$0{,}03 \cdot 10^{-8}$
7500	2,4	8,0	0,9	6,0
7000	3,8	32,2	2,4	24,2
6500	6,4	85,4	6,9	64,0
6000	$9{,}6 \;\cdot 10^{-6}$	$171{,}3 \;\cdot 10^{-8}$	$15{,}5 \;\cdot 10^{-12}$	$128{,}5 \;\cdot 10^{-8}$

$T~[^\circ K]$	ε_4	ε_5	ε_6
7820	$0{,}08 \cdot 10^{-12}$	$2{,}11 \cdot 10^{-4}$	$0{,}89 \cdot 10^{-12}$
7500	0,4	0,1	4,4
7000	1,0	0,0	11,3
6500	2,9	0,0	32,3
6000	$6{,}4 \;\cdot 10^{-12}$	$0{,}0 \;\cdot 10^{-4}$	$72{,}2 \;\cdot 10^{-12}$

Diese Geringfügigkeit ist bedingt durch die Kleinheit der dimensionslosen Größe

$$\overline{\gamma\left(\frac{\Lambda}{v}\right)} = \frac{2}{\sqrt{\pi}}\frac{\overline{\Lambda}}{\varrho} \tag{34}$$

mit

$$\varrho = \frac{w\,m\,c}{e\,H}$$

als Radius der Bahnkurve eines Elektrons der wahrscheinlichsten Geschwindigkeit w unter der Wirkung des Eigenmagnetfeldes H.

(34) wächst mit $\overline{\Lambda}$, also mit fallendem Druck.

Die Wirkung des Eigenmagnetfeldes auf die Transporterscheinungen ist in dem vorliegenden Falle vernachlässigbar klein.

Literatur

[1]) GANS, R.: Ann. Phys. Folge 4, 20 (1906) S. 293.
[2]) LORENTZ, H. A.: The Theory of Electrons. Leipzig 1909.
[3]) SCHIRMER, H.: Z. Phys. 142 (1955) S. 1.
[4]) SCHIRMER, H.: Z. Phys. 142 (1955) S. 116.
[5]) SCHIRMER, H.: Techn.-wiss. Abh. Osram-Ges. 7 (1958) S. 1.
[6]) SCHIRMER, H.: Appl. sci. Res. Sect. B 5 (1955) S. 196.
[7]) SCHIRMER, H., J. FRIEDRICH: Techn.-wiss. Abh. Osram-Ges. 7 (1958) S. 11.

Elektrische Leitfähigkeit und Wärmeleitfähigkeit eines Xenon-Hochdruckplasmas*)

Von

H. Schirmer

Mit 2 Abbildungen

Mit Hilfe der Boltzmann-Gleichung lassen sich Ausdrücke für die Beweglichkeit und die Wärmeleitung eines Plasmas herleiten unter Berücksichtigung der Tatsache, daß die Atome, Ionen und Elektronen nicht starrelastisch kugelförmige Streuzentren darstellen[1]).

Es treten hierbei Integralausdrücke auf von der Form

$$Q_{a,i}(v) = 2\pi \int_0^{a_0} (1 - \cos \vartheta)\, a \, d a \,, \tag{1}$$

die als „Transportquerschnitte" der streuenden Teilchen interpretiert werden können; hierbei ist a der Stoßparameter, ϑ der Ablenkungswinkel des Elektrons.
Mit

$$\Lambda(v) = \frac{1}{n_a \left(Q_a(v) + \dfrac{n_i}{n_a} Q_i(v) \right)} \tag{2}$$

und der weiteren Einführung von

$$l(v) = \frac{1}{n_a \left(Q_a(v) + \dfrac{n_i}{n_a} Q_i(v) + \dfrac{n_e}{n_a} Q_e(v) \right)} \tag{3}$$

gemäß einer Umformung der Boltzmann-Gleichung nach Enskog[2]) (n_a, n_i, n_e Zahl der Atome, Ionen und Elektronen pro cm³) ergibt sich als Näherungsformel

$$b_e = \frac{2}{3} \frac{e}{m} \int_0^\infty \frac{\Lambda(v)}{v} F_0(v)\, d v \,, \tag{4}$$

als exakte Formel

$$b_e = \frac{2}{3} \cdot \frac{e}{m} \cdot \frac{1}{w^2} \int_0^\infty l(v)\, v\, F_0(v)\, d v \tag{5}$$

($F_0(v)$ Maxwell-Boltzmannsches Geschwindigkeitsverteilungsgesetz).

Abb. 1 zeigt für ein Xenon-Hochdruckplasma bei einem Druck von 25 at als Beispiel gute Übereinstimmung beider Ausdrücke.

Die Berechnung der exakten Kurve b gemäß Ausdruck (5) erfordert im Hinblick auf die Festlegung des Elektroneneinflusses $Q_e(v)$ im Sinne der Elektronenwechselwirkung[3,4]) noch weitere Untersuchungen größeren Umfanges, deren Darstellung in späteren Arbeiten erfolgen wird.

Abb. 2 gibt für eine Xenon-Hochdruckentladung als Beispiel den atomaren

---

*) Zusammenfassender Auszug aus den unter [1]) angegebenen Arbeiten mit 2 Originalabbildungen.

Wärmeleitungskoeffizienten λ_a, den der ambipolaren Diffusion der Ionen λ_{amb} und den Elektronen-Wärmeleitungskoeffizienten λ_e als Funktionen der Temperatur wieder.

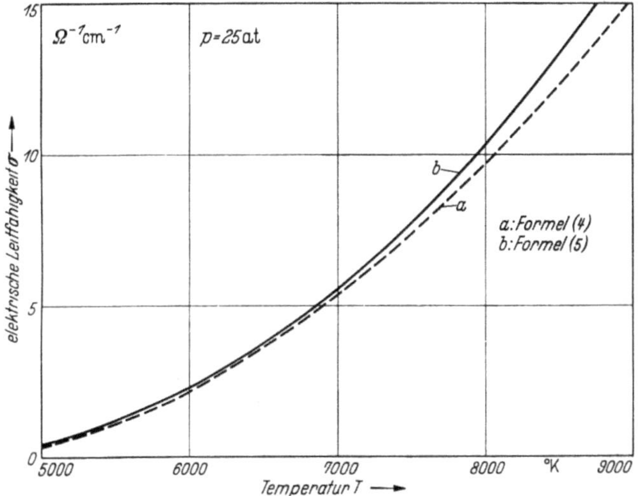

Abb. 1. Elektrische Leitfähigkeit der Säule einer Xenon-Hochdruckentladung in Abhängigkeit von der Temperatur.

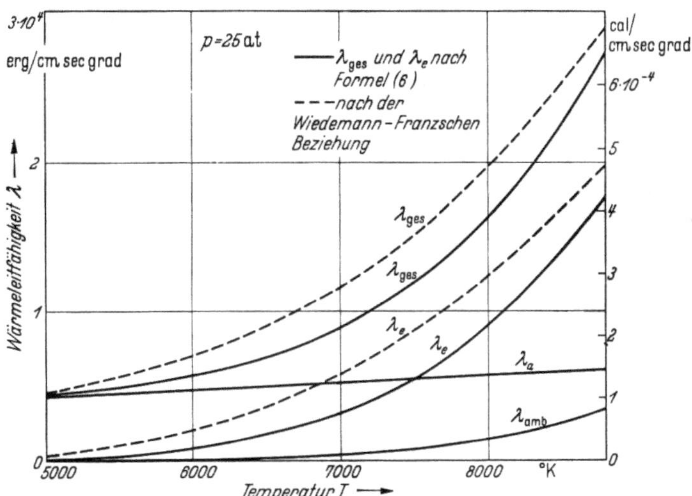

Abb. 2. Wärmeleitfähigkeit der Säule einer Xenon-Hochdruckentladung in Abhängigkeit von der Temperatur.

λ_a und λ_{amb} sind in bekannter Form erfaßbar[1]).

Die Wärmeleitung durch Elektronen λ_e ergibt sich mittels der BOLTZMANN-Gleichung zu

$$\lambda_e = \frac{4}{3} \cdot \frac{1}{3}\, n_e \left(\frac{3}{2}\, k\right) v\, l_\lambda \tag{6}$$

mit

$$l_\lambda = \frac{\sqrt{\pi}}{4} \int_0^\infty l\,(v)\, \frac{v^3}{w^3} \left[\frac{v^2}{w^2} - A\right] F_0\,(v)\, d\,v, \tag{7}$$

$$A = \frac{\int_0^\infty l(v)\, \frac{v^3}{w^3}\, F_0(v)\, dv}{\int_0^\infty l(v)\, \frac{v}{w}\, F_0(v)\, dv} \cdot \qquad (8)$$

Abb. 2 läßt erkennen, daß für höhere Temperaturen der Einfluß der Elektronenwärmeleitung den der anderen Komponenten überwiegt, während λ_{amb} in dem hier betrachteten Falle bei einem Druck von 25 at nur eine untergeordnete Rolle spielt. Das Verhältnis der drei Komponenten ändert sich jedoch stark mit Temperatur und Druck.

Unterhalb 6000° K ist nur noch die atomare Wärmeleitung von Bedeutung.

Abb. 2 zeigt weiterhin Näherungswerte der Elektronenwärmeleitung, berechnet durch Anwendung der Wiedemann-Franzschen Beziehung

$$\frac{\lambda_e}{\sigma_e} = 2\left(\frac{k}{e}\right)^2 T. \qquad (9)$$

Eine theoretische Erfassung der Zustandsdaten wandstabilisierter Bogenentladungen ist erst nach möglichst exakter Kenntnis der elektrischen Leitfähigkeit und der Wärmeleitfähigkeit als Funktionen von Druck und Temperatur möglich.

Literatur

[1] Schirmer, H.: Z. Phys. 142 (1955) S. 1; 142 (1955) S. 116.

[2] Enskog, D.: Ark. Mat. Astron. o. Fysik, Ser. A, 21 (1928) H. 13.

[3] Cohen, R. S., L. Spitzer, P. McR. Routly: Phys. Rev. 80 (1950) S. 230; Spitzer, L., R. Härm: Phys. Rev. 89 (1953) S. 977; Landshoff, R.: Phys. Rev. 76 (1949) S. 904; Phys. Rev. 82 (1951) S. 442; Cowling, T. G.: Proc. Roy. Soc. Ser. A, 183 (1945) S. 453.

[4] Maecker, H., Th. Peters, H. Schenk: Z. Phys. 140 (1955) S. 119; Schulz, P., B. Steck: Ann. Phys. Folge 6, 18 (1956) S. 401; Wojaczek, K., K. Rademacher: Ann. Phys. Folge 6, 18 (1956) S. 237.

Zur Integration der Elenbaas-Hellerschen Differentialgleichung *)

Von

H. Schirmer und J. Friedrich

Mit 1 Abbildung

Es wird ein Verfahren untersucht, die Elenbaas-Hellersche Differentialgleichung, die die Energiebilanz ausdrückt, für eine zylindrische wandstabilisierte Bogenentladung mit geringem Aufwand numerisch zu integrieren, ohne daß vereinfachende Annahmen über die Temperaturabhängigkeit der eingehenden Größen notwendig werden. Es kann gezeigt werden, daß die Integration mit guter Genauigkeit alle interessierenden Bogendaten liefert.

1. Einleitung

Die folgenden Ausführungen beziehen sich auf eine zylindrische wandstabilisierte Bogenentladung.

Die Temperatur $T = T(r)$ als Funktion des Radius einer zylindrischen Bogenentladung ist bestimmt durch die Energiebilanz

$$L^*(T) = S^*(T) + Q^*(T). \tag{1}$$

Sie sagt aus, daß im stationären Fall die aufgenommene elektrische Leistung L^* (je Volumeneinheit) sich aufteilt in abgeführte Strahlungsleistung S^* und Wärmeleistung Q^* (je Volumeneinheit). Bezeichnet $\lambda = \lambda(T)$ die Wärmeleitfähigkeit, dann stellt sich Gleichung (1) dar in der Form

$$L^* - S^* = \frac{1}{r}\frac{d}{dr}\left[r \cdot \lambda(T)\left(-\frac{dT}{dr}\right)\right] \tag{2}$$

(Elenbaas-Hellersche Differentialgleichung[1]), eine nichtlineare Differentialgleichung zweiter Ordnung für T mit den Randbedingungen

$$\left.\begin{aligned}\frac{dT}{dr} &= 0 \qquad \text{für} \qquad r = 0, \\ T(r) &= T_0 \qquad \text{für} \qquad r = R_0.\end{aligned}\right\} \tag{3}$$

Sie ergeben sich aus der Forderung, daß in der Zylinderachse aus Symmetriegründen das Maximum der Temperatur liegen und daß sich an der Wand der Entladung im Abstand R_0 von der Achse eine bestimmte Temperatur T_0 einstellen muß. Hierbei ist die elektrische Leistung je Volumeneinheit gegeben durch die elektrische Leitfähigkeit σ und den elektrischen Gradienten G der Entladung in der Form

$$L^* = \sigma \cdot G^2.$$

Sind elektrische Leitfähigkeit σ, Wärmeleitfähigkeit λ und Strahlung S^* bekannt, läßt sich $T(r)$ aus (2) ermitteln und liefert nun die radiale Abhängigkeit dieser Größen. σ und λ eines Plasmas können mit Hilfe der Theorie der Transporterscheinungen berechnet werden[2], während die Strahlung nach der Kramers-Unsöldschen Theorie erfaßbar ist[3].

2. Eine einfache Methode der Integration der Elenbaas-Hellerschen Differentialgleichung

Im folgenden möge eine einfache numerische Lösungsmethode erläutert und näher untersucht werden, die in kurz gefaßter Form bereits von dem einen von uns angegeben worden ist[4].

---

*) Originalmitteilung.

Die leuchtende Säule einer zylindrischen Entladung habe den Radius R_0 und die Länge l. Dann muß die in einem Zylinder des beliebigen Radius r entwickelte Wärmeleistung gleich der durch die Oberfläche des betrachteten Zylinders abgeführten Wärmeleistung sein:

$$\int_0^r (L^* - S^*) \cdot l \cdot 2\pi r\, dr = l \cdot 2\pi r \cdot \lambda(T)\left(-\frac{dT}{dr}\right).$$

Dies ist die auf einen zylindrischen Bogen bezogene Elenbaas-Hellersche Differentialgleichung (2) in der bereits einmal integrierten Form, in der sie schon von Mannkopff[5]) zur Integration verwandt wurde. Es ergibt sich damit für den Temperaturgradienten

$$\left(-\frac{dT}{dr}\right) = \frac{1}{r \cdot \lambda(T)} \int_0^r (L^* - S^*)\, r\, dr \tag{4}$$

und durch nochmalige formale Integration

$$T(r) = T_{\max} - \int_0^r \frac{1}{r \cdot \lambda(T)}\left[\int_0^r (L^* - S^*)\, r\, dr\right] dr. \tag{5}$$

Diese Form stellt unmittelbar den Mechanismus einer zylindrischen Bogenentladung dar unter der Voraussetzung, daß weder Selbstabsorption vorliegt noch ein Einfluß konvektiver Wärmeleitung vorhanden ist. Bei wandstabilisierten Bogenentladungen können beide Voraussetzungen als weitgehend erfüllt angesehen werden.

Während Mannkopff ein rein analytisches Verfahren anwandte — er benutzte einen analytischen Ausdruck für L^*, vernachlässigte S^*, setzte Näherungsverteilungen für $T(r)$ ein und erhielt durch Iteration neue, bessere Näherungen —, kann auch rein numerisch vorgegangen werden: Bei bekannter Abhängigkeit von L^*, S^* und λ von der Temperatur T kann offenbar, wenn von einer maximalen Anfangstemperatur $T_{\max}$ in der Bogenachse ausgegangen wird, schrittweise der Temperaturgradient $\left(-\dfrac{dT}{dr}\right)$ nach (4) berechnet und damit die Temperatur jedes folgenden Nachbarpunktes mit großer Näherung bestimmt werden.

Dieses schrittweise Vorgehen ermöglicht die zur Berechnung notwendige Quadratur auf der rechten Seite der Gleichung (4) in numerischer Form mittels einer Quadraturformel. L^*, S^* und λ sind dabei als Kurven über T anzusehen, bei denen es sich erübrigt, vereinfachende Annahmen über ihre Temperaturabhängigkeit zu machen (z.B. etwa stückweise lineare Approximation von $L^* - S^*$ oder Potenzansatz $\lambda = \lambda_0 \cdot T^\alpha$ für die Wärmeleitfähigkeit).

Das Verfahren liefert am Schluß der Rechnung im Punkte $r = R_0$ die Größe

$$Q = l \cdot 2\pi \int_0^{R_0} (L^* - S^*)\, r\, dr, \tag{6}$$

die gesamte abgeführte Wärmeleistung der Plasmasäule. Mit der radialen Abhängigkeit $T = T(r)$ aus der Integration ist aber auch die elektrische Leitfähigkeit σ über den Radius r, also $\sigma = \sigma(r)$ bekannt, und aus

$$j(r) = \sigma(r) \cdot G$$

folgt rechnerisch die gesamte Stromaufnahme

$$\mathfrak{J} = 2\pi \int_0^R j(r)\, r\, dr \; ; \tag{7}$$

entsprechend ergibt sich die gesamte elektrische Leistung L der Plasmasäule.

Weiterhin läßt die endgültige Temperaturverteilung die Größen L^*, S^* und $Q^* = L^* - S^*$ als Funktionen von r berechnen, mithin durch Quadratur über r die Leistungen L, S und Q innerhalb jedes willkürlich herausgeschnittenen zylindrischen Volumens des Radius r.

3. Beschreibung des numerischen Verfahrens

Der Gedanke, die Quadraturen in den Formeln (4) und (5) nacheinander numerisch mit Hilfe von Quadraturformeln vorzunehmen, schließt die Aufteilung der ELENBAAS-HELLERschen Differentialgleichung ein in zwei Gleichungen erster Ordnung, eine Methode, die schon durch die selbstadjungierte Form der Gleichung (2) nahegelegt wird. Der Einfachheit halber sei in (4) und (5)

$$r\,(L^* - S^*) = f(r,\,T)\,,\; \left(-\frac{dT}{dr}\right) = g(r,\,T)$$

gesetzt. Dann kann bei jedem Schritt die Temperatur $T(r_{k+1})$ nach

$$T(r_{k+1}) = T(r_k) - \int_{r_k}^{r_{k+1}} g(r,\,T(r))\,dr \tag{8}$$

aus $T(r_k)$ errechnet werden; gleicherweise ist der Temperaturgradient nach

$$r_{k+1}\,\lambda(r_{k+1})\,g(r_{k+1}) = r_k\,\lambda(r_k)\,g(r_k) + \int_{r_k}^{r_{k+1}} f(r,\,T(r))\,dr \tag{8a}$$

zu ermitteln, wobei ersichtlich

$$r_k\,\lambda(r_k)\,g(r_k) = \int_0^{r_k} f(r,\,T(r))\,dr$$

ist. In diesen Formeln sind die Funktionswerte $\lambda(T(r_i))$, $g(r_i,\,T(r_i))$ durch $\lambda(r_i)$, $g(r_i)$ vereinfacht geschrieben. In dem numerischen Verfahren soll nun in den beiden Formeln (8) und (8a) eine solche Quadraturformel Verwendung finden, die ein iteratives Vorgehen ermöglicht. Seien etwa die (nach den Funktionswerten aufgelösten) Summen

$$h \cdot \sum_{\varrho=0}^{p} a_{p\varrho}\, g_{k+1-\varrho}\,,\quad h \cdot \sum_{\varrho=0}^{p} a_{p\varrho}\, f_{k+1-\varrho}$$

als Näherungen für die Integrale in (8) und (8a) angesetzt, mit $h = r_{k+1} - r_k$ als Schrittlänge, dann müssen beide Formeln iterativ

$$T_{k+1}^{[\nu+1]} = T_k - h\left(a_{p0}\,g_{k+1}^{[\nu]} + \sum_{\sigma=1}^{p} a_{p\varrho}\, g_{k+1-\varrho}\right), \tag{9}$$

$$r_{k+1}\,\lambda_{k+1}^{[\nu]}\,g_{k+1}^{[\nu]} = r_k\,\lambda_k\,g_k + h\left(a_{p0}\,f_{k+1}^{[\nu]} + \sum_{\varrho=1}^{p} a_{p\varrho}\, f_{k+1-\varrho}\right) \tag{9a}$$

geschrieben werden, wobei die Funktionswerte $T(r_i)$, $\lambda(r_i)$, $g(r_i)$, $f(r_i)$ durch die Näherungswerte T_i, λ_i, g_i, f_i ersetzt worden sind. Die in eckige Klammern gesetzten hochgestellten Indizes geben die Iterationsschritte an.

Um die Iterationen abzukürzen, kann der zur Bestimmung von $f_{k+1}^{[v]}$ nötige Wert von $T_{k+1}^{[v]}$ aus den Differenzen leicht vorgeschätzt werden. Mit $f_{k+1}^{[v]}$ und $\lambda_{k+1}^{[v]}$ wird $g_{k+1}^{[v]}$ nach (9a) und schließlich $T_{k+1}^{[v+1]}$ vermöge (9) errechnet. Die Iterationen werden in der üblichen Weise so lange wiederholt, bis $T_{k+1}^{[v+1]}$ und $T_{k+1}^{[v]}$ mit genügender Genauigkeit übereinstimmen.

Für die Rechnung wird bei hinreichend klein gewählter Schrittlänge h das erste Glied der Besselschen Quadraturformel[6]) herangezogen. Dabei ist h so zu beschränken, daß die zweiten Differenzen keinen Einfluß mehr gewinnen. Die in dieser Weise angewandte Besselsche Quadraturformel hat den Vorteil, daß bei nicht allzu kleiner Schrittlänge eine genügende Genauigkeit trotz einfacher (und schneller) Rechnung ermöglicht wird, sogenannte Instabilitäten ausgeschaltet sind (da die Ordnung des Näherungsverfahrens diejenige der Differentialgleichung nicht übersteigt, werden keine zusätzlichen Lösungen „eingeschleppt"[7])) und keine besondere Anlaufrechnung erforderlich ist. Auch Schrittlängenänderungen rufen keinerlei Schwierigkeiten hervor. Die oben angeführten Rechenformeln der Gleichungen (9) und (9a) lauten nunmehr

$$T_{k+1}^{[v+1]} = T_k - \frac{h}{2}\left(g_{k+1}^{[v]} + g_k\right), \tag{10}$$

$$r_{k+1}\,\lambda_{k+1}^{[v]}\,g_{k+1}^{[v]} = r_k\,\lambda_k\,g_k + \frac{h}{2}\left(f_{k+1}^{[v]} + f_k\right). \tag{10a}$$

Damit steht ein einfaches Iterationsverfahren zur Verfügung, für das die Bedingungen

$$\frac{dT}{dr} = 0, \qquad \int_0^r (L^* - S^*)\,r\,dr = 0 \qquad \text{für} \qquad r = 0$$

die Werte für den Rechnungsbeginn liefern. Die Maximaltemperatur $T_{\max}$ in der Zylinderachse ist durch die Randbedingungen eindeutig bestimmt. In der Praxis sind zur Lösung dieses Randwertproblems mehrere (blinde) Integrationen erforderlich, aus denen sich $T_{\max}$ durch Interpolation festlegen läßt. Daher ist es um so wichtiger, über ein einfaches, schnelles und darüber hinaus anschauliches Verfahren verfügen zu können, das wie das vorliegende die Temperatur T direkt ermittelt und keinerlei rechnerisch unbequeme Transformationen notwendig macht.

In einigen Fällen mag es zweckmäßig erscheinen, den Rechenvorgang (10) und (10a) in etwas anderer Weise anzulegen. Werden die Temperaturen T_k, die in die Rechnung eingehen sollen, als fest vorgegeben betrachtet, dann ist für jeden Rechenschritt die zugehörige Schrittlänge h_k zu bestimmen (und damit der Abszissenwert r_k), bei der die vorgegebene Temperaturdifferenz $T_k - T_{k-1}$ angenommen wird. Für eine den Genauigkeitsverhältnissen angepaßte Vorgabe der Temperaturwerte ist es jedoch günstig, aus einem etwa nach (10), (10a) gerechneten Beispiel zu wissen, welche Schrittlänge nicht überschritten werden darf.

Da zu jedem festen Wert von T_{k+1} auch f_{k+1} und λ_{k+1} fest sind, liefert die Wahl der Schrittlänge $h_{k+1}^{[v]} = r_{k+1}^{[v]} - r_k$ nach (10a) einen Wert für $g_{k+1}^{[v]}$ und damit nach (10) eine Temperaturdifferenz. Stimmt diese mit der vorgegebenen überein, dann sind die Gleichungen erfüllt. Ist das nicht der Fall, kann aus der vorgegebenen Temperaturdifferenz und $g_{k+1}^{[v]}$ eine neue Schrittlänge $h_{k+1}^{[v+1]}$ bestimmt werden usw. Die Rechenformeln für die Iteration sind also durch

$$h_{k+1}^{[v+1]} = \frac{2\,(T_k - T_{k+1})}{g_{k+1}^{[v]} + g_k}, \tag{11}$$

$$r^{[\nu]}_{k+1}\,\lambda_{k+1}\,g^{[\nu]}_{k+1} = r_k\,\lambda_k\,g_k + \frac{h^{[\nu]}_{k+1}}{2}\,(f_{k+1}+f_k) \qquad (11a)$$

gegeben. Diese Form des Verfahrens erzwingt eine ständige Änderung der Schrittlänge, die jedoch ohne Schwierigkeiten möglich ist.

4. Die Konvergenz der Iterationen

Die Differenz

$$\delta^{[\nu]}_{k+1} = T^{[\nu+1]}_{k+1} - T^{[\nu]}_{k+1}$$

zweier Iterationsschritte läßt sich durch Einsetzen von Gleichung (10a) in Gleichung (10) wegen $\lambda_{k+1} > 0$ abschätzen zu

$$\delta^{[\nu]}_{k+1} \le \frac{h^2}{4}\cdot\frac{f^{[\nu]}_{k+1} - f^{[\nu-1]}_{k+1}}{r_{k+1}\,\lambda_{k+1}}\,, \qquad (12)$$

wenn λ_{k+1} nur so gewählt wird, daß

$$\lambda^{[\nu+1]}_{k+1} \le \lambda_{k+1} \le \lambda^{[\nu]}_{k+1}$$

erfüllt ist, was im allgemeinen stets der Fall sein wird. Falls nun die Funktion

$$\psi\,(r,\,T) = \frac{1}{r}\cdot f\,(r,\,T) = L^* - S^*$$

eine Lipschitzbedingung

$$|\,\psi\,(r,\,T^{(1)}) - \psi\,(r,\,T)\,| \le M\cdot|\,T^{(1)} - T\,|$$

mit der Lipschitzkonstanten M erfüllt, welche in der Praxis stets durch

$$\frac{\partial\,\psi}{\partial\,T} \le M \qquad (13)$$

ersetzt werden kann, folgt durch Einsetzen in (12) die Ungleichung

$$\delta^{[\nu]}_{k+1} \le \frac{h^2}{4}\cdot\frac{M}{\lambda_{k+1}}\,\delta^{[\nu-1]}_{k+1}$$

und somit die hinreichende Bedingung für die Konvergenz der Iterationen[8]

$$\frac{h^2}{4}\cdot\frac{M}{\lambda_{k+1}} < 1\,. \qquad (14)$$

Aus dieser Bedingung ist durch entsprechende Wahl der Lipschitzkonstanten M nach (13) — durch numerische Differentiation — stets diejenige Schrittlänge bestimmbar, bei der die Iterationen noch konvergieren. Sie kann (als erster Anhaltspunkt) zur Festlegung der Schrittlänge dienen. Für die Rechenformeln (11) und (11a) läßt sich die Bedingung für die Konvergenz der Iterationen nicht in so einfacher Weise aufstellen. Im allgemeinen genügt es aber, eine gewisse Vorwahl der Schrittlänge aus (11) unter der Annahme

$$g_{k+1} = g_k$$

zu treffen und nach zwei Versuchen nötigenfalls linear zu interpolieren. Bei einiger Erfahrung wird für beide Verfahren überhaupt kein weiterer Iterationsschritt mehr notwendig sein.

5. Zur Genauigkeit des Verfahrens

Einerseits wegen der als Kurven (über die Temperatur) in die Elenbaas-Hellersche Differentialgleichung eingehenden Größen L^*, S^* und λ, andererseits wegen der besonderen Form des angegebenen numerischen Verfahrens ist eine exakte Fehlerabschätzung nicht durchführbar. Vergleichsweise wurde es unternommen, die vorliegende Differentialgleichung auch nach den bekannten Verfahren von Adams und nach dem Verfahren zentraler Differenzen für Differentialgleichungen zweiter Ordnung[8]) numerisch zu integrieren*). Die Auflösung der Gleichung (2) nach der zweiten Ableitung der Temperatur

$$\left(-\frac{d^2 T}{d r^2}\right) = \varphi\left(r, T, -\frac{dT}{dr}\right) = \frac{1}{r \cdot \lambda(T)}\left[r\,(L^* - S^*) - \left(-\frac{dT}{dr}\right)\left\{\lambda(T) - r \cdot \frac{d\lambda(T)}{dT}\left(-\frac{dT}{dr}\right)\right\}\right]$$

(15)

zeigt schon, daß die Berechnung der radialen Temperaturverteilung in dieser Form einen ungleich größeren Aufwand erfordert als nach dem in Abschnitt 2 beschriebenen Verfahren. Die Rechenformeln lauten in der für die Rechnung günstigen Schreibweise für das Adamssche Extrapolationsverfahren

$$T_{k+1} = T_k - h\left(-\frac{dT}{dr}\right)_k - h^2\left(\frac{1}{2}\varphi_k + \frac{1}{6}\nabla\varphi_k + \frac{1}{8}\nabla^2\varphi_k + \frac{19}{180}\nabla^3\varphi_k\right),$$

$$h\left(-\frac{dT}{dr}\right)_{k+1} = h\left(-\frac{dT}{dr}\right)_k + h^2\left(\varphi_k + \frac{1}{2}\nabla\varphi_k + \frac{5}{12}\nabla^2\varphi_k + \frac{3}{8}\nabla^3\varphi_k\right),$$

für das Adamssche Interpolationsverfahren

$$T_{k+1} = T_k - h\left(-\frac{dT}{dr}\right)_k - h^2\left(\frac{1}{2}\varphi_{k+1} - \frac{1}{3}\nabla\varphi_{k+1} - \frac{1}{24}\nabla^2\varphi_{k+1} - \frac{7}{360}\nabla^3\varphi_{k+1}\right),$$

$$h\left(-\frac{dT}{dr}\right)_{k+1} = h\left(-\frac{dT}{dr}\right)_k + h^2\left(\varphi_{k+1} - \frac{1}{2}\nabla\varphi_{k+1} - \frac{1}{12}\nabla^2\varphi_{k+1} - \frac{1}{24}\nabla^3\varphi_{k+1}\right)$$

und für das Verfahren zentraler Differenzen

$$T_{k+1} = 2\,T_k - T_{k-1} - h^2\left(\varphi_k + \frac{1}{12}\delta^2\varphi_k\right),$$

$$h\left(-\frac{dT}{dr}\right)_{k+1} = h\left(-\frac{dT}{dr}\right)_{k-1} + h^2\left(2\,\varphi_k + \frac{1}{3}\delta^2\varphi_k\right).$$

Die Ableitung der Wärmeleitfähigkeit $\lambda = \lambda(T)$ nach T in Gleichung (15) kann leicht numerisch mit Hilfe der Stirlingschen Differentiationsformeln[6]) vorgenommen werden. Im Anfangspunkte $r = 0$ gilt gemäß (15)

$$\left(-\frac{d^2 T}{d r^2}\right)_{r=0} = \frac{1}{2}\left(\frac{L^* - S^*}{\lambda(T)}\right)_{T = T_m}$$

[s. auch (19)]. Die Anzahl der zu verwendenden Differenzen verlangt jedoch zusätzlich eine besondere Anlaufrechnung. Für diese Verfahren sind sowohl rekursive als auch independente Fehlerabschätzungen bekannt[8]). Sie ergeben zumeist zu große Schranken. Auf die Elenbaas-Hellersche Differentialgleichung angewandt, machen sie zusätzlich die Berechnung von

$$\frac{\partial\varphi}{\partial T'} = \frac{1}{r} - 2\cdot\frac{1}{\lambda}\cdot\frac{\partial\lambda}{\partial T}\,(-T')$$

und

$$\frac{\partial\varphi}{\partial T} = \frac{\partial}{\partial T}\left(\frac{L^* - S^*}{\lambda}\right) - (-T')^2\left[\frac{1}{\lambda^2}\left(\frac{\partial\lambda}{\partial T}\right)^2 - \frac{1}{\lambda}\frac{\partial^2\lambda}{\partial T^2}\right],$$

---

*) Bezüglich weiterer Methoden zur Integration der Elenbaas-Hellerschen Differentialgleichung s. G. Schmitz[9]).

worin $\dfrac{\partial T}{\partial r} = T'$ gesetzt ist, erforderlich, was einen weiteren Arbeitsaufwand und durch numerische Differentiationen bedingte Ungenauigkeiten bedeutet. Die Ergebnisse der für einige Beispiele durchgeführten Integration nach allen beschriebenen Verfahren, die mit derselben Schrittlänge wie das Verfahren des Abschnitts 3 durchgerechnet wurden, zeigen, daß bei allen Rechnungen die Werte für die gesamte abgegebene Wärmeleistung Q gemäß (6) um weniger als 1% schwanken und somit als gesichert anzusehen sind. Auch Rechnungsergebnisse mit zweimal angewandtem Verfahren zentraler Differenzen für Differentialgleichungen erster Ordnung nach der gleichen Methodik ordnen sich dieser Angabe unter.

Die Bedingungen für die Stabilität der Verfahren dieses Abschnitts in bezug auf die in die Differentialgleichung eingehenden Größen lassen sich leicht nachprüfen. Sie sind fast im ganzen Integrationsintervall erfüllt. Erst am äußersten Rande zeichnen sich geringe Abweichungen ab, die jedoch keinen Einfluß mehr gewinnen.

6. Diskussion des Verlaufs der Lösungskurve

Die durchgerechneten Beispiele zeigten als Lösung die in der Bogenmitte sehr langsam, am äußersten Rande steil abfallende Temperatur (s. auch Abb. 1, Abschnitt 7). Dieser Verlauf ist dadurch bedingt, daß in der Achse der Entladung die Abstrahlung sehr hoch ist und damit die abzuleitende Wärmeleistung klein, gleichzeitig aber auch der Wärmeleitungskoeffizient λ sehr groß, so daß sich in der Mitte nur ein schwacher Temperaturgradient einstellt. Der am Rande ($r \rightarrow R_0$) auftretende steile Abfall der Temperatur ist ebenfalls verständlich, da infolge der großen abgeführten Wärmeleistung Q gemäß

$$Q\,(r) = l \cdot 2\,\pi\,r\,\lambda\,(T) \left(- \frac{dT}{dr} \right) \tag{16}$$

der Temperaturgradient am Rande notwendigerweise sehr groß sein muß wegen der kleinen Wärmeleitung λ bei den tiefen Temperaturen der Randzone[10]), wenn die Wärmeleitung in diesem Teil des Bogens allein in gaskinetischer Form vor sich geht. Gleichung (16) kann leicht analytisch integriert werden und ermöglicht eine genaue Festlegung des Temperaturverlaufs der äußersten Randschicht. (16) ist leicht aus der allgemeinen Form (4) herleitbar. Wegen

$$\int\limits_0^r (L^* - S^*)\,r\,dr = \int\limits_0^{R_0} (L^* - S^*)\,r\,dr - \int\limits_r^{R_0} (L^* - S^*)\,r\,dr$$

ist gemäß (4) und (6)

$$\left(- \frac{dT}{dr} \right) = \frac{1}{r \cdot \lambda\,(T)} \left[\frac{Q}{2\,\pi\,l} - \int\limits_r^{R_0} (L^* - S^*)\,r\,dr \right], \tag{17}$$

und für die äußerste Randzone ($r \rightarrow R_0$), für die das Integral sich der Null nähert, ergibt sich aus (17) die Beziehung (16). Gleichung (17) könnte dazu benutzt werden, bei vorgegebenem Q durch Integration *vom Rande aus* die Temperaturkurve zu ermitteln. Die ersten Werte liefert dann Gleichung (16) analytisch beliebig genau. Auch in diesem Falle fände das in Abschnitt 3 beschriebene Verfahren Verwendung. Da Q jedoch im allgemeinen nicht als bekannt vorausgesetzt werden kann (wenn nicht Messungen vorliegen), ist diese Form der Integration für die theoretisch-rechnerische Erfassung der Bogendaten von untergeordneter Bedeutung.

Der sehr schwache Abfall der Lösungskurve in der Nähe der Bogenachse legt es nahe, die Elenbaas-Hellersche Differentialgleichung auch für den Fall einer geringen Temperaturänderung der Betrachtung zu unterziehen. Bei sehr kleiner Änderung der Temperatur können sowohl die Differenz $L^* - S^*$ als auch die Wärmeleitfähigkeit λ in Gleichung (5) als näherungsweise konstant angenommen und mithin vor das Integral gezogen werden. Dann ergibt sich gemäß (5)

$$T_r = T_{\max} - \left(\frac{L^* - S^*}{\lambda}\right)_{r=0} \int_0^r \left(\frac{1}{r} \int_0^r r\,dr\right) dr$$

und daraus

$$T_r = T_{\max} - \left(\frac{L^* - S^*}{\lambda}\right)_{r=0} \cdot \frac{r^2}{4}\,, \tag{18}$$

eine sehr flache Parabel für die Temperaturkurve in der Nähe der Bogenachse. Gleichung (4) für den Temperaturgradienten liefert in ähnlicher Weise

$$\left(-\frac{dT}{dr}\right)_r = \left(\frac{L^* - S^*}{\lambda}\right)_{r=0} \cdot \frac{r}{2}\,. \tag{19}$$

Durch Einsetzen von (19) in (18) folgt

$$T_r = T_{\max} - \left(-\frac{dT}{dr}\right)_r \cdot \frac{r}{2}$$

und schließlich

$$\left(-\frac{dT}{dr}\right)_r = 2 \cdot \frac{T_{\max} - T_r}{r}\,. \tag{20}$$

Gleichung (20) gibt den Temperaturgradienten an, der sich unter der Voraussetzung des temperaturunabhängigen Verhaltens von $L^* - S^*$ und λ bei der geringen (!) Temperaturänderung $T_{\max} - T_r$ in der Nähe der Bogenmitte einstellt. Mit diesem Wert gibt Gleichung (4) die bis an jene Stelle abgeführte Wärmeleistung (ohne den Faktor $l \cdot 2\pi$)

$$\left(-\frac{dT}{dr}\right)_r \cdot r \cdot (\lambda)_{r=0} = \int_0^r (L^* - S^*)\, r\, dr$$

an. Nur in der nächsten Umgebung der Bogenmitte jedoch erlaubt das Verhalten der in die Elenbaas-Hellersche Differentialgleichung eingehenden Größen die oben angegebene Betrachtungsweise. Es ist für die Entladung im allgemeinen sogar charakteristisch, daß die starke Temperaturabhängigkeit der elektrischen Leistung, Strahlungsleistung und insbesondere der Wärmeleitfähigkeit solche Näherungsbetrachtungen an allen anderen Stellen verbietet.

Gleichung (18) entspricht der Lösung der Differentialgleichung der Wärmeleitung eines zylindrischen Stabes „mit Wärmequellen" für den stationären Fall[11]

$$\frac{d^2 T}{dr^2} + \frac{1}{r}\cdot\frac{dT}{dr} + \frac{W}{\lambda} = 0\,. \tag{21}$$

Hierin ist W, die erzeugte Wärmeleistung je Volumeneinheit, mit $Q^* = L^* - S^*$ identisch. Unter der Voraussetzung, daß W und die Wärmeleitfähigkeit λ über den gesamten Querschnitt konstant sind, lautet die Lösung der obigen Gleichung

$$T = -\frac{W}{4\lambda} \cdot r^2 + C_1 \ln r + C_2 ; \qquad (22)$$

es soll also an jeder Stelle die gleiche Wärmeleistung $W = Q^*$ je Volumeneinheit erzeugt werden. Die Anfangsbedingungen

$$\frac{dT}{dr} = 0, \qquad T = T_{\max} \quad \text{für} \quad r = 0,$$

analog denen der ELENBAAS-HELLERschen Differentialgleichung, ergeben aus (22)

$$C_1 = 0, \quad C_2 = T_{\max} \qquad (23)$$

und mithin (18) entsprechend der obigen Bedeutung von W. Gemäß (22) und (23) ist also $T = T(r)$ eine Parabel, wenn W und λ, wie für die angegebene Problemstellung, konstant sind. In einem Plasma dagegen sind Q^* und λ stark abhängig von der Temperatur.

In diesem Sinne ist die ELENBAAS-HELLERsche Differentialgleichung (2) als Wärmeleitungsgleichung eines zylindrischen Körpers aufzufassen, innerhalb dessen die in jedem ringförmigen Element des Abstandes r von der Bogenachse erzeugte Wärmeleistung eine Funktion von r ist entsprechend dem Mechanismus elektrischer Entladungen.

7. Eine Xenon-Hochdruckentladung als Beispiel

Als Beispiel wurde die Säule einer wandstabilisierten flüssigkeitsgekühlten Xenon-Hochdrucklampe von der Länge $l = 11$ cm und dem Durchmesser $2 R_0$ $= 0,7$ cm nach K. LARCHÉ[12]) untersucht. Die nach dem Verfahren der Abschnitte 2 und 3 berechnete Temperaturverteilungskurve $T = T(r)$ zeigt Abb. 1. Zu ihrer Bestimmung waren drei Integrationen erforderlich.

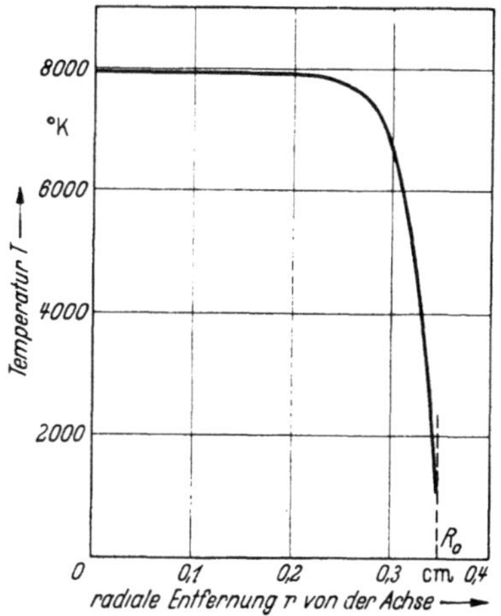

Abb. 1. Temperaturverteilung $T = T(r)$ in der Säule einer Xenon-Hochdruckentladung als Lösung der ELENBAAS-HELLERschen Differentialgleichung.

Die dritte Rechnung, mit einer aus den ersten beiden Versuchen durch Interpolation ermittelten Anfangstemperatur $T_{\max}$, erfüllt die Randbedingung $T = T_0$ für $r = R_0$ an der Bogenwand. Für jede Integration sind rund 30 Schritte zu

20 H. Schirmer u. J. Friedrich: Zur Elenbaas-Hellerschen Differentialgleichung.

veranschlagen und eine Dauer von etwa zwei Stunden (mit Rechenschieber oder Rechenmaschine).

Tabelle 1 zeigt einen Ausschnitt aus dem Rechenschema zur Berechnung der Lösungskurve mit einem Schrittlängenwechsel und nach beendeten Iterationen.

Tabelle 1. Ausschnitt aus dem Rechenschema zur Integration der Elenbaas-Hellerschen Differentialgleichung für eine Xenon-Hochdruckentladung.

| I | II | IV | V | VI | IX | X | XI |
r_k	T_k	f_k	$h \cdot \bar{f}_k$	$\int\limits_0^{r_k} f\, dr$	g_k	$h \cdot \bar{g}_k$	$\bar{T}_k$
0,20	7910	$100 \cdot 10^6$		$2,25 \cdot 10^6$	682		7910,4
			$1,34 \cdot 10^6$			8,6	
0,21	7902	168		3,59	1 042		7901,8
			2,16			13,2	
0,22	7889	264		5,75	1 606		7888,6
			3,53			20,6	
0,23	7868	442		9,28	2 518		7868,0
			5,54			32,3	
0,24	7836	667		14,82	3 934		7835,7
			8,40			50,3	
0,25	7785	1012		23,22	6 119		7785,4
			12,34			78,1	
0,26	7707	1456		35,56	9 499		7707,3
			17,34			121,3	
0,27	7586	2012		52,90	14 765		7586,0
			22,69			189,2	
0,28	7397	2526		75,59	23 070		7396,8
			13,07			129,9	
0,285	7267	2702		88,66	28 880		7266,9
			13,63			162,0	
0,29	7105	2749		102,29	35 920		7104,9
			13,51			201,6	
0,295	6903	2655		115,80	44 706		6903,3
			$12,59 \cdot 10^6$			248,9	
0,30	6654	$2379 \cdot 10^6$		$128,39 \cdot 10^6$	54 860		6654,4
0,305		usw.					

Aus Gründen der Raumersparnis sind die drei Rechenspalten

$$\text{III:}\ (L^* - S^*)_{r = r_k}, \qquad \text{VII:}\ \lambda_k, \qquad \text{VIII:}\ r_k\, \lambda_k$$

in Tabelle 1 nicht aufgeführt; zur Abkürzung wurde

$$\frac{1}{2}\,(f_{k+1} + f_k) = \bar{f}_k$$

gesetzt (entsprechend $\bar{g}_k$). Spalte IV enthält die Werte

$$f_k = r_k\,(L^* - S^*)_{r = r_k}$$

und Spalte IX den Temperaturgradienten

$$g_k = \left(-\frac{dT}{dr}\right)_{r = r_k} = \frac{1}{r_k\,\lambda_k}\int\limits_0^{r_k}(L^* - S^*)\,r\,dr$$

gemäß Gleichung (4). Für eine nicht so einfach wie in dem vorliegenden Beispiel wählbare Schrittlänge h lassen sich zweckmäßig noch zwei Hilfsspalten

$$\text{IV a:} \quad h \cdot f_k, \qquad \text{IX a:} \quad h \cdot g_k$$

einfügen. Die Konvergenzbedingung (14) in Abschnitt 3 ergibt mit einer auf numerischem Wege erlangten Wahl von

$$\frac{\partial \psi}{\partial T}\bigg|_{\text{Max}} < M = 44 \cdot 10^6$$

im Rechnungsbeginn mit $\lambda_{k+1} > 12\,000$

$$h^2 < \frac{4 \cdot 12 \cdot 10^3}{44 \cdot 10^3} < 1,1 \cdot 10^{-3},$$

also $h < 0,03$. Am Rande des Bogens kann mit $\lambda_{k+1} > 1400$

$$h^2 < \frac{4 \cdot 1,4 \cdot 10^3}{44 \cdot 10^5} < 0,13 \cdot 10^{-3},$$

also $h < 0,01$, errechnet werden. Für die Rechnung wurden die Schrittlängen aus Genauigkeitsgründen stets noch etwas kleiner gewählt. Spalte VI liefert, mit $2\,\pi \cdot l$ multipliziert, direkt die Wärmeleistung $Q\,(r)$ und am Ende der Rechnung die gesamte Wärmeleistung Q der Entladung gemäß Gleichung (6). Bei Reihenuntersuchungen ist es günstig, die Rechnung für verschiedene (beliebige) Werte von R_0 durchzuführen und aus den Ergebnissen die interessierenden Größen (nach Abschnitt 2) bei den gewünschten Bogenradien zeichnerisch zu interpolieren.

Aus den Ergebnissen der Rechnungen läßt sich der Betriebsdruck p der Entladung bestimmen. Er ergibt sich aus dem Fülldruck und der aus der ELENBAAS-HELLERschen Differentialgleichung folgenden Temperaturverteilung $T\,(r)$. Für den hieraus bestimmten Betriebsdruck lassen sich nun die elektrische Leitfähigkeit σ und die Leitfähigkeit λ nach der Theorie der Transporterscheinungen berechnen[9] [2]).

Literatur

[1]) ELENBAAS, W.: Physica 1 (1934) S. 673;
HELLER, G.: Physics 6 (1935) S. 389.

[2]) SCHIRMER, H.: Z. Phys. 142 (1955) S. 1; Z. Phys. 142 (1955) S. 116.

[3]) UNSÖLD, A.: Ann. Phys. Folge 5, 33 (1938) S. 607.
MAECKER, H., T. PETERS: Z. Phys. 139 (1954) S. 448.

[4]) SCHIRMER, H.: Phys. Verh. 4 (1953) S. 187; Appl. sci. Res. Sect. B 5 (1955) S. 196.

[5]) MANNKOPFF, R.: Z. Phys. 120 (1943) S. 228.

[6]) SCHULZ, G.: Formelsammlung prakt. Math., Samml. Göschen Bd. 110, 1937.

[7]) WITTING, G.: Phys. Bl. 11 (1955) S. 6.
RUTISHAUSER, H.: Z. angew. Math. Phys. 3 (1952) S. 65.

[8]) COLLATZ, L.: Numerische Behandlung von Differentialgleichungen, 2. Aufl. Berlin, Göttingen, Heidelberg 1955.

[9]) SCHMITZ, G.: Phys. Zeitschr. 44 (1943) S. 129;
SCHMITZ, G., W. HECKER: Z. Phys. 129 (1951) S. 104;
SCHMITZ, G., K. SCHICK: Z. Naturforschung 10a (1955) S. 495.

[10]) SCHIRMER, H.: Techn.-wiss. Abh. Osram-Ges. 7 (1958) S. 8.

[11]) GRÖBER, H., ERK, U. GRIGULL: Die Grundgesetze der Wärmeübertragung, 3. Aufl. Berlin, Göttingen, Heidelberg 1955.

[12]) LARCHÉ, K.: ETZ 72 (1951) S. 427; Z. VDI 94 (1952) S. 453.
LARCHÉ, K., K. ITTIG, F. MICHALK: Techn.-wiss. Abh. Osram-Ges. 6 (1953) S. 33.

Bemerkung zur Behandlung gewisser gaskinetischer Integrale*)

Von

J. Friedrich

Es wird gezeigt, daß gewisse allgemeine gaskinetische Integralmittelungen über die Boltzmann-Funktion, die neben den Geschwindigkeitskomponenten eine beliebige Funktion von v selbst enthalten, als Integrale über v allein darstellbar sind. Ein Sonderfall dieser Ausdrücke ist für die Theorie der Viskosität bedeutungsvoll.

1. Einleitung

In der Theorie der Viskosität auf der Grundlage der Boltzmann-Gleichung tritt das Integral

$$\mathfrak{J}_{\xi,\,\eta} = \int\!\!\int\!\!\int_{-\infty}^{+\infty} \xi^2\,\eta^2\,G\,(v)\,f_0\,d\xi\,d\eta\,d\zeta$$

auf, dessen Berechnung für den Viskositätskoeffizienten notwendig ist[1,2].

Hierbei sind ξ, η, ζ die Komponenten der Geschwindigkeit v des Elektrons,

$$v^2 = \xi^2 + \eta^2 + \zeta^2,$$

f_0 ist die Boltzmann-Funktion

$$f_0 = \frac{1}{\pi^{3/2}}\,\frac{1}{w^3}\,e^{-\frac{v^2}{w^2}}$$

mit

$$w = \sqrt{\frac{2\,k\,T}{m}}$$

als wahrscheinlichste Geschwindigkeit, $G(v)$ ist eine beliebige Funktion der Geschwindigkeit, die in der Theorie durch v selbst sowie durch die Querschnittswirkung der beteiligten Teilchen gegeben ist.

Die Notwendigkeit, den obigen Ausdruck zu ermitteln, hat die folgende Untersuchung veranlaßt, die die allgemeinste Behandlung derartiger Integralausdrücke erkennen läßt. Es erweist sich, daß ganz allgemein die Formen

$$\mathfrak{J}_{\xi,\,\eta,\,\zeta} = \int\!\!\int\!\!\int_{-\infty}^{+\infty} \xi^{2\,k}\,\eta^{2\,m}\,\zeta^{2\,n}\,G\,(v)\,f_0\,d\xi\,d\eta\,d\zeta$$

sich als Integrale über v allein schreiben lassen ohne nähere Kenntnis der mithin willkürlich vorgebbaren Funktion $G(v)$.

Im folgenden werden also die Größen

$$\mathfrak{J} = \int\!\!\int\!\!\int_{-\infty}^{+\infty} H\,(v)\,\xi^{\varkappa}\,\eta^{\mu}\,\zeta^{\nu}\,d\xi\,d\eta\,d\zeta \tag{1}$$

untersucht mit H als beliebige Funktion von v (unter der Voraussetzung, daß sie konvergieren).

Für $\varkappa = 2\,k + 1$, $\mu = 2\,m + 1$, $\nu = 2\,n + 1$ verschwinden die Ausdrücke (1), wie sich leicht zeigen läßt. Für gerade Potenzen von ξ, η, ζ ergeben sich die Integrale

$$\mathfrak{J}_{\xi,\,\eta,\,\zeta} = \int\!\!\int\!\!\int_{-\infty}^{+\infty} H\,(v)\,\xi^{2\,k}\,\eta^{2\,m}\,\zeta^{2\,n}\,d\xi\,d\eta\,d\zeta, \tag{2}$$

deren Umformungen angegeben werden sollen.

---

*) Originalmitteilung.

2. Allgemeine Umformung der Integrale (2)

Mit Hilfe von Kugelkoordinaten*)

$$\xi = v \cos \vartheta$$

$$\eta = v \cos \varphi \sin \vartheta$$

$$\zeta = v \sin \varphi \sin \vartheta$$

ergibt (2)

$$\int\!\!\!\int\!\!\!\int_{-\infty}^{+\infty} H(v)\, \xi^{2k} \eta^{2m} \zeta^{2n}\, d\xi\, d\eta\, d\zeta =$$

$$= \int\!\!\!\int\!\!\!\int_{0\,0\,0}^{\infty\,\pi\,2\pi} H(v)\, v^{2(k+m+n)} \cos^{2k}\vartheta \cos^{2m}\varphi \sin^{2m}\vartheta \sin^{2n}\varphi \sin^{2n}\vartheta\, v^2 \sin\vartheta\, d v\, d\vartheta\, d\varphi. \tag{3}$$

Nun gilt[4])

$$\int_0^{2\pi} \cos^{2m}\varphi \sin^{2n}\varphi\, d\varphi = \frac{1\cdot 3\cdot 5 \cdots (2m-1)}{2^m \cdot m!} \cdot \frac{1\cdot 3\cdot 5\cdots (2n-1)}{2^n\cdot (m+1)(m+2)\cdots (m+n)} \int_0^{2\pi} d\varphi \tag{4}$$

und

$$\int_0^{\pi} \cos^{2k}\vartheta \sin^{2m+2n+1}\vartheta\, d\vartheta = \frac{2^{m+n}\cdot (m+n)!}{(2k+1)(2k+3)\cdots (2k+2m+2n+1)} \int_0^{\pi} \sin\vartheta\, d\vartheta. \tag{5}$$

Werden (4) und (5) in (3) eingesetzt, dann ergibt sich auf der rechten Seite ein nur noch von v abhängiger Ausdruck, und es wird

$$\int\!\!\!\int\!\!\!\int_{-\infty}^{+\infty} H(v)\, \xi^{2k} \eta^{2m} \zeta^{2n}\, d\xi\, d\eta\, d\zeta =$$

$$= \frac{1\cdot 3\cdot 5\cdots (2m-1)\cdot 1\cdot 3\cdot 5\cdots (2n-1)}{(2k+1)(2k+3)\cdots (2k+2m+2n+1)} \int_0^{\infty} H(v)\, v^{2(k+m+n)}\, 4\pi v^2\, d v. \tag{6}$$

Mit

$$H(v) = G(v) f_0 \tag{7}$$

und

$$4\pi v^2 f_0 = F_0(v)$$

als Maxwell-Boltzmannsches Geschwindigkeitsverteilungsgesetz folgt aus (6) dann

$$\int\!\!\!\int\!\!\!\int_{-\infty}^{+\infty} \xi^{2k} \eta^{2m} \zeta^{2n} G(v)\, f_0\, d\xi\, d\eta\, d\zeta =$$

$$= \frac{1\cdot 3\cdot 5\cdots (2m-1)\cdot 1\cdot 3\cdot 5\cdots (2n-1)}{(2k+1)(2k+3)\cdots (2k+2m+2n+1)} \int_0^{\infty} v^{2(k+m+n)} G(v)\, F_0(v)\, d v, \tag{8}$$

die allgemeinste Umformung für die in der Theorie der Viskosität auftretenden Integrale.

---

*) Diesen Weg gehen S. Chapman und T. G. Cowling[3]) in einem einfachen Spezialfall.

3. Sonderfälle

Für $n = 0$ tritt in (6) das Produkt $1 \cdot 3 \cdot 5 \cdots (2n - 1)$ nicht auf. Daher wird

$$\int\!\!\int\!\!\int_{-\infty}^{+\infty} H(v)\, \xi^{2k}\, \eta^{2m}\, d\xi\, d\eta\, d\zeta =$$

$$= \frac{1 \cdot 3 \cdot 5 \cdots (2m - 1)}{(2k + 1)(2k + 3) \cdots (2k + 2m + 1)} \int_0^{\infty} H(v)\, v^{2(k+m)}\, 4\pi\, v^2\, dv. \tag{9}$$

Für $n = m = 0$ tritt auch das Produkt $1 \cdot 3 \cdot 5 \cdots (2m - 1)$ dort nicht auf, und es ergibt sich

$$\int\!\!\int\!\!\int_{-\infty}^{+\infty} H(v)\, \xi^{2k}\, d\xi\, d\eta\, d\zeta = \frac{1}{2k + 1} \int_0^{\infty} H(v)\, v^{2k}\, 4\pi\, v^2\, dv. \tag{10}$$

Für $k = m = n = 1$ wird

$$\int\!\!\int\!\!\int_{-\infty}^{+\infty} H(v)\, \xi^2\, \eta^2\, \zeta^2\, d\xi\, d\eta\, d\zeta = \frac{1}{105} \int_0^{\infty} H(v)\, v^6\, 4\pi\, v^2\, dv, \tag{6a}$$

$n = 0$, $k = m = 1$ liefert*)

$$\int\!\!\int\!\!\int_{-\infty}^{+\infty} H(v)\, \xi^2\, \eta^2\, d\xi\, d\eta\, d\zeta = \frac{1}{15} \int_0^{\infty} H(v)\, v^4\, 4\pi\, v^2\, dv. \tag{9a}$$

Mit (7) wird aus (9a)

$$\int\!\!\int\!\!\int_{-\infty}^{+\infty} \xi^2\, \eta^2\, G(v)\, f_0\, d\xi\, d\eta\, d\zeta = \frac{1}{15} \int_0^{\infty} v^4\, G(v)\, F_0(v)\, dv. \tag{8a}$$

Gleichung (8a) ist in der Theorie der Viskosität bedeutungsvoll und der Ausgangspunkt der vorliegenden Untersuchung.

Schließlich liefern

$m = n = 0$, $k = 1$:

$$\int\!\!\int\!\!\int_{-\infty}^{+\infty} H(v)\, \xi^2\, d\xi\, d\eta\, d\zeta = \frac{1}{3} \int_0^{\infty} H(v)\, v^2\, 4\pi\, v^2\, dv, \tag{10a}$$

$m = n = 0$, $k = 2$:

$$\int\!\!\int\!\!\int_{-\infty}^{+\infty} H(v)\, \xi^4\, d\xi\, d\eta\, d\zeta = \frac{1}{5} \int_0^{\infty} H(v)\, v^4\, 4\pi\, v^2\, dv \tag{10b}$$

und $m = n = 0$, $k = 3$:

$$\int\!\!\int\!\!\int_{-\infty}^{+\infty} H(v)\, \xi^6\, d\xi\, d\eta\, d\zeta = \frac{1}{7} \int_0^{\infty} H(v)\, v^6\, 4\pi\, v^2\, dv. \tag{10c}$$

Von diesen Umformungen wird in der Theorie der Transporterscheinungen hauptsächlich (10a) benötigt.

---

*) s. A. Eucken[1]).

4. Beziehungen

Für $m = k$ läßt sich (9) auf (10) zurückführen. Wird nämlich in (9) $m = k$ und in (10) $2k$ an Stelle von k gesetzt, dann sind die Integrale der rechten Seiten von (9) und (10) einander gleich, und es ergibt sich außerhalb der beschriebenen Umformungen eine Beziehung zwischen den beiden linken Seiten. Unter Berücksichtigung der Faktoren in beiden Gleichungen folgt

$$\frac{(2k+1)(2k+3)\cdots(4k-1)}{1\cdot 3\cdot 5\cdots(2k-1)} \int\!\!\!\int\!\!\!\int_{-\infty}^{+\infty} H(v)\,\xi^{2k}\,\eta^{2k}\,d\xi\,d\eta\,d\zeta =$$
$$= \int\!\!\!\int\!\!\!\int_{-\infty}^{+\infty} H(v)\,\xi^{4k}\,d\xi\,d\eta\,d\zeta\,. \tag{11}$$

In gleicher Weise kann für $n = m = k$ auch (6) auf (10) zurückgeführt werden, wenn in (6) $n = m = k$ und in (10) $3k$ an Stelle von k gesetzt wird. Dann ergibt sich entsprechend

$$\frac{(2k+1)(2k+3)\cdots(6k-1)}{1^2\cdot 3^2\cdot 5^2\cdots(2k-1)^2} \int\!\!\!\int\!\!\!\int_{-\infty}^{+\infty} H(v)\,\xi^{2k}\,\eta^{2k}\,\zeta^{2k}\,d\xi\,d\eta\,d\zeta =$$
$$= \int\!\!\!\int\!\!\!\int_{-\infty}^{+\infty} H(v)\,\xi^{6k}\,d\xi\,d\eta\,d\zeta\,. \tag{12}$$

Als Spezialfall von (12) folgt für $k = 1$

$$15 \int\!\!\!\int\!\!\!\int_{-\infty}^{+\infty} H(v)\,\xi^2\,\eta^2\,\zeta^2\,d\xi\,d\eta\,d\zeta = \int\!\!\!\int\!\!\!\int_{-\infty}^{+\infty} H(v)\,\xi^6\,d\xi\,d\eta\,d\zeta\,, \tag{12a}$$

wie sich leicht auch aus (6a) und (10c) zeigen läßt, und als Spezialfall von (11) ergibt $k = 1$

$$3 \int\!\!\!\int\!\!\!\int_{-\infty}^{+\infty} H(v)\,\xi^2\,\eta^2\,d\xi\,d\eta\,d\zeta = \int\!\!\!\int\!\!\!\int_{-\infty}^{+\infty} H(v)\,\xi^4\,d\xi\,d\eta\,d\zeta \tag{11a}$$

oder mit (7)

$$3 \int\!\!\!\int\!\!\!\int_{-\infty}^{+\infty} \xi^2\,\eta^2\,G(v)\,f_0\,d\xi\,d\eta\,d\xi = \int\!\!\!\int\!\!\!\int_{-\infty}^{+\infty} \xi^4\,G(v)\,f_0\,d\xi\,d\eta\,d\zeta\,, \tag{11b}$$

abgekürzt

$$3\,\Im_{\xi,\eta} = \Im_{\xi,\xi}\,, \tag{11c}$$

wie leicht auch aus (9a), (10b) ablesbar ist.

Beziehung (11c) findet sich bei EUCKEN[1]), der sie durch Anwendung der Transformation

$$\xi = \frac{1}{\sqrt{2}}\,(\sigma + \varrho)$$
$$\eta = \frac{1}{\sqrt{2}}\,(\sigma - \varrho) \tag{13}$$

mittels nachträglicher Identifizierung von ϱ und σ mit ξ und η herleitet. Durch Einsetzen von

$$v^4 = (\xi^2 + \eta^2 + \zeta^2)^2$$

in die rechte Seite von (9a) ergibt sich mit (11c) dann die linke.

Die Verallgemeinerung der algebraischen Transformation (13) zum Beweise von Beziehung (12) und damit zur Herleitung der allgemeinsten Umformung (6) dürfte jedoch (wenn überhaupt möglich) schon durch die notwendig werdende Auflösung komplizierter Gleichungssysteme mit großen Schwierigkeiten verbunden sein, während die hier vorgetragene Methode die gesuchten Umformungen auf einfache Weise und in der allgemeinsten Form herzuleiten gestattet.

Literatur

[1] Eucken, A.: Lehrbuch der chemischen Physik, 3. Aufl., Bd. 2, 1. Leipzig 1950.
[2] Jeans, J.-H.: Theorie dynamique des gaz. Paris 1925.
[3] Chapman, S., T. G. Cowling: The Mathematic Theory of Non-uniform Gases. Cambridge 1953.
[4] Gröbner, W., N. Hofreiter: Integraltafel Bd. 1. Wien und Innsbruck 1949.

Spektrale Strahlstärkeverteilung und Energiebilanz von Xenon-Hochdrucklampen hoher Leistung*)

Von

H. Grabner und H. Schlegel

Mit 5 Abbildungen

An Xenon-Hochdrucklampen hoher Leistungsaufnahme werden die Strahlstärken und Strahlungsflüsse bestimmt und mit Hilfe eines Filterdifferenzverfahrens die spektralen Strahlungsanteile gemessen. Die Strahlung der Elektroden und des Quarzglaskolbens wird von der Gesamtstrahlung abgetrennt und eine detaillierte Energiebilanz der untersuchten Lampen aufgestellt.

Einleitung

Gegenstand der Untersuchung sind die von Osram hergestellten Xenon-Hochdrucklampen hoher Leistungsaufnahme XBO 1001, XBO 2001 und XBF 6001[1]). Die beiden XBO-Typen sind luftgekühlte Kurzbogenlampen mit einer Bogenlänge von wenigen Millimetern und einer Leistungsaufnahme von 1000 bzw. 2000 Watt, die Lampe XBF 6001 ist eine wassergekühlte Langbogenlampe mit einer Bogenlänge von 110 mm und einer Leistungsaufnahme von 6000 Watt. Die Strahlung aller aufgeführten Lampen besitzt im sichtbaren Gebiet eine tageslichtähnliche und weitgehend kontinuierliche Spektralverteilung, der man eine Verteilungstemperatur zuordnen kann, und im infraroten Gebiet eine ausgeprägte Liniengruppe bei 900 nm, die dem Kontinuum überlagert ist. An den sichtbaren Bereich schließt sich das ultraviolette Kontinuum an, das im nahen und mittleren Ultraviolett durch den Quarzglaskolben der luftgekühlten Lampen nur geringfügig geschwächt, dagegen vom Kühlgefäß der wassergekühlten Lampen fast völlig absorbiert wird.

Um bei diesen Lampen die abgestrahlte Leistung in definierten Spektralbereichen zu bestimmen sowie um festzustellen, mit welchen Anteilen neben dem Bogenplasma die massiven Wolframelektroden und der Quarzglaskolben an der Gesamtstrahlung beteiligt sind, wurde bei den verschiedenen Entladungen bestimmt:

1. die relative Strahlstärke senkrecht zur Bogenachse in acht Spektralbereichen mit Hilfe der Filterdifferenzmethode;

---

*) Auszug aus der Diplomarbeit von H. Schlegel, Freie Universität Berlin, 1955.

2. die unzerlegte Strahlstärke senkrecht zur Bogenachse in W/sr (Watt pro Raumwinkeleinheit) durch Vergleich mit der als bekannt angenommenen Strahlstärke der Lampe XBF 6001;

3. die ähnlichste Verteilungstemperatur im sichtbaren Gebiet aus den Werten der Messung 1) nach der Methode der kleinsten Quadrate.

Sodann wurden unter Annahme, daß das infrarote Kontinuum für $\lambda > 2{,}5 \cdot 10^3$ nm nach A. Unsöld durch ein λ^{-2}-Gesetz darstellbar ist, die Strahlstärken und Strahlungsflüsse in den Spektralbereichen nach dem Ursprung (Kontinuum, Linien, Elektroden, Quarzglaskolben) getrennt berechnet.

Durchführung

Das zur Messung der relativen spektralen Strahlstärkeanteile benutzte Filterdifferenzverfahren ist verschiedentlich beschrieben worden[2,3]. Es besteht im wesentlichen darin, daß man die Messung mit Filtern durchführt, die einen sehr steilen einseitigen Abfall des Durchlaßgrades besitzen und im Durchlässigkeitsgebiet eine möglichst große, konstante und übereinstimmende Durchlässigkeit zeigen. Durch Subtraktion der mit verschiedenen Filtern erhaltenen Meßwerte ergeben sich in einfacher Weise die Anteile der jeweils zwischen zwei Filtergrenzen gelegenen Strahlung. Zur Unterteilung des sichtbaren Bereichs wurden die Schott-Filter GG 14 und RG 1 benutzt (kurzwellige Grenzen bei 500 nm bzw. 603 nm), zur Abgrenzung gegen den ultravioletten Bereich diente das Filter GG 18 und zur Abgrenzung gegen das infrarote Gebiet das Filter RG 8 (375 nm bzw. 705 nm). Der ultraviolette Bereich wurde mit dem Filter WG 5 bei 318 nm unterteilt und bei etwa 200 nm durch eine Quarzglasküvette abgeschlossen (2 mm Quarzglas, 10 mm Wasser). Diese Küvette blieb bei sämtlichen Messungen im Strahlengang eingeschaltet, um das unterschiedliche Auslaufen der Filterdurchlässigkeiten im infraroten Bereich zu unterdrücken. Lediglich zur Unterteilung des Infrarots in zwei Bereiche wurde jeweils eine Messung ohne Küvette gemacht, da die Wasserschicht eine ziemlich scharfe Absorptionskante bei 1,14 μ besitzt. Jenseits von 4,2 μ begrenzt die Abdeckplatte des Thermoelementes die registrierte Strahlung. Abb. 1 zeigt den Verlauf der mit diesen Filtern erhaltenen Differenzbereiche.

Die Strahlung wurde mit einem Vakuum-Thermoelement nach Haase in Verbindung mit einem Multiflex-Galvanometer nachgewiesen. Zur Untersuchung einzelner Bogenteile war eine Abbildung des Bogens in der Ebene des Thermoelementes nötig. Hierzu wurde eine kleine Lochblende benutzt, die so bemessen wurde, daß die durch Beugungsunschärfe und geometrische Unschärfe begrenzte Abbildungsgüte optimal war.

Mit dieser Anordnung wurden für die Lampen XBO 1001, XBO 2001 und XBF 6001 die relativen Strahlstärken mit den angegebenen Filtern bei verschiedenen Leistungen (und zum Teil auch für verschiedene Bogengebiete) gemessen und aus diesen Werten die relativen spektralen Strahlstärkenanteile in den verschiedenen Bereichen (Abb. 1) berechnet.

Die Absoluteichung erfolgte durch eine Lampe der Type XBF 6001, bei der die gesamte nicht abgestrahlte Leistung vom Kühlwasser abgeführt wird. Mißt man diese Verlustleistung kalorimetrisch, so kennt man auch die abgestrahlte Leistung und kann über einen durch die Indikatrix der Lampe gegebenen Faktor (hier Raumwinkelfaktor genannt) die Strahlstärke ausrechnen. Die Verlustleistung wurde von H. Schirmer[4] angegeben. Durch Vergleich mit der Strahlstärke der Lampe XBF 6001 erhält man so die Strahlstärke der unzerlegten Strahlung der luftgekühlten XBO-Lampen in W/sr und damit die Strahlstärken in den benutzten Spektralbereichen im absoluten Maß. Diese sind im folgenden mit S_i ($i = 1$ bis 8) bezeichnet.

Zur Aufstellung der Energiebilanz ist weiterhin eine Trennung der Bogenstrahlung von der der Elektroden und des Kolbens erforderlich:

Die Strahlstärken S_1 bis S_5 enthalten die Strahlung des Bogenkontinuums im ultravioletten und sichtbaren Gebiet (die Linienstrahlung ist kleiner als 1% und soll vernachlässigt werden). Die Strahlung des infraroten Bereiches S_6 setzt sich aus der Strahlung des Bogens und der der Elektroden (S_{W6}) zusammen, wobei die

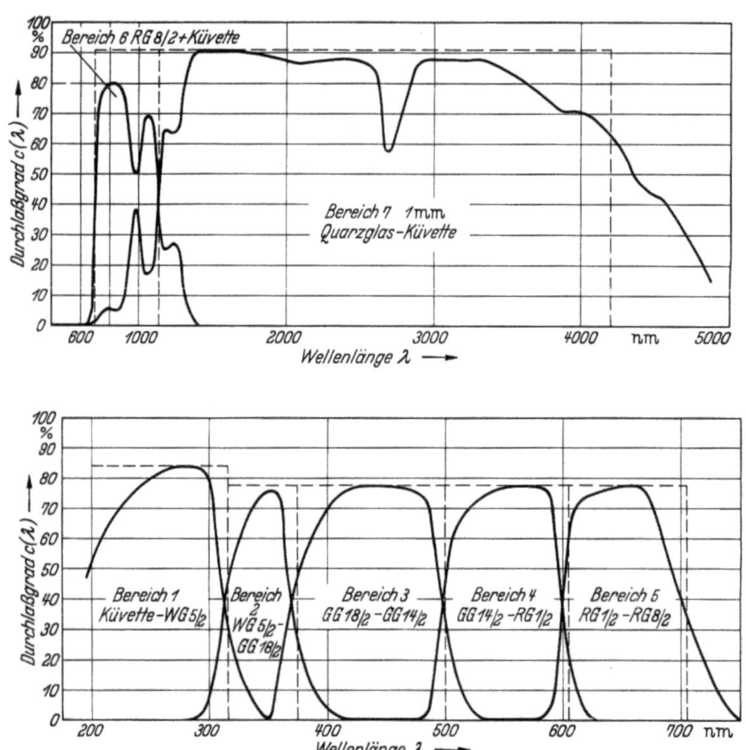

Abb. 1. Resultierender spektraler Durchlaßgrad bei Anwendung des Filterdifferenzverfahrens mit den angegebenen Filtern.

Bogenstrahlung noch in Kontinuum (S_{K6}) und Linienstrahlung (S_{L6}) zu unterteilen ist:

$$S_6 = S_{K6} + S_{L6} + S_{W6}. \tag{1}$$

Entsprechend besteht S_7 aus dem zwischen der Wasserabsorption und der Quarzabsorption gelegenen Kontinuum S_{K7} und dem in diesem Bereich gelegenen Elektrodenanteil S_{W7}. Hinzu kommt ferner der Anteil der Kolbenstrahlung, der von dem Fenster des Thermoelementes hindurchgelassen wird (S_{Q7}).

$$S_7 = S_{K7} + S_{W7} + S_{Q7}. \tag{2}$$

Die Summanden von (1) und (2) sind einzeln zu ermitteln. Dies gelingt folgendermaßen: Bei der Abtastung der Abbildung des Bogens findet man einen Punkt, in dem die nach der Methode der kleinsten Quadrate durch Vergleich mit der

Folge der PLANCK-Strahler ermittelte Verteilungstemperatur gleich der Verteilungstemperatur der gesamten Strahlung der Lampe im sichtbaren Bereich ist. Man kann annehmen, daß die in diesem Punkte herrschende relative spektrale Strahlstärkeverteilung mit hinreichender Genauigkeit der Strahlstärkeverteilung der Gesamtstrahlung ohne Elektroden entspricht. Die relativen Strahlstärken der von diesem Punkt ausgehenden Strahlung sollen durch kleine s_i bezeichnet werden.

Dann gilt:

$$s_i = S_i \text{ für } i = 1 \text{ bis } 5 \tag{3}$$

$$s_6 = s_{K6} + s_{L6} \tag{4}$$

$$s_7 = s_{K7} + s_{Q7}. \tag{5}$$

Da die Strahlstärke im sichtbaren Bereich praktisch allein vom Bogen stammt, ist ferner

$$s_3 + s_4 + s_5 = S_3 + S_4 + S_5 \text{ (W/sr)}. \tag{5}$$

Damit sind auch die s_i im absoluten Maß bekannt und man erhält für die Strahlstärken der Elektrodenstrahlung

$$S_{W6} = S_6 - s_6, \tag{6a}$$

$$S_{W7} = S_7 - s_7. \tag{6b}$$

Ferner kann man den Anteil der Linien und die Kolbenstrahlung separieren, wenn man über die kontinuierliche Strahlung folgende Annahmen macht:

1. im nahen Infrarot läßt sich die relative spektrale Energieverteilung des Xenon-Bogenkontinuums angenähert durch das PLANCKsche Strahlungsgesetz darstellen,

2. im infraroten Bereich $\lambda > 2{,}5 \cdot 10^3$ nm wird die Kontinuumstrahlung des Bogens durch das Strahlungsgesetz von UNSÖLD beschrieben.

Hierzu wurde unter Verwendung der ermittelten Verteilungstemperatur das Kontinuum vom Sichtbaren ausgehend bis $2{,}5 \cdot 10^3$ nm mit der PLANCKschen Gleichung extrapoliert und hieran ein Abfall mit λ^{-2} angeschlossen. Auf diese Weise erhält man die S_{K6} und S_{K7} in absolutem Maß und damit nach (4) und (5) die Anteile S_{L6} und S_{Q7}. Damit sind alle gesuchten Strahlstärkeanteile nach dem Ursprung und nach Spektralgebieten getrennt in W/sr bekannt.

Es ist nun jedoch nicht möglich, aus diesen Strahlstärken durch einfache Umrechnung für die luftgekühlten Lampen die gesamte abgestrahlte Leistung zu erhalten, da die Raumwinkelfaktoren nur für die Strahlung des Bogens gelten, während andererseits die Elektroden und der Kolben bei den Kurzbogenlampen an der Abstrahlung wesentlich beteiligt sind und völlig andere Raumwinkelfaktoren besitzen.

Die Abstrahlung der Elektroden läßt sich in folgender Weise bestimmen: Das Maximum der spektralen Verteilung der von den Elektroden ausgehenden Strahlung liegt bei den in Frage kommenden Temperaturen in der Nähe der Grenze zwischen den Bereichen 6 und 7. Das Verhältnis der Elektrodenstrahlung beider Bereiche eignet sich deshalb gut zur Bestimmung einer mittleren Temperatur der Elektroden. Hierzu wurde unter Berücksichtigung der Kolbenabsorption mit den Tabellen von J. C. DE VOS[5]) durch numerische Integration das Verhältnis $S_{W7}/S_{W6} = \Omega(T)$ berechnet. Da die spezifische Ausstrahlung von Wolfram $R_e(T)$ in Watt/cm² ebenfalls als Funktion der Temperatur bekannt ist, kann man unter Elimination der Temperatur diese als Funktion von $\Omega(T)$ angeben (Abb. 2). Mit dem durch die Messung erhaltenen $\Omega\,(T)$ kann man aus dem Diagramm direkt die spezifische Ausstrahlung $R_e\,(T)$ für die Wolframelektroden ablesen und erhält nach Multiplikation mit der Elektrodenfläche die Leistungsabstrahlung der Elektroden.

Der Raumwinkelfaktor der Kolbenstrahlung kann ohne wesentlichen Fehler zu $4\,\pi$ angenommen werden. Man erhält so jedoch nur einen Teil der vom Kolben wirklich abgestrahlten Energie, da der Hauptteil der Quarzglasstrahlung von der Fensterplatte des Thermoelementes absorbiert wird. Es wurde deshalb nach Angaben von W. A. Parlin[6]) berechnet, wie groß der Anteil der Strahlung einer auf höherer Temperatur befindlichen 3 mm dicken Quarzglasplatte ist, der von einer auf Zimmertemperatur befindlichen 1 mm

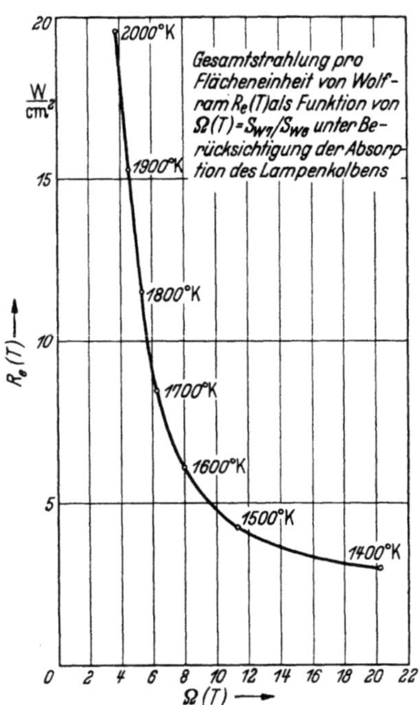

Abb. 2. Gesamtstrahlung pro Flächeneinheit von Wolfram $(R_e\,(T))$ als Funktion von $(T) = \dfrac{S\,W7}{S\,W6}$ unter Berücksichtigung der Absorption des Lampenkolbens.

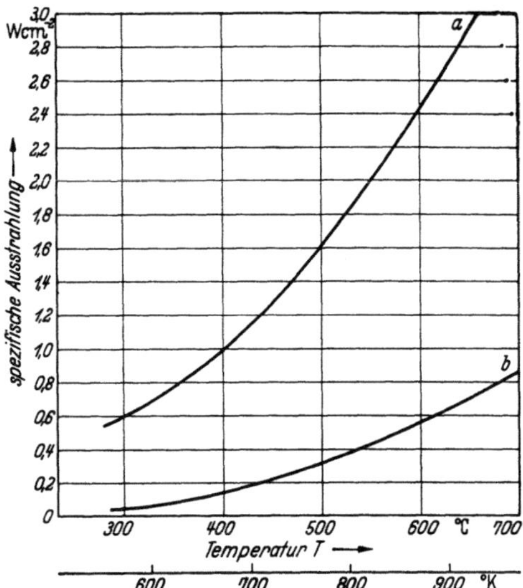

Abb. 3. Absolute (a) und thermo-elektrisch erfaßte (b) Gesamtstrahlung von Quarzglas (3 mm).

dicken Quarzglasplatte absorbiert wird. Das Ergebnis ist für verschiedene Temperaturen in Abb. 3 gezeichnet. Mit Hilfe dieses Diagramms kann man, da s_{Q7} aus (5) bekannt ist, die Gesamtabstrahlung des Kolbens zumindest näherungsweise angeben.

Ergebnisse und Diskussion

Die folgenden Tabellen enthalten die nach der oben dargestellten Methode erhaltenen absoluten spektralen Strahlungsflußanteile nach dem Ursprung der Strahlung getrennt. Die Angaben erfolgen in Watt, die eingeklammerten Zahlen bedeuten Prozente der aufgewendeten elektrischen Leistung N.

Bei allen untersuchten Lampen werden etwa 35...40% der aufgewendeten Leistung in Bogenstrahlung umgesetzt. Hiervon entfallen bei den Kurzbogenlampen etwa drei Viertel auf das Kontinuum und ein Viertel auf die starke infrarote Liniengruppe. Bei der wassergekühlten Lampe XBF 6001 beträgt die Linien-

Tabelle 1. XBO 1001, N = 1100 W.

Ursprung	Spektralbereiche							Summe
	200...318 nm	318...375 nm	375...500 nm	500...603 nm	603...705 nm	705...1140 nm	1140...Rest-IR	
Kontin.	9,4 (0,9)	21,7 (2,0)	56 (5,1)	49 (4,5)	37 (3,4)	105 (9,5)	71,6 (6,5)	350 (31,8)
Linien	—	—	—	—	—	90,2 (8,2)	—	90,2 (8,2)
Elektr.	—	—	—	—	—	24,6 (2,2)	123,4 (11,2)	148 (13,4)
Quarz	—	—	—	—	—	—	70 (6,4)	70 (6,4)
Summe	9,4 (0,9)	21,7 (2,0)	56 (5,1)	49 (4,5)	37 (3,4)	202 (18,4)	272 (24,7)	658 (59,0)

Tabelle 2. XBO 2001, N = 1990 W.

Ursprung	Spektralbereiche							Summe
	200...318 nm	318...375 nm	375...500 nm	500...603 nm	603...705 nm	705...1140 nm	1140...Rest-IR	
Kontin.	10,3 (0,5)	50,5 (2,5)	104,9 (5,3)	98,4 (4,9)	72,7 (3,6)	191,7 (9,6)	138,6 (7,0)	667,1 (33,3)
Linien	—	—	—	—	—	175,5 (8,8)	—	175,5 (8,8)
Elektr.	—	—	—	—	—	35,0 (1,8)	205,0 (10,3)	240,0 (12,1)
Quarz	—	—	—	—	—	—	231,0 (11,6)	231,0 (11,6)
Summe	10,3 (0,5)	50,5 (2,5)	104,9 (5,3)	98,4 (4,9)	72,7 (3,6)	402,2 (20,2)	574,6 (28,9)	1313,6 (65,8)

Tabelle 3. XBF 6001, N = 6000 W.

Ursprung	Spektralbereiche							Summe
	200...318 nm	318...375 nm	375...500 nm	500...603 nm	603...705 nm	705...1140 nm	1140...1400 nm	
Kontin.	—	23 (0,4)	231 (3,9)	235 (3,9)	174 (2,8)	515 (8,6)	276 (4,6)	1454 (24,2)
Linien (IR)	—	—	—	—	—	845 (14,1)	—	845 (14,1)
								2300 (38,3)

strahlung mehr als die Hälfte des Kontinuums. Die Elektrodenstrahlung der Kurzbogenlampen macht etwa 15%, die Kolbenstrahlung etwa 7% der elektrischen Leistung aus. Bei der wassergekühlten Lampe ist hingegen der Anteil der nicht vom Bogen herrührenden Strahlung zu vernachlässigen. 13...14% der elektrischen Leistung werden von den Kurzbogenlampen im sichtbaren Bereich ausgestrahlt, etwa 3% im UV und 40...50% im infraroten. Die wassergekühlte Langbogenlampe strahlt im sichtbaren Bereich etwa 10% und im infraroten etwa 25% ab, während die Ausstrahlung im UV wegen des Glasmantels unter 1% liegt.

An der Lampe XBO 1001 wurden Messungen bei variierter elektrischer Leistung gemacht. Abb. 4 zeigt die nach dem Ursprung der Strahlung getrennten Strahlungsflußanteile in Prozenten der elektrischen Leistung N.

Das Kontinuum und damit die Lichtausbeute steigt proportional $N^{1,35}$ an, die Ausbeute der infraroten Linienstrahlung ist leistungsunabhängig, während die Ausbeute der Kolben- und Elektrodenstrahlung mit steigender Leistung abnimmt. Die Ausbeute der Gesamtstrahlung bleibt praktisch konstant.

Tabelle 4. Strahlungsflüsse des Bogens (Φ_{eB}), der Elektroden (Φ_{eW}) und des Quarzglaskolbens (Φ_{eQ}) sowie Verluste durch Außenkonvektion und äußere Wärmeleitung (Q) für verschiedene Xenon-Hochdrucklampen.

(Die Angaben werden in Watt bzw. in Prozenten der zugeführten elektrischen Leistung gemacht).

Lampe	N	Φ_{eB}		Φ_{eW}		Φ_{eQ}		Q	
	(W)	(W)	(%)	(W)	(%)	(W)	(%)	(W)	(%)
XBO 1001	1100	440	40	148	13	77	7	435	40
	1000	392	39	144	14	68	7	396	40
	870	331	38	139	16	64	7	336	39
	640	222	35	112	18	58	9	248	39
	430	135	31	95	22	48	11	152	35
XBO 2001	1990	843	42	240	12	231	12	676	34
XBF 6001	6000	2300	38	—	—	—	—	3700	62

Zur Diskussion der Energiebilanz sind die nach dem Ursprung zusammengefaßten Strahlungsflußanteile und die Wärmeverluste Q (Außenkonvektion und äußere Wärmeleitung) in Tabelle 4 übersichtlich zusammengefaßt.

An Hand dieser Tabelle und der Abb. 5 soll die Dissipation der zugeführten elektrischen Leistung betrachtet werden. Zur Veranschaulichung sind in der Abb. 5 die für die Lampe XBO 1001 bei $N = 1000$ W erhaltenen Werte eingezeichnet. Die der Lampe zugeführte Leistung N wird im stationären Zustand primär praktisch vollständig in kinetische Energie der Elektronen, Ionen und Atome und in Anregungs- und Ionisationsenergie umgesetzt. Ein Teil dieser Leistung verläßt die Lampe als Strahlung Φ_{eB}, während ein Strahlungsanteil Φ'_{eB} vom Kolben absorbiert wird. Die vom Bogen nicht abgestrahlte Leistung fließt vom Plasma zu den Elektroden und der Quarzglaswandung ab. Bei der wassergekühlten Lampe XBF 6001 wird dieser Leistungsanteil vollständig vom Kühlwasser abgeführt, da die Strahlung der Elektroden zu vernachlässigen ist. Bei den luftgekühlten Lampen ist hingegen der Anteil der Elektrodenstrahlung und

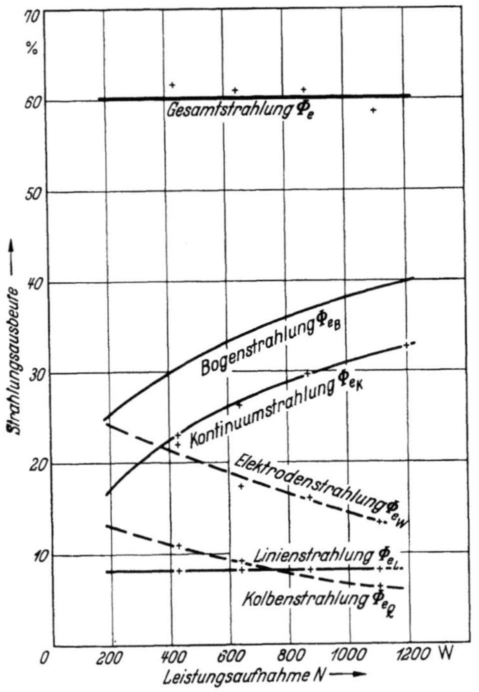

Abb. 4. Strahlungsausbeuten bei Leistungsvariation.

der Kolbenstrahlung nicht zu vernachlässigen, so daß beide Konstruktionselemente bei der Aufstellung der Energiebilanz berücksichtigt werden müssen. Bezeichnet man zu diesem Zweck die den Elektroden zugeführte Leistung mit N_E und mit Q'_B die vom Bogen zur Wand abfließende Wärme, so lautet die Energiebilanz für den Bogen:

$$N = N_E + \Phi e_B + \Phi' e_B + Q'_B. \tag{7}$$

Die Elektroden werden durch die auf sie übergehende Leistung N_E stark aufgeheizt. Von der von ihnen ausgehenden Strahlung verläßt ein Anteil Φe_W die Lampe, während ein kleinerer Anteil $\Phi' e_W$ von der Quarzglaswandung absorbiert wird. Damit lautet die Energiebilanz für die Elektroden:

$$N_E = \Phi e_W + \Phi' e_W + Q'_W. \tag{8}$$

Der Kolben wird ebenfalls durch die ihm zugeführte Leistung erwärmt und gibt seine Energie nach außen durch Wärmeübergang (Q) und Strahlung (Φe_Q) ab.

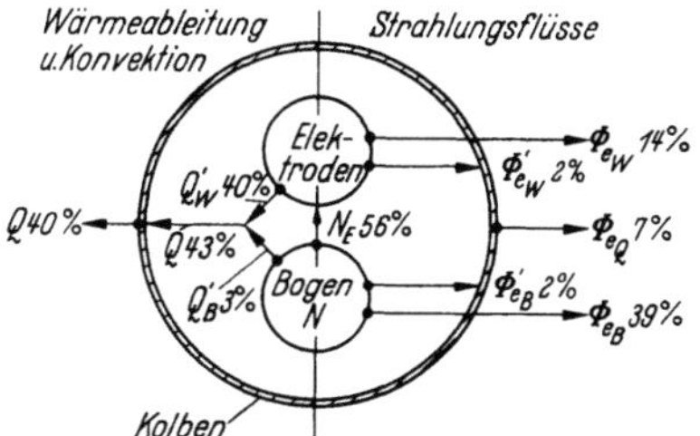

Abb. 5. Lampe XBO 1001; Schematische Darstellung der Aufteilung der zugeführten elektr. Leistung in °/₀, bei N = 1000 W.

Bezeichnet man mit $Q' = Q'_W + Q'_B$ die gesamte dem Kolben durch innere Transportvorgänge zugeführte Wärme, so lautet die Energiebilanz für den Kolben:

$$\Phi' e_B + \Phi' e_W + Q' = \Phi e_Q + Q. \tag{9}$$

Aus der Tabelle 4 sind die Werte für N, Φe_B, Φe_W, Φe_Q und Q bekannt. Die vom Quarzglas absorbierten Strahlungsanteile $\Phi' e_B$ und $\Phi' e_W$ lassen sich aus den bekannten spektralen Verteilungen der Bogenstrahlung und der Wolframstrahlung mit Hilfe des ebenfalls bekannten Absorptionsgrades von Quarzglas durch Extrapolation berechnen. Man erhält:

$$\Phi' e_B = 0{,}053 \, \Phi e_B, \tag{10a}$$

$$\Phi' e_W = 0{,}125 \, \Phi e_W. \tag{10b}$$

Damit ist die dem Kolben zugeführte Wärme Q' nach (9) ebenfalls bekannt. Die folgende Tabelle 5 bringt die nach (10a) und (10b) bestimmten Leistungsanteile, die der Kolbenwand von innen zugeführt werden.

Tabelle 5.
Dem Kolben zugeführte Leistungsanteile in Watt und in Prozenten der Leistung N.

Lampe	N	$\Phi' e_B$		$\Phi' e_W$		Q'	
	(W)	(W)	(%)	(W)	(°/₀)	(W)	(°/₀)
XBO 1001	1100	23	2,1	19	1,7	470	42,7
	870	18	2,1	18	2,1	364	41,8
	640	12	1,9	14	2,2	280	43,8
	430	7	1,6	12	2,8	181	42,1
XBO 2001	1990	45	2,3	30	1,5	786	39,5

Die vom Plasma auf die Elektroden übergehende Leistung N_E läßt sich aus den Messungen nicht direkt ermitteln. Kombiniert man die Gleichungen (7) und (8), so erhält man

$$N_E = \frac{N - 1{,}053\,\Phi_{eB} + 1{,}125\,\Phi_{eW} \cdot \dfrac{Q'_B}{Q'_W}}{1 + \dfrac{Q'_B}{Q'_W}}. \tag{11}$$

Man kann nun aus dem Verhältnis von Bogen- zu Elektrodenoberfläche und den Temperaturgradienten Kolben-Bogen und Kolben-Elektroden abschätzen, daß der Wert von Q'_B/Q'_W etwa $7 \cdot 10^{-2}$ beträgt. Damit läßt sich der Wert von N_E genähert angeben. In Tabelle 6 ist außer N_E der Spannungsbedarf angegeben, der sich hieraus für die Elektrodenverluste und für die Bogensäule ergibt.

Tabelle 6. Elektrodenverlustleistung N_E, Elektrodenverlustspannung U_V und Spannungsbedarf der Bogensäule U_B.

Lampe	N (W)	N_E (W)	N_E (%)	U_V (V)	U_B (V)
XBO 1001	1100	600	55	11,9	9,9
	870	500	57	11,1	8,3
	640	390	61	11,1	7,1
	430	270	63	10,8	6,4
XBO 2001	1990	1045	53	14,6	13,2

Während sich U_B bei einer Leistungsvariation beträchtlich ändert, ist die Änderung von U_V nur gering. Dies könnte so erklärt werden: Die den Elektroden zugeführte Leistung setzt sich einmal aus einem Leitungs- und Konvektionsanteil, zum anderen aus der beim Aufprall der in den Elektrodenfallgebieten beschleunigten Träger frei werdenden Leistung zusammen. Es ist nun aus anderen Untersuchungen bekannt (A. Bauer[7]), G. Ecker[8]), daß die Summe aus Kathodenfall und Anodenfall zwischen 10…12 V liegt. Es liegt deshalb nahe, anzunehmen, daß bei den hier untersuchten Kurzbogenlampen der Elektrodenfall etwa 11 V beträgt und bei niedrigen Leistungskonzentrationen praktisch die gesamte Leistungsübertragung vom Bogen auf die Elektroden über die Elektrodenfälle erfolgt. Erst bei höheren Leistungskonzentrationen tritt unter der Voraussetzung der Richtigkeit oben gemachter Annahmen eine Leistungsübertragung durch innere Transportvorgänge hinzu, die ein Ansteigen der Elektrodenverluste bewirkt. Die Konstanz der Elektrodenfälle kann als Ursache dafür angesehen werden, daß relativ zum gesamten Leistungsumsatz mit steigender Leistung ein Abfall der Elektrodenverlustleistung und der Elektrodenstrahlung eintritt.

Zusammenfassung

Die Energiebilanz verschiedener Xenon-Hochdrucklampen hoher Leistungsaufnahme wird aufgestellt. Hierzu wurden die relativen Strahlstärken der Lampen sowie definierter Bogenteile gemessen. Die Strahlung wurde mit der Filterdifferenzmethode in sieben Spektralbereiche unterteilt. Als Meßinstrument diente ein Vakuumthermoelement, das mit einer wassergekühlten Xenon-Hochdrucklampe der Type XBF 6001, deren Gesamtstrahlungsfluß und -strahlstärke aus Messungen der Verlustleistung bekannt war, absolut geeicht wurde. Damit sind die absoluten Strahlstärken in den Spektralbereichen bestimmt. Aus diesen

Werten wurden für die verschiedenen Lampen und Bogengebiete die ähnlichsten Verteilungstemperaturen durch Vergleich mit der spektralen Energieverteilung des schwarzen Körpers berechnet.

Die Lampenstrahlung setzt sich aus der Bogen-, der Elektroden- und der Kolbenstrahlung zusammen. Die Elektrodenstrahlung wurde durch Abbildung von der Bogen- und Kolbenstrahlung abgetrennt. Aus dem Verhältnis der Elektrodenstrahlung in den beiden infraroten Bereichen ergibt sich die mittlere Elektrodentemperatur zu etwa 1800° K.

Sodann wird unter der Annahme, daß die Emissionsverteilung des Bogenkontinuums im nahen Infrarot durch eine relative PLANCK-Verteilung und im mittleren Infrarot durch das UNSÖLDsche Strahlungsgesetz darstellbar ist, eine Zerlegung in Kontinuum, Linienstrahlung und Kolbenstrahlung vorgenommen.

Ferner ist das Verhalten der kontinuierlichen Strahlung und der infraroten Linienstrahlung in Abhängigkeit von der aufgewendeten Leistung untersucht worden. Die Kontinuumstrahlung beträgt bei den untersuchten Lampen 20...30% der Nennleistung. Sie nimmt bei Leistungserhöhung für einen Betriebsdruck von 25 Atm mit den Exponenten 1,35 zu. Der Anteil der infraroten Liniengruppe beträgt bei den Lampen XBO 1001 und XBO 2001 etwa 26%, bei der wassergekühlten Lampe XBF 6001 etwa 50% der kontinuierlichen Strahlung bei Nennleistung. Sie steigt linear mit der Leistung, so daß sich bei Leistungserhöhung das Verhältnis von Linien- zu Kontinuumstrahlung zugunsten der letzteren verschiebt.

Unter Verwendung der bekannten Strahlungseigenschaften von Wolfram und Quarzglas kann die gesamte vom Bogen, von den Elektroden und vom Kolben abgestrahlte Leistung berechnet und damit die Energiebilanz aufgestellt werden. Es ergibt sich für alle Lampen ein Anteil der Bogenstrahlung in Höhe von etwa 40% der zugeführten Leistung. Bei den luftgekühlten Lampen wird ferner ein Anteil von 10...20% von den Elektroden und von etwa 10% vom Kolben abgestrahlt. Der Rest wird durch Wärmeübergang an die umgebende Luft bzw. das Kühlwasser abgeführt.

Im sichtbaren Gebiet nimmt mit steigender Leistung die Strahlungsausbeute zu, da die Strahlung in diesem Bereich im wesentlichen aus dem Bogenkontinuum besteht. Dagegen ist die Gesamtstrahlungsausbeute bei den luftgekühlten Lampen von der aufgenommenen Leistung nahezu unabhängig, weil die Zunahme der Ausbeute der kontinuierlichen Bogenstrahlung kompensiert wird durch die Ausbeuteabnahme der Elektroden- und Kolbenstrahlung.

Literatur

[1] ITTIG, K., K. LARCHÉ u. F. MICHALK: Techn.-wiss. Abh. Osram-Ges. 6 (1953) S. 33—38.
LARCHÉ, K.: Z. VDI 94 (1952) S. 453—455.
LARCHÉ, K.: Lichttechnik 7 (1955) S. 221—224.
[2] KREFFT, H., M. PIRANI: Z. techn. Phys. 14 (1933) S. 393—411.
[3] MEYER, A. E. H., E. O. SEITZ: Ultraviolette Strahlen, 2. Aufl., Berlin 1949.
[4] SCHIRMER, H.: Z. angew. Phys. 4 (1954) S. 3—9.
[5] DE VOS, J. C.: The emissivity of tungsten ribbon, Diss. Amsterdam 1943.
[6] PARLIN, W. A.: Phys. Rev. 34 (1929) S. 81.
[7] BAUER, A.: Z. Phys. 138 (1954) S. 35.
[8] ECKER, G.: Z. Phys. 135 (1953) S. 105—118.

Ein neuer Typ von Xenonlampen*)

Von

A. Lompe

Mit 2 Abbildungen

Es wird eine neue Art von Xenonlampen beschrieben: Langbogenlampen großer Leistung ohne besondere Kühlung mit wandstabilisiertem Bogen. Zwei Beispiele dieser Lampen mit 20 bzw. 65 kW Leistungsaufnahme ergaben Lichtströme von 550000 bzw. 2000000 lm. Die Lichtausbeute liegt bei 30 lm/W, das Licht ist weitgehend tageslichtähnlich wie das der bisher bekannten Xenonlampen.

Will man die bisher beschriebenen Xenonlampen irgendwie in Gruppen einteilen, so kann man es z. B. in der Weise tun, daß man Lampen für kontinuierlichen und diskontinuierlichen Betrieb unterscheidet. Zur letzteren Gruppe gehören die Blitzröhren, die manchmal auch physikalisch nicht ganz korrekt Elektronenblitze genannt werden, und die Impulslampen für stroboskopische Zwecke oder Kurzzeitphotographie[1]).

Die hier beschriebene neue Art von Xenonlampen gehört jedoch zur Gruppe der Lampen, die für einen kontinuierlichen Betrieb geeignet sind. Dabei ist es noch gleichgültig, ob die Lampen mit Gleich- oder Wechselstrom betrieben werden. Die bisherigen Xenonlampen dieser Gruppe konnte man in verschiedene Arten einordnen: in die etwa kugelförmigen Lampen mit hoher Leuchtdichte (Kurzbogenlampen) und die langgestreckten wassergekühlten Lampen (Langbogenlampen)[2]).

Beide Arten haben einen Betriebsdruck von etwa 24 ata und eine hohe Leistungskonzentration, die zusammen eine hohe Temperatur des Plasmas ergeben und damit eine kräftige Kontinuumsstrahlung. Diese wiederum ist der Grund für das bekannte hervorragend tageslichtähnliche weiße Licht der Xenonlampen. Während der Zweck der Kurzbogenlampen die Erreichung einer möglichst großen Leuchtdichte ist, sollen die Langbogenlampen einen großen Lichtstrom mit möglichst hoher Lichtausbeute besitzen. Für beide Arten hielt man bisher notwendig die Koppelung von hohem Druck, hoher Leistungskonzentration und damit im Gefolge hoher Plasmatemperatur.

Aber noch eine weitere wichtige Eigenschaft müssen die Lampen besitzen, nämlich eine gute Stabilität des Bogens, d. h. ein ruhiges Brennen. Für die so stark voneinander abweichende Form der Kurz- und Langbogenlampen ist diese Stabilität von ausschlaggebender Bedeutung. Sie erfolgt bei den Kurzbogenlampen durch die Elektroden, d. h. durch deren Form, Lage und Temperatur. Man spricht in diesem Falle auch von einem „elektrodenstabilisierten Bogen". Die Plasmatemperatur erreicht z. B. in der Lampe XBO 2001 maximal einen Wert von etwa 11500° K. Die Kolbenwand aus Quarzglas ist auf die Dauer jedoch höchstens Temperaturen bis zu etwa 1000° C gewachsen. Daher muß die Kolbenwand einen ausreichenden Abstand von diesem Gebiete hoher Temperatur haben und eine gewisse Oberflächengröße besitzen, ihre Form ist daher annähernd die einer Kugel bzw. eines Ellipsoids. Ein ruhig brennender langgestreckter Bogen war nach den bisherigen Kenntnissen nur zu erreichen durch eine enge Führung durch die Wand, die man dann zu kühlen gezwungen war, oder durch ein Magnetfeld. Die erste Art nennt man daher auch „wandstabilisierten Bogen", während die letztere Art verhältnismäßig wenig gebräuchlich ist und entsprechend als „magnetfeldstabilisierter Bogen" bezeichnet wird[3]).

---

*) Nachdruck aus Lichttechnik 10 (1958) H. 3, S. 108-109.

Diese Anschauungen waren im Laufe der letzten Jahre durch eine große Zahl von Veröffentlichungen Allgemeingut geworden, zumal auch eine ganze Reihe von theoretischen Ansätzen und Erkenntnissen erhalten werden konnte[4]). Insbesondere die Beschäftigung mit den Problemen der Transporterscheinungen (Diffusion, Wärmeleitung, elektrische Leitfähigkeit usw.)[5]) führte dann zu der zunächst rein theoretischen Möglichkeit, auch langgestreckte wandstabilisierte Xenonlampen zu bauen, bei denen auf eine künstliche Kühlung verzichtet werden konnte. Die eingehende Beschäftigung mit der Theorie der Hochdruckentladungen erlaubte eine Vorausberechnung der Dimensionierung einer solchen Lampe. Hierunter ist in diesem Falle die Berechnung von Länge, Durchmesser, Stromstärke, Gradient bzw. Brennspannung, Wandbelastung, Druckbereich, in dem ein ruhiges Brennen zu erwarten war, und die etwa zu erwartende Lichtausbeute zu verstehen. Diese konkreten, theoretisch errechneten Vorschläge wurden dann im Laboratorium verwirklicht. Schon die ersten Versuchsexemplare zeigten die Richtigkeit der Überlegungen und Rechnungen, daß im Gegensatz zu den früheren Anschauungen gerade bei kleinem Druck und geeigneter Dimensionierung ein ruhig brennender Bogen mit ausreichend hoher Plasmatemperatur erhalten werden kann. Nach Auswertung der Erfahrungen an den ersten Lampen und auf Grund der Messungen an ihnen wurden weitere Exemplare angefertigt, von denen zwei Ausführungen besonders bemerkenswert 'sind und hier beschrieben werden sollen: ein Typ mit einer Leistungsaufnahme von 20 kW und einer mit 65 kW, Abb. 1 und 2.

Die 20-kW-Lampe besitzt eine Gesamtlänge von 1900 mm, einen Durchmesser des Quarzrohres von 30 mm und wird mit einer Stromstärke von 75 A betrieben. Der abgegebene Lichtstrom beträgt 550000 lm, so daß sich eine Ausbeute von fast 28 lm/W ergibt. Die 65-kW-Lampe hat eine Gesamtlänge von 2400 mm, einen Durchmesser des Quarzrohres von 50 mm und eine Stromstärke von 250 A. Bei einem Lichtstrom von 2000000 lm ergibt sich eine Ausbeute von 31 lm/W. Die Brennspannung beider Lampen beträgt 270 V, sie werden meist unter Zwischenschaltung einer Drosselspule an einem Netz mit 380 V Wechselspannung betrieben. Die Lampen brennen völlig ruhig und geben das gleiche weitgehend tageslichtähnliche Licht der bisher bekannten Xenonhochdrucklampen. Das liegt daran, daß ihre Plasma-

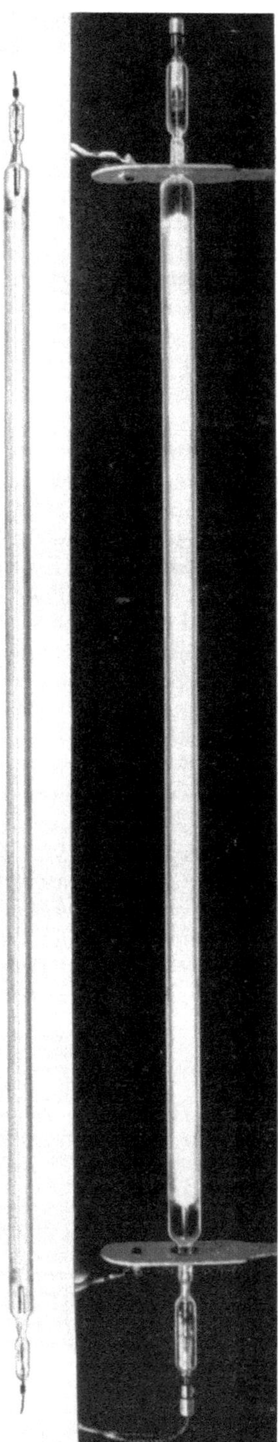

Abb. 1 (links). Ansicht der Xenonlampe für 20 kW Leistungsaufnahme.
Abb. 2 (rechts). 65-kW-Lampe im Betriebszustand.

Abb. 1   Abb. 2

temperatur annähernd die gleiche ist wie die der wassergekühlten XBF-Lampen. Gegenüber diesen haben sie den Vorteil, daß sie keinerlei besondere Kühlung brauchen. Das überraschende Moment, wie schon gesagt auf Grund der Ergebnisse rein theoretischer Arbeiten gewonnen, ist die Tatsache, daß die erforderliche hohe Temperatur und Stabilisierung mit früher unerwartet geringem Druck erreicht wird. Selbst während des Betriebes ist nur ein Druck von wenig mehr bzw. weniger als 1 ata in den Lampen vorhanden, während der kalte Fülldruck nur ein kleiner Bruchteil davon ist. Trotzdem haben die Lampen entladungsmäßig völligen Hochdruckcharakter, d. h., es besteht weitgehend Gleichgewicht zwischen Elektroden- und Gastemperatur. Entsprechend den anderen Xenonlampen besitzen auch diese eine steigende Kennlinie und können ohne Vorschaltgerät unmittelbar am Netz gebrannt werden, wenn sie geeignet dimensioniert sind. So ist eine Gruppe von drei Lampen je 16 kW für den Betrieb an den drei Phasen des Drehstromnetzes vorhanden, die einwandfrei brennt. Zur Einleitung der Entladung erfordern sie wie die anderen Xenonlampen ein Zündgerät. Die bisher schon erreichten Lebensdauern liegen bei vielen hundert Brennstunden, so daß auch eine praktische Anwendung bereits gegeben erscheint. Möglichkeiten dazu sind vorhanden für Großräume und -flächen aller Art, z. B. für Plätze, Sportanlagen, Hallen u. dgl.

Die hier beschriebene 65-kW-Lampe dürfte die größte bisher hergestellte Entladungslampe sein. Es liegt in dem neuen Prinzip dieser Lampen, daß es nur eine Frage des Bedarfs oder des Geldes ist, wie große Lampen man herstellen will. Noch größere Lampen als die beschriebene 65-kW-Lampe zu bauen, bietet theoretisch gar keine Schwierigkeiten und praktisch nur solche technologischer Art. Diese werden aber schon so weit beherrscht, daß Lampen z. B. mit der doppelten Leistung in verhältnismäßig kurzer Zeit hergestellt werden könnten.

Die theoretischen Überlegungen und Rechnungen wurden von Herrn Dr. H. Schirmer und die experimentellen Versuche von Herrn Dipl.-Ing. H. Grabner in der Osram-Studiengesellschaft für elektrische Beleuchtung durchgeführt. Diese neue Art von Xenonlampen ist ein typisches Beispiel dafür, wie durch intensive Grundlagenforschung und vorbildliche Zusammenarbeit zwischen Theoretiker und Experimentator ein überraschendes Ergebnis erhalten werden kann, das vorher für zumindest so unwahrscheinlich gehalten wurde, daß kein Versuch in dieser Richtung unternommen wurde. Wenigstens kein erfolgreicher. Erst die theoretische Beherrschung ließ den neuen Weg erkennen, der dann zielbewußt und mit Erfolg experimentell beschritten wurde.

Literatur

[1] Edgerton, H. E.: J. Opt. Soc. Amer. 36 (1946), S. 390. Aldington, J. N., u. A. J. Meadowcroft: J. electr. Eng. 95 (1948), S. 671. Glaser, G.: Optik 7 (1950), S. 33 u. 61. Grabner, H., u. M. Reger: Techn.-wiss. Abh. Osram-Ges. 7 (1958), S. 52.

[2] Schulz, P.: Reichsberichte f. Phys. 1 (1944), S. 147; Ann. Phys. 1 (1947), S. 95, 107; Z. Naturforsch. 2a (1947), S. 583; Strahlentherapie 88 (1952), S. 419. Schulz, P., u. B. Steck: Ann. Phys. 18 (1956), S. 401. Aldington, J. N.: Trans. Illum. Engng. Soc. 14 (1949), S. 19. Cumming, H. W.: Photographic J. 89 (1949), S. 58; Trans. Illum. Engng. Soc. 16 (1951), S. 3; Light and Lighting 48 (1955), S. 158. Larché, K.: Lichttechnik 2 (1950), S. 41; 7 (1955), S. 221; ETZ 72 (1951), S. 427; 74 (1953), S. 346; Z. VDI 94 (1952), S. 453; Z. Phys. 132 (1952), S. 544; 136 (1953), S. 74. Larché, K., K. Ittig u. F. Michalk: Techn.-wiss. Abh. Osram-Ges. 6 (1953), S. 33.

[3] Rompe, R., W. Thouret u. W. Weizel: Z. Physik 122 (1943), S. 1. Bauer, A., und P. Schulz: Z. Physik 146 (1956), S. 339; Ann. Phys. (6) 18 (1956), S. 227.

[4] Weizel, W., u. R. Rompe: Theorie elektrischer Lichtbögen und Funken. Leipzig 1949. Schirmer, H.: Z. Physik 136 (1953), S. 87; Z. angew. Phys. 6 (1954), S. 3; Appl. Sci. Res. B 5 (1955), S. 196. Maecker, H., u. Th. Peters: Z. Phys. 13 (1954), S. 448. Schirmer, H., u. J. Friedrich: Techn.-wiss. Abh. Osram-Ges. 7 (1958), S. 11.

[5] Schirmer, H.: Z. Phys. 142 (1955), S. 1, 116; Terzo Congresso Internazionale sui Fenomeni d'Ionizzazione nei Gas, Venedig 1957. Rendiconti S. 912.

Über den Bogenmechanismus an Metallkathoden in Hochdruckentladungen*)

Von

A. Bauer

Mit 3 Abbildungen

Einleitung

Die Stromdichte im kathodischen Ansatz von Gasentladungen nimmt im allgemeinen andere Werte an als in der sich frei entwickelnden positiven Säule. In Hochdruckentladungen, insbesondere an Metallkathoden, schnürt sich die Entladungssäule vor der Kathode zusammen. Die kathodische Kontraktion bildet sich um so stärker aus, je tiefer die Kathodentemperatur ist. Tab. 1 zeigt, in welchem Maße die kathodische Stromdichte j mit fallender Kathodentemperatur ansteigt, wobei der Siedepunkt bzw. bei W der Schmelzpunkt als obere Grenztemperatur für die Kathode angenommen wurde. Bei heißen Kathoden, so z. B. der Kohlekathode und der hochbelasteten Wolframkathode, ist nach Tab. 1 die Thermoemission in der Lage, einen überwiegenden Anteil des Bogenstromes vor der Kathode zu bestreiten. Mit sinkender Kathodentemperatur wächst der Unterschied zwischen beobachteter Stromdichte und höchstmöglicher Thermoemission so an, daß die thermische Bogentheorie zur Deutung der kathodischen Vorgänge bei den Bögen 3 bis 5, Tab. 1, sicher nicht mehr anzuwenden ist.

Tabelle 1. Beobachtete kathodische Stromdichte j des Hochdruckbogens, Siedepunkt T bei 1 Atm (für W ist als Grenztemperatur der Schmelzpunkt angegeben) und Thermoemission j_T bei dieser Temperatur von Kathoden verschiedenen Materials.

Nr.	Kathodenmaterial	j A/cm²	T °K	j_T A/cm²	Bezeichnung des Bogentyps
1	Kohle (Graphit)	$4 \cdot 10^3$	4000	2 bis $3 \cdot 10^3$	} Thermobogen
2	W hochbelastet	10^3	3650	$5 \cdot 10^2$	
3	W stark gekühlt	10^5	3650	$5 \cdot 10^2$	} Brennfleckbogen
4	Cu	$1,2 \cdot 10^5$	2870	10	
5	Hg	$>10^6$	630**)	<1	Feldbogen

**) Im Hg-Kathodenfleck steigt zwar die Grenztemperatur T infolge höheren Druckes erheblich an; die Thermoemission bleibt aber trotzdem unter 1 A/cm².

Für die hohen Stromdichten von $j > 10^6$ A/cm² vor Kathoden aus leicht flüchtigen Metallen (Hg, Na und K) zeigte Th. Wasserrab[1]) am Beispiel des Hg-Bogens, daß die Schottkysche Feldbogentheorie zutrifft. Die Feldstärke an der Kathodenoberfläche erreicht hier kraft der konzentrierten positiven Raumladung vor der Kathode die hohen Werte von über $3 \cdot 10^7$ V/cm, die für den Tunneleffekt nötig sind, so daß der überwiegende Anteil des Bogenstroms vor der Kathode durch Feldemission zustande kommt.

Im Brennfleckbogen (Tab. 1, Beispiel Nr. 3 und 4) erreicht weder die Feldstärke an der Kathodenoberfläche die für eine reine Feldemission notwendige Höhe, noch spielt die reine Thermoemission, wie Tab. 1 zeigt, eine nennenswerte Rolle. Schon frühzeitig wurde darum die Frage untersucht, ob der kathodische Mechanismus auch ohne Elektronenemission auskommt[2]). Die in einer Reihe von Arbeiten entwickelte Kontraktionstheorie[3-10]) erfaßt auch diese Möglichkeit und gibt eine Deutung der kathodischen Vorgänge.

---

*) Originalmitteilung.

Die Energiebilanz des Ionisationsraumes

Aus der Energiebilanz des Ionisationsraumes läßt sich die Größe des Elektronenstromanteils vor der Kathode und damit die nötige Elektronenemission der Kathode abschätzen. Im kathodischen kontrahierten Ende der positiven Säule entsteht auf Grund der einseitigen Ionenfluktuation und des Kathodenfalls ein wesentlich höherer Ionenstrom als im Innern der positiven Säule, wo er zu vernachlässigen ist. Das Entstehungsgebiet dieses Ionenstromes I_+, das Ionisationsgebiet, muß energetisch imstande sein, die entsprechende, sekundlich abwandernde Ionenmenge zu ersetzen. Es entsteht der Leistungsbedarf $I_+ U_i = (1 - s) I U_i$, wenn U_i = Ionisierungsspannung, s = Elektronenstromanteil und I = Entladungsstrom bedeuten. Das Ionisationsgebiet liegt im wesentlichen schon jenseits des Raumladungsgebietes im quasineutralen Plasma. Es hat zwar auf Grund seiner Kontraktion einen um das Vier- bis Fünffache erhöhten Gradienten[5], den zur Ionisation erforderlichen Spannungsabfall von U_i kann dieser jedoch im Ionisationsgebiet keineswegs erzeugen. Der Gradient erhöht sich wohl hauptsächlich zur Deckung der durch die Kontraktion erhöhten Säulenverluste, während der Energieverlust $(1 - s) I U_i$ im Ionisationsgebiet aus der benachbarten Energiequelle des Kathodenfalles gespeist werden muß. Der Ionenstrom nimmt im Kathodenfall U_k die sekundliche Energie $(1 - s) I U_k$ auf. Da die Schichtdicke der kathodischen Raumladungszone maximal nur wenig mehr als eine freie Weglänge der Atome betragen kann, gelangt diese Energie praktisch ungeschmälert zur Kathodenoberfläche. Bei unelastischem Aufprall der Ionen, d.h. einem Akkomodationskoeffizienten von $\alpha = 1$, wird die Ionenenergie an die Kathode abgegeben. Unter der Annahme elastischen Aufpralls, d.h. $\alpha = 0$, gelangt sie in das Ionisationsgebiet zurück. Unsere Kenntnisse über den Akkomodationskoeffizienten von Ionen sind dürftig. Sie stammen aus nur einer Arbeit von C. C. van Vorish und K. T. Compton[11], deren Ergebnis in Tab. 2 wiedergegeben ist.

Tabelle 2. Gemessener Akkomodationskoeffizient α verschiedener Ionen beim Aufprall auf Metalloberflächen mit einer in eV angegebenen Energie.

Ionen	eV	Metall	α
He$^+$	21—51	Pt	$0{,}35 \pm 0{,}05$
	111—141	Pt	$0{,}55 \pm 0{,}05$
Ne$^+$	21—141	Mo	$0{,}65 \pm 0{,}05$
Ar$^+$	21—141	Mo	$0{,}75 \pm 0{,}05$

Danach steigt der Akkomodationskoeffizient mit wachsendem Atomgewicht der Ionen an, in bestimmten Energieintervallen unabhängig von der Ionenenergie. Dieses Verhalten ist theoretisch verständlich[12]. Wir müssen also, solange wir uns auf schwere Gase, z.B. Hg und Xe, beschränken, einen Akkomodationskoeffizienten nahe bei $\alpha = 1$ annehmen. Von der Kathodenfallenergie der Ionen gelangt dann nur wenig in das Ionisationsgebiet zurück, und der Energiebedarf des letzteren muß hauptsächlich aus der Kathodenfallenergie der Elektronen gedeckt werden. Die Elektronen schießen mit der Energie $e U_k$ in das Ionisationsgebiet ein und verlassen es in Richtung Anode mit der mittleren Energie $e U_e = 3/2\,kT$. Die Elektronenenergie beim Austritt aus der Kathode kann hierbei vernachlässigt werden. Der Elektronenstrom sI gibt damit die Leistung $sI (U_k - U_e)$ an das Ionisationsgebiet ab. Diese Leistung muß im wesentlichen den sekundlichen Energiebedarf von $(1 - s) I U_i$ für die Ionisation decken. Weitere zweifellos gegebene Energieverluste des Ionisationsgebietes mögen, wie für eine erste Abschätzung angenommen werden darf, durch den kleinen, von der Kathode reflektierten Anteil der Ionenenergie gedeckt werden. So ergibt sich die grobe Energiebilanz

$$sI\,(U_k - U_e) = (1 - s)\,IU_i,$$

aus der für den Elektronenstromanteil der ungefähre Wert

$$s = \frac{U_i}{U_i + U_k - U_e} \tag{1}$$

folgt. Wird z. B. $U_i = 12$ V, $U_k = 8$ V und $U_e = 1$ V gesetzt, dann erhält man $s = 0,6$, d. h. im Einklang mit der thermischen und der Feldbogentheorie einen überwiegenden Elektronenstromanteil.

Wenn hingegen die Elektronenemission der Kathode unwesentlich ist, dann verlangt die Energiebilanz des Ionisierungsgebietes, wie G. Ecker[10]) kürzlich zeigte, für den Akkomodationskoeffizienten den Zusammenhang

$$\alpha = \frac{U_k - \Phi}{U_k + U_i - \Phi}. \tag{2}$$

Mit dem Austrittspotential $\Phi = 4$ V und der Ionisierungsspannung $U_i = 12$ V (Xe) ergeben sich für verschiedene Kathodenfälle U_k die Werte

U_k	6,5	10	20	50	200	V
α	0,17	0,33	0,57	0,79	0,94	.

Dieser Gang des Akkomodationskoeffizienten mit der Ionenenergie $e\,U_k$ steht mit der in Tab. 2 wiedergegebenen Erfahrung in Widerspruch.

Der Übergang vom Thermobogen zum Feldbogen

In einer früheren Arbeit[13]) untersuchten wir die Frage nach der Höhe des möglichen Emissionsstromes beim Brennfleckbogen und fanden eine so beträchtliche Verstärkung der Thermoemission durch die Schottkysche $\sqrt{E}$-Korrektur, daß der aufgestellten Forderung nach überwiegendem Elektronenstromanteil wahrscheinlich entsprochen werden kann. Die Unsicherheit der gewonnenen Aussage soll im folgenden kurz diskutiert werden. Die älteren Formeln für die Thermoemission mit Schottkyscher $\sqrt{E}$-Korrektur und für die Feldemission nach Fowler-Nordheim beschreiben die Verhältnisse in dem hier interessierenden Temperatur- und Feldstärkebereich nur lückenhaft. In einer kürzlich erschienenen Arbeit von E. L. Murphy und R. H. Good jr.[14]) werden für die exakten Emissionsgleichungen Näherungslösungen mit wesentlich erweitertem Gültigkeitsbereich angegeben. Die danach für die Austrittsarbeit $\Phi = 4$ V zu erwartende Elektronenemission wurde in Abb. 1 für verschiedene Temperaturen über der Wurzel aus der Feldstärke eingetragen. Die ausgezogenen Kurven der Feldemission liegen auf der rechten Seite des Diagramms und sind mit F bezeichnet. Die übrige links davon liegende Schar ausgezogener Kurven gibt die Thermoemission an. Die von E. L. Murphy und R. H. Good jr. angegebene Formel für den zwischen Thermo- und Feldemission gelegenen Bereich hat so enge Gültigkeitsgrenzen, daß sie unter den vorliegenden Bedingungen nicht anwendbar ist. Doch läßt sich der formelmäßig nicht erfaßte Zwischenbereich, wie der gestrichelte Teil der Kurvenschar zeigt, zwanglos interpolieren.

Damit ist die Gesamtemission

$$j_- = j_-\,(T, E_{eff}) \tag{2}$$

in den hier benötigten Bereichen der Kathodentemperatur T und der effektiven Feldstärke E_{eff} an der Kathodenoberfläche theoretisch mit weit größerer Zuverlässigkeit gegeben als nach älteren Formeln. Eine quantitative Bestätigung der Kurven in Abb. 1 für Feldstärken oberhalb etwa $5 \cdot 10^6$ V/cm (mit Ausnahme der Feldemissionskurve für $T = 0$) durch das Experiment steht freilich immer noch aus.

Aus der POISSONschen Gleichung ergibt sich für den ambipolaren Strom frei fliegender Teilchen der Zusammenhang zwischen aufgeprägter Feldstärke E und Stromdichte j an der Kathodenoberfläche:

$$E^2 = j \left[(1 - s) \, a_+ - s a_- \right] \sqrt{U_k}, \qquad (3)$$

wobei

$$a_- = 16\pi / \sqrt{2 \, e/m}; \; a_+ = 16\pi / \sqrt{2 \, e/M}$$

(e = Elementarladung; m bzw. M = Elektronen- bzw. Ionenmasse). Hiermit werden die Verhältnisse vor der Bogenkathode in brauchbarer Annäherung beschrieben. Eine nicht zu vernachlässigende Erscheinung ist mit dieser Gleichung allerdings nicht berücksichtigt. Aus dem Ionisationsgebiet diffundieren außer den Ionen auch Elektronen in die positive Raumladungsschicht und kompensieren diese in einem bestimmten Ausmaß. ECKER[7]) untersuchte den Einfluß dieser Erscheinung und berechnete die hierdurch hervorgerufenen Abweichungen gegenüber Gl. (3). Während in zwei durchgerechneten Beispielen der Kathodenfall nur $^1/_6$ bzw. $^1/_3$ des Spannungsbedarfs betrug, ergab sich für die Feldstärke $^1/_2$ bzw. $^2/_3$ des aus Gl. (3) folgenden Wertes. Wenn wir für den Kathodenfall den mittleren gemessenen Wert $U_k = 10$ V einsetzen, dürfte damit die wahre Feldstärke etwas höher liegen als aus Gl. (3) berechnet. Gl. (3) sei jedoch zugrunde gelegt, da wir

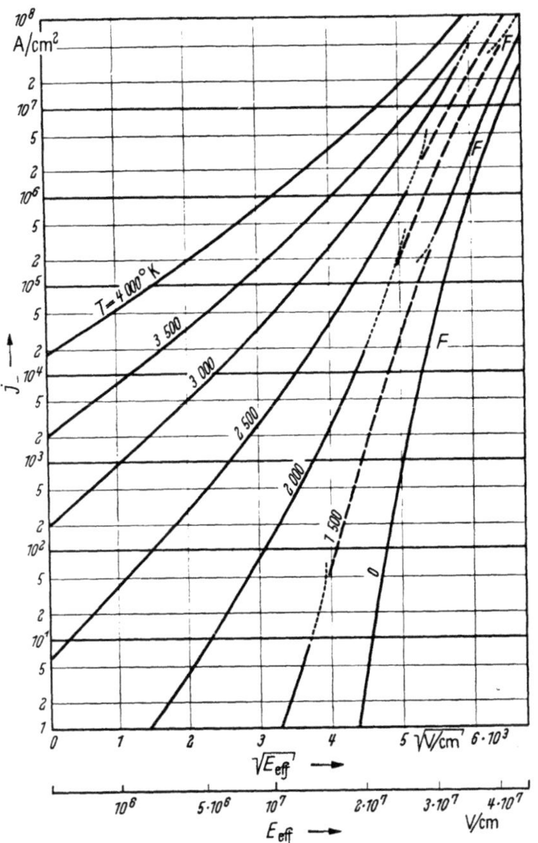

Abb. 1. Stromdichte j_- der Elektronenemission einer Kathodenoberfläche mit $\Phi_0 = 4{,}0$ V in Abhängigkeit von der Wurzel aus der effektiven Feldstärke E_{eff} für verschiedene Temperaturen nach E. L. MURPHY und R. H. GOOD, jr.

so auf der sicheren Seite liegen und die Unbestimmtheit des nun zu behandelnden Grobfeinfaktors $\gamma = E_{eff}/E$ eine weit größere Ungenauigkeit in unsere Betrachtungen trägt.

Auf Grund von älteren von SCHOTTKY angestellten Überlegungen wurde der maximale Grobfeinfaktor auf etwa $\gamma = 10$ geschätzt[13]). Neuere für Rauhigkeiten von geometrischer Form exakt ausgeführte Berechnungen von T. J. LEWIS[15]) ergaben im Fall der SCHOTTKY-Korrektur für relativ kleine Feldstärken Werte $\gamma < 2$. Für unregelmäßige Rauhigkeiten und höhere Feldstärken, wie sie hier auftreten, dürfte diese Grenze auf $\gamma < 3$ zu erweitern sein. Schätzt man $\gamma = 2$, dann ergibt sich mit Gl. (3) für die Verhältnisse an stark gekühlter Wolframkathode, an der sich nach Tab. 1 etwa $j = 10^5$ A/cm² einstellt, eine effektive Feldstärke von etwa $1{,}5 \cdot 10^7$ V/cm. Aus Abb. 1 gewinnt man hierfür und für mittlere Kathodentemperaturen eine Verstärkung der reinen Thermoemission um den Faktor

10^2 bis 10^3, und es scheint durchaus möglich, daß die Elektronenemission die geforderte wesentliche Rolle im Mechanismus auch dieses Bogentyps spielt. Zu den erwähnten Unsicherheiten tritt nun noch eine Unklarheit über den hier zutreffenden effektiven Wert der Austrittsarbeit. Verschiedene Effekte, die meist zu einer Erniedrigung der Austrittsarbeit führen, wurden schon diskutiert. So eine Gasbeladung, die bei höheren Kathodenflecktemperaturen allerdings unwahrscheinlich ist, eine Auflockerung des Oberflächengefüges, die infolge des äußerst konzentrierten Ionenbombardements teilweise vermutet wird, und schließlich eine Verringerung des Bildkraftpotentials durch die Feldstärke an unebener Oberfläche. Diese letztere Erscheinung wurde von T. J. Lewis[16]) untersucht und läßt eine merkliche, einige Zehntel Volt betragende Erniedrigung des Austrittspotentials erwarten. Damit erhöht sich zwar die Wahrscheinlichkeit, daß der Elektronenstrom vor der Kathode überwiegt, aber ein quantitativer Nachweis kann noch nicht erbracht werden.

Untersuchungen im Übergangsbereich zur Glimmentladung

a) Experimenteller Teil

Zur weiteren Klärung der Frage wurde der kontinuierliche Übergang von dem gut bekannten Thermobogen zum Brennfleckbogen und, soweit möglich, weiter zum Feldbogen an ein und derselben Versuchsanordnung untersucht. Diesen Übergang erreicht man sehr einfach durch Steigerung des Gasdruckes. Um in Anbetracht der starken Abhängigkeit des Elektronenstromanteils vom Kathodenfall nach Gl. (1) eine Änderung des letzteren in größerem Umfang zu erzielen, wurde vor allem der Übergang vom Bogen zur Glimmentladung erfaßt. Die Versuche wurden an kugelförmiger Wolframkathode in Xenon unter Drucken vorgenommen, die von kleinsten Werten bis 60 Atm einzustellen waren. Insbesondere wurde der Kathodenfall und die kathodische Stromdichte in Abhängigkeit von Druck und Stromstärke vermessen. Während der Kathodenfall nach einem in [17]) beschriebenen Verfahren mit brauchbarer Genauigkeit zu bestimmen ist, stößt die Stromdichtemessung auf Schwierigkeiten. Unter Umständen kann man aus der Spur eines einmalig auf der Kathode entlangwandernden Bogens auf seine kathodische Stromdichte schließen. Diese Methode ist aber fragwürdig und außerdem auf unseren stationär in der Röhre brennenden Bogen nicht anwendbar. Wegen des bei kleinen Stromstärken unruhigen Bogenansatzes sind wir auf eine photographische Meßmethode mit sehr kurzen Belichtungszeiten (bis 10^{-5} s) angewiesen. Ähnlich wie bei den Untersuchungen des Brennflecks an Hg-Kathoden, wie sie sehr sorgfältig von K. D. Froome[18]) angestellt wurden, müssen wir von der Ausdehnung der kathodischen Plasmakugel auf die kathodische Stromdichte schließen. In zahlreichen Meßreihen wurde die Halbwertsbreite des Strahldichteverlaufs in der mitten durch die Plasmakugel parallel zur Kathodenoberfläche gelegten Ebene photometrisch ermittelt. Bei der Überlegung, inwieweit die Halbwertsbreite von der mittleren kathodischen Stromdichte abweicht, sind im wesentlichen zwei Punkte zu berücksichtigen. Einmal zeigt die Strahldichte einen anderen Temperaturverlauf als die Leitfähigkeit und zum anderen wird in einem Querschnitt 10^{-2} bis 10^{-3} cm vor der Kathode gemessen, während hier die Stromdichte unmittelbar vor der Kathode interessiert. Zunächst zur ersteren Abweichung.

Für einen der Gaussschen Glockenkurve gleichenden Strahldichteverlauf zeigte P. Gerthsen[19]), daß die gemessene Strahldichte mit der relativen Strahlung pro Volumeneinheit $S(r)$ zusammenfällt. Nach Messungen von W. Neumann[20]) (siehe dortige Abb. 5) trifft dies in der Plasmakugel vor der Kathode weitgehend zu. Der mit normalem Plattenmaterial photographierte Xenon-Bogen gibt praktisch den Dichteverlauf des Kontinuums, welcher nach Unsöld proportional dem Boltzmannfaktor $\exp\left(-\dfrac{e\,U_i}{kT}\right)$ ist. Soweit man die Proportionalität der Leitfähigkeit zur Elektronendichte $n \sim \exp\left(\dfrac{e\,U_i}{2kT}\right)$ betrachtet und unter der brauchbar erfüllten Voraussetzung Gaussscher Glockenkurve ist, wie ebenfalls in [19]) gezeigt wurde, der Halbwertsquerschnitt der Leitfähigkeit um den Faktor 2 größer als derjenige der Kontinuumsstrahlung. Im hochionisierten Plasma, besonders in Xenon, wird die Elektronenbeweglichkeit aber im wesentlichen durch die Ionenquerschnitte bestimmt. Das hat zur Folge, daß die Leitfähigkeit mit wachsender Ionendichte kaum noch zunimmt. Dieser Effekt bedingt eine weitere Aufweitung des Leitfähigkeitskanals gegenüber dem optischen Querschnitt der Säule. Eine für die maximale Kathodenflecktemperatur 12500° K durchgeführte Abschätzung zeigt jedoch, daß sich das Verhältnis Leitfähigkeitsquerschnitt zu Strahlungsquerschnitt nur auf den Wert 2,6 vergrößert. Dieses Verhältnis dürfte im vorliegenden Fall etwa zutreffen.

Der räumliche Unterschied zwischen dem Querschnitt des Leitfähigkeitskanals in der Plasmakugel, wo er zu messen ist, und demjenigen unmittelbar vor der Kathode, der hier interessiert, ist schwer abzuschätzen. Wenn der Kanal sich um den gleichen Betrag aufweiten würde, wie er für den vorher behandelten Effekt abgeschätzt wurde, dann gäbe die gemessene Halbwertsbreite das richtige Maß für die kathodische Stromdichte.

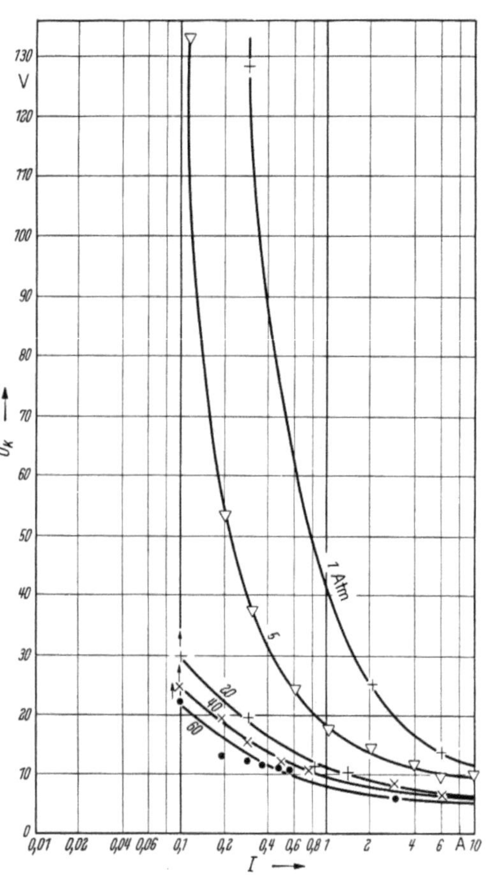

Abb. 2a. Gemessener Kathodenfall in Xenon an Wolframkathode in Abhängigkeit von der Stromstärke für verschiedene Drucke.

Wahrscheinlich wird die Kanalaufweitung jedoch größer sein, so daß die Ergebnisse der photographischen Stromdichtemessung die Bedeutung von Minimalwerten erhalten.

Die Stromstärkeabhängigkeit der gemessenen Kathodenfälle U_k ist für einige Drucke in Abb. 2a wiedergegeben. Mit wachsender Stromstärke wird ein vom Druck unabhängiger Grenzwert des Kathodenfalles asymptotisch erreicht. Er beträgt 6,5 V, wie an bis zum Schmelzpunkt belasteten Kathoden festgestellt wurde. Die vorliegenden Messungen beschränken sich auf den Belastungsbereich, bei dem im Höchstdruckbogen der kathodische Brennfleck, die typische kathodische Plasmakugel, auftritt. Bei hohem, konstantgehaltenem Gasdruck erfolgt mit Steigerung der Stromstärke der bekannte Umschlag in den brennflecklosen

Bogen (s. Tab. 1 Nr. 2), der ein thermischer Bogen ist und im übrigen hier nicht näher untersucht werden soll. Mit Senkung des Druckes wird die typische Plasmakugel immer verwaschener, um schließlich bei Drucken unter 5—1 Atm, je nach Kathodenform, zu verschwinden. Unter diesem Druckbereich liegt bei jeder Belastung nur noch das Erscheinungsbild des thermischen Bogens vor. So besitzt die Kennlinie Abb. 2a für 1 Atm ebenso wie der von A. v. ENGEL und M. STEENBECK[21]) untersuchte Thermobogen einen kontinuierlichen Übergang zur Glimmentladung. Bei höheren Drucken wird dieser Übergang unstetig: Der Bogen schlägt in die Glimmentladung um. Mit zunehmendem Druck wird außerdem die Stromstärkeabhängigkeit des Kathodenfalles bis zum Umschlagpunkt immer geringer. Bei extrem hohen Drucken, wie sie z. B. vor der Hg-Kathode im reinen Feldbogen herrschen, ist eine solche Stromstärkeabhängigkeit nicht mehr zu beobachten. Der Kathodenfall des Bogens springt hier bei der unteren Grenzstromstärke von seinem weitgehend stromstärkeunabhängigen Wert auf den hohen Wert der Glimmentladung. Die Lage des Umschlagpunktes schwankt unregelmäßig innerhalb eines gewissen Stromstärkebereiches. Mit Annäherung an diesen Bereich von höheren Stromstärken her werden die Spannungsmessungen immer weniger reproduzierbar. (Vergleiche auch E. PFENDER[22]).) Nur bei neuen, polierten Kathoden bewegen sich die Schwankungen in einem für Gasentladungen üblichen Rahmen. Mit fortschreitender Veränderung der Kathodenoberfläche durch den Bogenansatz verliert sich die Reproduzierbarkeit mehr und mehr, bis schließlich bei alten Kathoden auch

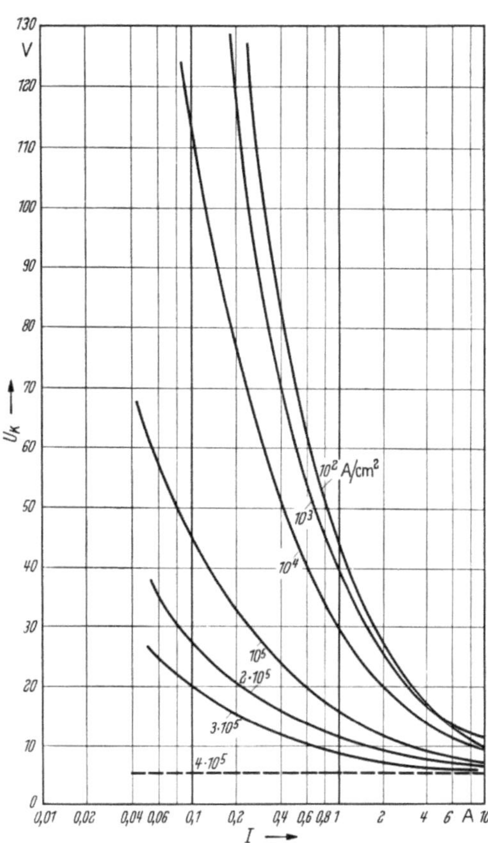

Abb. 2b. Berechneter Kathodenfall in Xenon an Wolframkathode in Abhängigkeit von der Stromstärke für verschiedene Stromdichten.

für die tieferen Drucke Kathodenfälle gemessen werden, die bei denen für 60 Atm liegen. Vor gealterten Kathoden ergeben sich also kleinere Kathodenfälle als vor frisch polierten. Abb. 2a zeigt die genügend reproduzierbaren Meßergebnisse an neuen Kathoden. Im Umschlagbereich, mitunter auch bei höheren Stromstärken, stellen sich außerdem, vor allem bei höheren Drucken, unregelmäßige hochfrequente Spannungsschwankungen zwischen dem Kathodenfall des Bogens und demjenigen der Glimmentladung ein. Im reinen Feldbogen bei der Hg-Kathode sind diese Schwankungen besonders ausgeprägt.

Während wir also bezüglich der Stromspannungscharakteristik Abb. 2a auf seiten des niederen Druckes die bekannten Verhältnisse des reinen Thermobogens erreichen, nähern wir uns mit steigendem Druck denjenigen des reinen Feldbogens.

Die hier vertretene Ansicht, der Kathodenfleckbogen stelle einen Übergang vom Thermobogen zum Feldbogen dar, wird durch diese Meßergebnisse gestützt.

Abb. 3a gibt nach obigem einen Anhalt für die untere Grenze des Stromdichteverlaufs. Wenn auch für eine quantitative Auswertung Vorsicht geboten ist, läßt sich doch mit Sicherheit aussagen, daß mit steigendem Druck die Stromdichte steigt und die Stromstärkeabhängigkeit immer schwächer wird. Für Drucke unter 1 Atm konnten die Stromdichten aus technischen Gründen nicht mehr photo-

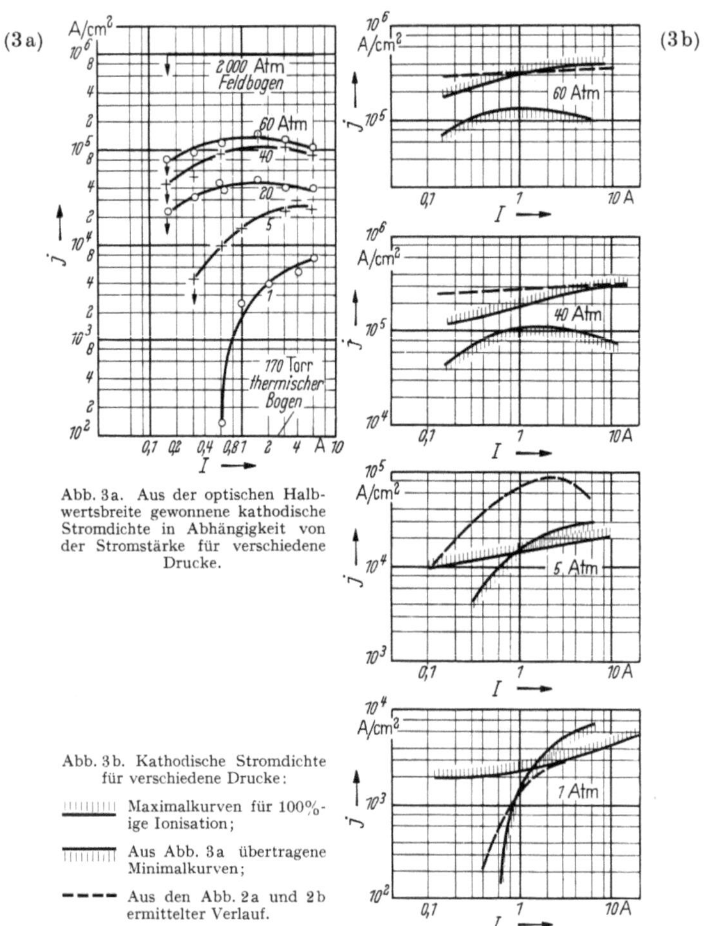

Abb. 3a. Aus der optischen Halbwertsbreite gewonnene kathodische Stromdichte in Abhängigkeit von der Stromstärke für verschiedene Drucke.

Abb. 3b. Kathodische Stromdichte für verschiedene Drucke:

|||||||||| Maximalkurven für 100%-ige Ionisation;

||||||||| Aus Abb. 3a übertragene Minimalkurven;

— — — — Aus den Abb. 2a und 2b ermittelter Verlauf.

graphisch gemessen werden. Die Beobachtung zeigt aber, daß sich der kathodische Ansatz mit fallendem Druck weiter ausbreitet, bis die gesamte Kathodenoberfläche f bedeckt ist. Damit wird die Stromdichte $j = i/f = $ const i. Dieser von A. v. Engel und M. Steenbeck bei 170 Torr untersuchte Fall (Abb. 3a) gehört wieder dem Thermobogen an. Die für den reinen Feldbogen von K. D. Froome gemessene stromstärkeunabhängige Stromdichte von über 10^6 A/cm² ist ebenfalls in Abb. 3a eingetragen. So vermittelt auch dieses Diagramm den Eindruck, daß mit steigendem Druck ein kontinuierlicher Übergang vom Thermobogen zum Feldbogen stattfindet.

b) Theoretischer Teil

Zur theoretischen Deutung der gewonnenen Meßergebnisse genügt es unserer Ansicht nach nicht, die bekannten Gesetzmäßigkeiten zur Verknüpfung der Plasmakenngrößen auf die vorliegenden Verhältnisse anzuwenden. Wenn die Elektronenemission der Kathode für den Bogenmechanismus entscheidend ist, müssen die Emissionsgesetze in das aufzustellende Gleichungssystem einbezogen werden. Die Verhältnisse sind zu kompliziert, um eine allgemeingültige, exakte Formulierung der Zusammenhänge in überschaubarer Form zu erlauben. Wir müssen uns darum im folgenden auf eine angenäherte Beschreibung des vorliegenden speziellen Falles beschränken.

Zur Bestimmung der in Gl. (1) bis (3) auftretenden Parameter benötigen wir noch weitere Zusammenhänge. Die maximale Oberflächentemperatur der Kathode wurde in [13] angenähert bestimmt und aus dort dargelegten Gründen als über den Kathodenfleck konstant angenommen.

$$T = T_a + \frac{3\,W_k\,\sqrt{j}}{4\,\varkappa\,\sqrt{\pi\,I}} \tag{4}$$

Hierbei bedeutet gemäß [17]

$$W_k = I\,(U_k - \varPhi - U_e) \tag{5}$$

die Kathodenheizleistung. Die Kathode bestand aus einer Wolframkugel mit dünnem Stiel, deren Durchmesser wesentlich größer war als der Kathodenfleckdurchmesser. Außer in dem relativ sehr kleinen Bereich des Brennfleckes hatte die Kathode nahezu die ortsunabhängige Oberflächentemperatur T_a. Dies ergibt sich sowohl rechnerisch als auch pyrometrisch. Der Zusammenhang zwischen W_k und T_a mußte, da zu der Abstrahlung der Kathode eine schwer zu erfassende Wärmeleitung tritt, experimentell ermittelt werden. Wegen des Überwiegens der Abstrahlung konnte dieser Zusammenhang durch das STEFAN-BOLTZMANNsche Gesetz wiedergegeben werden, wobei die zusätzliche Wärmeleitung durch eine Erhöhung des Emissionskoeffizienten auf den Wert ε_{eff} erfaßt wurde:

$$W_k = \varepsilon_{eff}\,F\,\sigma\,T_a^4. \tag{6}$$

ε_{eff} bewegte sich zwischen 0,5 und 1,0. Damit besitzen wir bereits in den Gl. (1) bis (6) für die 6 von I und j abhängigen Größen U_k, s, W_k, ε_{eff}, T und T_a 6 Bestimmungsgleichungen, aus denen sich z.B. die I-U_k-Charakteristiken mit der Stromdichte als Parameter berechnen lassen. Die physikalischen Konstanten der Gl. (1) bis (6) sind hinlänglich bekannt. Nur die Genauigkeit, mit der die Größen $\varPhi$ und γ bekannt sind, läßt zu wünschen übrig. Da diese Konstanten im Exponenten der Emissionsformeln stehen, Gl. (2), ergeben sich größere Unsicherheiten, so daß ein quantitativer Vergleich zwischen Rechnung und Experiment immer noch mit Vorsicht anzustellen ist. Für die Austrittsarbeit wurde auf Grund der obigen Überlegungen $\varPhi = 4{,}0$ V eingesetzt, so daß Abb. 1 für die vorliegenden Verhältnisse zutrifft. Der Grobfeinfaktor scheint, wie ebenfalls schon ausgeführt, unter $\gamma = 3$ zu liegen. Die Berechnungen wurden für verschiedene Werte $2 < \gamma < 3$ ausgeführt. Den hier wiedergegebenen Diagrammen wurde $\gamma = 2{,}5$ zugrunde gelegt. Abb. 2b gibt die so berechnete I-U_k-Charakteristik mit der Stromdichte als Parameter. Mit steigender Stromdichte steigt einmal bei gleicher der Kathode zugeführter Wärme die Kathodenflecktemperatur gemäß Gl. (4), zum anderen ergibt sich nach Gl. (3) eine steigende Feldstärke. Beide Effekte ergeben zufolge Gl. (2)

eine höhere Emission; oder aber bei gleichem Elektronenstrom kommt der Mechanismus bei höherer Stromdichte mit kleinerer Leistungszufuhr zur Kathode und damit kleinerem Kathodenfall aus. Mit steigender Stromdichte ergibt sich also in Abb. 2b ein immer schwächerer Anstieg des Kathodenfalles zu kleinen Stromstärken hin. Ein roher Vergleich beider Abb. 2 zeigt schon, daß man einer steigenden Stromdichte einen steigenden Gasdruck zuordnen muß, wie es gemäß Abb. 3a tatsächlich auch gemessen wurde. Für Stromdichten über $4 \cdot 10^5$ A/cm² wird der berechnete Kathodenfall stromstärkeunabhängig, weil nach Gl. (3) mit $\gamma = 2{,}5$ die Feldstärke über $3 \cdot 10^7$ V/cm steigt, der Tunneleffekt, d.h. die reine Feldemission zu überwiegen beginnt und damit aus unserem Gleichungssystem ohne weiteres die Unabhängigkeit des Kathodenfalls von der Stromstärke folgt. Wie Abb. 2a zeigt, ist dieser Zustand bei der oberen Druckgrenze von 60 Atm zwar noch nicht ganz erreicht, an dem reinen Feldbogen aber z. B. an Hg-Kathode ist er tatsächlich zu beobachten.

Zur näheren Untersuchung der gewonnenen Ergebnisse wurde aus den beiden Kurvenscharen Abb. 2, der theoretisch gewonnenen mit dem Parameter j und der gemessenen mit dem Parameter p die abhängige Veränderliche U_k eliminiert. Die daraus entstehende Kurvenschar mit dem Parameter p ist in Abb. 3b gestrichelt eingezeichnet. Diese halbtheoretisch gewonnenen Stromdichten liegen, wie zu erwarten, über den gemessenen oder richtiger geschätzten Minimalwerten. Das Ausmaß der Abweichungen hängt sehr empfindlich von den noch unsicheren Größen Φ und γ ab und soll im folgenden noch diskutiert werden.

Die berechnete Stromdichte kann noch einer weiteren Prüfung unterzogen werden. Der kathodische Mechanismus wird aus Gründen der Ökonomie (Minimumsprinzip) stets den kleinstmöglichen Kathodenfall anstreben. Da für die vorliegenden Verhältnisse gezeigt wurde, daß der Kathodenfall mit steigender Stromdichte sinkt, ist zu erwarten, daß die höchstmögliche Stromdichte angestrebt wird. Zu dem gleichen Ergebnis gelangt, ebenfalls auf das Minimumsprinzip gegründet, aber auf anderem Wege die Kontraktionstheorie. Mit der Feststellung allerdings, daß sich der kleinere Kathodenfall bei höherer Stromdichte einstellt, ist die Frage nach der Wirkungsweise des kontrahierenden Mechanismus noch nicht beantwortet. Eine höhere kathodische Kontraktion entgegen dem Bestreben der positiven Säule, die für sie normale Querkontraktion anzunehmen, muß durch eine entsprechende Kraft erzwungen werden. Eine Betrachtung der internen Prozesse des Kontraktionsbereichs führt hier nicht zum Ziel, denn auf Grund seiner Eigengesetzlichkeit müßte auch der kathodische Teil der positiven Säule die Querkontraktion der normalen Säule annehmen. Unserer Ansicht nach entspricht der kontrahierende Mechanismus einer Wechselwirkung zwischen Kathode und angrenzendem Plasma, welche nur unter der Voraussetzung höheren Elektronenstromes in folgender Weise zustande kommt. Der Ionenstrom muß aus verschiedenen Gründen eine mehr oder weniger ausgeprägte Dichteverteilung über den Querschnitt haben mit einem Maximum im Zentrum. Da zufolge des Langmuirschen Gesetzes die Feldstärke an der Kathodenoberfläche $E \sim \sqrt{j_+}$ und E in den Exponenten der Gl. (2) steht, muß die Feldemission ein erheblich steileres zentrales Maximum haben als j_+. Die Kathodenfallenergie dieses Emissionsstromes sorgt wiederum für Konzentration der Ionisation im Ionisationsraum und damit des Ionenstromes zur Kathode. Dieses sich gegenseitig verstärkende Wechselspiel stellt einen Mechanismus dar, der gegen die zerstreuenden Kräfte der Wärmeleitung und Diffusion zu wirken vermag. Auch im Bogen mit überwiegender Thermoemission existiert ein solcher kontrahierender Effekt, weil sich zufolge den zu Gl. (3) führenden Überlegungen ein Temperaturmaximum an der

Kathodenoberfläche ausbildet (vgl. mit [13]) und auch T im Exponenten der Gl. (2) steht. Doch ist die Höhe dieses Maximums von Gestalt und Wärmeleitfähigkeit der Kathode abhängig, so daß sich der kontrahierende Mechanismus nicht unter allen Umständen durchsetzen kann. Bei überwiegender Feldemission jedoch ist stets zu erwarten, daß der oben aufgestellten Forderung nach höchstmöglicher kathodischer Stromdichte entsprochen werden kann.

Die maximal erreichbare Dichte des Ionenstroms zur Kathode ist gerade gleich dem Grenzflächendiffusionsstrom $j_{+max} = (1/4)\ en_+\ v_+$, wobei die maximale Ionendichte im Ionisationsraum bei 100%iger Ionisation mit $n_+ = (n_0/2)\ (p\ 273/T_i)$ gegeben ist ($n_0 = 2{,}686 \cdot 10^{19}$ cm^{-3}). Doppelte Ionisation ist unter den gegebenen Verhältnissen unbedeutend. Damit wird

$$j_{+max} = \frac{273\ en_0\ p\ v_+}{8\ T_i}\ . \tag{7}$$

Mit $v_+ \sim \sqrt{T_i}$ folgt die Temperaturabhängigkeit $j_{+max} \sim 1/\sqrt{T_i}$. Trotz gröberer Temperaturschätzung ergeben sich also recht zuverlässige Maximalwerte der Ionenstromdichte. Für die wahrscheinliche Temperatur im Ionisationsraum von $T_i = 12\,000°$ K errechnen sich bei den verschiedenen Drucken die Werte

$$p \quad = \quad 1 \quad 5 \quad 20 \quad 40 \quad 60 \quad \text{Atm}$$

$$j_{+max} \quad = \quad 0{,}2 \quad 1{,}0 \quad 4{,}5 \quad 8{,}5 \quad 12 \quad 10^4 \text{ A/cm}^2.$$

Mit diesen recht genau gegebenen Grenzwerten ist auch die obere Grenze für die Gesamtstromdichte gegeben, da auch für s in Gl. (1) eine wenn auch noch fragwürdige Abschätzung existiert. In Abb. 3b wurde die aus Gl. (7) und Gl. (1) folgende maximale Stromdichte $j_{max} = j_{+max}/(1-s)$ für einige Drucke eingetragen. Die berechnete gestrichelt eingezeichnete Stromdichte liegt bei den Drucken über etwa 10 Atm, wie am Beispiel 40 und 60 Atm gezeigt, erwartungsgemäß unter diesen Maximalwerten. Bei den tieferen Drucken (in Abb. 3b 1 Atm und 5 Atm) übersteigt aber die berechnete Stromdichte die eingezeichneten Maximalkurven. Bei höheren Stromstärken liegen hier auch die gemessenen Minimalwerte über den Maximalkurven, so daß vermutlich das berechnete j_{max} hier nicht zutrifft. Die Kritik wird an Gl. (1) ansetzen müssen, da Gl. (7) recht zuverlässig ist.

Die oben angestellten zu Gl. (1) führenden Überlegungen sollen zunächst für den Bogen mit überwiegender Feldemission erweitert werden. Im Gegensatz zum Thermobogen ist im Bogen mit reiner oder überwiegender Feldemission die Emissionsstromdichte in erster Linie von der Feldstärke abhängig. Aus Gl. (3) ergibt sich für die relative Feldstärke bei $j_+ = $ const in Abhängigkeit von dem Elektronenstromanteil $E/E_{max} = \sqrt{1 - s\ \sqrt{m/M}\ /\ (1-s)}$, wobei m/M das Verhältnis von Elektronen- zu Ionenmasse ist. Die in Tab. 3 gebrachten Wertepaare

Tabelle 3. Relative Feldstärke E/E_{max} an der Kathodenoberfläche abhängig von dem Elektronenstromanteil s.

s	0	0,5	0,8	0,9	0,95	0,99	0,998
E/E_{max} ...	1	0,999	0,996	0,991	0,98	0,89	0

gelten für Xenon, ändern sich aber mit dem Atomgewicht nur wenig. Mit steigendem Elektronenstromanteil sinkt die Feldstärke zuerst langsam, dann rascher, um bei dem in Gasentladungen nicht zu überschreitenden Wert $s = 1 - \sqrt{m/M}$

Null zu werden. Sinkt s auch nur wenig, dann erfolgt, weil E im Exponenten der Gl. (2) ansteigt, eine kräftige Steigerung der Emissionsstromdichte. Die höchstmögliche Emissionsstromdichte herrscht für $j_{+max} = \text{const}$ also bei kleinstmöglichem Elektronenstromanteil. Dieser aber ist mit Gl. (1) gegeben, da Gl. (1) aus einer Abschätzung des energetisch bedingten Minimalwertes hervorgegangen ist. Bedenkt man, daß bei Drucken über rund 10 Atm die Feldemission eine Rolle zu spielen beginnt, dann ergibt sich Übereinstimmung zwischen diesen Überlegungen und den in Abb. 3b eingetragenen Ergebnissen. Der geringe Spielraum, den in Abb. 3b die Maximal- und Minimalkurven bei den hohen Drucken freigeben, und in dem der tatsächliche Verlauf nach der Rechnung zu suchen ist, bestätigt die angestellten Überlegungen, und damit Gl. (1) für den Brennfleckbogen.

Im Thermobogen, wo die Feldstärke noch keine wesentliche Rolle spielt, liegen die Verhältnisse anders. Hier sorgt die Temperaturaufsteilung im Kathodenfleck, wie sie in Gl. (4) zum Ausdruck kommt, meist noch für die Wirksamkeit des kontrahierenden Mechanismus, aber der beschriebene die untere Grenze des Elektronenstromanteils anstrebende Mechanismus ist hier nicht wirksam. Die Kathodentemperatur und damit die Höhe des Elektronenstroms hängt vielmehr von dem Wärmehaushalt der Kathode ab. Eine relativ verlustarme Kathode kann auch bei verhältnismäßig kleinem Ionenstrom einen höheren Elektronenstrom emittieren, so daß ein Elektronenstromanteil näher bei der oberen Grenze $s = 1 - \sqrt{m/M}$ möglich ist. Eine Kathode ist in diesem Sinn relativ verlustarm, wenn sie entweder entsprechend kleine Oberfläche hat oder höher belastet wird. Wie in [17] gezeigt wurde, gilt im Hochdruckbogen, d.h. bei angenähert gleicher Temperatur der Plasmakomponenten die von A. v. ENGEL und M. STEENBECK[21] aus energetischen Gründen geforderte obere Grenze des Elektronenstromes nicht. So berechnen z.B. W. WEIZEL und W. THOURET[4] für den kathodenflecklosen Bogen den recht hohen Elektronenstromanteil von $s = 0{,}975$. Im vorliegenden Falle ergeben sich, wenn die berechnete Stromdichte in Abb. 3b für 1 und 5 Atm mit der Maximalkurve zusammenfallen soll, für höhere Stromstärken die Werte $s = 0{,}8 \ldots 0{,}85$, während aus Gl. (1) $s = 0{,}5 \ldots 0{,}6$ folgt. Offenbar steht bei den tieferen Stromdichten des vorwiegend thermischen Bogens im Ionisationsgebiet nicht mehr der überwiegende Teil der Kathodenfallenergie der Elektronen für die Ionisation bereit, und Gl. (1) liefert hier zu tiefe Werte.

Der bei hohen Drucken mit fallender Stromstärke beobachtete Umschlag in die Glimmentladung ist offenbar darauf zurückzuführen, daß sich die hohe Stromdichte nicht mehr aufrechterhalten läßt. Ein Überwiegen der zerstreuenden Kräfte der radialen Wärmeleitung und Diffusion über den oben beschriebenen kontrahierenden Mechanismus bei den sehr kleinen Durchmessern des kathodischen Ansatzes im Umschlagbereich von etwa 10^{-3} cm wird in Anbetracht des Anwachsens der relativen Randverluste verständlich.

Zum Schluß sei darauf hingewiesen, daß in unseren Berechnungen die durch Ionen aus der Kathode herausgeschlagenen Elektronen nicht berücksichtigt wurden. Dieser die Glimmentladung beherrschende Mechanismus ergibt einen Elektronenstromanteil von einigen Prozent. Nach Gl. (1) liegen bei unseren Untersuchungen wesentlich höhere Elektronenstromanteile vor. Die Elektronenbefreiung durch aufprallende Ionen wurde deshalb vernachlässigt. Bei höheren Kathodenfällen hingegen, wenn laut Gl. (1) s in den Bereich einiger Prozente gelangt, muß der Mechanismus der Glimmentladung berücksichtigt werden, so wie es A. v. ENGEL und M. STEENBECK[21] für den vollständigen und kontinuierlichen Übergang Glimmentladung-Thermobogen ausführten.

Zusammenfassung

Es wird ein qualitativer Nachweis dafür erbracht, daß der Brennfleckbogen einen Übergang vom Thermobogen zum Feldbogen darstellt. Die Stromspannungscharakteristik des Kathodenfalls und der Verlauf der kathodischen Stromdichte insbesondere im Übergangsgebiet zur Glimmentladung, lassen sich in weitem Druckbereich aus dieser Vorstellung heraus deuten. Quantitativ exakte Übereinstimmung der Meßergebnisse mit der Theorie kann in Anbetracht der Unbestimmtheit der beiden Größen Austrittspotential Φ und Grobfeinfaktor γ noch nicht erbracht werden. Die brauchbare Übereinstimmung für die Werte $\Phi = 4$ V und $\gamma = 2{,}5$ der Wolframkathode stellt aber ein befriedigendes Ergebnis dar, denn damit liegen diese beiden Größen in einem durch neuere Arbeiten umrissenen engen Unsicherheitsbereich.

Herrn Prof. Dr. P. Schulz habe ich für zahlreiche anregende und klärende Diskussionen meinen besonderen Dank zu sagen.

Literatur

[1] Wasserrab, T.: Z. Phys. 130 (1951) S. 311.
[2] Slepian, J.: Phys. Rev. 27 (1926) S. 407.
[3] Weizel, W., R. Rompe, M. Schön: Z. Phys. 119 (1924) S. 366.
[4] Weizel, W., W. Thouret: Z. Phys. 131 (1951/52) S. 170.
[5] Ecker, G.: Z. Phys. 132 (1952) S. 248.
[6] Ecker, G.: Z. Phys. 136 (1953/54) S. 1.
[7] Ecker, G.: Z. Phys. 135 (1953) S. 105.
[8] Ecker, G.: Z. Phys. 136 (1953/54) S. 1.
[9] Ecker, G.: Z. Phys. 136 (1953/54) S. 556.
[10] Ecker, G.: Z. Phys. 142 (1955) S. 447.
[11] Voorish, C. C. van, K. T. Compton: Phys. Rev. 37 (1931) S. 1596.
[12] Zener, C.: Phys. Rev. 40 (1932) S. 178, 335.
[13] Bauer, A.: Z. Phys. 138 (1954) S. 35.
[14] Murphy, E. L., R. H. Good: Phys. Rev. 102 (1956) S. 1464.
[15] Lewis, T. J.: J. Appl. Phys. 26 (1955) S. 1405.
[16] Lewis, T. J.: Proc. Phys. Soc. Ser. B, 67 (1954) S. 187.
[17] Bauer, A., P. Schulz: Z. Phys. 139 (1954) S. 197.
[18] Froome, K. D.: Proc. Phys. Soc. Ser. B, 63 (1950) S. 377.
[19] Gerthsen, P.: Z. Phys. 138 (1954) S. 515.
[20] Neumann, W.: Ann. Phys. Folge 6, 17 (1956) S. 146.
[21] Engel, A. v., M. Steenbeck: Elektrische Gasentladungen. T. 2. Berlin 1934.
[22] Pfender, E.: Z. angew. Phys. 5 (1953) S. 450.

Physik und Technik der Blitzröhren
unter besonderer Berücksichtigung der Anwendung in der Kinematographie*)

Von

H. Grabner und **M. Reger**

Mit 8 Abbildungen

Einleitung

Der Aufsatz soll Aufschluß geben über die Möglichkeiten und die Bedingungen der Verwendung von fremdgesteuerten Gasentladungs-Blitzröhren für Filmaufnahme- und Wiedergabezwecke. Zunächst werden kurz die Betriebsweise und die Grundlagen der Gasentladungs-Blitzröhren behandelt, danach wird auf die folgenden für die Arbeitsweise der Lampe wichtigen 4 Punkte ausführlich eingegangen:

1. Wie lange dauert ein Gasentladungsblitz?
2. Mit welcher Genauigkeit läßt er sich steuern?
3. Welche Lichtmengen können erzielt werden?
4. Welche Frequenzen lassen sich erreichen?

1. Betriebsweise der Blitzröhren

Die Betriebsweise einer Blitzröhre ist aus dem Schaltbild ersichtlich.

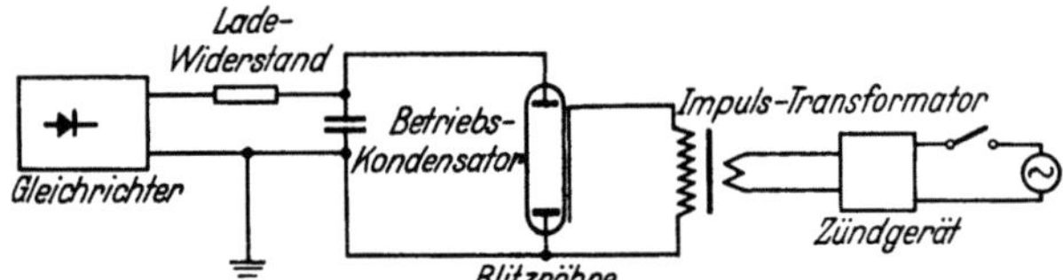

Abb. 1. Prinzipschaltung für den Betrieb von Blitzröhren.

Ein Kondensator wird durch eine Gleichstromquelle über einen Widerstand aufgeladen. An den Kondensator ist eine Gasentladungs-Blitzröhre angeschlossen. Bekanntlich sind Gasentladungsstrecken unterhalb einer gewissen Spannung fast völlige Isolatoren, erst oberhalb dieser Spannung, der Zündspannung, werden sie leitend, so daß ein Strom fließen kann, der zur Lichterzeugung führt. Kondensatorspannung und Zündspannung der Blitzröhre sind so gewählt, daß die Kondensatorspannung etwas unterhalb der Zündspannung der Röhre liegt, so daß also zunächst kein Strom durch die Röhre fließt. Erst wenn durch eine besondere Zündelektrode, die in den meisten Fällen als Außenelektrode ausgebildet ist, im gewünschten Zeitpunkt durch das Zündgerät ein Hochfrequenz-Hochspannungsstoß auf die Blitzröhre gegeben wird, zündet die Blitzröhre, und der Kondensator entlädt sich über die Röhre unter Lichtemission.

Die Zeitdauer der Entladung des Kondensators über die Blitzröhre hängt von der Größe des Widerstandes der Gasentladung und den elektrischen Werten des Stromkreises ab, wobei unter dem Entladungswiderstand der Quotient aus dem Strom-Spannungsverlauf vom Strommaximum an verstanden wird[1]). Der Konden-

---

*) Originalmitteilung.

sator und die Zuleitungen zur Blitzröhre enthalten nicht nur ohmsche Verlust-widerstände, sondern auch Blindwiderstände in Form von Selbstinduktionen L_C bzw. L_Z. In Abb. 2 ist das Ersatzschaltbild des Kreises dargestellt.

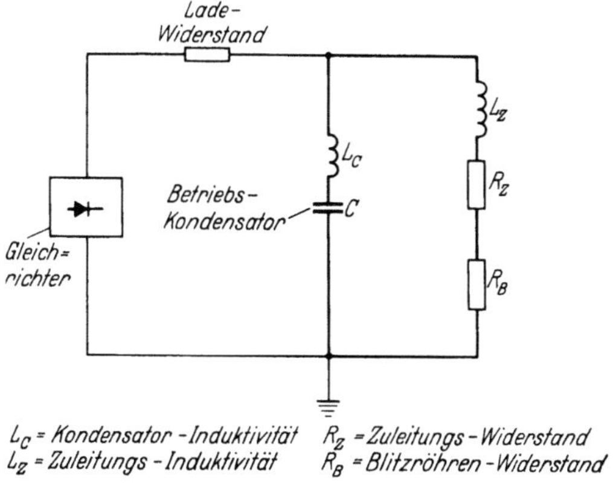

Abb. 2. Kondensatorentladung. Ersatzschaltbild des Entladungskreises.

Je nach dem Größenverhältnis dieser Werte ist der Entladevorgang des Kondensators verschieden. Ist der Widerstand der Gasentladung R_B und der der Zuleitungen R_Z klein gegenüber dem aperiodischen Grenzwiderstand des Stromkreises $2\sqrt{L_C + L_Z/C}$, so treten Schwingungen mit der Eigenfrequenz des Entladungskreises auf, der Strom durchläuft die Blitzröhre in mehreren Schwingungen.

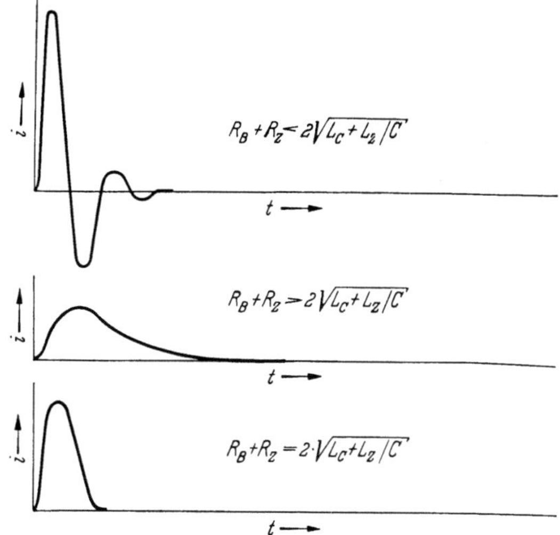

Abb. 3. Kondensatorentladung durch Blitzröhren mit verschiedenen Widerständen R_B.

Die Strahlung der Blitzröhre erfolgt demzufolge in Form von mehreren Lichtimpulsen. Es ist klar, daß diese Form der Entladung des Kondensators für die meisten kinotechnischen Zwecke nicht brauchbar ist. Ist andererseits der Widerstand der Gasentladung R_B und der der Zuleitungen R_Z groß gegenüber dem aperiodischen Grenzwiderstand, so entlädt sich der Kondensator nur sehr langsam. Die optimale Anpassung erhält man im aperiodischen Grenzfall, wenn die elektrischen Werte der Widerstände und der Induktivitäten so gewählt wurden, daß die Entladung des Kondensators in möglichst kurzer Zeit vor sich geht, ohne daß Schwingungen auftreten. Es muß dann sein $R_B + R_Z = 2 \sqrt{L_a + L_Z/C}$.

Der Anteil der im Kondensator gespeicherten Energie, der in der Blitzröhre in Licht umgesetzt wird, wird um so größer, je größer der Widerstand der Blitzröhre im Verhältnis zu den Verlustwiderständen der Zuleitungen ist. Bei einer Blitzröhre mit kleinem Widerstand entlädt sich der Kondensator schnell über das Rohr. Man erhält daher kurze, kräftige Stromstöße und dementsprechend kurze Lichtblitze mit hohen Spitzenwerten. Der Widerstand der Zuleitungen kann aber einen beträchtlichen Teil der Kondensatorenergie bis zu 50 % verbrauchen.

Bei einer Blitzröhre mit höherem Widerstand entlädt sich der Kondensator langsamer über die Entladungsstrecke, die Stromstöße werden länger und die Stromspitzen nicht so hoch. Demzufolge sind auch die Lichtblitze länger mit geringerer Spitzenhelligkeit. Die Kondensatorenergie wird in diesem Falle allgemein mit einem besseren Wirkungsgrad in Licht umgewandelt. Je nach den Anforderungen, die an die Blitzdauer oder an die Spitzenhelligkeit gestellt werden, sind also Blitzröhren mit großem oder kleinem inneren Widerstand zu verwenden.

2. Elektrisches Verhalten der Blitzröhren

Zünden wir nun unter diesen für unsere Zwecke optimalen Bedingungen eine Blitzröhre und sehen uns den zeitlichen Verlauf des Stromes, der Spannung und des Lichtstromes an, so finden wir, daß der Strom erst eine gewisse Zeit, hier 10 μs, nach dem Zündimpuls zu fließen beginnt (Abb. 4). Die Gasentladung

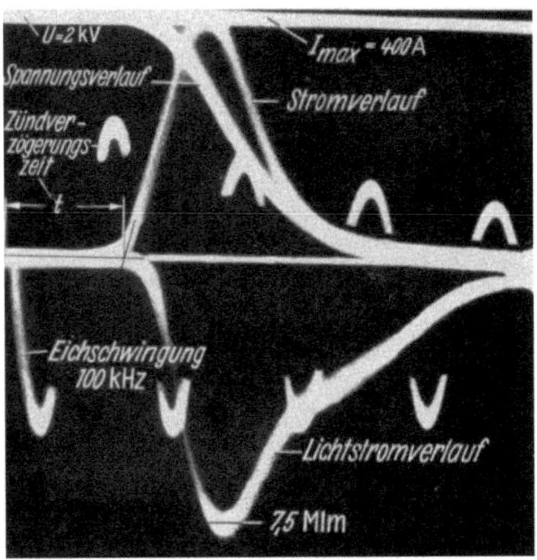

Abb. 4. Osram Impulslampe XIE 200. Zeitlicher Verlauf von Strom, Spannung und Licht bei einer Impulsenergie von 4 Ws $(U = 2\,KV;\ C = 2\,\mu F)$.

benötigt zu ihrer Ausbildung eine Zeit, die sogenannte Aufbauzeit. Rogowski[2]), Raether[3]), Loeb u. Meek[4]), Meek u. Craggs[5]) und andere zeigten, daß die durch den Zündimpuls im Gasraum erzeugten Elektronen in kurzer Zeit einen leitenden Gaskanal zwischen den Elektroden bilden, durch den sich dann der Kondensator entladen kann. Die Aufbauzeit hängt sehr stark von der Feldstärke, das heißt also bei einer gegebenen Blitzröhre von der Spannung des Kondensators ab und wird um so kürzer, je weniger sich die Spannung von der Zündspannung unterscheidet. Weiterhin ist die Aufbauzeit um so kürzer, je kleiner der Elektrodenabstand ist.

Bei geeigneter Anordnung kann sie auf Werte bis zu 10^{-8} s herabgesetzt werden. Bei der von der Studiengesellschaft für elektrische Beleuchtung entwickelten Impulslampe XIE 200, an der diese Aufnahmen gemacht wurden, beträgt sie etwa 10^{-5} s.

Nachdem sich der leitende Kanal gebildet hat, beginnt der Strom durch die Blitzröhre zu fließen und nimmt, da ja im allgemeinen die Widerstandswerte des Stromkreises klein, von der Größenordnung weniger als ein Ohm sind, sehr rasch große Werte von Hunderten bis zu Tausenden Amp. an. Die Geschwindigkeit des Stromanstieges hängt von den elektrischen Daten des Stromkreises, vor allem von den Selbstinduktionen des Kondensators und der Zuleitungen ab. Da aber infolge des durch die Blitzröhre fließenden Stromes der Kondensator entladen wird und seine Spannung absinkt, nimmt die Stromstärke nach dem Erreichen eines Maximums wieder ab. Die Blitzröhre erlischt, wenn die Kondensatorspannung auf Werte unterhalb der Brennspannung der Entladung abgefallen ist. Der zeitliche Verlauf des Stromes und der Spannung wird durch die elektrischen Daten des Kreises und den Widerstand der Blitzröhre bestimmt.

3. Strahlungsphysikalisches Verhalten der Blitzröhren

Die hohen Ströme, die durch die Blitzröhre fließen, bringen den Gasinhalt der Röhre auf sehr hohe Temperaturen, etwa 8000...15000°. In diesem Zustand sendet das Gas, in den meisten Fällen ein Edelgas, Strahlung aus. Wie aus Abb. 4 hervorgeht, folgt die Lichtemission dem Strom mit einer gewissen Verzögerung, die bei der untersuchten Röhre für die Maximalwerte etwa 4...5 μs beträgt. Diese Verzögerung ist verständlich, da das Gas erst die hohe Temperatur annehmen muß, bevor es Strahlung emittiert. Für die Abklingzeit gelten die gleichen Überlegungen. Während der Strom rasch auf Null zurückgeht, nimmt die Lichtemission langsamer ab. Das auf hohe Temperatur erhitzte Gas braucht eine gewisse Zeit, um so kalt zu werden, daß keine merkliche Strahlung mehr emittiert wird. Der Lichtstromverlauf hängt daher ab vom Stromverlauf, von den Strahlungseigenschaften des Gases und von der Wärmeableitung aus dem Gas. Selbst bei einem sehr steilen Abfall des Stromes, der sich durch bestimmte Mittel erreichen läßt, kann die Zeitdauer der Lichtemission aus den erwähnten Gründen nur bis zu einer bestimmten Grenze verkürzt werden. In diesem Zusammenhang muß noch darauf hingewiesen werden, daß, solange die Gasentladung merklich Licht aussendet, sie auch noch leitfähig ist, so daß, wenn bei periodischen Blitzen die Kondensatorspannung während der Leuchtzeit rasch ansteigt, die Blitzröhre u. U. weiter, und zwar dann stetig brennt. Dieser Vorgang begrenzt die Blitzfrequenz bei der angegebenen Schaltung.

4. Lichtblitzdauer

Die Zeitdauern der Lichtblitze, die sich praktisch erreichen lassen, hängen einmal ab von der Zeit des Stromdurchganges und von den Abkühlungsverhältnissen des Gases. Blitzröhren mit kleinem Widerstand, das heißt Blitzröhren mit kurzem Elektrodenabstand und hohem Druck ergeben kurze Zeiten. Der hohe Druck bewirkt, daß die Zündspannung, bei der die Blitzröhre von allein zündet, sehr hoch ist. Infolgedessen kann man, da mit Spannungen etwas unterhalb der Zündspannung gearbeitet wird, auch mit hohen Kondensatorspannungen arbeiten. Die elektrische Energie E, die in der Blitzröhre in Strahlung und Wärme umgesetzt wird, ist bekanntlich gegeben durch die Spannung U am Kondensator C gemäß der Beziehung $E = \frac{1}{2} C U^2$. Je größer U ist, desto kleiner kann bei gleicher Blitzenergie also die Kapazität C des Kondensators sein. Je kleiner der

Kondensator bei gegebener Spannung ist, desto kürzer wird die Entladungszeit. Abb. 5 zeigt die Zusammenhänge.

Es sind Oszillogramme des Stromverlaufes an der Osram-Impulslampe XIE 200, wobei jede Kurve durch etwa 100 Entladungen gezeichnet wurde. Man sieht deutlich, daß die Blitzzeiten um so kürzer werden, je kleiner der Kondensator ist. Wenn also der Wunsch nach möglichst kurzen Zeiten besteht, werden zweckmäßig hohe Spannungen und kleine Kondensatoren verwendet. An Blitzröhren,

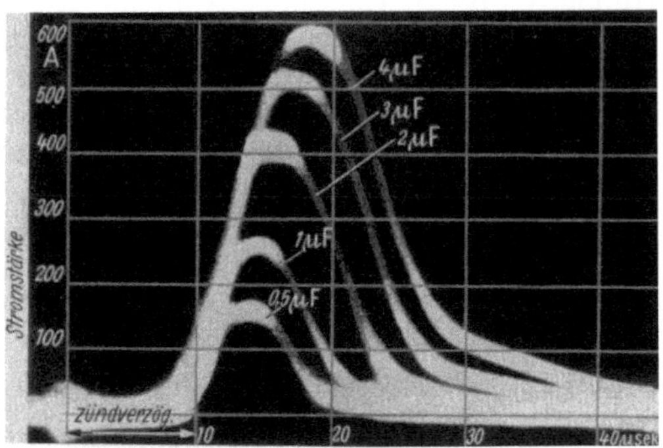

Abb. 5. Osram Impulslampe XIE 200. Zeitlicher Verlauf der Stromstärke bei 2 KV Betriebsspannung und verschiedenen Kapazitäten.

die mit 10000 Volt Kondensatorspannung betrieben werden und einen Fülldruck von 5 atü Argon aufweisen, hat Früngel[6]) Blitzdauern von 0,5 μs erreicht, wobei als Blitzzeit die Zeit vom Spitzenwert des Lichtstromes bis zum Absinken auf $^1/_{10}$ des Wertes gerechnet ist. Der Kondensator hatte dabei eine Größe von 0,1 μF und jeder Blitz eine Energie von 5 Ws. Diese Werte können erreicht werden dadurch, daß der Kondensator selbst äußerst induktionsarm ausgeführt wird und auch die Zuleitungen zwischen Kondensator und Blitzröhre möglichst wenig Selbstinduktion enthalten. Glaser[7]) hat ähnliche Zeiten erreicht. Bei Lampen geringeren Druckes sinkt die Betriebsspannung, so daß zur Erzielung gleicher Impulsenergie der Kondensator vergrößert werden muß. Dadurch vergrößert sich auch die Blitzdauer. Die Osram-Impulslampe XIE 200 hat Blitzdauern von 25 μs bei 2000 V Betriebsspannung und Impulsenergien von 4 Ws. Je nach der noch als zulässig angesehenen Blitzdauer muß also die Blitzröhre und der elektrische Kreis aufgebaut werden. Es muß noch darauf hingewiesen werden, daß bei sehr kurzen Blitzzeiten und demzufolge auch sehr hohen Spitzenwerten des Stromes und des Lichtes die Kathode sehr hoch beansprucht wird, wodurch die Lebensdauer herabgesetzt wird.

Die Zeit von 0,5…1 μs dürfte die kürzeste sein, die heute mit einfachen Mitteln zu erreichen ist, da die Abkühlungszeit des Gases hier eine Grenze setzt. Durch eine Strömung des Gases im Bogen, wodurch die heißen Gasteile entfernt werden, läßt sich die Grenze noch etwas herabsetzen. Auch durch Zusatz von Wasserstoff zum Füllgas wird die Abkühlung des Gases infolge der guten Wärmeleitung dieses Gases vergrößert, doch geben Carlson und Pritchard[8]) keine Werte für die Blitzdauer in solchen Fällen an.

5. Zündverzögerung und Streuung des Entladungseinsatzes

Zur zweiten Frage, mit welcher Genauigkeit der Blitzeinsatz gesteuert werden kann, gibt Abb. 6 Auskunft. Sie zeigt die Auswertung von Aufnahmen, bei denen die Zündverzögerungszeit und die Streubreite der Einsatzzeit der Entladung in Abhängigkeit von der Kondensatorspannung an einer Blitzröhre mit Xenonfüllung und mit 80 mm Elektrodenabstand aufgetragen ist. Die Zündspannung dieser Blitzröhre, das heißt die Spannung, bei der sie ohne Hilfszündung zündet, betrug etwa 3000 V. Man sieht, daß die Verzögerungszeit, also die Zeit zwischen dem Einsetzen der Hilfszündung und dem Einsetzen der Hauptentladung mit wachsender Kondensatorspannung kleiner wird und Zeiten von etwa 5 μs erreicht. Unterhalb einer Spannung von etwa 1600 V gelingt es nicht

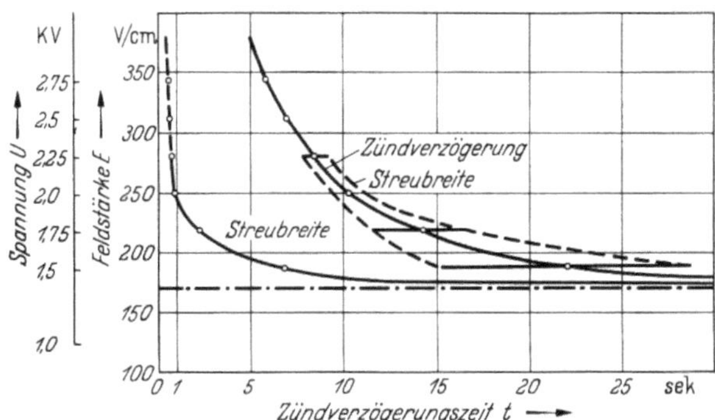

Abb. 6. Osram Impulslampe XIE 200. Zündverzögerungszeit und Streuzeit in Abhängigkeit von der Betriebsspannung

mehr, die Röhre zu zünden. Mit steigender Kondensatorspannung wird nicht nur die Zündverzögerungszeit kleiner, sondern auch ihre Streubreite. Bei großer Kondensatorspannung, die nur wenig unterhalb der Zündspannung liegt, beträgt die Streuung weniger als 1 μs. Die Blitzdauer selbst betrug unter diesen Bedingungen, wie schon früher erwähnt, etwa 25 μs. Früngel[6]) gibt an, daß er Streubreiten von weniger als 10^{-7} s erhalten hat.

6. Lichtverhalten von Blitzlampen

Die gesamte, während der Blitzentladung emittierte Lichtmenge hängt vor allem von der aufgenommenen Leistung, aber auch von der Gasart und von der Temperatur der Entladung, das heißt der Energiedichte, ab. Je höher die Temperatur, desto größer sind im allgemeinen auch die je Ws emittierten Lumensekunden, desto größer ist also die Lichtausbeute. Während beispielsweise eine mit Xenon von etwa 200 Torr gefüllte Blitzröhre mit 70 mm Elektrodenabstand und einem Rohrdurchmesser von 7 mm, wie sie für Amateurblitzgeräte verwendet werden, bei einer Belastung mit 100 Ws eine Lichtausbeute von etwa 40 Lumensekunden/Wattsekunden hat, beträgt sie bei einer Belastung mit 10 Ws nur noch etwa 20...25 lms/Ws, da die Temperatur des Gases bei der geringeren Belastung auch entsprechend niedriger ist. Bei den meisten Blitzröhren, die für kinotechnische Aufnahmen entwickelt sind und die mit einer Blitzfrequenz von einigen Hundert bis etwa 1000 Blitzen je Sekunde betrieben werden, beträgt die Energie je Blitz etwa 2...10 Ws. Es ergeben sich also bei einer Röhre mit Xenon-Füllung mit einer Lichtausbeute von 20 lms/Ws bei 10 Ws je Blitz etwa 250 lms. Führt man, um einen anschaulichen Überblick zu bekommen, als Rechnungsgröße die Leitzahl ein, bekanntlich das Produkt aus Blende und Gegenstandentfernung von der Lichtquelle, bei der noch brauchbare Aufnahmen zu erzielen sind, so ergibt sich folgendes:

Ein Amateurblitzgerät mit einer Xenon-Blitzröhre in einem Hochleistungsreflektor hat bei 100 Ws etwa eine Leitzahl von 40, das heißt, bei Blende 8 erhält man noch von Gegenständen in 5 m Entfernung von der Lichtquelle brauchbare Aufnahmen. Bei einer Belastung der Röhre mit 10 Ws sinkt die Lichtausbeute etwa auf die Hälfte, so daß die Leitzahl (40 : 10) : 2 = 2 wird. Natürlich gilt eine solche Rechnung nur sehr überschlägig, da die Lichtausbeute auch von der Bauart der Blitzröhre sowie den elektrischen Daten abhängt und da als Energie in der Rechnung immer die Kondensatorenergie eingesetzt wird, nicht dagegen die Energie der Blitzröhre, die ja um die Verluste in den Zuleitungen kleiner ist. Sie gibt aber die richtige Größenordnung wieder. Bei Argonfüllung ist die Lichtausbeute etwa um die Hälfte geringer als bei Xenon, wobei jedoch im Gebiet um 400 nm die Strahlungsausbeuten infolge einer kräftigen Linienstrahlung des Argons für beide Gase etwa gleich sind, so daß in Sonderfällen eine billige Ar-Blitzlampe ausreichend sein kann.

Wird die Blitzröhre höher belastet, etwa durch Erhöhung der Kondensatorspannung oder der Kondensatorgröße, so wächst auch die Lichtmenge. Carlson und Pritchard[8]) haben zum Beispiel eine Blitzröhre mit einer Energie von 36000 Ws je Blitz betrieben. Eine Grenze der Belastung der Blitzröhre ist durch die Erwärmung gegeben, da nur etwa 20...25% der zugeführten Leistung als Strahlung emittiert werden, der Rest aber in der Blitzröhre in Wärme umgewandelt wird. Dabei kommt es natürlich vor allem auf die der Röhre insgesamt je Zeiteinheit zugeführte Leistung an. Es ist also für die Erwärmung etwa gleich, ob eine Blitzröhre alle 10 Sekunden mit 100 Ws oder einmal je Sekunde mit 10 Ws oder 100mal in der Sekunde mit $1/_{10}$ Ws belastet wird. Wird die Gesamtleistung der Blitzröhre, also die Energie je Blitz in Ws × der Blitzfrequenz je Sekunde, zu hoch, so wird das Glas und vielfach auch die Kathode der Röhre zerstört. Das Glas erhält unter dem Einfluß der Druckwellen Sprünge. Werden die Röhren aus Quarzglas hergestellt, so kann die Leistung um ein Mehrfaches gesteigert werden. Derartige Blitzröhren sind von der Osram-Studiengesellschaft für 40 und 200 W Leistungsaufnahme insbesondere für die Zwecke der Stroboskopie entwickelt worden. Auch in Amerika sind solche Röhren hergestellt und von Carlson und Edgerton[9]) untersucht worden, wobei zusätzliche Kühlung durch ein Gebläse angewandt wurde. Dabei wurden Dauerleistungen von 4 kW erzielt, das heißt, bei 24 Blitzen/s betrug die Energie je Blitz 170 Ws. Bei einem Betrieb von nur 30 Sekunden Dauer konnte die Leistungsaufnahme der Röhre auf 10 kW entsprechend 400 Ws je Blitz bei 24 Blitzen je Sekunde erhöht werden. Eine weitere Steigerung ist möglich durch Flüssigkeitskühlung der ganzen Lampe oder nur der Elektroden[10]).

7. Grenzen der Impulsfolge

Diese Betrachtungen zeigen, daß der Impulsfolge einmal durch die Erwärmung eine Grenze gesetzt ist. Bei vorgegebener Impulsenergie bestimmt die maximal zulässige Leistungsaufnahme der Blitzröhre die höchste zulässige Impulsfolge.

Weiterhin ist die Impulsfolge dadurch begrenzt, daß die Entladungsstrecke nach einer Entladung wieder frei sein muß von Ionen, da anderenfalls die Röhre bereits bei niedrigen Kondensatorspannungen von selbst zünden würde und sich nicht mehr steuern ließe. Aus Abb. 4 ist zu ersehen, daß bei der Osram-Impulslampe XIE 200 das Licht erst etwa 40 μs nach der Zündung auf Null zurückgegangen ist. Während der Zeit der Lichtemission ist die Gefahr der Selbstentzündung immer noch groß. Durch die Länge der Zeit der Lichtemission wird also die Zeit bis zur nächsten Zündung nach unten hin begrenzt. Ohne besondere Maßnahmen kommt man bei Blitzröhren über 1000 Blitze/s nicht erheblich hinaus, da bei höheren Frequenzen die Röhre leicht in den stetig brennenden Zustand übergeht.

Will man höhere Frequenzen erzielen, so kann man durch rasches Entfernen des Gases zwischen den Elektroden, zum Beispiel durch Arbeiten mit strömenden Gasen, die Grenze erhöhen. F. FRÜNGEL[6]) hat mit dieser Methode eine Blitzfolge von 3000 Blitzen/s erreicht. BOURNE und BEESON[11]) sind einen anderen Weg gegangen. Sie haben Geräte entwickelt, die mit mechanischen Schaltern arbeiten und bei denen Frequenzen von 1500...3000 Blitzen je Sekunde erreicht wurden. Verwendet wurde eine Quecksilber-Hochdrucklampe mit Cadmium-Zusatz, die für Dauerbetrieb mit 1 kW belastet werden konnte, bei kurzzeitigem Betrieb von 1 Sekunde mit 10 kW.

Bei Forderung nach höheren Frequenzen wird häufig die in Abb. 7 angegebene Schaltung angewandt. Hier ist in den Entladungskreis der Blitzröhre ein Thyratron gelegt, das als Schalter dient. Ist der Strom im Kreis nach der Entladung auf

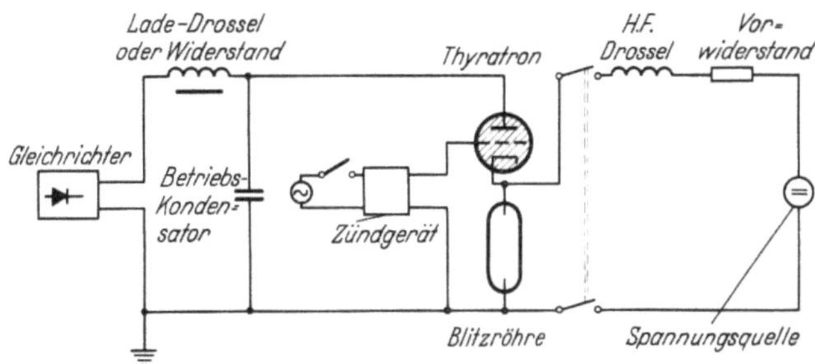

Abb. 7. Prinzipschaltung für den Betrieb von Blitzröhren mit Thyratron.

Null gesunken, so sperrt das Thyratron jeden Stromdurchgang durch den Kreis, auch wenn in der Blitzröhre noch Ionen vorhanden sind. Das Thyratron gibt erst dann wieder den Stromdurchgang frei, wenn auf das Gitter ein Spannungsimpuls gegeben wird. Häufig wird die Blitzröhre mit einer geringen Stromstärke zusätzlich kontinuierlich betrieben, so daß, wenn die Kondensatorentladung einsetzt, die Gasstrecke bereits leitend ist und die Zündverzögerungszeit entfällt. Mit einer solchen Thyratronschaltung haben ROCKWOOD und HARVEY[12]) Blitzfrequenzen von 10000 Blitzen/s erreicht, Frequenzen von 20000 Blitzen/s halten sie für möglich.

F. FRÜNGEL und W. THORWART[13]) erzielen eine Impulsfolge von 25000 Blitzen/s durch Verwendung einer Löschfunkenstrecke an Stelle des Thyratrons. Zur Gewinnung von sehr hohen Impulsfolgen zwischen $10^5...10^7$ Hz benutzen CRANZ und SCHARDIN[14]) mehrere Funkenstrecken, die nacheinander in dieser Folge gezündet werden. Die Zahl der aufeinanderfolgenden Impulse ist dabei begrenzt durch die Zahl der verwendeten Funkenstrecken.

8. Der Einsatz der Blitzröhre in der Kinotechnik

Auf Grund der guten Ergebnisse, die mit den Blitzröhren in Sonderfällen, vor allem bei Aufnahmen in schneller Folge und in geringem Abstand gewonnen worden waren, ist der Vorschlag gemacht worden, auch in der normalen Filmaufnahmetechnik Blitzröhren zu verwenden. Diese Blitzröhren müßten für eine sehr viel höhere Leistungsaufnahme von einigen Kilowatt ausgelegt sein und wegen der Bildfolge von 24 Bildern je Sekunde mit 24 Hz oder einem Vielfachen der Frequenz betrieben werden. Die Folge von 24 Blitzen/s liegt unterhalb der sogenannten Verschmelzfrequenz, das heißt, die Trägheit des Auges ist noch nicht so groß, daß ihm die Lichtimpulse als Gleichlicht erscheinen. Die Verschmelzfrequenz ist keine konstante Größe, sondern wächst nach dem Gesetz von Ferry und Porter linear mit dem Logarithmus der Leuchtdichte und ist zusätzlich abhängig von dem Verhältnis von Helligkeitsdauer zu Dunkelpause sowie den Beobachtungsbedingungen. Sie variiert zwischen 20 und 100 Hz. Aber auch bei einer Impulsfolge, die oberhalb der Verschmelzfrequenz liegt, macht sich bei Bewegungen der stroboskopische Effekt störend bemerkbar, so daß der Einsatz der Blitzröhren in der Filmaufnahmetechnik auch in Zukunft auf Sonderfälle beschränkt bleiben dürfte. Sonderfälle sind die mehrfach erwähnten Zeitdehnungsverfahren und der von I. Rieck[15]) beschriebene Tageslichtzeitraffer. Hierbei handelt es sich um ein Gerät, das erlaubt, biologische Wachstumsvorgänge unter natürlichen Bedingungen aufzunehmen und zu untersuchen. Das Gerät strahlt unter Benutzung einer Blitzröhre in großen Zeitabständen kurzzeitig so hohe Lichtmengen auf das Objekt, daß der Einfluß des wechselnden Tageslichtes bei den Aufnahmen ohne Bedeutung ist.

Bei der Filmwiedergabe wird durch die vor dem Bildfenster umlaufende Blende das Licht kontinuierlich brennender Lampen zu etwa 50% abgeschattet. Auf Grund des Talbotschen Gesetzes sinkt damit die Leuchtdichte der Bildwand auf die Hälfte des Wertes, der ohne Blende erhalten würde. Es sind daher eine größere Anzahl von Vorschlägen gemacht und Versuche durchgeführt worden, um mit Hilfe des Impulsbetriebes den Wirkungsgrad der Lichtausnutzung zu erhöhen. Ein mechanisches Verfahren, bei dem die Lampenleistung durch Kurzschließen eines Teiles des Vorwiderstandes mit einem von der umlaufenden Blende gesteuerten Schalter 48mal in der Sekunde hochgetastet wird, konnte sich wegen der geringen Lebensdauer der Schalterkontakte nicht durchsetzen. Man ist daher auf Verfahren der elektrischen Steuerung der Gasentladungslampen angewiesen. Eine einfache Steuerung der Stromstärke kann über einen Einweg-Gleichrichter, der am Wechselstromnetz liegt, erfolgen[16]). Man erhält dann bei einer Netzfrequenz von 50 Hz 50 Strom- bzw. Lichtimpulse je Sekunde. Da die Filmwiedergabe mit 48 Bildern je Sekunde erfolgt, muß die Bildfolge um 4% erhöht werden, das heißt der normale Antriebsmotor durch einen Synchronmotor mit 1500 Touren/min ersetzt werden.

Mit einer derartigen Anordnung wurden in der Studiengesellschaft für elektrische Beleuchtung Untersuchungen des Strom- und Lichtverhaltens der Osram-Xenon-Hochdrucklampe XBO 1001[17]) bei Pulsation durchgeführt. Die Lampe ist für eine Leistungsaufnahme von 1000 W zum Betrieb an Gleichspannung ausgelegt. Die Stromstärke beträgt 45 Amp., die Brennspannung 22 V, der Elektrodenabstand 3,4 mm, die Lichtstärke 3500 cd und die Leuchtdichte bei einer leuchtenden Fläche von 2,4 × 1,2 mm 40000 sb. Es ist erforderlich, die Lampe ständig mit einem geringen Ruhegleichstrom zu betreiben, dem der Halbwellenstrom des Gleichrichters überlagert wird, da die Wiederzündspannung bei reinem Halbwellenbetrieb infolge der stromlosen Pause von mehr als 10 ms Dauer auf Werte ansteigen würde, die weit oberhalb der Versorgungsspannung der Lampe liegen. Die geringste zulässige Betriebsstromstärke der XBO 1001 beträgt 12 Amp., die Brennspannung etwa 20 V, so daß die Leistungsaufnahme der Lampe in der Zeit der Lichtabschattung auf etwa 25% herabgesetzt werden kann. Für das Tastverhältnis der Leistungen ergibt sich somit ein Wert von etwa 7: 1.

Die für die Untersuchung verwendete Schaltung ist in Abb. 8 wiedergegeben. Sie erlaubt, die Lampe ohne Unterbrechung vom Gleichstrombetrieb auf pulsierenden Betrieb umzuschalten. Im Gleichstromkreis liegen 2 Widerstände zur Strombegrenzung in Serie, wobei durch Kurzschließen des 6-Ω-Widerstandes (Schalter S II) vom Ruhegleichstrom der Lampe auf volle Leistung, daß heißt von 12 auf

45 Amp., geschaltet werden kann. Der zu überlagernde Halbwellenstrom wird einem zweiten Stromkreis entnommen. Die Wechselspannung wird auf etwa 30 V heruntertransformiert und über einen Einweg-Gleichrichter der Lampe zugeführt.

Bei Pulsationsbetrieb wurde für 1000 W Gesamtleistungsaufnahme der Lampe ein Effektivstrom von 55 Amp. und ein Spitzenstrom von 105 Amp. gemessen. Die Zeitdauer des Impulsstromes lag bei 7 Millisekunden. Die Lichtstärke der Lampe betrug 3700 cd, sie war etwa 6% höher als bei reinem Gleichstrombetrieb

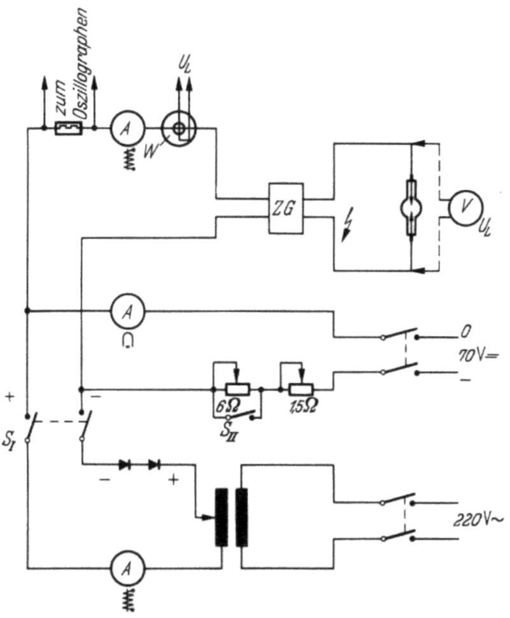

Abb. 8. Schaltung für den Pulsationsbetrieb der Osram Xenon-Hochdrucklampe X/30/001.

wegen der mit zunehmenden Stromstärken ansteigenden Lichtausbeuten. Für den Ruhegleichstrom wurde die Lichtstärke der Lampe zu etwa 500 cd bestimmt. Das bedeutet bei umlaufender Blende für die Zeit der Lichtabschattung einen Lichtverlust von etwa 7%. Da bei dem Pulsationsbetrieb ein Lichtgewinn von 6% erzielt worden ist, dürfte bei der Filmwiedergabe nahezu eine Verdoppelung der Leuchtdichte auf der Bildwand zu erwarten sein. Messungen der Bildwandleuchtdichte bestätigten, daß der im Gleichstrombetrieb durch die Blende verursachte 50%ige Lichtverlust durch den Pulsationsbetrieb nahezu ausgeglichen werden kann. Es ist z.Z. jedoch nicht möglich, das Verfahren einzuführen, da bei den für die Kinoprojektion geeigneten Typen der Xenonlampen zur Erzielung ausreichender Lampenlebensdauern und aus Gründen der Betriebssicherheit nur ein Pulsationsgrad von max. 17% zugelassen ist.

Ähnlich ist ein in den USA von D'ARCY und SEDA entwickeltes Verfahren für den Impulsbetrieb von Xenon-Hochdrucklampen[18]) zu beurteilen, das insbesondere auf die Filmwiedergabe von Schmalfilmen abgestimmt ist. Dabei wird die Lampe mit 120 Impulsen/s betrieben, eine Folge, die bei der in den Vereinigten Staaten üblichen Netzfrequenz von 60 Hz leicht erzielt werden kann. Die Zeitdauer jedes Impulses beträgt 3,5 ms und die Pausenzeit zwischen 2 Impulsen 4,8 ms. Nach je 5 Impulsen wird der Film in der Pausenzeit weiterbewegt, so daß auf jedes Bild 5 Lichtblitze entfallen. Mit diesem Verfahren wird bei gleicher

Leistungsaufnahme der Lampe wie beim Gleichstrombetrieb etwa die 1,5fache Beleuchtungsstärke auf der Bildwand erzielt.

Der Vorschlag, den Film stetig fortzubewegen und die Blitzdauer der Entladungen so kurz zu halten, daß das Bild scharf erscheint[19]), ist nicht durchführbar, weil die Wiedergabe mit einer Frequenz von 24 Hz erfolgen müßte, eine Frequenz, die bei den üblicherweise auf der Bildwand geforderten Leuchtdichten von etwa 100 asb unterhalb der Verschmelzfrequenz liegt. Ein möglicher Ausweg wäre die Verwendung von besonders gut nachleuchtenden Leuchtstoffen auf der Bildwand, jedoch liegen Erfahrungen hierüber nicht vor. Da die normale Filmwiedergabe infolge einer zusätzlichen Abschattung des Bildes durch die umlaufende Blende mit 48 Hz erfolgt, führt das Verfahren mit stetig bewegtem Film und Blitzlampe zur Verdoppelung der Filmlänge und wird damit unwirtschaftlich. Die Impulsverfahren sind also für die Kinoprojektion nur bedingt anwendbar und dürften es in nächster Zeit auch bleiben.

Zusammenfassung

Nach der Beschreibung der Betriebsweise, des elektrischen und strahlungsphysikalischen Verhaltens der Blitzröhren wurden die für die Verwendung der Röhren bei Filmaufnahme und Projektion wichtigen Fragen behandelt und die Grenzen aufgezeigt, die z. Z. in bezug auf die Einsatzgenauigkeit der Entladungen, die Blitzdauern, die Blitzfolgen und die Lichtmengen gelten. Zum Schluß wird gezeigt, warum z. Z. die Impulsverfahren wohl für Sonderzwecke, nicht aber in der normalen Filmaufnahmetechnik erfolgreich eingesetzt werden können.

Literatur

[1]) MURPHY, P. M., H. E. EDGERTON: J. appl. Phys. 12 (1941) H. 12, S. 848—855.
[2]) ROGOWSKI, W.: Phys. Z. 33 (1932) H. 21, S. 797—808.
[3]) RAETHER, H.: Ergebn. exakt. Naturwiss. 22 (1949) S. 86—119.
[4]) LOEB, L. B., u. I. M. MEEK: The Mechanism of the Electric Spark. Stanford Press 1941, S. 120.
[5]) MEEK, I. M., u. I. D. CRAGGS: Electrical Breakdown of Gases. Oxford 1953, S. 251—290.
[6]) FRÜNGEL, F.: Optik 3 (1949) H. 3, S. 128—136.
   — Z. angew. Phys. 5 (1953) S. 102.
   — Z. angew. Phys. 6 (1954) S. 183—192.
[7]) GLASER, G.: Optik 7 (1950) H. 1, S. 33—53.
   — Optik 7 (1950) H. 2, S. 61—89.
   — Z. Phys. 143 (1955) S. 44—76.
[8]) CARLSON, F. E., u. D. A. PRITCHARD: Illum. Engng. 42 (1947) H. 22, S. 235—248.
[9]) CARLSON, R. S., u. H. E. EDGERTON: J. Soc. Mot. Pict. Telev. Eng. 55 (1955) H. 1, S. 88 bis 100.
[10]) LAPORTE, M.: Patent Hochleistungsblitzlampe DBP 862090, 1952.
[11]) BOURNE, H. K., u. E. J. G. BEESON: J. Soc. Mot. Pict. Telev. Eng. 55 (1950) H. 3, S. 299 bis 312.
[12]) ROCKWOOD, C. C., u. W. P. HARVEY: J. Soc. Mot. Pict. Telev. Eng. 63 (1954) S. 64—66.
[13]) FRÜNGEL, F., u. W. THORWART: VDI-Z. 97 (1955) H. 36, S. 1305—1314.
[14]) SCHARDIN, H.: Z. angew. Phys. 4 (1953) S. 19.
[15]) RIECK, I.: Kinotechn. 11 (1955) S. 432—435.
[16]) HELBIG, E., u. G. WAGNER: Bild u. Ton 8 (1955) H. 10, S. 266—269.
   — Bild u. Ton 8 (1955) H. 11, S. 296—298.
[17]) LARCHÉ, K.: Z. VDI 94 (1952) S. 453—455.
[18]) D'ARCY. E. W., u. A. C. SEDA: J. Soc. Mot. Pict. Telev. Eng. 63 (1954) S. 98—104.
[19]) PIRANI, M., u. R. ROMPE: Kinotechn. 15 (1933) H. 8, S. 131—132.

Ein neues Verfahren zur Messung des Raumpotentials in Niederdruckentladungen*)

Von

E. Nölle

Mit 1 Abbildung

In Niederdruckentladungen lassen sich mit Sonden Raumpotentialmessungen ohne Aufnahme einer LANGMUIR-Charakteristik schnell und genau durchführen, indem man der Sondengleichspannung eine geringe Wechselspannung überlagert. Der über die Sonde fließende Wechselstrom wird in Abhängigkeit von der Sondengleichspannung gemessen. Der Wechselstrom durchläuft dabei einen unmittelbar vom Meßinstrument ablesbaren, scharf ausgeprägten Maximalwert. Die zu diesem Maximalwert gehörende Sondenspannung ist das Raumpotential.

1. Einleitung

Zur Raumpotentialmessung in der positiven Säule von Niederdruckentladungen verwendet man Sonden. Bei den Untersuchungen der vorliegenden Arbeit wurden ausschließlich Zylindersonden benutzt. Die Sonden erfahren wie jeder isolierte Körper in der Entladung gegenüber dem umgebenden Raum eine negative Aufladung, die von der Elektronentemperatur und dem Verhältnis der ungerichteten Stromdichten der positiven und negativen Ladungsträger abhängt.

2. Das LANGMUIR-Verfahren[1])

Zur Bestimmung des Raumpotentials werden nach einem von LANGMUIR angegebenen Verfahren Strom-Spannungskennlinien der Sonden aufgenommen, aus deren Verlauf man das Raumpotential sowie andere Plasmakenngrößen ermitteln kann. Bei MAXWELLscher Geschwindigkeitsverteilung der Elektronen folgt der Sondenstrom i_S im Anlaufgebiet, das heißt bei negativer Sondenspannung V, einem Exponentialgesetz:

$$i_S = F \cdot j \cdot \exp{-\frac{eV}{kT}} \tag{1}$$

F: Sondenoberfläche; j: ungerichtete Elektronenstromdichte.

Bei gegenüber dem Raumpotential positiven Sondenspannungen genügt der in diesem Gebiet raumladungsbegrenzte Sondenstrom einem Potenzgesetz. Trägt man den Logarithmus des Sondenstroms als Funktion der Sondenspannung auf, so erhält man im Anlaufgebiet eine Gerade, an die sich die gekrümmte Saugkennlinie mit einem Knick anschließt. Die Übergangsstelle vom Anlaufstrom zum raumladungsbegrenzten Saugstrom definiert die Lage des Raumpotentials. Wesentlich für die Anwendbarkeit des Wechselstromverfahrens ist, daß die Sondenkennlinie an diesem Knickpunkt einen Maximalwert ihrer Steigung durchläuft.

3. Grundlagen des Wechselstromverfahrens

Durch eine von einfachen Ansätzen aus der Theorie der Verstärkerröhren ausgehende Rechnung läßt sich zeigen, daß über die Sonde infolge des Minimums der Richtwirkung im Wendepunkt ihrer Strom-Spannungskennlinie ein Maximum des Wechselstroms fließt. Bei hinreichend kleiner Wechselspannungsamplitude A gilt für den Meßwechselstrom $i_\sim$ näherungsweise:

$$i_\sim \approx A \cdot f'(V_S) \cdot \sin \omega t. \tag{2}$$

*) Gekürzter Abdruck der in Ann. Phys. 18 (1956) H. 5/8, S. 328 ersch. Arbeit. Auszugsweise vorgetragen auf der Physikertagung Wiesbaden 1955.

Abb. 1 zeigt eine experimentell gewonnene Sondenkennlinie $i_S = f(V_S)$ sowie die daraus durch numerische Differentiation gewonnene Funktion $f'(V_S)$ in Abhängigkeit von der Sondenspannung und außerdem die gleichzeitig gemessene

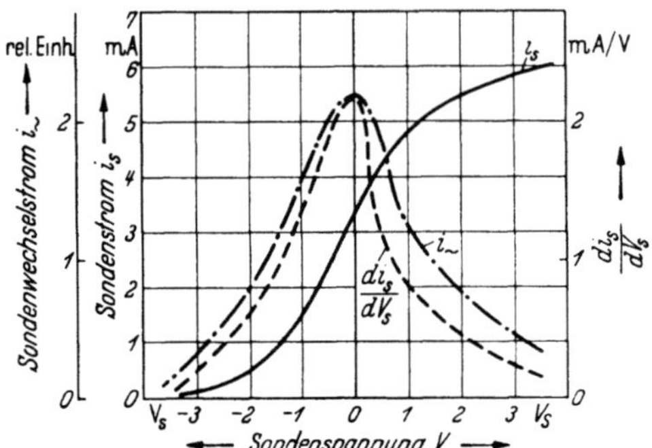

Abb. 1. Sondenströme i_s und $i_\sim$ und $\dfrac{di_s}{dV_s}$ als Funktion der Sondenspannung V_s.

Wechselstromkennlinie der Sonde $i_\sim = f(V_S)$. Man erkennt, daß die Funktion $i_\sim = f(V_S)$ in guter Annäherung die erste Ableitung der Funktion $i_S = f(V_S)$ darstellt.

4. Experimentelles

Die Meßwechselspannung von 0,5 Volt und einer Frequenz von 1 kHz wurde über eine elektrische Weiche auf die Sonde geleitet und der Sondengleichspannung überlagert. Der Maximalwert der Wechselstromkurve ist bei günstiger Sondendimensionierung (Sondenlänge 1 mm, Sondendurchmesser 0,2 mm) so gut ausgeprägt, daß man ihn direkt vom Instrument ablesen kann. Hierdurch ist es möglich, das gesuchte Raumpotential unmittelbar nach einer Reinigung der Sondenoberfläche, zum Beispiel durch Glühen oder Kathodenzerstäubung, zu ermitteln.

Untersuchungen an Sonden aus verschiedenem Material (Pt, W, Mo, Ta, Cu) haben ergeben, daß bei den Raumpotentialmessungen keine Abhängigkeit vom Sondenmaterial vorliegt, die hier zu berücksichtigen wäre.

Die Meßwechselspannung muß so klein gewählt werden, daß bei einer Steigerung um mehrere zehntel Volt kein meßbarer Einfluß auf die Lage des Raumpotentials zu beobachten ist.

5. Schluß

Das Meßverfahren wurde in Ne-, Ar- und Kr-Entladungen mit Hg-Zusatz, zum Teil auch in reinen Edelgasen bei einem Druck von einigen Torr erprobt. Ein Vergleich mit dem üblichen, an eine Kennlinienauswertung gebundenen Langmuir-Verfahren ergab gute Übereinstimmung der Raumpotentialwerte. Das Meßverfahren bewährt sich besonders in den Fällen, in denen zeitlich veränderliche Oberflächenverunreinigungen der Sonden[2]) die Aufnahme auswertbarer Kennlinien unmöglich machen.

Literatur

[1]) Langmuir, I.: Gen. Electr. Rev. 26 (1923) S. 731.
— Phys. Rev. 28 (1926) S. 727.
— Z. Phys. 46 (1928) S. 271.
[2]) Middleton, W. E. K., T. Alty: Canad. J. Res. 4 (1931) S. 498.

Anodenfallmessungen in Niederdruckentladungen*)

Von

E. Nölle

Mit 6 Abbildungen

In Niederdruckbogenentladungen mit positiver Säule und aktivierten Wendelelektroden wird der Anodenfall in Ne, Ar und Kr mit Hg-Zusatz, zum Teil auch in reinen Edelgasen bei einem Druck von einigen Torr gemessen. Basierend auf der Definition des Anodenfalls als derjenigen Potentialdifferenz, die zwischen dem bis zur Anode extrapolierten, linearen Potentialverlauf in der Säule und dem Anodenpotential besteht, wird zur Bestimmung der Anodenfälle das Anodenpotential der Entladungen und mit Sonden der Potentialverlauf in der Säule gemessen. Hierdurch ist es möglich, Anodenfälle auch bei den häufig im Anodenraum auftretenden tonfrequenten Schwingungen oszillographisch zu messen. Man erhält, entsprechend den sich periodisch ändernden Werten des Anodenpotentials, einen maximalen, mittleren und minimalen Anodenfall. Die Meßresultate zeigen, daß der Anodenfall unabhängig vom Anodenmaterial ist, daß er mit steigender Stromdichte zunimmt und mit zunehmendem Druck fällt. Bei den untersuchten Gasen kann der Anodenfall die Ionisierungsspannung des Grundgases nicht übersteigen.

1. Einleitung

Niederdruckglimm- und Bogenentladungen mit positiver Säule haben in ihrem Kathoden- und Anodengebiet einen Anstieg der elektrischen Feldstärke, den Kathoden- beziehungsweise Anodenfall. Beide dienen der Aufrechterhaltung des Entladungsmechanismus und lassen sich näherungsweise als Summe relativ einfach ermitteln, indem man sie aus den Brennspannungen von zwei verschieden langen, sonst jedoch gleichen Entladungen berechnet. Die getrennte Ausmessung der Kathoden- und Anodenfälle bereitet wesentlich größere Schwierigkeiten[1].

Zur Anodenfallmessung wurden bislang folgende Verfahren benutzt:

a) Die Anode wird langsam der Kathode bis in den Faradayschen Dunkelraum hinein genähert, wobei man bei einem kritischen Abstand ein sprunghaftes Absinken der Brennspannung der Entladung um einen bestimmten Betrag, den Anodenfall, beobachtet[2-7].

b) Kalorimetrische Messungen der an die Anode durch den Entladungsstrom abgegebenen Wärmemenge erlauben eine Berechnung der kinetischen Energie, die die Elektronen vor der Anode durch den Anodenfall aufgenommen haben[8-10].

c) Durch Sondenmessungen in dem unmittelbar vor der Anode gelegenen Fallgebiet wurde versucht, den Potentialverlauf vor der Anode direkt auszumessen[11-15].

2. Die Meßmethode

In der vorliegenden Arbeit werden Anodenfallmessungen durchgeführt an symmetrischen, gestreckten Entladungsgefäßen mit positiver Säule und Oxydelektroden, bestehend aus mit Erdalkalioxyden aktivierten Wolframdoppelwendeln, die an ihren Enden durch Nickeldrähte gehalten werden. Anodenseitig setzt die Entladung an den Enden der Wendeln und deren Halterung an, so daß ein etwaiger Spannungsabfall längs der Anodenwendel vernachlässigt werden kann.

Für Anodenfallmessungen an Wendelelektroden erscheint eine Sondenmethode am vorteilhaftesten. Da jedoch Sondenmessungen in Anodennähe leicht zu Feldverzerrungen im Fallgebiet und besonders bei im Anodengebiet auftretenden

---

*) Auszugsweise vorgetragen auf der Fachausschuß-Sitzung Gasentladungen, Kiel, 1956.

Schwingungen zu sprunghaften Anodenfalländerungen führen, wurde eine Meßmethode gewählt, die auch Anodenfallmessungen bei Schwingungen im Anodenraum gestattet.

Basierend auf der vom Ausschuß für Einheiten und Formelgrößen festgelegten
Definition des Anodenfalls[16]), wonach dieser definiert ist als diejenige Spannung,
die zwischen der Anode und dem bis zur Anode extrapolierten Wert des linearen
Potentialverlaufs in der positiven Säule besteht, wird dieser Potentialverlauf in
der Säule mit Zylindersonden in der Säulenachse ausgemessen und der Anodenfall
AF nach folgender Formel berechnet:

$$AF = (V_A - S) - G \cdot x. \tag{1}$$

$V_A - S$ = Potentialdifferenz zwischen der Anode und dem Raumpotential an
　　　　　einer in der positiven Säule liegenden Sonde S.

　G = Potentialgradient in der positiven Säule.

　x = Räumlicher Abstand zwischen der Anode und der Sonde S.

Bei diesem Verfahren werden natürlich keinerlei Aussagen über den Potentialverlauf im Anodenfallgebiet gemacht, jedoch haben frühere Untersuchungen in
der fraglichen Zone[17]) einen einfachen parabolischen Zusammenhang zwischen der
Feldstärke E_x im Fallgebiet und dem Abstand x von der Anode ergeben:

$$E_x = \frac{3}{2} \cdot \frac{AF}{d} \cdot \left[1 - \left(\frac{2x}{d} - 1 \right)^2 \right] \tag{2}$$

d = Dicke der Anodenfallzone.

Die Lokalisierung der Anode wurde entsprechend Abb. 1 durchgeführt. Bei den
Sondenmessungen wurde ein Wechselstromverfahren[18]) benutzt, das ohne Kenn-

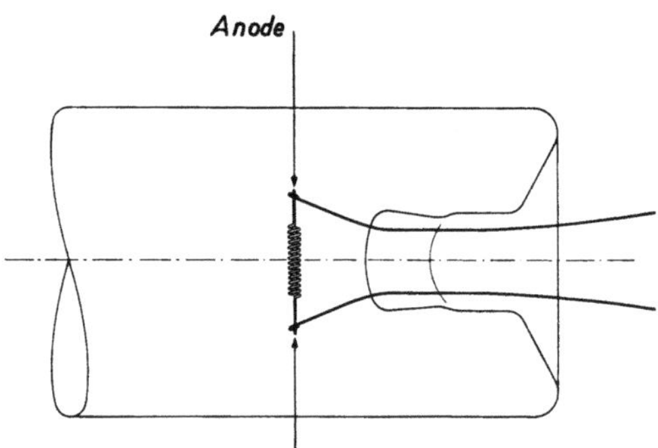

Abb. 1. Lokalisierung der Anode.

linienaufnahme genaue Raumpotentialmessungen unmittelbar nach der Reinigung
der Sondenoberfläche, beispielsweise durch Kathodenzerstäubung, gestattete und
daher unter den in Entladungen mit Oxydelektroden gegebenen Verhältnissen
besonders geeignet erschien.

3. Die Meßanordnung

Das Schaltbild der Meßanordnung ist in Abb. 2 dargestellt. Die Entladung
wird durch den Widerstand R stabilisiert. Die variable Sondenspannung wird an
dem Potentiometer P abgegriffen und mit dem Elektrometer V_S gemessen. Der
Strommesser i_S dient der Messung des über die Sonde fließenden Gleichstroms.
Die durch den Tongenerator G erzeugte Wechselspannung wird der Sonden-

gleichspannung überlagert. Eine aus der Kapazität C und den Induktivitäten D bestehende elektrische Weiche gestattet die Messung der über die Sonde fließenden Wechselstromkomponente mit dem Strommesser $i_\sim$.

Mit dem Elektrometer V_B wird die Brennspannung der Entladung gemessen. Falls Anodenschwingungen, das heißt periodische Änderungen des Anoden-

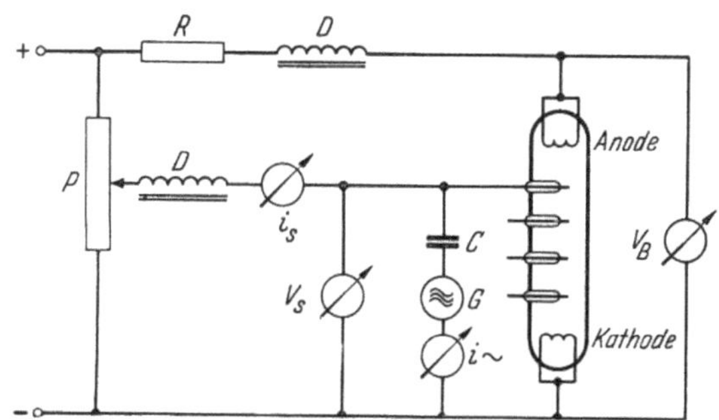

Abb. 2. Anodenfallmessungen, Versuchsaufbau.

potentials vorliegen, gibt das Elektrometer V_B den arithmetischen Mittelwert der Brennspannung an. Die Amplitude dieser Schwingungen wird mit einem Kathodenstrahl-Oszillographen gemessen.

Die Montage der für die Raumpotentialmessungen in der positiven Säule der Entladungen angeordneten Sonden ist aus Abb. 3 ersichtlich. Die Sonden befanden sich bis auf ein freies, 1 mm langes, in der Entladungsachse befindliches Ende in

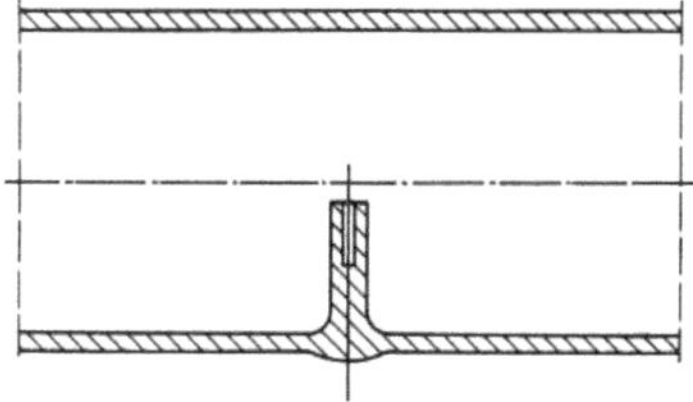

Abb. 3. Montage der Sonden.

Glaskapillaren und bestanden gewöhnlich aus Nickel- oder Platindraht von 0,2 mm Durchmesser.

Die Entladungsröhren hatten einen Innendurchmesser von etwa 34 mm und einen Elektrodenabstand von 1120 mm. In jedem Entladungsrohr befanden sich gewöhnlich 2 bis 4 äquidistante Sonden, die von der Kathode beziehungsweise Anode einen Abstand von mindestens 200 mm hatten.

Das Gas wurde über eine Kühlfalle mit flüssiger Luft eingefüllt, nachdem die Röhren $1^1/_2$ Stunden durch eine Hg-Diffusionspumpe evakuiert und in einem elektrischen Ofen bei 430° C ausgeheizt worden waren. Während des Ausheizens erfolgte auch die Formierung der Elektroden. Alle Messungen wurden an Rohren ausgeführt, die von der Pumpe abgeschmolzen waren.

4. Anodenfallmessungen bei Entladungsschwingungen im Anodenraum

Mißt man die Brennspannung einer Niederdruckentladung, so ergeben sich bisweilen, besonders bei Verwendung von Wendelelektroden als Anoden, sprungartige Änderungen der Brennspannung um einige Volt. Oszillographische Untersuchungen haben gezeigt, daß in diesen Fällen die Entladung aus einem schwingungsfreien Zustand in einen solchen mit Schwingungen oder umgekehrt übergeht. Die Schwingungsamplitude beträgt mehrere Volt und die Frequenz einige kHz.

Es läßt sich leicht nachweisen, daß diese Schwingungen an der Anode entstehen, indem man ein Photoelement von der Anode ausgehend an der Entladung entlangführt und die Intensität der durch die Entladungsschwingungen modulierten Komponente des Photostroms mißt oder auch akustisch wahrnehmbar macht. Die Frequenz stimmt mit den oszillographisch beobachteten periodischen Brennspannungsänderungen der Entladung überein. Auf diese Weise läßt sich zum Beispiel auch zeigen, daß sich derartige Anodenschwingungen in Niederdruckentladungen in Argon mit Hg-Zusatz nur bis zu einem Abstand von etwa 5—8 cm von der Anode störend bemerkbar machen.

Schwingungen im Kohlebogen erklärte FINKELNBURG[19]) durch entsprechende periodische Brennfleckbewegungen auf der Anode, die zu einer Längenänderung der positiven Säule und damit zu Brennspannungsschwankungen führen.

Auch bei den hier untersuchten Entladungen mit Oxydelektroden zeigte sich oft ein periodisches Wechseln des Anodenansatzes von einer Wendelhalterung zur anderen, doch ergibt sich dadurch keine Längenänderung der positiven Säule und daher nur ein entsprechender Wechsel in der Kurvenform der Schwingungen, bei denen es sich hier um Kippschwingungen (Abb. 4) handelt. Diese entstehen

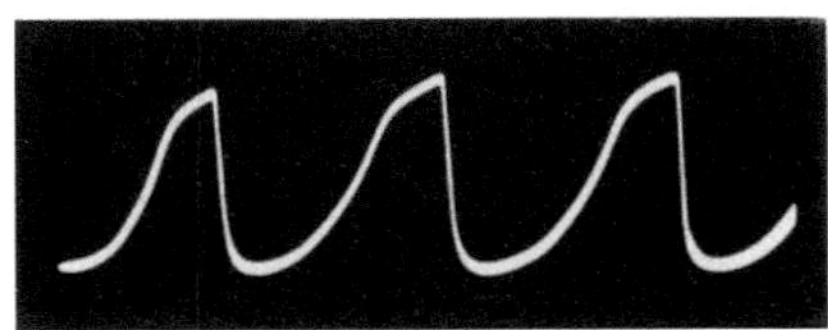

Abb. 4. Oszillogramm der zeitlichen Änderungen des Anodenpotentials (3 Torr Ar + Hg, 200 mA Entladungsstrom).

dadurch, daß die negative Raumladung vor der Anode, beziehungsweise der Anodenfall so groß werden, daß die im Fallgebiet beschleunigten Elektronen unmittelbar vor der Anode noch einmal ionisieren können. Wird die Anzahl dieser ionisierenden Elektronen so groß, daß die bei der Ionisation gebildeten positiven Ionen die negative Raumladung vor der Anode kompensieren, so bricht der Anodenfall zusammen. Die positive Ionenwolke wird von der Anode abgestoßen, und der Vorgang wiederholt sich[20-22]).

Eine andere Erklärung des Schwingungsmechanismus[23]), die auf einer angenommenen periodischen Emission positiver Ionen durch die Oxydelektrode beruht, vermag jedoch nicht den Mechanismus von ganz gleichartigen Schwingungen zu erklären, die an nicht aktivierten Drähten, Wendeln usw. als Anoden auftreten.

Die Anodenschwingungen, die früher, soweit sie überhaupt beachtet wurden, möglichst vermieden wurden, haben bei der hier angewandten Methode der Messung von Anodenfällen keinen störenden Einfluß. Allerdings hat nunmehr das Anodenpotential V_A einen zeitlich veränderlichen Wert und erreicht entsprechend der Schwingungsamplitude der Anodenschwingungen einen maximalen, minimalen und mittleren Wert.

Durch Einsetzen dieser V_A-Werte in (1) läßt sich schließlich ein maximaler, minimaler und mittlerer Anodenfall angeben. Ein Beispiel einer derartigen Anodenfallmessung ist in Abb. 5 dargestellt. Um die Amplitude der Anodenschwingungen durch oszillographische Ermittlung der periodischen Brennspannungsänderungen der Entladung ungedämpft messen zu können, muß die im Anodenzweig liegende Induktivität D (vgl. Abb. 2) so groß sein, daß bei einer weiteren Vergrößerung der Induktivität keine Zunahme der Schwingungsamplitude der Brennspannung zu beobachten ist. In den hier untersuchten Fällen wurde dieser Amplitudengrenzwert bei Induktivitäten > 1 Hy erreicht. Verwendet wurde eine Drossel von 12 Hy.

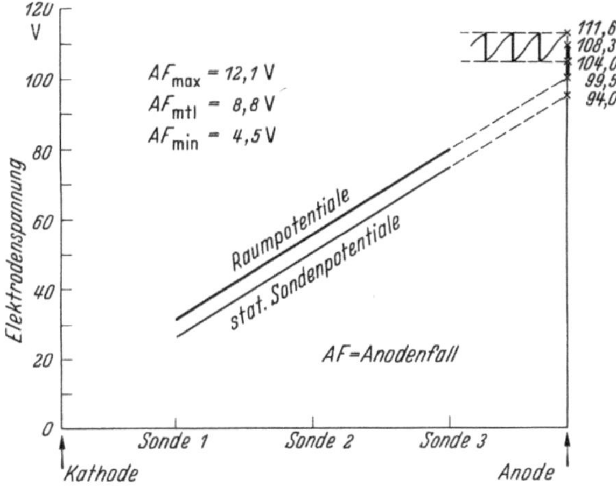

Abb. 5. Anodenfallmessungen bei Schwingungen im Anodenraum (3 Torr Ar + Hg; 200 mA Entladungsstrom).

5. Anwendungsbeispiele des Meßverfahrens für Anodenfälle

a) Die Abhängigkeit des schwingenden Anodenfalls von der Entladungsstromstärke.

Ergänzend zu theoretischen und experimentellen Untersuchungen der Stromabhängigkeit des Anodenfalls in nicht schwingenden Entladungen, zum Beispiel

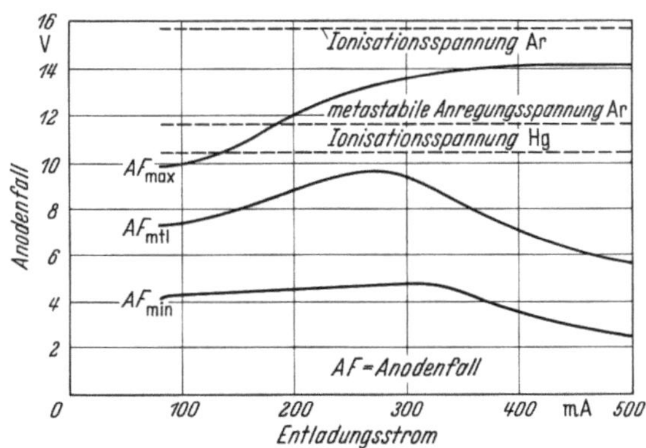

Abb. 6. Stromabhängigkeit des schwingenden Anodenfalls (3 Torr Ar + Hg).

durch A. v. ENGEL[17]), wurden hier Anodenfälle in Entladungen mit Schwingungsamplituden bis etwa 12 Volt gemessen, wie aus Abb. 6 ersichtlich ist.

Es zeigt sich, daß der Maximalwert des Anodenfalls zunächst den theoretischen Erwartungen entsprechend mit dem Entladungsstrom ansteigt, schließlich jedoch einen Grenzwert erreicht. Ist nämlich der Anodenfall so groß geworden, daß die

Elektronen, die entsprechend ihrer Temperatur mit einer mittleren Energie von etwa 1,5 eV in das Anodenfallgebiet eintreten, durch den Anodenfall so stark beschleunigt werden, daß die Mehrzahl von ihnen vor der Anode das Grundgas (hier Ar mit $V_i = 15,69$ Volt) ionisieren kann, so wird die den Entladungsstrom begrenzende Raumladung und damit der Anodenfall durch die entstehenden positiven Ionen kompensiert. Der mittlere Anodenfall, AF mtl, wie man ihn zum Beispiel ohne Beachtung der Schwingungen durch Anodenpotentialmessungen mit einem Drehspulinstrument erhalten würde, hängt wesentlich von der Kurvenform der Anodenschwingungen ab und hat in dem angeführten Beispiel bei höheren Entladungsstromstärken eine negative Charakteristik. Druyvesteyn und Penning[24]) hatten schon früher auf solche scheinbaren Anomalien des Anodenfalls, besonders bei Ar, hingewiesen und Schwingungsphänomene als mögliche Ursache erwähnt.

Der minimale Anodenfall, AF_{min}, zeigt, daß in dem beobachteten Bereich der Entladungsstromstärke noch keine vollständige Kompensation ($AF_{min} = 0$) der negativen Raumladung vor der Anode eintritt. Wenn der maximale Anodenfall sein oberes Grenzgebiet erreicht, beginnt der minimale Anodenfall mit steigendem Entladungsstrom stetig abzufallen; denn zur Aufrechterhaltung des erforderlichen Entladungsstroms muß die strombegrenzende negative Raumladung vor der Anode stärker kompensiert werden.

b) Zur Abhängigkeit des Anodenfalls vom Anodenmaterial.

Zur Untersuchung der Anodenfälle an verschiedenem Anodenmaterial unter völlig gleichen Entladungsbedingungen wurden Entladungsröhren benutzt, die jeweils in einem Rohr Sonden aus den verschiedenen zu untersuchenden Materialien (Pt, Ag, Ni, Cu, Ta, Mo, W) enthielten. Diesen Sonden wurde bei einem Entladungsstrom von 0,15 bis 0,5 A durch Anlegen einer steigenden, gegenüber dem Raumpotential positiven Spannung ein Sondenstrom entzogen, der die Sonden schließlich zu Anoden werden ließ.

Mit dem bei den Sondenmessungen angewandten Wechselstromverfahren ist es möglich, neben der Messung des Raumpotentials auch diejenige Sondenspannung zu ermitteln, bei der Stoßionisation in der Langmuir-Zone der Sonden durch die von der Sonde angesaugten Elektronen einsetzt.

Die ersten ionisierenden Vorgänge an den Sonden treten auf, wenn diese ein Potential gegenüber ihrer Umgebung erreichen, das groß genug ist, um die schnellsten der auf die Sonde zuströmenden Elektronen so stark zu beschleunigen, daß sie im Stoß I. oder II. Art ionisieren können.

Wenn auch ein Teil der Anlaufelektronen bei negativer Sonde durch den positiven Ionenstrom zur Sonde kompensiert wird, so läßt sich doch in dem hier untersuchten Fall die Energie der schnellsten Elektronen näherungsweise durch die negative Aufladung der statischen Sonden gegen das Raumpotential abschätzen, denn bei einer gemessenen Elektronentemperatur von etwa 10^4 °K und einer Aufladung der statischen Sonden von $-5,5$ Volt, ist bei Maxwellscher Geschwindigkeitsverteilung der Elektronen deren Anteil mit einer größeren Energie als 5,5 eV kleiner als 1 %.

Bei einer Steigerung des Sondenpotentials bis nahe an das Ionisierungspotential des Gases treten — analog den in Abschnitt 4 beschriebenen Vorgängen — oft auch Schwingungen an der Sonde auf. Eine weitere Steigerung des Sondenpotentials ist nun nicht mehr möglich, sondern der Sondenstrom steigt mit der Reduzierung der äußeren, den Sondenstrom begrenzenden Schaltmittel bei konstantem Sondenpotential bis zum Glühen und Schmelzen der Sonde an.

Das maximal erreichbare Sondenpotential entspricht im Prinzip dem maximalen Anodenfall (vgl. Abb. 5 oder 6).

Die relativ geringe Potentialdifferenz $V_i - AF_{max}$ mag an der geometrischen Form der Sondenanoden, ihrer starken Erhitzung und Feldverzerrungen im umgebenden Plasma liegen.

Tabelle 1 enthält das Ergebnis der Messungen in Argon mit Hg-Zusatz, außerdem zu Vergleichszwecken die Ionisations- und metastabile Anregungsspannung von Argon.

Tabelle 1. Zur Abhängigkeit des Anodenfalls vom Anodenmaterial
(Sonden als Anoden, 3 Torr Ar + Hg)

V_1: maximal einstellbares Sondenpotential (Raumpotential $= 0$)

V_2: Sondenpotential bei Einsatz von Ionisation (Statisches Sondenpotential $= 0$)

Sondenmaterial	V_1 (V)	Ionisations-spannung Argon (V)	V_2 (V)	Metastabile Anregungsspng. Argon (V)
W	15,3	15,7	11,9	11,5—11,7
Mo	15,2	15,7	12,1	11,5—11,7
Ta	15,4	15,7	12,1	11,5—11,7
Pt	15,3	15,7	12,0	11,5—11,7
Cu	15,4	15,7	12,1	11,5—11,7
Ni	15,3	15,7	12,1	11,5—11,7
Ag	15,4	15,7	12,1	11,5—11,7

Ein Einfluß des verschiedenen Werkstoffes, aus dem die Sondenanoden bestehen, ist nicht erkennbar.

c) Die Abhängigkeit des Anodenfalls vom Gas.

In der nachstehenden Tabelle 2 werden die Ergebnisse von Anodenfallmessungen in Ne, Ar und Kr mit Hg-Zusatz, zum Teil auch in reinen Edelgasen bei Entladungsströmen von $a = 150$ mA und $b = 400$ mA zusammengestellt.

Zu Vergleichszwecken sind bei den verschiedenen Gasen die entsprechenden Ionisierungs- und metastabilen Anregungsspannungen (V_i, V_{ms}) angegeben[25].

Tabelle 2. Anodenfälle an Wendelelektroden bei Entladungsströmen von
a $= 150$ mA und b $= 400$ mA

Gas	Druck (Torr)	Anodenfall (V) maximal a	b	mittel a	b	Anoden-schwin-gungen	V_i (V)	V_{ms} (V)
Ne+Hg	2	16,3	17,6	—	—	—	21,47 Hg: 10,38	16,57—16,66
Ne+Hg	3	14,5	16,8	—	—	—	Hg: 10,38	16,57—16,66
Ar	2	13,8	14,7	7,8	7,5	÷	15,69	11,49—11,66
Ar+Hg	2	13,5	14,3	8,1	7,4	+	15,69	11,49—11,66
Ar+Hg	3	10,8	13,7	7,8	6,8	+	15,69	11,49—11,66
Kr	2	11,1	12,3	5,7	4,8	÷	13,94	9,86—10,51
Kr+Hg	3	9,7	10,8	5,1	4,2	÷	13,94	9,86—10,51

6. Schluß

Die in Tabelle 2 und den vorhergehenden Abschnitten angegebenen experimentellen Resultate für den größtenteils schwingenden Anodenfall an Wendelelektroden zeigen in folgenden Punkten eine gute Übereinstimmung mit den von

A. v. Engel[17]) theoretisch abgeleiteten, allgemeinen charakteristischen Eigenschaften des schwingungsfreien Anodenfalls in der Niederdruckentladung:

a) Der Anodenfall steigt mit wachsender Entladungsstromdichte. Die bei den Drucken 2 und 3 Torr durchgeführten Messungen scheinen zu bestätigen, daß der Anodenfall mit steigender Gasdichte fällt.

b) Der Anodenfall ist unabhängig vom Anodenmaterial.

c) Der Anodenfall ist abhängig von der thermischen Energie bzw. der ungerichteten Geschwindigkeit der Elektronen in der positiven Säule der Entladung.

Abweichend von der früheren Anschauung, daß der Anodenfall etwa gleich der Ionisierungsspannung des Gases ist, zeigen die Ergebnisse dieser Arbeit, daß der Anodenfall bei den hier untersuchten Gasen die Ionisierungsspannung (V_i) des Grundgases nicht überschreiten kann. Es gilt daher in allgemeiner Formulierung:

$$AF \leqq V_i. \tag{3}$$

Ein weiteres Ergebnis ist, daß man bei Entladungsschwingungen mit Anodenfalländerungen durch periodische Ionisierungsvorgänge im Anodengebiet mit den üblichen, in der Einleitung beschriebenen Meßverfahren für Anodenfälle einen Mittelwert des Anodenfalls mißt. Dieser mittlere Anodenfall, der für die Anodenverluste maßgebend ist, kann wesentlich kleiner als die Ionisierungsspannung des Gases sein und sogar bei größeren Entladungsstromdichten eine negative Charakteristik seiner Stromabhängigkeit zeigen. Weitere Untersuchungen müssen klären, welcher Art etwaige Abweichungen von den hier gefundenen Gesetzmäßigkeiten des Anodenfalls sind, wenn andere Entladungsbedingungen — besonders zum Beispiel hinsichtlich der Gasdichte, der Ionisierungsfunktion und der Ionenbeweglichkeit des verwendeten Gases — vorliegen.

Herrn Dr. A. Lompe danke ich für sein stetes Interesse an dieser Arbeit und viele fördernde Diskussionen.

Literatur

1) Elenbaas, W.: Physica 31 (1936) S. 947.
2) Druyvesteyn, M. J.: Physica 4 (1937) S. 669.
3) Güntherschulze, A.: Z. Phys. 30 (1924) S. 175.
4) Güntherschulze, A.: Z. Phys. 81 (1933) S. 799;
5) Bächtiger, P., M. Wehrli: Helv. Phys. Acta 4 (1931) S. 31.
6) Bächtiger, P., u. M. Wehrli: Helv. Phys. Acta 5 (1932) S. 106.
7) Stübing, O.: Helv. Phys. Acta 8 (1935) S. 165.
8) Penning, F. M.: Physica 4 (1924) S. 380.
9) Penning, F. M.: Physica 5 (1925) S. 217.
10) Bächtiger, P.: Helv. Phys. Acta 4 (1931) S. 409.
11) Güntherschulze, A., u. F. Keller: Z. Phys. 81 (1933) S. 799.
12) Emeléus, K. G., F. D. Greeves u. E. Montgomery: Proc. Roy. Ir. Acad. 43 (1936) S. 35.
13) Emeléus, K. G., W. L. Brownand u. H. McH. Cowan: Phil. Mag. 17 (1934) S. 146.
14) Wehrli, M.: Helv. Phys. Acta 3 (1930) S. 180.
15) Wehrli, M., u. P. Bächtiger: Helv. Phys. Acta 4 (1931) S. 290.
16) AEF: Elektrotechn. Z. 34 (1933) S. 34.
17) Engel, A. v.: Phil. Mag. 32 (1941) S. 417.
18) Nölle, E.: Ann. Phys. Folge 6, 18 (1956) S. 328.
19) Finkelnburg, W.: Hochstromkohlebogen. Techn. Phys. in Einzeldarst. 6 (1948) S. 42.
20) Forsythe, Adams: Fluorescent and Other Discharge Lamps. New York 1948, S. 78.
21) Donahue, T., u. G. H. Dieke: Phys. Rev. 81 (1951) S. 248.
22) Culp, Warren J.: Illum. Engng. 47 (1952) S. 37.
23) Rohner, E.: Appl. sci. Res. Sect. B 5 (1955) S. 90.
24) Druyvesteyn, M. J., u. F. M. Penning: Rev. mod. Phys. 12 (1940) S. 172.
25) Uyterhoeven, W.: Elektrische Gasentladungslampen. Berlin 1938, S. 67.

Entstehung und Stabilisierung des Brennflecks
in der Niederdruckentladung*)

Von

B. KÜHL

Mit 5 Abbildungen

I. Einleitung

Eine große Zahl von Arbeiten befaßt sich mit dem Verhalten von rein thermisch emittierenden Oxydkathoden im Hochvakuum und in der Niederdruckgasentladung. Die Kathode in der Niederdruckgasentladungslampe, deren thermische Emission ohne Entladung aus wirtschaftlichen Gründen gleich Null (Drossel-Starter-Schaltung) oder klein gegen den Entladungsstrom (Rapid-Start-Schaltung) ist, ist dagegen sehr viel weniger untersucht worden. So behandelt z.B. eine Arbeit von LOWRY[1]), allerdings rein phänomenologisch, dieses Problem; von GEHRTS und VATTER[2]) und von VOGT[3]) wird das Übergangsgebiet von thermischer Emission zur Emission mit Ionenstrom untersucht.

Die wesentlichen Probleme, die bei dieser Betriebsart auftreten, sind: Die Entstehung eines scharf begrenzten Brennflecks auf der Oxydkathode und die durch ihn bedingte starke Wechselwirkung zwischen den Oxydeigenschaften und der Gasentladung.

In der Hochdruckentladung ist die Brennfleckbildung, die in einer Reihe von Arbeiten[4,5,6]) untersucht worden ist, eine Folge der Kontraktion des Plasmas im kathodennahen Gebiet; in der Niederdruckentladung ist sie dagegen, wie im folgenden gezeigt wird, im wesentlichen auf Vorgänge in der Oxydkathode und an der Oxydoberfläche zurückzuführen.

Die Brennfleckbildung in der Niederdruckentladung ist eine Folge des Zusammenwirkens von Aufheizung der Oxydschicht durch Entladungsstrom und Ionenbombardement und der Abkühlung infolge des Elektronenaustritts und der Strahlungsverluste.

In der folgenden Darstellung werden aus einer Leistungsbilanz Stabilitätsbedingungen für den Bogenansatz auf Oxydkathoden in der Niederdruckentladung abgeleitet. Es soll dabei vor allem das Zusammenwirken der einzelnen Parameter gezeigt werden, für das Abweichungen von den hier als Beispiel angegebenen Meßwerten weniger wichtig sind.

Die hier wiedergegebenen Überlegungen sind außerdem zum Verständnis der im folgenden Aufsatz beschriebenen Messungen an Oxydkathoden, in denen die Wechselwirkung zwischen den Oxydeigenschaften und der Gasentladung untersucht wird, notwendig.

Als Brennfleck sei zunächst jeder eng begrenzte Stromansatz auf der Wendel bezeichnet, eine genauere Definition wird später gegeben werden.

Zur Aufstellung einer Leistungsbilanz für die Oxydkathode ist die Kenntnis der Austrittsarbeit erforderlich, daher wird zunächst deren Messung beschrieben.

II. Messung der Austrittsarbeit

Da in der Gasentladung Sättigungsstrommessungen zur Bestimmung der Austrittsarbeit nicht möglich sind, ist früher versucht worden, aus Messungen des Kathodenfalles und Beobachtung von Veränderungen in den optischen Erscheinungen[8]) eine Grenzstromstärke zu bestimmen. Von EISENMANN[8]) und GEHRTS[9])

---

*) Originalmitteilung.

konnte durch Messung derselben Kathode im Vakuum und in der Gasentladung gezeigt werden, daß die Grenzstromstärke mit der Sättigungsstromstärke identisch ist. In neuerer Zeit wird aus Veränderungen in der Kurvenform der Brennspannung, die mit dem Auftreten von Spratzerscheinungen verbunden sind, auf eine Grenzstromstärke geschlossen[3]).

In dieser Arbeit wurde eine Grenzstromstärke auf folgende Weise ermittelt: Die Kathode wurde auf eine bestimmte konstante Temperatur geheizt. Wenn die Temperatur nicht so hoch ist, daß die Kathode den gesamten Entladungsstrom durch thermische Emission liefern kann, entsteht während der Zündung ein Brennfleck auf der Kathode und das für die Zündung charakteristische Maximum der Barium-Verdampfungsgeschwindigkeit, das durch ein Maximum der Strahlstärke der verdampften Barium-Atome nachgewiesen werden kann*). Ist die Temperatur hoch genug, um den Entladungsstrom thermisch zu emittieren, so bildet sich ein brennfleckloser Bogen ohne jedes Zündungsmaximum. Die Temperatur, von der ab das Zündungsmaximum verschwindet, kann sehr genau gemessen und, mit Hilfe der RICHARDSON-Gleichung zur Berechnung der Austrittsarbeit, mit einer für die vorliegende Aufgabe genügenden Genauigkeit verwendet werden.

Von der Sättigungsstromstärke unterscheidet sich die Grenzstromstärke dadurch, daß die Sättigungsstromstärke üblicherweise auf $\mathfrak{E} = 0$ extrapoliert wird, was bei der Grenzstromstärke unmöglich ist, weil bei einer bestimmten Spannung, der Brennspannung der Lampe, gemessen werden muß. Da die Abhängigkeit der Sättigungsstromstärke von der Anodenspannung gering ist, wird der Unterschied zwischen beiden nicht groß sein.

Diese Meßmethode vermeidet den Fehler, der durch Aufheizung der Kathode durch den Entladungsstrom entstehen kann.

Die Kathodentemperatur wird pyrometrisch vor der Zündung, wenn also Wolframdraht und Oxydtemperatur ungefähr gleich sind, gemessen.

Für die Austrittsarbeit wurden auf diesem Wege folgende Werte ermittelt:

Neue Kathoden .... etwa 2,5 eV
Eingebrannte Kathoden .... 1,9...2,1 eV
Ältere Kathoden .... 2,0...2,3 eV

Durch Aufdampfen von Barium auf gut eingebrannte Kathoden läßt sich die Austrittsarbeit bis auf 1,5 eV senken.

Im folgenden wird mit 2 eV gerechnet.

III. Leistungsbilanz für die Oxydkathode

Zur Aufstellung einer Leistungsbilanz muß eine Analyse der Energieumsätze an der Kathode durchgeführt werden. Hierzu eignet sich Gleichstrom als Entladungsstrom besser als Wechselstrom.

Im einzelnen ergeben sich folgende Leistungen (in dieser Übersicht werden nur Leistungen angegeben, für die Berechnung werden auf die Flächeneinheit bezogene Leistungen verwendet):

1. Aufheizleistungen

a) Aufheizung der Oxydschicht durch den Entladungsstrom:

$$N_I = I_L{}^2 \cdot R_q \qquad\qquad R_q = \text{Querwiderstand der Oxydschicht}$$

---

*) Dazu wird mit Interferenzfilter, Multiplier, Verstärker und Linienschreiber die Strahlstärke der verdampften und im negativen Glimmlicht angeregten Erdalkalimetalle gemessen. Siehe Techn.-wiss. Abh. Osram-Ges. 7 (1958) S. 85

b) Aufheizung durch das Ionenbombardement:

Nach[2]) ist:

$$N_J = (a\,U_k + U_i - \psi) \cdot I_L \cdot \mu$$

$U_i =$ Ionisierungsspannung,
$U_k =$ Kathodenfall (niedrigste Anregungsspannung),
$\psi =$ Austrittsarbeit,
$\mu \cdot I_L =$ Ionenstromanteil, erreicht mit abnehmender thermischer Emission der Kathode nach[4]) einen Grenzwert von max. $0{,}06\,I_L$,
$a =$ Bruchteil der auf die Kathode übertragenen kinetischen Energie.

Die Rechnung ergibt einen Wert, der bestätigt wird durch einen Vergleich zwischen der durch Ionen dem Brennfleck zugeführten Leistung und der Fremdheizungsleistung, die erforderlich ist, um die Temperatur im Bogenansatz auf die Brennflecktemperatur zu bringen. Die Ionenleistung wird also durch eine gleich große Fremdheizungsleistung ersetzt, denn bei ausreichender thermischer Emission der Kathode verschwindet der Ionenstrom. Erforderlich ist hierbei, daß die gesamte Oxydoberfläche nur etwa die Größe des Brennflecks hat.

c) Aufheizung durch Fremdheizung:

$$N_H = I_H^2 \cdot R_W \qquad\qquad R_W = \text{Widerstand des Wolframdrahtes.}$$

d) Aufheizung durch den Entladungsstrom im Wolframdraht:

$$N_H{}^* = I_L^2 \cdot R_W{}^* \qquad\qquad R_W{}^* = \text{Widerstand des Teiles des Wolframdrahtes, der vom Entladungsstrom durchflossen wird.}$$

Die folgende Berechnung von Temperatur und Stromdichte im Brennfleck gilt streng nur für die vom Stromzuführungsende entferntere Seite des Brennflecks, bei dem $N_H{}^*$ keine Rolle spielt. Für die andere Seite ist eine ganz analoge Überlegung möglich, der Entladungsstrom muß hier wie ein Fremdheizungsstrom (s. V.) behandelt werden.

2. Abkühlungsleistungen

a) Abkühlung infolge des Elektronenaustritts:

$$N_E = I_L\,(1-\mu)\left(\psi + 2\,\frac{kT}{e}\right) = I_L\,(1-\mu)\,(\psi + 1{,}72 \cdot 10^{-4} \cdot T).$$

Der erste Summand der rechten Seite gibt die Austrittsarbeit, der zweite die kinetische Energie der Elektronen an.

Da die kinetische Energie der Elektronen klein gegen die Austrittsarbeit ist, braucht im folgenden nur noch die Austrittsarbeit berücksichtigt zu werden.

b) Abkühlung durch Wärmestrahlung und -leitung:

α) Im Brennfleck. Bei den hier verwendeten Kathoden und Temperaturen sind die Verluste durch Wärmeleitung klein gegen die Strahlungsverluste. Da auch die Strahlungsverluste (N_{Str}) nur eine Korrekturgröße liefern, werden die Wärmeleitungsverluste nicht weiter berücksichtigt. Die Strahlungsverluste werden für die in IV,4 bezeichnete Temperatur T_B errechnet. Bei $T_B = 1485°$ K strahlt der schwarze Körper 27 Watt $\cdot$ cm^{-2} ab. Nach HERRMANN und WAGNER[7]) kann man bei den üblichen Kathoden mit ungefähr 30% der Strahlung des schwarzen Körpers rechnen, also mit etwa 9 Watt $\cdot$ cm^{-2}.

β) Bei Fremdheizung der Kathode sind die Wärmestrahlungs- und -leitungsverluste bei sehr niedriger Entladungsstromdichte gleich der zugeführten Heizleistung. Mit zunehmender Stromdichte wird die Kathodentemperatur (und damit die Strahlungsverluste) infolge der Abkühlung durch Elektronenaustritt etwas niedriger (s. Abb. 5a, b). Erst bei hohen Stromdichten erreichen die Strahlungsverluste wieder höhere Werte, weil die Abkühlung durch Aufheizung im Querwiderstand der Oxydschicht und durch das Ionenbombardement überkompensiert werden.

Die Leistungsanteile müssen sich bei stationärem Betrieb so einstellen, daß die Summe der Aufheizungsleistungen gleich der Summe der Abkühlungsleistungen ist.

IV. Berechnung von Temperatur und Stromdichte im Brennfleck aus der Leistungsbilanz und der Richardson - Gleichung

1. Übersicht

Zunächst wird mit einer speziellen Versuchsanordnung die Abhängigkeit des auf die Flächeneinheit bezogenen Querwiderstandes $R_q \cdot F = (\varrho \cdot l)$*) von der Temperatur gemessen.

Im Brennfleck müssen die beiden folgenden Bedingungen erfüllt sein:

a) Summe der Aufheizleistungen gleich Summe der Abkühlungsleistungen.

b) Brennfleckgröße F und Temperatur T müssen sich so einstellen, daß (nach der Richardson-Gleichung für $\psi = 2$ eV) gerade der Elektronenstrom $I_L (1 - \mu)$ emittiert werden kann.

Die Bedingung a) liefert eine Funktion $(\varrho \cdot l) = f (F)$ und, zusammen mit dem gemessenen $(\varrho \cdot l) = f (T)$, eine Funktion $F = f_1 (T)$.

Durch die Bedingung b) erhält man eine zweite Funktion $F = f_2 (T)$.

Temperatur und Größe des Brennflecks müssen den beiden Bedingungen, also den beiden Funktionen $F = f_{1,\,2} (T)$ genügen.

Die Lösung wird graphisch ermittelt.

Die zweite Bedingung enthält die Annahme, daß die Elektronenauslösung durch Ionen oder durch Feldemission mindestens klein gegenüber der thermischen Emission ist. Die Übereinstimmung der berechneten mit der pyrometrisch gemessenen Temperatur zeigt, daß diese Annahme gerechtfertigt ist.

2. Messung des Querwiderstandes in Abhängigkeit von der Temperatur

Zur Messung wird folgendes Verfahren angewendet:
Zwei Kathoden von zwei verschiedenen Lampen werden in Reihe geschaltet:

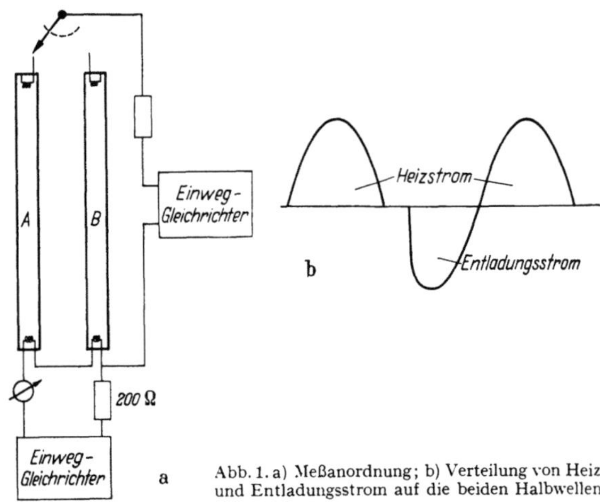

Abb. 1. a) Meßanordnung; b) Verteilung von Heiz- und Entladungsstrom auf die beiden Halbwellen.

*) Die Schichtdicke l wird als konstant angenommen.

Es werden für Heiz- und Entladungsstrom einweg-gleichgerichtete Ströme verwendet. Sie sind um 180° in der Phase gegeneinander verschoben, um zu verhindern, daß der Ansatz des Entladungsstromes durch den Spannungsabfall des Heizstromes an ein Wendelende gezogen wird. Wenn die Lampe A gezündet wird, fließt durch die Wendel in Lampe B Heiz- und Entladungsstrom. Die sich in der Wendel der Lampe B einstellende Oxydtemperatur wird für verschiedene Heizstromstärken I_H pyrometrisch gemessen. Wenn nun an Stelle der Lampe A die Lampe B gezündet wird, fließen in der Nähe des am Stromzuführungsende liegenden Oxydrandes der Lampe B wieder Heiz- und Entladungsstrom. Die Temperatur, die sich jetzt einstellt, wird dann höher sein als die vorher gemessene, wenn die Aufheizungsleistung in der Oxydschicht größer ist als die Abkühlungsleistung infolge des Elektronenaustritts aus der Wendel, sie wird kleiner sein, wenn die Abkühlungsleistung überwiegt. Durch geeignete Wahl von I_H kann man erreichen, daß die Temperatur der Kathode B unabhängig davon ist, ob Lampe A oder B brennt. Dann ist nämlich Gesamtaufheizungsleistung $N_\text{Aufh.}$ gleich der Gesamtabkühlungsleistung $N_\text{Abk.}$, und die Kathode erwärmt sich nur durch den Stromdurchgang im Draht. Wenn man I_L so wählt, daß $I_L = I_G$ ist ($I_G =$ Grenzstromstärke) für denjenigen I_H-Wert, bei dem $N_\text{Aufh.} = N_\text{Abk.}$ ist, so verschwindet der Ionenstromanteil, $N_\text{Aufh.}$ besteht dann nur noch aus N_I und $N_\text{Abk.}$ aus N_E*). Man erhält aus

$$N_I = N_E: \qquad R_q = \frac{\psi \cdot I_L\,(1-\mu)}{I_L^2} = \frac{\psi}{I_L} \qquad \text{(da hier } \mu = 0 \text{ ist).}$$

Für diese Messungen werden Kathoden verwendet, die auf einem kurzen einfach gewickelten Wolframdrahtstück eine sehr geringe Menge Oxyd enthalten. Die Größen der Oxydoberflächen, die unter dem Mikroskop gemessen werden, sind so gewählt, daß die Temperaturen, die sich bei Gleichheit von Aufheizungs- und Abkühlungsleistung einstellen, in der Umgebung der erwarteten Brennflecktemperaturen liegen**). Dies wird ausschließlich deshalb gemacht, um das Temperaturintervall, in dem $(\varrho \cdot l) = f\,(T)$ bestimmt wird, nicht unnötig groß zu machen.

Die Abhängigkeit des auf die Flächeneinheit bezogenen Widerstandes $R_q \cdot F = \varrho \cdot l$ ($F =$ Oxydoberfläche) von der Temperatur kann dann durch Messung von Kathoden mit verschiedenen Oberflächengrößen ermittelt werden.

Durch diese Messungen mit brennflecklosem Bogenansatz, die in keinem Zusammenhang mit der später behandelten Brennfleckbildung stehen, wird lediglich $(\varrho \cdot l)$ als temperaturabhängige Materialkonstante bestimmt, die naturgemäß auch bei anderen Entladungsformen (z.B. Brennfleckbogen) gültig ist.

Fehler durch unterschiedliche Wärmeleitung oder -strahlung können hierbei nicht auftreten, da auf Temperaturgleichheit eingestellt wird. Die Temperaturmessungen sind teils nur Relativmessungen, teils Messungen bei Temperaturgleichheit zwischen Wolframdraht und Oxydschicht (also ohne Entladung, wie in II).

3. Bestimmung des Querwiderstandes $(\varrho \cdot l)$, der Temperatur T und der Entladungsstromdichte j_L im Brennfleck

Für die Berechnung und in den graphischen Darstellungen, in denen das Zusammenwirken der verschiedenen Leistungen gezeigt wird (Abb. 4 und 5a, b), werden Leistungen in Watt $\cdot$ cm^{-2} (N') verwendet. Für I_L und $I_L\,(1 - \mu)$ müssen

---

*) Weil durch das Einschalten der Entladung die Kathodentemperatur nicht geändert wird. Die Strahlungsverluste werden mit und ohne Entladung nur durch Stromwärme im Draht gedeckt.

**) Wegen der hohen Fremdheizungsstromstärke setzt bei dieser Messung der Bogen brennflecklos, also auf der gesamten Oxydoberfläche, an.

daher die Stromdichten j_L und $j_L (1 - \mu)$ eingesetzt werden und für R_q der Querwiderstand $(\varrho \cdot l)$. Dann ist:

$$N' \left[\frac{\text{Watt}}{\text{cm}^2} \right] = j_L^2 \left[\frac{\text{Amp}^2}{\text{cm}^4} \right] \cdot (\varrho \cdot l) \, [\varOmega \cdot \text{cm}^2].$$

$(\varrho \cdot l)$ ist also aus dem Vorhergehenden als Funktion der Temperatur bekannt. Um $(\varrho \cdot l)$ für die Brennflecktemperatur zu finden, wird außer der Bedingung $N_{\text{Aufh.}} = N_{\text{Abk.}}$ noch eine zweite Bedingung gebraucht. Diese wird durch die RICHARDSON-Gleichung geliefert, und zwar deshalb, weil Temperatur und Größe des Brennflecks sich so einstellen müssen, daß sich gerade $j_L (1 - \mu)$ ergibt, wenn sie zusammen mit der Austrittsarbeit in die RICHARDSONsche Formel eingesetzt werden. $(\varrho \cdot l)$ für die Brennflecktemperatur wird auf folgendem Wege gewonnen:

Die Bedingung 1 $(N_{\text{Aufh.}} = N_{\text{Abk.}})$ liefert eine Funktion

$$(\varrho \cdot l) = f(F): \tag{1}$$

$$j_L^2 (\varrho \cdot l) + j_L \cdot \mu \cdot (a U_k + U_i - \psi) = j_L (1 - \mu) \cdot \psi$$

$$(\varrho \cdot l) = \frac{(1 - \mu)\, \psi - \mu\, (a U_k + U_i - \psi)}{j_L}$$

$$= \frac{(1 - \mu)\, \psi - \mu\, (a U_k + U_i - \psi)}{I_L} \cdot F.$$

Mit den Werten (für Hg):

$$\begin{aligned}
U_i &= 10{,}38 \text{ V} \\
U_k &= 4{,}66 \text{ V (niedrigste Anregungsspannung)} \\
\psi &= 2 \quad \text{eV} \\
\mu &= 0{,}06 \\
a &= 0{,}75
\end{aligned}$$

ergibt sich

$$(\varrho \cdot l) = 5{,}83 \; \varOmega \cdot F \tag{1a}$$

(1a) ergibt zusammen mit der experimentell gefundenen Funktion

$$(\varrho \cdot l) = f(T) \tag{2}$$

eine Funktion

$$F = f_1(T). \tag{3}$$

In den obigen Gleichungen fehlen die Strahlungsverluste. Diese, wie sich zeigt geringfügige Vernachlässigung kann beseitigt werden, indem die Temperatur zunächst ohne die Strahlungsverluste berechnet wird; für die so bestimmte Temperatur werden dann die Strahlungsverluste errechnet und in die obigen Gleichungen eingeführt usw. Dieses Verfahren konvergiert schnell, da die Strahlungsverluste nur eine Korrekturgröße darstellen. Aus $(\varrho \cdot l) = 5{,}83 \; \varOmega \cdot F$ wird dann $(\varrho \cdot l) = 5{,}83 \cdot F + 225\, F^2$. Mit dieser Funktion wird die Ordinate $(\varrho \cdot l)$ der experimentell gefundenen Kurve $(\varrho \cdot l) = f(T)$ in F-Werte umgeschrieben. Man erhält so: $F = f_1^*(T)$.

Die RICHARDSON-Gleichung

$$I_S = A_0 \cdot F \cdot T^2 \cdot e^{-\frac{\varepsilon\, \psi}{k\, T}}$$

liefert, da ψ und I_S*) bekannt sind, eine andere Funktion $F = f_2(T)$, die ebenfalls in Abb. 1 eingetragen wird.

Die Kurven $F = f_1^*(T)$ und $F = f_2(T)$ haben, wie die Darstellung zeigt, einen gemeinsamen Punkt — der die Temperatur T_B und die Größe F_B des Brennflecks

---

*) Bei Brennfleckbildung ist $I_L (1 - \mu) = I_G$ für die Temperatur und Größe des Brennflecks. (I_G wird gleich I_S gesetzt.)

angibt –, bei dem beide Bedingungen erfüllt sind. Bei T_B und F_B, und damit $(\varrho \cdot l)_B$, ist also

$$1)\ N_{\text{Aufh.}} = N_{\text{Abk.}}$$

und $\qquad 2)\ j_L\,(1 - \mu) = j_G. \qquad j_G = \text{Grenzstromdichte.}$

Aus Abb. 2 ergeben sich für:

$$T_B = 1485^\circ\,\text{K}$$
$$(\varrho \cdot l)_B = 0{,}034\ \Omega \cdot \text{cm}^2$$
$$F_B = 0{,}00475\ \text{cm}^2$$

und mit $I_L = 0{,}2$ A:

$$j_L = 42{,}2\ \text{A} \cdot \text{cm}^{-2}$$

und $\qquad N_{\text{Aufh.}} = N_{\text{Abk.}} = 88\ \text{Watt} \cdot \text{cm}^{-2}.$

Die hier berechneten Stromdichten und Brennflecktemperaturen stimmen mit den beobachteten überein. Wegen der starken Abhängigkeit von der Austrittsarbeit ψ können aber auch Werte von etwa 30 bis 60 A $\cdot$ cm^{-2} auftreten.

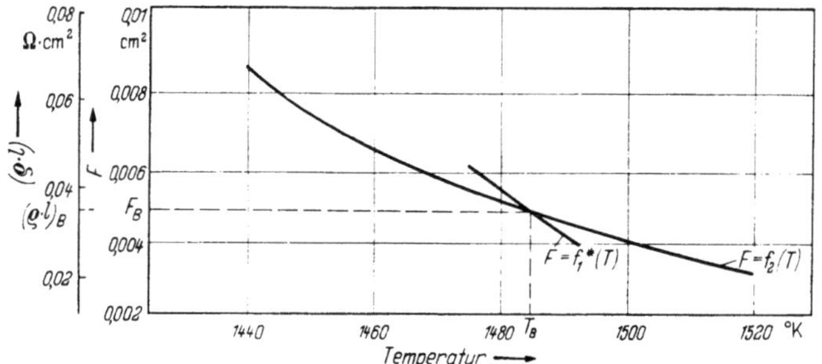

Abb. 2. Zur Berechnung von Brennfleckgröße und Temperatur.

V. Stabilisierung des Bogenansatzes mit und ohne Brennfleck

1. Zündung der Entladung

In der hier hauptsächlich untersuchten starterlosen Schaltung (Drossel mit nachgeschaltetem Heiztransformator für beide Elektroden) wird mit dem Einschalten der Kathodenheizung eine Spannung an die Elektroden gelegt, die hoch genug ist, um auch bei wenig geheizter Kathode eine Glimmentladung zu zünden. In mehr oder weniger kurzer Zeit wird durch die Heizung und das einsetzende Ionenbombardement die Kathodenoberfläche so weit aufgeheizt, daß die am besten aktivierte Stelle der Wendel anfängt, Elektronen zu emittieren. Wenn an dieser Stelle die Stromdichte erreicht ist, von der ab die Aufheizung durch die Stromwärme in der Oxydschicht größer ist als die Abkühlung der Kathode wegen der durch die Austrittsarbeit erforderlichen Energieabgabe, beginnt auf zunächst eng begrenztem Raum ein Aufschaukelungsprozeß – Aufheizung – dadurch erhöhte Emission – dadurch weitere Aufheizung, die zu starker lokaler Verdampfung der Oxydschicht führt. Dieser Prozeß wird nur durch die äußeren Widerstände des Stromkreises begrenzt. Wenn die dadurch festgelegte Stromstärke erreicht ist, läuft der Brennfleck infolge der Wärmeleitung auseinander und seine Temperatur nimmt ab, weil Aufheizleistung noch nicht gleich Abkühlungsleistung ist.

2. Stabilisierung des Bogenansatzes im Brennfleck

Der Brennfleck stabilisiert sich erst bei derjenigen (im vorigen Abschnitt berechneten) Temperatur und Größe, bei der beide Bedingungen erfüllt sind. Die Bedingung 1 besagt, anders geschrieben, daß durch die Ionenleistung außer den

Strahlungsverlusten auch noch die mit abnehmender Stromdichte größer werdende Differenz zwischen N_E' und N_I'*) aufgebracht werden muß. Der Brennfleck läuft also so lange auseinander, bis die durch die Höhe des Kathodenfalls gegebene Ionenleistung

$$N_J' = N'_{\text{Str.}} + (N'_E - N'_I)$$

ist.

Eine schematische Darstellung der Verhältnisse im Brennfleck soll die Stabilisierung erläutern (Abb. 3).

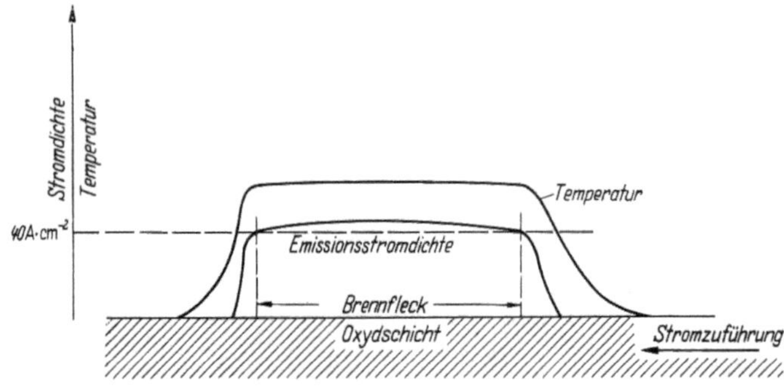

Abb. 3. Schematische Darstellung des Verlaufs von Temperatur und Emission im Brennfleck.

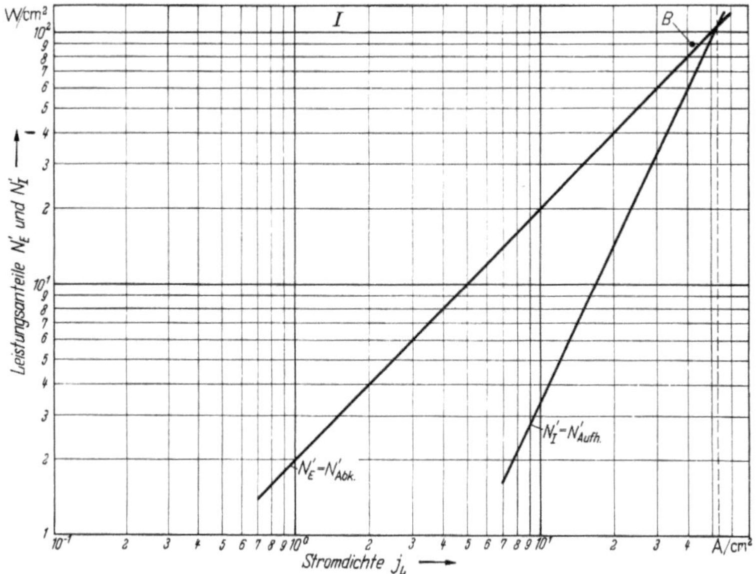

Abb. 4. Zur Brennfleckbildung ohne Fremdheizung.

Das Auseinanderlaufen des Brennflecks hört also auf, sobald die Stromdichte in der Randzone kleiner wird als etwa 40 A · cm⁻², weil bei niedrigeren Werten ein Überschuß an Abkühlungsleistung auftritt (s. Abb. 4). Dadurch wird die Temperatur am Rande verringert und damit Emission und Stromdichte. Der Brennfleck bekommt durch den Kreislauf Abkühlung — Emissions- und Stromdichteverrin-

---

*) Weil N'_E von j_L, N'_I aber von j_L^2 abhängt (s. a. Abb. 4).

gerung — Abkühlung scharfe Grenzen, die nur durch die Wärmeleitung etwas abgeflacht werden, wobei aber zu berücksichtigen ist, daß die „optischen Grenzen" wegen des T^4-Gesetzes noch ausgeprägter sind als die Temperaturunterschiede.

Wenn durch Vergiftung o.ä. die Austrittsarbeit plötzlich heraufgesetzt würde, so wird dadurch die Abkühlungsleistung erhöht und der Brennfleck eingeengt (s. Abb. 4).

Mit der Abnahme der Brennfleckgröße nimmt infolge der zunehmenden Stromdichte auch die in der Schicht (je cm² Oberfläche) entwickelte JOULEsche Wärme zu. Die Temperatur im Brennfleck steigt. Eine geringe Temperaturerhöhung genügt jedoch, um trotz erhöhter Austrittsarbeit und verminderter Brennfleckgröße wieder $j_L (1 - \mu)$ zu emittieren.

Bei Verringerung der Entladungsstromstärke verschiebt sich die Kurve $F = f_2 (T)$ in Abb. 2 zur Abszisse hin, der Schnittpunkt zwischen beiden Kurven wird dadurch zu höheren T- und zu niedrigeren F-Werten (also höheren Stromdichten) verschoben, was auch den Beobachtungen entspricht. Bei sehr geringen Stromstärken (wenige mA) wird der Anteil der Wärmeleitungsverluste so groß, daß die Aufheizung nicht mehr ausreicht, um einen Brennfleck aufrechtzuerhalten, die Entladung schlägt dann in eine Glimmentladung um.

Die mit zunehmender Stromdichte steigende Barium-Verdampfungsgeschwindigkeit je cm² Oberfläche erklärt auch die hohe Wanderungsgeschwindigkeit des Brennflecks bei geringen Stromstärken.

Wenn größere Austrittsarbeitsunterschiede auf der Wendel vorhanden sind, kann der Brennfleck auch in mehreren Teilbrennflecken auf der Wendel ansetzen; es liegen dann zwischen zwei Teilbrennflecken Gebiete, in denen infolge einer erhöhten Austrittsarbeit die Abkühlung überwiegt, in denen also keine Emission stattfinden kann. Diese Erscheinung tritt bei höheren Temperaturen der Kathode (bei Fremdheizung) nicht mehr auf, weil dann Unterschiede in der Austrittsarbeit weniger stark hervortreten. Man erhält nämlich nach [7]) aus der RICHARDSON-Gleichung für den Unterschied der Sättigungsströme in Abhängigkeit von der Differenz der Austrittsarbeiten:

$$\frac{\Delta I_s}{I_s} = \frac{1{,}16 \cdot 10^{-4}}{T} \cdot \Delta \psi.$$

Die Formel zeigt, daß bei einem gegebenen $\Delta \psi$ die Unterschiede in den Sättigungsstromstärken mit zunehmender Temperatur kleiner werden.

Die in I. gegebene Definition des Brennflecks kann jetzt präzisiert werden: Als Brennfleck wird die Ansatzstelle des Entladungsstromes dann bezeichnet, wenn sie auf mindestens einer Seite durch einen Temperaturgradienten begrenzt wird, der steiler ist, als es der normalen Wärmeleitung in der Wendel entspricht.

3. Stabilisierung des Bogenansatzes ohne Brennfleck

Das Zusammenwirken der einzelnen Anteile der Leistungsbilanz bei Fremdheizung der Kathode kann man sich am besten veranschaulichen, wenn man in einem Diagramm über der Stromdichte die abgegebene Leistung je cm² Oberfläche der Oxydschicht aufträgt.

Die zu einem Stromdichtewert gehörenden Aufheizungs- und Abkühlungsleistungen addieren sich zu einer Gesamtaufheizung ($N'_{\text{Aufh.}}$) und einer Gesamtabkühlung ($N'_{\text{Abk.}}$), deren Verhalten als Funktion der Stromdichte untersucht wird.

Zur besseren Übersicht werden für die drei Fälle: 1. ohne Fremdheizung (zur Erläuterung der Darstellungsweise), 2. geringe Fremdheizung ($I_L > I_G$) und 3. starke Fremdheizung ($I_L \leq I_G$) drei verschiedene Diagramme gezeichnet (Abb. 4, 5a und 5b).

In den Darstellungen werden Ionenleistung und Strahlungsverluste bei hohen Stromdichten nicht mit eingetragen. Außerdem wird nicht berücksichtigt, daß die Aufheizungsleistung $[j_L^2\,(\varrho \cdot l)]$ über der Stromdichte aufgetragen eigentlich keine Gerade ergibt, weil sich mit abnehmendem j_L die Brennflecktemperatur T_B und damit $(\varrho \cdot l)$ geringfügig ändern. Im Brennfleck hat $(\varrho \cdot l)_B$ den richtigen Wert,

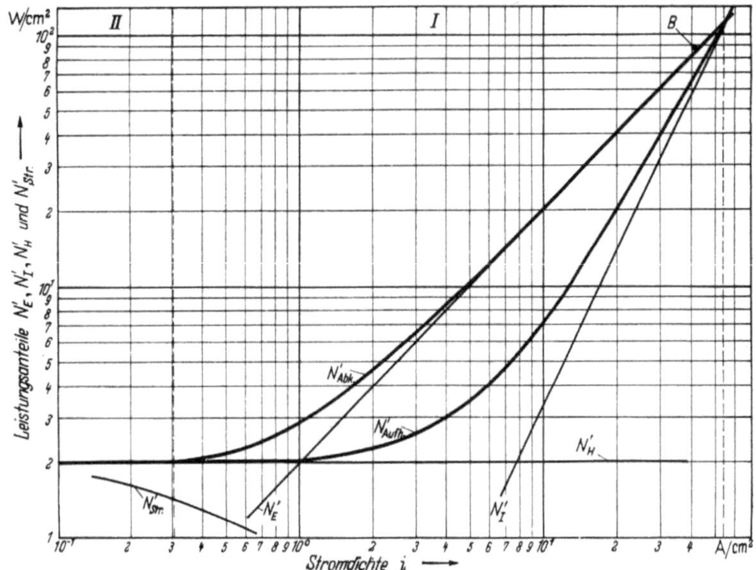

Abb. 5a. Zur Brennfleckbildung mit geringer Fremdheizung.

die Änderungen von $(\varrho \cdot l)$ betreffen nur ein Gebiet, in dem der Bogen nicht stabil ist. Der Vergleich mit dem Brennfleck B, der mit den in IV, 3 ermittelten Werten eingezeichnet wurde, zeigt, daß diese Vernachlässigungen gering sind.

a) Ohne Fremdheizung. Das Diagramm 1 (Abb. 4) zeigt zunächst noch den Fall, der sich ohne Fremdheizung der Kathode einstellt.

Der Bogenansatz kann nur bei derjenigen Stromdichte stabil brennen, die der Schnittpunkt zwischen Aufheizungs- und Abkühlungsleistung angibt. Bei höheren Stromdichten überwiegt die Aufheizung, bei niedrigeren die Abkühlung.

b) Mit Fremdheizung. Es werden zwei verschiedene Fremdheizungsleistungen betrachtet, die sich dadurch unterscheiden, daß die Grenzstromstärke bei der einen (Abb. 5a) kleiner als I_L, und bei der anderen (Abb. 5b) größer als I_L ist.

Im Fall $I_G < I_L$ (Abb. 5a) kann der Bogen nur mit Brennfleckbildung ansetzen, im Gebiet I ist er nicht stabil, weil die Abkühlungsleistung überwiegt, und im Gebiet II kann er wegen der unzureichenden Elektronenemission der Kathode nicht brennen.

Wenn $I_G \geq I_L$ ist (Abb. 5b), sind Stromdichten im Punkt B und im Gebiet II möglich, I ist auch hier instabil. In B findet Brennfleckbildung statt, in II wird der Bogenstrom durch thermische Emission der Kathode geliefert. Da der Spannungsbedarf des brennflecklosen Bogens (thermische Emission) um einige Volt geringer ist als der des Brennfleckbogens, wird sich immer der brennflecklose Zustand einstellen.

Im Gebiet *II* arbeiten auch die Kathoden der Hochvakuumröhren und der gasgefüllten Gleichrichter und Thyratrons.

Für eine gegebene Stromstärke liegen die Fremdheizungsleistungen natürlich um so höher, je dünner der Wendeldraht ist. Die Entscheidung darüber, ob eine Kathode im Stromdichtebereich *II* oder in *B* arbeitet, ist deshalb hauptsächlich von Heizstromstärke und Drahtdurchmesser (genauer: Heizleistung je cm² Drahtoberfläche) abhängig.

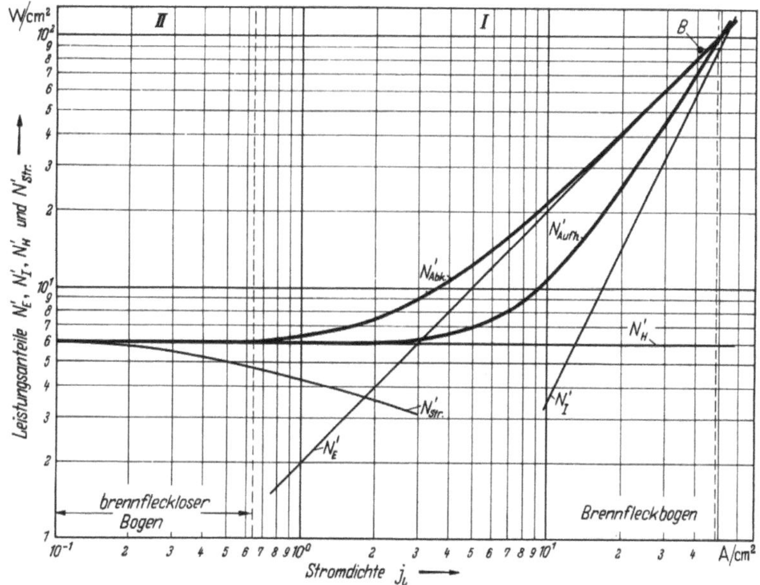

Abb. 5b. Zur Brennfleckbildung mit starker Fremdheizung.

Vermindert man die Heizstromstärke, bis die thermische Emission zur Aufrechterhaltung des Bogenstromes nicht mehr ausreicht, so erhöht sich infolge der Ladungsträgerverarmung der Kathodenfall und kann schließlich die Ionenenergie zur Verfügung stellen, die für die Wiederzündung mit Brennfleckbildung erforderlich ist. Der Bogenansatz schlägt so vom brennflecklosen Zustand in den Brennfleck um. Der Übergang vom Stromdichtegebiet *II* zum Punkt *B* muß durch das instabile Gebiet *I* erfolgen, es findet also ein Umklappen von einer Ansatzform in die andere statt. Ebenso unstetig geht der Bogenansatz in die brennflecklose Form über, wenn die Fremdheizung wieder erhöht wird.

Besonders gut ist das Umklappen des Bogenansatzes zu beobachten, wenn das Grundgas in der Entladungslampe aus Neon mit einer geringen Menge Argon besteht; das Umklappen ist dann mit einer Farbänderung des negativen Glimmlichtes verbunden. Das Auftreten zweier Stromansatzformen wurde in der Literatur schon mehrmals beschrieben[2,10]), eine Erklärung für das Auftreten eines Brennflecks wurde jedoch nicht gegeben.

Diese Überlegungen gelten jedoch nur für ganz neue Kathoden. Bei älteren treten größere Unterschiede in der Austrittsarbeit auf. Die Abkühlungsgerade verbreitert sich dann zu einem Band, und die Grenzen zwischen den Stromdichtegebieten *I* und *II* und der Stromdichte in *B* liegen unterschiedlich für verschiedene

Punkte der Oxydoberfläche. Damit erfolgt der Übergang zwischen I, II und B bei verschiedenen Stromdichten. Der Übergang von der brennflecklosen Bogenform zum Brennfleckbogen erfolgt dadurch scheinbar stetig.

Die hier wiedergegebenen Überlegungen zeigen das Zusammenwirken der verschiedenen Heiz- und Abkühlungsleistungen. Sie geben eine Erklärung für die hohen Stromdichten, die an den Kathoden von Gasentladungslampen beobachtet werden, und für die Existenz zweier Stromansatzformen sowie für die verschiedenen Arten des Überganges von einer Form in die andere.

Literatur

[1] Lowry, E. F.: Illum. Engng. 46 (1951) S. 288.
[2] Gehrts, A., u. H. Vatter: Z. Phys. 79 (1932) S. 421.
[3] Vogt, H.-J.: Elektrotechn. Z. Ausg. A 76 (1955) S. 192.
[4] Slepian, J.: Phys. Rev. 27 (1926) S. 407.
[5] Rompe, R., u. W. Weizel: Theorie elektrischer Lichtbögen und Funken. Leipzig 1949.
[6] Ecker, G.: Z. Phys. 132 (1952) S. 248; 135 (1953) S. 105; 136 (1953) S. 1.
[7] Herrmann, G., u. S. Wagner: Die Oxydkathode, Bd. 1 u. 2. Leipzig 1948 u. 1950.
[8] Eisenmann, K.: Verh. Dt. Phys. Ges. 12 (1910) S. 725.
[9] Gehrts, A.: Z. techn. Phys. 13 (1932) S. 303 u. 350.
[10] Seeliger, R.: Gasentladungen. Leipzig 1927.

Über das Verhalten von Oxydkathoden in der Niederdruckentladung*)

Von

B. Kühl

Mit 8 Abbildungen

1. Einleitung

Unter den Problemen, die der Betrieb der Oxydkathode einer Gasentladungslampe mit sich bringt, spielt die Wechselwirkung zwischen der Gasentladung und den Oxydeigenschaften eine besondere Rolle. Bei den Kathoden von Glühkathodengleichrichtern und Thyratrons und erst recht bei Hochvakuumkathoden ist die Emissionsstromdichte bei konstanter Spannung an der Röhre immer gleich, weil die Sättigungs- oder Grenzstromdichte stets weit über der geforderten Emissionsstromdichte liegt. In der Gasentladungslampe wird die Kathode ohne oder mit geringer Fremdheizung betrieben; die Entladung kann sich nur durch Brennfleckbildung aufrechterhalten. Temperatur und Größe des Brennflecks sind, wie im vorangehenden Aufsatz gezeigt worden ist**), von der Austrittsarbeit abhängig. Von der Temperatur im Brennfleck ist die Verdampfungsgeschwindigkeit der Erdalkalimetalle, durch die die Oxydschicht aktiviert wird, und damit wieder die Austrittsarbeit (s. u.) abhängig. Wenn die Emissionsstromdichte (Brennfleckgröße) von den Kathodeneigenschaften abhängt, entsteht also durch die wechselseitige Beeinflussung von Austrittsarbeit und Temperatur eine Art Kreislauf, der eine starke Abhängigkeit der Lebensdauer von den Betriebsbedingungen zur Folge hat.

---

*) Originalmitteilung.
**) Im folgenden mit I bezeichnet.

2. Meßanordnung

Zur Untersuchung dieser Zusammenhänge wird die Intensität der Spektrallinien von verdampften und im negativen Glimmlicht angeregten Erdalkalimetallatomen mit Interferenzfilter*), Multiplier, Verstärker und Linienschreiber gemessen.

Im Spektrum der Gasentladung in der Kathodenumgebung sind von GEHRTS[1]), DEBIESSE und CHAMPEIX[2]) und KRAUTZ[3]) Erdalkalimetallinien nachgewiesen worden. Den Spektralaufnahmen von KRAUTZ können Angaben über die Zusammensetzung der Oxydschicht und das Verhalten bei verschiedenen Temperaturen und Betriebsbedingungen der Kathode entnommen werden. Da die Spektrallinien außerordentlich empfindlich auf Veränderungen der Betriebsbedingungen reagieren, ist es zweckmäßig, den zeitlichen Verlauf der Strahlstärke zu registrieren. Aus den Schreiberdiagrammen kann auf Vorgänge in der Oxydschicht geschlossen werden. Im Abschn. 5 wird gezeigt, daß zwischen der Strahlstärke und dem Oxydverbrauch ein Zusammenhang besteht.

Die Lampen**) werden fast ausschließlich in starterloser Schaltung betrieben (Drossel mit nachgeschaltetem Heiztransformator für beide Elektroden). Sie werden bei den meisten Untersuchungen im Rhythmus 50 s ein-, 10 s ausgeschaltet.

Es ist wahrscheinlich, daß die Verdampfungsgeschwindigkeit des Bariums***) nicht nur von der Kathodentemperatur abhängt, sondern daß die Energie, die die Ionen auf die Kathode übertragen, außer zur Erhöhung der Kathodentemperatur zu einem kleinen Teil auch direkt zur Bariumverdampfung, etwa durch unmittelbare Energieübertragung zwischen Ion und Oberflächenmolekül****), verwendet wird. Dafür spricht u.a. die Abhängigkeit der Bariumstrahlung von der Art des Füllgases. Gasionen mit geringen Ionisierungsspannungen (Krypton, Argon) liefern geringere Strahlstärken als die mit hohen Ionisierungsspannungen (Neon, Helium). Spektrographische[3]) und massenspektroskopische[5]) Messungen zeigen, daß (bei Wolfram als Kernmetall) überwiegend freies Barium verdampft. Da die Halbleiter- und Emissionseigenschaften der Oxydschicht stark von der geringen Konzentration des Bariummetalls im Bariumoxyd (im Mittel etwa $5 \cdot 10^{-2}$ Mol $\%$ Ba im BaO[6,7]) abhängen*****), ist es verständlich, daß die Verdampfungsgeschwindigkeit des Bariums die Eigenschaften der Oxydschicht wesentlich mitbestimmt.

3. Beispiel für das Verhalten der Bariumstrahlstärke

Es werden zunächst zwei Beispiele dargestellt, aus denen allgemeinere Annahmen über das Verhalten von Kathoden abgeleitet werden. Diese Annahmen werden dann in einer Reihe von Experimenten geprüft und verfeinert, bis auch Einzelheiten der beiden Beispiele erklärt werden können.

Besonders aufschlußreich ist der Verlauf der Bariumstrahlung bei der Zündung der Entladung und in der kurz darauffolgenden Zeit. Wie zu erwarten, hat die Zündung ein ausgeprägtes Maximum der Bariumstrahlung zur Folge, an das sich ein mehr oder weniger schnelles Abklingen anschließt. Abb. 1 zeigt einen Registrierstreifen.

---

*) Zur Messung wird die *Sr*-Linie 4607 Å verwendet.
**) Niederdruck-Leuchtstofflampen, deren Leuchtstoffschicht in der Umgebung der Elektroden entfernt ist.
***) Barium steht hier und im folgenden für Barium, Strontium und Kalzium.
****) Wie es in einigen Fällen bei der Kathodenzerstäubung der Fall ist[4]).
*****) Wie von HEINZE und WAGNER[8]), MEYER und SCHMIDT[9]) sowie von PRESCOTT und MORRISON[10]) gezeigt wurde.

Diese Abbildung zeigt bereits die wesentlichen Faktoren, die das Verhalten von Oxydkathoden in Niederdruckentladungslampen bestimmen: Die Zündschädigung „1" und das Abklingen der Strahlstärke nach der Zündung „2" (die Regenerierung der Kathode).

Das Zustandekommen des Strahlungsmaximums bei der Zündung ist nach dem in 1. Gesagten ohne weiteres verständlich: Es entsteht durch starke lokale Verdampfung infolge der überhöhten Stromdichte bei der Zündung. Das Abklingen der Strahlung nach der Zündung ist im ersten Teil auf das Auseinanderlaufen des Brennflecks zurückzuführen, im zweiten Teil auf Vorgänge im Oxyd.

Durch die starke Verdampfung während der Zündung entsteht an der Oxydoberfläche eine Bariumverarmungszone, in die dann Barium aus der Schicht hineindiffundiert*). Dadurch kann sich die durch die Zündung erhöhte Austrittsarbeit wieder verringern; die Bariumverdampfungsgeschwindigkeit und damit die Strahlstärke sinken. Diese Regenerierung ist bei den Schaltungen mit 50 s Brennzeit (in Abb. 1) noch nicht abgeschlossen. Erst nach etwa 8 min vermindert sich die Bariumstrahlstärke nicht mehr. Dann ist ein Gleichgewicht zwischen Verdampfung und Nachlieferung durch Diffusion erreicht.

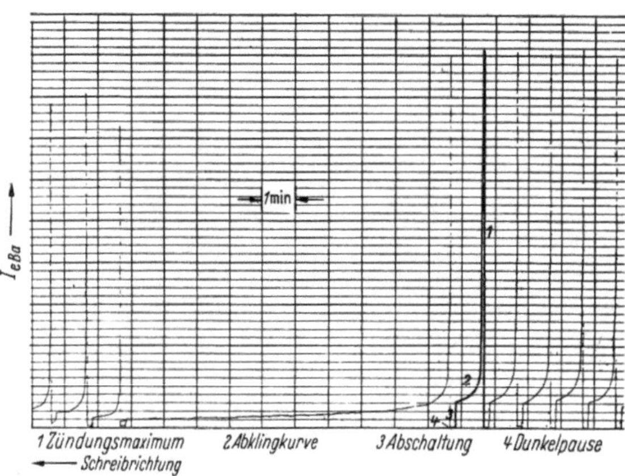

Abb. 1. Verlauf der Bariumstrahlung bei Schaltungen 50 s ein, 10 s aus (in der Mitte einmal 600 s ein).

4. Abhängigkeit der Bariumstrahlstärke vom Alter der Kathode

Ältere Kathoden, deren Oxydschicht durch Verdampfungsverluste schon weniger freies Barium enthält, können bei gleicher Temperatur weniger Barium nachliefern als neue. Die Folge davon ist: höhere Austrittsarbeit und höhere Verdampfungsgeschwindigkeit durch erhöhte Stromdichte und Temperatur.

So ist der Verlauf der Bariumstrahlung in verschiedenen Altersstufen der Kathode zu verstehen (Abb. 2).

Zunächst fallen die außerordentlich großen Unterschiede sowohl in der Höhe des bei der Zündung auftretenden Maximums, als auch in den Strahlungsmengen auf, die während der 50 s Brennzeit der Lampe ausgestrahlt werden. Von sehr kleinen Werten bei neuen Lampen nimmt die Strahlungsmenge bis zu etwa 85 % der Lebensdauer zu. Das bei der Zündung auftretende Strahlungsmaximum erreicht schon viel früher seinen Höchstwert und verschwindet kurz vor dem Ende der Lebensdauer ganz. Die Abklingkurve verläuft mit zunehmendem Alter immer flacher, das heißt, die Regenerierung wird immer langsamer und hört schließlich ganz auf.

Die Untersuchung des Verlaufs der Bariumstrahlung beim Zündvorgang und beim Brennen der Lampe zeigt also eine Reihe von Erscheinungen, die durch die Wechselwirkung von Bariumverdampfung und Nachlieferung aus der Schicht erklärt werden können.

---

*) Die Vorgänge, die den Transport des Bariums durch die Schicht bewirken, werden im folgenden zusammenfassend als „Diffusion" bezeichnet.

Zur Prüfung der bisher gemachten Annahmen und zur vollständigen Klärung der Ursachen für die Bariumverarmung wurden weitere Untersuchungen durchgeführt.

Zuvor werden jedoch noch Messungen wiedergegeben, durch die ein Zusammenhang zwischen Bariumstrahlstärke und Oxydverbrauch nachgewiesen wird.

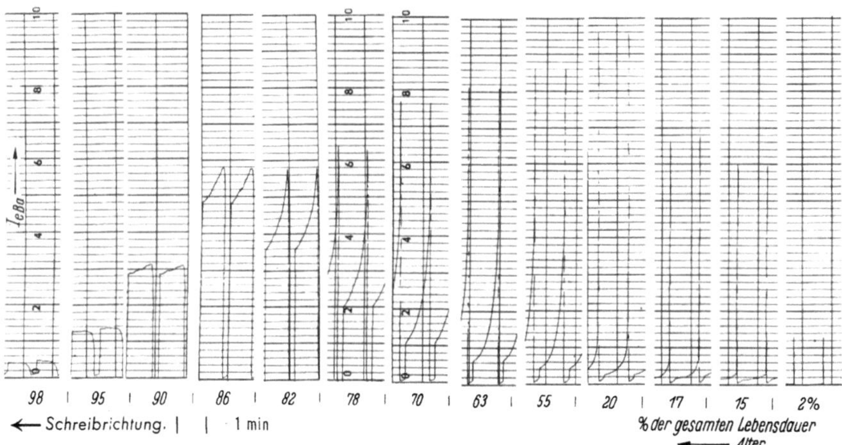

Abb. 2. Abhängigkeit der Bariumstrahlung vom Alter der Kathode beim Betrieb in starterloser Schaltung.

5. Zusammenhang zwischen Bariumstrahlstärke und Oxydverbrauch

Um zu prüfen, ob ein Zusammenhang besteht zwischen dem Abbau des Emissionsoxyds von der Kathode einerseits und der registrierten Strahlstärke der Erdalkalimetallinien in der Kathodenumgebung andererseits, werden Strahlstärken an drei Gruppen von Versuchslampen gemessen, die mit verschiedenen Grundgasen gefüllt sind, und mit den später ermittelten Lebensdauern der Lampen verglichen. Die folgende Tabelle enthält eine Gegenüberstellung von Lebensdauern und Strahlstärkenmessungen:

Lampengruppe	gemessene Lebensdauer	aus der Bariumstrahlstärke berechnete Lebensdauer
1	100 %	100 %
2	89 %	80 %
3	43 %	45 %

Die Lebensdauerberechnung aus der Strahlstärke basiert auf den Annahmen, daß die Lampe infolge von Oxydmangel ausfällt, und daß die Lebensdauer der auftretenden Bariumstrahlstärke umgekehrt proportional ist. Die Übereinstimmung zeigt, daß diese Annahmen wenigstens für gewisse Bereiche von Strahlstärke und Lebensdauer gerechtfertigt sind.

6. Regenerierung der Kathode durch Aufdampfen von Barium und Glühen

Wenn Bariummangel die Ursache für die Veränderungen der Kurvenform in Abb. 2 ist, dann muß sich eine alte Kathode durch Aufdampfen von Barium wieder verjüngen lassen, und ebenso muß sich eine neuere Kathode durch Bariumverarmung altern lassen.

Von einer zweiten Wendel her, die in etwa 5 mm Abstand parallel zur ersten angebracht war, wurde Barium auf eine alte Kathode aufgedampft.

In Abb. 3 erfolgt das Aufdampfen nach zwei 50 s-Schaltungen der alten Kathode. Während der Bariumstrahlungsverlauf vor dem Bedampfen etwa dem einer Kathode nach 90 % ihrer Lebensdauer entspricht, zeigt dieselbe Kathode nach dem Bedampfen den Strahlungsverlauf einer fast neuen Wendel. Es besteht also die Möglichkeit, eine Kathode, die nicht mehr imstande ist, genügend Barium an die Oberfläche zu bringen, durch Bariumzufuhr von außen zu regenerieren. Nach kurzer Zeit ist jedoch das aufgedampfte Barium wieder verdampft, und die Kathode zeigt wieder dasselbe Verhalten wie vor der Bedampfung.

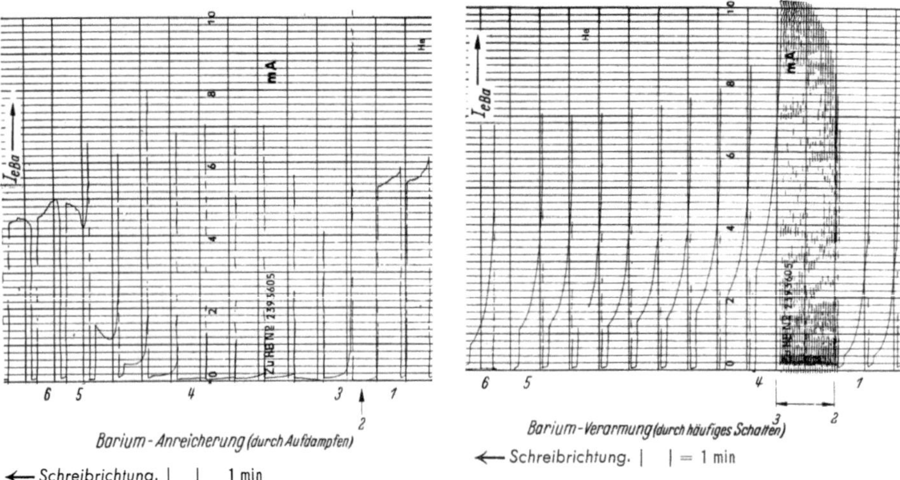

← Schreibrichtung. | | 1 min

← Schreibrichtung. | | = 1 min

Abb. 3. Aufdampfen von Barium auf eine alte Kathode.
1 Kurvenverlauf der alten Kathode (nach 90% der Lebensdauer); *2* Aufdampfen von Barium; *3* u. *4* Kurvenverlauf bei bedampfter Kathode, entspricht dem einer Kathode, die erst etwa 10% ihrer Lebensdauer hinter sich hat; *4* u. *5* das aufgedampfte Barium verdampft schnell wieder, die Kathode erreicht bei Ziffer *6* wieder etwa ihren alten Zustand.

Abb. 4. Bariumverarmung durch häufiges Zünden.
1 Kurvenform vorher, entspricht etwa der Altersstufe 50%; *2* u. *3* Bariumverarmung durch schnell aufeinanderfolgende Zündungen (etwa 12/min); *4* Die Kurvenform entspricht jetzt etwa 75% der Lebensdauer; *4* u. *5* Regenerierung der Kathode; *6* Nach 10 weiteren Schaltungen (50 s/10 s) hat sich der alte Wert noch nicht wieder ganz eingestellt (etwa 65%), ein Teil der durch das Schalten verursachten Erhöhung der Strahlstärke kann durch die Kathode wieder beseitigt werden, ein Rest bleibt zurück.

Eine weniger künstliche, aber in ihrer Wirkungsweise nicht so übersichtliche Regenerierung kann man durch Glühen ohne Stromentnahme erreichen.

Barium kann durch Diffusion an die Schichtoberfläche gelangen, vielleicht auch durch Reduktion am Kernmetall neu gebildet werden. Bariumverdampfung kann dabei kaum stattfinden, da keine hohen Brennflecktemperaturen auftreten.

Dieses Regenerierungsverfahren ist naturgemäß viel nachhaltiger, da nicht nur Veränderungen an der Oberfläche, sondern in der ganzen Schicht stattfinden.

7. Bariumverarmung durch häufiges Schalten

Bariumverarmung kann durch erhöhte Verdampfung oder durch Vergiftung der Oxydschicht hervorgerufen werden. Erhöhte Verdampfung wird am einfachsten durch häufiges schnell aufeinanderfolgendes Zünden der Entladung erreicht, also durch das Ausschließen des Regenerierungsprozesses. So kann man durch 25 Zündungen im Abstand von 5 s die Kurvenform von Altersstufe 50% auf 75% verändern (Abb. 4).

8. Wolfram auf der Oxydoberfläche

Nachdem gezeigt wurde, daß die Veränderungen im Kurvenverlauf der Bariumstrahlung mit zunehmendem Alter eine Folge der Verarmung der Kathodenoberfläche an freiem Barium sind, bleibt noch die Frage nach den Ursachen dieser Verarmung zu beantworten. Wenn auch der Verbrauch des Bariumvorrates in der Oxydschicht durch Verdampfung eine Rolle spielt, so ist doch bei den hier untersuchten Lampen und Betriebsbedingungen (starterlose Zündung) ein anderer Einfluß wesentlicher.

Vor der eigentlichen Zündung der Entladung zündet bei nur wenig vorgeheizten Elektroden eine Glimmentladung. Sie setzt an den frei liegenden Stellen des Kerndrahtes an, weil das Oxyd bei niedrigen Temperaturen nur eine sehr geringe Leitfähigkeit hat. In derjenigen Halbwelle der Glimmentladung, in der die Elektrode Kathode ist, wird von der Drahtoberfläche durch Kathodenzerstäubung Wolfram abgetragen, das sich zum Teil auf der Oxydoberfläche niederschlägt. Die Oxydoberfläche bekommt dadurch einen erst hellgrauen, später grauschwarzen Überzug aus Wolframmetall und -verbindungen, besonders aus niederen Oxyden (WO_2, W_4O_{11}) in nicht näher bekannten Zusammensetzungen. Dieser Überzug wird im folgenden kurz als „Wolframschicht" bezeichnet.

Die Vermutung liegt nahe, daß dieser Überzug die Austrittsarbeit und dadurch den Oxydverbrauch heraufsetzt.

Um dies zu bestätigen, wurde eine neue Kathode eine Stunde lang mit Glimmentladung (etwa 12 mA) betrieben. Die Bariumstrahlstärke war danach um ein Vielfaches höher als vor der Glimmentladung (Abb. 5).

Die Kathode regeneriert sich auch hier, ohne jedoch die Schädigung ganz beseitigen zu können.

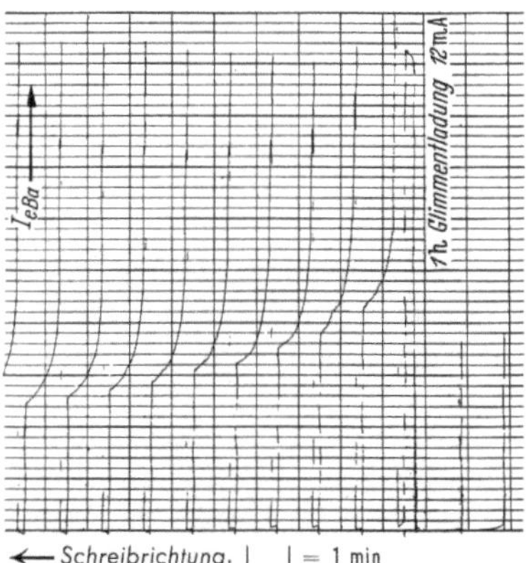

← Schreibrichtung. | | = 1 min

Abb. 5. Bariumstrahlung vor und nach einer
Glimmentladung.

Die Regenerierung erfolgt hier durch Diffusion von Emissionsstoff, insbesondere von metallischem Barium, durch die darüberliegende Wolframschicht, vielleicht zu einem geringen Teil auch durch Verdampfung der Schicht.

9. Bariumstrahlung in Abhängigkeit von der Heizstromstärke

Wie stark die Diffusionsgeschwindigkeit die Eigenschaften einer Kathode bestimmt, zeigt am besten ihr Verhalten bei Änderung der Kathodentemperatur (durch Änderung der Heizstromstärke).

Von einer gewissen Heizstromstärke an nimmt auch die Verdampfungsgeschwindigkeit, unabhängig vom Alter der Kathode, zu. In ihrem Verhalten bei niedrigeren Heizstromstärken zeigen die Kathoden dagegen charakteristische Unterschiede in den verschiedenen Altersstufen: Während bei neuen Kathoden die Strahlstärke von der Temperatur unabhängig ist, zeigt sich bei älteren Kathoden ein mit zunehmendem Alter immer steiler werdendes Ansteigen der Strahlstärke mit abnehmender Heizstromstärke. Dieser Anstieg ist auf das Versagen der Bariumnachlieferung bei Verringerung der Fremdheizung und auf den Kreislauf aus: Zunahme der Austrittsarbeit − Temperaturerhöhung − erhöhte Bariumverdampfung − weitere Erhöhung der Austrittsarbeit zurückzuführen. Es tritt also in der Gasentladung noch ein Temperaturkoeffizient der Austrittsarbeit auf durch das Verschieben des Gleichgewichtes zwischen Verdampfung und Bariumnach-lieferung.

Es muß noch nachgewiesen werden, daß wirklich Veränderungen der Oberfläche und nicht nur die momentanen Betriebsbedingungen für das Ansteigen der Strahl-stärke mit abnehmender Heizstromstärke verantwortlich sind. Die Heizstrom-stärke, die zunächst kontinuierlich geregelt wurde, wird jetzt durch Umschalten geändert. Den Verlauf der Strahlstärke vor und nach der Umschaltung zeigt Abb. 6.

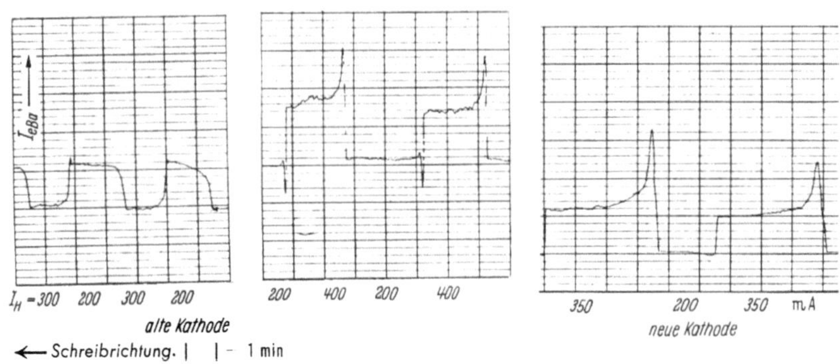

Abb. 6. Bariumstrahlung in Abhängigkeit von der Heizstromstärke.

Die Einstellung der neuen Gleichgewichtswerte erfolgt nicht momentan, sondern als eine Art Ausgleichsvorgang. So beträgt die Zeit bis zur Erreichung des Gleich-gewichts beim Umschalten von $I_H = 300$ mA auf 200 mA bis zu einer Minute (Abb. 6a). Umschaltung auf I_H-Werte > 350 mA (Abb. 6b, c) führt zunächst zu überhöhten Temperaturen im Brennfleck, die sich durch eine steile Spitze mit anschließender Abklingkurve bemerkbar machen. Beim anschließenden Herunter-schalten auf 200 mA führt das durch die höhere Temperatur auf der Oberfläche an-gereicherte Barium bei älteren Kathoden zunächst zu einem Absinken der Strahl-stärke bis unter den Gleichgewichtswert (Abb. 6b), bei neuen Kathoden (Abb. 6c) stellt sich das Gleichgewicht gleich ein, weil sich Konzentrationsunterschiede in dem Oxydfilm auf dem Wolframdraht nicht bilden konnten.

Die Untersuchung dieser Schaltvorgänge bestätigt also, daß Veränderungen in der Oxydschicht die Ursachen für das Verhalten der Strahlstärke bei Änderung der Fremdheizung sind, und sie zeigt die Richtigkeit der Annahmen über die Vor-gänge im Oxyd.

10. Diskussion der Lebensdauerabhängigkeit der Bariumstrahlung

Mit diesen Ergebnissen können auch die in Abb. 2 wiedergegebenen Messungen verstanden werden. Der gute Aktivierungszustand der Kathode am Anfang der Lebensdauer wird durch den sich mit jeder Zündung verstärkenden Wolfram-überzug verschlechtert. Die Bedeckung der Oberfläche mit metallischem Barium nimmt erst langsam, dann aber mit wachsender Schichtdicke immer schneller ab. Damit steigen Austrittsarbeit und Stromdichte und dadurch der Materialabbau von der Kathode. Nach etwa 85% der Lebensdauer wird ein Maximum erreicht, von da ab ist der Verlust durch Verdampfung so groß, daß die Zahl der auf der Oberfläche befindlichen Bariumatome schnell abnimmt; damit nimmt dann auch die Strahlstärke ab*), und die Entladung zündet nach kurzer Zeit nicht mehr.

---

*) Allerdings weniger schnell, als es Abb. 2 zeigt, denn von 85 bis 90% der Lebensdauer an verfälscht die Kolbenschwärzung die Meßergebnisse.

Im Unterschied dazu nimmt die Höhe des bei der Zündung auftretenden Strahlungsmaximums schon nach etwa 20 % der Lebensdauer wieder ab, was zum Teil darauf zurückzuführen sein wird, daß für die maximale Strahlstärke die Oberflächenbedeckung bei der Zündung, für die Strahlungsmenge dagegen mehr die Fähigkeit der Schicht, verdampftes Barium zu ersetzen, maßgebend ist.

11. Filmkathode

Die Unabhängigkeit der Bariumstrahlung von der Heizstromstärke bei neuen Kathoden (s. Abschn. 9) war darauf zurückgeführt worden, daß die Entladung zunächst an einem Oxydfilm auf den frei liegenden Stellen des Wolframdrahtes ansetzt. Um die Eigenschaften dieser dünnen Oxydschicht zu untersuchen, wird eine Filmkathode durch Bedampfen eines Wolframdrahtes hergestellt und betrieben. In etwa 10 mm Abstand wurde neben der Oxydkathode eine blanke Wolframwendel angebracht, die nach einigen Stunden normalen Betriebes der Oxydkathode mit einer ausreichenden Menge Emissionsstoff bedeckt ist. Ohne weitere Aktivierung war die Filmkathode dann verwendbar.

Im allgemeinen sind die Emissionseigenschaften der Filmkathoden besser als die normaler Kathoden, was daraus zu ersehen ist, daß (neben geringerer Brennspannung und Bariumstrahlstärke) bei parallel geschalteten Oxyd- und Filmkathoden stets die Filmkathode die Entladung übernimmt, solange sie überhaupt ausreichend mit Emissionsstoff bedeckt ist.

Das Verhalten einer Filmkathode während ihrer Lebensdauer entspricht dem einer Oxydkathode. Die Aufdampfzeit verhält sich zur Lebensdauer der Filmkathode ungefähr wie 5 : 1. Filmkathoden und erst recht die dünnen, im Unterschied zur Aufdampfkathode mikroskopisch noch sichtbaren, Oxydreste sind also den Belastungen durch die Gasentladung über längere Zeit gewachsen. Es kann daher nicht überraschen, daß bei neuen Kathoden die Oxydfilme, die von der Herstellung noch auf den scheinbar oxydfreien Teilen des Wolframdrahtes zurückgeblieben sind, zuerst die Entladung übernehmen (Abb. 8a).

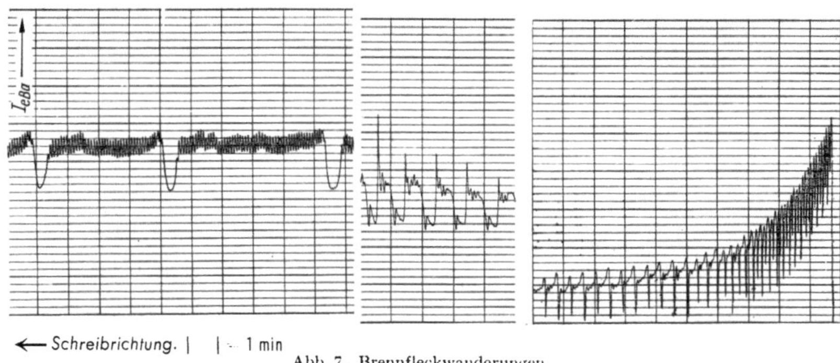

Abb. 7. Brennfleckwanderungen.

Es zeigt sich ferner, daß sich viele Erscheinungen der Oxydkathode, z.B. das schnelle Wandern des Brennflecks oder das Ansetzen der Entladung an Stellen der Wendel, an denen sich gar kein Oxyd befindet (z.B. an den kurzen Enden, die über die Stromzuführungen hinausstehen), erklären lassen durch die Erhöhung der Austrittsarbeit infolge der Verdampfung und Erniedrigung durch Aufdampfung ganz geringer Mengen von Barium auf die Oxydoberfläche oder auf den Wolframdraht. Dieses Wechselspiel von Verdampfen und Aufdampfen erfolgt oft mit erstaunlicher Periodizität. Abb. 7 zeigt Schwankungen der Strahlstärke, die durch Wanderungen des Brennflecks hervorgerufen wurden.

Wenn nach einer gewissen Betriebszeit der normalen Oxydkathode der Oxydfilm auf dem Draht verbraucht ist, zieht sich der Brennfleck zur Grenze Draht—Oxyd (Abb. 8b).

Die Oxydmasse selbst kann wegen ihrer geringen Leitfähigkeit und der geringen Ausdehnung des Brennflecks keinen unmittelbaren Beitrag zur Emission des Entladungsstromes liefern, im Gegensatz zur Kathode in der Hochvakuumröhre, bei der die gesamte Oberfläche gleichmäßig emittiert und dadurch einen genügend kleinen Widerstand bietet.

Erst wenn sich die Oxydmasse mit einer zunächst kaum oder gar nicht sichtbaren Wolframschicht überzogen hat, kann sich die Entladung auf die Oxydoberfläche hinüberziehen (Abb. 8c).

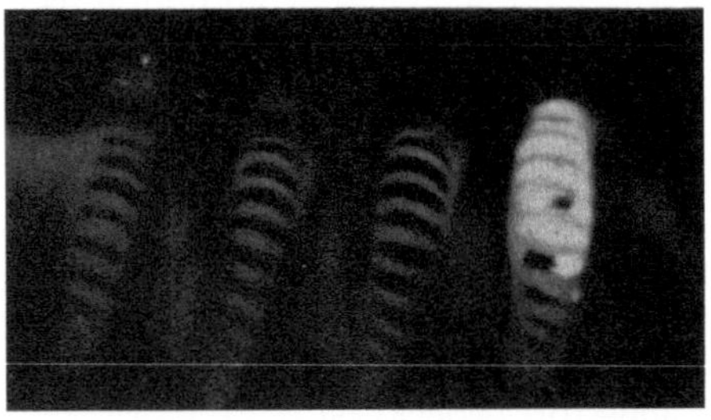

a Neue Kathode: Der (in der Abb. weiß erscheinende) Brennfleck setzt auf dem (schwarz erscheinenden) Wolframdraht an. Zwischen den schwarzen Drahtwindungen (bzw. dem weißen Brennfleck) liegt das (hellgraue) Oxyd.

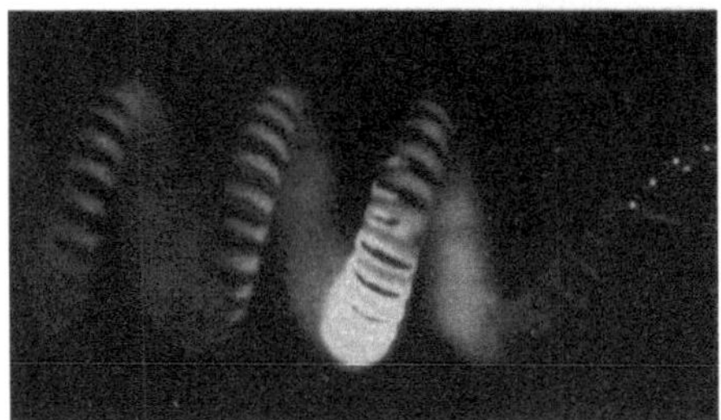

b Die Entladung zieht sich allmählich zur Grenze Draht—Oxyd.

c Ältere Kathode: Die Entladung setzt auf der Wolframschicht an, die sich auf dem Oxyd gebildet hat.

Abb. 8. Aufnahmen des Bogenansatzes. Alle Aufnahmen mit 300 mA —, ohne Heizung, mit Rotfilter.

Ob die Erhöhung der Leitfähigkeit der Oberflächenschicht durch den Wolframüberzug oder Reduktion des BaO den Ansatz des Brennflecks auf der Oxydoberfläche ermöglicht, ist zunächst nicht zu entscheiden. Die Reduktion allein ist sicher nicht die Ursache, denn Bedampfen einer neuen Kathode mit Barium führt nicht zum Übergang des Brennflecks auf das Oxyd, während eine kurzzeitige Glimmentladung durch die damit verbundene Zerstäubung des Wolframs auf das Oxyd die Leitfähigkeit der Oxydoberfläche so weit erhöht, daß der Übergang des Stromansatzes auf das Oxyd erfolgen kann.

Eine Abschätzung der Unterschiede in den Leitfähigkeiten zwischen Oxydmasse und Wolframschicht zeigt, daß die Leitfähigkeit einer 50 Å dicken Wolframschicht*), die die Oxydmasse umgibt, selbst wenn sie nur aus Wolframoxyden bestände, noch 5mal höher ist als die der gesamten Oxydmasse.

Die geringe Wärmekapazität der Wolframschicht erklärt auch die manchmal sehr hohe Wanderungsgeschwindigkeit des Brennflecks und die Welligkeit der Brennflecktemperatur (3 bis 4% bei Betrieb mit pulsierendem Gleichstrom

---

*) 50 Å sind etwa die Grenze der Sichtbarkeit und der metallischen Leitfähigkeit.

(100 Hz)). Wenn die gesamte Oxydmasse, und nicht nur eine dünne Oberflächenschicht, durch den Stromdurchgang aufgeheizt würde, müßte die Welligkeit der Brennflecktemperatur, ebenso wie die Welligkeit der Temperatur einer nur durch Heizstrom geheizten Wendel*), wegen der hohen Wärmekapazität der Kathode und ihrer relativ niedrigen Temperatur unmeßbar klein sein.

12. Vergleich mit Sinterkathoden

Die Oxydoberfläche wird also mit einer Schicht höherer Leitfähigkeit überzogen, deren Wirkung man sich ähnlich der der Oxydsinterkathoden**) vorstellen kann. Bei diesen Kathoden bewirkt die metallische Komponente in einem pulverförmigen Gemisch von aktiver Substanz und Metall eine Aktivierung der Kathode durch Reduktion sowie Herabsetzung des Widerstandes und dadurch Herabsetzung der Spratzneigung***). Ein ähnliches Beispiel sind die Metallkapillar- oder L-Kathoden, die aus Wolfram bestehen, das mit einer einatomigen Bariumschicht bedeckt ist. Aus einem Vorratsraum gelangt Barium durch Poren des Wolframs an die Oberfläche und kann dort die verdampfte Substanz ersetzen. Die Stromstärken, die man diesen Kathoden entnehmen kann, sind viel höher als die normaler Oxydkathoden: 50 $A \cdot cm^{-2}$, kurzzeitig bis 100 $A \cdot cm^{-2}$ in stationärem Betrieb, gegenüber wenigen $A \cdot cm^{-2}$ bei der normalen Oxydkathode, was wohl zu einem Teil auf den geringen Querwiderstand der Oxydschicht, zum anderen auf die niedrige Austrittsarbeit der Filmkathoden zurückzuführen ist. Es ist daher anzunehmen, daß auch die bei Oxydkathoden in Niederdruckentladungslampen beobachteten hohen Stromdichten durch den geringen Querwiderstand der dünnen Oxydschicht auf dem Wolframdraht oder — bei älteren Kathoden — der mit Emissionsstoff bedeckten Wolframschicht mit ermöglicht werden.

13. Vergleich mit Hochvakuumkathoden

Bei Hochvakuumkathoden ist der Querwiderstand und damit die Wärmeabgabe an die Oxydschicht zwei- bis dreimal so hoch, außerdem ist, wegen der niedrigeren Austrittsarbeit, die Abkühlungsleistung geringer. Dazu kommt, daß die Gasentladungskathode wegen der Brennfleckbildung hohe Stromdichten bei relativ niedrigen Gesamtstromstärken zuläßt, während die gleichmäßig emittierende Hochvakuumkathode nur bei sehr hohen Stromstärken hohe Stromdichten erreichen kann. Daher führt die Wärmeentwicklung in der Kathode bei Hochvakuumröhren schon bei sehr viel geringeren Stromdichten zur Zerstörung der Kathode als bei Gasentladungslampen.

So ist zu erklären, daß die Hochvakuumkathode trotz besserer Emissionseigenschaften im Dauerbetrieb nur wenige $A \cdot cm^{-2}$ zuläßt, während die Gasentladungskathode über lange Zeiten im Brennfleck Stromdichten von 30 bis 60 $A \cdot cm^{-2}$ und gelegentlich auch bis zu 100 $A \cdot cm^{-2}$ (bei niedrigeren Entladungsstromstärken) liefern kann.

14. Bariumstrahlung bei Drossel-Starter-Betrieb

Bei Zündungen mit ausreichender Vorheizung der Kathode, also ohne Glimmentladung (z.B. Drossel-Starter-Schaltung), gilt das bisher Gesagte mit folgender Einschränkung:

---

*) Mit gleicher Stromart auf gleiche Temperatur.

**) Wie z.B. die in der Patentanmeldung K 19137 VIIIc/21g beschriebene Caesium-Adsorptionskathode, bei der eine Metallunterlage eine emittierende Schicht aus Wolframschwamm trägt, in die Caesium eingelagert ist.

***) So kann man auch die Abnahme des Zündungsmaximums nach etwa 20% der Lebensdauer in Abb. 2 als Verminderung der Spratzneigung ansehen.

Durch die viel geringere Verdampfung des Wolframs bildet sich die Wolframschicht sehr viel langsamer und wird nie so dick, daß sie die Bariumnachlieferung behindern kann. Deshalb fehlt auch das Ansteigen des Oxydverbrauchs (der Bariumstrahlstärke) mit zunehmendem Alter. Da die Kathode bei jeder Zündung auf verhältnismäßig hohe Temperaturen gebracht wird, kann sich, wenn die Entladung häufig gezündet wird, der schwache Einfluß der Wolframschicht überhaupt nicht auswirken, die Strahlstärke bleibt daher vom Anfang bis zum Ende der Lebensdauer etwa konstant.

15. Zusammenfassung

Die Verdampfung von metallischem Barium spielt in der Gasentladungskathode eine viel größere Rolle als in der Hochvakuumröhre. Durch die Heizung der Hochvakuumkathode kann verdampftes Barium immer in ausreichender Menge durch Diffusion nachgeliefert werden.

Bei der Gasentladungskathode existiert für jeden Betriebszustand ein Gleichgewicht zwischen Verdampfung und Nachlieferung von Barium, das ihr gesamtes Verhalten bestimmt. Störungen des Gleichgewichts, etwa durch den Zündvorgang, können nur allmählich ausgeglichen werden.

Die Bariumstrahlungsmessung zeigt als wichtigste Eigenschaft der Kathoden ihre Neigung, bei ungünstigen Betriebsbedingungen sich selbst ständig zu verschlechtern und sich unter günstigen Verhältnissen zu verbessern. Diese Eigenschaft ist eine Folge der geschilderten Wechselwirkung zwischen der Stromdichte des Brennflecks, der Bariumverdampfungsgeschwindigkeit und der Austrittsarbeit. Auf diese Wechselwirkung ist es zurückzuführen, daß zwischen günstigen und ungünstigen Betriebsbedingungen bei gleicher Entladungsstromstärke Lebensdauerunterschiede bis zu zwei Zehnerpotenzen auftreten können. Zu den ungünstigen Betriebsbedingungen gehören, wie gezeigt wurde, besonders solche, bei denen eine Glimmentladung vor der Zündung zur Bildung einer Wolframschicht auf der Oxydoberfläche führt. Diese Schicht bildet zwar durch ihre höhere Leitfähigkeit zunächst einen geeigneten Träger für den Emissionsstoff, sie nimmt aber mit jeder neuen Zündung an Stärke zu und behindert schließlich die Bariumnachlieferung. Sie verschiebt damit das Gleichgewicht zwischen Verdampfung und Nachlieferung und erhöht so die Austrittsarbeit und damit den Verbrauch an Emissionsstoff.

Die Häufigkeit der Zündungen entscheidet schließlich darüber, ob die Austrittsarbeit so hoch werden kann, daß die Entladung nicht mehr zündet, obwohl noch Oxyd vorhanden ist, oder ob das Oxyd nur vorzeitig verbraucht wird.

Den entscheidenden Einfluß auf das Verhalten der Kathode haben also die Faktoren, die die Bildungsgeschwindigkeit der Wolframschicht bestimmen. Zu diesen gehört auch das Emissionsvermögen des Oxyds, ebenso wichtig aber sind andere Faktoren, wie Gaszusammensetzung und Gasdruck sowie die Betriebsbedingungen, insbesondere bei der Zündung.

Literatur

[1]) Gehrts, A.: Z. techn. Phys. 11 (1930) S. 246.
[2]) Debiesse, J., R. Champeix: C. R. Acad. Sci., Paris 216 (1948) S. 1517.
[3]) Krautz, E.: Z. Naturforsch. 6a (1951) S. 16.
[4]) Gehrts, A.: Z. techn. Phys. 14 (1933) S. 145.
[5]) Aldrich, L. R.: J. appl. Phys. 22 (1951) S. 1168.
[6]) Herrmann, G., u. S. Wagner: Die Oxydkathode. Bd. 1 u. 2. Leipzig 1948 u. 1950.
[7]) Isensee, A.: Z. phys. Chem., Abt. B 35 (1937) S. 309.
[8]) Heinze, W., u. S. Wagner: Z. Phys. 110 (1938) S. 164.
[9]) Meyer, W., u. A. Schmidt: Z. techn. Phys. 13 (1932) S. 137.
[10]) Prescott, B. E., u. J. Morrison: J. Amer. chem. Soc. 60 (1938) S. 3047.

Über den Verbrauch der Emissionsmasse von Oxydkathoden in der Niederdruckgasentladung*)

Von

R. Herrmann

Mit 5 Abbildungen

Die Emissionsmasse auf Oxydkathoden von Niederdruckgasentladungslampen wird während der Betriebszeit verbraucht. Die Lebensdauer von Leuchtstofflampen, der technisch wichtigsten Art der Niederdruckgasentladungslampen, wird in mehr als $90^0/_0$ der Fälle durch die Lebensdauer der Oxydkathoden bestimmt. Die Lebensdauer dieser Oxydkathoden beziehungsweise die Verbrauchsgeschwindigkeit der Emissionsmasse ist von der Beanspruchungsart und der Betriebsart abhängig. Unter Beanspruchungsart sei der Einfluß der Schalthäufigkeit beziehungsweise der Relationen zwischen Brennzeit und Pausenzeit verstanden. Die folgenden Untersuchungen beschränken sich auf den Drossel-Starter-Betrieb von Leuchtstofflampen sowie auf die üblichen Oxydkathoden derartiger Lampen, welche aus mit Erdalkalioxydgemisch bedeckten Wolframdoppelwendeln bestehen.

Der Abtransport der Emissionsmasse in Form ihrer Bestandteile oder deren Reaktionsprodukte von der Oxydkathode wird sowohl auf thermische Ursachen, wie Verdampfung, Kathodenzerstäubung usw. als auch auf elektrische Ursachen, wie Zerspratzung usw. zurückgeführt.

1. Versuch einer Deutung des Verbrauches der Emissionsmasse als Verdampfungseffekt

An Hand einiger Versuche wird diskutiert, inwieweit es möglich ist, die Verbrauchsgeschwindigkeit der Emissionsmasse als reine Verdampfungsgeschwindigkeit aufzufassen. Die Verdampfungsgeschwindigkeit der Erdalkalioxyde, des Hauptbestandteils der Emissionsmasse neben freien Erdalkali- und Erdalkaliwolframverbindungen, wurde in ihrer Temperaturabhängigkeit unter Hochvakuum von Claassen und Veenemans[1]) gemessen (Abb. 1). Wie die Abbildung zeigt, ist die Verdampfungsgeschwindigkeit sehr stark temperaturabhängig. Die Fremdgasdruckabhängigkeit der Verdampfungsgeschwindigkeit ist unbekannt und sei hier vernachlässigt.

Die höchste Temperatur auf einer Oxydkathode im Betrieb in einer Niederdruckgasentladung wird im Brennfleck gefunden, dessen Auftreten charakteristisch für diese Betriebsart ist. Innerhalb des Brennflecks kann eine etwa homogene Temperaturverteilung angenommen werden. Die Brennflecktemperatur wurde von Kühl[2]) mit etwa 1200°C, die Brennfleckgröße zu etwa 0,005 cm² abgeschätzt. Die Brennflecktemperatur wird durch das Zusammenwirken verschiedener Aufheiz- und Abkühlungsleistungen stabilisiert. Der Brennfleck befindet sich auf dem Emissionskörper nahe der Grenze zwischen oxydbedeckter und unbedeckter Wendel auf der Seite des stromzuführenden Wendelendes.

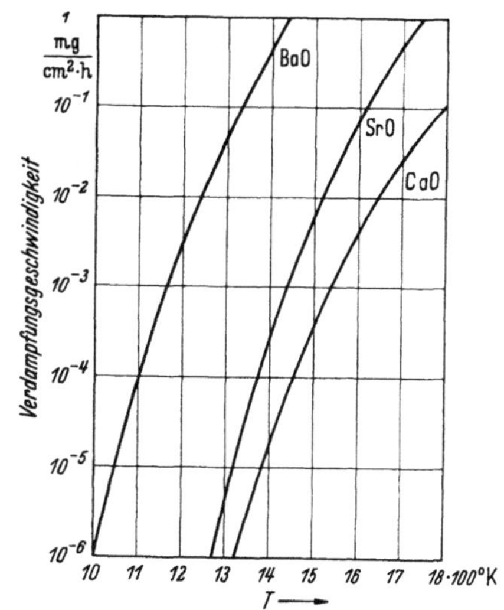

Abb. 1. Verdampfungsgeschwindigkeit der Erdalkalioxyde in Abhängigkeit von der Temperatur (nach Classen und Veenemans).

---

*) Originalmitteilung.

Der Brennfleck wandert während der Brennzeit entsprechend der Abnahme der Emissionsmasse am Primärschlauch der Doppelwendel entlang. Betrachtet man den Brennfleck als diejenige Fläche, auf welcher die Verdampfung der Emissionsmasse erfolgt, so ist zu erwarten, daß — unter der Voraussetzung, daß sich die Brennfleckgröße und -temperatur während der Betriebszeit nicht ändert — eine konstante Verbrauchsgeschwindigkeit der Emissionsmasse erhalten wird. Der Verbrauch der Emissionsmasse wurde an Leuchtstofflampen der Type HN 202 40 W verfolgt a) bei verschiedenen Beanspruchungsarten (Schaltrhythmus 50 sec ein — 10 sec aus bzw. 170 min ein — 10 min aus) durch Ablösen der Emissionsmasse von der Wendel und Differenzwägung und b) im Schaltrhythmus 50/10 sec durch Variation der vorgegebenen Menge an Emissionsmasse im Emissionskörper.

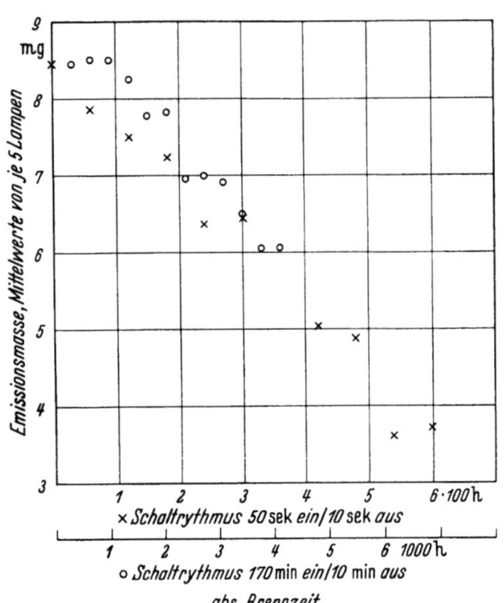

Abb. 2. Gewichtsmenge der Emissionsmasse in Abhängigkeit von der Brennzeit für verschiedene Schaltrhythmen.

Zu a) Wie Abb. 2 zeigt, wird in 1. Näherung ein linearer Abfall der Gewichtsmenge der Emissionsmasse mit der Brennzeit gefunden, der auch von R. N. Thayer[3]) beschrieben wird. Die Endverbrauchsgeschwindigkeit der Emissionsmasse (Quotient: Ausgangsgewichtsmenge der Emissionsmasse in μg — Lebensdauer in h) beträgt für den Schaltrhythmus 50/10 sec 7,1 μg/h, für den Schaltrhythmus 170/10 min 0,6 μg/h.

Zu b) Die Ergebnisse sind in Tabelle 1 zusammengestellt:

Tabelle 1.

Lampenzahl	Fülllänge des Primärschlauches der Wendel in %	Gewichtsmenge der aufgebrachten Erdalkalioxyde in mg	Endverbrauchsgeschwindigkeit der Emissionsmasse in μg/h
10	25	1,8	10,6
18	50	3,7	6,5
9	100	7,8	6,2

Wie die Tabelle zeigt, wird für die verschiedenen Verbrauchsstufen (Länge der Oxydbedeckung des Primärschlauches) in erster Näherung eine konstante Verbrauchsgeschwindigkeit erhalten.

Bezieht man die Werte der Verbrauchsgeschwindigkeit von 7,1 μg/h bzw. von 0,6 μg/h auf die Brennfleckgröße von 0,005 cm², so erhält man Quasiverdampfungsgeschwindigkeiten von 1,4 mg/h · cm² bzw. 0,12 mg/h · cm². Dies entspricht nach Abb. 1 für BaO einer Verdampfungstemperatur von 1180° C bzw. 1120° C, für SrO von 1500° C bzw. 1360° C.

Der scheinbare Temperaturunterschied des Brennflecks von etwa $60°\,$C bei BaO bei unterschiedlicher Beanspruchungsart wird, da die Temperatur eines eingebrannten Brennflecks konstant ist, unter der Annahme, daß nur die Temperatur die Verbrauchsgeschwindigkeit bestimmt, wahrscheinlich durch Tem-

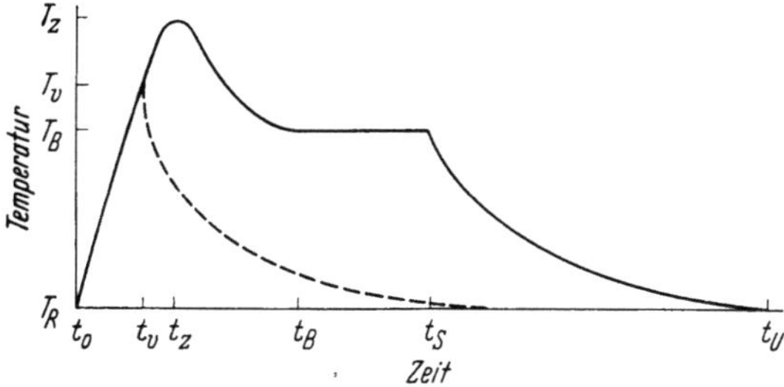

Abb. 3. Hypothetischer Temperaturverlauf am Emissionskörper einer Lampe beim Ein- und Ausschalten.

peraturänderungen am Emissionskörper beim Ein- und Ausschalten der Lampe bewirkt. Der mutmaßliche Verlauf der Temperatur im Ansatzgebiet des Brennflecks bei Inbetriebnahme, Betrieb und Abschaltung wird in Abb. 3 gegeben.

Im Ruhezustand t_0 befindet sich der Emissionskörper auf Raumtemperatur T_R. Durch die Vorheizung wird der Emissionskörper in einem kurzen Zeitabschnitt (t_0 bis t_V, etwa 1,2 sec) auf die Vorheiztemperatur T_V gebracht. Bei Unterbrechung des Vorheizstromes würde die Tempera-
tur des Emissionskörpers nach einem Abkühlungsgesetz durch Wärmeleitung und Strahlung wiederum auf Raumtemperatur abkühlen (Abb. 3). Der Unterbrechung des Vorheizstromes folgt jedoch die Zündung der Gasentladung mit der Ausbildung eines Brennflecks und einer, wie vereinfachend angenommen sei, von Anfang an konstanten Aufheizleistung. Die Überlagerung der Abkühlung des Emissionskörpers und der Aufheizung im Brennfleck bewirkt dort eine Temperaturänderung auf die höhere Temperatur T_Z, wonach diese Temperatur wiederum in einem Zeitraum t_Z bis t_B auf die Brennflecktemperatur T_B abklingt. Bei Betriebsunter-

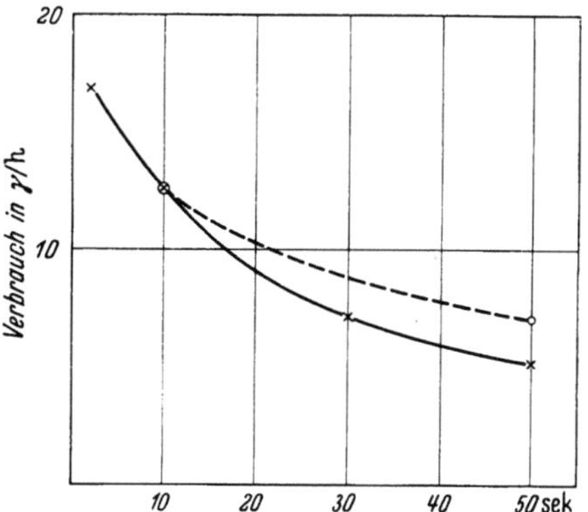

Abb. 4. Endverbrauchsgeschwindigkeit in Abhängigkeit von der Pausenzeit bei konstanter Brennzeit (10 sec) x und von der Brennzeit bei konstanter Pausenzeit (10 sec)°.

brechung bei t_S erfolgt ebenfalls ein Abklingen der Temperatur des Emissionskörpers von T_B auf T_R innerhalb des Zeitraumes t_S bis t_U. Die Wiedereinschaltung des Systems erfolgt dann je nach der Pausenzeit bei Raumtemperatur T_B beziehungsweise bei einer Temperatur, die zwischen T_B und T_R liegt, wodurch sich infolge der Konstanz der Vorheizleistung wiederum T_Z ändert. Variiert man nun bei Leuchtstofflampen gleichen Typs den Schaltrhythmus derart, daß die Lampen bei konstanter Brennzeitperiode mit wechselnder Pausenzeit, beziehungsweise bei konstanter Pausenzeit mit wechselnder Brennzeitperiode betrieben werden, so ist zu erwarten, daß die von der Temperatur abhängige Verbrauchsgeschwindigkeit mit der Zeit nach einer den Abkühlungskurven ähnlichen Funktion abnehmen müßte. Abb. 4 zeigt, daß ähnliche Kurvenformen erhalten werden.

Im Schaltrhythmus 170/10 min erfolgt der Betrieb der Lampen derart, daß die Brennzeitperiode groß gegen $(t_B{-}t_Z)$ und die Pausenzeit ebenfalls groß gegen $(t_U{-}t_S)$ ist. Nur unter ähnlichen Betriebsbedingungen ist zu erwarten, daß sich der Gesamtverbrauch der Emissionsmasse additiv aus dem Verbrauch pro Zündung und dem Verbrauch durch den Betrieb zusammensetzt.

Die Abklingzeit der Temperatur im Verbrauchsgebiet ist von der Wärmekapazität des Emissionskörpers abhängig, diese wird u. a. durch die Oxydpackungsdichte beeinflußt. Bei hoher Packungsdichte, also langer Abklingzeit der Temperatur, ist eine höhere Verbrauchsgeschwindigkeit zu erwarten. Die Tabelle 2 gibt die Ergebnisse derartiger Versuche im Schaltrhythmus 50/10 sec für Leuchtstofflampen gleichen Types wieder.

Tabelle 2.

Lampenzahl	Füllänge des Primärschlauches der Wendel in %	Gewichtsmenge der aufgebrachten Erdalkalioxyde in mg	Endverbrauchsgeschwindigkeit der Emissionsmasse in $\mu g/h$
7	100	1,9	6,4
16	100	4,0	4,3
9	100	7,8	6,2
7	50	1,9	7,4
18	50	3,7	6,5
9	50	6,5	9,7

Die Versuche zeigen, daß Emissionskörper mit der technisch üblichen Packungsdichte eine höhere Verbrauchsgeschwindigkeit aufweisen als Emissionskörper mit einer niedrigeren Packungsdichte. Verkleinert man die Packungsdichte weiter, so erfolgt wiederum ein geringer Anstieg der Verbrauchsgeschwindigkeit, dessen Ursache in der Minderung der Wärmeübergangsmöglichkeiten zu suchen ist.

2. Untersuchungen über den Zusammenhang zwischen der Verbrauchsgeschwindigkeit der Emissionsmasse und dem chemischen Geschehen an der Grenzfläche Emissionsmasse—Trägermetall

An Hand einiger Versuche wird untersucht, inwieweit die Verbrauchsgeschwindigkeit der Emissionsmasse mit dem chemischen Geschehen an der Grenzfläche Emissionsmasse—Trägermetall während der Betriebszeit in Verbindung steht. Die mikroskopische bzw. lösungschemische (HCl) Untersuchung einer formierten, das heißt betriebsfähigen Oxydkathode des hier behandelten Erdalkalioxyd-W-Systems ergibt, daß dieselbe aus 3 Schichten besteht. Auf dem Wolframträger als Unterlage befindet sich eine blau bis schwarz aussehende Zwischenschicht aus Erdalkali-Wolfram-Verbindungen. Auf dieser Zwischenschicht liegt die eigentliche Emissionsmasse, das das überschüssige Ba enthaltende Erdalkalioxydgemisch, ein Überschußhalbleiter. Die Bildung der Zwischenschicht erfolgt während der Formierung (Glühung der primär aufgebrachten Erdalkalikarbonate im Vakuum durch Aufheizung der Wendel durch Stromdurchgang), wie zum Beispiel Hughes, Copola und Evens[4]) feststellten, bevorzugt durch die Reaktion

$$x\mathrm{MeCO_3} + \mathrm{W} = \mathrm{Me_xWO_{2x}} + x\mathrm{CO} \quad (\mathrm{Me} = \mathrm{Ba, Sr, Ca}) \qquad (1)$$

jedoch auch nach den Reaktionen

$$y\mathrm{MeO} + \mathrm{W} \rightleftharpoons \mathrm{WO_y} + y\mathrm{Me} \qquad (\mathrm{Me\ insbesondere\ Ba}) \qquad (2a)$$

$$z\mathrm{MeO} + \mathrm{WO_y} = \mathrm{Me_zWO_{y+z}} \cdot \qquad (2b)$$

In Erdalkalioxyd-W-Systemen ist die Reaktion 2 die wesentliche Aktivierungs-
reaktion. Die Temperaturabhängigkeit der Reaktion 2a hinsichtlich des Ba-
Partialdruckes wurde von RITTNER[5]) thermochemisch berechnet:

$$\log p_{Ba} \ (mm \ Hg) = -17400/T + 8{,}56.$$

Diese Reaktion verläuft also bevorzugt bei höheren Temperaturen. Nach Ablauf dieser Reaktion liegt ein Konzentrationsgradient des Ba senkrecht zur Unterlage vor. Das gemeinsame Reaktionsprodukt Me_xWO_y hat sicher keine stöchiometrische Zusammensetzung (O-Unterschuß), wie die blaue bis schwarze Farbe
anzeigt. Eine Zwischenschichtverbindung der Zusammensetzung Ba_3WO_6, welche
HUGHES und Mitautoren[4]) auffanden, konnte nicht identifiziert werden.

Den Emissionskörper einer technischen Leuchtstofflampe nach einer mittleren
Betriebszeit kann man bei mikroskopischer Betrachtung schematisch in 3 Zonen
unterschiedlichen Aussehens einteilen. Die Zone 1, das unverbrauchte Oxyd, zeigt
eine weiße dichte Oberfläche mit teilweise glasigen, unverfärbten Schmelzpartien
nahe der Wendel. Sichtbare Wendelteile erscheinen wenig verändert. Die Zone 2,
das Übergangsgebiet, hat eine krümelige, stark zerklüftete weiße bis graue Oberfläche. Auch Schmelzpartien haben eine graue Färbung. Sichtbare Wendelteile
zeigen metallische Ausblühungen und Schmelzkugeln. Die Zone 3, der verbrauchte,
leere beziehungsweise nur wenig bedeckte Teil des Emissionskörpers zeigt nur
Ausblühungen und Schmelzkugeln sowie eine etwas korrodierte Oberfläche des
Wolframdrahtes.

Bei einer Behandlung mit warmer 2n HCl erfolgt eine Auflösung der weißen
Teile. In Zone 1 verbleibt eine vorzugsweise dunkelblaue, teilweise auch schwarze,
relativ dicke, meist zusammenhängende Zwischenschicht auf der Wendel. In
Zone 2 ist diese Zwischenschicht stark zerklüftet und ziemlich locker. Bei alkalischer und oxydativer Weiterbehandlung (2n NaOH + 3$^0/_0$ H_2O_2) erfolgt eine
relativ schnelle Auflösung der Zwischenschicht, wobei sich blaue Bereiche leichter
als schwarze lösen. In Zone 1 ist die Wendel sodann blank mit nur wenigen Ausblühungen. Die Zone 2 zeigt Ausblühungen und Schmelzkugeln.

An einer im Schaltrhythmus 50/10 sec betriebenen Gruppe technischer Leuchtstofflampen wurde, wie bereits in Teil 1 beschrieben, die Abnahme der Gewichtsmenge der Emissionsmasse mit der Betriebszeit bestimmt. In der salzsauer und
alkalisch-oxydativ gelösten Emissionsmasse wird der Gehalt an Wolfram kolori-
metrisch als Rhodano-Wolframat-Komplex bestimmt sowie an der Oberfläche
der verbleibenden Wendel mikroskopisch ein relatives Maß für die Zahl der Ausblühungen und Schmelzkugeln festgestellt. Diese Ergebnisse sind in Kurven-
blatt 5a und b zusammengefaßt. Man erkennt (Abb. 5b), daß durch die Formierung ein mittlerer WO_3-Gehalt von etwa 16$^0/_0$ erzeugt wird. Dies entspricht
der Dicke einer Zwischenschicht von etwa 4 μ bezogen auf WO_3 beziehungsweise
von 6 μ bezogen auf $BaWO_4$ für die vorhandene Wendeloberfläche. HENSLEY
und AFFLECK[6]) fanden an Erdalkalioxyd-W-Systemen Zwischenschichtdicken von
etwa 1,5 μ. Nach den gleichen Autoren ändert sich die Schichtdicke derartiger
Systeme unter Vakuum bei 875° C nach 1000 h Betriebszeit nicht, wogegen
HUGHES und Mitautoren[4]) weitere Änderungen beobachteten. Nimmt man an, daß
der WO_3-Gehalt der Emissionsmasse auch während der Brennzeit der Dicke der
Zwischenschicht proportional ist, so wird unter Niederdruckgasentladungsbedin-
gungen, wie Abb. 5b zeigt, eine fast sprungweise Zunahme der Zwischenschicht-
dicke während der ersten Hälfte der Betriebszeit gefunden. Das neuerliche An-
laufen der Reaktion (2a)

$$yMeO + W \rightleftharpoons WO_y + yMe \quad (Me \ insbesondere \ Ba) -$$

nur diese steht bei Vernachlässigung gasförmiger Verunreinigungen während der

Betriebszeit zur Bildung von WO_x zur Verfügung — kann durch Änderungen des Ba-Konzentrationsgradienten senkrecht zur Unterlage der Emissionsmasse sowie durch das Auftreten von Ausblühungen an der Wendeloberfläche (Abb. 5b) während der Betriebszeit gedeutet werden. Durch die im Schaltrhythmus 50/10 sec je Zeiteinheit zahlreichen Vorheizperioden wird der Konzentrationsunterschied des primär an der Grenzfläche Emissionsmasse—Wolfram (Em—W) in hoher

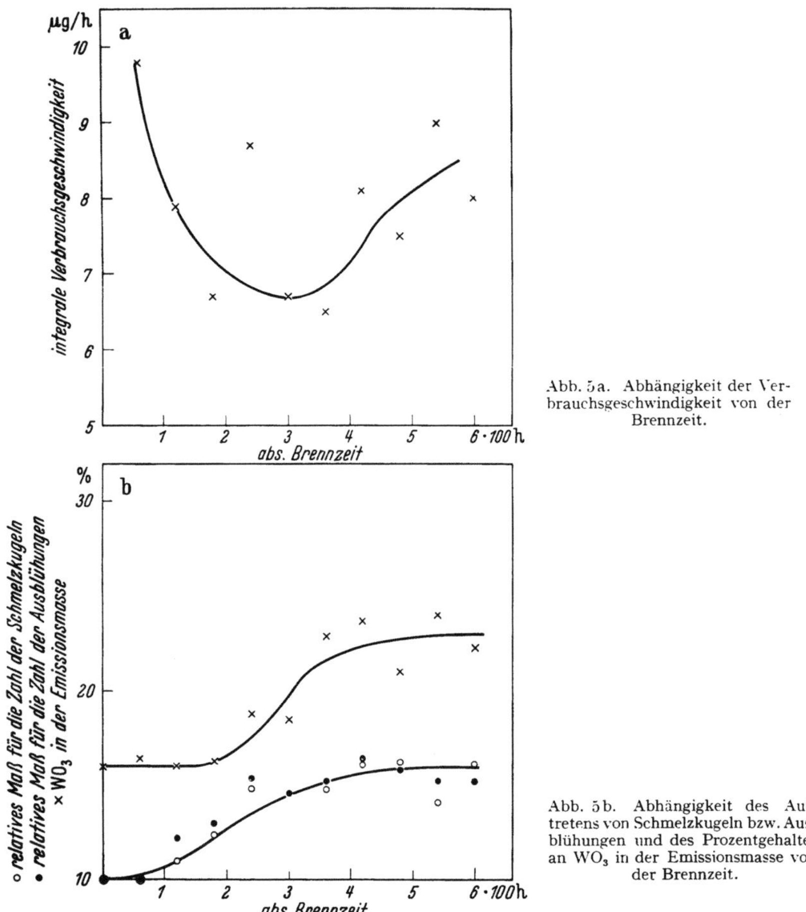

Abb. 5a. Abhängigkeit der Verbrauchsgeschwindigkeit von der Brennzeit.

Abb. 5b. Abhängigkeit des Auftretens von Schmelzkugeln bzw. Ausblühungen und des Prozentgehaltes an WO_3 in der Emissionsmasse von der Brennzeit.

Konzentration bzw. an der Grenzfläche Emissionsmasse—Gas (Em—G) in niedrigerer Konzentration vorliegenden freien Bariums ausgeglichen. An der Grenzfläche Em—G erfolgt weiter besonders bei den die Zündungen begleitenden hohen Temperaturen eine Verdampfung des freien Bariums. Der Ba-Transport durch die Emissionsmasse in Richtung Wolfram—Gas bewirkt eine Verarmung der Grenzfläche Em—W an Barium bzw. eine Erhöhung der Ba-Konzentration an der Grenzfläche Em—G. Da der Ablauf einer heterogenen Austauschreaktion in fester Phase oft durch die Diffusion der oder eines Reaktionspartners als zeitbestimmende Teilreaktion festgelegt ist, kann man annehmen, daß mit genügender Abnahme der Ba-Konzentration an der Grenzfläche Em—W die Reaktion 2 wiederum anläuft. Die Reaktion 2 wird weiterhin durch die der Steigerung des WO_3-Gehaltes parallel laufende Zunahme der Zahl der Ausblühungen an der

Wolframoberfläche (Abb. 5b) durch Neubildung von Kontaktflächen aktiviert. Die Bildung von metallischem Wolfram an der Grenzfläche Em—W erfolgt durch zumindest 2 Reaktionen.

Die sicher nicht homogenen Zwischenschichtverbindungen der Summenformel Me_xWO_y sind zum Teil Erdalkaliwolframbronzen, worauf, wie schon ausgeführt, die Farbe der Zwischenschicht hindeutet. Derartige Bronzen neigen zur thermischen Disproportionierung, wie sie von BRUNNER[7]) an Natriumwolframbronzen beobachtet wurden:

$$3Me_2W_2O_6 = Me_2WO_4 + 2\,(Me_2O \cdot 2WO_3) + W \qquad (Me = Na) \qquad (3)$$

Derartige wolframreiche Verbindungen liegen, wie aus geometrischen Gründen einzusehen ist, bevorzugt nahe der Wolframoberfläche vor.

Die Form der Ausblühungen — man kann sie als Dendriten ansprechen — deutet jedoch auch auf eine Ausbildung durch elektrolytische Vorgänge hin. W. JANDER[8]) zeigte, daß normale Erdalkaliwolframate bei Temperaturen zwischen 600 und 1100° C ein Ionengitter besitzen und gemischte Leiter des elektrischen Stromes sind. Bei der Elektrolyse von $BaWO_4$-Pastillen wurden an der Kathodenseite schwarze, wahrscheinlich metallische Beläge gefunden. Das Produkt der elektrolytischen Reduktion von $BaWO_4$ ist nach Versuchen von WEISS und MARTIN[9]) metallisches Wolfram. Es ist anzunehmen, daß der elektronische Leitungsanteil der Zwischenschichtverbindungen, insbesondere der Erdalkaliwolframbronzen, durch Abdiffusion und Abdampfen des freien Erdalkalis (derartige Bronzen können als feste Lösungen angesehen werden) sich ändert, wie dies für Natriumwolframbronzen von BROWN und BANKS[10]) festgestellt wurde, und der elektrolytische Leitungsanteil der sich der stöchiometrischen Zusammensetzung nähernden Verbindungen ansteigt. — Der Ort des Auftretens dieser Ausblühungen in der Zone 1 (unverbrauchte Emissionsmasse) und in der Zone 2 (Verbrauchsgebiet) weist auf eine Ausbildung der Ausblühungen während des Zündvorganges der Entladung hin, da ja das erste Ansetzen des Brennfleckes an einer emissionsmäßig begünstigten Stelle der Gesamtoberfläche der Emissionsmasse erfolgt. Das bevorzugte Auftreten von Schmelzkugeln in der Zone 2 des Emissionskörpers (Verbrauchsgebiet) deutet an, daß die geometrisch hinsichtlich ihrer Austrittsarbeit bevorzugten Ausblühungen (untersucht von LEWIS[11])) im Brennfleck solche Stromdichtebelastungen erfahren können, daß sie zu Schmelzkugeln zusammenschmelzen.

Die Reaktion 2 führt, im ganzen gesehen, wiederum zu einer Erhöhung der Ba-Konzentration an der Grenzfläche Em—W, damit zu einer Verlangsamung der Geschwindigkeit der Reaktion 2, wie die Verflachung des Anstiegs des WO_3-Gehaltes (Abb. 5b) zeigt, jedoch auch zu einer weiteren Erhöhung der Ba-Konzentration an der Grenzfläche Em—G. Die hier mitgeteilten Messungen umfassen die erste Hälfte der Lebensdauer derartiger Oxydkathoden. Es ist zu erwarten, daß im Lauf der weiteren Lebensdauer der WO_3-Gehalt immer flacher ansteigt und damit wiederum eine Verarmung der Grenzfläche Em—G an Barium einsetzt.

Die Konzentration des an der Grenzfläche Em—G vorhandenen Bariums bzw. der Bedeckungsgrad der Oberfläche der Emissionsmasse mit Barium bestimmt die Größe der Austrittsarbeit. Es ist bekannt (Untersuchungen von BECKER[12]) und BECKER und SEARS[13])), daß bei einem bestimmten, günstigsten Bariumbedeckungsgrad der Oberfläche eines Emissionskörpers eine maximale Erniedrigung der Austrittsarbeit erhalten wird. Eine Erhöhung der Austrittsarbeit des Emissionskörpers in der Gasentladung bewirkt jedoch immer eine Erhöhung der Verdampfungsgeschwindigkeit durch erhöhte Stromdichte[2]). Die integrale Verbrauchsgeschwindigkeit der Emissionsmasse (Abb. 5a) zeigt nach einer Betriebszeit von etwa 300 h ein Minimum. In diesem Zeitpunkt liegt, wie man annehmen kann, der günstigste, davor ein niedrigerer, danach ein höherer Bedeckungsgrad durch Barium vor. Da die letzte integrale Verbrauchsgeschwindigkeit dieser Versuchsgruppe 7,1 μg/h beträgt, muß angenommen werden, daß nach der beobachteten Betriebszeit wieder ein Absinken der Verbrauchsgeschwindigkeit erfolgt, welches seinerseits der vorher postulierten Verarmung der Grenzfläche Em—G an Barium entspricht.

Zusammenfassung

Durch die Annahme, die Verbrauchsgeschwindigkeit der Emissionsmasse von Oxydkathoden in Niederdruckgasentladungslampen (Leuchtstofflampen) sei eine Verdampfungsgeschwindigkeit der Emissionsmasse im Brennfleck, kann eine Reihe von Versuchsergebnissen wie Abnahme der Gewichtsmenge der Emissionsmasse mit der Betriebszeit, Unterschiede der Lebensdauer bei Variation der Schaltbeanspruchung bzw. der Oxydpackungsdichte qualitativ gedeutet werden. Der Verlauf der Abnahme der Emissionsmasse mit der Brennzeit wird, wie an Hand von Versuchen bzw. Überlegungen gezeigt werden kann, durch Reaktionen an der Grenzfläche Emissionsmasse—Trägermetall, durch die Diffusion des freien Bariums in der Emissionsmasse und durch die Bariumdeckung der Oberfläche der Emissionsmasse bestimmte Austrittsarbeit festgelegt.

Literatur

[1]) Claassens, A., C. F. Veenemans: Z. Phys. 80 (1933) S. 342.
[2]) Kühl, B.: Techn.-wiss. Abh. Osram-Ges. 7 (1958) S. 73.
[3]) Thayer, R. N.: Illum. Engng. 49 (1954) S. 527.
[4]) Hughes, R. C., P. P. Copola, H. T. Evans: J. appl. Phys. 23 (1952) S. 635—641.
[5]) Rittner, E. S.: Philips' Res. Rep. 8 (1953) S. 184—238.
[6]) Hensley, E. B., J. H. Affleck: J. appl. Phys. 21 (1950) S. 938.
[7]) Brunner, O.: Zürich, Diss., 1903.
[8]) Jander, W.: Z. anorg. u. allg. Chem. 192 (1930) S. 295—316.
[9]) Weiss, L., A. Martin: Z. anorg. Chem. 65 (1910) S. 314.
[10]) Brown, B. W., E. Banks: Phys. Rev. 84 (1951) S. 609.
[11]) Lewis, T. J.: Proc. phys. Soc., Sect. B 67 (1954) S. 187—200.
[12]) Becker, J. A.: Phys. Rev. 34 (1929) S. 2.
[13]) Becker, J. A., R. W. Sears: Phys. Rev. 38 (1931) S. 2193.

Zur Frage der elektrischen Leitfähigkeit der Oxydkathode*)

Von

J. Rudolph und **A. Paulisch**

Mit 4 Abbildungen

Der temperaturabhängige Verlauf der elektrischen Leitfähigkeit σ von (Ba, Sr) O-Schichten im aktivierten Zustand, der in den letzten zehn Jahren in zahlreichen Arbeiten[1-12] eingehend untersucht wurde, zeigt qualitativ stets das gleiche Bild in bezug auf die Abhängigkeit des log σ von T^{-1}: Bei niedrigen Temperaturen unter etwa 700°K wird ein linearer Verlauf mit sehr flacher Neigung der Leitfähigkeitsgeraden entsprechend kleinen Aktivierungsenergien zwischen etwa 0,05 und 0,3 eV beobachtet. Dieser flache Verlauf der Leitfähigkeit, die dem festen Material zugeschrieben wird, kann mit Hilfe der Halbleitertheorie nicht erklärt werden und ist u. a. im Sinne einer Art Kurzschlußleitung über eine molekulare Ba-Bedeckung der kristallinen (Ba, Sr) O-Schicht gedeutet worden[6, 7]. Bei hohen Temperaturen zwischen $\approx$ 700 und 1000°K ist die Leitfähigkeit der Oxydkathodenschichten durch einen steilen Verlauf der Leitfähigkeitsgeraden entsprechend hohen, scheinbaren Aktivierungsenergien um $\gtrsim$ 1 eV gekennzeichnet. Nach der zuerst von Loosjes und Vink[1] entwickelten Vorstellung ist dieser Leitkurvenverlauf einer Leitung über freie Elektronen in den Poren der Oxydschicht zuzuschreiben.

Ein näherer Vergleich des von den verschiedenen Autoren beobachteten, im Charakter ganz ähnlichen Leitkurvenbildes läßt indessen quantitative Unterschiede erkennen. Als Beispiel sind die jeweils für verschiedene Aktivierungszustände einer Oxydschicht gemessenen Leitkurven von Loosjes und Vink[1] (Kurven L), von Young[4] (Kurven Y) und von Forman[10] (Kurven F) in Abb. 1 zusammen aufgetragen. Der Vergleich zeigt eindeutig, daß die Neigung der Hochtemperaturgeraden der verschiedenen Autoren bei jeweils etwa gleicher Ordinatenhöhe sehr unterschiedlich sind: Die F-Geraden sind steiler als die Y-Geraden und diese wiederum steiler als die L-Geraden. Aus der Annahme, daß freie Elektronen in den Poren der Oxydschicht die Träger der gemessenen Leitfähigkeit sind, ist nun zu folgern, daß die Geradenneigung durch die Austrittsarbeit φ des Materials und die spezifische Leitfähigkeit durch den in den Poren fließenden Emissionsstrom bestimmt sind, der entsprechend der Proportionalität zwischen Gesamtporenquerschnitt und Meßkörperquerschnitt Q zunächst berechtigt auf Q bezogen ist.

Das sich daraus ergebende Bild, daß nämlich bei etwa gleichen Emissionsstromdichten in den Poren (und damit bei scheinbar etwa gleichem Aktivierungsgrad) die den verschiedenen Geradenneigungen entsprechenden Austrittsarbeiten für die drei Gruppen von Leitfähigkeitsmessungen so verschieden sind, ist nicht ohne weiteres zu verstehen. Auf Grund der Annahme eines reinen Porenleitungsmechanismus müßte vielmehr mit zunehmender Emissionsstromdichte in den Poren (Ordinatenwerte der Leitfähigkeitsgeraden) die Geradenneigung entsprechend abnehmender Austrittsarbeit stetig geringer werden, es sei denn, daß die untersuchten Oxydmassen in chemischer Hinsicht oder in bezug auf ihre porige Struktur extrem verschieden gewesen sind, was auf Grund der gemachten Angaben nicht der Fall war. Im übrigen würden selbst Unterschiede im Grad der Porigkeit von 1 : 10 und mehr das Bild nicht befriedigend ändern.

---

*) Originalmitteilung.

Im Verlauf der Bemühungen zur Deutung der genannten Diskrepanzen ergab sich nun, daß der einzige ersichtliche Unterschied bei den drei Leitkurvengruppen offenbar in der Meßanordnung, und zwar in der Geometrie der Meßproben liegt: Das Verhältnis von Querschnitt Q der gemessenen Proben zu deren Dicke und damit das Verhältnis von Q zur freien Manteloberfläche O_F der zylindrischen (L, Y) bzw. quaderförmigen (F) Körper nimmt — wie Tab. 1 zeigt — in der Reihe der Messungen L-Y-F ab, d.h. bei gleichem Q wird O_F in dieser Reihe größer. Es besteht offensichtlich zwischen der Lage der Leitkurven in bezug auf die Ordinatenhöhe und der Größe von O_F ein Zusammenhang.

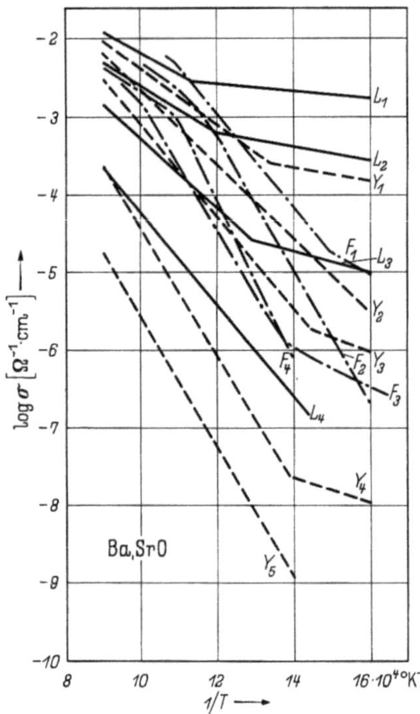

Abb. 1. Leitfähigkeit von (Ba, Sr)O nach Loosjes u. Vink (L), nach Young (Y) und nach Forman (F).

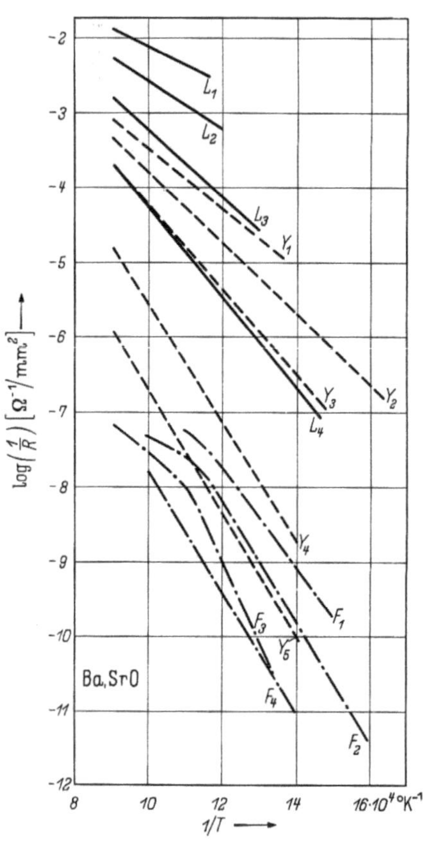

Abb. 2 Leitfähigkeit von (Ba, Sr)O wie in Abb. 1, jedoch bezogen auf die gleiche freie Oberfläche des Meßkörpers (1 mm²).

Tabelle 1.

	Stoff	Anordnung	$Q : O_F$
L: Loosjes u. Vink	(Ba, Sr) O porig		1 : 0,125
Y: Young	(Ba, Sr) O porig		1 : 0,5
F: Forman	(Ba, Sr) O porig		1 : 100

Dieser Zusammenhang im Sinne einer Zunahme der Emissionsströme (Ordinatenwerte der Leitkurven) mit größer werdender freier Oberfläche der Meßproben trotz erhöhter Austrittsarbeit (Geradenneigung) läßt sich in einfacher Weise durch die an sich berechtigte Annahme erklären, daß freie Elektronen nicht nur in die Poren der Schicht, sondern auch aus der freien Oberfläche in den die Meßproben umgebenden Raum emittiert werden und durch Bewegung im Feld zwischen den Elektroden zur Leitfähigkeit beitragen; dabei sollte das Verhältnis der Zahl der freien Elektronen im Außenraum zu der der Elektronen in den Poren vom Verhältnis der freien Oberfläche O_F zum Querschnitt Q abhängen, und bei einem großen

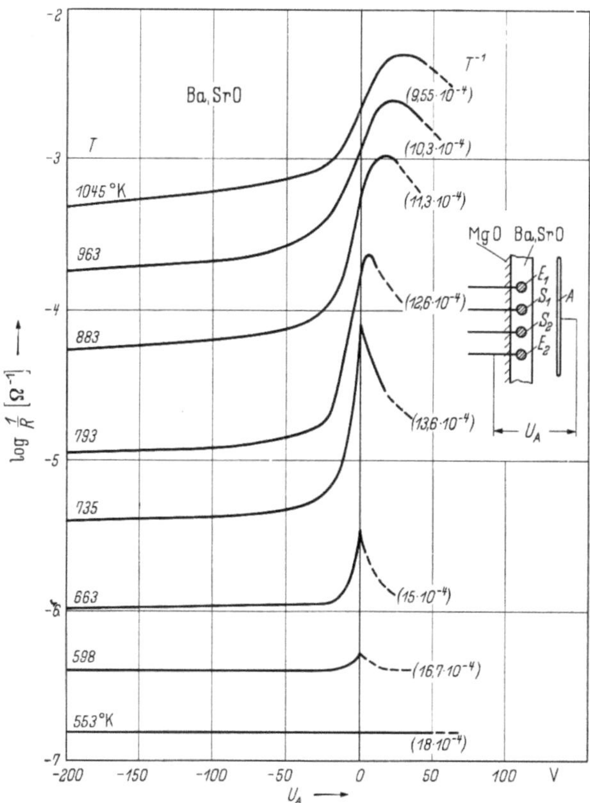

Abb. 3. Leitfähigkeit von (Ba, Sr)O als Funktion eines äußeren Potentials.

Wert von O_F/Q wäre mit einem überwiegenden Beitrag der Außenraumelektronen zur Leitfähigkeit zu rechnen.

Unter diesem Gesichtspunkt ist es aber nicht mehr statthaft, die Leitfähigkeit einer Oxydschicht in üblicher Weise auf den Querschnitt der Meßprobe zu beziehen; es wird vielmehr die Berücksichtigung der freien Oberfläche O_F als Bezugsgröße notwendig. Werden im Sinne dieser Vorstellung die auf gleichen Querschnitt bezogenen Leitkurven der genannten Autoren versuchsweise auf die gleiche freie Manteloberfläche O_F (und zwar auf die etwa dem Meßkörper von Loosjes und Vink entsprechende freie Oberfläche von 1 mm²) umgerechnet, so ergibt sich — wie aus Abb. 2 zu ersehen ist — eine vernünftige Einordnung aller Leitkurven im

Sinne einer stetigen Zunahme der Leitfähigkeit durch freie Elektronen mit abnehmender Geradenneigung (abnehmender Austrittsarbeit).

Aus dieser Überlegung heraus, daß zumindest in vielen Fällen der Leitkurvencharakter ausschlaggebend durch freie Elektronen im Außenraum um den Meßkörper herum bestimmt sein kann, wurden eine Reihe von experimentellen Untersuchungen über die Leitfähigkeit einer Oxydschicht ausgeführt[14]), von denen hier folgende Beobachtungen über die Beeinflussung der Leitfähigkeit durch äußere Felder erwähnt seien.

Wird entsprechend der skizzierten Meßanordnung in Abb. 3 an eine auf einer MgO-Unterlage befindliche dünne (Ba, Sr)O-Schicht, in die Elektroden E und

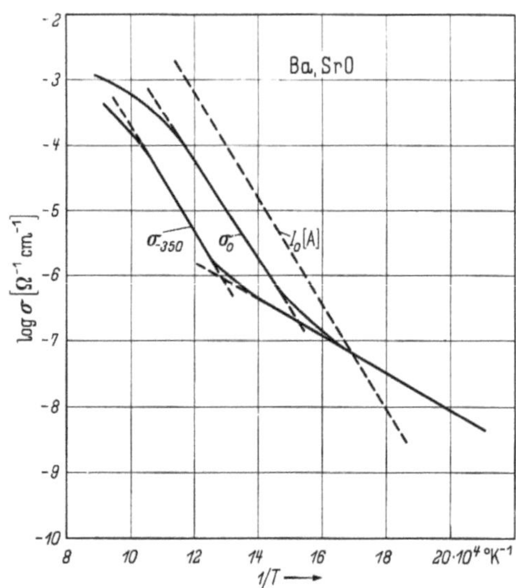

Abb. 4. Leitfähigkeit von (Ba, Sr)O als Funktion der Temperatur mit (σ_{-350}) und ohne (σ_0) äußeres Feld (J_0 Elektronenemissionsstrom).

Sonden S zwecks Leitfähigkeitsmessung eingebettet sind, mit Hilfe einer darüber angebrachten Anode A ein elektrisches Feld angelegt, so nimmt bei höheren Temperaturen, bei denen die Leitung durch freie Elektronen gegenüber der Kristalleitung überwiegt, die Leitfähigkeit mit zunehmendem negativem Potential (angelegte Spannung U_a) gegenüber dem feldfreien Zustand ($U_a = 0$) zunächst rasch, dann langsamer z. T. bis auf einen Sättigungswert ab.

Das gilt auch für positive Potentiale bei mittleren Temperaturen; bei höheren Temperaturen erfolgt indessen — offenbar als Folge der Auflockerung einer vorhandenen Raumladung über der Schicht — bei angelegtem positivem Potential zunächst ein geringer Leitfähigkeitsanstieg und erst bei größeren Potentialen eine Abnahme.

Diese Beeinflussung der Leitfähigkeit durch äußere Felder deutet darauf hin, daß die Beteiligung freier Elektronen außerhalb der Schicht an der Leitung durch die Feldwirkung stark gehemmt wird und damit die Leitfähigkeit sinkt.*)

Wird die Leitfähigkeit der Oxydschicht ohne sowie mit äußerem negativem Feld als Funktion von T^{-1} betrachtet, so zeigt sich entsprechend der Abb. 4, daß

---

*) Eine ähnliche Beobachtung von Forman[11]) wird von ihm auf eine Feldbeeinflussung der freien Elektronen in den Poren zurückgeführt; es läßt sich indessen theoretisch zeigen, daß ein elektrisches Feld praktisch nicht in eine halbleitende Schicht einzudringen vermag (R. Stratton[13]) sowie A. Paulisch l.c.).

der für die Leitung durch freie Elektronen charakteristische Leitungsanstieg ohne Feld (σ_0) bei Feldeinwirkung (σ_{-350}, $U_a = -350$ V) erst bei höheren Temperaturen einsetzt. Der Leitungsast σ_{-350} entspricht offenbar einem Restanteil der Leitung über freie Elektronen in den Poren, während der bei Feldabwesenheit gemessene Leitungsast σ_0 einer Elektronenleitung im Außenraum, die im vorliegenden Falle mehr als 90% der Gesamtleitung beträgt, zuzuordnen ist. Die Neigung der Leitungsgeraden σ_0 und σ_{-350} entspricht im übrigen der Neigung der gleichzeitig aufgenommenen Emissionsgeraden J_0 in Abb. 4.

Es zeigt sich also, daß zum Verständnis der quantitativen Unterschiede von Leitfähigkeitsmessungen an Oxydschichten unterschiedlicher Dimensionen die Annahme einer in vielen Fällen allein ausschlaggebenden Leitfähigkeit über freie Elektronen im Außenraum notwendig ist, und daß in dieser Richtung ausgeführte Experimente diese Annahme bestätigen. Eine Interpretation von Leitfähigkeitsmessungen an elektronenemittierenden Halbleitern erfordert demnach die Berücksichtigung dieses Außenraumleitungsmechanismus neben einer häufig untergeordneten Poren- und Kristalleitung. Dabei ist im übrigen zu berücksichtigen, daß bei ungünstigen meßtechnischen Verhältnissen (z.B. dünne Schichten zwischen großen metallischen Elektroden) die Wirkung äußerer Felder zur Unterdrückung der Außenraumleitung gar nicht oder nur ungenügend zur Geltung kommen kann.

Dieser Gesichtspunkt einer unter Umständen überwiegenden Leitung über freie Elektronen im Außenraum dürfte in gleicher Weise auch für die Auswertung anderer elektrischer Messungen an elektronenemittierenden Halbleitern, wie z.B. Thermokraft- und Halleffektmessungen, von Bedeutung sein; das gilt nicht nur für Messungen an polykristallinen Stoffen, sondern auch an Proben in Einkristallform.

Literatur

[1] Loosjes, R., u. H. J. Vink: Philips Res. Rep. 4 (1949) S. 449.
[2] Wright, D. A.: Nature 164 (1949) S. 714; Brit. J. appl. Phys. 1 (1950) S. 150.
[3] Hannay, N. B., D. McNair u. A. H. White: J. appl. Phys. 20 (1949) S. 669.
[4] Young, J. R.: J. appl. Phys. 23 (1952) S. 1129.
[5] Narita, S. J.: J. appl. Phys. 23 (1952) S. 599.
[6] Narita, S. J.: J. Phys. Soc. Japan 8 (1953) S. 331.
[7] Hughes, R. C., u. P. P. Coppola: Phys. Rev. 88 (1952) S. 362.
[8] Sparks, J. L., u. H. R. Philips: J. appl. Phys. 24 (1953) S. 453.
[9] Lovett, C. M.: Proc. Phys. Soc. Ser. B 67 (1954) S. 387.
[10] Forman, R.: Phys. Rev. 96 (1954) S. 1479.
[11] Forman, R.: J. appl. Phys. 26 (1955) S. 1187.
[12] Hensley, E. B.: J. app. Phys. 27 (1956) S. 286.
[13] Stratton, R.: Proc. Phys. Soc. Ser. B 68 (1955) S. 746.
[14] Paulisch, A.: München, Techn. Hochschule, Diss. 1956.

Die elektrische Leitfähigkeit von Bariumcerat (BaCeO₃)*)

Von

J. Rudolph

Mit 17 Abbildungen

An polykristallinen Sinterkörpern aus $BaCeO_3$, das ein kubisches Perowskit-Gitter besitzt, werden die Leitfähigkeit und zum Teil die Thermokraft zwischen Raumtemperatur und etwa 1000° C in Luft, im Vakuum und in Wasserstoff gemessen. Durch thermische Behandlung im Vakuum oder in H_2 wird infolge steigenden Sauerstoffausbaus eine zunehmende Überschußleitfähigkeit erzeugt. Substitution eines geringen Prozentsatzes der Ce-Ionen durch höherwertige Ionen (W, Mo) führt auch nach Glühen an Luft zu einer erhöhten Leitfähigkeit mit dem Thermokraftvorzeichen eines n-Leiters. Zusatz von niederwertigen Ionen wie Y oder Ca an Stelle von Ce bzw. von K oder Rb an Stelle von Ba bringt in Luft eine erhöhte Leitfähigkeit mit dem einem p-Leiter entsprechenden Thermokraftvorzeichen mit sich. Leitfähigkeitsmessungen an den zuletzt genannten Präparaten in fließendem Wasserstoff zeigen über einen größeren mittleren Temperaturbereich nichtlineares Verhalten mit einem charakteristischen Vorzeichenwechsel der Thermokraft. Die Meßergebnisse werden an Hand des Bändermodells mit temperaturabhängiger Fermigrenze diskutiert.

Einleitung

Die elektrische Leitfähigkeit elektronischer Halbleiter ist im allgemeinen auf Gitterfehlordnungen zurückzuführen, deren Ursache bei anorganischen Verbindungen mit ionogenem Bindungscharakter einmal ein Überschuß oder ein Mangel der kationischen bzw. anionischen Komponente, meistens als Folge einer thermischen Behandlung in geeigneten Atmosphären, und zweitens der Einbau von Fremdionen in das Gitter mit unterschiedlicher Wertigkeit gegenüber den Wirtsgitterionen sein kann. Oxydische Halbleiter dieser Art, bei denen ein Wertigkeitswechsel der kationischen Komponente eine Rolle spielt, sind insbesondere durch die Arbeiten von E. Friederich und W. Meyer[1]), von C. Wagner, Hauffe und Mitarbeitern[2]) sowie von Verwey und Mitarbeitern[2a]) bekannt geworden.

Im Rahmen von Untersuchungen der thermischen Elektronenemission von Doppelverbindungen des BaO mit anderen Oxyden war es wünschenswert, an solchen oxydischen Doppelverbindungen die in bezug auf die Emissionsfähigkeit primäre Kristalleitfähigkeit, wie sie beim thermischen Formierungsprozeß erhalten wird, kennenzulernen sowie den Einfluß von Zusätzen und Verunreinigungen auf die Kristalleitfähigkeit zu untersuchen.

Zum Gegenstand einer systematischen Untersuchung des Leitfähigkeitsverhaltens wurde eine Doppelverbindung des BaO mit CeO_2 der Form $BaCeO_3$ gewählt. Dieses an der Luft beständige Bariumcerat besitzt nach Hoffmann[3]) das gut ausgefüllte kubische Perowskit-Gitter, dessen Einheitszelle 8 Ba^{2+}-Ionen in den Ecken eines Würfels, ein Ce^{4+}-Ion in der Würfelmitte und je ein O^{2-}-Ion auf den Würfelflächenmitten enthält. Durch thermische reduzierende Behandlung kann es leicht in einen überschußleitenden Zustand mit einer von der Konzentration der Sauerstofflücken im Gitter abhängigen Leitfähigkeit gebracht werden. Gleichzeitig erlangt das $BaCeO_3$ dabei die Fähigkeit zu einer thermischen Elektronenemission mittlerer Güte; nach orientierenden Messungen nach dem Richardson-Verfahren beträgt die Austrittsarbeit 1,8 bis 2 eV. Gegenüber anderen elektronenemittierenden Halbleitern, vor allem gegenüber (Ba, Sr)O, ist aber die Kristalleitfähigkeit des $BaCeO_3$ relativ hoch, so daß sie auch bei höheren Temperaturen noch nicht durch eine zusätzliche Leitung über freie emittierte Elektronen, sei es in den Poren des Meßkörpers nach Loosjes und Vink[4]) oder sei es im Außen-

---

*) Originalmitteilung.

raum um den Meßkörper, wie sie zusammen mit A. PAULISCH vom Verfasser[5]) festgestellt wurde, in störender Weise überdeckt wird. Neben der reinen Kristallleitfähigkeit als Folge eines O-Ausbaus aus dem $BaCeO_3$-Gitter konnte daher auch der Einfluß verschiedener Fremdstoffe, z. B. bei Substitution der Ce- oder Ba-Ionen durch anderswertige Ionen ermittelt werden.

Messungen

1. Herstellung der Bariumcerate

Für die Herstellung des reinen $BaCeO_3$ war der Reinheitsgrad der Ausgangsstoffe sowie die Einhaltung einer möglichst genauen Stöchiometrie der Zusammensetzung des Doppeloxyds von Bedeutung. Als Ausgangsmaterial wurden analysenreines $BaCO_3$ von MERCK sowie für Oxydkathoden besonders gereinigtes $BaCO_3$ benutzt. Ein unterschiedliches Verhalten von Präparaten mit diesen beiden $BaCO_3$-Sorten war nicht feststellbar und der Reinheitsgrad als ausreichend angesehen. Die zweite Komponente CeO_2 stammte aus $Ce(NO_3)_3 \cdot 6 H_2O$ „reinst, frei von anderen Seltenen Erden" ebenfalls von MERCK.

Zur Erreichung einer guten stöchiometrischen Zusammensetzung wurde von dem üblichen Herstellungsweg über eine Reaktion im festen Zustand durch Glühen z. B. von $BaCO_3$ und CeO_2 abgegangen, da sich zeigte, daß selbst nach sehr langem Mischen und Mahlen der Komponenten beim Lösen des geglühten Materials in verdünnter HCl unlösliche Rückstände (CeO_2) vorhanden waren, die auf eine nicht vollständige Umsetzung der Oxyde deuteten. Befriedigende Ergebnisse in dieser Hinsicht wurden dadurch erzielt, daß von dem kristallinen Doppelnitrat ausgegangen wurde, bei dessen thermischer Zersetzung — offenbar infolge idealer räumlicher Verteilung der Komponenten im Ausgangsmaterial — praktisch sich ohne Rückstand in HCl lösende $BaCeO_3$-Präparate erhalten wurden. Nachträgliche CeO_2-Bestimmungen im $BaCeO_3$[6]) ergaben die geforderten Gewichtsverhältnisse im Rahmen der Genauigkeit der Bestimmungsmethode. Die Glühungen erfolgten bei Temperaturen zwischen 1350 und 1450° in Luft oder Wasserstoff. Die luftgeglühten Präparate waren weiß, die reduziert behandelten gelb. Das pyknometrisch ermittelte spezifische Gewicht des $BaCeO_3$ betrug im Mittel 6,5 entsprechend einer röntgenographischen Dichte von 6,511[3]). Die röntgenographischen Strukturaufnahmen der Präparate ergaben ein sauberes PEROWSKIT-Gitter*).

Neben dem reinen zusatzfreien $BaCeO_3$ wurden folgende substituierten Mischoxyde zwecks Untersuchung des Leitvermögens hergestellt:

1. $Ba(Ce_{1-\delta}, W_\delta)O_3$ 4. $(Ba_{1-\delta}, K_\delta)CeO_3$

2. $Ba(Ce_{1-\delta}, Mo_\delta)O_3$ 5. $(Ba_{1-\delta}, Rb_\delta)CeO_3$

3. $Ba(Ce_{1-\delta}, Y_\delta)O_3$ 6. $Ba(Ce_{1-\delta}, Ca_\delta)O_3$

Die Mengen der ausgetauschten Ionen bewegten sich zwischen 0,1 und 5 Mol%. Bei den Mischoxyden 3 bis 6 hatten Substitutions-Ion und substituiertes Ion annähernd gleichen Ionenradius, bei den übrigen bestanden größere Unterschiede. Die Stoffe 3 bis 6 wurden wiederum durch thermische Zersetzung der Mischnitrate, Präparat 1 durch Zersetzung der mit Ammonparawolframat versetzten Nitrate hergestellt. Für Präparat 2 bildete fertiges Bariumcerat, das mit MoO_3 und der entsprechenden $BaCO_3$-Menge vermischt war, das Ausgangsprodukt. Geglüht wurde

---

*) Für die Strukturuntersuchung sei Frau Dr. SCHLEEDE-GLASSNER besonders gedankt.

an Luft bei 1300—1450°. Die so hergestellten $BaCeO_3$-Präparate wurden schließlich durch Pressen (1—2 to) in zylindrische Meßkörper (⌀ etwa 5 mm, Höhe etwa 10 mm) geformt und durch Glühen gesintert. Das Porenvolumen lag im allgemeinen um 20—25 %.

2. Meßverfahren

Gemessen wurde an den polykristallinen Sinterkörpern einmal die Leitfähigkeit σ als Funktion der Temperatur im Bereich von Zimmertemperatur bis etwa 1100° C, und zwar durch Strom-Spannungsmessungen nach der Sondenmethode, sowie zweitens das Vorzeichen und in einigen Fällen auch die temperaturabhängige Größe der Thermokraft Θ. Der Meßkörper befand sich unter Federdruck zwischen zwei Platinelektroden E_1 und E_2 (Abb. 1), über die der aus einer Gleichstrombatterie stammende Meßstrom zugeführt wurde. Die Spannung U an den Sonden S_1

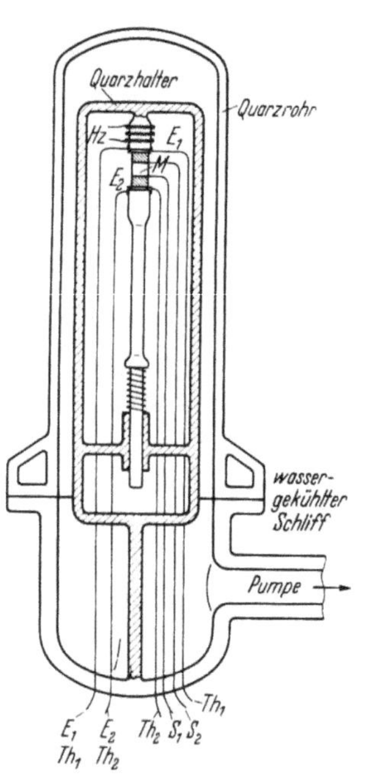

Abb. 1. Meßanordnung.

M Meßkörper;
E_1, E_2 Elektroden;
S_1, S_2 Sonden;
Th_1, Th_2 Thermoelemente;
Hz Heizung für Thermokraftmessung.

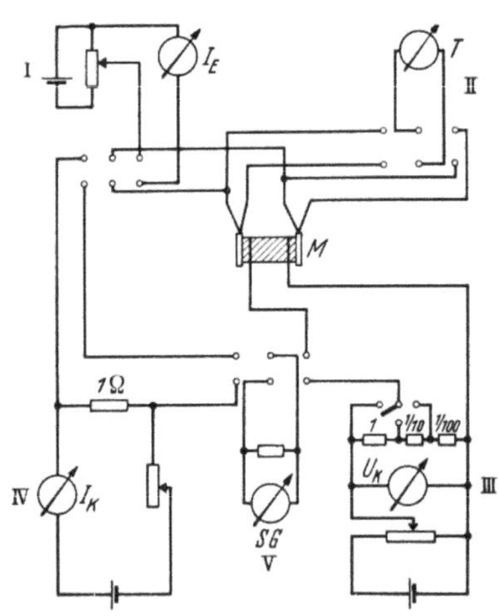

Abb. 2. Meßschaltung.

I: Einstellung variabler Maßströme;
II: Temperaturmessung;
III: Sondenspannungskompensation;
IV: Thermospannungskompensation;
V: Nullinstrum.

und S_2, die in Form von Pt-Drähten in definiertem Abstand um den Meßkörper gelegt waren, wurde durch Kompensation entsprechend der in Abb. 2 wiedergebenen Schaltung gemessen. An beiden Elektrodenplatten waren Pt-Pt/Rh-Thermoelemente angeschweißt, die eine Temperaturmessung gleichzeitig an beiden Enden des Meßkörpers erlaubten. Die Genauigkeit der Temperaturmessung betrug nach Vergleich mit einem geeichten Thermoelement ± 2°. Eine zusätzliche Heizwicklung Hz an der einen Elektrode ermöglichte eine einseitige Temperaturerhöhung und damit die Erzeugung einer Thermospannung, deren Größe und Vorzeichen ebenfalls durch Kompensation (Abb. 2) ermittelt werden konnten. Der Meßkörper wurde in einem Quarzhalter in der in Abb. 1 wiedergegebenen Weise gehalten. Die ganze Anordnung befand sich unter einem Quarzrohr mit wassergekühltem Schliff und konnte nach Wunsch evakuiert oder mit verschiedenen Gasen gefüllt werden. Geheizt wurde von außen durch einen über das Quarzrohr geschobenen Heizofen, der Temperaturen bis 1100° zuließ.

Die Genauigkeit der Widerstandsmessung betrug $\pm 5\%$. Die I/U-Charakteristiken waren im allgemeinen von 10^{-2} bis 10^{-6} A linear; von da ab traten Abweichungen vom OHMschen Gesetz auf, worauf besondere Rücksicht genommen wurde. Mitunter machten sich bei der Widerstandsmessung störende Einflüsse infolge Auftretens von Polarisationsspannungen bemerkbar, wie bei Wechsel der Stromflußrichtung feststellbar war; auf diese Weise verfälschte Meßwerte wurden nicht berücksichtigt. Insbesondere wurden die Thermokraftmessungen durch das Auftreten schon kleinster Störspannungen dieser Art gestört und zum Teil unmöglich gemacht. Es wurde daher auf eine allgemeine quantitative Bestimmung der Thermokraft bis auf einige Ausnahmen verzichtet, und im allgemeinen nur deren Vorzeichen, soweit es einwandfrei möglich war, festgehalten. Selbst bei Abwesenheit von Störspannungen zeigte sich mitunter bei den Thermokraftmessungen eine Abweichung der zu erwartenden Linearität zwischen der Thermospannung und der eingestellten Temperaturdifferenz $\varDelta T$ an den Meßkörperenden, wenn $\varDelta T$ kleiner als 30° war. Es wurden daher stets größere Temperaturdifferenzen von 50—70° eingestellt und so die differentielle Thermokraft pro Grad ermittelt.

Das Thermokraftvorzeichen sollte in der Hauptsache zur Festlegung des Leitungstyps dienen. Zur Stütze der bei den folgenden Messungen gemachten Annahme, daß das Vorzeichen dem jeweiligen Typ entspricht, sei angeführt, daß bei allen Messungen, bei denen eine Leitfähigkeitsabnahme infolge thermischer Behandlung mit O_2 auf einen n-Leiter, und umgekehrt eine Leitfähigkeitszunahme durch O_2-Einwirkung auf einen p-Leiter deutete, auch das Thermokraftvorzeichen ausnahmslos in gleichem Sinne gefunden wurde.

3. Meßergebnisse

a) Reines BaCeO$_3$ ohne Zusätze

Die Leitfähigkeit σ einiger BaCeO$_3$-Sinterkörper in reziproken Ohm · cm als Funktion der Temperatur T, gemessen in O_2 und Luft verschiedenen Druckes, im Vakuum und in H_2, ist in der Form $\log \sigma$ in Abhängigkeit von $1/T$ °K in Abb. 3 wiedergegeben. Die in trockener Luft (Einlaß über P_2O_5 und eine mit flüssiger Luft gekühlte Falle) erfolgte Messung ergibt die aus 2 geraden Stücken unterschiedlicher Neigung bestehende Kurve 1. Die Thermokraft hatte ein Vorzeichen im Sinne eines p-Leiters (heißes Ende negativ)*). Aus diesem Thermokraftvorzeichen und aus dem Auftreten eines Knickes der Leitfähigkeitsgeraden muß geschlossen werden, daß keine Eigenleitung, sondern vielmehr eine durch die Gegenwart von O_2 oder durch geringe Verunreinigungen verursachte Störleitung vorliegt. Einführen von trockenem O_2 an Stelle von Luft erniedrigt die Neigung des Tieftemperaturastes, ändert die Leitfähigkeit bei höheren Temperaturen aber nicht (Kurve 2). Eine Herabsetzung des Luftdruckes auf 22 und weiter auf 5 Torr vermindert σ noch etwas (Kurve 3 und 4). Das Thermokraftvorzeichen war nicht einwandfrei feststellbar. Die Gerade geringster Leitfähigkeit und größter Neigung stellt Kurve 4 dar. Bei weiterer Verminderung des Luftdruckes steigt σ an (Kurven 5 bis 8), die Neigungen der Geraden nehmen ab**). Das Thermokraftvorzeichen

---

*) In den folgenden Abbildungen wurde das beobachtete Thermokraftvorzeichen jeweils mit der Bezeichnung p für Mangelleitung und n für Überschußleitung eingetragen.

**) Bei Kurve 5 hatte sich noch kein Gleichgewichtszustand eingestellt; bei höherer Temperatur erfolgte noch irreversible Zunahme von σ.

(heißes Ende positiv) liegt im Sinne eines n-Leiters. Die Leitfähigkeitsgeraden 9 bis 12 wurden an einem zweiten BaCeO$_3$-Präparat gemessen, wobei Kurve 12 an der mehrere Stunden in H$_2$ bei 1300° C geglühten Probe erhalten wurde. Nahe bei dieser Geraden liegt auch die Leitkurve 13, die an einem dritten Präparat in fließendem H$_2$ aufgenommen wurde.

Die Leitkurven 4 bis 12 zeigen durchweg Linearität zwischen log σ und T^{-1} gemäß der empirischen Beziehung $\sigma = a \cdot e^{-\frac{\varepsilon}{kT}}$. Entsprechend der Meyerschen Regel nimmt die Aktivierungsenergie ε mit zunehmender Leitfähigkeit ab. Tab. 1 enthält die nach dem Gaussschen Ausgleichverfahren ermittelten a- und ε-Werte:

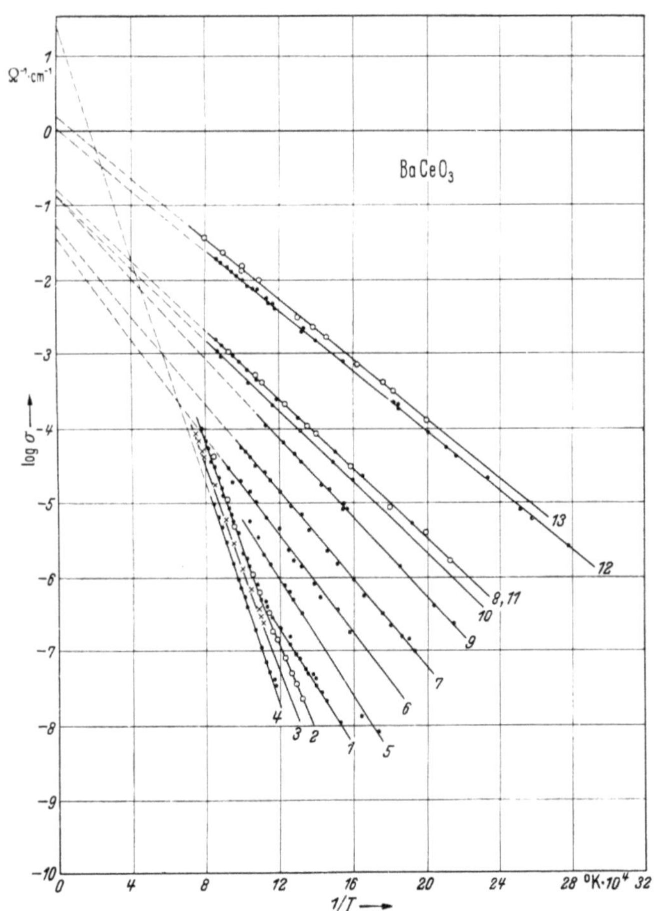

Abb. 3. Leitfähigkeit von BaCeO$_3$.

Kurve 1	Probe I	Luft	750	Torr	Kurve 8	Probe I	Luft	$4.0 \cdot 10^{-4}$	Torr
Kurve 2	Probe I	O$_2$	750	Torr	Kurve 9	Probe II	Vakuum	...	
Kurve 3	Probe I	Luft	33	Torr	Kurve 10	Probe II	Vakuum		
Kurve 4	Probe I	Luft	5	Torr	Kurve 11	Probe II	Vakuum	—	
Kurve 5	Probe I	Luft	1.4	Torr	Kurve 12	Probe II	Vakuum	$<10^{-5}$	Torr
Kurve 6	Probe I	Luft	$1.3 \cdot 10^{-1}$	Torr		(nach Reduktion in H$_2$)			
Kurve 7	Probe I	Luft	$1.0 \cdot 10^{-3}$	Torr	Kurve 13	Probe III in fließendem H$_2$			

Tabelle 1.

Kurve	Luftdruck (Torr)	Mengenkonstante $\log a$	Aktivierungsenergie ε (eV)	$\log \sigma$ 800° K $\Omega^{-1} \cdot \mathrm{cm}^{-1}$
4	5	$+1{,}496$	$1{,}534$	$(-8{,}1)$
5	$1{,}44$	—	—	$-6{,}20$
6	$1{,}3 \cdot 10^{-1}$	$-1{,}252$	$0{,}699$	$-5{,}63$
7	$1 \cdot 10^{-3}$	$-1{,}125$	$0{,}591$	$-5{,}01$
9	—	$-0{,}934$	$0{,}533$	$-4{,}27$
10	—	$-0{,}936$	$0{,}476$	$-3{,}90$
8 u. 11	$4 \cdot 10^{-4}$	$-0{,}827$	$0{,}465$	$-3{,}74$
12	$<10^{-5}$	$-0{,}011$	$0{,}403$	$-2{,}52$
13	$(\mathrm{H_2}, 750$ Torr$)$	$+0{,}251$	$0{,}410$	$-2{,}37$

Abb. 4 gibt die Temperaturabhängigkeit der Thermokraft Θ in mV/°K für die den Leitkurven 1, 11 und 12 entsprechenden Zustände des $\mathrm{BaCeO_3}$ wieder. In Luft (Kurve 1*)) liegt — dem Thermokraftvorzeichen nach und dem Sinn der mit $\mathrm{O_2}$-Entzug erfolgenden Leitfähigkeitsabnahme entsprechend — Mangelleitung mit einer nichtlinearen Beziehung zwischen Θ und $1/T$ vor; im Vakuum ist $\mathrm{BaCeO_3}$ wieder entsprechend den beiden Kennzeichen überschußleitend (Kurve 11*) und 12*)). Trotz der großen Streuungen der Meßwerte ist die Änderung von Θ mit $1/T$ offenbar linear.

b) $\mathrm{BaCeO_3}$ mit W

$\mathrm{BaCeO_3}$-Präparate, bei denen ein geringer Teil der $\mathrm{Ce^{4+}}$-Ionen durch das höherwertige $\mathrm{W^{6+}}$-Ion ersetzt war, zeigen ein Leitfähigkeitsverhalten entsprechend der Abb. 5 und 6*). Die Leitfähigkeit von $\mathrm{Ba(Ce_{0,995}/W_{0,005})O_3}$, gemessen in Luft (Abb. 5, Kurve 14), ist um einige Zehnerpotenzen gegenüber dem reinen $\mathrm{BaCeO_3}$ (Kurve 4) erhöht; das Thermokraftvorzeichen entspricht einer n-Leitung. Die

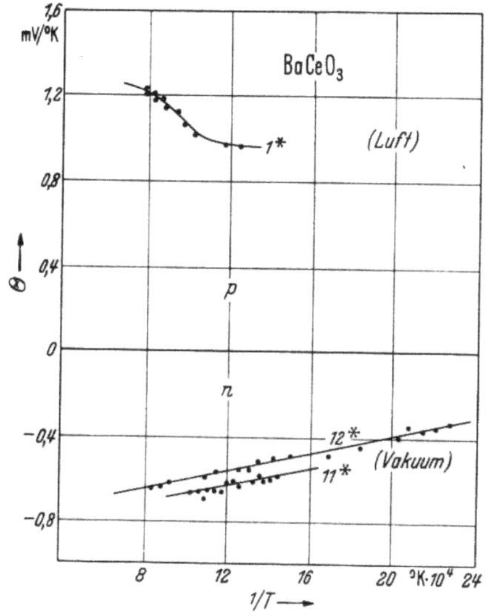

Abb. 4. Thermospannung von $\mathrm{BaCeO_3}$.

Leitkurve besteht aus zwei Geraden unterschiedlicher Neigung. Nach Evakuierung des Meßgefäßes bei Raumtemperatur wird mit ansteigender Temperatur die irreversible gestrichelte Kurve 15 durchlaufen, und nach einiger Zeit bei hoher Temperatur ($> 1000°$) ein stabiler Zustand erreicht, der durch die wieder aus zwei leicht gegeneinander geneigten Geraden bestehende ausgezogene Kurve 15 mit erhöhten σ-Werten gekennzeichnet ist. Eine weitere geringe Leitfähigkeitserhöhung wird schließlich erreicht, wenn der Meßkörper in fließendem $\mathrm{H_2}$ bei 1000° C erhitzt wird. Die in $\mathrm{H_2}$ gemessene Leitkurve 16 zeigt keinen Knick mehr und ist im ganzen Meßbereich linear. Bei beiden Kurven (15 und 16) hatte das Thermokraftvorzeichen ebenfalls n-Leitercharakter. Ein ganz ähnliches Verhalten zeigt ein $\mathrm{BaCeO_3}$-Präparat mit 1 Mol% substituiertem W (Abb. 6). Auch hier sind, wie in allen weiteren Abbildungen, die bei ansteigender Temperatur gemessenen irreversiblen Leitkurven gestrichelt gezeichnet und mit einem Pfeil in Temperaturanstiegsrichtung versehen. Zwischen der Messung in Luft (Kurve 17)

---

*) Der Übersicht wegen wurden in den folgenden Kurven die Meßpunkte fortgelassen.

und der im Vakuum (Kurve 19) sind zwei weitere Leitkurven, die nach mehr oder weniger langem Erhitzen in Argon erhalten wurden, eingezeichnet. Die längere thermische Behandlung in Argon (Kurve 18b) bringt unter gleichzeitiger geringer Erhöhung der Leitkurve das Verschwinden des Knickpunktes mit sich.

An Mo-haltigen Proben wurde ein ganz ähnliches Verhalten beobachtet. Aus dem Verlauf der Leitkurven ergibt sich somit, daß der Zusatz von W- oder Mo-Ionen die Leitfähigkeit des $BaCeO_3$ in Luft im Sinne eines Substitutionshalb-

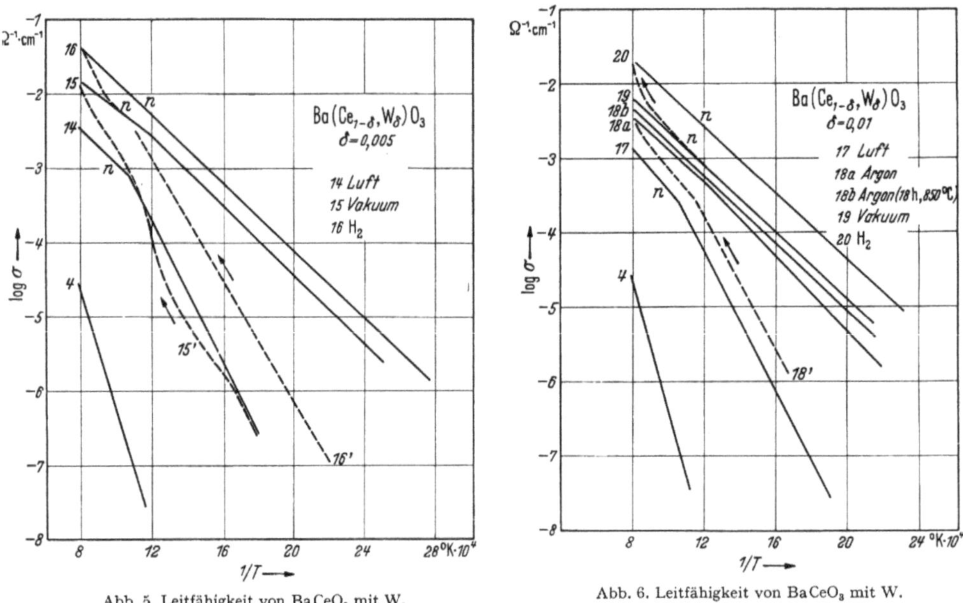

Abb. 5. Leitfähigkeit von BaCeO₃ mit W.   Abb. 6. Leitfähigkeit von BaCeO₃ mit W.

leiters beträchtlich erhöht, und auch Evakuieren sowie H_2-Einwirkung noch eine weitere Steigerung der Leitfähigkeit offenbar als Folge eines zusätzlichen Sauerstoffausbaus mit sich bringt.

c) BaCeO₃ mit Y

Die Frage, welchen Einfluß der Zusatz eines niederwertigeren Ions an Stelle des Ce^{4+}-Ions auf den Leitfähigkeitscharakter des $BaCeO_3$ hat, wurde an einem Präparat untersucht, das mit Y^{3+}, dessen Ionenradius ($r = 1{,}06$ Å) etwa dem des Ce^{4+} ($r = 1{,}02$ Å) entspricht, substituiert war. Wie Abb. 7 zeigt, ist auch hier die Leitfähigkeit in Luft (Kurve 21) gegenüber der eingezeichneten Eigenleitung (Kurve 4) stark erhöht. Aber das Thermokraftvorzeichen liegt im Sinne eines p-Leiters. Überdies besteht die Leitkurve aus drei Geraden, von denen die im mittleren Temperaturgebiet liegende Gerade die geringste Neigung, die Tieftemperaturgerade eine größere und das Geradenstück bei hohen Temperaturen die größte Neigung haben. Im Vakuum wird bei Temperaturanstieg zunächst die irreversible Kurve 22' mit einem Maximum bei etwa 650° K durchlaufen und dann nach Einstellung eines stabilen Zustandes bei geringeren Leitwerten die wieder aus drei Geradenstücken bestehende Leitkurve 22 erhalten, die im Gegensatz zur Luftkurve aber dem Thermokraftvorzeichen nach einer n-Leitung entspricht. Besonders auffallend ist die in H_2 gemessene reversible Leitkurve 23 (Kurve 23' wieder irreversibel), bei der ein linearer Hochtemperaturast mit der linearen Tieftemperaturkurve durch ein nicht mehr lineares Kurvenstück verbunden ist. Die Thermokraft vollzieht dabei einen Vorzeichenwechsel entsprechend einer n-Leitung bei hohen und einer p-Leitung bei tiefen Temperaturen. Der Kurvenverlauf wird bei wiederholten Messungen in Richtung Temperaturanstieg oder -abfall reversibel erhalten.

d) BaCeO$_3$ mit K

Ganz entsprechend dem Einfluß einer Substitution von Ce^{4+} durch das niederwertige Y^{3+} sollte auch bei Substitution des Ba^{2+} durch etwa gleich große einwertige Ionen ein ähnliches Leitfähigkeitsverhalten zu erwarten sein. Es wurden

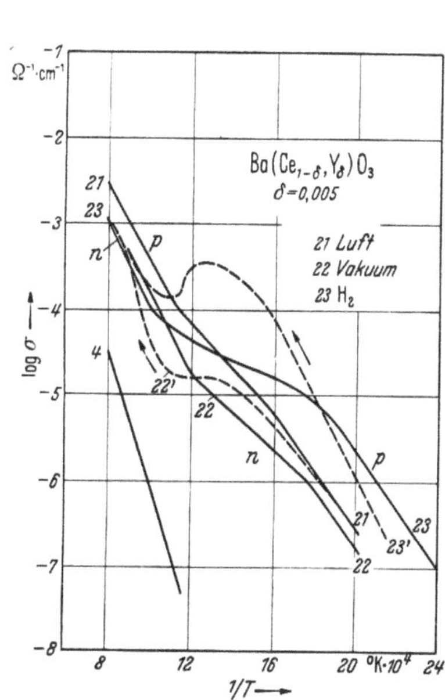

Abb. 7. Leitfähigkeit von BaCeO$_3$ mit Y.

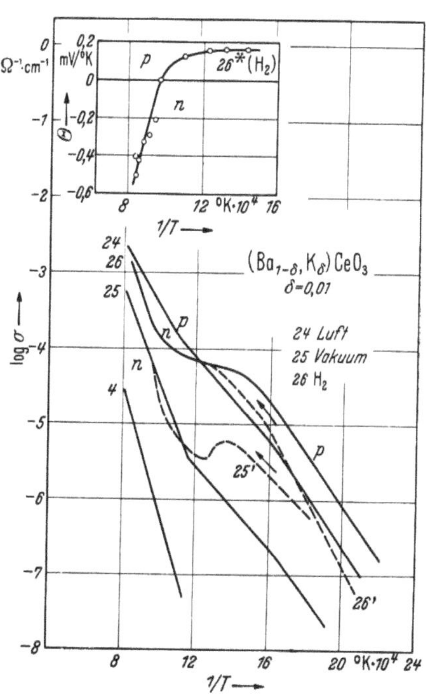

Abb. 8 u. 9. Leitfähigkeit und Thermokraft von BaCeO$_3$ mit K.

daher einige BaCeO$_3$-Proben, bei denen 0,5 und 1 Mol% des Ba^{2+} (Ionenradius $r = 1,43$ Å) durch K$^+$ ($r = 1,36$ Å) oder Rb$^+$ ($r = 1,49$ Å) ersetzt waren, untersucht. Es ergab sich stets ein dem Y-haltigen BaCeO$_3$ sehr ähnliches Bild der Leitkurven. Abb. 8 zeigt die Leitfähigkeitsverhalten von (Ba,K)CeO$_3$ mit den aus drei Geradenstücken bestehenden Leitkurven in Luft (Kurve 24) und im Vakuum (Kurve 25) bei unterschiedlichen Thermokraftvorzeichen. Für die in H$_2$ gemessene Leitkurve (Kurve 26) wurde der Thermokraftverlauf im Übergangsgebiet gemessen. Wie Abb. 9 zeigt, geht die Thermokraft (Kurve 26*)) etwa an der Temperaturstelle (etwa 1000° K), an der die Abweichung der Leitkurve (Kurve 26) von der Hochtemperaturgeraden beginnt, unter Vorzeichenwechsel durch Null.

e) BaCeO$_3$ mit Ca

Ein weiterer Versuch der Beeinflussung der Leitfähigkeit von BaCeO$_3$ wurde durch Zusatz von Ca^{2+}-Ionen ($r = 1,06$ Å) an Stelle des etwa gleich großen Ce^4-Ions unternommen. Ein mit 1 Mol% Ca substituiertes Ba(Ce,Ca)O$_3$ besaß, wie

Abb. 10, Kurve 27, zeigt, neben dem den Kurven 21, Abb. 7 und 24, Abb. 8 ähnlichen Verhalten der Leitkurven in Luft eine Vakuum-Leitfähigkeitsgerade mit einem p-Thermokraftvorzeichen bei tiefen Temperaturen und nach Überschreiten eines ausgeprägten Maximums und Minimums eine Hochtemperaturgerade mit n-Thermokraftvorzeichen (Kurve 28). Dieser auffällige Kurvenverlauf wurde auch an einem zweiten Ca-haltigen Präparat in ähnlicher Form, jedoch mit veränderter Temperaturlage des Minimum-Maximum-Überganges beobachtet. In H_2 wird auch hier wieder die charakteristische Leitkurve mit einem Wechsel des Thermokraftvorzeichens gemessen (Kurve 29).

Im Gebiet der nichtlinearen σ-Kurve ($1/T \sim 11$ bis 15.10^{-4}) ist die Leitfähigkeit bei einer konstanten Temperatur mit dem H_2-Druck zwischen den σ-Werten der im Vakuum und in H_2 gemessenen Kurven reversibel veränderlich. Um die reversible Wirkung der H_2-Gegenwart auf die Leitfähigkeit zu erfassen, wurde zu dem im Vakuum auf einer Temperatur von etwa 810° K befindlichen Meßkörper Wasserstoff bis zu einem Druck von etwa 260 Torr eingelassen. Wie Abb. 11 zeigt, steigt die Leitfähigkeit im Moment des H_2-Einlasses ($t = 0$) vom σ-Wert im Vakuum schnell um etwa eine Zehnerpotenz an und erreicht nach einiger Zeit

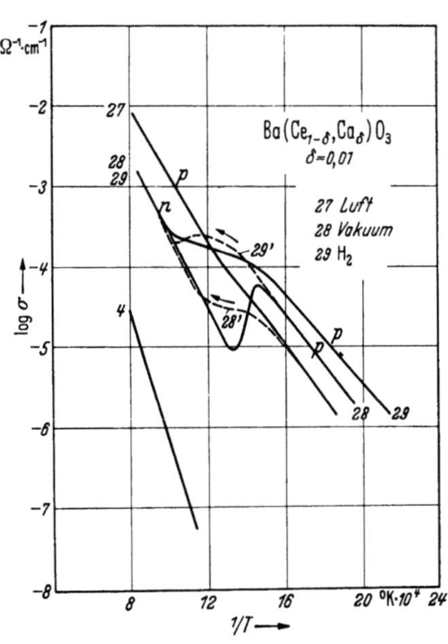

Abb. 10. Leitfähigkeit von BaCeO₃ mit Ca.

einen Sättigungswert. Beim Abpumpen des H_2 sinkt σ rasch wieder und geht nach einiger Zeit auf den Anfangswert zurück. Eine σ-Änderung ganz in gleichem Sinne

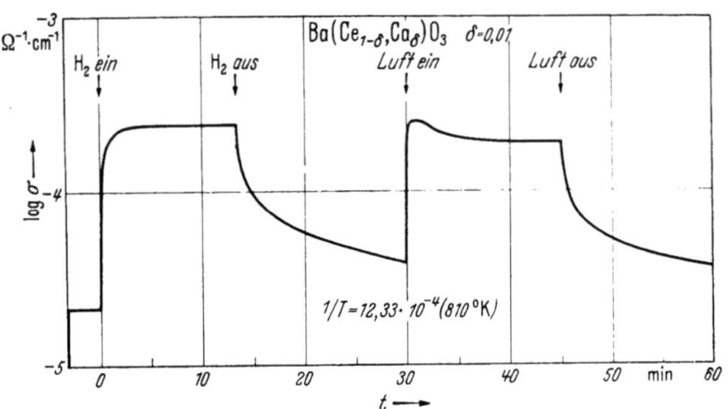

Abb. 11. Änderung der Leitfähigkeit von BaCeO₃ mit Ca in H_2 oder Luft.

wird auch beim Einlassen von Luft (750 Torr) sowie beim Abpumpen der Luft beobachtet (Abb. 11). In beiden Fällen, sowohl nach Einfüllen von H_2 wie von Luft wurde das Thermokraftvorzeichen entsprechend dem eines p-Leiters festgestellt. H_2 und O_2 müssen sich demnach in ähnlicher Weise am Leitfähigkeitsmechanismus in diesem Temperaturgebiet beteiligen.

Diskussion

Im folgenden wird untersucht, wieweit die Meßergebnisse auf Grund des konventionellen Halbleitermodells mit temperaturabhängiger Fermigrenze (SHOCKLEY[7]), MÜSER[8]), BOER[9])) gedeutet werden können.

Die Leitfähigkeit in der allgemeinen Form

$$\sigma = e\,(n_L \cdot \mu_n + p_v\,\mu_p) \qquad (1)$$

ist durch die Beweglichkeit der Elektronen μ_n und der Löcher μ_p sowie durch die Konzentration der Elektronen im Leitungsband n_L und der Löcher im Valenzband p_v bestimmt. Es ist n_L bzw. p_v gegeben durch

$$n_L = N_L \cdot e^{-(E_L - \zeta)/kT} \qquad (2)$$

und

$$p_v = N_v \cdot e^{-(\zeta - E_v)/kT} \qquad (2a)$$

wobei N_L die effektive Zustandsdichte im Leitungsband und N_v die im Valenzband

$$N_L = N_v = \frac{2\,(2\,\pi\,m\,k\,T)^{3/2}}{h^3}, \qquad (3)$$

E_L die Energie am unteren Rand des Leitungsbandes und ζ die Fermigrenze bedeuten. Dabei seien — wie auch stets im folgenden — alle Energiewerte vom oberen Rand des Valenzbandes, dessen Energie $E_v = 0$ gesetzt wird, gerechnet.

Die Lage der temperaturabhängigen Fermigrenze ζ ergibt sich bei Vorhandensein von Donatoren und Akzeptoren in der verbotenen Zone aus der Neutralitätsbedingung

$$n_L + n_A = p_v + p_D \qquad (4)$$

wenn n_L die Zahl der Elektronen im Leitungsband, n_A die der Elektronen in Akzeptoren, p_v die Zahl der Löcher im Valenzband und p_D die der Löcher in Donatoren ist. Die Zahl der Ladungsträger n in den verschiedenen Zuständen ist $n = N \cdot f\,(E)$ mit jeweils den effektiven Zustandsdichten N, die bei diskreten Störniveaus gleich der Konzentration der Donatoren N_D bzw. der Akzeptoren N_A sind, und mit der Fermifunktion $f\,(E)$. Für die Fermigrenze ergibt sich dann bekanntlich die ganz allgemeine Beziehung:

$$N_L \cdot e^{-(E_L - \zeta)/kT} + \frac{N_A}{1 + e^{(E_A - \zeta)/kT}} = N_v \cdot e^{-(\zeta - E_v)/kT} + \frac{N_D}{1 + e^{(\zeta - E_D)/kT}}. \qquad (5)$$

Damit erscheint ζ als Funktion der Konzentration und energetischen Lage der Störstellen sowie der Breite der verbotenen Zone und der Temperatur. Mit Hilfe der Beziehungen (5), (2) und (1) lassen sich — unter der im folgenden gültigen Voraussetzung, daß der Abstand der Fermikante von den Bandrändern groß gegen kT ist — leicht die Leitkurven für die verschiedenen Zustände eines Halbleiters konstruieren.

Auf diese Weise soll nun versucht werden, mit Hilfe geeigneter Störstellenterme und -konzentrationen Leitkurven in Angleichung an die gemessenen Leitkurven des $BaCeO_3$ — soweit es möglich ist — zu berechnen, um Anhaltspunkte über den Leitungsmechanismus zu erhalten.

Dabei seien die folgenden vereinfachenden Annahmen gemacht: Die Beweglichkeiten von Elektronen μ_n und Löchern μ_p seien gleich und in erster Näherung von der Temperatur und der Störstellenkonzentration unabhängig. Die letzte Annahme ist insofern berechtigt, als bei oxydischen Halbleitern im allgemeinen eine Streuung an Störstellen erst bei tiefen Temperaturen und sehr hohen Störstellenkonzentrationen auftreten*). Die Änderung von μ mit der Temperatur infolge Gitterstreuung dürfte dagegen schon merklich sein, nach Shockley für Valenzhalbleiter theoretisch im Sinne einer Änderung von μ mit $T^{-3/2}$, für Ionenverbindungen im Sinne einer exponentiellen Abnahme mit steigendem T. Indessen wird diese Änderung durch die entgegengesetzte Temperaturabhängigkeit der effektiven Zustandsdichte (Gl. 3) bei der Berechnung der Leitfähigkeit zum Teil wieder aufgehoben und kommt gegenüber dem Exponentialglied der Leitfähigkeitsformel nicht stark zur Geltung.

Die unbekannte Größe der Beweglichkeit beim $BaCeO_3$ soll — da Hall-Effektmessungen zu keinem befriedigenden Resultat führten — unter der Annahme, daß die gemessene Leitkurve 4 in Abb. 3 etwa der Eigenleitung entspricht, mit Hilfe der sich aus Gl. (5), (2) und (1) ergebenden Beziehung für die Eigenleitung

$$\sigma = 2\,e\,\mu\,N_L \cdot e^{-(E_L - E_v)/2\,kT} \tag{6}$$

mit $\mu = \mu_n = \mu_p$ und $E_L - E_V = 3\,\mathrm{eV}$ abgeschätzt werden. Danach ergibt sich ein Wert für μ von $0{,}415\ \mathrm{cm^2/Vs}$ bei $1000°\,\mathrm{K}$, der durchaus in der Größenordnung der bei oxydischen Halbleitern gemessenen Beweglichkeiten liegt**).

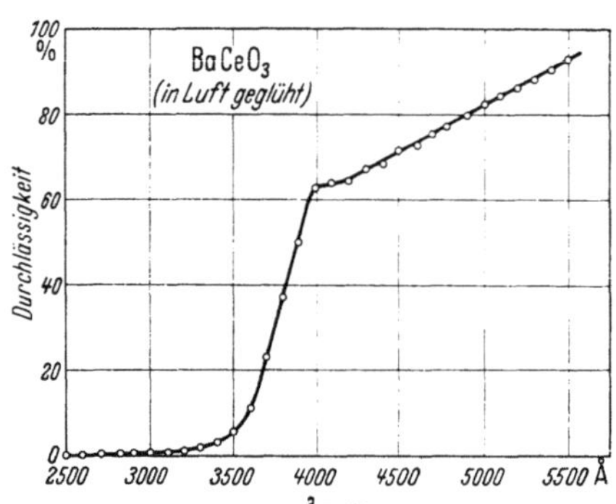

Abb. 12. Optische Durchlässigkeit von $BaCeO_3$-Pulver.

Eine Stütze für die Annahme, daß Kurve 4 mit einer Aktivierungsenergie von etwa $1{,}5\ \mathrm{eV}$ der Eigenleitung entspricht, bietet die Messung des optischen Absorptionsspektrums an luftgeglühtem $BaCeO_3$-Pulver in Abb. 12, aus der das Einsetzen eines offenbar der Absorptionskante entsprechenden starken Abfalls der Durchlässigkeit um rund $4000\ \mathrm{Å}$ (etwa $3.1\ \mathrm{eV}$) zu ersehen ist.

Berechnet man zunächst mit einem konstanten $\mu = 1\ \mathrm{cm^2/Vs}$ nach Gl. (6) die Leitfähigkeit, so erhält man Kurve 4a in Abb. 17 nahe der gemessenen Leitkurve für die Eigenleitung des $BaCeO_3$. Ebenso ergibt sich für die Störleitung in Angleichung an die für anreduziertes $BaCeO_3$ gemessene Kurve 12 die Leitkurve 12a in Abb. 17 nach der aus Gl. (5), (2) und (1) folgenden Beziehung

$$\sigma = e\,\mu\,N_L^{1/2}\,N_D^{1/2} \cdot e^{-(E_L - E_D)/2\,kT} \tag{7}$$

bei einer Donatorenkonzentration $N_D = 10^{18}/\mathrm{cm^3}$, einem Bandabstand von $3\ \mathrm{eV}$ und einer Donatorenlage $E_D = 2{,}2\ \mathrm{eV}$ über dem Rand des Valenzbandes. Die gegenüber den gemessenen Geraden 4 und 12 stärkeren Neigungen der berechneten Kurven können mit der Nichtberücksichtigung der Temperaturabhängigkeit der Beweglichkeit zusammenhängen. Die versuchsweise Einführung der theoretischen Abnahme vom μ mit $T^{-3/2}$ gibt z. B. Kurve 12b in Abb. 17 mit einer etwas geringeren Neigung gegenüber der gemessenen Leitkurve 12.

Auch für die am W-substituierten $Ba(Ce,W)O_3$ in Luft gemessene Leitkurve (Abb. 5, Kurve 14) mit einer Aktivierungsenergie $\varepsilon_1 = 0{,}95\ \mathrm{eV}$ bei tiefen Tem-

---

*) Beim TiO_2 z. B. wird nach Breckenridge und Hosler[10]) eine Beeinflussung von μ durch die Störstellen erst unterhalb von $200°\ \mathrm{K}$ trotz der hohen Konzentration $> 10^{20}/\mathrm{cm^3}$ beobachtet.

**) Beim TiO_2 z. B. haben Breckenridge und Hosler (l.c.) im Temperaturbereich 300 bis $1000°\ \mathrm{K}$ ein μ zwischen 0,3 u. 0,06 $\mathrm{cm^2/Vs}$ gemessen.

peraturen und $\varepsilon_2 = 0{,}55$ im Hochtemperaturgebiet läßt sich unter der Voraussetzung des gleichzeitigen Vorhandenseins von Donatoren und Akzeptoren rechnerisch eine Leitkurve leicht angleichen. Dies wird besonders an Hand der graphischen Lösung der Neutralitätsbedingung zur Bestimmung der Fermigrenze deutlich. In Abb. 13 und 14 ist die Zahl der Elektronen im Leitungsband n_L und in Akzeptoren n_A sowie die Zahl der Löcher im Valenzband p_v und in Donatoren p_D — wieder bei einem Bandabstand von 3 eV — logarithmisch über der variablen

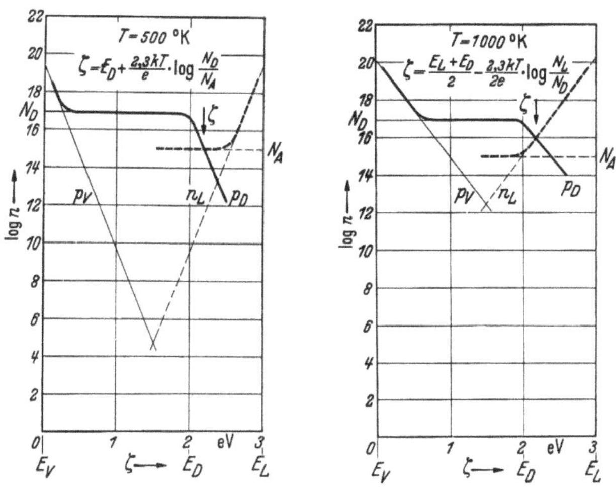

Abb. 13 und 14. Graphische Ermittlung der Fermigrenze für Leiter mit Donatoren und Akzeptoren.

Fermigrenze aufgetragen. Dabei ist $N_D = 10^{17}/\text{cm}^3$, $N_A = 10^{15}/\text{cm}^3$ sowie $E_D = 2$ eV und $E_A < 2$ eV angenommen. Bei der Temperatur $500°$ K (Abb. 13) ist — wie man sieht — ζ durch den Schnittpunkt $p_D - N_A$, bei $1000°$ K (Abb. 14) dagegen durch den Schnittpunkt $p_D - n_L$ gegeben, und die entsprechenden ζ-Werte ergeben sich nach Gl. (5) für die beiden Temperaturen zu

$$\zeta_1 = E_D + 2{,}3 \frac{kT}{e} \cdot \log \frac{N_D}{N_A} \tag{8}$$

bzw.

$$\zeta_2 = \frac{E_L + E_D}{2} - 2{,}3 \frac{kT}{2e} \cdot \log \frac{N_L}{N_D}. \tag{9}$$

Die mit diesen ζ-Werten nach Gl. (2) und (1) berechnete Leitkurve ist die Kurve 14a in Abb. 17, die der gemessenen Kurve 14 des $Ba(Ce,W)O_3$ nahekommt. Die Neigungen der berechneten Kurve sind offenbar der konstant angenommenen Beweglichkeit wegen auch hier etwas größer als die Meßkurven. Die Leitfähigkeit des $Ba(Ce,W)O_3$ in Luft wird nach dieser Vorstellung bei tiefen Temperaturen gleichzeitig durch Beteiligung von Donatoren und Akzeptoren, bei höheren Temperaturen nur von den Donatoren verursacht. Der Zusatz des W^{6+}-Ions erzeugt demnach wegen seiner dem Ce^{4+} gegenüber höheren Wertigkeit ganz im Sinne eines Substitutionsüberschußleiters Donatoren im $BaCeO_3$. Welcher Art die anzunehmenden Akzeptoren sind, ist nicht ohne weiteres zu sagen. Sicherlich ist ihr Vorhandensein auf den O_2-Einfluß bei der in Luft ausgeführten Messung zurückzuführen, da nach längerem Erhitzen und Messen in Argon (Kurve 18b in Abb. 6) der Knickpunkt der Leitkurve zum Verschwinden gebracht werden kann.

Schließlich läßt sich auch für die durch den Minimum-Maximum-Verlauf gekennzeichnete Leitkurve des Ba(Ce,Ca)O$_3$ im Vakuum (Abb. 10, Kurve 28) mit Hilfe des einfachen Halbleitermodells eine Deutung finden, wie wiederum am besten an Hand der graphischen Lösung zur Bestimmung der Fermigrenze zu ersehen ist (Abb. 15 und 16). Es seien wieder Donatoren und Akzeptoren vorhanden, wobei die Donatorenterme E_D energetisch höher als die Akzeptorenterme E_A (vom Valenzband aus gerechnet) liegen und die Konzentration N_D und N_A

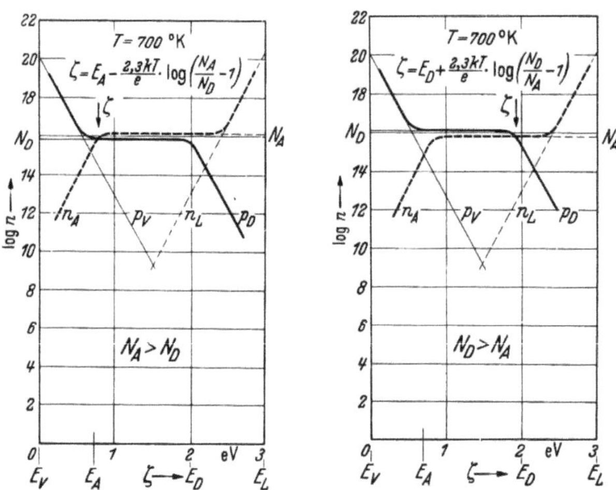

Abb. 15 und 16. Graphische Ermittlung der Fermigrenze bei nahezu gleicher Donatoren- und Akzeptorenkonzentration.

nahezu gleich sein mögen. Aus Gl. (5) ergibt sich dann unter der Annahme von $E_A = 0{,}7$ eV, $E_D = 2{,}0$ eV, je nachdem, ob die Zahl der Akzeptoren N_A etwas größer oder etwas kleiner als die Donatorkonzentration N_D ist, für die Fermigrenze die Lösung

$$\text{a) } N_A > N_D: \qquad \zeta_1 = E_A - 2{,}3\,\frac{kT}{e} \cdot \log\left(\frac{N_A}{N_D} - 1\right), \qquad (10)$$

$$\text{b) } N_A < N_D: \qquad \zeta_2 = E_D + 2{,}3\,\frac{kT}{e} \cdot \log\left(\frac{N_D}{N_A} - 1\right). \qquad (11)$$

In dem einen Falle liegt ζ im Schnittpunkt $n_A - N_D$, im anderen Falle im Schnittpunkt $p_D - N_A$. Unter der Voraussetzung, daß sich das Verhältnis N_A/N_D mit der Temperatur (im Sinne einer Verkleinerung) etwas verändert, muß die Fermigrenze — wie aus Abb. 15 und 16 zu ersehen ist — plötzlich von der Mangelleiter- nach der Überschußleiterseite springen, wenn N_A/N_D von > 1 über 1 nach < 1 geht. Berechnet man unter diesen Ansätzen wieder den Verlauf der freien Ladungsträger n sowie die Leitfähigkeit als Funktion von T^{-1}, so erhält man Kurve 28a in Abb. 17, die den charakteristischen Verlauf der an Ba(Ce,Ca)O$_3$ gemessenen Kurve 28 wiedergibt. An der Stelle, für die $N_A = N_D$ ist, muß, wie aus Gl. (10) und (11) folgt, der temperaturabhängige Teil der Fermigrenze und damit auch n bzw. σ für die Mangelleiterseite auf $- \infty$ und für die Überschußleiterseite auf $+ \infty$ gehen. Auf diese Weise erklärt sich der σ-Verlauf mit Minimum und Maximum. Beim CdS ist von Boer (l.c.) ein ähnlicher σ-Verlauf beobachtet und in dieser Weise interpretiert worden.

Diese Deutung der Leitfähigkeitskurve hat zur Voraussetzung, daß beide Störstellenarten in etwa gleich großer Konzentration vorhanden sind und daß ihre Zahl eine Funktion der Temperatur ist. Eine Temperaturabhängigkeit von Störstellenkonzentrationen der Art $N = N_0 \cdot e^{-C/t}$, wobei die eine Energie darstellende Größe C für jede Störstellenart anders sein kann, ist wiederholt diskutiert worden. Bei den vorliegenden Messungen muß aber unter Umständen auch eine temperaturabhängige Adsorption von Restgasen, die infolge Bildung von Oberflächenstörstellen das Verhältnis von Donatoren und Akzeptoren verändern kann, berück-

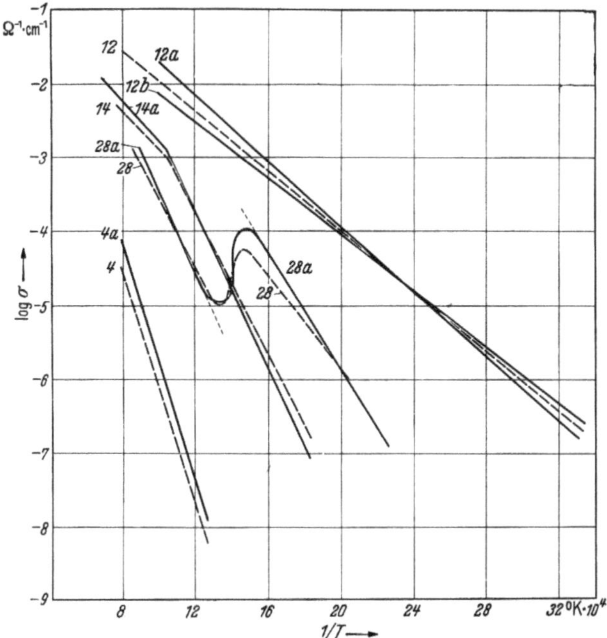

Abb. 17. Vergleich von gemessener (— — —) und berechneter (— — —) Leitfähigkeit.

4a: Eigenleitung: $E_L - E_V$ $= 3\,\mathrm{eV}$, $\mu = 1\,\mathrm{cm^2/Vs}$
12a: n-Leitung: $N_D = 10^{18}/\mathrm{cm^3}$, E_D $= 2,2\,\mathrm{eV}$, $\mu = \mathrm{const.}$
12b: n-Leitung: $N_D = 10^{18}/\mathrm{cm^3}$, E_D $= 2,2\,\mathrm{eV}$, $\mu \sim T^{-3/2}$
14a: Störleitung: $N_D = 10^{17}/\mathrm{cm^3}$, $N_A = 10^{15}/\mathrm{cm^3}$, $E_D = 2\,\mathrm{eV}$, $E_A < 2\,\mathrm{eV}$
28a: Störleitung: $N_D \approx N_A \approx 10^{16}/\mathrm{cm^3}$, $E_D = 2\,\mathrm{eV}$, $E_A = 0,7\,\mathrm{eV}$.

sichtigt werden. Welcher Art die Donatoren und Akzeptoren im Ca-haltigen $BaCeO_3$ sind, läßt sich nicht sagen. Grundsätzlich sollte u.a. die Möglichkeit gegeben sein, daß für jedes eingebaute Ca^{2+}-Ion auf einem Ce^{4+}-Platz aus Neutralitätsgründen eine Sauerstoffleerstelle im Gitter entsteht. Werden beide Störstellen — etwa durch Diffusion — getrennt, so kann das Ca^{2+}-Ion auf einem Ce^{4+}-Platz 2 Defektelektronen und die O-Leerstelle 2 Elektronen binden, wodurch eine gleich große Anzahl von Akzeptoren und Donatoren gegeben wäre.

Die an den mit niederwertigen Ionen substituierten $BaCeO_3$-Präparaten in Luft bzw. im Vakuum gemessenen Leitkurven mit drei Geradenstücken (z.B. Abb. 7, Kurve 21 und 22) sind mit Hilfe der Halbleitertheorie ohne zusätzliche spezielle Annahmen nicht zu erklären. Wohl lassen sich unter Annahme je eines Donatoren- und Akzeptorenterms Leitkurven aus drei Geradenstücken mit einem entsprechenden Gang der Neigungen konstruieren; jedoch müßte der steilste

Kurvenast im Hochtemperaturgebiet einer Eigenleitung entsprechen, was bei den vorliegenden Messungen sicherlich nicht der Fall ist.

Bezüglich des Verhaltens der Leitfähigkeit der in H_2 gemessenen $BaCeO_3$-Proben, die gleichzeitig niederwertige Kationen enthalten, ist anzunehmen, daß ähnlich wie bei der im Vakuum gemessenen Leitkurve des $Ba(Ce,Ca)O_3$ (Abb. 10, Kurve 28) eine Temperaturabhängigkeit der Störstellenkonzentration eine Rolle spielt. Man muß vermuten, daß von einer bestimmten Temperatur ab beim Abkühlen der Wasserstoff sich am Störstellenhaushalt beteiligt. Ob hier lediglich eine Adsorption mit einer Bildung von Oberflächenstörstellen vorliegt, oder der Wasserstoff im Kristall, sei es unter Bindung von Elektronen oder Aufbau von Akzeptoren direkt eingebaut wird, ist nicht zu entscheiden. Es sei indessen darauf hingewiesen, daß von Mollwo[11]) eine beträchtliche Leitfähigkeitsänderung durch H_2-Einwirkung auch an Einkristallen (ZnO) festgestellt wurde, wobei mit einem Eindringen von H_2 in den Kristall zu rechnen ist. Auch sei auf den unter U-Zentrenbildung erfolgenden Einbau von Wasserstoff in Alkalihalogenidkristalle, bei dem negative H-Ionen entstehen, verwiesen.

Im übrigen sei erwähnt, daß eine temperaturabhängige Beeinflussung der Leitfähigkeit durch die Gegenwart von H_2 in ganz ähnlicher Weise, jedoch in weitaus stärkerem Maße von uns bei Untersuchungen der Leitfähigkeit von BaO- und $(Ba,Sr)O$-Sinterkörpern festgestellt wurde. Eine weitere Diskussion dieser Frage sei daher bis zum Abschluß dieser Untersuchungen zurückgestellt.

Literatur

[1]) Meyer, W.: Z. Elektrochem. 50 (1944) S. 274 (Zusammenfass. Ber.).
[2]) Wagner, C.: J. chem. Phys. 18 (1950) S. 62.
   Hauffe, K.: Ann. Phys. Folge 6, 8 (1950) S. 201.
   Hauffe, K., u. A. L. Vierk: Z. phys. Chem. 196 (1950) S. 160.
   Hauffe, K., u. J. Block: Z. phys. Chem. 196 (1950) S. 438.
   Schottky-Festband (1951) S. 232.
[2a]) Verwey, E. J. W., P. W. Haayman, F. C. Romeyn u. G. W. van Oosterhout: Philips' Res. Rep. 5 (1950) S. 173.
[3]) Hoffmann, A.: Z. phys. Chem. Abt. B, 28 (1935) S. 65.
[4]) Loosjes, R., u. H. J. Vink: Philips' Res. Rep. 4 (1949) S. 449.
[5]) Paulisch, A., u. J. Rudolph: Phys. Verh. 7 (1956) S. 100.
[6]) Lang, R.: Z. anal. Chem. 97 (1934) S. 395.
[7]) Shockley, W.: Electrons and Holes in Semiconductors. New York 1951.
[8]) Müser, H.: Z. Naturforsch. 5a (1950) S. 18.
[9]) Boer, K. W.: Ann. Phys. Folge 6, 10 (1952) S. 32.
[10]) Breckenridge, R. G., u. W. R. Hosler: Phys. Rev. 91 (1953) S. 793.
[11]) Mollwo, E.: Z. Phys. 138 (1954) S. 478.

Zur Temperaturabhängigkeit der elektrischen und photometrischen Daten von Leuchtstofflampen*)

Von

J. MARTERSTOCK

Mit 6 Abbildungen

Für die Zwecke der Meßtechnik wurde das Temperaturverhalten des Lichtstromes, der Farbe, der Lampenleistung, des Lampenstromes und der Lampenspannung von je 3...10 Leuchtstofflampen der 4 Leistungstypen 20 W, 25 W, 40 W, 65 W und der 4 Farbtypen Tageslichtweiß, Gelblichweiß, Weiß und Warmton im Bereich von $+15°C...+80°C$ untersucht. Dabei wurden die Lampen sowohl mit induktivem als auch mit kapazitivem Vorschaltgerät bei konstanter Netzspannung und auch bei Einstellung auf konstante Lampenleistung betrieben. Während der Messungen befanden sich die Lampen in einem für diese Untersuchungen angefertigten Temperatur-Regelkasten zur Erzielung definierter Betriebsbedingungen. Die n Kurven und Tabellen mitgeteilten Ergebnisse sind auf $25°C$ bezogene Mittelwerte, die die Korrektur der bei anderen Umgebungstemperaturen zwischen $+15°C$ und $+35°C$ (z. T. bis $-80°C$) ermittelten Lampendaten ermöglichen.

1. Einleitung

Über den Einfluß der Umgebungstemperatur auf die elektrischen Betriebsdaten und den Lichtstrom von Niederspannungs-Leuchtstofflampen und über die sich daraus ergebenden Folgerungen z.B. für die Ausführung und lichttechnische Bewertung von Leuchten wurde bereits mehrfach und z.T recht ausführlich berichtet[1-8]). Es sei demnach die Kenntnis der Größenordnung dieses Einflusses und die Kenntnis des ungefähren physikalischen Zusammenhangs zwischen Ursache und Wirkung vorausgesetzt.

Dennoch schien es uns erforderlich, weitere Unterlagen für die gängigsten Typen der Leuchtstofflampen zu ermitteln, um mit Hilfe von Korrekturwerten den Vergleich von Meßergebnissen an diesen Lampen zu ermöglichen, die bei verschiedenen Umgebungstemperaturen erhalten worden sind.

2. Umfang der Untersuchungen

Es kam uns also weniger darauf an, einen möglichst großen Temperaturbereich zu erfassen, als vielmehr in dem für Meßzwecke wichtigsten Bereich von $+15°C...+35°C$ Korrekturfaktoren auch für die verschiedenen möglichen Betriebsarten anzugeben. Zum Teil erstreckten sich die Untersuchungen bis $+80°C$.

In der Praxis kommen neben den handelsüblichen Drosselspulen als induktive Vorschaltgeräte auch kapazitive Vorschaltgeräte (Drossel + Kondensator in Reihe) häufig vor, die infolge ihrer anderen Eigenschaften (nahezu konstanter Lampenstrom) auch ein etwas anderes Temperaturverhalten der Lampen erwarten lassen, worüber unseres Wissens noch nicht berichtet wurde. Neben der üblichen Betriebsweise bei konstanter Netzspannung interessiert aber für Meß- und Vergleichszwecke[9]) auch das Temperaturverhalten bei Einstellung auf eine bestimmte Lampenleistung N_L, da diese die für den Lichtstrom einer Lampe maßgebende Größe ist und hierbei deshalb der geringste Einfluß der Umgebungstemperatur auf den Lichtstrom zu erwarten ist. Auch ist man dadurch wenigstens hinsichtlich des Lichtstroms relativ unabhängig von der Netzfrequenz und von der Sättigung der Vorschaltdrosselspule. Auch die Einstellung auf konstanten Lampenstrom J_L wird öfters bei Messungen angewendet, wodurch

---

*) Originalmitteilung.

aber nur die Auswirkung von Frequenzschwankungen und der damit verbundenen Impedanzänderung des Vorschaltgerätes ausgeglichen wird.

Für die nachfolgend aufgeführten Lampentypen und Betriebsarten

| Kurzzeichen | Nennleistung W | Nennabmessungen | | Vorschalt-gerät |
		Länge mm	Durchmesser mm	
1. HN 90	20	590	38	induktiv
2. HN 120	25	970	38	induktiv
3. HN 202	40	1200	38	induktiv
4. HN 400	65	1500	38	induktiv
5. HN 202	40	1200	38	kapazitiv
6. HN 400	65	1500	38	kapazitiv

wurde bei Einstellung auf konstante Netzspannung U_N bzw. Lampenleistung N_L bzw. Lampenstrom J_L mittels transformatorischer Netzspannungsregelung die Abhängigkeit der Kenndaten: Lichtstrom Φ_L, Lampenleistung N_L, Lampenstrom J_L und Lampenspannung U_L von der Umgebungstemperatur T_U im Bereich zwischen $+15°$ C und $+80°$ C aufgenommen. Auf die weitere Unterscheidung der Lampenleistungstypen nach Farbtypen konnte bei den elektrischen Daten verzichtet werden, dies ist aber auch beim Lichtstrom zulässig. Änderungen der Umgebungstemperatur innerhalb des genannten Bereichs wirken sich vor allem auf den Gasdruck in der Lampe aus. Dadurch werden nicht nur die elektrischen Daten, sondern auch die Anregungsbedingungen der Leuchtstoffe beeinflußt. Dabei verändert sich auch die Intensität der sichtbaren Quecksilberlinien und ihr Verhältnis. Diese Effekte führen zu einer Farbverschiebung, deren Wirkung auf den visuellen Nutzeffekt allerdings vernachlässigbar klein ist.

Die Veränderung der Farbe (Normfarbwertanteile x, y) mit der Umgebungstemperatur wurde untersucht für jeweils 4 Lampentypen:

Tageslichtweiß	HNT
Gelblichweiß	HNG
Weiß	HNW
Warmton	HNI

der vorgenannten 4 Leistungstypen, jedoch nur für induktiven Betrieb bei konstanter Netzspannung.

Jede der Meßreihen wurde mit 3...10 gealterten Lampen durchgeführt. Die Ergebnisse jeder Lampe wurden auf die als Bezugs- und Nennwert der Umgebungstemperatur für die Prüfung von Leuchtstofflampen international[10]) vereinbarte Temperatur von $+25°$ C bezogen und dann über die Lampen jeder Meßreihe gemittelt.

3. Meßeinrichtung und Meßverfahren

Da die präzise Messung der Rohrwandtemperatur bei der photometrischen Bewertung größerer Stückzahlen von Leuchtstofflampen z. B. in der U-Kugel schwer durchführbar wäre und die dabei zu beachtende, nicht sehr einfache Verfahrenstechnik genau vereinbart sein müßte, wurde bei den vorliegenden Untersuchungen ganz auf sie verzichtet und der Umgebungstemperatur der Vorzug gegeben. Wegen der geringen Übertemperatur (etwa $15°$ C...$20°$ C) der Rohrwand über die Umgebungstemperatur ist die Lampe nur von einem äußerst schwachen, gegen jeden Luftzug empfindliches Wärmepolster umgeben. Sie muß sich deshalb zur Erhaltung des Temperaturgleichgewichts, d. h. zur Erzielung genauer und reproduzierbarer Meßergebnisse in einem ausreichend großen und völlig zugfreien Raum befinden, in dem sich die Konvektion ungehindert ausbilden kann und dessen Raumtemperatur sich einwandfrei messen und möglichst auf gewünschte Werte einstellen läßt.

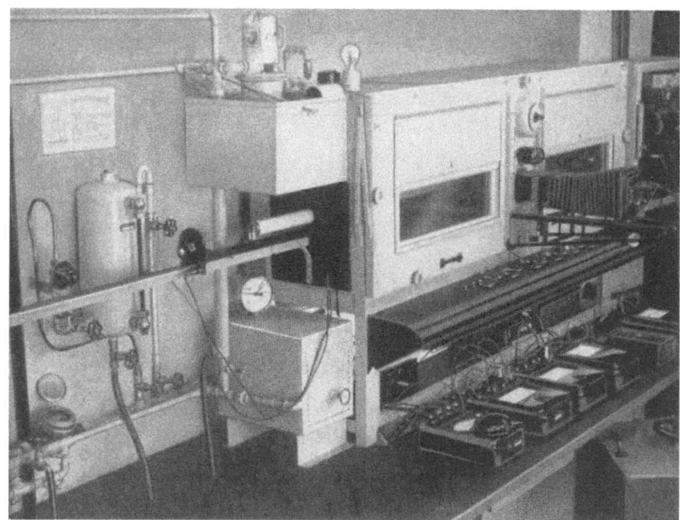

Abb. 1. Gesamtansicht des Thermostaten für Leuchtstofflampen.

Für die vorliegenden Untersuchungen wurde ein kastenförmiger Thermostat verwendet, dessen Aufbau und prinzipielle Arbeitsweise aus den Abb. 1, 2 und 3 hervorgeht. Ein Raum von etwa $320 \times 420 \times 1600$ mm ist von einem rund 10 mm starken Wassermantel umgeben, dessen Wasser durch eine Pumpe in dauerndem

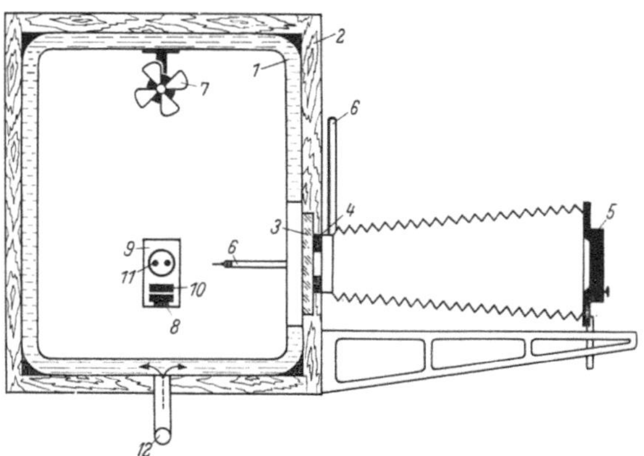

Abb. 2. Querschnitt durch den Thermostaten für Leuchtstofflampen.

1 Wassermantel,	7 Ventilator,
2 Asbestpappe und Holzumkleidung,	8 Schienenbahn,
3 Glasscheibe,	9 Öffnung zum Einfahren der Leuchtstofflampe
4 Blende,	10 Lampenwagen,
5 Photoelement,	11 Leuchtstofflampe,
6 Winkelthermometer,	12 Wasseranschluß.

Kreislauf gehalten und durch elektrische Heizung bis nahe an den Siedepunkt erwärmt werden kann. Die Innentemperatur des Kastens läßt sich automatisch (Kontaktthermometer) auf bestimmte Festwerte sowie durch Handregelung (mit einer Genauigkeit von etwa $\pm 0,1°\,C$) auf jeden beliebigen Wert zwischen $+15°\,C$ und $+80°\,C$ einstellen. Zur Erniedrigung der Temperatur wird dem Wasserkreislauf aus der Wasserleitung kaltes Wasser zugeführt.

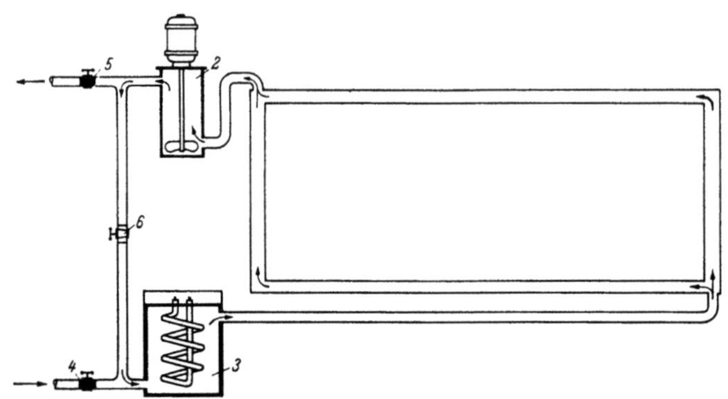

Abb. 3. Wasserkreislauf des Thermostaten für Leuchtstofflampen.

1 Wassermantel,	4 Absperrhahn für Wasserzufluß,
2 Wasserpumpe,	5 Absperrhahn für Wasserabfluß,
3 Durchlauferhitzer,	6 Absperrhahn für internen Kreislauf.

Die Umgebungstemperatur wurde entsprechend den Vorschriften der IEC in etwa 10 cm Entfernung von der waagerecht brennenden Lampe in gleicher Höhe und in der Mitte zwischen den Lampenenden gemessen. Es wurde ein präzises Quecksilber-Winkelthermometer verwendet.

Zum Auswechseln wird die Lampe auf einer Schiene in Richtung ihrer Achse (horizontal) durch eine kleine Öffnung aus dem Kasten herausgezogen. Dabei wird der Wärmeaustausch des Kastens mit der Außenluft weitgehend verhindert, so daß die auf einen bestimmten Wert eingestellte Innentemperatur sich durch einen Lampenwechsel nur geringfügig ändert.

Bei der Ermittlung des Temperatureinflusses auf Lichtstrom und Farbe wurde nur der mittlere Lampenteil (etwa 15…25 cm) durch den Empfänger (an V_λ-angepaßtes Filterphotoelement bzw. lichtelektrisches Dreifarbenmeßgerät) erfaßt. Die elektrischen Daten N_L, J_L, U_L wurden in bekannter Weise mit geeigneten Präzisionsinstrumenten[11]) gemessen.

4. Meßergebnisse

Da die Mitteilung des gesamten bei diesen Untersuchungen angefallenen Zahlenmaterials im Rahmen dieses Berichtes nicht möglich ist, wurden der Übersichtlichkeit wegen nur so viel Kurven gezeichnet, daß die charakteristischen Unterschiede im Temperaturverhalten der Lampendaten zwischen den verschiedenen Lampentypen und Betriebsarten deutlich werden.

Abb. 4 zeigt den Vergleich der 4 Leistungstypen bei konstanter Netzspannung (110 V für die 20W-Lampen, 220 V für die übrigen Typen) und induktivem Vorschaltgerät. In Abb. 5 sind die Betriebsarten: induktives und kapazitives Vorschaltgerät bei konstanter Netzspannung und bei konstanter Lampenleistung für den 40W-Lampentyp einander gegenübergestellt. Während in Abb. 4, dem in der Praxis wichtigsten Fall, der Temperaturbereich sich von $+15°\,C$ bis $+80°\,C$

erstreckt, genügte es, in Abb. 5 die Kurven zwischen $+15°$ C und $+40°$ C darzustellen, da die Konstanthaltung der Lampenleistung nur im Laboratorium vorkommt und dort höhere Temperaturen kaum zu erwarten sind. In jedem dieser Diagramme ist der Bezugswert von $T_U = +25°$ C besonders hervorgehoben.

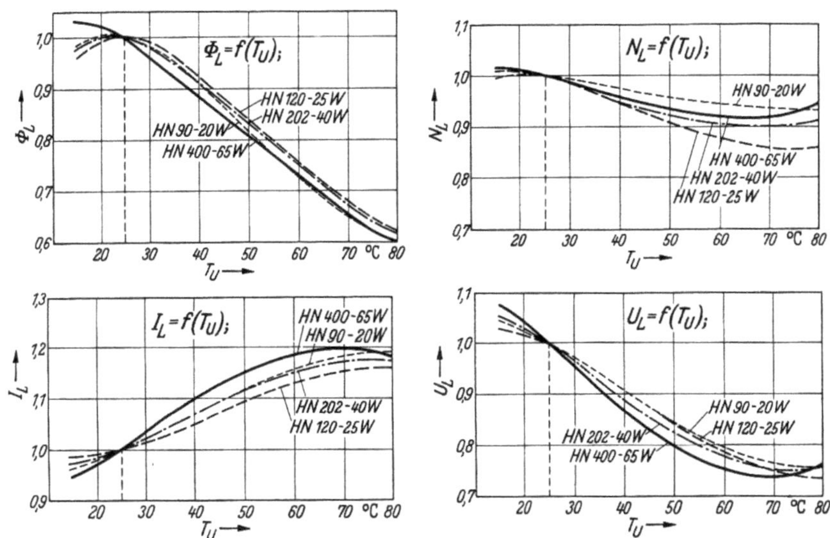

Abb. 4. Leuchtstofflampen: Φ_L, N_L, J_L, $U_L = f(T_U)$ bei konstanter Netzspannung und induktivem Vorschaltgerät. Werte bei 25°C gleich 1 gesetzt.

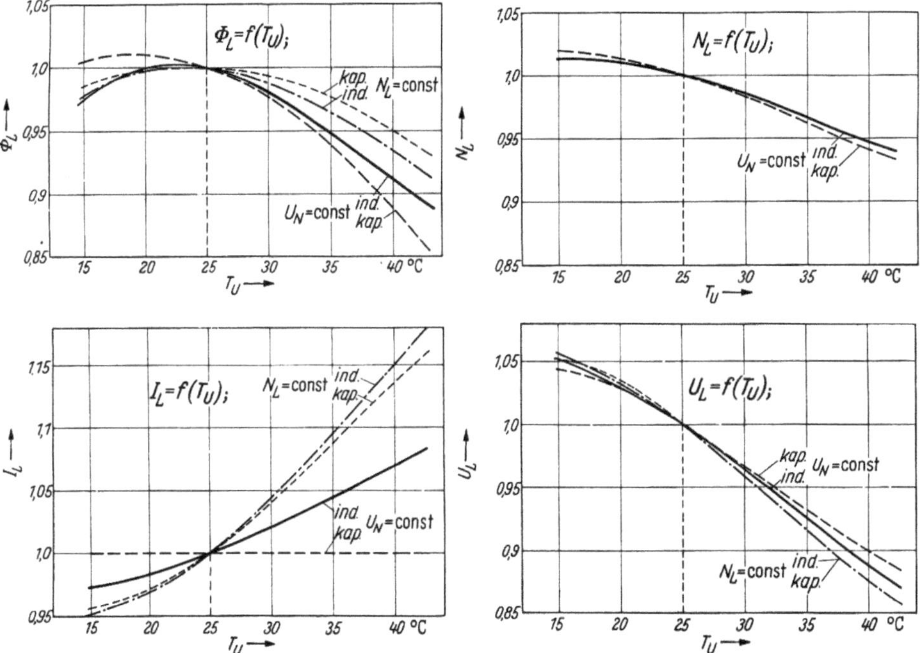

Abb. 5. Leuchtstofflampen: 40 W Φ_L, N_L, J_L, $U_L = f(T_U)$ bei Konstanthaltung der Netzspannung bzw. der Lampenleistung für den Betrieb mit induktivem bzw. kapazitivem Vorschaltgerät. Werte bei 25°C gleich 1 gesetzt.

Abb. 6 gibt einen Überblick über die Abwanderung des Farbortes in der Normfarbtafel als Folge der Änderung der Umgebungstemperatur im Bereich von
$+15°$ C... $+80°$ C für die 4 Farbtypen *T, G, W, I* der 4 Leistungstypen 20, 25, 40
und 65 W. Zur besseren Übersicht wurde auch die Kurve des Schwarzen Strahlers
(SSK) für die Temperaturen von 2700...6500° K und die Linien ähnlichster Farbtemperatur nach JUDD eingetragen. Der Koordinatenmaßstab ist aus dem Vergleich mit der in der Abbildung rechts unten eingezeichneten vollständigen Farbtafel erkennbar. Das dort eingetragene Rechteck ist der in Abb. 6 dargestellte
Ausschnitt.

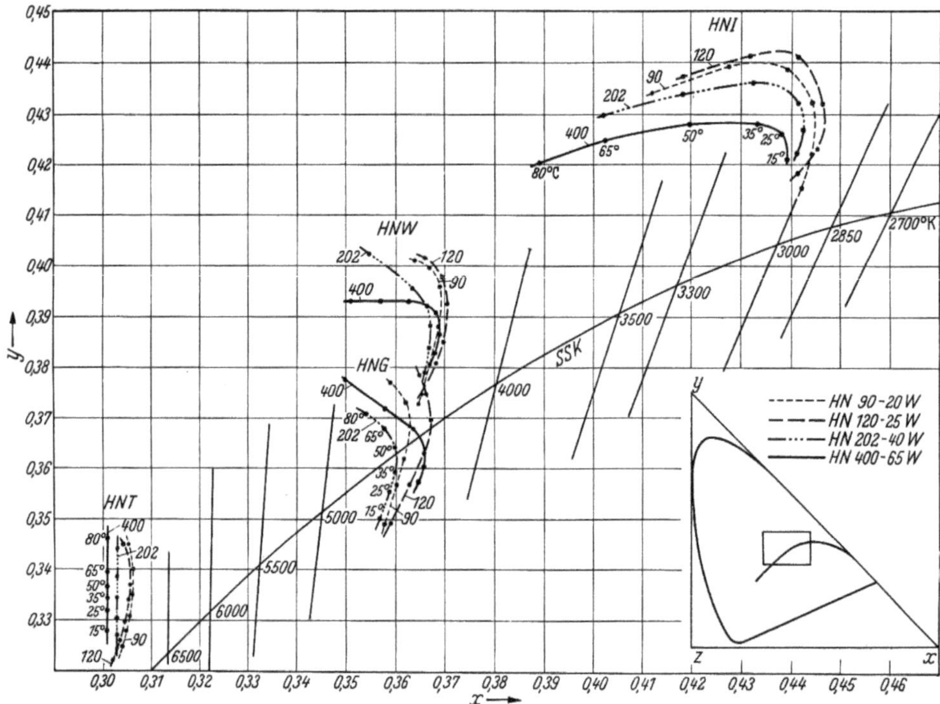

Abb. 6. Leuchtstofflampen: $x, y = f(T_U)$ bei konstanter Netzspannung und induktivem Vorschaltgerät.

In Tab. 1 wurde für die Temperaturen von 15, 20, 25, 30 und 35° C die aus den
Kurven der Abb. 4 und 5 und auch die aus den hier nicht gezeigten Kurven abgelesenen Ordinatenwerte zusammengestellt. An Hand dieser Werte ist es leicht, die
Korrekturfaktoren für die Umrechnung der bei verschiedenen elektrischen Betriebsbedingungen gemessenen Lampendaten auf 25° C zu ermitteln. Zur Vervoll-
ständigung wurden in der Tabelle auch die errechneten Werte für die relative
Lichtausbeute und für den Lampenleistungsfaktor $\lambda = \dfrac{N_L}{U_L \cdot J_L}$ aufgeführt.

Die Streuung der Einzelwerte der je 3 bis 10 Lampen steigt wegen der Mittel-
wertsbildung aus den für jede Lampe auf den 25°-Wert bezogenen Relativwerten
naturgemäß mit wachsender Temperaturdifferenz gegenüber 25° C. Innerhalb von
15° C und 35° C bleibt die mittlere quadratische Streuung meist unter $\pm0,3\%$ des
$= 1$ gesetzten Wertes bei 25° und übersteigt bis 80° C nicht den Wert von $\pm1\%$.
Insbesondere ist die Streuung der elektrischen Daten im allgemeinen deutlich
kleiner als die genannten Werte. Obwohl noch die dritte Stelle nach dem Komma

Tabelle 1. Lampendaten von Leuchtstofflampen bei verschiedenen Betriebsarten
in Abhängigkeit von der Umgebungstemperatur
Werte bei $+ 25°$ C gleich 1 gesetzt

Vorschaltgerät	Lampentyp	T_U °C	U_N = const.						N_L = const.					J_L = const.				
			Φ_L	N_L	J_L	U_L	η_L	λ_L	Φ_L	J_L	U_L	η_L	λ_L	Φ_L	N_L	U_L	η_L	λ_L
induktiv	HN 90 20W	15	0,981	0,995	0,962	1,045	0,986	0,990	0,985	0,964	1,043	0,985	0,993	1,003	1,027	1,041	0,975	0,987
		20	1,005	1,003	0,979	1,023	1,002	1,001	0,998	0,978	1,031	0,998	0,992	1,013	1,018	1,027	0,995	0,991
		25	1,000	1,000	1,000	1,000	1,000	1,000	1,000	1,000	1,000	1,000	1,000	1,000	1,000	1,000	1,000	1,000
		30	0,981	0,992	1,020	0,973	0,989	0,999	0,990	1,024	0,964	0,990	1,012	0,967	0,973	0,972	0,994	1,001
		35	0,950	0,983	1,044	0,941	0,967	1,000	0,962	1,055	0,932	0,962	1,017	0,927	0,948	0,945	0,978	1,003
	HN 120 25W	15	0,957	1,013	0,986	1,048	0,945	0,981	0,952	0,971	1,027	0,952	1,003	0,971	1,020	1,028	0,952	0,992
		20	0,990	1,010	0,992	1,015	0,980	1,002	0,983	0,982	1,018	0,983	0,991	0,994	1,012	1,017	0,982	0,995
		25	1,000	1,000	1,000	1,000	1,000	1,000	1,000	1,000	1,000	1,000	1,000	1,000	1,000	1,000	1,000	1,000
		30	0,991	0,985	1,019	0,973	1,006	0,993	1,003	1,026	0,970	1,003	1,005	0,984	0,977	0,977	1,007	1,000
		35	0,964	0,966	1,031	0,941	0,998	0,996	0,993	1,077	0,932	0,993	0,997	0,946	0,945	0,945	1,001	1,000
	HN 202 40W	15	0,975	1,013	0,972	1,052	0,963	0,991	0,978	0,952	1,056	0,978	0,995	1,008	1,040	1,048	0,970	0,992
		20	1,000	1,010	0,984	1,029	0,990	0,998	0,997	0,970	1,032	0,997	0,998	1,018	1,027	1,027	0,991	1,000
		25	1,000	1,000	1,000	1,000	1,000	1,000	1,000	1,000	1,000	1,000	1,000	1,000	1,000	1,000	1,000	1,000
		30	0,981	0,985	1,020	0,965	0,996	1,001	0,987	1,044	0,959	0,987	0,998	0,958	0,971	0,968	0,987	1,003
		35	0,948	0,966	1,044	0,927	0,981	0,998	0,964	1,095	0,917	0,964	0,997	0,912	0,939	0,935	0,972	1,004
	HN 400 65W	15	1,030	1,015	0,946	1,075	1,014	0,999	1,025	0,935	1,077	1,025	0,993	1,070	1,052	1,063	1,018	0,990
		20	1,022	1,010	0,970	1,042	1,012	0,999	1,016	0,965	1,041	1,016	0,995	1,043	1,030	1,033	1,013	0,997
		25	1,000	1,000	1,000	1,000	1,000	1,000	1,000	1,000	1,000	1,000	1,000	1,000	1,000	1,000	1,000	1,000
		30	0,963	0,985	1,036	0,955	0,978	0,996	0,975	1,050	0,948	0,975	1,004	0,940	0,960	0,957	0,979	1,003
		35	0,925	0,971	1,067	0,910	0,953	1,000	0,945	1,103	0,898	0,945	1,009	0,887	0,930	0,920	0,953	1,010
kapazitiv	HN 202 40W	15	1,005	1,035	1,000	1,044	0,986	0,976	0,985	0,956	1,052	0,985	0,995	1,005	1,032	1,047	0,974	0,986
		20	1,010	1,025	1,000	1,028	0,998	0,984	0,998	0,971	1,034	0,998	0,996	1,008	1,027	1,030	0,981	0,997
		25	1,000	1,000	1,000	1,000	1,000	1,000	1,000	1,000	1,000	1,000	1,000	1,000	1,000	1,000	1,000	1,000
		30	0,977	0,984	1,000	0,967	0,993	1,018	0,994	1,040	0,959	0,994	1,002	0,972	0,967	0,967	1,005	1,000
		35	0,938	0,962	1,000	0,933	0,975	1,030	0,976	1,087	0,917	0,976	1,003	0,935	0,935	0,935	1,000	1,000
	HN 400 65W	15	1,038	1,060	1,002	1,063	0,979	0,999	1,015	0,914	1,082	1,015	1,011	1,040	1,055	1,062	0,986	0,993
		20	1,024	1,030	1,001	1,035	0,994	0,994	1,011	0,954	1,042	1,011	1,006	1,025	1,030	1,033	0,995	0,997
		25	1,000	1,000	1,000	1,000	1,000	1,000	1,000	1,000	1,000	1,000	1,000	1,000	1,000	1,000	1,000	1,000
		30	0,967	0,970	0,999	0,962	0,997	1,009	0,982	1,063	0,947	0,982	0,993	0,967	0,967	0,963	1,000	1,004
		35	0,927	0,940	0,998	0,920	1,007	0,998	0,957	1,138	0,892	0,957	0,986	0,928	0,933	0,922	0,994	1,010

in den Tabellen angegeben ist, empfiehlt es sich, bei der Anwendung der Korrekturen die dritte Stelle auf 0 oder 5 ($= 0{,}5\%$) auf- bzw. abzurunden.

Die Auswertung der in Abb. 6 dargestellten Farbortverschiebungen ist in Tab. 2 festgehalten. Es wurden die Veränderungen der Normfarbwertanteile (Δx, Δy) gegenüber dem Wert bei $T_U = 25^\circ$ C nur für die Temperaturen von $+15^\circ$ C und $+35^\circ$ C eingetragen, da die Differenzbeträge der Zwischenwerte zu klein sind und sich bequem und genau genug durch lineares Interpolieren ermitteln lassen.

Tabelle 2. Abweichung der Normfarbwertanteile x, y von Leuchtstofflampen bei $+15^\circ$ und $+35^\circ$ C Umgebungstemperatur von den Werten bei $+25^\circ$ C

Vorschaltgerät	Lampentyp	T_U °C	Tageslichtweiß HNT Δx	Δy	Gelblichweiß HNG Δx	Δy	Weiß HNW Δx	Δy	Warmton HNI Δx	Δy
induktiv	HN 90 20 W	15	—0,001	—0,003	—0,002	—0,008	—0,002	—0,008	—0,002	—0,007
		25	0	0	0	0	0	0	0	0
		35	+0,001	+0,003	+0,002	+0,006	+0,002	+0,007	0	+0,010
	HN 120 25 W	15	—0,002	—0,004	—0,004	—0,008	—0,003	—0,006	—0,004	—0,005
		25	0	0	0	0	0	0	0	0
		35	+0,001	+0,004	+0,003	+0,006	+0,002	+0,005	+0,001	+0,009
	HN 202 40 W	15	0	—0,003	—0,002	—0,006	—0,001	—0,005	—0,001	—0,005
		25	0	0	0	0	0	0	0	0
		35	0	+0,003	+0,001	+0,004	0	+0,005	—0,001	+0,005
	HN 400 65 W	15	0	—0,004	—0,001	—0,003	—0,001	—0,004	+0,001	—0,005
		25	0	0	0	0	0	0	0	0
		35	0	+0,003	0	+0,003	—0,001	+0,004	—0,005	+0,002

Diskussion

Für eine erste grobe Orientierung kann man feststellen, daß alle Leistungstypen (s. Abb. 4) im wesentlichen gleiches Temperaturverhalten zeigen. Der Lichtstrom hat bei $+25^\circ$ C oder wenig tiefer ein Maximum und fällt mit steigender Temperatur zwischen 35° und 70° nahezu geradlinig ab. Auch die Lampenleistung aller 4 Lampentypen hat bei $+25^\circ$ C und kurz darunter ein allerdings sehr flaches Maximum und strebt mit steigender Temperatur schwach fallend einem je nach Type zwischen 65° und 85° liegenden Minimum zu. Der Lampenstrom steigt, die Lampenspannung fällt mit steigender Temperatur. Die Lampentypen unterscheiden sich nur durch die Neigung der Kurven. Bei etwa 70°C...80° C hat der Lampenstrom ein Maximum, die Lampenspannung ein Minimum. Unterhalb 15°C haben beide Größen einen entgegengesetzten Extremwert.

Die Kurven zeigen deutlich, daß man zwischen dem Temperaturverhalten der Leistungstypen sehr wohl unterscheiden kann und mindestens bei photometrischen Messungen auch unterscheiden muß. An Hand der Abb. 4 und der Tab. 1 ist es leicht möglich, die notwendigen Korrekturfaktoren für die Umrechnung der Lampendaten auf die Bezugstemperatur zu finden und je nach den Genauigkeitsansprüchen abzurunden.

Beim Austausch der handelsüblichen Vorschaltdrosselspule mit gekrümmter Kennlinie durch eine Drossel mit geradliniger Kennlinie (Referenzgerät) wurde keine Änderung des Temperatureinflusses festgestellt.

Bei Verwendung eines kapazitiven Vorschaltgerätes an Stelle eines induktiven ändert sich das Temperaturverhalten der Lampendaten je nach Lampentyp (40 W oder 65 W) mehr oder weniger stark (s. Abb. 5 und Tab. 1).

Besonders auffällig ist dies beim Lampenstrom, der hier praktisch konstant bleibt. Auch die Kurve für den Lichtstrom der 40W-Lampen weicht erheblich von der bei induktivem Vorschaltgerät ab. Sie ist viel stärker geneigt, und das Maximum ist von 22° nach 19° verschoben. Die gleiche Tendenz kann man auch bei der Kurve der Lampenleistung erkennen, nur ist dort der Einfluß schwächer.

Die Konstanthaltung der Lampenleistung hat im Vergleich zum Betrieb mit konstanter Netzspannung erwartungsgemäß eine deutliche Verminderung des Einflusses der Umgebungstemperatur auf den Lichtstrom zur Folge (s. Abb. 5 und Tab. 1), und zwar ist diese Wirkung bei kapazitivem Vorschaltgerät erheblich größer als bei induktivem. Das bei etwa 25°C liegende Lichtstrommaximum wird flach, so daß die Fehlermöglichkeiten bei der Lichtstrommessung in der Nähe von 25°C kleiner sind als bei konstanter Netzspannung. Die Berechtigung für die Empfehlung dieser Betriebsweise für Meßzwecke ist also offensichtlich. Die Abhängigkeit des Lampenstroms von der Umgebungstemperatur wird allerdings bei dieser Betriebsweise erheblich größer, doch bleibt dies durchaus in erträglichen Grenzen, da die Schwankungen der Raumtemperatur im Laboratorium nicht allzu groß sein dürften und diese Betriebsweise nur für Meßzwecke in Frage kommt. Auch die Neigung der Kurve der Lampenspannung ist bei dieser Betriebsart geringfügig steiler als bei konstanter Netzspannung.

Den Lampenstrom konstant zu halten, bringt hinsichtlich des Temperatureinflusses keinen Vorteil (s. Tab. 1). Es ergibt sich nur die bereits erwähnte Unabhängigkeit von Netzfrequenzschwankungen und ein etwas einfacheres Meßverfahren, wenn man dabei auf die Messung der Lampenleistung verzichtet.

Bemerkenswert ist noch, daß die Lichtausbeute nur in geringem Umfang dem Einfluß der Umgebungstemperatur unterliegt, was bereits aus der Ähnlichkeit des Kurvenverlaufs des Lichtstroms und der Lampenleistung resultiert. Die Lichtausbeuteänderung gibt den Anteil der Lichtstromänderung an, der zu Lasten der Änderung der Emissionsbedingungen der Gasentladung und des Leuchtstoffes geht. Der Rest wird durch die Veränderung der Lampenleistung direkt verursacht. Noch viel weniger als die Lichtausbeute ist das Verhältnis der Wirkleistung N_L der Lampe zu ihrer Scheinleistung, der Lampenleistungsfaktor λ, von der Umgebungstemperatur abhängig.

Bei der Beurteilung der durch die Umgebungstemperatur ausgelösten Änderung des Farbortes in Abb. 6 ist der im Interesse der Übersichtlichkeit verwendete große Maßstab zu berücksichtigen. Außerdem ist zu bedenken, daß diese Farbänderungen durch die Temperatur im allgemeinen nur zeitlich nacheinander und kaum örtlich nebeneinander auftreten. Sie dürften demnach kaum auffallen. Auch in der praktischen Meßtechnik wird es bei kleinen Temperaturunterschieden nicht nötig sein, Korrekturen bei der Farbmessung anzubringen, da sie meist innerhalb der Ermittlungsgenauigkeit liegen werden.

Die Wirkung der Umgebungstemperatur auf den Farbort ist je nach seiner Lage in der Farbtafel typisch verschieden. Es ist aber zu berücksichtigen, daß hierbei gleiche Strecken an verschiedenen Orten der Farbtafel nicht gleichen Empfindungsunterschieden entsprechen. Je „wärmer" die Farbe ist, desto stärker wird der Farbort mit steigender Temperatur nach kleineren x-Werten, d.h. nach Blau verschoben. Bei Tageslichtweiß HNT tritt praktisch nur eine Farbverschiebung nach Grün ($+ \varDelta y$) auf. Der Farbort von Gelblichweiß HNG und Weiß HNW wandert dagegen zunächst mit steigender Temperatur in Richtung Gelb-Grün ($+ \varDelta x, + \varDelta y$), um dann je nach Leistungstype früher oder später nach Blau hin abzubiegen. Bei Warmton HNI setzt die Abwanderung nach Blau schon bei relativ niedrigen Temperaturen ein und ist im Vergleich zu HNG und HNW erheblich größer. Die Ursache für das Anwachsen von x und y mit steigender

Temperatur ist die nicht gleichartige Änderung der einzelnen Leuchtstoffkomponenten. Für das Abbiegen nach Blau ($-\Delta x$) ist dagegen das mit steigender Temperatur stärker werdende Hervortreten der Gasentladung (Linien) verantwortlich.

Dies tritt um so mehr in Erscheinung, je weiter der Farbpunkt von Blau entfernt ist.

Zusammenfassung

Der Einfluß der Umgebungstemperatur auf die Lampendaten ist so erheblich, daß er besonders bei Präzisionsmessungen auch innerhalb verhältnismäßig geringer Temperaturdifferenzen durch Korrekturen berücksichtigt werden muß, wenn es nicht möglich ist, die Umgebungstemperatur auf den vereinbarten Bezugswert einzustellen. Bei diesen Korrekturen ist zwischen den einzelnen Leistungstypen zu unterscheiden. Das Temperaturverhalten der Lampendaten bei Verwendung eines kapazitiven Vorschaltgerätes (an 40 W und 65 W-Lampen untersucht) weicht von dem mit induktivem Vorschaltgerät deutlich ab. Dementsprechend sind hier andere Korrekturen anzuwenden. Werden Leuchtstofflampen bei konstanter Lampenleistung statt bei konstanter Netzspannung betrieben, so wird nicht nur die elektrische Messung zuverlässiger, auch der Temperatureinfluß auf den Lichtstrom wird kleiner. Diese Betriebsart wird deshalb nach Möglichkeit bei Meßvergleichen verwendet. Änderungen der Umgebungstemperatur haben auch eine je nach Lampentyp verschieden große Farbverschiebung zur Folge. In vielen Fällen ist sie bereits bei einer Temperaturänderung von 5° kleiner als der im allgemeinen zu erwartende Meßfehler.

Die Verwendung eines Temperaturregelkastens hat gezeigt, daß die elektrischen und photometrischen Daten von gealterten Leuchtstofflampen unter der Voraussetzung konstanter elektrischer Versorgung im allgemeinen bemerkenswert reproduzierbar sind. Auch wenn nur die elektrischen Lampendaten gemessen werden sollen, muß von einem freien Aufbau von Leuchtstofflampen wegen des dann unvermeidlichen, oft nicht merkbaren Luftzuges dringend abgeraten werden, falls man auf hohe Meßgenauigkeit Wert legt.

Für die Unterstützung bei der Durchführung der Messungen und deren Auswertung habe ich Herrn Ing. H.-Fr. Borchers zu danken.

Literatur

[1] Marden, J. W., N. G. Beese u. G. Meister: Trans. I. E. S. 34 (1939) S. 55.
[2] Diefenthaler, R. J., u. J. C. Forbes: Illum. Engng. 41 (1946) S. 872.
[3] Evans, G. S.: Illum. Engng. 45 (1950) S. 175.
[4] Holden, C. M.: Illum. Engng. 48 (1953) S. 645.
[5] Jerome, C. W.: Illum. Engng. 49 (1954) S. 237.
[6] Pahl, A.: Lichttechn. 7 (1955) S. 177.
[7] Jerome, C. W.: Illum. Engng. 51 (1956) S. 205.
[8] Reeb, O., u. E. Dittrich: Lichttechn. 8 (1956) S. 155.
[9] Frühling, H.-G., u. J. Marterstock: Lichttechn. 5 (1953) S. 186.
[10] IEC-Publ. Nr. 81 (1956): Specification for Tubular Fluorescent Lamps for General Lighting Service. Annex V.
[11] Marterstock, J.: Lichttechnik 2 (1950) S. 177; Auszug in Techn.-wiss. Abh. Osram-Ges. 6 (1953) S. 130.

Die Stromversorgung
und Steuerung der Xenon-Hochdrucklampen*)

Von

H. Ramert

Mit 1 Abbildung

Die z. Z. vorliegenden Xenon-Hochdrucklampen (Tab. 1) werden in zwei Ausführungen hergestellt, deren charakteristische Merkmale sind:

1. Für Luftkühlung mit der Bezeichnung XBO: hohe Leuchtdichte; infolge geringerer Brennspannung größere Brennströme; hauptsächlich für Gleichstrom; bei kleinem Elektrodenabstand hohe Durchschlagspannung (Zündspannung); gute Regelfähigkeit.

2. für Wasserkühlung mit der Bezeichnung XBF: höhere Brennspannung infolge langer Entladungsstrecke; größere Leistungsaufnahme bei mäßigen Brennströmen; für Wechsel- und Gleichstrom gleich gut ausführbar; niedrigere Durchschlagspannung; gute Regelfähigkeit.

Die Lampen weisen gegenüber den gebräuchlichen Entladungs-Lichtquellen teilweise abweichende elektrische Eigenschaften auf, die bei der Auslegung der für sie bestimmten Geräte zu beachten sind. Neu ist die hohe Zündspannung der Lampen, welche die Verwendung besonderer Zündgeräte bedingt; ferner die gute Regelbarkeit bei praktisch konstanter Farbtemperatur des Lichtes[1,2]).

Das Zünden der Xenonlampen
Die Durchschlagspannung der Xenonlampen

Die Xenonlampen werden durch Überlagern von Hochspannungsstößen über die an der Lampe liegende Versorgungsspannung gezündet. Zum Erzeugen der Hochspannung dienen Zündgeräte[3]), die aus einem Impulsgenerator und Resonanztransformator bestehen und den Lampentypen hinsichtlich Brennstrom und Zündspannung angepaßt sind.

Die Durchschlagspannung der Lampen beträgt infolge des hohen Füllgasdruckes einige tausend Volt (Tab. 1). Dies muß bei der Bemessung der Isolation von Lampenhalterung usw. beachtet werden. Aus Sicherheitsgründen kann die von den Zündgeräten gelieferte volle Impulsspannung zugrunde gelegt werden, die etwa 60 % über den genannten höchsten Durchschlagspannungen liegt.

Damit die von den Zündgeräten gelieferte Impulsspannung nicht unzulässig vermindert wird, darf die Eigenkapazität des den Zündimpuls führenden Teiles der Lampenhalterung mit Stromzuführung die für die einzelnen Gerätetypen angegebenen Werte nicht überschreiten.

Auf die Ausführung der Lampenhalterung usw., bzw. Anordnung von Lampe und Zündgerät, hat neben der Zündspannung auch die Frequenz der Zündimpulse von etwa 1 MHz einen Einfluß.

Der Einfluß der Brennstromstärke
und der Induktivität der Stromquelle auf die Zündung

Die Bogenentladung der Xenonlampe brennt um so stabiler, je höher der Brennstrom ist. Beim Zünden muß der ansteigende Brennstrom deshalb das labile Gebiet kleiner Stromstärken möglichst schnell durchlaufen, damit der Bogen sicher aufgebaut werden kann und nicht durch Gaswirbel usw. ausgeblasen wird.

---

*) Auszug aus der in der Zeitschrift ETZ — B 8 (1956) S. 16—21 veröffentlichten Arbeit.

Tab. 1. Richtwerte für wassergekühlte und luftgekühlte
Xenon-Hochdrucklampen.

Bezeichnung		XBF 6000	XBF 6001	XBO 2001	XBO 1001	XBO 501	XBO 162
Kühlmittel		Wasser	Wasser	Luft	Luft	Luft	Luft
Nennleistung	W	6000	6000	2000	1000	500	150
Versorgungsspannung	V	$220 \sim$	$220 =$	$\geqq 65 =$	$\geqq 65 =$	$\geqq 65 =$	$\geqq 65 =$
							u. $220 \sim$
Stromstärke	A	15—45	10—37	15—70	12—45	10—25	7,5 bzw, 8
Grundspannung U_G	V	63	80	$19 \pm 10\%$	$17 \pm 10\%$	$16 \pm 10\%$	15 bzw. 14
							$\pm 10\%$
Innen-					0,11	0,14	
widerstand R_L	Ω	1,6	2,3	$0,1 \pm 10\%$	$\pm 10\%$	$\pm 10\%$	$0,6 \pm 10\%$
Durchschlag-							
scheitelspg. bei 50 Hz	kV	4	5	20—28	18—24	16—22	8—11
Max. Kapazität							
der Zündleitung	pF	50	50	45	35	25	15
Exponent x		1,85	1,85	1,5	1,5	1,5	—
Lichtstrom							
bei Nennleistung	lm	215 000	205 000	70 000	32 000	13 500	3200
Lichtstärke							
bei Nennleistung	cd	18 500	17 300	7 500	3 500	1 500	330

Für die einzelnen Lampentypen werden Stromregelbereiche angegeben, die
nur für die stabilen Entladungsbedingungen nach der Zündung gelten. Zum
Zünden selbst soll bei angelegter Mindest-Versorgungsspannung, z. B. 65 V für

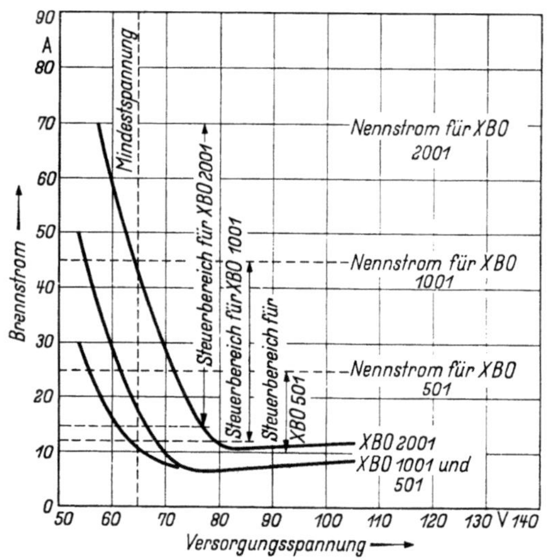

Abb. 1. Zündcharakteristik für XBO-Lampen.
Mindestbrennstrom für sicheres Zünden in Abhängigkeit von der Versorgungsspannung.

die Lampen XBO, der Brennstrom wenigstens auf einen im oberen Drittel des
Regelbereichs liegenden Wert eingestellt werden (Abb. 1). Ist der Brennstrom
kleiner, so zündet der Niederspannungsbogen wohl ebenfalls, erlischt dann aber
leicht mit dem Abschalten des Zündgerätes.

Bei der für die einzelnen Lampentypen angegebenen Mindestversorgungsspannung wird vorausgesetzt, daß die Stromquelle nur eine bestimmte größte Induktivität hat. Für die XBO-Lampen z. B. entspricht dies einem Gleichrichter,

der aus Netztransformator und Gleichrichterventilen besteht, und von dem die Lampe über einen Wirkwiderstand gespeist wird. Hat ein solcher Gleichrichter eine Transduktorregelung und ein dabei erforderliches Glättungsglied, so kann die genannte Mindestversorgungsspannung für ein sicheres Zünden unzureichend sein und muß höher gewählt werden.

Zweckmäßiger, als die Leerlaufspannung zu erhöhen, ist es aber, in den Ausgang des Gleichrichters einen Elektrolytkondensator von etwa 1000 μF als Zündhilfe zu schalten, der im Augenblick der Zündung den erforderlichen Mindestbrennstrom verzögerungsfrei liefert und so die Zeit bis zur Stromlieferung durch den Gleichrichter überbrückt.

Bei Lampen mit kleineren Brennströmen, z.B. der XBO 162, kann ein solcher Kondensator allein nicht die erforderliche Zündsicherheit bringen. Er entlädt sich meist nur blitzartig über die Lampe, ohne die normale Bogenentladung einzuleiten. In einem solchen Fall ist in Reihe mit dem Kondensator ein Wirkwiderstand von etwa 2 Ohm zu schalten, der die Kondensatorentladung zeitlich verlängert und so zu einer sicheren Zündung führt.

Bei der Gleichstromlampe XBF 6001 ist der Einfluß der Induktivität der Stromquelle auf die Zündung geringer. Da dieser Lampentyp aber mit Rücksicht auf eine gute Lichtausbeute etwas ungünstigere Zündeigenschaften aufweist, empfiehlt es sich, die Versorgungsspannung stets ausreichend hoch zu wählen.

Ähnlich liegen die Verhältnisse bei der Wechselstromlampe XBF 6000 und der Allstromlampe XBO 162 bei Wechselstrombetrieb. Zum verlustlosen Begrenzen des Stromes und zum Verschieben der Phasenlage werden die Lampen über eine Vorschaltdrossel gespeist, deren Induktivität die Zündung ungünstig beeinflußt.

Durch konstruktive Maßnahmen konnten die Zündeigenschaften der XBF 6000 aber so verbessert werden, daß sie im oberen Drittel des Brennstromregelbereiches sicher zündet. Für die nichtregelbare Lampe XBO 162 hingegen muß die Vorschaltdrossel stets mit einem Wirkwiderstand als Zündhilfe versehen werden, der entweder parallel zur Drossel oder parallel zur Lampe vor das Zündgerät zu schalten ist. Er soll so bemessen sein, daß im Augenblick der Zündung für die Bogenentladung wenigstens 1/10 des normalen Brennstromes sofort zur Verfügung steht.

Das Zünden der Lampen XBO bei einer Versorgungsspannung unter 65 V, bzw. bei Reihenschaltung mehrerer Lampen

Für die Lampen XBO wird eine Mindestversorgungsspannung von 65 V gefordert, obwohl die Brennspannungen nur etwa 20 bis 30 V betragen. Dieser Spannungsüberschuß wird ausschließlich zum Aufbau der Bogenentladung bei der Zündung benötigt. Nach dem Zünden kann die Lampenbetriebsspannung der jeweiligen Brennspannung angeglichen werden.

Besteht aus wirtschaftlichen Erwägungen der Wunsch, die Versorgungsspannung unter 65 V zu wählen, kann z.B. eine Kombination von 2 Gleichrichtern als Stromquelle dienen. Ein steuerbarer Gleichrichter mit einer nur wenig über der Lampenbrennspannung liegenden Ausgangsspannung stellt die eigentliche Stromquelle dar, während der zweite nur für die Zündung in Reihe oder parallel zum Hauptgleichrichter zu schalten ist. Der Hilfsgleichrichter ist so zu bemessen, daß für die Zündung die aus der Zündcharakteristik sich ergebenden Mindestwerte für Spannung und Strom eingehalten werden.

Sollen 2 Lampen XBO mit gleicher Stromstärke betrieben werden, bietet die Reihenschaltung wirtschaftliche Vorteile, da ein Gleichrichter für 2 Lampen dann kaum teurer als für eine Lampe ist. Sind außerdem beide Lampen nahe beieinander angeordnet, ist nur ein Zündgerät erforderlich.

Bei der Reihenschaltung von 2 Lampen erhöht sich die Durchschlagspannung beider Lampen gegenüber der einer Lampe nur um etwa 20%, da der Hochfrequenzkreis des Zündgerätes einseitig geerdet ist. Dadurch ergibt sich eine ungleiche Wirkung der Erdkapazität der Lampen, Halterungen usw., so daß fast die gesamte Stoßspannung zuerst an einer Lampe liegt und die Lampen nacheinander durchschlagen. Sind beide Lampen jedoch weiter voneinander entfernt, ist für jede Lampe ein eigenes Zündgerät zu verwenden. Eine Lampe muß vor dem Zündgerät mit einem so bemessenen Wirkwiderstand überbrückt werden, daß für beide Lampen die aus der Zündcharakteristik zu entnehmenden Mindestwerte für Strom und Spannung gegeben sind.

Das Verhalten der Xenonlampen im Betrieb

Die Brenncharakteristik

Die Brennspannungs-Brennstromcharakteristiken der verschiedenen Lampentypen haben alle einen ähnlichen Verlauf, der durch die Gleichung einer Geraden in der Form

$$U_L = R_L \cdot I + U_G \quad |\,V\,| \tag{1}$$

angegeben werden kann. Der Betrag der Brennspannung U_L ist gleich der Summe aus einer konstanten Grundspannung U_G und dem Produkt aus Brennstrom I mal dem Innenwiderstand R_L der Lampe. Diese Gleichung gilt nur innerhalb des für jeden Lampentyp zulässigen Stromsteuerbereiches.

Während die Brenncharakteristiken der Lampen XBF mit den Werten für R_L und U_G recht genau gekennzeichnet werden können, ist für die luftgekühlten Kurzbogenlampen XBO nur die Angabe von Mittelwerten möglich, da der Füllgasdruck und der Spannungsverlust an den Elektroden einen größeren Einfluß auf die Brennspannung hat.

Obwohl die Brenncharakteristik der Lampen XBO nur durch Mittelwerte angegeben werden kann, ist sie zur Kennzeichnung der Brenneigenschaften doch gut brauchbar. Aus ihr kann z. B. leicht ersehen werden, wie groß der stellbare Vorwiderstand bei gegebenen Stromversorgungsbedingungen gewählt werden muß und unter welchen Voraussetzungen mit einer nur wenig über der Brennspannung liegenden Versorgungsspannung gearbeitet werden kann.

Der Einfluß der Kurvenform des Brennstromes

Während des Brennens unterliegen die Elektroden der Xenonlampen einer Beanspruchung, welche neben einer Verdampfung auch eine Deformation, insbesondere der Kathodenspitze, hervorruft. Diese Beanspruchung ist bei reinem Gleichstrom am geringsten. Welliger Gleichstrom ist dem idealen Gleichstrom nur dann annähernd gleichwertig, wenn die Pulsation weniger als 16% beträgt. Unter dieser Strompulsation ist zu verstehen

$$p = \frac{i_{\max} - i_{\min}}{i_{\max}} \cdot 100\%, \tag{2}$$

wobei $i_{\max}$ der Höchstwert und $i_{\min}$ der tiefste Wert der Stromkurve ist.

Um eine lange Lebensdauer der mit Gleichstrom gespeisten Xenonlampen zu erreichen, soll angestrebt werden, die Brennstrompulsation möglichst gering zu halten. Dies trifft auch für die Lampe XBO 162 zu, obwohl für diese mit Rücksicht auf die Verwendung billigerer Einphasen-Gleichrichter eine Brennstrompulsation bis zu 45% zugelassen wird.

Beim Wechselstrombetrieb ist die Elektrodenbeanspruchung stets größer als bei Gleichstrom. Wird z. B. die XBO 162 mit Wechselstrom gespeist, kann die Elektrodendeformation bald zu einem unregelmäßigen Verlagern des Bogens während des Brennens führen, wodurch sich ein geringes Flackern des Lichtes ergibt.

Außerdem kann ein schwaches Flimmern des Lichtes auftreten, das durch einen geringen Gleichrichtereffekt der Lampe und die dadurch bedingte 50 Hz-Lichtpulsation hervorgerufen wird. Während eine Lichtpulsation von 100 % bei 100 Hz vom Auge nicht wahrgenommen werden kann, ist ein Anteil der 50 Hz-Pulsation von 2 bis 4 % bereits sichtbar.

Bei der mit Wechselstrom betriebenen Lampe XBF 6000 tritt das 50 Hz-Flimmern des Lichtes nicht auf, da der Spannungsabfall über der Bogensäule fast die gesamte Brennspannung der Lampe darstellt und die den Gleichrichtereffekt verursachenden Spannungsabfälle an den Elektroden deshalb nicht in Erscheinung treten können.

Die Abhängigkeit der Lichtausstrahlung vom Brennstrom

Für alle Typen der Xenonlampen entspricht die Abhängigkeit der Lichtstärke J von der Brennstromstärke annähernd der Funktion

$$J = c \cdot I^x \quad \text{cd}^{4,5}). \tag{3}$$

In Tab. 1 sind für die einzelnen Lampentypen die Werte für den Exponenten x sowie für Lichtstrom und Lichtstärke bei Nennleistung angegeben. Damit ist die Konstante c bestimmt, so daß in Verbindung mit den Werten für R_L und U_G die Lichtabhängigkeiten von der geregelten Versorgungsspannung, dem Vorwiderstand oder der Vorschaltinduktivität berechnet werden können.

Bei Pulsationsfrequenzen unter 1000 Hz entspricht die Lichtpulsation etwa der vorstehenden, mit Gleichstrom aufgenommenen Funktion. Mit höher werdenden Frequenzen nimmt die Lichtpulsation gegenüber der Strompulsation stetig ab, wodurch eine Verwendbarkeit der Xenonlampen für Lichtmodulationszwecke nur im Tonfrequenzgebiet gegeben erscheint.

Werden für eine besondere Anwendung der Lampen gewisse Forderungen hinsichtlich der Lichtpulsation gestellt, kann die zulässige Brennstrompulsation mit ausreichender Genauigkeit vorausbestimmt werden. Zu achten ist jedoch bei allen Gleichstromquellen auf die Vermeidung einer 50 Hz-Grundwelle der Strompulsation, da das Auge für das 50 Hz-Flimmern des Lichtes bei extrafovealem Sehen eine Empfindlichkeit hat, die der von guten Meßinstrumenten nahekommt.

Literatur

[1] Schulz, P.: Reichsber. Phys. 1 (1944) S. 147—153. Anderson, W. T.: J. Opt. Soc. Amer. 41 (1951) S. 385—388.
[2] Larché, K.: ETZ Ausg. A 74 (1953) S. 346—349.
[3] Ramert, H.: ETZ 72 (1951) S. 604—606. Techn.-wiss. Abh. Osram-Ges. 6 (1953) S. 38—42.
[4] Schulz, P.: Ann. Phys. Folge 6, 1 (1947) S. 95—118.
[5] Larché, K.: Z. Phys. 136 (1953) S. 74—86.

Zur Thyratron-gesteuerten Dämmerungsschaltung von Leuchtstofflampen

I. Vorgänge an der Zündhilfe

II. Stabilitäts-Betrachtungen an der Steuercharakteristik in Abhängigkeit von Vorschaltgeräten, Netzspannung usw.

Von

H.-J. Fähnrich, W. Gurski und K. Knoth*)

Mit 17 Abbildungen

In der Zuleitung zur Zündhilfe treten in den beiden Halbwellen der Wechselspannung verschieden große Stromimpulse auf, der größere Impuls in derjenigen Halbwelle, in der die mit der Zündhilfe verbundene Elektrode Anode ist. Die Abhängigkeit dieser Stromstöße vom Phasenanschnittwinkel und von Schaltelementen in der Zuleitung zur Zündhilfe wird untersucht; Flimmererscheinungen, die bei zu großen Zündstrichbreiten auftreten, werden besprochen.

Es wird nachgewiesen, daß gelegentlich auftretende starke Leuchtdichteunterschiede an 65-W-Lampen, 1,5 m lang, im mittleren Bereich der Steuercharakteristik vorzugsweise durch Verschiedenheiten der Charakteristik der verwendeten Drosseln zustande kommen; genügend gleichmäßige Drosseln und evtl. Verwendung höherer Netzspannung erlauben befriedigende Steuerbarkeit bis zu Dämmerungsverhältnissen von 1000 : 1. Die Beeinflussung eines Steuerkreises durch die Eigenschaften verschiedener Lampenexemplare tritt weit zurück gegenüber der Beeinflussung durch Eigenschaften verschiedener Drosselexemplare.

Einleitung

Als Dämmerungsschaltung (vielfach auch Helligkeitssteuerung genannt, engl.: Dimming circuit) sei im folgenden ein Stromkreis gemeint, der durch Steuerorgane zwischen Netzspannung und Lampen die Lichtstärke von Leuchtstofflampen in einem weiten Bereich zu steuern gestattet. In der Literatur werden als Steuermethoden beschrieben: Die Netzspannungssteuerung mittels Steuertransformatoren[1]), die Stromsteuerung mittels vorgeschalteter Widerstände[2-5, 17]) oder mittels Drosseln, die eine widerstandsbelastete Sekundärwicklung aufweisen[6]), eine Steuermethode durch vorgeschalteten Widerstand und Impulswandler, der der Netzspannung einen Impuls zur Erleichterung der Wiederzündung in jeder Halbwelle überlagert[7]); verbreitet scheint die Steuerung durch Drosselspulen, die in einer zweiten Wicklung durch Gleichstrom vormagnetisiert werden (Transduktorsteuerung)[3, 8, 9]), besonders bevorzugt jedoch dürfte die Steuerung durch antiparallelgeschaltete Thyratrons sein[3, 8, 10-15]). Diese Steuermethode beruht darauf, daß jede Halbwelle der Netzwechselspannung steuerbar zeitweilig durch die Thyratrons gesperrt, also nur teilweise von ihnen durchgelassen wird, dann aber mit voller Amplitude (von der Brennspannung der Thyratrons abgesehen). Die Phasenlage des Spannungsanschnittes, im folgenden bezeichnet als Phasenanschnittwinkel φ und gerechnet vom Nulldurchgang der Netzspannung, bestimmt das „Dämmerungsverhältnis" DV**).

---

*) Überarbeitete Auszüge aus

I. Unveröffentlichter Staatsexamensarbeit von K. Knoth „Die kapazitiven Ströme über die Zündhilfen in der Thyratron-gesteuerten Dämmerungsschaltung von Leuchtstofflampen" (Berlin, Juli 1955).

II. Diplomarbeit von H.-J. Fähnrich „Zündverhältnisse an Leuchtstofflampen in Dämmerungsschaltungen" (Technische Universität Berlin, Fakultät Elektrotechnik, Institut für Allgemeine Elektrotechnik, Prof. Dr.-Ing. O. Mohr, Mai 1957).

**) Darunter wollen wir das Verhältnis der vollen Lichtstärke der Lampe (Integral-Mittelwert über eine volle Netzspannungsperiode) zu der Lichtstärke im jeweiligen abgedunkelten Zustand verstehen. Mit „Grenzdämmerungsverhältnis" GDV wollen wir den größten prak-

I. Vorgänge an der Zündhilfe

1. Zündhilfen, Schaltungs-Prinzip, Spannungsstöße

Die Lampen sind also in einem mit dem DV wechselnden Teil der Netzhalbwelle spannungslos und müssen so nach verschieden langen Dunkelpausen wieder-zünden*). Bei der Eigenheit der Leuchtstofflampen, daß der Elektrodenabstand groß gegen den Kolbendurchmesser und die Elektrodenabmessungen ist, ist die Wiederzündwilligkeit der Lampen vom Wandpotential abhängig, bzw. es kann durch günstige Beeinflussung des Wandpotentials die Wiederzündwilligkeit der Lampen erhöht werden[16]).

In den Veröffentlichungen über Dämmerungsschaltungen wird deshalb die Not-wendigkeit einer Zündhilfe betont. Mindestens wird verlangt, daß die Metall-leiste, auf der die Lampe befestigt ist, geerdet wird[14]). Meist wird auf die Lampen ein leitender Streifen als Zündstreifen aufgebracht und geerdet.

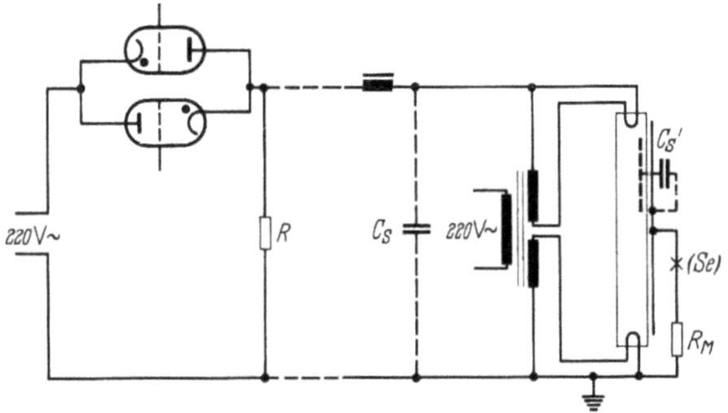

Abb. 1. Dämmerungsschaltung, Prinzip.

Die vorzugsweise angewendete Prinzipschaltung der gesamten Anordnung, nämlich mit Thyratrons, entspricht dann der Abb. 1.

In dieser Abbildung ist die notwendige Dauerheizung der Elektroden einge-zeichnet und ein Widerstand R, mit dem vagabundierende Ladungen von der Verbindungsleitung zwischen Leuchtstofflampe und Thyratrons abgeführt werden, die sonst Zündverzug in der Serienschaltung der zwei Gasentladungsstrecken und damit Flackern der Lampen verursachen.

In der Abbildung sind weiter eingezeichnet, und zwar gestrichelt, Kapazitäten C_S bzw. C_S'. Diese treten durch die Anordnung der Schaltungsmittel, z.B. als verteilte Kapazitäten in den Wicklungen von Drossel und Heiztrafo oder zwischen seinen Wicklungen, auf bzw. als Kapazität zwischen dem Zündstreifen und dem Inneren der Leuchtstofflampe. Der Meßwiderstand R_M und die wahlweise einzu-fügenden Schaltelemente an der Stelle (Se) dienen nur der vorliegenden Unter-suchung.

---

tisch nutzbaren Wert des Dämmerungsverhältnisses bezeichnen, d.h. denjenigen Wert, bei dem alle gesteuerten Lampen noch flackerfrei brennen. (GDV oder $DV = 100$ bedeutet also: Herabsteuern bis auf $1/_{100}$ der vollen Lichtstärke.) Die Messung des Dämmerungsverhältnisses geschah durch Photoelemente, die durch Siebblenden und elektrisch auf verschiedene Meß-bereiche eingestellt werden konnten, so daß Beleuchtungsstärkeverhältnisse am Ort der Photoelemente bis zu Werten von etwa $2000 : 1$ proportional gemessen werden konnten. Die Angaben über das Dämmerungsverhältnis beziehen sich also entsprechend der Verwendung eines Lichtmarkengalvanometers als Meßinstrument auf die arithmetischen Mittelwerte des zeitlichen Verlaufs der Licht-Zeit-Kurve.

*) Das bedeutet: Je größer DV, desto größer der spannungslose Anteil der Netzhalbwelle und (wegen der Entionisierung der Entladungsstrecke) desto größer die Wiederzündspannung.

In [11], [12], [14]) wird bereits darauf hingewiesen, daß die Schaltkapazitäten C_S in Verbindung mit der steilen Spannungsfront bei Öffnung der Thyratrons in jeder Halbwelle eine Spannungsüberhöhung an der Lampe (bis zum etwa 2fachen der Netzspannung) bzw. einen Spannungsstoß erzeugen, der die Wiederzündung der Lampen begünstigt. In [11]) ist angedeutet, daß auch über die Zündhilfe ein Spannungsstoß auf die Lampe trifft; genauere Untersuchungen dazu liegen nicht vor. Die hierzu folgenden Untersuchungen wurden durchgeführt mit Leuchtstofflampen 40 W, 1,2 m lang (HN 202).

2. Oszillogramme von Spannungsspitzen und Stromstößen zur Zündhilfe

Das Oszillogramm einer Brennspannungskurve mit Spannungsüberhöhung durch Spannungsstoß auf C_S und anschließende gedämpfte periodische Schwingungen zeigt Abb. 2.

Die Messung bzw. oszillographische Registrierung der in der Zuleitung zur Zündhilfe (in R_M) auftretenden Ströme, die eine Spannung in C_S' induzieren, erforderte einen hochwertigen Meßverstärker. Die Oszillogramme dieser Ströme I_{Zh} und der zugehörigen Brennspannung der Leuchtstofflampe bei verschiedenem φ bzw. DV zeigt Abb. 3.

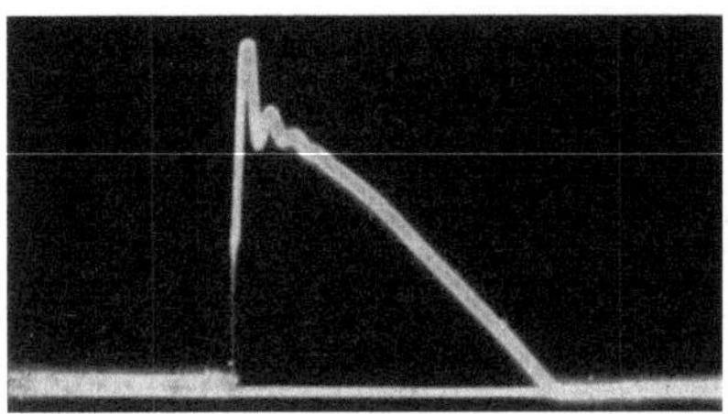

Abb. 2. Lampen-Brennspannung, Spannungsstoß in C_S erzeugt.

Aus den Brennspannungskurven ergibt sich bei Vergleich mit der hier nicht wiedergegebenen Ausgangsspannung des Thyratrongerätes, daß die der Lampe zur Verfügung stehende Wiederzündspannung (d.i. die Spannung an C_S) nicht nur durch Resonanz höherer Oberwellen angehoben wird, sondern sogar mit dem DV stärker anwächst, als es dem Verlauf der Wechselspannungshalbwelle entspricht (wobei vielleicht der die Lampenelektroden treffende Spannungsstoß zu noch höheren Werten anstiege, wenn er nicht durch das Zünden der Lampe zusammenbräche).

Zeitlich zusammenfallend mit der Spannungswiederkehr bei Öffnung der Thyratrons zeigt der obere Teil der Oszillogramme Stromstöße I_{Zh} im Meßwiderstand R_M, die Augenblickswerte bis 2 mA erreichen (bei einer Zündhilfe von 8 mm Breite; mit wachsender Breite wachsende Stromwerte entsprechend größeren Werten von C_S). Die Stromstöße auf die Zündhilfe (s. dazu z.B. Abb. 3d) sind in den beiden Halbwellen verschieden hoch, obwohl in der Brennspannung und in der Licht-Zeit-Kurve bei diesen Dämmerungsverhältnissen keine Verschiedenheit zwischen den beiden Halbwellen auftritt. Der höhere Stromstoß auf die Zündhilfe ist jener Halbwelle zugeordnet, in der die mit der Zündhilfe verbundene Elektrode Anode ist (deshalb im folgenden $I_{Zh\,pos}$ bezeichnet, im Oszillogramm immer nach oben gerichtet). Diese Verschiedenheit zwischen $I_{Zh\,pos}$ und $I_{Zh\,neg}$ bleibt auch bei größeren Phasenanschnittwinkeln, wenn I_{Zh} bei größeren Dämmerungsverhältnissen im Absolutwert abnimmt (weil der Momentanwert der Spannung im Augenblick des Anschnitts abnimmt), aufrechterhalten.

Daß $I_{Zh\,pos} > I_{Zh\,neg}$ ist, darf zurückgeführt werden darauf, daß die Beweglichkeit der Elektronen größer ist als die der Ionen. Dadurch wird der Kondensator C_S' (mit Zündstreifen als äußerer Belegung, Glas als Dielektrikum und innerer Wandladung als zweiter Belegung) mit einem höheren Stromstoß bei Wiederkehr des positiven Potentials am Zündstreifen aufgeladen als bei Wiederkehr des negativen Potentials.

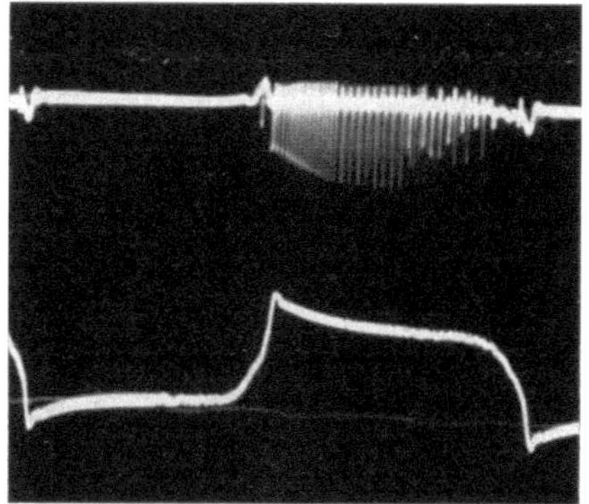

a) $\varphi - 17°$, $DV = 1$

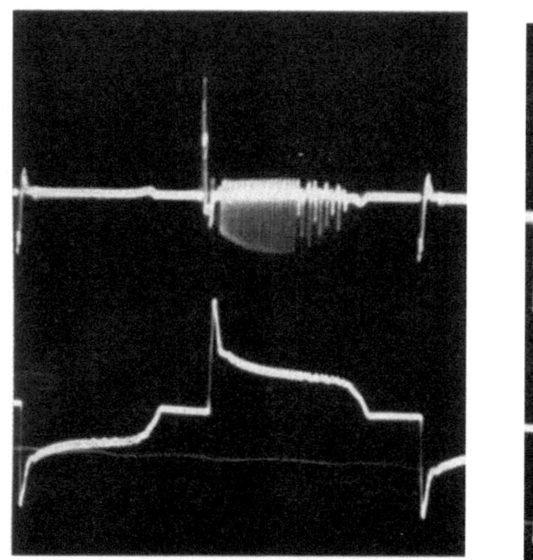

b) $\varphi = 83°$, $DV = 2$

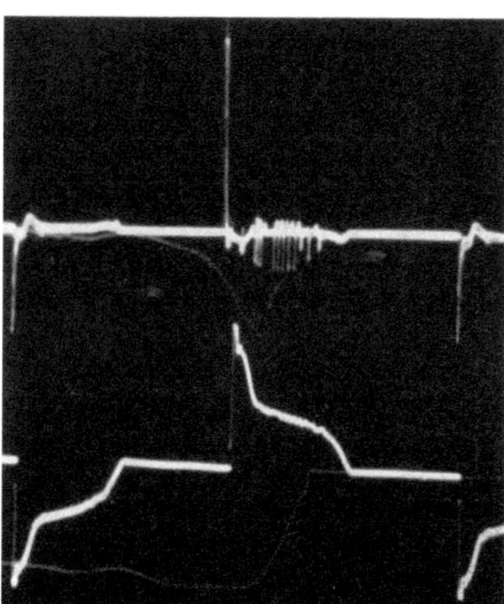

c) $\varphi - 101°$, $DV = 11$

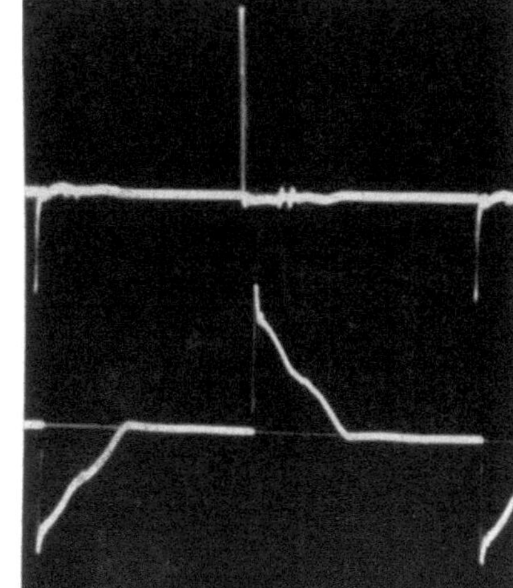

d) $\varphi - 110°$, $DV - 110$

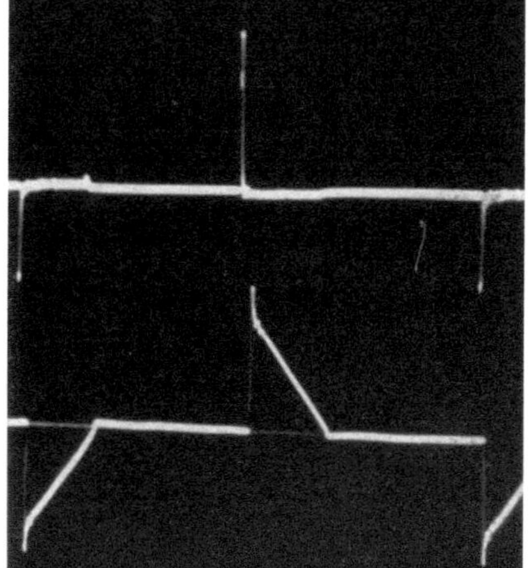

e) $\varphi - 119°$, $DV - 2000$

Abb. 3. Ströme I_{Zh} (oben) in R_M bei 8 mm breiter Zündhilfe, und Lampen-Brennspannung (unten).

Der höhere Stromstoß $I_{Zh\,pos}$ ist unter bestimmten Bedingungen (s. später) bei DV etwa 10...100 ursächlich für ein Flimmern der Lampe mit der Netzfrequenz. In Analogie mit der Erfahrung, daß ohne Zündhilfe bzw. mit wenig wirksamen Zündhilfen (z. B. metallische geerdete Leuchte oder Vorschaltwiderstände vor der Zündhilfe, s. weiter unten) Grenzdämmerungsverhältnisse von nur etwa 10 und gelegentlich vielleicht 100 erreichbar sind, darf man wohl daraus folgern, daß die Wiederzündung bei Dämmerungsverhältnissen bis 10 oder etwas mehr vorzugsweise durch die an die Lampenelektroden direkt gelangende (und überhöhte) Spannung zustande kommt, während der kapazitive Spannungsstoß über die Zündhilfe bei größeren Dämmerungsverhältnissen (die ohne Zündhilfe nicht mehr erreichbar sind) für das Wiederzünden ursächlich ist.

Bei $I_{Zh\,pos}$ fallen die zusätzlichen Schwingungen auf, die während der Brennzeit der Lampe auftreten. Sie sind zwangsläufig gekoppelt mit den bekannten, der Brennspannung überlagerten tonfrequenten Schwingungen, die von der Anode ausgehenden Schwingungen des Gasplasmas oder mikroskopischen Wanderungen des Brennflecks auf der Oxydelektrode zugeschrieben werden. Jede Änderung dieser tonfrequenten Schwingungen auf der Brennspannungshalbwelle bringt eine synchrone Änderung dieser Schwingungen auf $I_{Zh\,pos}$ mit sich. In Lampen mit glatt verlaufenden Brennspannungskurven (wir beobachteten dies z. B. an Lampen mit Neon $+ 1\%$ Argon als Grundgas) entfallen auch diese Schwingungen auf I_{Zh}.

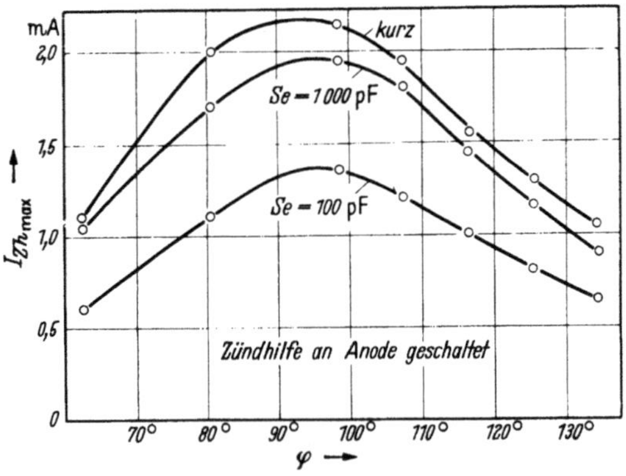

3. I_{Zh} als Funktion von φ und Schaltelementen Se vor der Zündhilfe

Die Abhängigkeit des Stromstoßes $I_{Zh\,pos}$ von dem Phasenanschnittwinkel ist in Abb. 4 wiedergegeben, variiert durch die (den Wert von I_{Zh} verringernde) Vorschaltung eines Kondensators an der Stelle Se.

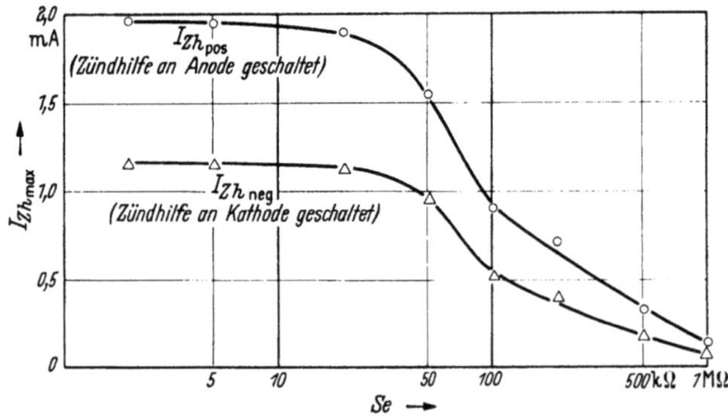

Abb. 4. Stromspitze $I_{Zh\,pos}$ als Funktion von Phasenanschnittwinkel φ und vorgeschaltetem Kondensator Se.

Natürlich wirkt die Vorschaltung eines Widerstandes an der Stelle Se ebenfalls verkleinernd auf $I_{Zh\,max}$, wie es in Abb. 5 dargestellt ist. Für die Praxis ist das

Abb. 5. Stromspitze $I_{Zh\,pos}$ und $I_{Zh\,neg}$ (jeweils Maximalwert) als Funktion von vorgeschaltetem Widerstand.

Absinken von $I_{Zh\,max}$ mit größer werdendem Vorschaltwiderstand wichtig; es hat sich gezeigt, daß mit Vorschaltwiderständen von z. B. 100 oder 500 kΩ Grenz-dämmerungsverhältnisse von 1000 oder mehr, mindestens mit schmalen Zünd-hilfen von 2...3 mm Breite, nicht mehr zuverlässig erreichbar sind.

4. I_{Zh} bei größerer Zeitauflösung

Werden die Stromimpulse auf die Zünd-hilfe zeitlich stärker aufgelöst, so ergibt sich Abb. 6.

Es ergibt sich, daß die Stromimpulse nach dem Abklingen der ersten Spitze (mit einer Impulsdauer von etwa $10^{-5}\,s$) einen zweiten Anstieg zeigen, der bei $I_{Zh\,neg}$ erheblich langsamer als bei $I_{Zh\,pos}$ verläuft.

Der Wiederanstieg von I_{Zh} muß wohl gedeutet werden als kapazitiver Ver-schiebungsstrom in dem durch Zünd-streifen—Kolbenwand—Entladungsplasma gebildeten Kondensator, wenn die Wieder-zündung der Lampe erfolgt ist und nun die Glaswand innen durch Trägerdiffusion aufgeladen wird. Gestützt wird diese An-schauung durch die bei $I_{Zh\,neg}$ größere Dauer des zweiten Stromstoßes (geringere Beweglichkeit der Ionen). Dieser Deutung entspricht auch unsere Beobachtung, daß nach Unterschreitung des GDV, wenn die Lampe zu flackern beginnt, der zweite Im-puls von $I_{Zh\,neg}$ mit dem Flackern zwischen zwei Werten pendelt.

Hier sei noch präzisiert, daß die in Abschnitt 3 gegebenen Abhängigkeiten des I_{Zh} sich auf den ersten Impuls beziehen; der zweite Impuls von $I_{Zh\,neg}$ erreicht bei großem φ Werte über denen des ersten Impulses.

5. Flimmern

Wir haben aus experimentellen Gründen vorzugsweise mit Zündstreifen von 8 mm Breite gearbeitet. Für die Zündstrichbreite gilt die allgemeine Aussage: „Je breiter der Zündstreifen, desto größer I_{Zh}.“

Bei der Betrachtung von Abb. 7 mit Brennspannungs- und Licht-Zeit-Kurven einer Lampe mit Zündstreifenbreite von 20 mm ergibt sich als charakteristisch für den Betrieb mit breiten Zündstreifen: In der Licht-Zeit-Kurve zeigt sich ein deut-

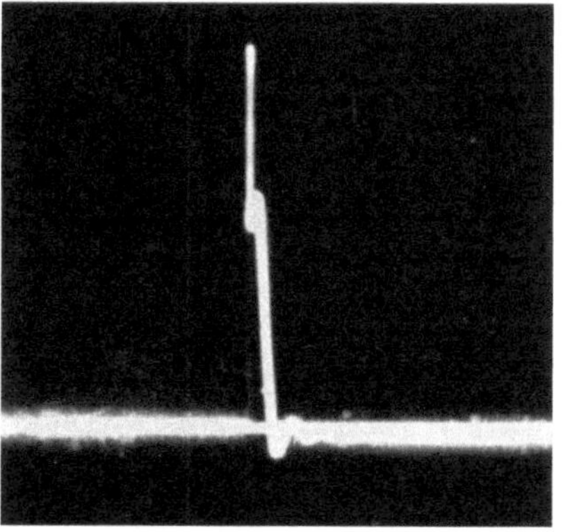

a) $I_{Zh\,pos}$ ($\varphi = 119°$, $DV = 2000$)

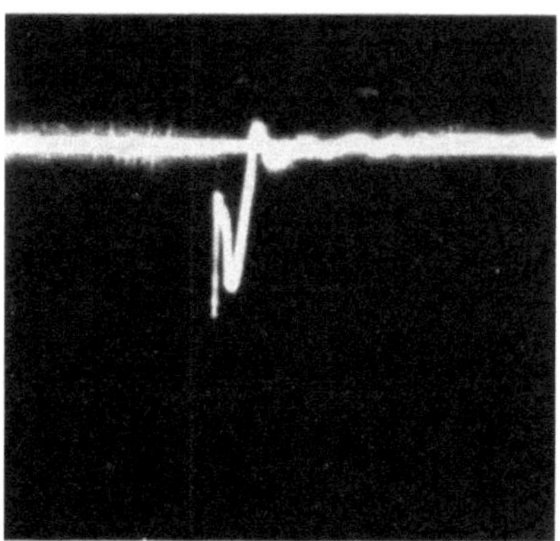

b) $I_{Zh\,neg}$ ($\varphi = 119°$, $DV = 2000$)

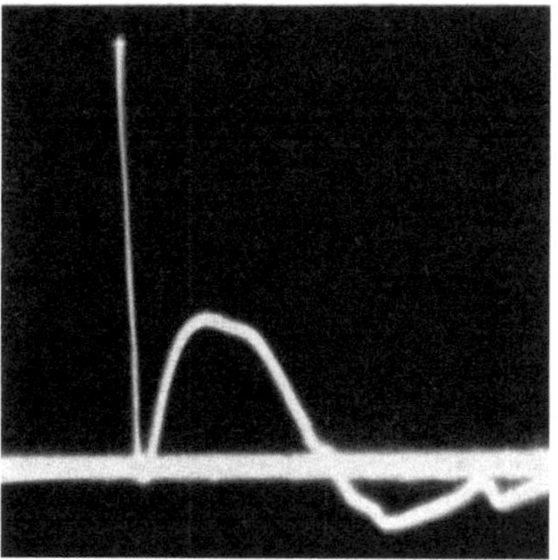

c) $I_{Zh\,pos}$ sehr stark aufgelöst

Abb. 6. Stromspitze I_{Zh} bei größerer zeitlicher Auflösung.

licher Unterschied für die den zwei Halbwellen entsprechenden Lichtimpulse, also
ein Flimmern mit Netzfrequenz 50 Hz, das vom Auge um so stärker empfunden
wird, je näher die mit dem Auge betrachteten Lampen dem peripheren Teil des
Gesichtsfeldes sind, und bei praktisch ausgeführten Anlagen störend wirken kann.
Dieses Flimmern ist bei geerdeter Zündhilfe und am einseitig geerdeten Netz 220 V
um so stärker, je breiter die Zündhilfe ist (je größer C_S' ist), und tritt bei Dämmerungsverhältnissen von etwa 10...100 auf. In der Abb. 7 ist deutlich, daß die

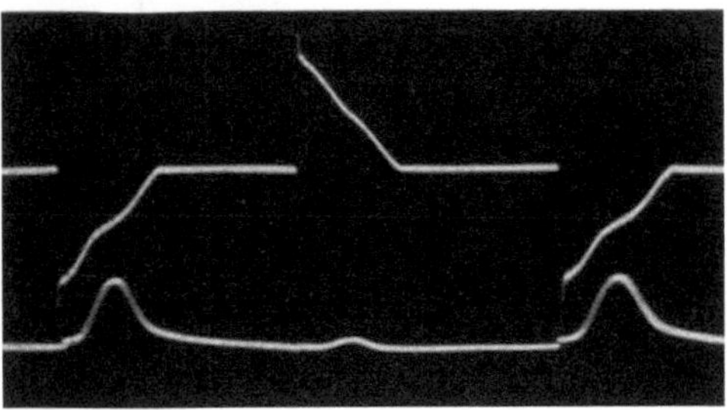

Abb. 7. Lampen-Brennspannung (oben) und Licht-Zeit-Kurve bei breiter Zündhilfe (20 mm), DV etwa = 100.

Brennspannung der Lampe in derjenigen Halbwelle, in der die Licht-Zeit-Kurve
eine höhere Amplitude erreicht (die mit der Zündhilfe verbundene Elektrode ist
Anode), stärker einsattelt als in der anderen Halbwelle mit geringerem Lichtstrom-
scheitelwert.

Wird der Zündstreifen mit der anderen Lampenelektrode verbunden, so verlagert sich die Einsattelung in der Brennspannung und der höhere Lichtstrom-
scheitelwert auf die andere Halbwelle. Darin drückt sich die nach der Betrachtung
der Stromstöße I_{Zh} selbstverständliche Tatsache aus, daß nicht die Erdung der
Zündhilfe für das einwandfreie Arbeiten der Anlage wesentlich ist (die Erdung wird
nur aus Sicherheitsgründen in der Praxis bevorzugt), sondern die Potentialdifferenz der Zündhilfe gegen die beiden Elektroden.

Wird die bisher gleiche Heizung der beiden Lampenelektroden verändert, so daß
die mit der Zündhilfe nicht verbundene Elektrode geringer geheizt wird, so werden
die den beiden Halbwellen entsprechenden Lichtimpulse gleich, und die Einsattelung der Brennspannung verschwindet. Gleichzeitig kann man an den Elektroden
(z. B. bei Lampen, deren Kolben an den Elektrodenräumen keinen Leuchtstoff
enthalten) beobachten, daß der punktförmige Bogenansatz (während des Flim-
merns nur an der nicht mit der Zündhilfe verbundenen Elektrode vorhanden)
verschwindet. Der Entladungsstrom dürfte demnach bei großen Werten von φ
und DV (solange die Brennspannung nicht einsattelt) nur von der thermischen
Emission der Kathode getragen werden (Lampenstrom kleiner als Grenzstrom*)),
bei kleineren Werten von φ und DV dagegen tritt Brennfleckbildung ein.

6. Betrieb am Netz mit anderen Erdungsverhältnissen

Es hat sich ergeben, daß Leuchtstofflampen 40 W von 1,20 m Länge am 220-V-
Netz mit einseitiger Erdung (entsprechend Phase gegen Null im meist üblichen
380/220-V-Netz) einwandfrei bis zu einem GDV von mindestens 1000:1 steuerbar
sind, wenn sie nur einen dünnen Zünddraht längs der Lampe oder einen schmalen
Zündstrich von $\leqq$ 3 mm Breite haben. Größere Zündstrichbreiten führen zu ge-
legentlichem Flimmern der Lampen.

---

*) S. die Arbeit B. Kühl: „Entstehung und Stabilisierung des Brennflecks ..." in diesem
Band, S. 73.

Dagegen lassen sich die gleichen Lampen an einem Netz mit Erdung im Mittelpunkt, entsprechend den Außenleitern im Netz 220/127 V, nur dann befriedigend steuern, wenn sie einen breiten geerdeten Zündstreifen von 10 mm Breite haben; Flimmern tritt wegen der symmetrischen Schaltung des Zündstreifens gegen die Elektroden nicht auf. Wird ein schmalerer Zündstreifen verwendet, so beginnen die Lampen bereits bei kleineren Werten des DV zu flackern. Im Sinne der vorstehend beschriebenen Messungen bedeutet das, daß an der Kapazität C_S' im Netz 220/127 V an einer schmalen Zündhilfe kleinere I_{Zh}-Impulse auftreten, die bei großen Phasenanschnittwinkeln keine Wiederzündung der Lampe einleiten. Eine breite Zündhilfe dagegen, also eine große Kapazität C_S', ergibt größere I_{Zh}-Impulse und damit größere Werte des Grenzdämmerungsverhältnisses.

II. Stabilitätsbetrachtungen usw.

1. Übersicht über Steuercharakteristiken

Die oben (in Abschn. I. 6) gemachte Angabe, daß 40-W-Leuchtstofflampen einwandfrei bis zu einem GDV von mindestens 1000 : 1 steuerbar sind mit den dort genannten Zündhilfen, enthält auch, daß zwischen den Einzellampen eines Steuer-

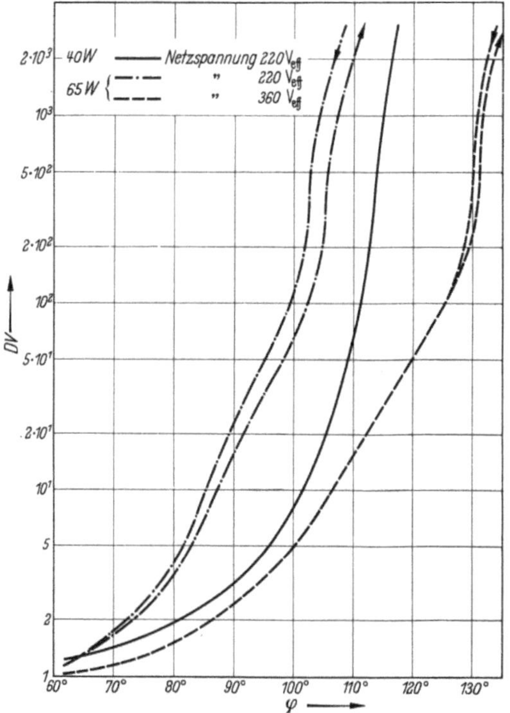

Abb. 8. Steuercharakteristiken einer 65-W-Lampe (Verminderung von Hystereseerscheinungen durch höhere Netzspannung) und einer 40-W-Lampe (Kurve ohne Wendepunkte).

kreises nur geringe Leuchtdichte-Unterschiede auftreten. Dagegen unterscheiden sich unter sonst gleichen Bedingungen die 65-W-Lampen, 1,5 m lang, dadurch, daß das Bild einer gesteuerten Anlage durch gelegentlich auftretende Leuchtdichte-Unterschiede von etwa 1 : 50 gestört wird. Im folgenden wird versucht, derartigen Störungen des Steuerverhaltens nachzugehen.

In früheren, hier nicht besonders berichteten Versuchen wurde klargestellt, daß Änderungen der Heizspannung für die Lampen, der Zündhilfen oder ihrer Anschaltung (über Widerstände, Kondensatoren usw.) an Erde die Störungen nicht beseitigen halfen.

Abb. 8 zeigt den Vergleich zwischen den Dämmerungscharakteristiken einer 40-W-Lampe und einer 65-W-Lampe unter verschiedenen Spannungsbedingungen. Auffällige Unterschiede in diesen Charakteristiken sind Knicke bei der 65-W-Lampe, die bei der 40-W-Lampe nicht auftreten. Diese Knicke sind zurückzuführen auf Sättigungserscheinungen bei größer werdendem Strom in den Drosseln und auf den Übergang von dem thermisch emittierten Elektronenstrom aus der Oxydkathode zur Bildung eines Brennflecks. Weiter unterscheiden sich die Charakteristiken von 65-W- und 40-W-Lampe durch das Auftreten einer deutlichen „Hysterese" zwischen Aufwärts- und Abwärts-Steuern bei 65-W-Lampen an der Netzspannung von 220 V. Diese Hysterese bringt Leuchtdichte-Unterschiede bis etwa zum Faktor 1:10 mit sich, und die Hysterese wird (was auch aus weiteren, hier nicht dargestellten Kurven hervorgeht) um so geringer, je höher die verwendete Netzspannung ist. Für die Dämmerungscharakteristik der 40-W-Lampe ist die Hysterese in Abb. 8 nicht dargestellt, weil sie praktisch in der Streuung der Meßdaten bereits bei der Netzspannung von 220 V untergeht. Laut Abschn. II. 6 ist diese Tatsache durch das für die 40-W-Lampe günstigere Verhältnis zwischen Netzspannung und Brenn- bzw. Wiederzündspannung bedingt. Der grundsätzlich scheinende Unterschied in den Dämmerungscharakteristiken für 65-W-Lampen und 40-W-Lampen ist also nur scheinbar.

2. Stabilitäts-Betrachtungen an Hand der u-i-Diagramme

Bei Gleichstrom-Entladungen ist es üblich, im U-I-Koordinatennetz die Widerstandsgerade mit der vollständigen Charakteristik einer Gasentladung zu schneiden und daraus herzuleiten, ob bei der entsprechenden angelegten Spannung die Gasentladung im Gebiet der Glimmentladung, der Bogenentladung usw. brennt, ob sie stabil brennt oder eventuell mehrere mögliche Betriebszustände hat. Sicher ist, daß jede Wechselstrom-Entladung bei genügend hoher Netzspannung zu stabilem Betrieb gezwungen werden kann, während bei niedriger Netzspannung (entsprechend einem geringen Überschuß an Netzspannung gegenüber der Brennspannung bei Gleichstrom-Entladungen) instabile Betriebszustände sich ergeben. Wesentlich mitbestimmt werden diese durch die Tatsache, daß die Wiederzündspannung der Leuchtstofflampe stark abhängig ist von der Dauer der in jeder Halbwelle durch die Thyratron-Schaltung auftretenden stromlosen Pause. Es wurden deshalb die

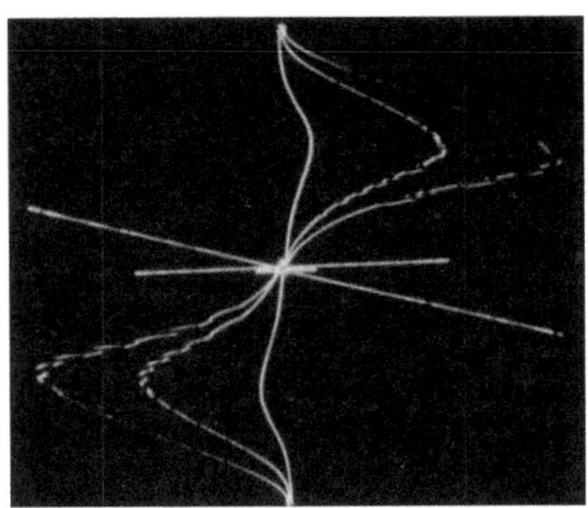

Abb. 9. u-i-Diagramme einer 65-W-Lampe und eines Ohmschen Begrenzungswiderstandes (dessen Spannung an Nullinie gespiegelt) bei

DV = 3,5 $\varphi = 105{,}1°$
DV = 4,2 $\varphi = 107{,}0°$
DV = 60,0 $\varphi = 109{,}0°$

u-i-Charakteristiken von Leuchtstofflampen oszillographisch aufgenommen, und zwar der leichteren Einsicht halber zuerst bei Betrieb mit Ohmschen Vorschaltwiderständen. Abb. 9 zeigt drei solcher Charakteristiken bei verschiedenen Dämmerungsverhältnissen bzw. Phasenanschnittwinkeln φ. Die Widerstandsgerade wurde nur der besseren Übersicht halber an der Nullinie gespiegelt; Abszisse $= i$, Ordinate $= u$.

Bemerkenswert ist der lineare Übergang im Kurventeil zwischen Spannungs-Maximum und Strom-Maximum, der sehr schnell durchlaufen wird und der bei der üblichen Darstellung einer Spannungs-Zeit-Charakteristik dem steilen Abfall von der Wiederzündspitze zur Brennspannung entspricht. Aus dem Auftreten von Oszillationen der Lampenspannung kurz vor dem Erreichen des Strom-Maximums kann in Analogie zu den bekannten Spannungs-Zeit-Oszillogrammen geschlossen werden, daß der Brennfleck erst kurz vor dem Erreichen des Strom-Maximums gebildet wird. Bei dem Phasenanschnittwinkel $\varphi = 109°$ bildet sich kein Brennfleck mehr, die Lampe brennt ausschließlich mit Glimmentladung; diese u-i-Charakteristik entspricht etwa der Spannungs-Zeit-Charakteristik in Abb. 3d.

Im Gegensatz zur eindeutigen U-I-Charakteristik der Gleichstrom-Entladung ist hier also, abhängig vom Phasenanschnittwinkel bzw. vom Dämmerungsver-

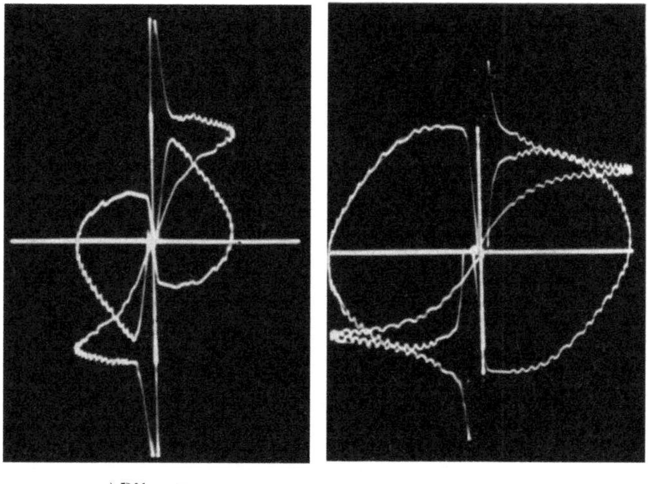

a) DV = 10,5   b) DV = 2,6

Abb. 10. u-i-Diagramme für eine 65-W-Lampe und zwei verschiedene Drosseln bei gleichem Phasenanschnitt $\varphi = 85{,}1°$.

hältnis, eine unendliche Mannigfaltigkeit von u-i-Charakteristiken vorhanden. Entsprechend gibt es, wenn analog dem Verfahren bei Gleichstrom die Widerstandsgerade im u-i-Diagramm zum Schnitt mit der Entladungscharakteristik gebracht wird, eine unendliche Mannigfaltigkeit von Schnittpunkten, die keine Aussage über die Stabilität der Gasentladung in Abhängigkeit vom Phasenanschnittwinkel erlaubt, insbesondere keine Auskunft gibt darüber, warum es zwischen den Phasenanschnittwinkeln $\varphi = 107°$ und $\varphi = 109°$ eine instabile Stelle gibt.

Die Höhe der an der Lampe liegenden Spannung bzw. der Leitwert der Gasentladungsstrecke hängt also von gerade stattfindenden Vorgängen $\left(\text{z. B. } \dfrac{d\,i}{d\,t}\right)$ und von bereits abgeschlossenen Vorgängen ab (z. B. der Dauer der stromlosen Pause).

Die Verhältnisse werden noch unübersichtlicher dadurch, daß die gleiche Lampe beim gleichen Wert des Phasenanschnittwinkels verschiedene u-i-Charakteristiken in Abhängigkeit von der vorgeschalteten Drossel gibt, wie es die Abb. 10a und b zeigen. Die beiden Drosseln sind eine Isthmus-Drossel (Abb. 10a) und eine Luftspalt-Drossel (Abb. 10b), die bei direktem Anschalten an die vom Thyratron gesteuerte Spannung (s. Abb. 13a und b) bereits verschiedene Charakteristiken zeigen.

Die u-i-Diagramme der Lampe mit ihrer schon vorhandenen unübersichtlichen Abhängigkeit von $\frac{di}{dt}$, $i_{\max}$, Dunkelpause usw. und die u-i-Diagramme der Drosseln beeinflussen sich also gegenseitig, während bei der Gleichstrom-Entladung die U-I-Charakteristik der Entladung von der Größe des Vorwiderstandes nicht beeinflußt wird. Deshalb ist mit diesen Methoden und elementaren Betrachtungen keine Aussage über die Stabilität möglich.

3. Dämmerungscharakteristiken verschiedener Einzellampen am gleichen Drosselexemplar

Die verwendeten 65-W-Lampen zeigen an der Netzspannung 220 V Dämmerungscharakteristiken, die alle in dem durch Abb. 11 gegebenen Streubereich enthalten sind, wobei das Dämmerungsverhältnis bezogen ist auf die Lampe

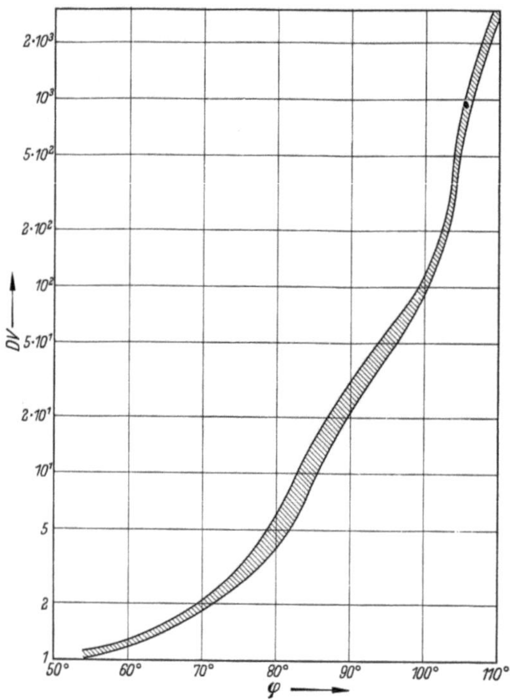

Abb. 11. Streubereich der Steuercharakteristiken von vier verschiedenen 65-W-Lampen an derselben Drossel.

größter Lichtstärke beim Phasenanschnittwinkel $\varphi = 0°$. Die größten Differenzen im Dämmerungsverhältnis treten etwa im Bereich DV = 3 bis 50 auf; die Differenzen zwischen den einzelnen Lampen nehmen keine größeren Werte als etwa $\pm 25 \%$ an; solche Unterschiede stören im praktischen Gebrauch nicht.

4. Dämmerungscharakteristiken einer Lampe an verschiedenen Drosselexemplaren

Im Gegensatz dazu ist die Abhängigkeit eines Lampenexemplars von verschiedenen Drosselexemplaren erheblich höher. Klargestellt sei, daß diese Betrachtung hier nur angestellt wird dafür, daß eine Einzellampe an der Thyratron-Schaltung angeschaltet ist; gegenseitige Beeinflussung mehrerer gleichzeitig brennender Lampen (siehe Abschn. II.5).

Laut Abb. 12 zeigt das gleiche Lampenexemplar, beim gleichen Phasenanschnittwinkel mit verschiedenen Drosseln nacheinander betrieben, Lichtstärkeschwankungen im Verhältnis von etwa 1:7. Zu beachten ist dabei, daß die nahe beieinanderliegenden Kurven mit Drosseln eines einzigen Fertigungspostens aufgenommen wurden, die abweichende Kennlinie mit einer ebenfalls marktgängigen Drossel, aber anderer Herstellung.

Die Erklärung für diese Abweichungen ergibt sich in Abb. 13; dargestellt sind die Oszillogramme von u und i über der Zeit für die eine abweichende Drossel aus Abb. 12 (Luftspalt-Drossel, Abb. 13b) und eine der anderen Drosseln (Isthmus-Drosseln, Abb. 13a). Bei gleichem Phasenanschnitt läßt die Luftspalt-Drossel einen erheblich höheren Strom durch, der einen entsprechend anderen Wert des Dämmerungsverhältnisses für die damit betriebene Lampe gibt (obwohl Luftspalt- und Isthmus-Drosseln bei 220 V gleichen Kurzschlußstrom haben).

5. Dämmerungscharakteristiken von Einzellampen mit zugehöriger Drossel; ihre Änderung bei gemeinsamem Betrieb (Einfluß der Streuung von Drosseldaten)

Unterschiede dieser Art zwischen einzeln brennenden Lampen in Abhängigkeit von der vorgeschalteten Drossel verstärken sich, wenn solche Lampen bzw. Drosseln gleichzeitig in Betrieb sind; ein Drosselexemplar mit abweichendem, höherem Strom zieht durch seine gegenüber den anderen Drosseln größere Phasenverschiebung in der Einzelhalbwelle länger einen Strom, als die anderen Drosseln allein es tun würden, und beeinflußt dadurch, d. h. durch die längere Brennzeit des Thyratrons in jeder Halbwelle, die Charakteristiken der anderen Lampen.

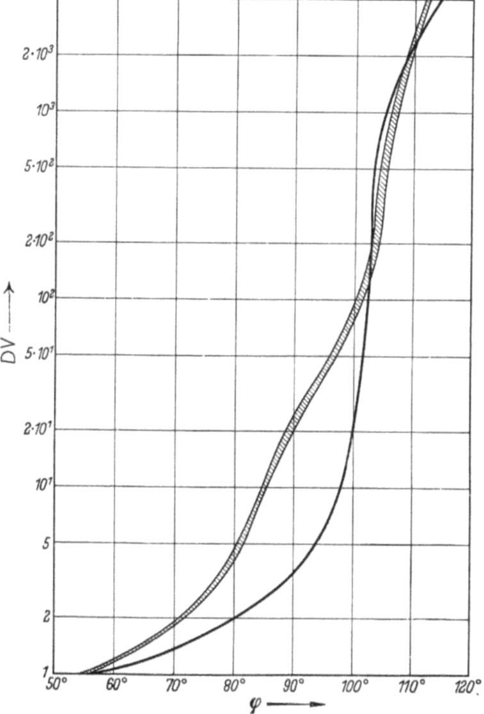

Abb. 12. Streubereich für Charakteristiken einer Lampe (65 W) an drei etwa gleichen Drosseln und Charakteristik an einer abweichenden Drossel, einzeln brennend.

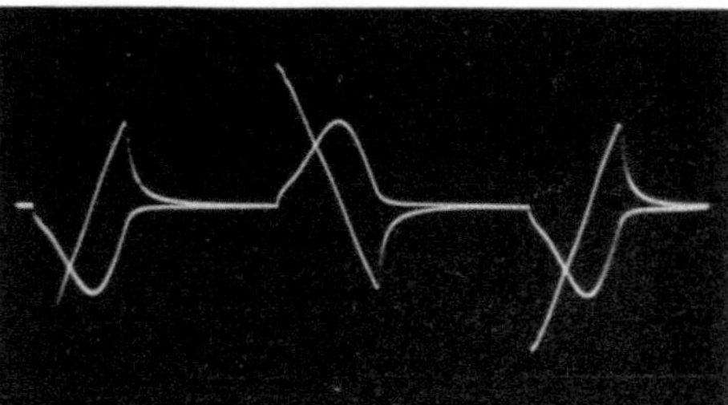

a) Drossel Nr. 25 (Isthmus-Drossel) $I_{eff} = 60$ mA

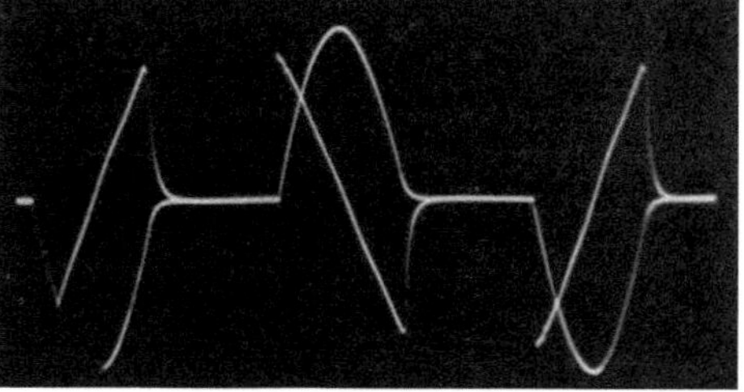

b) Drossel Nr. 12 (Luftspalt-Drossel) $I_{eff} = 138$ mA

Abb. 13. Zeitlicher Verlauf von u und i an Drossel allein hinter Thyratron für zwei Drosseln verschiedener Charakteristiken bei gleichem Phasenanschnitt $\varphi = 133{,}1°$.

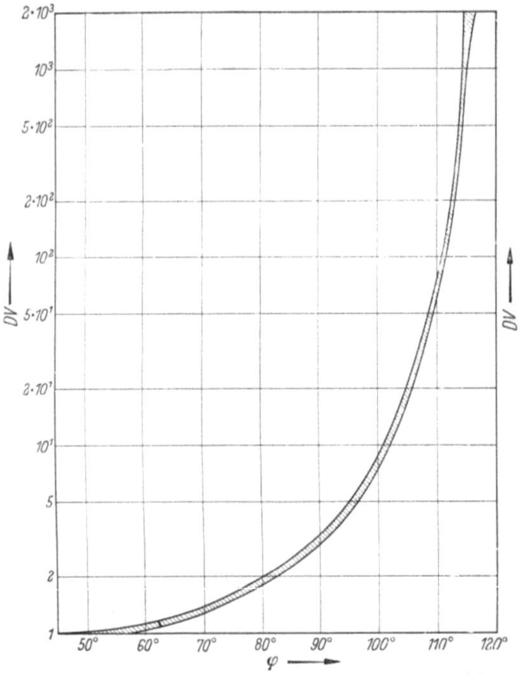

a) Streubereich für 4 Lampen (40 W) bei Einzelbetrieb oder gemeinsamem Betrieb

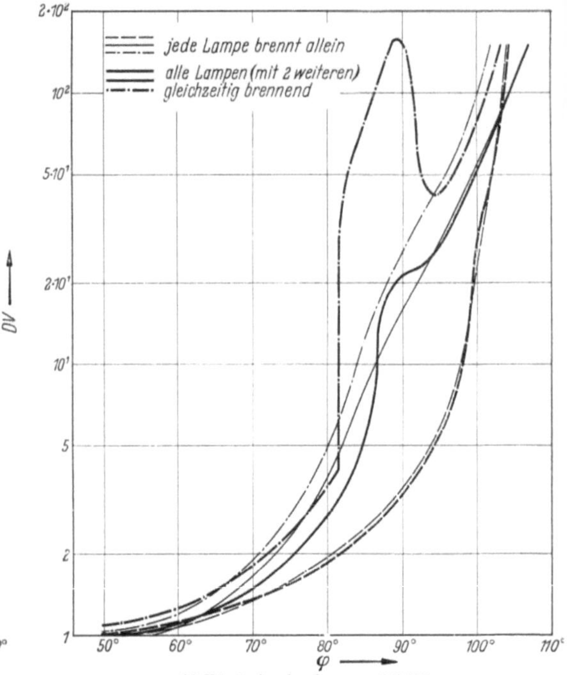

b) Für 3 einzelne Lampen (65 W)

Abb. 14. Steuercharakteristiken für verschiedene Einzellampen und Lampenkombinationen an 220 V.

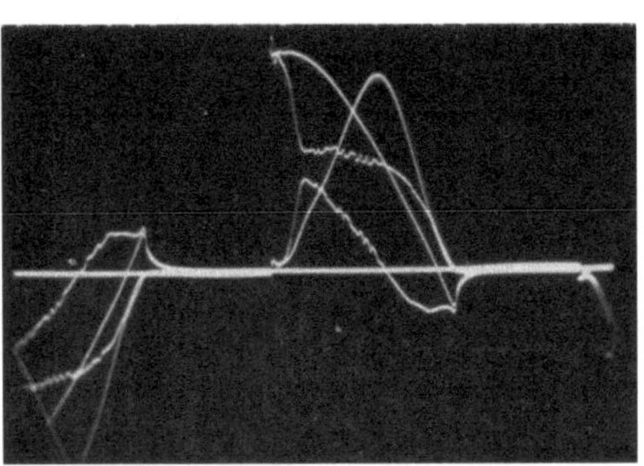

a) Lampe brennt allein

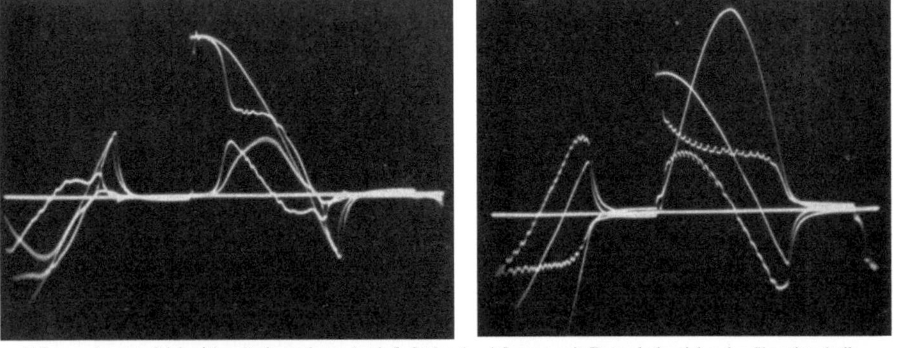

b) Lampe brennt gleichzeitig mit vier anderen, beeinflußt durch c) Lampe mit Drossel abweichender Charakteristik.

Abb. 15. Angeschnittene Netzspannung, Lampenstrom, Lampenspannung und Drosselspannung bei einzeln brennenden Lampen und beeinflußt durch gleichzeitig brennende Lampen.

Abb. 14a zeigt den Streubereich für die Dämmerungscharakteristiken von 40-W-Lampen bei Einzelbetrieb oder gemeinsamem Betrieb in einer gut steuerbaren Anlage.

In Abb. 14b sind die Dämmerungscharakteristiken dreier Lampen angegeben, wenn jede allein brennt, und die Charakteristik jeder einzelnen der drei Lampen, wenn sie gemeinsam brennen, aber mit dem Photoelement einzeln auf ihre Lichtstärke gemessen werden. Es ergeben sich Unterschiede im Dämmerungsverhältnis zwischen den einzelnen Lampen bis etwa zu den Werten 1 : 50 (beim Phasenanschnittwinkel φ = etwa 90°). Die unterste Kurve in dieser Abbildung gehört zu der mit der Luftspalt-Drossel betriebenen Lampe; die beiden anderen Kurven sind die Charakteristiken der durch diese Luftspalt-Drossel beeinflußten Lampenkreise. Die mit der (abweichenden) Luftspalt-Drossel betriebene Lampe ändert ihre Charakteristik durch den Parallelbetrieb mit den anderen Lampen nicht, sondern beeinflußt nur die anderen Lampen. Beeinflußt werden also die Lampenkreise mit niedrigem Strom durch den Lampenkreis, der den höchsten Strom führt.

Entsprechend zeigt die Betrachtung der Oszillogramme in Abb. 15a bis c, wie die Strom-Zeit-Kurve in Abb. 15a (Kurve mit etwa sinusförmigem Verlauf) in Abb. 15b verändert wird (Maximalamplitude $< 50\%$) durch die gleichzeitig brennende Lampe mit abweichender Drossel in Abb. 15c.

6. Einfluß der Höhe der Netzspannung auf die Dämmerungscharakteristik

Wenn auch aus Abschn. II.2) keine Ergebnisse über bessere Stabilität der Entladung in Abhängigkeit von höherer Netzspannung zu entnehmen sind, so deutet doch die geringere Hysterese zwischen Aufwärts- und Abwärtssteuern (s. Abb. 8) darauf hin, daß die Höhe der Netzspannung die Steuercharakteristik beeinflußt. Analog nimmt der Einfluß einer Drossel, deren Charakteristik stark von denen der anderen verwendeten Drosseln abweicht, auf gleichzeitig brennende Lampenkreise bei Erhöhung der gesteuerten Netzspannung ab. In der Abb. 16 sind die Dämmerungscharakteristiken enthalten wie in Abb. 14b, hier jedoch bei einer Netzspannung von 380 V. Um den ganzen Steuerbereich des Phasenanschnittwinkels ausfahren zu können, liegen vor jeder Lampe zwei Drosseln in Serie; bei 380 V ergeben sich damit für die Einzellampe und φ = 0° etwa normale Betriebsverhältnisse. Es wurden als „abweichende Drossel" zwei gleichartige Drosseln in Serie geschaltet, die der früher betrachteten Luftspalt-Drossel analog von den sonst verwendeten Isthmus-Drosseln abweichen. Die Abb. 16 zeigt, daß zwar nach wie vor ein durch die Drosselverschiedenheiten bedingter Unterschied in den Dämmerungscharakteristiken der Lampen besteht; das größte Verhältnis in den Leuchtdichten der Einzellampen liegt aber nun, im Gegensatz zu den vorher betrachteten Verhältnissen an der Netzspannung 220 V, beim Wert 1 : 5. Über den Mechanismus dieser besseren Stabilität würde wahrscheinlich eine eingehende Untersuchung des Verhältnisses zwischen Brennspannung (während des Zeitraums der etwa stationär brennenden Entladung in jeder Halbwelle) bzw. Wiederzündspannung für jede Halbwelle in Abhängigkeit von der Dauer der vorangegangenen stromlosen Pause und Höhe der Netzspannung Aufschluß geben; im Rahmen der vorliegenden Arbeit haben wir auf diese nähere Untersuchung verzichtet.

Man darf als gesichert ansehen, daß die Dämmerungscharakteristik um so stabiler ist, je höher die Netzspannung im Verhältnis zur Wiederzündspannung und Brennspannung ist. Hiernach ergibt sich eine Erklärung dafür, daß die Lampe 40 W 1,2 m lang bereits an 220 V unter normalen Umständen einwandfrei zu steuern ist, auch in Anlagen mit vielen Lampen, während sich bei der 65-W-Lampe die vorher dargestellten Schwierigkeiten an 220 V gelegentlich ergaben. Andererseits ergibt sich daraus, daß jede Anlage in bezug auf die Gleichmäßigkeit der Leuchtdichte mehrerer Lampen zu verbessern ist durch Anwendung einer höheren Netzspannung, natürlich bei entsprechender Vergrößerung des Wechselstromwiderstandes der Drosseln. Die an sich geringen Unterschiede zwischen einzelnen

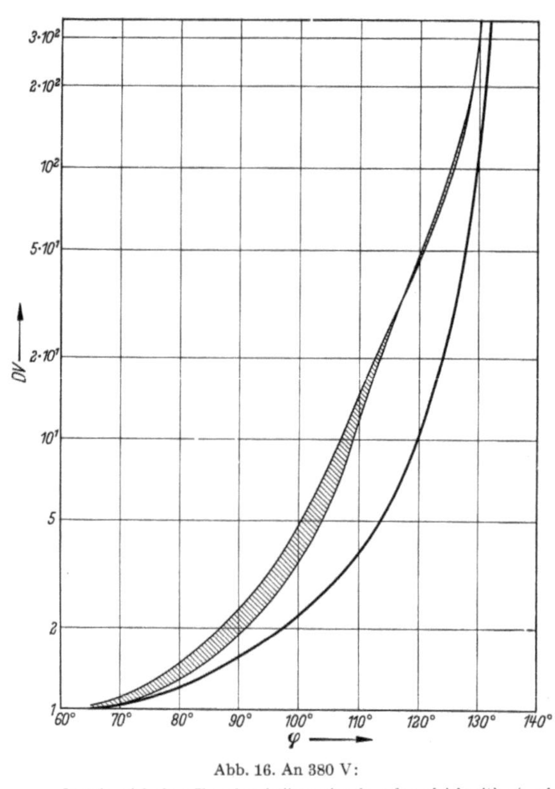

Abb. 16. An 380 V:

   Streubereich für Charakteristiken einzeln oder gleichzeitig (auch mit einer Lampe an Drossel abweichender Kennlinie) brennender Lampen.

   Eine darin nicht enthaltene Charakteristik für Lampe mit Drossel abweichender Kennlinie, allein oder gleichzeitig mit den anderen brennend.

Lampenexemplaren, wie sie in II.3) dargestellt wurden, treten gegenüber den Drosselunterschieden bei höheren Netzspannungen noch stärker zurück. Die Forderung auf Gleichartigkeit der Drosseln bleibt auch bei höherer Netzspannung bestehen; bei festgelegter größter Abweichung des Dämmerungsverhältnisses der Einzellampen vom Mittelwert in einer Anlage dürfen die Drosseln um so größere Abweichungen von der „Mittelwertsdrossel" haben, je höher die Netzspannung ist.

7. Einfluß von Hilfskreisen auf die Steuerbarkeit

Wir stellten uns die Frage, ob in einer Anlage mit mehreren gleichzeitig brennenden Lampen und darunter einer Lampe mit der vorbeschriebenen abweichenden Drossel eine Kopplung zwischen den Einzellampen durchgeführt werden kann, so, daß sich die Lampen gegenseitig auf eine gemeinsame Charakteristik hin beeinflussen. In Abb. 17a ist eine Schaltung angegeben, in der dies durch transformatorische Kopplung erreicht wird. Abb. 17b weist nach, und zwar für die Netzspannung von 220 V, daß die vorbeschriebenen Leuchtdichteunterschiede im Verhältnis etwa 1:50 (bei 65-W-Lampen) auf Unterschiede von max. 1:2 zurückgeführt werden können.

In Abb. 17a ist der Sekundärkreis der Transformatoren an ein direkt an Netzspannung liegendes Potentiometer angeschlossen. Mit der Verstellbarkeit dieses Potentiometers ergibt sich eine zusätzliche Steuermöglichkeit.

Wird der Abgriff am Potentiometer nach unten verschoben, so daß der transformatorische Kopplungskreis ohne Spannungsaufgabe von außen arbeitet, so

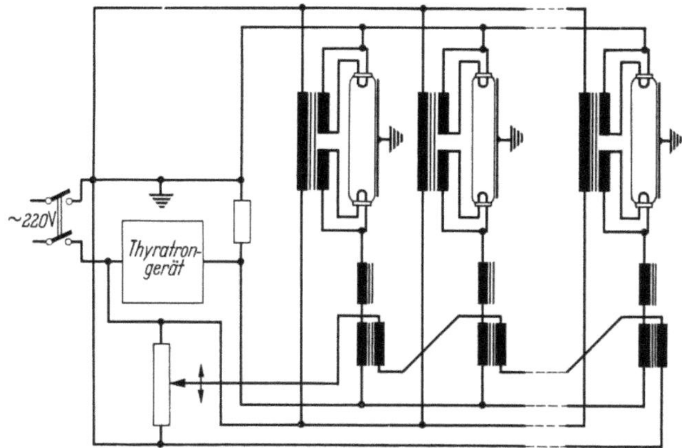

Abb. 17a. Schaltmöglichkeit mit Hilfskreis zum Ausgleich von Unterschieden in den Steuercharakteristiken gleichzeitig brennender Lampen.

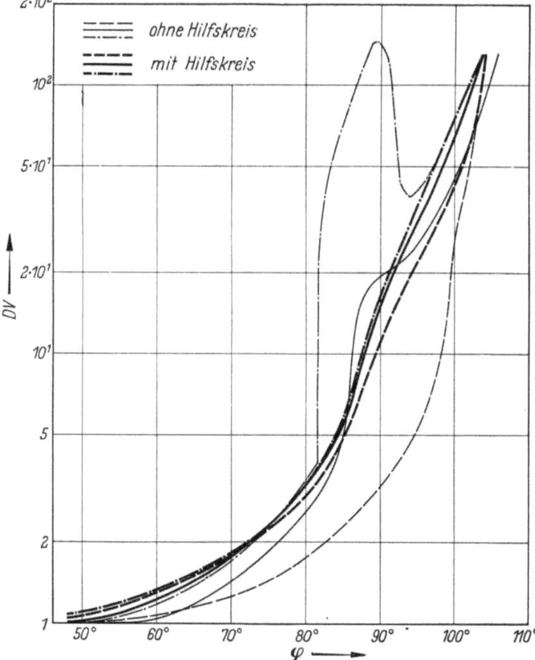

Abb. 17b. Ausgleich von Unterschieden in den Steuercharakteristiken für Lampenkombinationen durch Hilfskreise.

wirkt die Primärwicklung des zur erstzündenden Lampe gehörigen Kopplungstransformators als großer Widerstand mit der Tendenz, den zugehörigen Lampenstrom in jeder Halbwelle abzuschwächen. Durch diesen Lampenstrom tritt in der
Sekundärwicklung des Kopplungstransformators eine Spannung auf, die über die
Sekundärwicklungen der anderen Kopplungstransformatoren den Widerstand von
deren Primärwicklungen herabsetzt, so daß die zugehörigen Lampenströme erhöht
werden, also ein gegenseitiger Ausgleich der Lampenströme erfolgt. Diese gegenseitige Beeinflussung nimmt bei kleinen Strömen wegen der Verluste der Transformatoren ab. Um auch bei kleinen Effektivwerten der Lampenströme eine gute
Angleichung zu erzielen, muß in Abhängigkeit vom Phasenanschnittwinkel jeweils
eine solche Spannung am Potentiometer abgegriffen werden, daß (Trafo-Über-
setzung 1 : 1) ein Strom etwa gleich dem größten Lampenstrom die Sekundärwicklungen der Transformatoren durchfließt.

Mit Sicherheit können so die Leuchtdichteunterschiede, die laut Abb. 17b noch
den Wert 1 : 2 aufweisen, auf noch kleinere Werte verringert werden. Das würde
für die Praxis einen erheblichen apparativen Aufwand bedeuten. Bei normalen
Ansprüchen reicht es aus, wenn der Abgriff am Potentiometer auf das untere Ende
gestellt wird; d. h., wenn die Sekundärwicklungen der Transformatoren in Serie
geschaltet und kurzgeschlossen werden, das Potentiometer also entfällt.

Literatur

[1] Davis, A., R. E. Stephenson, L. D. Harris: Ill. Engng. 50 (1955) S. 143.
[2] Wittekind, R.: Lichttechn. 7 (1955) S. 304.
[3] Sturm, C. H.: Vorschaltgeräte u. Schaltungen für Leuchtstofflampen. 2. Aufl. Mannheim 1954.
[4] Electr. Rev. 148 (1951) S. 385.
[5] Light and Lighting 42 (1949) S. 169.
[6] Meyer, E.: Lichttechn. 5 (1953) S. 6.
[7] Dietz, H., W. Hartel: Siemens-Z. 29 (1955) S. 4.
[8] Schaal, H.: Lichttechn. 7 (1955) S. 342.
[9] Robinson, G.: Electr. Rev. 150 (1952) S. 11.
[10] Kretzmann, R.: Handbuch d. industriellen Elektronik. Berlin 1954.
[11] Hess, K. W., F. H. de Jong: Philips techn. Rdsch. 12 (1950) S. 83.
[12] Williams, C. E.: Electr. Rev. 154 (1954) S. 186.
[13] Schaal, H.: Elektrotechn. Z., Ausg. B, 5 (1953) S. 310.
[14] Campbell, J. H., H. E. Schultz, W. H. Abbott: Ill. Engng. 49 (1954) S. 7.
[15] Kinotechn. 7 (1953) S. 119.
[16] Bartholomeyczyk, W.: Ann. Phys., Folge 5, 36 (1939) S. 485.
[17] Strange, J. W.: Trans. Ill. Engng. Soc. 15 (1950) S. 111.

Über den Einfluß der Bahn-Quantisierung der Elektronen im Magnetfeld auf die longitudinale Widerstandsänderung und den Hall-Koeffizienten von nichtpolaren Halbleitern*)

Von

J. APPEL

Mit 3 Abbildungen

In neuerer Zeit sind die Messungen über die Widerstandsänderung von Germanium in umfangreichen Untersuchungen von Lautz und Ruppel[1]) sowie von Schultz[2]) nach tiefen Temperaturen ausgedehnt worden. Die Autoren finden als wesentliches Ergebnis ihrer Untersuchungen bei Temperaturen des flüssigen

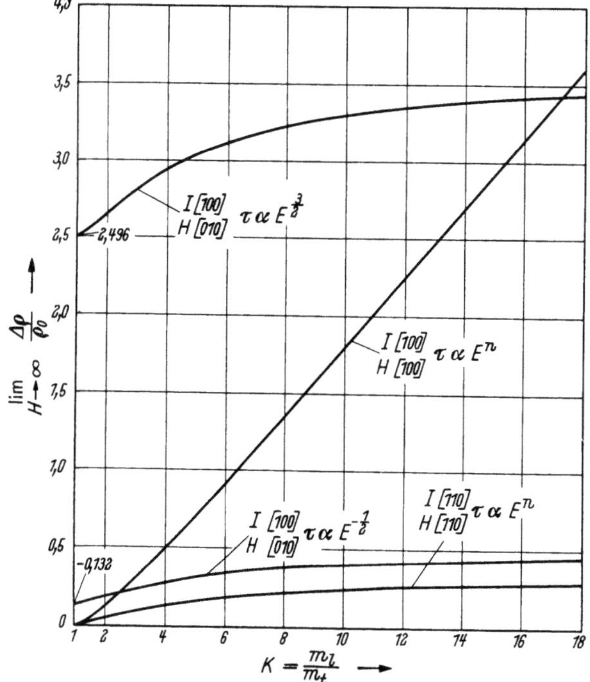

Abb. 1. Die Sättigungswerte der longitudinalen und transversalen magnetischen Widerstandsänderung von n-Germanium als Funktion von $K = m_l/m_t \cdot m_l$ entspricht der longitudinalen, m_t der transversalen scheinbaren Masse für ein Energieellipsoid.

Wasserstoffs an sehr reinen Einkristallen eine erheblich größere Widerstandsänderung als nach Abeles und Meiboom[3]) zu erwarten ist. Es zeigt sich, daß auch die Einbeziehung der Störstellenstreuung in das many-valley-Modell die gemessene longitudinale und transversale magnetische Widerstandsänderung bei Temperaturen des flüssigen Wasserstoffs nicht erklären kann. Aus Abb. 1 und 2 ist zu ersehen, daß in starken Feldern die theoretisch berechneten Sättigungswerte erheblich überschritten werden und bei hinreichend tiefen Temperaturen die Widerstandsänderung linear mit der Feldstärke zunimmt. Als mögliche Ursache der

---

*) Im wesentlichen zusammenfassender Auszug aus den in Z. Naturforsch. 11a (1956) S. 689 u. 892 erschienenen Arbeiten. Siehe auch E. N. Adams u. P. N. Argyres: Phys. Rev. 104 (1956) S. 900.

gemessenen Effekte kommt die Bahn-Quantisierung der Elektronen im Magnetfeld in Frage.

Der Einfluß der Elektronen-Bahnquantisierung wird um so stärker sein, je
größer das Verhältnis der Quantisierungs-Energie $(m/m^*)\,\mu H$ zur mittleren thermischen Energie E_0 der Elektronen

$$\gamma = \frac{\mu^* H}{E_0}\,; \qquad \mu^* = \frac{m}{m^*}\,\mu \qquad (\mu = \text{Bohrsches Magneton})$$

ist. In einem nicht entarteten Halbleiter hat E_0 die Größenordnung kT und ist
damit – bei nicht zu hohen Temperaturen – klein gegenüber der mittleren thermischen Energie der Leitungselektronen in einem einwertigen Metall: $E_0 = E_F$
(E_F = mittlere Fermi-Energie). Aus diesem Grunde ist zu erwarten, daß unter

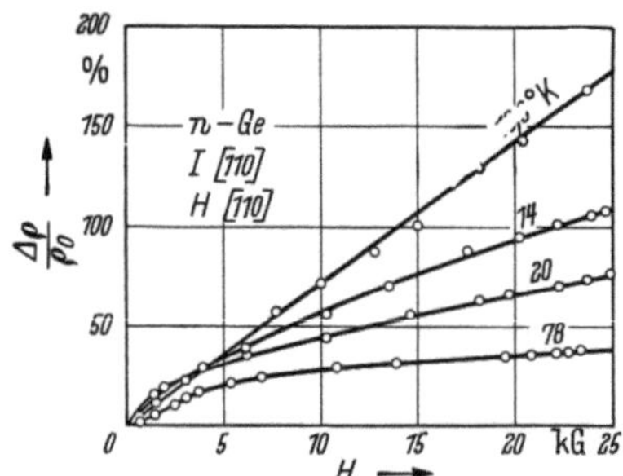

Abb. 2. Die Feldstärkeabhängigkeit der von H. Schultz gemessenen longitudinalen magnetischen
Widerstandsänderung für die 110-Richtung eines n-Ge Einkristalles.

gewissen Voraussetzungen (wie z.B. $m^*/m \ll 1$) in Halbleitern die Bahnquantisierung der Elektronen einen bedeutend stärkeren Einfluß auf die galvanomagneti-
schen Effekte hat als in Metallen. Für Metalle hat Titeica[4]) in einer ausführlichen
Arbeit die transversale und longitudinale Widerstandsänderung bei Berücksichtigung der Bahnquantisierung ermittelt.

In Halbleitern ändert sich bei Berücksichtigung der Bahnquantisierung nicht
nur die mittlere freie Weglänge der Ladungsträger, sondern auch deren Konzentrationen im Leitungs- bzw. Valenzband. Die gesamte longitudinale Widerstandsänderung ist für einen Überschußhalbleiter:

$$\left(\frac{\varrho_H - \varrho_0}{\varrho_0}\right)_{\text{ges}} = \frac{n_e^0 - n_e}{n_e^0}\left[1 + \left(\frac{\varDelta\varrho}{\varrho_0}\right)_{n_e}\right] + \left(\frac{\varDelta\varrho}{\varrho_0}\right)_{n_e}. \tag{1}$$

$n_e^0(T)$ ist die thermische Gleichgewichts-Konzentration der Elektronen ohne
Feld. Die Widerstandsänderung setzt sich aus zwei Anteilen zusammen:

1. aus der Änderung der Elektronen-Konzentration im L-Band,

2. der Änderung der mittleren freien Weglänge der Ladungsträger im Magnetfeld.

1. Die Elektronenkonzentration $n_e\,(H, T)$ und die Fermische Grenzenergie $\zeta\,(H, T)$

Wir haben $n_e\,(H, T)$ und die Fermische Grenzenergie $\zeta\,(H, T)$ für einen einfachen Überschußhalbleiter mit diskretem Donatoren-Niveau, dessen Daten etwa
denjenigen von reinem n-Germanium entsprechen, als Funktion der magnetischen
Feldstärke H und der Temperatur T berechnet. Die physikalische Ursache für die
Änderung der Fermischen Grenzenergie und damit – im Falle eines Überschuß-

halbleiters – für die Änderung der Elektronen-Konzentration n_e im L-Band ist die Änderung der mittleren Elektronen-Energie E infolge der Bahnquantisierung:

$$\frac{E_{\text{ges}}}{n_e} = \bar{E} = \frac{1}{2} k T (1 + 2 \operatorname{Ctg} \gamma). \tag{2}$$

Je größer die magnetische Feldstärke ist, um so weiter entfernt sich das unterste besetzte Energieniveau im L-Band: $E\ (n = 0,\ p_x = 0) = E_0$ vom unteren Rande des Leitungsbandes: $E = 0$. Von denjenigen Elektronen im L-Band, deren Energie im feldfreien Fall kleiner als E_0 ist, wird ein gewisser Teil in Donatoren-Zustände zurückfallen. Es werden um so mehr Elektronen aus dem L-Band in Donatoren-Niveaus übergehen, je größer die magnetische Feldstärke ist. Das entsprechende gilt für einen Lochelektronen-Halbleiter. Das magnetische Feld vergrößert bei Berücksichtigung der Bahnquantisierung die mittlere Energie der Lochelektronen dadurch, daß – nach der Konzeption des Bändermodelles – z.B. ein Loch in der Nähe des oberen Valenzbandrandes durch ein energetisch tiefer gelegenes Elektron aufgefüllt wird, und somit das Lochelektron in einen tiefer gelegenen, quantisierten Energiezustand gelangt.

Für entartete Halbleiter ist die Auflösung der Neutralitätsbedingung

$$n_d \left(1 - \frac{1}{\exp\left\{ -(\varDelta E + \zeta)/k T \right\} + 1} \right) = \frac{2 e H}{h^2 c} \sum_{n = 0}^{\infty} \int_{-\infty}^{+\infty} \frac{d p_x}{1 + \exp\left\{ [E\ (n, p_x) - \zeta]/k T \right\}} \tag{3}$$

nach ζ nur mit erheblichem numerischem Aufwand möglich. Es muß dahingestellt bleiben, ob die Ergebnisse eine Erklärung für die von FREDERIKSE[5]) bei 4° K beobachtete negative magnetische Widerstandsänderung ($H < 10^3$ GAUSS) und die von KANAI[6]) bei 1,3° K und FREDERIKSE bei 4° K gemessene oszillatorische Feldstärkeabhängigkeit der Effekte an entarteten, n-leitenden InSb-Proben liefern.

Der Einfluß eines Magnetfeldes auf die COULOMB-Bindungsenergie von Störstellenelektronen haben YAFET, KEYES und ADAMS[7]) an Hand des Wasserstoffatom-Modelles untersucht. Die sich ergebende Zunahme der Ionisierungsenergie mit wachsender magnetischer Feldstärke wirkt in demselben Sinne, wenn auch nicht so stark, wie die Bahnquantisierung der Elektronen im Leitungsband: Die Konzentration der „freien" Elektronen nimmt mit zunehmender magnetischer Feldstärke ab. Die entsprechende Änderung der Hall-Konstanten haben KEYES und SLADEK[8]) an einer reinen n-leitenden InSb-Probe mit einer Elektronenkonzentration von $10^{14}\ \text{cm}^{-3}$ bei 4,2° K nachgewiesen.

Wesentlich komplizierter als die Berechnung von $n_e\ (H, T)$ ist die Untersuchung über die Änderung der mittleren Stoßzeit der Ladungsträger.

2. Die longitudinale Widerstandsänderung $(\Delta \varrho/\varrho_0)\, n_e$

Wir haben den Einfluß der Bahnquantisierung auf die Beweglichkeit der Elektronen im longitudinalen Magnetfeld nach der Methode BLOCH-TITEICA untersucht. Unter genauer Berechnung der Übergangswahrscheinlichkeiten für die Wechselwirkung der Elektronen mit den thermischen Gitterwellen wird unter Voraussetzung elastischer Stöße die longitudinale Widerstandsänderung bei konstanter Elektronenkonzentration n_e: $(\varDelta\varrho/\varrho_0)n_e$ in schwachen Feldern ($\gamma \ll 1$) sowie in starken Feldern ($\gamma \gtrsim 3$) analytisch und bei mittleren Feldstärken ($\gamma = 1,2$) numerisch berechnet.

Es ergibt sich, daß $(\varDelta\varrho/\varrho_0)n_e$ in schwachen Feldern eine quadratische und in starken Feldern eine lineare Funktion von H/T ist. Die Neigung der Geraden in starken Feldern – alle Elektronen sind im Zustand $n = 0$ – wird wesentlich durch die scheinbare Masse der Elektronen bestimmt. Bei mittleren Feldstärken ($\gamma \sim 1$)

haben $(\Delta\varrho/\varrho_0)_{n_e}$ und $\Delta n_e/n_e^0$ Werte von einigen Prozent. Experimentell erreicht man
mittlere Feldstärken im Sinne der Bahnquantisierung, d. h. γ-Werte von der Größenordnung eins, im Falle des n-Germaniums mit Magnetfeldstärken von 25 kG
– wie sie mit Hilfe von Elektromagneten ohne weiteres erzeugt werden –, bei den
Temperaturen des flüssigen und festen Wasserstoffs. Im Bereich dieser Feldstärken ($H \lesssim 25$ kG) ist also im Falle des n-Germaniums im Temperaturbereich
zwischen 10 und 20° K bei alleiniger Streuung der Elektronen an den thermischen
Gitterwellen ein wesentlicher Einfluß der Bahn-Quantisierung auf die galvano-
magnetischen Effekte nicht zu erwarten. Das ersieht man z. B. deutlich aus der
Abb. 3, in der die nach Gl. (1) berechnete, gesamte longitudinale Widerstandsänderung für einen einfachen Überschuß-Halbleiter, dessen Daten (Donatoren-
Konzentration $n_d = 2 \cdot 10^{14}$ cm^{-3}, $E = 0{,}01$ eV und $m^*/m = 0{,}2$) etwa denjenigen

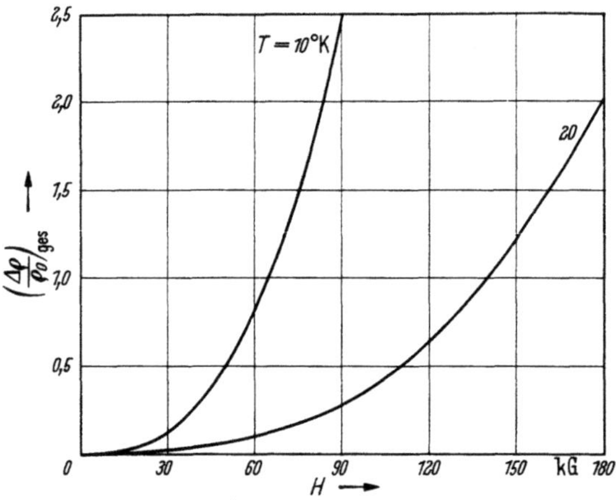

Abb. 3. Die nach Gl. (1) berechnete, gesamte longitudinale Widerstandsänderung für ein einfaches Halbleitermodell
mit den Daten: Donatoren-Konzentration $n_d = 2 \cdot 10^{14}$, $E = 0{,}01$ eV, $m^*/m = 0{,}2$ und $\beta = 1$.

von reinem n-Germanium entsprechen, für $T = 10$; $20°$ K über H/T aufgetragen
ist. Der Einfluß der Bahn-Quantisierung spielt bei beiden Temperaturen bis zu
25 kG gegenüber den konventionellen Effekten[9] keine wesentliche Rolle. Im
Sinne der konventionellen Theorie liegen unter diesen Voraussetzungen schon bei
einigen kG starke Felder vor – d. h. die mittlere freie Weglänge der Elektronen ist
groß gegenüber dem durch die Lorentz-Kraft verursachten mittleren Krümmungs-
radius der Elektrobahnen – während bei den optimalen Werten 10° K und 25 kG
beim n-Ge γ nur den Wert 0,84 erreicht. Erst bei höheren Feldstärken, wie sie nach
Furth und Wanick[10] durch kurzzeitige Kondensatorenentladungen über spezielle
Solenoide erzeugt werden können (bis zu 600 kG), ist bei 20° K ein deutlicher
Einfluß der Quantisierung sowohl auf die Widerstandsänderung als auch auf die
Hall-Konstante zu erwarten.

Literatur

[1] Lautz, G., W. Ruppel: Z. Naturforsch. 10a (1955) S. 521.
[2] Schultz, H.: Internat. Kolloquium über Halbleiter 1956 in Garmisch-Partenkirchen.
[3] Abeles, B., S. Meiboom: Phys. Rev. 95 (1954) S. 31.
[4] Titeica, S.: Ann. Phys. 5. Folge, 22 (1935) S. 129.
[5] Frederikse, H. P. R.: Ottawa Conference, 1956.
[6] Kanai, Y.: J. Phys. Soc. Japan 11 (1956) S. 1017.
[7] Yafet, Y., R. W. Keyes, E. N. Adams: Westinghouse. Scientific Paper 60—94 760—2—P 4.
[8] Keyes, R. W., R. J. Sladek: Phys. Rev. 100 (1955) S. 1262.
[9] loc. cit. [3].
[10] Furth, H. F., R. W. Wanick: Rev. sci. Instr. 27 (1956) S. 195.

Über Fremdionen in Ionen-Kristallen*)

Von

P. Brauer

Mit 2 Abbildungen

1. Einleitung

Die Bildung von Störstellen in Kristallen läßt sich als chemische Reaktion auffassen. Als Reaktionspartner treten dabei einmal Stoffe (Phasen) im gewöhnlichen Sinne auf, z.B. als Grundmaterial eines Leuchtstoffs oder als Verbindung, die den Aktivator liefert. Außerdem aber tritt auch jede Störstellensorte als Reaktionspartner auf, z.B. die in das Grundmaterial eingebauten Aktivatoratome, die beim Ablauf der Reaktion sich bildenden Schottky-Lücken usw.

Die Grundfrage: wo liegt das chemische Gleichgewicht (z.B.: wird der Fremdaktivator in das Grundmaterial eingebaut oder nicht)? sollte ebenso wie in der gewöhnlichen Chemie durch Berechnung der Affinität zu beantworten sein. Für die Störstellen fehlen aber die notwendigen thermo-chemischen Daten, und es ist wohl auch nicht zu erwarten, daß diese in nennenswertem Umfang direkt bestimmt werden können. Denn die Molwärmen, Bildungswärmen usw. der Störstellen treten bei Messungen mittels gewöhnlicher kalorischer Verfahren nur als kleine Korrekturen der kalorischen Größen des Grundmaterials auf. Deshalb ist jedes Verfahren zu ihrer Bestimmung von Nutzen, auch ein theoretisches.

Im folgenden wird über ein theoretisches Verfahren berichtet, die wichtigste Größe, die Bildungsenergie, für den speziellen Fall von Störungen auf Gitterplätzen einfacher Ionenkristalle zu berechnen[1]).

2. Bildungsenergie, Ausbauarbeit, Lageenergie

Die Frage nach der Bildungsenergie einer Störstelle führt zunächst auf die Frage nach der Arbeit, die nötig ist, ein Atom des Kristalls aus diesem heraus und ins Unendliche zu schaffen. Dabei kann es sich um ein gittereigenes oder ein Fremdatom handeln, das sich auf einem Gitter- oder Zwischengitterplatz befand. Während des Ausbauvorgangs wird sich das Restgitter verändern; denn war der Kristall mit eingebauter Störung im Gleichgewicht, so ist er es nach erfolgtem Ausbau des Störatoms nicht mehr. Darin liegt eine Schwierigkeit. Würde sich der Kristall während des Ausbauvorgangs nicht verändern, so würde die Ausbauarbeit gleich der Energie des Atoms im Gitter sein. In einem Ionenkristall wäre dann z.B. die Arbeit bei der Entfernung eines Gitterions gleich der Gitterenergie pro Ionenpaar. Tatsächlich ist sie kleiner. Sie läßt sich zwischen zwei von der Art und Weise des Ausbauvorgangs unabhängige Energiewerte eingrenzen. Dazu machen wir folgenden einfachen Kreisprozeß: Das auszubauende Atom habe die Energie E_1 im Kristall. Sodann denken wir uns den Restkristall unverändert festgehalten und bauen das Atom aus. Wir haben dann (definitionsgemäß) die Arbeit E_1 aufzuwenden. Darauf lassen wir das festgehaltene Gitter los, worauf der Kristall einen neuen Gleichgewichtszustand annehmen wird. Dabei leistet er die Arbeit A_1. In seinem neuen Gleichgewichtszustand denken wir uns den Kristall wieder festgehalten. Bauen wir das Atom jetzt wieder ein, so gewinnen wir die Arbeit E_2, die der Energie entspricht, die das Atom in dem so verzerrten bzw. veränderten Kristall haben würde, wie er tatsächlich bei ausgebautem Atom vor-

---

* Bericht über eine Anzahl von Arbeiten (s. d. Literaturzusammenstellung), die seit 1951 über den gleichen Gegenstand erschienen sind.

liegt. Schließlich denken wir uns den Kristall wiederum losgelassen, worauf er unter Arbeitsleistung A_2 wieder in den Ausgangszustand übergehen wird. Da sich nichts geändert hat, muß die gesamte Arbeitssumme verschwinden, d.h. es muß sein

$$E_1 - A_1 - E_2 - A_2 = 0. \tag{1}$$

Die wirkliche Ausbauarbeit ist $E_1 + (- A_1)$. Setzen wir die beiden „Ausgleicharbeiten" des Gitters gleich, d.h. $A_1 = A_2 = A$, so ergibt sich aus (1) zunächst

$$E_1 - E_2 = A_1 + A_2 = 2\,A$$

und für die Ausbauarbeit

$$E_1 - A_1 = E_1 - A = E_1 - \frac{1}{2}\,(E_1 - E_2) = \frac{1}{2}(E_1 + E_2), \tag{2}$$

also das arithmetische Mittel der „Anfangs-" und „Endenergie" des Atoms im Kristall. Wann aber gilt unsere Voraussetzung $A_1 = A_2$? Offenbar ist hierzu hinreichend, daß die Gitterkräfte bei beiden Ausgleichsvorgängen das (bis auf ein Vorzeichen) gleiche Kraft-Weg-Gesetz befolgen. Dies ist aber nicht selbstverständlich, da in einem Falle das auszubauende Atom mitwirkt, im andern Falle aber fehlt. Wir müssen deshalb $A_1 = A_2$ postulieren, wollen wir mit (2) weiterrechnen.

In (2) ist die Ausbauarbeit auf zwei Lage-Energien des Atoms zurückgeführt. Eine solche Lageenergie kann im Prinzip immer berechnet werden, wenn für das Gitter eine quantitative Theorie vorhanden ist, und wenn die (statischen) gestörten Zustände des Gitters berechnet werden können. Ein solcher Fall liegt bei einfachen Ionenkristallen vom NaCl-Typ vor, auf die wir uns im folgenden deshalb beschränken. Weiterhin schließen wir Störungen auf Zwischengitterplätzen aus, die in den genannten Gittern energetisch unwahrscheinlich sind[2]).

3. Berechnung der statischen Gleichgewichtszustände gestörter Gitter vom NaCl-Typ

Die Störung erfolge durch Anwesenheit eines gitterfremden Ions (wozu auch ein fehlendes oder ein umgeladenes Ion gerechnet werde) auf einem Gitterplatz. Sowohl die Gitter- als auch die Fremdionen denken wir uns als Kugeln, die eine elektrische Ladung tragen, eine elektrische Polarisierbarkeit besitzen und sich gemäß dem Born-Mayerschen Abstoßungsgesetz verhalten. Die Theorie des ungestörten Gitters ist dann die Born-Mayersche. Ein Fremdion stört das Gitter vermöge seiner Abweichungen von dem Gitterion, das es ersetzt, in den drei genannten Eigenschaften. Seine abweichende Ladung polarisiert das Gitter in seiner Umgebung; und zwar verrückt es die Ionen von ihren Plätzen infolge Coulombscher Anziehung bzw. Abstoßung und polarisiert sie außerdem. Seine abweichende Größe verursacht eine elastische Störung; ein größeres Ion z.B. schiebt seine Nachbarn von sich weg. Das Resultat ist ein nicht mehr periodisches Gitter, in dem die Ionen um das Störion radial in gewisser Weise verschoben und polarisiert sind.

Für den Fall von Gitterlücken haben Mott und Littleton[2]) gelehrt, wie man die Schwierigkeit umgehen kann, auf welche theoretische Ansätze stoßen, die sich entweder reiner Kontinuumstheorie oder rein atomistischer Gittertheorie bedienen. Die Kontinuumstheorie führt nämlich am Ort des Störions zu Singularitäten, die durch eine neue unbekannte Konstante beseitigt werden müssen. Reine Gittertheorie ist praktisch undurchführbar, weil die Gitterperiodizität aufgehoben ist, die sonst für die nötige Vereinfachung sorgt. Mott und Littleton zeigten, daß man zum Ziel kommt, wenn man in der Nähe der Störung atomistisch, in größerer Entfernung aber kontinuierlich rechnet. Wir übertrugen dieses Verfahren auf Fremdionen[1]).

Der Zustand des gestörten Gitters läßt sich in einem konkreten Fall durch zwei Parameter, etwa die relative Größenänderung des Ionenabstandes Störion — nächster Nachbar und dessen Polarisation, charakterisieren. Es ist auf diese Weise möglich, maßstabgetreue „Karten" von Gitterebenen im gestörten Kristall zu zeichnen[3]), aus denen Verrückung (Beispiel s. Abb. 1) oder ihre Polarisation zu entnehmen sind.

4. Berechnung der Lageenergie der eingebauten Fremdionen

In dem ungestörten Kristall ist die Berechnung der Lageenergie des eingebauten Ions nach den bekannten Methoden der Gittertheorie möglich und in vielen Fällen durchgeführt worden. Bei Ionengittern besteht sie mit guter Näherung aus nur zwei Summanden: der Coulombschen Energie ^cE und der Abstoßungsenergie ^RE. Beide müssen durch Summation der Energie zwischen „Aufpunktion" und Kristallion über alle Kristallionen bestimmt werden. Für die Coulombsche Energie ergibt sich so

bekanntlich $^cE = - \dfrac{\alpha_M\, Z_1\, Z_2\, e^2}{a}$ (α_M Madelungzahl; Z_1 und Z_2 Wertigkeit der Ionen der Sorte 1 und 2, e elektrisches Elementarquant; a kleinster Ionenabstand). Bei der Summierung der Abstoßungsenergien genügt es, die nächsten, eventuell noch die übernächsten Nachbarn zu berücksichtigen.

Bei Berechnung der Energie des Störions im gestörten Kristall kann man folgendermaßen vorgehen: Die Wirkung der gesondert betrachteten Nachbarionen addiert man unter Berücksichtigung ihrer vorher bestimmten Lage und Polarisation. Die Wirkung des übrigen Kristalls denkt man sich hervorgerufen durch die Ionen des ungestörten Kristalls und zusätzlich durch ein Feld radial gerichteter Dipole, die auf den

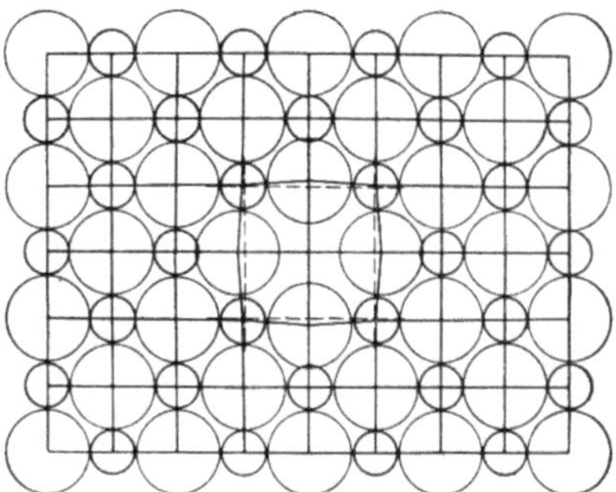
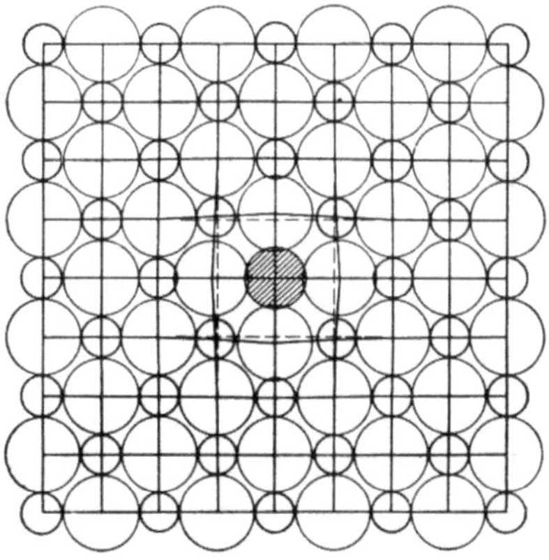
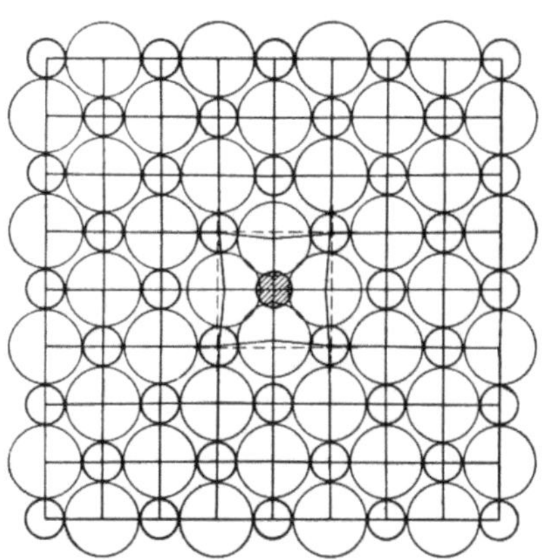

Abb. 1. Störstellen in NaCl. Oben: Na⁺-Lücke; Mitte: eingebautes Tl⁺; Unten: eingebautes Mn⁺⁺.

Gitterplätzen sitzen und in ihrer Größe so bestimmt wurden, daß sie der Polarisation und Verzerrung des Kristalls durch die Störung entsprechen, wie in Abschnitt 2 skizziert. Damit hätten wir für eine spätere Berechnung der Ausbauarbeit deren einen Teil, die „Anfangsenergie" E_1 (s.o.) gewonnen.

Die Berechnung der „Endenergie" E_2 läßt sich genauso vornehmen; nur hat man sich das Fremdion in den Kristall gesetzt zu denken, wie er nach dem Ausbau, also bei Vorhandensein einer Ionenlücke aussieht. — Aus E_1 und E_2 läßt sich dann nach (2) die Ausbauarbeit angeben.

5. Quantitatives, Beispiele

Durchrechnung konkreter Probleme[1], [3], [4], [5], [6], die mit der beschriebenen Theorie quantitativ, d.h. unter alleiniger Benutzung von Materialkonstanten der Ausgangsstoffe, möglich ist, zeigt sehr bald, daß die Berücksichtigung der Gitterveränderung durch die Störung nicht etwa nur eine kleine Korrektur an der Ausbauarbeit, aufgefaßt als Gitterenergie, bewirkt, sondern daß die Änderungen von der Größenordnung der Gitterenergie selbst sind. In Tab. 1 läßt die erste Zahlenzeile erkennen, daß bei den Alkalihalogeniden der Ausbau eines Kations rund 3,9 bis 4,7 eV erfordert*), während die Gitterenergie 7 bis 8 eV beträgt.

Tabelle 1. Arbeitsaufwand in eV zur Bildung von Störstellen.

		Wirtsgitter								
		NaCl	KCl	RbCl	NaBr	KBr	RbBr	NaJ	KJ	RbJ
Auf Kationen-	Lücke	4,66	4,53	4,41	4,37	4,29	4,19	3,95	3,93	3,87
platz sitzt	Tl^+	1,52	0,27	—0,05	1,08	0,11	—0,16	0,83	0,08	—0,14

Einen besonders einfachen Fall stellt der Einbau von Tl^+ in Alkalihalogenide dar. Wir behandelten ihn, um die von P. Pringsheim[7] aufgeworfene Frage zu beantworten, warum KCl.Tl-Phosphore aus wäßriger Lösung herstellbar seien, während dies für NaCl.Tl nicht gelingt. Die Arbeit, ein Kation aus- und ein Tl^+ einzubauen, ergab sich theoretisch in der in Tab. 1 (zweite Zahlenzeile) angegebenen Höhe. Doch ist mit diesen Werten noch wenig über die Bildungsarbeit der Tl^+-Störstellen gemäß einer wirklichen chemischen Reaktion, etwa der zwischen festen Stoffen denkbaren

$$K^+{}_{\text{im KCl}} + TlCl_{\text{fest}} \rightleftarrows Tl^+{}_{\text{im KCl}} + KCl_{\text{fest}},$$

ausgesagt, da ja das einzubauende Tl^+ noch aus TlCl gebildet und über das ausgebaute K^+ noch durch Bildung von KCl verfügt werden muß. Berücksichtigt man diese Beträge noch, so erhält man Bildungsarbeiten gemäß Abb. 2 (untere Kurve), aus der man sieht, welche außerordentlich großen Unterschiede in der Aufnahmewilligkeit eines Alkalihalogenids für Tl^+-Ionen zu erwarten sind. Das wird denn auch durch experimentelle Untersuchung[5], [6] eines qualitativ vergleichbaren Falles, nämlich der Verteilung von Tl^+ in wäßriger Alkalihalogenidlösung auf Mutterlauge und Bodenkörper bestätigt (Abb. 2, obere Kurve).

Daß sich Mn anders als Tl verhält, konnten wir ebenfalls zeigen[3].

Ein anderes von uns bearbeitetes Problem ist das der Seltenen Erden (SE.) in Erdalkalichalkogeniden. Als wir damit begannen, gab es noch sehr differierende Ansichten über Wertigkeitsfragen. Zwar hatte schon lange zuvor R. Tomaschek und seine Schule gezeigt, daß fast alle der bekannten Spektren der mit SE. aktivierten Leuchtstoffe auf die Anwesenheit dreiwertiger Ionen zurückzuführen seien, da alle Linienspektren mit denen dreiwertiger SE.-Ionen in den reinen SE.-Salzen übereinstimmten. So war bekannt, daß z. B. Sm in den Sulfiden und Oxyden der Erdalkalimetalle dreiwertig eingebaut war. Das sehr ähnliche Eu zeigte zwar

---

* wie schon von Mott und Littleton (a. a. O.) festgestellt.

in den Oxyden das charakteristische „dreiwertige" Spektrum, in den Sulfiden aber eine verwaschene Bande[4]). Wir vermuteten[8]) ebenso wie R. WARD[9]), daß letztere dem zweiwertigen Eu zugehören müsse. Die Umladung von Eu^{3+} in Eu^{2+} ließe sich etwa beschreiben durch

$$2\,Eu^{3+}_{in\ MeX} + \boxed{Me^{++}} + MeX \rightleftarrows 2\,Eu^{2+}_{in\ MeX} + \frac{1}{2}\,X_2 \qquad (3)$$

worin Me ein Erdalkalimetall, X ein Chalkogen und $\boxed{Me^{++}}$ Kationenlücken bezeichnet. Die Änderung der Bildungsenergie beim Ablauf dieser Gleichung ist in erster Näherung ein Maß für die Lage des Gleichgewichts, also das Überwiegen von Eu^{2+} oder Eu^{3+}. Die Berechnung der Bildungsenergieänderung läßt sich im Prinzip ebenso durchführen wie bei den früher beschriebenen Problemen. Ein Unterschied besteht jedoch darin, daß im vorliegenden Fall in der Energiebilanz

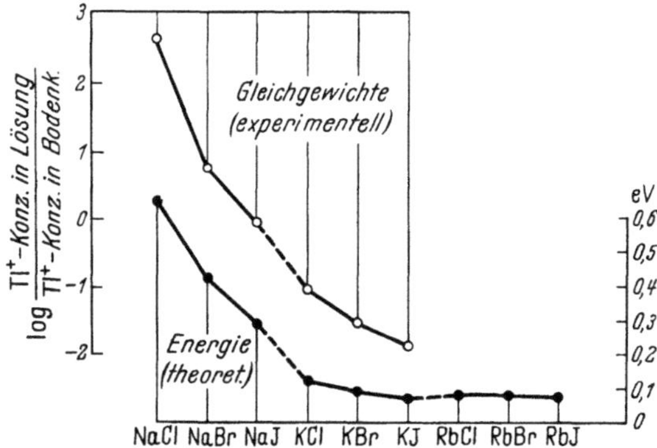

Abb. 2. Theoretische Einbauenergie von Tl in Alkalihalogeniden und experimentell bestimmte Tl-Verteilung zwischen Lösung und Bodenkörper.

noch die Arbeit zur Umladung der ins Unendliche gebrachten Eu-Ionen, d. h. die Ionisierungsenergie J_{III}, vorkommt, die aber nicht bekannt ist. Die Rechnung mit zunächst unbekanntem, aber festem J_{III} ergab, daß die Annahme eines J_{III} für Eu um 32 eV und für Sm von < 28 eV dazu führen würde, bei allen Erdalkalichalkogenidphosphoren mit Eu oder Sm die Linienspektren als von dreiwertigem Eu bzw. Sm, die Banden jedoch als von zweiwertigem Eu herrührend ansehen zu können. Nachdem G. BRAUER[10]) beim SrO gefunden hatte, daß durch Sauerstoffentzug sich Eu^{3+} auch im Sr-Oxyd zu Eu^{2+} reduzieren läßt[1]) (was in Übereinstimmung mit (3) ist), konnten JAFFE und BANKS bei allen Erdalkalioxyden mit Eu zeigen, daß bei Reduktion auch dort eine breite Emissionsbande ganz analog der von den Sulfiden her bekannten auftritt[11]), und somit unser Ergebnis bestätigen.

6. Grenzen des Verfahrens

Das Verfahren in seiner jetzigen Form wird naturgemäß seine Grenzen dort haben, wo die gemachten einfachen Voraussetzungen hinfällig werden, also dort, wo nicht mehr mit kugelförmigen Ionen, die ganzzahlige Vielfache der Elementarladung tragen, deren Radien sich zu Ionenabständen im Gitter addieren, deren Polarisierbarkeit von der Gitterpolarisierbarkeit trennbar[2]) ist, gerechnet werden darf. Insbesondere kann sie nicht angewendet werden auf wasserstoffähnliche Störstellen, die ein im größeren Abstande umlaufendes Elektron besitzen[12]).

7. Zusammenfassung

Es wird zusammenfassend über Versuche berichtet, die Bildungsarbeit beim Einbau von Fremdionen in Ionenkristalle theoretisch zu bestimmen.

Literatur

[1] Brauer, P.: Z. Naturforsch. 7a (1952) S. 372.
[2] Mott, N. F., M. J. Littleton: Trans. Farad. Soc. 34 (1938) S. 485.
[3] Brauer, P.: Z. Naturforsch. 7a (1952) S. 741.
[4] Brauer, P.: Z. Naturforsch. 6a (1951) S. 560, 561, 562.
[5] Brauer, P.: Z. Naturforsch. 8a (1953) S. 273.
[6] Brauer, P.: Z. Elektrochem. 57 (1953) S. 744.
[7] Pringsheim, P.: Acta phys. Austriaca 3 (1949) S. 396.
[8] Brauer, P.: Z. Naturforsch. 1 (1946) S. 70.
[9] Ward, R. in: Solid luminescent materials. New York 1948, S. 22.
[10] Brauer, G., R. Müller, K. H. Zapp: Z. anorg. allg. Chem. 280 (1955) S. 40.
[11] Jaffe, P. M., E. Banks: J. Electrochem. Soc. 102 (1955) S. 518.
[12] Mott, N. F., R. W. Gurney: Electronic processes in ionic crystals. Oxford 1948, S. 81.

Über die Wertigkeit von Eu-Ionen in SrO *)

Von

P. Brauer

I. Einleitung und Aufgabenstellung

Im Zusammenhang mit der Frage, warum ein Aktivator (Fremdion) in einem bestimmten Grundmaterial (Wirtsgitter) mit einer bestimmten Wertigkeit (Ladung) eingebaut wird, hatten wir den Fall der mit Seltenen Erden aktivierten Erdalkalichalkogenide untersucht[1]). Die Erdalkalichalkogenide kristallisieren im Steinsalzgitter; gleichwohl sind z.B. eingebaute Eu-Ionen in den Oxyden dreiwertig, in den Sulfiden (und sehr wahrscheinlich in den Seleniden und Telluriden) aber zweiwertig, während die ihnen chemisch sehr ähnlichen Sm-Ionen immer dreiwertig sind. Dies mußte natürlich energetisch begründet sein, und tatsächlich gelang es uns, zu zeigen, daß die Annahme je einer — vernünftigen — Ionisierungsarbeit des zweifach geladenen Sm- oder Eu-Ions genügte, die experimentell bekannten Fälle der Erdalkalichalkogenid-S.E.-Phosphore zu verstehen und die nicht bekannten vorauszusagen. Einige der Voraussagen konnten experimentell bestätigt werden[2]).

Unsere damalige Betrachtung war u.a. insofern unbefriedigend, als wir bei dem angenommenen Reaktionsablauf nur die Änderung der Gesamtenergie, eigentlich sogar nur die Änderung der chemischen Bindungsenergie unter Einschluß der Ein- und Ausbauarbeit der Fremdionen im Wirtsgitter, berechneten, und alles andere, z.B. die Entropie der Gasphase, die Schwingungsenergie der Stoffe usw. vernachlässigten in der Erwartung, daß dies in erster Näherung erlaubt sei. Nunmehr wollen wir aber diese Vernachlässigungen fallenlassen und die Affinität der Reaktion als Änderung der freien Enthalpie vollständig berechnen. Wir werden sehen, daß die früheren Vernachlässigungen erlaubt waren.

Es war jedoch noch ein anderes Problem, welches uns zur Berechnung des Ausdrucks für die Affinität der betreffenden Reaktion veranlaßte. Auf die Mitteilung des eingangs genannten Resultates wurde uns immer wieder entgegengehalten, daß es doch selbstverständlich sei, wenn Eu in den Oxyden dreiwertig, in den Sulfiden dagegen zweiwertig sei, da ein Oxyd nur des dreiwertigen Eu, ein Sulfid

---

* Originalmitteilung.

nur des zweiwertigen Eu bekannt seien[6])*). Mit anderen Worten: daraus, daß zwar die Reaktion

$$Eu_2S_3 \rightleftarrows 2\,EuS + \frac{1}{2}\,S_2 \tag{1}$$

bei geeigneter Führung weitgehend nach rechts zum Ablauf gebracht werden kann[3]) nicht aber

$$Eu_2O_3 \rightleftarrows 2\,EuO + \frac{1}{2}\,O_2, \tag{2}$$

wurde – irrtümlich – geschlossen, das Entsprechende gelte für die von uns theoretisch untersuchten Reaktionen

$$2\,Eu^{3+}_{\,im\;SrS} + \boxed{Sr^{++}} + SrS \rightleftarrows 2\,Eu^{2+}_{\,im\;SrS} + \frac{1}{2}\,S_2 \tag{3}$$

beziehungsweise

$$2\,Eu^{3+}_{\,im\;SrO} + \boxed{Sr^{++}} + SrO \rightleftarrows 2\,Eu^{2+}_{\,im\;SrO} + \frac{1}{2}\,O_2. \tag{4}$$

Wir selbst erkannten damals nicht, daß unsere Rechnung es ermöglicht hätte, diese Kritik zu entkräften, denn es hätte sich zeigen lassen, daß die Affinität in beiden Fällen sehr verschieden sein **kann**, und weiter, daß sie im Falle der Wirtsgitterreaktion größer ist (siehe Abschnitt III).

Daß die Affinitäten tatsächlich sehr verschieden **sind**, zeigte nun G. Brauer auf experimentellem Wege[4]). Es gelang ihm, zunächst durch thermische Zersetzung von $EuCO_3$, das mit SrO innig vermischt war, im Hochvakuum bis zu 24 %, EuO in SrO zu erhalten. Später konnte er zeigen, daß sich in SrO eingebautes Eu^{3+} im H_2-Strom bei hoher Temperatur zu Eu^{2+} reduzieren läßt und daß Luft von 1 Atmosphäre zu einer vollständigen Re-Oxydation zu Eu^{3+} – wenn auch ziemlich langsam – führt. Es handelt sich also um ein Gleichgewicht.

Damit hatte G. Brauer demonstriert, daß die Reaktion unter Zuhilfenahme des Wirtsgitters SrO, die man sich nach (4) ablaufend vorstellen mag, wesentlich leichter nach rechts verläuft als die einfache Reaktion (2). Seine Ergebnisse wurden später durch ihn selbst und Mitarbeiter[5]) und durch Jaffe und Banks[6]) erweitert.

II. Reduktion von Eu^{3+} in Gegenwart von SrO

1. Die Teilreaktionen. Wir nehmen wie früher[1]) an, daß die Reduktion von in SrO eingebautem Eu^{3+} gemäß (4) verläuft. Diese Reaktion können wir in folgende Teilreaktionen zerlegt denken, deren jede eine Aussage über ihre Affinität erlaubt:

$$\underline{2\,Eu^{3+}_{\,in\;SrO;\;298\,°K}} \;\rightarrow\; 2\,Eu^{3+}_{\,in\;SrO;\;0\,°K} \tag{a}$$

$$2\,Eu^{3+}_{\,in\;SrO;\;0\,°K} \rightarrow 2\,\boxed{Sr^{++}}_{in\;SrO;\;0\,°K} + 2\,Eu^{3+}_{\,\infty;\;0\,°K} \tag{b}$$

$$\underline{SrO_{fest;\;298\,°K}} \;\rightarrow\; SrO_{fest;\;0\,°K} \tag{c}$$

$$SrO_{fest;\;0\,°K} \;\rightarrow\; Sr^{++}_{\,\infty;\;0\,°K} + O^{--}_{\,\infty;\;0\,°K} \tag{d}$$

$$2\,Eu^{2+}_{\,in\;SrO;\;0\,°K} \;\rightarrow\; \underline{2\,Eu^{2+}_{\,in\;SrO;\;298\,°K}} \tag{e}$$

---

* Neuerdings ist EuO und SmO mit **metallischem** La bzw. Sm als Reduktionsmittel dargestellt worden[13]).

$$2\,Eu^{2+}{}_{\infty;\,0\,°K} + 2\,\boxed{Sr^{++}}_{in\,SrO;\,0\,°K} \;\rightarrow\; 2\,Eu^{2+}{}_{in\,SrO;\,0\,°K} \tag{f}$$

$$2\,\ominus_{\infty} + 2\,Eu^{3+}{}_{\infty;\,0\,°K} \;\rightarrow\; 2\,Eu^{2+}{}_{\infty;\,0\,°K} \tag{g}$$

$$O_{Gas;\,298\,°K} \;\rightarrow\; \underline{\tfrac{1}{2}\,O_{2\,Gas;\,298\,°K}} \tag{h}$$

$$O_{Gas;\,0\,°K} \;\rightarrow\; O_{Gas;\,298\,°K} \tag{i}$$

$$O^{--}{}_{Gas;\,0\,°K} \;\rightarrow\; O_{Gas;\,0\,°K} + 2\,\ominus_{\infty} \tag{j}$$

$$\underline{\boxed{Sr^{++}}_{in\,SrO;\,298\,°K}} \;\rightarrow\; \underline{\boxed{Sr^{++}}_{in\,SrO;\,0\,°K}} \tag{k}$$

$$\underline{\boxed{Sr^{++}}_{in\,SrO;\,0\,°K}} + Sr^{++}{}_{\infty;\,0\,°K} \;\rightarrow\; 0 \tag{l}$$

Der Index ∞ bedeutet, daß die betreffenden Teilchen so weit voneinander und von allen anderen entfernt werden, daß sie keinerlei Wechselwirkung mehr ausüben können; beim Summieren ist zu beachten, daß der mit „∞; $0°\,K$" bezeichnete Zustand identisch ist mit dem Zustand, der mit „Gas; $0°\,K$" bezeichnet ist, wenn es sich um einatomige Gase handelt. Die unterstrichenen Größen bleiben beim Summieren der Gleichungen stehen und ergeben (4).

Wir geben nun für die Teilreaktionen (a) bis (l) die Affinität an als partiellen Differentialquotienten der freien Enthalpie g nach der Reaktionslaufzahl λ. Dabei zerlegen wir in den meisten Fällen die Änderung der freien Enthalpie noch in die Änderungen von Enthalpie $u + pV$ (u innere Energie, p Druck, V Volumen) und Entropie s gemäß der Gibbs-Helmholtzschen Gleichung:

$$N = \left(\frac{\partial g}{\partial \lambda}\right)_{p,T} = \left(\frac{\partial\,(u + pV)}{\partial \lambda}\right)_{p,T} - T\left(\frac{\partial s}{\partial \lambda}\right)_{p,T}. \tag{5}$$

Wir wenden uns nun der Berechnung der einzelnen Posten zu.

2. Freie Energie der Anordnung der Störstellen. Die Eu^{3+}-Ionen der Anzahl n_3 seien im SrO statistisch auf Kationengitterplätzen verteilt. Aus Gründen der Ladungsneutralität — eine Abweichung davon würde sehr viel Energie erfordern — muß für zwei Eu^{3+} jeweils eine Kationenlücke $\boxed{Sr^{++}}$ vorhanden sein, so daß für deren Anzahl $n_\square$ also gilt $n_3 = 2\,n_\square$. Außer diesen auf der linken Seite der Gleichung (4) stehenden Störstellen sind nun während des Reaktionsablaufs und im Gleichgewicht noch die auf der rechten Seite von (4) stehenden Eu^{2+}-Ionen vorhanden, deren Anzahl n_2 sei. Für ein verschwindendes Eu^{3+} entsteht ein Eu^{2+}; es gilt also $dn_3 = -dn_2$ und somit $\dfrac{dn_3}{dn_\square} = 2$; $\dfrac{dn_2}{dn_\square} = -2$.

Die Reaktionslaufzahl λ wächst um $+1$ bei einem vollen Formelumsatz nach rechts. Dabei wächst n_2 um $2\,L$, n_3 um $-2\,L$ und $n_\square$ um $-L$, worin L die Zahl der Moleküle usw. im Mol ist. Also ist

$$dn_3 = -L\,d\lambda, \quad dn_2 = 2\,L\,d\lambda, \quad dn_\square = L\,d\lambda. \tag{6}$$

Der Kristall habe N Kationenplätze, von denen $n_3 + n_2 + n_\square$ durch gitterfremde Teilchen (einschließlich Lücken) besetzt sind. Dann ist die Zahl der Anordnungsmöglichkeiten für die n_3 Eu^{3+}-Ionen

$$P_3 = \frac{(N - n_2 - n_\square)!}{n_3!\,(N - n_3 - n_2 - n_\square)!} \tag{7}$$

Entsprechendes ist für die n_2 Eu^{2+}-Ionen

$$P_2 = \frac{(N - n_3 - n_\square)!}{n_2!\,(N - n_3 - n_2 - n_\square)!} \tag{8}$$

und für die $n_\square$ Kationenlücken

$$P_\square = \frac{(N - n_3 - n_2)}{n_\square!\,(N - n_3 - n_2 - n_\square)!} \tag{9}$$

Die „Anordnungs-Entropie" der Fremdteilchen im Wirtskristall ist dann

$$s = k \ln (P_3 P_2 P_\square).$$

Setzt man hierin (7), (8) und (9) ein und differenziert partiell nach der Reaktions-laufzahl λ unter Beachtung von (6), so ergibt sich wegen $L\,k = R$ sowie unter der Voraussetzung, daß n_2, n_3 und $n_\square$ gegen N zu vernachlässigen ist,

$$\left(\frac{\partial s}{\partial \lambda}\right)_{p,T} = -R\, ln\, \frac{n_2^2 2N}{n_2^2\, n_\square},$$

und unter Benutzung der Gitterkonzentrationen

$$X_3 = \frac{n_3}{N};\; X_2 = \frac{X_2}{N};\; X_\square = \frac{X_\square}{N}$$

ergibt sich für den Beitrag $-T\dfrac{\partial s}{\partial \lambda}$ zur Affinität

$$-T\left(\frac{\partial s}{\partial \lambda}\right)_{p,T} = +\, RT\, ln\, \frac{2 X_2^2}{X_3^2 X_\square}. \tag{10}$$

Hieran sind die Teilreaktionen (a), (e) und (k) beteiligt.

Als entsprechender Beitrag der Enthalpieänderung kann die Änderung der Ein-bauenergien angesehen werden; diese werden aber bei Teilreaktion (b), (f) und (l) berücksichtigt.

3. Beitrag der Gitterschwingungen. Den Beitrag der Gitterschwingungen zur Affinität berechnen wir wie folgt. Die freie Energie des harmonischen Oszil-lators ist

$$k\,T\left[\frac{h\nu}{2\,k\,T} + l\,n\left(1 - e^{-\frac{h\nu}{k\,T}}\right)\right],$$

das wir abkürzend $f = kT\,[\nu]$ schreiben. Ein ungestörter AB-Ionenkristall mit N_J Ionen, d.h. $N = 1/2\,N_J$ Ionenpaaren, hat, wenn wir ihm vereinfachend nur eine Grundfrequenz ν zuschreiben, die freie Schwingungsenergie

$$3\,\frac{N_J}{2}\,k\,T\,(\nu),$$

und 1 Mol hat $3\,R\,T\,[\nu]$. Dies gibt 1 verschwindendes Mol frei; der Beitrag zur Affinität der Schwingungen des verschwindenden SrO ist also

$$-\,3\,R\,T\,[\nu]. \tag{11}$$

Um die freie Energie der Gitterschwingungen eines Kristalls mit n Kationenlücken zu berechnen, verfahren wir wie folgt, wobei wir uns an eine Rechnung von MOTT und GURNEY[7]) anlehnen. Die Zahl der mit ν schwingenden Ionen des Wirtskristalls ist $N_J - 7n$, wenn wir außer den n fehlenden Kationen noch ihre 6 Nachbarn ausnehmen. Bei letzteren nehmen wir an, daß die Frequenz ihrer „Radialschwingung" in v' geändert ist und ihrer beiden „Tangentialschwingungen" in v''. Die freie Schwingungsenergie des Kristalls mit n Kationenlücken ist dann

$$\frac{3}{2} (N_J - 7n)\, kT\,[v] + 6n\, kT\,[v''] + 3n\, kT\,[v'] \tag{12}$$

Nun enthält der Wirtskristall auf der linken Seite der chemischen Gleichung (4) noch $2n$ Kationenplätze, die mit Eu^{3+}-Ionen besetzt sind. Bezeichnen wir deren Schwingungsfrequenz mit μ und die ihrer Nachbarn mit μ' bzw. μ'', so ist die freie Schwingungsenergie des gestörten Kristalles auf der linken Seite der chemischen Gleichung:

$$\begin{aligned}
f_{\text{links}} = \ & \frac{3}{2} (N_J - 7n - 14n)\, kT\,[v] \\
& + 6n\, kT\,[v''] + 3kT\,[v'] \\
& + 3n\, kT\,[\mu] + 12n\, kT\,[\mu''] + 6n\, kT\,[\mu'] .
\end{aligned} \tag{13}$$

Analog ergibt sich für den durch $2n$ Eu^{2+} gestörten Kristall rechts

$$f_{\text{rechts}} = \frac{3}{2} (N_J - 14n)\, kT\,[v] + 3n\, kT\,[\overline{\mu}] + 12n\, kT\,[\overline{\mu}''] + 6n\, kT\,[\overline{\mu}'] . \tag{14}$$

Beim Differenzieren nach λ gilt wieder $dn_{\text{rechts}} = -\, dn_{\text{links}} = L\, d\lambda$. Man erhält

$$\frac{\partial f_{\text{links}}}{\partial \lambda} = -RT \left\{ -\frac{63}{2}\,[v] + 6[v''] + 3[v'] + 3[\mu] + 12[\mu''] + 6[\mu'] \right\} \tag{15}$$

bzw.

$$\frac{\partial f_{\text{rechts}}}{\partial \lambda} = RT \left\{ -21[v] + 3[\overline{\mu}] + 12[\overline{\mu}''] + 6[\overline{\mu}'] \right\}. \tag{16}$$

Über die Schwingungen der Ionen in den gestörten Gebieten wissen wir sehr wenig, was aber, da, wie wir sehen werden, ihr Einfluß gering ist, nicht sehr ins Gewicht fällt. Zur Vereinfachung setzen wir einmal $\mu = \mu'$ und $\overline{\mu} = \overline{\mu}'$ (d.h. die Eu-Ionen und ihre Nachbarn schwingen mit gleicher Frequenz gegeneinander), ferner $\mu \approx \frac{3}{2}\,\overline{\mu}$ (weil die Bindungskräfte zwischen Eu-Ion und seinem Nachbar beim Eu^{3+} etwa $\left(\frac{3}{2}\right)^2$ mal größer sind als beim Eu^{2+}) und schließlich $v = v'' = \mu'' = \overline{\mu}''$

(d.h. wir setzen für alle Schwingungen, die senkrecht zu einer durch das Störion gehenden Gittergeraden erfolgen, die Frequenz des ungestörten Gitters an). Dann ergibt sich für den gesamten Affinitätsbeitrag der Gitterschwingungen aus (11), (15) und (16)

$$\begin{aligned}
\frac{\partial f}{\partial \lambda} = \ & -3RT\,[v] \\
& -RT\left\{ -13{,}5\,[v] + 3\,[v'] + 9\,[\mu] \right\} \\
& +RT\left\{ -9\,[v] + 9\,[\overline{\mu}] \right\} \\
= \ & RT\,(1{,}5\,[v] - 3\,[v'] - 3\,[\mu]) .
\end{aligned} \tag{17}$$

Hieran sind die Teilreaktionen (a), (c), (e) und (k) beteiligt.

4. Die Gasphase. Die Enthalpie des entstehenden $\frac{1}{2}\,O_2$ (Gl. (4)) beträgt

$$\frac{1}{2}\left(\frac{3}{2}\,RT + RT\right)\ \text{für den Translationsanteil,}$$

$$\frac{1}{2}\,RT\left(\frac{h\nu_0}{2kT} + \frac{h\nu_0/kT}{e^{\frac{h\nu_0}{kT}}-1}\right)\ \text{für den Schwingungsanteil}$$

und $\frac{1}{2}\,RT$ für den Rotationsanteil. Die Entropieanteile sind

$$\frac{1}{2}\,R\left[ln\left(\frac{2\pi MkT}{h^2}\right)^{3/2}+ln\,\frac{kT}{p}+\frac{5}{2}+ln\,\frac{p}{p'}\right]\ \text{für den Translationsanteil}$$

$$\frac{1}{2}\,R\left[-ln\left(1-e^{-\frac{h\nu_0}{kT}}\right)+\frac{h\nu_0/kT}{e^{\frac{h\nu_0}{kT}}-1}\right]\ \text{für den Schwingungsanteil}$$

und $\frac{1}{2}\,R\left(\ln\frac{I}{\Theta_r}+1\right)$ für den Rotationsanteil. Hierin ist M die Masse eines O_2-Moleküls, p der Normaldruck, p' der Druck im Reaktionsgefäß, ν_0 die Grundschwingung der O_2-Molekel und $\Theta_r = h^2/(8\,\pi^2\,Ik)$ die charakteristische Temperatur der Rotation mit $I = M_{r_0}^2$, dem Trägheitsmoment der O_2-Molekel. Die freie Enthalpie, d. h. deren Änderung bei Entstehung von $\frac{1}{2}\,O_2$, ist dann die Summe der drei Enthalpieausdrücke, vermindert um die mit T multiplizierte Summe der drei Entropieausdrücke

$$E_g=\left(\frac{\partial g}{\partial \lambda}\right)_{p,T}= -\frac{1}{2}\,RT\left[ln\,\frac{2\pi MkT^{3\,2}}{h^2}+ln\,\frac{kT}{p}+ln\,\frac{p}{p'}\right]+$$

$$+\frac{1}{2}\,RT\left[\frac{h\nu_0}{2kT}+ln\left(1-e^{-\frac{h\nu_0}{kT}}\right)-\frac{1}{2}\,RTln\,\frac{T}{\Theta_r}\right]. \tag{18}$$

Um die Änderung der freien Enthalpie in (h) zu erhalten, müßte von (18) einmal das Entsprechende für O_{Gas} abgezogen werden. Dies brauchen wir jedoch nicht zu tun, da O_{Gas} beim Summieren der Gleichungen (a) bis (l) verschwindet. Außerdem wird in (h) jedoch die Dissoziationsenergie für $\frac{1}{2}\,O_2$ gewonnen. Es handelt sich dabei nicht um die Bildungsenthalpie, sondern um das $\frac{1}{2}\,L$-fache der Trennungsarbeit einer Molekel; denn in der Bildungsenthalpie wäre außer dieser die Enthalpie des O_{Gas} enthalten, und wir müßten dies beim Summieren berücksichtigen. Die Differenz

$$\frac{1}{2}\left(\frac{3}{2}\,RT+\frac{1}{2}\,RT+RT\right)-\left(\frac{3}{2}\,RT+RT\right)=-RT=-0{,}59\,\frac{\text{kcal}}{\text{Mol}}$$

wäre übrigens klein gegen eine Dissoziationsenergie von

$$-58{,}5\ \text{kcal/Mol für}\ \frac{1}{2}\,O_2\ \text{bzw.}-51{,}7\ \text{für}\ \frac{1}{2}\,S_2{}^8).$$

5. Die Bindungsenergie. Die Dissoziationsenergie ist übrigens schon einer der Posten, die in der von uns früher[1]) berechneten Änderung W der gesamten

Bindungsenergie enthalten waren. W pro Mol ist die Summe der Energieänderung der restlichen Teilreaktionen

(b): $+ 2 L$ mal Ausbauarbeit von Eu^{3+}

(d): $+$ Absolutbetrag der Wirtsgitterenergie je L Ionenpaare

(f): $- 2 L$ mal Ausbauarbeit Eu^{2+}

(g): $- 2 L$ mal Ionisierungsarbeit J für $Eu^{2+} \rightarrow Eu^{3+}$

(h): $-$ Dissoziationsenergie für $1/2\ O_2$

(j): $+$ (negative) Elektronenaffinität von O^{--} bzw. S^{--}

(l): $- L$ mal Kationenlücken-Bildungsarbeit.

Wir sehen die Energie W als temperaturunabhängig an, und da ihre Entropieänderung verschwindet, stellt sie einen Beitrag zur Änderung der freien Enthalpie, d.h. zur Affinität, dar, und zwar, wie wir sehen werden, den weitaus größten. Hierin lag ja gerade die Berechtigung unserer früheren*) Betrachtung. Nach dieser betrug die Energie für (4), also für die Reaktion in SrO

$$W_O = (72{,}3 - 2\ J)\ \text{eV},$$

während sie für die Reaktion in SrS

$$W_S = (63{,}7 - 2\ J)\ \text{eV}$$

betrug. Eine neuerdings ausgeführte Rechnung in höherer Näherung ergab

$$W_O = (67{,}6 - 2\ J)\ \text{eV} \tag{20}$$

bzw.
$$W_S = (60{,}8 - 2\ J)\ \text{eV}. \tag{21}$$

Dabei bedeutet J die unbekannte Ionisierungsarbeit des Eu^{2+}, die ja nach (g) im Ergebnis enthalten sein muß.

6. Gleichgewichtsbedingung. Wir können nun die Affinität N der Reaktion (4) bzw. (3) angeben als Summe der im vorigen berechneten Teilaffinitäten. Die Gleichgewichtsbedingung $N = O$ liefert dann

$$\frac{X_2^2 \left(\dfrac{p'}{p}\right)^{1/2}}{X_3^2\, X_\square} = \frac{1}{2}\, e^{-\left\{ \dfrac{W + E_g}{R T} + 1{,}5\,[\nu] - 3\,[\nu'] - 3\,[\mu] \right\}}. \tag{22}$$

Gl. (22) stellt das Massenwirkungsgesetz dar; ihre rechte Seite ist die Massenwirkungskonstante K_p. Das Gleichgewicht wird — abgesehen von der Temperatur — außer von W noch durch das „Gasglied" E_g und die Schwingungsglieder bestimmt.

Für den Einfluß der Gasphase, d.h. für den Betrag von E_g in (22), gilt nach (18) folgendes: Die Zahlenwerte der freien Enthalpie E_g berechnen wir nicht statistisch, sondern aus Tabellenwerten[9]) für $C_{p,\,298}$ und Normalentropie s_{298} angenähert nach

$$E_g = C_{p,298}\, T - T \left(s_{298} + C_p\, ln\, \frac{T}{298} \right)$$

$$\text{für } \frac{1}{2}\ O_2 \text{ zu } -6{,}27\, \frac{\text{kcal}}{\text{Mol}} = -0{,}27\ \text{eV bei}\quad 298°\ \text{K}$$

$$\text{bzw.} -33{,}4\, \frac{\text{kcal}}{\text{Mol}} = -1{,}45\ \text{eV bei } 1273°\ \text{K}$$

---

* In der Abb. 1 der in [1]) genannten Arbeit sind diejenigen Ionisierungsarbeiten pro 1 Eu aufgetragen, die W gerade zu Null machen.

$$\text{für } \frac{1}{2}\,S_2 \text{ zu } -7{,}06\,\frac{\text{kcal}}{\text{Mol}} = -0{,}31\,\text{eV bei } 298^\circ\,\text{K}$$

$$\text{bzw. } -36{,}8\,\frac{\text{kcal}}{\text{Mol}} = -1{,}60\,\text{eV bei } 1273^\circ\,\text{K}.$$

Um einen Begriff von der Größenordnung der Schwingungsglieder $[\,]$ in (22) zu erhalten, genügt es, mit einer charakteristischen Gitterfrequenz zu rechnen. Wenn wir durch den Index O die Oxydreaktion und mit dem Index S die analoge Sulfidreaktion bezeichnen, so ist[10]

$$\nu_O = 9.10^{12}\text{sec}^{-1};\ \mu_O = 6{,}6.10^{12}\text{sec}^{-1}$$

$$\nu_S = 5{,}1.10^{12}\text{sec}^{-1};\ \mu_S = 3{,}66.10^{12}\text{sec}^{-1}.$$

Für die μ haben wir die von R. TOMASCHEK bestimmten Schwingungsfrequenzen des in SrO bzw. SrS eingelagerten Sm^{3+} gesetzt. ν' abzuschätzen ist schwieriger; wahrscheinlich ist $\nu' > \nu$. Wir setzen entsprechend einer Annahme von MOTT und GURNEY[5] $\nu' \approx 2\nu$ und berechnen $RT\,(1{,}5\,[\nu] - 3\,[\nu'] - 3\,[\mu]) = RT\,(-4{,}5\,[\nu] - 3\,[\mu])$. Dann finden wir

Temperatur °K	$[\nu_O]$	$[\nu_S]$	$[\mu_O]$	$[\mu_S]$	$RT\,(-4{,}5\,[\nu]-3\,[\mu])$ O	S
298	$+0{,}46$	$-0{,}17$	$+0{,}11$	$-0{,}51$	$-1{,}42\,\frac{\text{kcal}}{\text{Mol}}$	$+1{,}36\,\frac{\text{kcal}}{\text{Mol}}$
1273	$-1{,}05$	$-1{,}62$	$-1{,}64$	$-2{,}75$	$+27{,}0\,\frac{\text{kcal}}{\text{Mol}}$	$+39{,}1\,\frac{\text{kcal}}{\text{Mol}}$

Rechnet man in eV um, so erhält man für die Änderung der freien Energie der Gitterschwingungen

	Oxyd	Sulfid
298° K	$-0{,}06$ eV	$+0{,}06$ eV
1273° K	$+1{,}17$ eV	$+1{,}70$ eV

Der in (22) im Exponenten stehende, W hinzuzufügende Betrag für Gasphase und Gitterschwingungen zusammen ist also

	Oxydreaktion	Sulfidreaktion
25° C ($= 298^\circ$ K)	$-0{,}33$ eV	$-0{,}25$ eV
1000° C ($= 1273^\circ$ K)	$-0{,}28$ eV	$-0{,}10$ eV

Diese Beträge liegen aber innerhalb der — vorläufig erreichbaren — Genauigkeit, mit der etwas über W ausgesagt werden kann. Unsere früher gemachte Vernachlässigung dieser Beträge, bei der wir die Affinität durch die Änderung der Bindungsenergie ersetzten, war also berechtigt. Wohl aber war es wichtig, dabei die Ein- und Ausbauarbeiten der Ionen zu berechnen.

Wir können nun das Gleichgewicht (22) im Prinzip berechnen. Angesichts einmal der extremen Empfindlichkeit der e-Funktion gegen kleine Änderungen des Exponenten und das andere Mal der Unsicherheit des Exponenten kann man im allgemeinen nicht erwarten, daß das Konzentrationsverhältnis links absolut richtig herauskommt. Durch G. BRAUERS Ergebnis[4] ist jedoch die Möglichkeit eröffnet worden, das Gleichgewicht experimentell zu untersuchen und auf diese Weise genaue Zahlen für K_p bzw. den Exponenten in (22) zu bekommen.

In Hinblick auf das in I in bezug auf die Heraufsetzung der Affinität der Reduktion durch „Wirtsgitter-Hilfe" Gesagte wollen wir die in dem Exponenten in geschweiften Klammern stehende Energie aber doch ausrechnen. Das zu ihrer

Berechnung nötige unbekannte $2J$ muß zwischen 67,6 und 60,8 eV liegen, da sonst (bei nicht extrem vom Normaldruck abweichenden Gasdruck) Eu nicht in SrO dreiwertig und in SrS zweiwertig[1]) wäre. Das heißt, diese {Energie} ist $0 <$ {Energie} $< 6,8$ eV.

III. Reduktion von Eu ohne Gegenwart eines helfenden Wirtsgitters und Vergleich

Wir versuchen jetzt eine Bestimmung der Affinität von (2). Dazu machen wir eine zu (a) bis (l) analoge Zerlegung von (2).

$$\underline{Eu_2O_3} \rightarrow 2\,Eu^{3+} + 3O^{--} \qquad\qquad (m)+$$

$$2\,Eu^{3+} + 2\ominus \rightarrow 2\,Eu^{2+} \qquad\qquad (n)$$

$$2\,Eu^{2+} + 2O^{--} \rightarrow 2\,\underline{EuO} \qquad\qquad (o)+$$

$$O^{--} \rightarrow O + 2\ominus \qquad\qquad (p)$$

$$O \rightarrow \frac{1}{2}O_2 \qquad\qquad (q)$$

Bei der Zerlegung haben wir diejenigen Teilprozesse, die nach unseren oben gemachten Erfahrungen nur kleine Beiträge zur Affinität liefern, weggelassen. Um eine gewisse Kontrolle zu haben, führen wir die Überlegung gleichzeitig für die entsprechende Sulfidreaktion (1) durch. Die Affinität der Reaktion im Wirtsgitter ist, wie wir sahen, angenähert durch W_O bzw. W_S in (20) bzw. (21) gegeben. Zur Abschätzung der einfachen Reaktion nach (1) benötigen wir in erster Linie die Gitterenergie von Eu_2O_3, die wir aus folgender Zerlegung der bekannten Bildungsenthalpie erhalten.

	(O)	(S)
$Eu_2O_3 \rightarrow 2\,Eu_{fest} + \dfrac{3}{2}O_2$ (— Bildungsenthalpie)	$+425$	$+160\,?\,?$
$2\,Eu_{Gas} \rightarrow 2\,Eu_{fest}$ (—2 Sublimationsenth.)	$-140\,?$	$-140\,?$
$6\ominus + 2\,Eu^{3+} \rightarrow 2\,Eu_{Gas}$ (—2 Gesamtionisierungsarbeit)	$-785-2\,J$	$-785-2\,J$
$3\,O \rightarrow \dfrac{3}{2}O_2 \left(-3\,\text{Dissoziationsenerg.}\ \dfrac{1}{2}O_2\right)$	-175	-156
$3\,O^{--} \rightarrow 3\,O + 6\ominus$ (—3 Elektronenaffin.)	-505[11])	-238[11])
$\underline{Eu_2O_3 \rightarrow 3\,O^{--} + 2\,Eu^{3+}}$ (Gitterenergie)	(unbekannt)	

Hinter jeder Gleichung ist in ( ) der Charakter des zugehörigen Arbeitsaufwandes (Enthalpievermehrung) aufgeschrieben und in den beiden Zahlenkolonnen die zugehörigen Werte für Oxyd und Sulfid in kcal/Mol. Die Bildungsenthalpie für Eu_2O_3 wurde als von der für Sm_2O_3 bekannten[12]) nicht sehr verschieden angenommen. Die Sublimationswärme von Eu wurde geschätzt. Der durch beide Schätzungen gemachte Fehler dürfte ± 50 kcal/Mol nicht übersteigen. Die Bildungsenergie von Eu_2S_3 ist sicher kleiner als die von Eu_2O_3; einen Schätzwert erhalten wir aus letzterer für erstere, indem wir annehmen, daß sie im gleichen Verhältnis stehen wie die Bildungsenergien von Al_2O_3 und Al_2S_3. Danach würde sich der angegebene Wert von 160 kcal/Mol ergeben. Durch Summieren ergibt sich bei der Oxydreaktion

$$425 = -1605 - 2\,J + \text{Gitterenergie von } Eu_2O_3$$

oder $\qquad Eu_2O_3\text{-Gitterenergie} = (-2030 - 2\,J)\ \text{kcal/Mol}$

bzw. $\qquad Eu_2S_3\text{-Gitterenergie} = (-1479 - 2\,J)\ \text{kcal/Mol}.$

Der Absolutbetrag davon ist also der bei (m) nötige Aufwand. Die weiteren Posten sind

	für Oxyd	(für Sulfid)
(n):	$-2\,J$	$-2\,J$
(o):	-1530	-1370
(p):	-168	$-79{,}4$
(q):	$-58{,}5$	$-36{,}5$
Summe	$-1756{,}5 - 2\,J$	$(-1485{,}9 - 2\,J)$

In (o) haben wir für die unbekannte Gitterenergie von EuO bzw. EuS diejenige für SrO bzw. SrS eingesetzt, da beide Substanzen isomorph sind. Insgesamt ergibt sich

$$2030 + 2\,J - 1756{,}5 - 2\,J = 273{,}5\ \text{kcal/Mol} = \quad 11{,}9\ \text{eV beim Oxyd}$$
$$(1479 + 2\,J - 1485{,}9 - 2\,J = -6{,}9\ \text{kcal/Mol} = -0{,}3\ \text{eV beim Sulfid})$$

Diese Abschätzung ist für das Sulfid noch wesentlich unsicherer als für das Oxyd, insbesondere wegen der Unsicherheit der Bildungswärme für das Eu_2S_3. Doch zeigt sie, daß die (experimentell nicht beobachtete) Reduktion (1) von Eu_2O_3 zu EuO sehr schwierig verlaufen muß, während die (tatsächlich beobachtbare) Reduktion (2) von Eu_2S_3 zu EuS verhältnismäßig leicht vor sich gehen soll.

Vergleichen wir das Ergebnis für SrO jetzt mit der Reaktionsenergie der Reaktion mit Wirtsgitterhilfe ($0 <$ Energie $< 6{,}8$ eV), so stellen wir eine Herabsetzung des Energiebetrages um 5,1 bis 11,9 eV, d.h. eine Heraufsetzung der Affinität um ungefähr diesen Betrag, fest. Dies aber steht mit G. BRAUERS Beobachtung qualitativ in Übereinstimmung.

Versuchen wir noch anschaulich zu verstehen, woher diese Affinitätsänderung kommt. Wir vergleichen dazu die Einzelschritte beider Reduktionsgleichungen, also (m) — (q) mit einer aus (a) — (l) durch vereinfachende Zusammenziehung gewonnenen Zerlegung.

$$2\,Eu^{3+}{}_{\text{in SrO}} \;\rightarrow\; 2\,\boxed{Sr^{++}}\;2\,Eu^{3+}_{\infty} \qquad\qquad \text{(ab)}{+}{+}$$

$$\underline{SrO} \;\rightarrow\; Sr^{++}{}_{\text{Gas}} + O^{--}{}_{\text{Gas}} \qquad\qquad \text{(cd)}{+}{+}$$

$$2\,Eu^{3+}_{\infty} + 2\,\ominus \;\rightarrow\; 2\,Eu^{2+}_{\infty} \qquad\qquad \text{(g)}$$

$$2\,Eu^{2+}_{\infty} + 2\,\boxed{Sr^{++}} \;\rightarrow\; \underline{2\,Eu^{2+}}{}_{\text{in SrO}} \qquad\qquad \text{(ef)}{+}{+}$$

$$O \;\rightarrow\; \tfrac{1}{2}\,O_2 \qquad\qquad \text{(hi)}$$

$$O^{--} \;\rightarrow\; O + 2\,\ominus \qquad\qquad \text{(j)}$$

$$\boxed{Sr^{++}} + Sr^{++} \;\rightarrow\; 0 \qquad\qquad \text{(kl)}{+}{+}$$

Nicht zu berücksichtigen sind die beiden gemeinsamen Teilreaktionen; wir vergleichen also nur die mit + bzw. + + bezeichneten. Dann brauchen also die +mehr Energieaufwand als die + +. Bei + wird die Gitterenergie von Eu_2O_3 aufgewendet (m) und die von 2 EuO gewonnen (o). Bei + + wird die Ausbauarbeit von 2 Eu^{3+} aus SrO aufgewendet (ab), die von 2 Eu^{2+} gewonnen (ef), die Gitterenergie von SrO (cd) und die Ausbauarbeit von Sr^{++} (kl) aufgewendet. Nehmen wir die Gitterenergien von SrO und EuO als ungefähr gleich an, so bedeutet das, daß es mehr Arbeit kostet, das Eu_2O_3-Gitter zu zerlegen als die Differenz der Ausbauarbeiten von Eu^{3+} und Eu^{2+} aus SrO, ferner die Ausbauarbeit von Sr^{++} und schließlich das Dreifache der SrO-Gitterenergie zu überwinden. Die Hilfe des Wirtsgitters SrO besteht also darin, die außerordentlich schwierige Zerlegung des Erdoxydes Eu_2O_3 in seine Ionen zu umgehen.

IV. Zusammenfassung

Die Affinität der Reduktion von Eu^{3+}, das in ein Erdalkalichalkogenid eingebaut ist, wird allgemein berechnet. Im Falle des SrO als Wirtsgitter ist von G. Brauer neuerdings die Reduzierbarkeit von Eu^{3+} in SrO gefunden worden, während sich das einfache Oxyd des dreiwertigen Eu bisher als unter vergleichbaren Bedingungen nicht reduzierbar erwiesen hatte. Es wird gezeigt, daß sich auch theoretisch eine Heraufsetzung der Affinität ergibt. Die „Hilfe" des Wirtsgitters besteht darin, die Zerlegung des Eu_2O_3 in seine Ionen zu umgehen.

Literatur

[1] Brauer, P.: Z. Naturforsch. 6a (1951) S. 562.
[2] Brauer, P.: Z. Naturforsch. 6a (1951) S. 561.
[3] Nowacki, W.: Z. Kristallogr. 99 (1938) S. 339.
[4] Brauer, G.: Angew. Chem. 65 (1953) S. 261 sowie zahlreiche briefliche Mitt.
[5] Brauer, G., R. Müller, R. H. Zapp: Z. anorg. allg. Chem. 280 (1955) S. 40.
[6] Jaffe, P. M., E. Banks: J. Electrochem. Soc. 102 (1955) S. 518.
[7] Mott, N. F., R. W. Gurney: Electronic processes in ionic crystals. Oxford 1948, S. 30.
[8] Taschenbuch für Chemiker u. Physiker. Hrsg.: J. D'Ans, E. Lax. Berlin 1943 S. 312/313.
[9] Taschenbuch für Chemiker u. Physiker. Hrsg.: J. D'Ans, E. Lax. Berlin 1943, S. 312.
[10] Tomaschek, R.: Z. Elektrochem. 36 (1930) S. 737.
[11] Seitz, F.: The modern theory of solids. New York 1940, S. 83.
[12] Remy, H.: Lehrbuch d. anorg. Chem., 4. u. 5. Aufl., Bd. 2, Leipzig 1949, S.525.
[13] Eick, H. A., N. C. Baenziger u. L. Eyring: J. Amer. Chem. Soc. 78 (1956) S. 5147.

Bemerkungen zur Theorie der glow-Kurven*)

Von

M. Schön

Mit 2 Abbildungen

Das mehrmalige Aufleuchten von Phosphoren bei zunehmender Temperatur wurde von Urbach[1]) an Alkalihalogeniden beobachtet. Es gelang ihm, aus der Temperatur, bei der ein Leuchtmaximum auftritt, und aus der bei dieser Temperatur noch gespeicherten Lichtsumme die Haftstellentiefe und die Wahrscheinlichkeit des leuchtenden Übergangs eines Elektrons zu bestimmen, das die zum Verlassen der Haftstelle notwendige Energie hat. Allgemein bekannt geworden ist diese Urbachsche Methode durch Randall und Wilkins[2]). Unter der Annahme, daß jedes aus einer Haftstelle befreite Elektron leuchtend in den Grundzustand zurückgeht, gaben sie für den Fall konstanter Aufheizungsgeschwindigkeit $q : T = q \cdot t$ (T = absolute Temperatur, t = Zeit) für den Verlauf des Leuchtens (glow-Kurve) den häufig verwendeten Ausdruck an, der allerdings enger als die Urbachsche Formulierung ist:

$$J = H_0^- \cdot s \cdot e^{-E_H/kT} \cdot e^{-s/q \int_0^T e^{-E_H/kT}\,dT} .$$ (1)

Dabei ist H_0^- die Anfangskonzentration der Elektronen in Haftstellen (gespeicherte Lichtsumme), s der Frequenzfaktor, dessen Produkt mit dem Boltzmann-Faktor die Wahrscheinlichkeit für den thermischen Übergang eines Elektrons aus den Haftstellen ergibt, E_H die Bindungsenergie der Elektronen in den Haftstellen (Haftstellentiefe).

Nun sind aber die Elektronenprozesse, die mit der Lumineszenz verbunden sind, in verschiedenen Kristallphosphoren recht verschiedenartig. So können z.B. die Haftstellen mit je einem Leuchtzentrum gekoppelt sein, so daß ein frei werdendes Elektron nur in eine bestimmte Haftstelle übergehen kann. Es kann aber auch im Kristall beweglich sein und die Wahl zwischen verschiedenen Leuchtzentren haben. Außerdem steht mit dem Übergang in die Leuchtzentren in Konkurrenz die Rückkehr des Elektrons in die Haftstellen, in die es ja schließlich bei der Anregung übergegangen ist. Ferner ist in vielen Leuchtzentren die Emission mit einem inneren Übergang verbunden, etwa im Mn, in anderen Fällen dagegen wird das Lichtquant bei der Rekombination des freien Elektrons mit dem Leuchtzentrum emittiert. In vielen Fällen ist auch das bei der Anregung entstehende Loch zu berücksichtigen, das ebenfalls in den Ablauf der Prozesse eingreifen kann. Und nicht zuletzt sind auch die strahlungslosen Prozesse zu beachten, die sogar überwiegen, wenn die Quantenausbeute der Lumineszenz unter $50\,{}^0\!/_0$ liegt. Diese strahlungslosen Prozesse können sowohl mit den inneren Übergängen in Leuchtzentren verbunden sein, wie auch auf einer Rekombination von Elektronen mit Löchern außerhalb der Leuchtzentren beruhen. Angesichts dieser vielen Möglichkeiten ist die Gl. (1) sicher zu eng, und auch die spätere Erweiterung von Garlick und Wilkins[3]), in der die Rückkehr der Elektronen in die Haftstellen (retrapping) berücksichtigt wird, nicht ausreichend. Für die Sulfidphosphore wurde von Klasens und Hoogenstraaten[4]) ein korrekter Ansatz gemacht, auf den wir unten noch zurückkommen, und für den Fall des ZnS: Cu, Co ausgewertet.

Im allgemeinen treten in den glow-Kurven verschiedene Maxima auf, entsprechend Haftstellen verschiedener Tiefe. Auch das wirkt sich auf den Verlauf

---

*) Originalmitteilung.

der Kurven aus, ist aber bisher noch nicht berücksichtigt worden. Die bereits bei einer tieferen Temperatur geleerten Haftstellen können, wenn sich während des Ausheizens keine Gleichgewichtsverteilung zwischen freien und in Haftstellen gebundenen Elektronen einstellt, die Rekombination mit den Leuchtzentren temperaturabhängig machen, während die Elektronen in tiefen Haftstellen in jedem Fall die übliche Annahme hinfällig machen, daß die Zahl der angeregten Leuchtzentren gleich der Zahl der Elektronen in der (gerade betrachteten) Haftstelle ist.

Es ist zur Zeit nicht möglich, eine umfassende Theorie der glow-Kurven zu geben. Sie würde auch nicht zweckmäßig sein, da die experimentellen Befunde zu einem sicheren Entscheid über den im Einzelfall vorliegenden Leuchtmechanismus nicht ausreichen, auch nicht in Verbindung mit anderen Messungen. Es kommt nämlich als weitere Erschwerung hinzu, daß nicht damit zu rechnen ist, daß Haftstellen genau definierter Tiefen vorliegen, sondern damit, daß ihre E_H-Werte infolge von Wechselwirkungen mehr oder weniger schwanken. Bei freier Wahl der Verteilungsfunktion der Haftstellen über die verschiedenen E_H-Werte ist dann sogar Gl. (1) imstande, sich den gemessenen glow-Kurven anzupassen.

Im folgenden sollen daher nur einige Bemerkungen gemacht werden, die vielleicht geeignet sind, den Umgang mit glow-Kurven zu erleichtern.

1. Allgemeiner Ansatz für den streng monomolekularen Fall

Wir nehmen an, daß die Haftstelle an das Leuchtzentrum A gekoppelt ist. Das angeregte Zentrum A^* kann entweder mit der Wahrscheinlichkeit α in den Grundzustand zurückkehren oder mit der Wahrscheinlichkeit δ sein Elektron in die Haftstelle überführen. A_H sei die Konzentration der Elektronen in Haftstellen. Von dort kann das System mit der Wahrscheinlichkeit $\gamma = s \cdot \exp\left(-E_H/kT\right)$ wieder in den angeregten Zustand übergehen. Lassen wir noch die Möglichkeit strahlungsloser Übergänge zu, dann setzt sich α aus zwei Teilen zusammen, $\alpha = \alpha_0 + \alpha_s$ wo α_0 die Wahrscheinlichkeit des leuchtenden und $\alpha_s = \alpha_1 \exp\left(-E_A/kT\right)$ die des strahlungslosen Überganges ist, der die Aktivierungsenergie E_A hat. Wir erhalten dann die Reaktionsgleichungen für den Fall des Abklingens:

$$\frac{dA^*}{dt} = -(\alpha + \delta)\,A^* + \gamma\,A_H\,, \tag{2}$$

$$\frac{dA_H}{dt} = \delta\,A^* - \gamma\,A_H\,. \tag{3}$$

Sie lassen sich durch Differenzieren von Gl. (2) und Einsetzen von Gl. (3) und $\gamma\,A_H$ aus Gl. (2) umformen (mit $J = \alpha_0\,A^*$) in:

$$\frac{d^2J}{dt^2} + \left(\alpha + \delta + \gamma - \frac{d\ln\gamma}{dt}\right)\frac{dJ}{dt} + \left(\frac{d\alpha}{dt} + \alpha\,\gamma - (\alpha + \delta)\,\frac{d\ln\gamma}{dt}\right)J = 0. \tag{4}$$

J ist in Abhängigkeit von t die jeweilige Intensität der glow-Kurve. Die Gesetzmäßigkeit der Aufheizung ist hier noch offengelassen.

Man kann sich zunächst an Hand der glow-Kurven überzeugen, daß die dort auftretenden Krümmungen so klein sind, daß $\dfrac{d^2J}{dt^2}$ auch im Maximum vernachlässigt werden kann.

Im Maximum $\left(\dfrac{dJ}{dt} = 0\right)$ ist

$$\frac{d\alpha}{dt} + \alpha\,\gamma - (\alpha + \delta)\,\frac{d\ln\gamma}{dt} = 0\,. \tag{5}$$

Bei der üblichen linearen Aufheizung: $T = qt$

ist

$$\frac{d \ln \gamma}{dt} = \frac{E_H}{k\,T^2} \cdot q \tag{6}$$

und

$$\frac{d\alpha}{dt} = \alpha_s \frac{E_A}{k\,T^2} \cdot q . \tag{7}$$

Damit wird aus Gl. (5)

$$\frac{\dfrac{\alpha_s E_A}{k \cdot T^2} + \dfrac{\alpha \gamma}{q}}{\alpha - \delta} = \frac{E_H}{k\,T^2} . \tag{8}$$

Im ersten Koeffizienten von (4) ist γ gegen $\alpha - \delta$ zu vernachlässigen (sonst wären keine Elektronen in Haftstellen). Ebenso ist in dem in Frage kommenden Temperaturbereich $d \ln \gamma/dt$ gegen $\alpha - \delta$ klein, wir können Gl. (4) daher umformen:

$$\frac{1}{J}\frac{dJ}{dt} = \frac{d \ln J}{dt} = - \frac{\dfrac{d\alpha}{dt} + \alpha\gamma}{\alpha + \delta} + \frac{d \ln \gamma}{dt} . \tag{9}$$

Die linke Seite ist experimentell gegeben. Auf der rechten Seite überwiegt beim Anstieg der Kurve das zweite, beim Abfall nach dem Maximum das erste Glied. $\dfrac{d \ln J}{dt}$ verläuft also bei niedrigen Temperaturen asymptotisch nach $\dfrac{d \ln \gamma}{dt}$, d.h. bei konstanter Erwärmungsgeschwindigkeit und mit der Temperatur als Abszisse:

$$\frac{d \ln J}{dT} = \frac{E_H}{k\,T^2} . \tag{10}$$

Im Maximum hat $\dfrac{d \ln J}{dt}$ eine Nullstelle und konvergiert anschließend gegen:

$$\frac{d \ln J}{dt} = - \frac{\dfrac{d\alpha}{dt} + \alpha\gamma}{\alpha - \delta} \tag{11}$$

bzw. mit $T = qt$:

$$\frac{d \ln J}{dT} = - \frac{\dfrac{d\alpha}{dT} + \dfrac{\alpha\gamma}{q}}{\alpha + \delta} . \tag{12}$$

Da sowohl $\dfrac{d\alpha}{dT} = \dfrac{E_A}{k\,T^2} \cdot \alpha_1 \cdot e^{-E_A/k\,T}$ wie auch $\gamma = s \cdot e^{-E_H/k\,T}$ exponentiell abnehmen, ist der Abfall von $\dfrac{d \ln J}{dT}$ nach dem Maximum sehr steil (Abb. 1).

Die Bestimmung der Haftstellentiefe E_H ist aus der Lage des Maximums allein nicht möglich. Am sichersten und, worauf HOOGENSTRAATEN, KLASENS und VAN GOOL zuerst hingewiesen haben[5]), sogar weitgehend unabhängig von dem vorliegenden Reaktionsmechanismus ist die Bestimmung aus der Veränderung der Lage des Maximums bei Variation der Aufheizungsgeschwindigkeit*).

---

*) Die Möglichkeit, E_H bei monomolekularem Reaktionsmechanismus aus Messungen mit verschiedenen Aufheizgeschwindigkeiten zu bestimmen, hat bereits BOHUN[6]) angegeben.

Wenn die inneren strahlungslosen Übergänge zu vernachlässigen sind, gilt im Maximum:

$$\frac{1}{q}\frac{\alpha\,s}{\alpha+\delta}\,e^{-E_H/kT_M} = \frac{E_H}{k\cdot T_M^2} \tag{13}$$

wo T_M die Temperatur des Maximums ist.

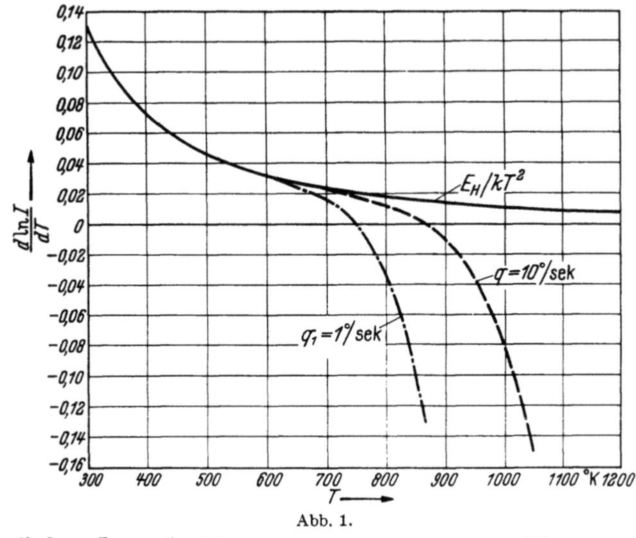

Abb. 1.

$$\frac{d\ln J}{dT} = \frac{E_H}{kT^2} - \frac{1}{q}\frac{\alpha\,s}{\alpha+\delta}\,e^{-E_H/kT} \quad\text{mit } E_H = 1\,eV \text{ und } \frac{\alpha\,s}{\alpha+\delta} = 10^5.$$

Heizt man mit verschiedenen Geschwindigkeiten q_1 und q_2 auf, liegt das Maximum bei den Temperaturen T_1 und T_2 und man erhält aus Gl. (13):

$$E_H = k\,\frac{T_1\,T_2}{T_1 - T_2}\,\ln\left(\frac{q_1}{q_2}\,\frac{T_2^2}{T_1^2}\right). \tag{14}$$

$\dfrac{d\alpha}{dT}$ ist im allgemeinen gegen $\dfrac{1}{q}\,\alpha\gamma$ zu vernachlässigen. Lediglich wenn das Maximum der glow-Kurve in die Nähe der oberen Temperaturgrenze der Lumineszenz rückt, ist es zu berücksichtigen. Notfalls läßt sich sein Einfluß durch Kontrollmessungen mit einer dritten Aufheizungsgeschwindigkeit feststellen.

2. Im Kristall frei bewegliche Elektronen

Die wesentlichen Züge des Verhaltens im Kristall frei beweglicher Elektronen erhält man aus dem reaktionskinetischen Verhalten der Sulfidphosphore. Aus den bekannten Reaktionsgleichungen eines Phosphors mit einer Sorte Aktivatoren und einer Sorte im Grundzustand nicht besetzter Haftstellen[7]):

$$\left.\begin{aligned}
\frac{dn}{dt} &= -\beta\,n\,A^+ - \alpha_{LH}\,n\,(H-H^-) + \gamma_{HL}\,H^-\\[1ex]
\frac{dH^-}{dt} &= \alpha_{LH}\,n\,(H-H^-) - \gamma_{HL}\,H^- - \alpha_{HV}\,p\,H^-\\[1ex]
\frac{dA^+}{dt} &= \alpha_{AV}\,p\,(A-A^+) - \beta\,n\,A^+ - \gamma_{AV}\,A^+\\[1ex]
\frac{dp}{dt} &= -\alpha_{HV}\,p\,H^- - \alpha_{AV}\,p\,(A-A^+) + \gamma_{AV}\,A^+
\end{aligned}\right\} \tag{15}$$

ergeben sich unter der Annahme, daß $n < H^-$, $p < A^+$ und daß n und p nur langsam veränderliche Größen sind $\left(\dfrac{dn}{dt} \sim 0,\ \dfrac{dp}{dt} \sim 0\right)$, die bereits von HOOGEN-STRAATEN und KLASENS[4]) angegebenen Gleichungen

$$\frac{dH^-}{dt} = -J - J' = - \frac{\beta\,\dfrac{\gamma_{HL}}{\alpha_{LH}}\,H^{-2}}{H - H^- + \dfrac{\beta}{\alpha_{LH}}\,H^-} - \frac{\alpha_{HV}\,\dfrac{\gamma_{AV}}{\alpha_{AV}}\,H^{-2}}{A - H^- + \dfrac{\alpha_{HV}}{\alpha_{AV}}\,H^-}\,. \tag{16}$$

Hierin sind J bzw. J' die Zahl der leuchtenden bzw. der strahlungslosen Rekombinationen pro cm³/sec, H die Konzentration der Haftstellen, von denen H^- besetzt sind, A die Konzentration der Aktivatoren, von denen A^+ ionisiert sind, n bzw. p die Konzentrationen der freien Elektronen bzw. Löcher. Ferner ist

$$\frac{\gamma_{HL}}{\alpha_{LH}} = \frac{2\,(2\,\pi\,m_e^*\,k \cdot T)^{3/2}}{h^3}\,e^{-E_H/k\,T} \tag{17}$$

$$\frac{\gamma_{AV}}{\alpha_{AV}} = \frac{2\,(2\,\pi\,m_p^*\,k \cdot T)^{3/2}}{h^3}\,e^{-E_A/k\,T}\,. \tag{18}$$

E_H ist die Tiefe der Elektronen-, E_A die der Löcherhaftstellen. Die übrigen Koeffizienten nehmen wir temperaturunabhängig an.

Die Gln. (15) und (16) erfassen über die Sulfide hinaus auch die Kristallphosphore mit frei beweglichen Elektronen, bei denen der leuchtende Übergang ein innerer Übergang im Leuchtzentrum ist. Die Rekombination mit dem Leuchtzentrum, dargestellt durch das Glied $\beta n A^+$, führt dann zu einem Anregungszustand. Voraussetzung ist jedoch, daß die Wahrscheinlichkeit des leuchtenden Überganges größer ist als die der thermischen Ionisation des angeregten Leuchtzentrums.

Zunächst gilt allgemein:

$$J = \frac{\gamma_{HL}}{\alpha_{LH}}\,\frac{\beta H^{-2}}{H - H^-\left(1 - \dfrac{\beta}{\alpha_{LH}}\right)} \tag{19}$$

$$\frac{d\ln J}{dt} = \frac{d}{dt}\left(\ln\frac{\gamma_{HL}}{\alpha_{LH}}\right) + \frac{dH^-}{dt}\left[\frac{2}{H^-} + \frac{1 - \dfrac{\beta}{\alpha_{LH}}}{H - H^-\left(1 - \dfrac{\beta}{\alpha_{LH}}\right)}\right] \tag{20}$$

Gl. (16) ist nicht allgemein zu lösen. Je nachdem, ob die leuchtenden Übergänge J oder ob die strahlungslosen J' überwiegen, ist das erste oder das zweite Glied zu verwenden. Außerdem ist das Verhalten von der Form der Nenner abhängig. Die Form der glow-Kurve (und auch der Abklingkurve) hängt davon ab, ob z.B. $H^-\left(1 - \dfrac{\beta}{\alpha_{LH}}\right)$ bzw. $H^-\left(1 - \dfrac{\alpha_{HV}}{\alpha_{AV}}\right)$ klein ist gegen H bzw. A, ob bei kleinen Werten von $\dfrac{\beta}{\alpha_{LH}}$ bzw. $\dfrac{\alpha_{HV}}{\alpha_{AV}}\,H^-$ anfangs $\cong H$ bzw. $\cong A$ ist, usw.

Von den zahlreichen möglichen Fällen wollen wir nun einige näher behandeln:

(a) $$J > J'; \qquad H^-\left(1 - \frac{\beta}{\alpha_{LH}}\right) < H\,.$$

Dann ist:

$$\frac{dH^-}{dt} = -\frac{\gamma_{HL}}{\alpha_{LH}}\,\frac{\beta H^{-2}}{H} \tag{21}$$

In Gl. (20) eingesetzt:

$$\frac{d \ln J}{d t} = \frac{d}{d t} \ln \frac{\gamma_{HL}}{\varkappa_{LH}} - 2 \beta \frac{\gamma_{HL}}{\varkappa_{LH}} \frac{H^-}{H} .$$ (22)

Aus Gl. (21):

$$H^- = \frac{H_0^-}{1 + \beta \frac{H_0^-}{H} \int\limits_0^t \frac{\gamma_{HL}}{\varkappa_{LH}} d t}$$ (23)

so daß sich für die glow-Kurve ergibt:

$$\frac{d \ln J}{d t} = \frac{d}{d t} \ln \frac{\gamma_{HL}}{\varkappa_{LH}} - \frac{2 \beta \frac{\gamma_{HL}}{\varkappa_{LH}} \frac{H_0^-}{H}}{1 + \beta \frac{H_0^-}{H} \int\limits_0^t \frac{\gamma_{HL}}{\varkappa_{LH}} d t} .$$ (24)

Im Maximum ist

$$\frac{d}{d t} \ln \frac{\gamma_{HL}}{\varkappa_{LH}} + \frac{d}{d t} \ln \frac{\gamma_{HL}}{\varkappa_{LH}} \cdot \beta \frac{H_0^-}{H} \int\limits_0^t \frac{\gamma_{HL}}{\varkappa_{LH}} d t = 2 \beta \frac{\gamma_{HL}}{\varkappa_{LH}} \frac{H_0^-}{H} .$$ (25)

Legen wir nun wieder die konstante Aufheizungsgeschwindigkeit zugrunde, sehen in Gl. (17) das $T^{3/2}$ als annähernd konstant an und beachten, daß in erster Näherung

$$\int e^{-E/k T} d T = \frac{k T^2}{E} e^{-E/k T}$$

ist, erhalten wir aus Gl. (25):

$$q \cdot \frac{E_H}{k T^2} = \beta \frac{\gamma_{HL}}{\varkappa_{LH}} \frac{H_0^-}{H} .$$ (26)

Der Fehler, den wir durch das Konstantsetzen von $T^{3/2}$ begehen, ist gleichbedeutend damit, daß wir $\frac{3 k T}{2}$ gegen E_H vernachlässigen. Beim Integral machen wir dadurch keinen Fehler.

Wie oben, können wir auch hier durch Variation der Aufheizungsgeschwindigkeit E_H ermitteln. Unter Beachtung von Gl. (27) erhalten wir:

$$E_H = k \frac{T_1 T_2}{T_1 - T_2} \ln \left(\frac{q_1}{q_2} \frac{T_2^{7/2}}{T_1^{7/2}} \right) .$$ (27)

Nach niedrigen Temperaturen konvergiert die Kurve Gl. (24) gegen $-\frac{E_H}{k T^2}$ wie bei Gl. (10), nach hohen Temperaturen nähert sie sich asymptotisch der Funktion

$$- \frac{E_H}{k T^2} .$$

Hierdurch unterscheidet sich Kurve Gl. (24) deutlich von der Kurve Gl. (9) (Abb. 2).

(b) $J > J'$; $\frac{\beta}{\varkappa_{LH}} \gg 1$; $\frac{\beta}{\varkappa_{LH}} H^- > H$ (geringes retrapping)

Es wird aus Gl. (20)

$$\frac{d \ln J}{d t} = \frac{d}{d t} \ln \frac{\gamma_{HL}}{\varkappa_{LH}} - \varkappa_{LH} \frac{\gamma_{HL}}{\varkappa_{LH}} .$$ (28)

Im Maximum ist bei konstanter Aufheizungsgeschwindigkeit

$$\frac{q\,E_H}{k\,T^2} = \alpha_{LH}\,\frac{2\,(2\,\pi\,m_e^*\,k\,T)^{3/2}}{h^3}\,e^{-E_H/k\,T} \tag{29}$$

und

$$E_H = k\,\frac{T_1\,T_2}{T_1 - T_2}\,\ln\left(\frac{q_1}{q_2}\,\frac{T_2^{7/2}}{T_1^{7/2}}\right). \tag{30}$$

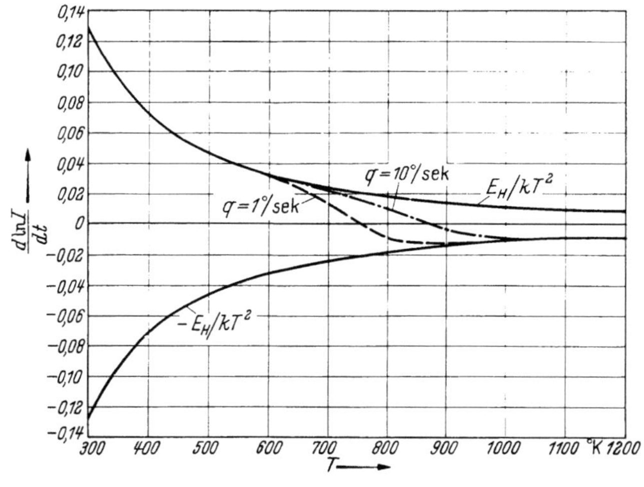

Abb. 2.

$$\frac{d\ln J}{dT} = \frac{E_H}{k\,T^2} - \frac{2\,\dfrac{\beta}{q}\,\dfrac{H_0^-}{H}\,k\cdot e^{-E_H/kT}}{1 + \dfrac{\beta}{q}\,\dfrac{H_0^-}{H}\cdot k\,\dfrac{k\,T^2}{E_H}\,e^{-E_H/kT}} \quad \text{mit } E_H = 1\,eV \quad \text{und } \beta\,\frac{H_0^-}{H}\,K = 10^5.$$

Die abfallende Kurve konvergiert hier gegen

$$\alpha_{LH}\cdot\frac{\gamma_{HL}}{\alpha_{LH}}$$

also wieder gegen eine e-Funktion.

(c) $\qquad J < J'; \qquad H_0^- \simeq H; \qquad \dfrac{\beta}{\alpha_{LH}} \ll 1; \qquad H_0^- < A.$

Geschwindigkeitsbestimmend sind hier die strahlungslosen Übergänge. Die Haftstellen sind zu Anfang voll besetzt. Dieser Fall führt zu einem Abklingen der Phosphoreszenz nach einem t^{-1}-Gesetz[8]).

Mit

$$\frac{dH^-}{dt} = -\alpha_{HV}\,\frac{\gamma_{AV}}{\alpha_{AV}}\,\frac{H^{-2}}{A} \tag{31}$$

erhält man

$$\frac{d\ln J}{dt} = \frac{d}{dt}\ln\frac{\gamma_{HL}}{\alpha_{LH}} - \frac{\gamma_{AV}}{\alpha_{AV}}\cdot\frac{1}{\displaystyle\int_0^t\frac{\gamma_{AV}}{\alpha_{AV}}\,dt}\cdot\frac{1 + 2\,\alpha_{HV}\,\dfrac{H}{A}\displaystyle\int_0^t\frac{\gamma_{AV}}{\alpha_{AV}}\,dt}{1 + \alpha_{HV}\,\dfrac{H}{A}\displaystyle\int_0^t\frac{\gamma_{AV}}{\alpha_{AV}}\,dt}. \tag{32}$$

Bei linearer Aufheizung wird daraus:

$$q\,\frac{d\ln J}{dT} = q\,\frac{E_H}{k\,T^2} - q\,\frac{E_A}{k\,T^2}\cdot\frac{1 + 2\,\alpha_{HV}\,\dfrac{1}{q}\,\dfrac{k\,T^2}{E_A}\cdot\dfrac{H}{A}\,\dfrac{\gamma_{AV}}{\alpha_{AV}}}{1 + \alpha_{HV}\,\dfrac{1}{q}\,\dfrac{k\,T^2}{E_A}\,\dfrac{H}{A}\,\dfrac{\gamma_{AV}}{\alpha_{AV}}}\,. \tag{33}$$

Im Maximum ist

$$q\,\frac{E_H - E_A}{k\,T^2} = \alpha_{HV}\,\frac{\gamma_{AV}}{\alpha_{AV}}\,\frac{H}{A}\,\frac{2\,E_A - E_H}{E_A}\,. \tag{34}$$

Mit Variation von q erhält man hier:

$$E_A = k\,\frac{T_1\,T_2}{T_1 - T_2}\,\ln\left(\frac{q_1}{q_2}\,\frac{T_2^{7/2}}{T_1^{7/2}}\right) \tag{35}$$

also nicht die Haftstellentiefe E_H, sondern die Höhe E_A des Aktivatorterms.

Mit abnehmender Temperatur nähert sich $\dfrac{d\ln J}{dT}$ der Funktion $\dfrac{E_H - E_A}{k\,T^2}$, mit zunehmender Temperatur dagegen der Funktion $-\dfrac{2\,E_A - E_H}{k\,T^2}$.

Da im vorliegenden Fall die strahlungslosen Übergänge überwiegen, ist die Helligkeit des Leuchtens gering. Die Bedingung dafür, daß überhaupt glow-Kurven auftreten, ist, wie man leicht sieht:

$$E_A < E_H < 2\,E_A\,.$$

Handelt es sich bei den in diesem Abschnitt besprochenen Fällen um solche mit innerem Übergang im Leuchtzentrum, so kann man die inneren strahlungslosen Übergänge dadurch berücksichtigen, daß man J mit α_0/α, dem Bruchteil der leuchtenden Übergänge multipliziert.

3. Einfluß noch besetzter tieferer Haftstellen

Von den Wirkungen anderer Haftstellen wollen wir in einem Beispiel die der tieferen Haftstellen zeigen. Im monomolekularen Fall (Abschn. 1) spielen sie selbstverständlich keine Rolle. Dagegen wirken sie sich bei freier Beweglichkeit im Kristall stark aus.

Wir beschränken uns auf den Fall, in dem die leuchtenden Übergänge geschwindigkeitsbestimmend sind. Dabei seien aber H_1 Elektronen/cm³ in tieferen Haftstellen fest gebunden.

An Stelle unserer ursprünglichen Neutralitätsbedingung $H^- = A^+$ haben wir jetzt $H^- + H_1 = A^+$.

Es ist dann

$$-\frac{dH^-}{dt} = J = -\frac{\beta\,\dfrac{\gamma_{HL}}{\alpha_{LH}}\,H^-\,(H^- + H_1)}{H - H^- + \dfrac{\beta}{\alpha_{LH}}\,(H^- + H_1)}\,. \tag{36}$$

Wir nehmen zunächst an, daß $\dfrac{\beta}{\alpha_{LH}}$ sehr klein ist und daß außerdem $H_0^- < H$ ist. Dann geht Gl. (36) über in:

$$-\frac{dH^-}{dt} = J = \frac{\beta\,\dfrac{\gamma_{HL}}{\alpha_{LH}}\,H^-\,(H^- + H_1)}{H}\,. \tag{37}$$

Das führt zu

$$J = \frac{\beta \, \dfrac{\gamma_{HL}}{\alpha_{LH}} \, H_0^- \, (H_0^- + H_1) \, \Lambda}{\left[1 + \dfrac{H_0^-}{H_1}(1 - \Lambda)\right]} \qquad (38)$$

und bei konstanter Aufheizungsgeschwindigkeit zu

$$\frac{d \ln J}{d t} = q \, \frac{E_H}{k T^2} - \beta \, \frac{\gamma_{HL}}{\alpha_{LH}} \, \frac{H_0}{H} \, \frac{H_1 + H_0^-(1 + \Lambda)}{H_1 + H_0^-(1 - \Lambda)} \qquad (39)$$

mit

$$\Lambda = e^{-\frac{\beta}{q} \frac{H_1}{H} \int_0^t \frac{\gamma_{HL}}{\alpha_{LH}} d t} = e^{-\frac{\beta}{q} \frac{H_1}{H} \cdot \frac{k T^2}{E_H} \cdot \frac{\gamma_{HL}}{\alpha_{LH}}}. \qquad (40)$$

Im Bereich des Maximums ist der Exponent von $\Lambda \approx -1$, so daß dort Λ langsam veränderlich ist. Man kann somit auch hier mit der Variation von q die Größe E_H mit ausreichender Genauigkeit bestimmen.

$\dfrac{d \ln J}{d t}$ nähert sich mit abnehmender Temperatur $\dfrac{E_H}{k T^2}$, mit zunehmender Temperatur dagegen wieder einer e-Funktion. Nur bei verschwindendem H_1 geht das zweite Glied von Gl. (39) über in:

$$-q \, \frac{2 E_H}{k T^2},$$

so daß bei hohen Temperaturen die glow-Kurve gegen $-\dfrac{E_H}{k T^2}$ geht. Parallel mit diesem Übergang geht das Abklingen der Phosphoreszenz

$$\left(\frac{\gamma_{HL}}{\alpha_{LH}} = \text{const} \qquad \Lambda = e^{-\beta \frac{H_1}{H} \frac{\gamma_{HL}}{\alpha_{LH}} t}\right)$$

vom exponentiellen in den bimolekularen Verlauf über.

Als zweiten Fall betrachten wir noch

$$\frac{\beta}{\alpha_{LH}} > 1; \qquad \frac{\beta}{\alpha_{LH}}(H^- + H_1) > H - H^-.$$

Es ist dann:

$$-\frac{d H^-}{d t} = J = \alpha_{LH} \, \frac{\gamma_{HL}}{\alpha_{LH}} \, H^-$$

$$H^- = H_0^- \, e^{-\alpha_{LH} \int_0^t \frac{\gamma_{HL}}{\alpha_{LH}} d t} \qquad (40)$$

$$\frac{\ln J}{d t} = \frac{d}{d t} \ln \frac{\gamma_{HL}}{\alpha_{LH}} - \alpha_{LH} \, \frac{\gamma_{HL}}{\alpha_{LH}}. \qquad (41)$$

Wir haben also rein exponentielles Verhalten.

4. Anwendung nicht linearer Aufheizung

Bei der Suche nach anderen Gesetzmäßigkeiten für die Aufheizung drängt sich die einer linearen Abnahme von $1/T$ mit der Zeit auf:

$$d\left(\frac{1}{T}\right) = -q \, d t \qquad (42)$$

$$T = \frac{T_0}{1 - q \, T_0 \, t}. \qquad (43)$$

Wir nehmen also die glow-Kurve über $1/T$ auf.

Die Differentiation nach der Zeit erfolgt dann nach dem Schema

$$\frac{d}{dt} = \frac{d}{d\,(1/T)}\;\frac{d\,(1/T)}{dt} = -q\,\frac{d}{d\,(1/T)}\,.\tag{44}$$

Mit diesem Aufheizungsgesetz nehmen die glow-Kurven tatsächlich einfache Formen an:

So geht Gl. (9) über in:

$$\frac{d\ln J}{d\,(1/T)} = -\,\frac{\dfrac{E_A}{k}\,\alpha s + \dfrac{1}{q}\,\alpha\gamma}{\alpha + \delta} + \frac{E_H}{k}\,.\tag{45}$$

Die Kurve folgt anfangs der Horizontalen E_H/k, nach dem Maximum einer e-Funktion.

Gl. (24) nimmt die Form an

$$\frac{d\ln J}{d\,(1/T)} = \frac{E_H}{k} - \frac{2\,\dfrac{\beta}{q}\,\dfrac{H_0^-}{H}\,\dfrac{\gamma_{HL}}{\alpha_{LH}}}{1 + \dfrac{\beta}{q}\,\dfrac{H_0^-}{H}\,\dfrac{K}{E_H}\,\dfrac{\gamma_{HL}}{\alpha_{LH}}}\tag{46}$$

im Maximum ist

$$\frac{E_H}{k} = \frac{\beta}{q}\,\frac{H_0^-}{H}\,\frac{\gamma_{HL}}{\alpha_{LH}}\,.\tag{47}$$

Durch Variation von q läßt sich auch hier E_H bestimmen.

Man sieht an diesen Beispielen, daß bei diesem Aufheizgesetz die glow-Kurven einen einfacheren Verlauf haben. Ob die Vorteile aber die etwas schwierigere experimentelle Anordnung rechtfertigen, ist noch fraglich.

Literatur

[1] Urbach, F.: Sitzungsber. Akad. Wiss. Wien, Math.-naturw. Kl. II a, **139** (1930) S. 363; Urbach, F., u. G. Schwarz: ebenda S. 483.
[2] Randall, J. T., u. M. H. F. Wilkins: Proc. Roy. Soc., London, Ser. A **184** (1945) S. 366.
[3] Garlick, G. F. T., u. M. H. F. Wilkins: Proc. Roy. Soc., London, Ser. A **184** (1945) S. 408.
[4] Hoogenstraaten, W., u. H. A. Klasens: J. electrochem. Soc. **100** (1953) S. 366.
[5] S. hierzu: Kröger, F. A.: Physica **22** (1956) S. 642.
[6] Bohun, A.: Czechosl. J. Phys. **4** (1954).
[7] S. hierzu z.B.: Schön, M.: Techn.-wiss. Abh. Osram-Ges. **6** (1953) S. 49.
[8] Schön, M.: Physica **20** (1954) S. 945.

Über die strahlungslosen Übergänge der Elektronen im Gitter der Sulfidphosphore bei Anregung im langwelligen Ausläufer der Absorption*)

Von

M. Schön

In Band 6 dieser Abhandlungen sind die strahlungslosen Übergänge im Gitter der Sulfidphosphore modellmäßig behandelt worden[1]). Dabei ergab sich eine befriedigende Darstellung der verwickelten Beziehungen zwischen der Anregungsintensität und der Ausbeute der Lumineszenz. Die dort angegebenen Lösungen sind umfassend und gelten allgemein für den Fall, daß die Fermigrenze im nicht angeregten Kristall zwischen den Haftstellen- und den Aktivatorniveaus verläuft. Es wurde jedoch nur das Verhalten der Kristalle bei Anregung im Bereich der Grundgitterabsorption behandelt. Da sich die Modellvorstellung zu bewähren scheint, soll im folgenden das Verhalten der Phosphore bei Anregung im langwelligen Ausläufer der Absorption nachgetragen werden. Dabei ist zu berücksichtigen, daß im langwelligen Ausläufer der Absorption zwei verschiedene Anregungsarten vorliegen können, einmal die unmittelbare Anregung des Aktivators (Übergang: Aktivator—Leitungsband) und Anregung in die Haftstellen (Übergang: Valenzband—Haftstellen). Beide Anregungsarten führen zu verschiedenem Verhalten der Leuchtvorgänge. Beiden ist jedoch gemeinsam, daß die Absorption der erregenden Strahlung mit zunehmender Erregungsdichte abnimmt, da nur besetzte Aktivatoren bzw. unbesetzte Haftstellen zur Absorption beitragen können.

Die angegebenen Lösungen sind innerhalb der gemachten Voraussetzungen ebenso umfassend wie die in den ersten Mitteilungen angegebenen.

1. Anregung: Aktivator — Leitungsband

Die Zahl der pro cm³ und sec absorbierten anregenden Quanten ist der Konzentration $(A - A^+)$ proportional. Wir setzen sie gleich $P\left(1 - \dfrac{A^+}{A}\right)$, wo P der eingestrahlten Intensität proportional ist. Die Reaktionsgleichungen (Bezeichnungen wie in der ersten Mitteilung, jedoch mit n statt n_e für die Konzentration der Elektronen im Leitungsband und mit p statt n_v für die der Defektelektronen) lauten dann:

$$\frac{dn}{dt} = P\left(1 - \frac{A^+}{A}\right) - \beta\, n\, A^+ - \alpha_{LH}\, n\, (H - H^-) + \gamma_{HL}\, H^- = 0 \tag{1}$$

$$\frac{dH^-}{dt} = -\alpha_{HV}\, p\, H^- + \alpha_{LH}\, n\, (H - H^-) - \gamma_{HL}\, H^- = 0 \tag{2}$$

$$\frac{dA^+}{dt} = P\left(1 - \frac{A^+}{A}\right) + \alpha_{AV}\, p\, (A - A^+) - \gamma_{AV}\, A^+ - \beta\, n\, A^+ = 0 \tag{3}$$

$$\frac{dp}{dt} = \alpha_{HV}\, p\, H^- - \alpha_{AV}\, p\, (A - A^+) + \gamma_{AV}\, A^+ = 0 \,. \tag{4}$$

---

*) Originalmitteilung.

Die Gln. (1) bis (4) enthalten in differentieller Form die Konstanz der Teilchenzahl:

$$\frac{dn^+}{dt} + \frac{dH^-}{dt} - \frac{dA^+}{dt} - \frac{dp}{dt} = 0,$$

die wir in Form der Neutralitätsbedingung

$$n + H^- = A^+ + p \tag{5}$$

verwenden wollen. Gl. (5) ersetzt eine der Gln. (1) bis (4). Unter Berücksichtigung, daß wir in $\beta n A^+ = J$ die leuchtenden, in $\alpha_{HV} p H^- = J'$ die strahlungslosen Übergänge sehen wollen (es könnte auch das Umgekehrte der Fall sein), führt Gl. (3) und (4) zur Quantenbilanz:

$$P\left(1 - \frac{A^+}{A}\right) = J + J'. \tag{6}$$

Führen wir das Verhältnis $w = J/J'$ der strahlenden zu den strahlungslosen Übergängen ein und beachten zunächst den Fall schwacher Anregung, d.h. $n < H^-$, $p < A^+$, so ist $H^- = A^+$, und wir erhalten

$$w = \frac{\beta}{\alpha_{HV}} \frac{A^+}{H^-} \frac{n}{p} = \frac{\beta}{\alpha_{HV}} \frac{n}{p}. \tag{7}$$

Aus Gl. (4) ergibt sich:

$$p = \frac{\dfrac{\gamma_{AV}}{\alpha_{AV}} H^-}{A - H^- + \dfrac{\alpha_{HV}}{\alpha_{AV}} H^-} \tag{8}$$

aus Gl. (2) und (4):

$$n = \left(\frac{\gamma_{HL}}{\alpha_{LH}} + \frac{\alpha_{HV}}{\alpha_{LH}} p\right) \frac{H^-}{H - H^-} = \left(\frac{\gamma_{HL}}{\alpha_{LH}} + \frac{\dfrac{\gamma_{AV}}{\alpha_{AV}} \dfrac{\alpha_{HV}}{\alpha_{LH}}}{A - H^- + \dfrac{\alpha_{HV}}{\alpha_{AV}} H^-}\right) \frac{H^-}{H - H^-} \tag{9}$$

und damit

$$w = \frac{\beta}{\alpha_{HV}} \frac{\dfrac{\gamma_{HL}}{\alpha_{LH}}\left(A - H^- + \dfrac{\alpha_{HV}}{\alpha_{AV}} H^-\right) + \dfrac{\gamma_{AV}}{\alpha_{AV}} \dfrac{\alpha_{HV}}{\alpha_{LH}} H^-}{\dfrac{\gamma_{AV}}{\alpha_{AV}} (H - H^-)} = w_0 \frac{1 - \dfrac{H^-}{A} Z}{1 - \dfrac{H^-}{H}}. \tag{10}$$

Hierbei ist w_0 der Wert des Verhältnisses w (im folgenden kurz, aber nicht korrekt innere Ausbeute genannt) bei verschwindender Anregung, d.h. für $H^- \to 0$.

$$w_0 = \frac{\beta}{\alpha_{HV}} \frac{A}{H} \frac{1}{\varrho}; \qquad \varrho = \frac{\gamma_{AV}}{\alpha_{AV}} : \frac{\gamma_{HL}}{\alpha_{LH}} = e^{-(E_A - E_H) kT} \tag{11}$$

(sofern wir die effektiven Massen von Elektronen und Defektelektronen als gleich annehmen)

und

$$Z = 1 - \frac{\alpha_{HV}}{\alpha_{AV}} - \frac{\alpha_{HV}}{\alpha_{LH}} \varrho. \tag{12}$$

In der Gl. (6)

$$P\left(1-\frac{H^-}{A}\right)=J+J'=J'\,(1+w)=\alpha_{HV}\,p\,H^-\,(1+w)=\alpha_{HV}\,\frac{\dfrac{\gamma_{AV}}{\alpha_{AV}}\,H^{-2}\,(1+w)}{A-H^-+\dfrac{\alpha_{HV}}{\alpha_{AV}}\,H^-}$$

ersetzen wir mit Hilfe von Gl. (10) H^- durch w und erhalten schließlich:

$$P=\alpha_{HV}\,\frac{\gamma_{AV}}{\alpha_{AV}}\cdot\frac{A}{1-\dfrac{A}{H}}\cdot\frac{1}{1-\dfrac{A}{H}-\dfrac{\alpha_{HV}}{\alpha_{AV}}}\cdot\frac{(1+w)\,(w-w_0)^2}{(w'-\xi_A)\,(w'-\eta_A)} \tag{13}$$

mit

$$\eta_A=w_0\,\frac{1-Z}{1-\dfrac{A}{H}}=\frac{\beta}{\alpha_{AV}}\cdot\frac{A}{H}\,\frac{\dfrac{1}{\varrho}+\dfrac{\alpha_{AV}}{\alpha_{LH}}}{1-\dfrac{A}{H}} \tag{14}$$

und

$$\xi_A=w_0\,\frac{1-Z-\dfrac{\alpha_{HV}}{\alpha_{AV}}}{1-\dfrac{A}{H}-\dfrac{\alpha_{HV}}{\alpha_{AV}}}=\frac{\beta}{\alpha_{LH}}\cdot\frac{A}{H}\cdot\frac{1}{1-\dfrac{A}{H}-\dfrac{\alpha_{HV}}{\alpha_{AV}}} \tag{15}$$

und für die Abhängigkeit der Ausbeute von der eingestrahlten Intensität in logarithmischer Darstellung

$$\frac{d\ln P}{d\ln w}=\frac{w}{1+w}+\frac{2\,w'}{w-w_0}-\frac{w'}{w'-\xi_A}-\frac{w}{w'-\eta_A}. \tag{16}$$

Als Kriterium, ob die Ausbeute mit zunehmender Anregung zu- oder abnimmt, erhalten wir durch Differenzieren von Gl. (10) nach H^- (das mit steigender Anregung zunimmt)

$$\frac{A}{H}>1-\frac{\alpha_{HV}}{\alpha_{AV}}-\frac{\alpha_{HV}}{\alpha_{LH}}\,\varrho \tag{17}$$

für zunehmende Ausbeute. Für $A\geq H$ hat man stets zunehmende Ausbeute.

Auch hier interessiert die Frage, ob Superlinearität möglich ist. Dann muß die rechte Seite von Gl. (16) klein sein, was bei $w>w_0$ nur möglich ist, wenn $|\xi_A|$ und $|\eta_A|$ klein sind gegen w.

w selbst muß ebenfalls klein sein, da das erste Glied von Gl. (16) klein bleiben muß.

Die Bedingungen

$$\xi_A\ll 1,\qquad \eta_A\ll 1,\qquad w_0\ll 1,\qquad w_0-\eta_A>0,\qquad w_0-\xi_A>0$$

(die beiden letzten, damit die Nenner nicht gleich Null werden) verlangen:

1. $\varrho\gg 1$ (wegen $w_0\ll 1$),

2. $A\gg H$ (wegen $w_0-\xi_A>0$ und $w_0-\eta_A>0$) und

3. $\dfrac{\beta}{\alpha_{LH}}\ll 1$ (wegen $\eta_A\ll 1$).

Nun messen wir aber nicht die innere Ausbeute, die bei kleinem w mit diesem identisch ist, sondern das Verhältnis η von Leuchthelligkeit zur eingestrahlten Intensität, und nicht zur absorbierten Strahlung. Die Beziehung zwischen η und w ist nicht einfach.

Gemessen wird $J = \eta P$; nach Gl. (6) ist

$$P\left(1 - \frac{A^+}{A}\right) = J\,\frac{1 + w'}{w'}\;; \qquad J = \frac{w'}{1 + w'}\left(1 - \frac{A^+}{A}\right) P\,.$$

Somit ist

$$\eta = \frac{w'}{1 + w'}\left(1 - \frac{A^+}{A}\right)\;; \tag{18}$$

wir müssen $A^+ = H^-$, aus Gl. (10) berechnet, in Gl. (18) einsetzen. Es ergibt sich:

$$\eta = \left(1 - \frac{H}{A}\right)\frac{w'}{1 + w'}\cdot\frac{w' - \eta_A}{w' - w'_0\,\frac{H}{A}\,Z}\,. \tag{19}$$

Mit

$$\frac{d\ln\eta}{d\ln w'} = \frac{1}{1 + w'} + \frac{w'}{w' - \eta_A} - \frac{w'}{w' - w'_0\,\frac{H}{A}\,Z} \tag{20}$$

erhalten wir aus Gl. (16)

$$\frac{d\ln\eta}{d\ln P} = \frac{\dfrac{1}{1 + w'} + \dfrac{w'}{w' - \eta_A} - \dfrac{w'}{w' - w'_0\,\frac{H}{A}\,Z}}{\dfrac{w'}{1 + w'} + \dfrac{2\,w'}{w' - w'_0} - \dfrac{w'}{w' - \xi_A} - \dfrac{w'}{w' - \eta_A}}\,. \tag{21}$$

Unter den Bedingungen der inneren Superlinearität ist der Nenner $\ll 1$. Unter den gleichen Bedingungen ist der Zähler etwa gleich 1, da bei großem ϱ:

$$w'_0\,\frac{H}{A}\,Z = -\frac{\beta}{\alpha_{LH}} \quad\text{ist.}$$

Bei $H < A$ wird mit zunehmender Erregung $H^- \simeq H$ und damit die Neutralitätsbedingung

$$n = A^+ - H\,.$$

Wir erhalten die innere Ausbeute als Funktion der Leuchthelligkeit J.

Aus

$$J = \beta\,n\,A^+ = \beta\,A^+(A^+ - H)\,, \tag{22}$$

$$A^+ = \frac{H}{2}\left(1 + \sqrt{1 + \frac{4J}{\beta\,H^2}}\right) \tag{23}$$

und, indem wir aus Gl. (4) p entnehmen, erhalten wir:

$$\frac{1}{w'} = \frac{\alpha_{HV}}{\beta}\,\frac{\gamma_{AV}}{\alpha_{AV}}\cdot\frac{H}{(A^+ - H)\left(A - A^+ + \frac{\alpha_{HV}}{\alpha_{AV}}\,H\right)}\,. \tag{24}$$

Die innere Ausbeute nimmt also von $A^+ \simeq H$ beginnend bis zu einem Maximum zu und wieder ab, wenn A^+ sich A nähert. Für den ansteigenden Bereich $(A^+ \ll A)$ erhält man:

$$\frac{d\ln P}{d\ln w'} = \frac{w'}{1+w'} + \frac{w'}{w'+v'}, \tag{25}$$

wo

$$v' = \frac{\beta}{\varkappa_{LH}} \frac{A + \frac{\varkappa_{HV}}{\varkappa_{AV}} H}{\frac{\gamma_{AV}}{\varkappa_{AV}}} = \frac{\beta}{\varkappa_{LH}} \frac{A^-}{p} \tag{26}$$

sehr groß ist.

Mit $A^- < A$ ist außerdem:

$$\frac{d\ln \eta}{d\ln P} = \frac{1-\eta}{\eta}. \tag{27}$$

Da im Bereich unserer Näherung die Ausbeuten nicht klein sind, wie man aus Gl. (24) sieht, ist keine Superlinearität zu erwarten.

Ist $H > A$, kann trotz der mit $(A - A^+)$ abnehmenden Absorption Aktivatorsättigung eintreten, wie die Auflösung von Gl. (3) nach A^- zeigt. Bedingung ist, daß n klein bleibt. Mit der Neutralitätsbedingung

$$p = H^- - A$$

ist das nach Gl. (2) der Fall, wenn

$$n = \left[\frac{\gamma_{HL}}{\varkappa_{LH}} - \frac{\varkappa_{HV}}{\varkappa_{LH}} (H^- - A) \right] \frac{H^-}{H - H^-} < \frac{p}{\beta A}. \tag{28}$$

Wir erhalten aus Gl. (2)

$$w' = \frac{\beta}{\varkappa_{HV}} A \frac{\frac{\gamma_{HL}}{\varkappa_{LH}} - \frac{\varkappa_{HV}}{\varkappa_{LH}} (H^- - A)}{(H - H^-)(H^- - A)}. \tag{29}$$

Bei flachen Haftstellen $\left(\frac{\gamma_{HL}}{\varkappa_{LH}} > \frac{\varkappa_{HV}}{\varkappa_{LH}} (H^- - A) \right)$ nimmt w' mit von A aus wachsendem H^- ab und nimmt bei beginnender Haftstellensättigung zu. Bei tiefen Haftstellen fällt die anfängliche Abnahme weg.

Wir untersuchen die Möglichkeit eines superlinearen Anstiegs der inneren Ausbeute. Da in der Gleichung

$$P\left(1 - \frac{A^+}{A}\right) = J + J'$$

die Größe $A - A^+$ jetzt unbestimmt ist, müssen wir sie aus Gl. (4) bestimmen. Nehmen wir noch hinreichend tiefe Haftstellen an:

$$\frac{\gamma_{HL}}{\varkappa_{LH}} < \frac{\varkappa_{HV}}{\varkappa_{LH}} H^-$$

und betrachten nur den Bereich des Anstiegs $(H^- > A)$, dann ist:

$$P = \varkappa_{HV} \frac{A H^3 (1 + w')(w' - w'_0)^3}{\left(\frac{\gamma_{AV}}{\varkappa_{AV}} A - \frac{\varkappa_{HV}}{\varkappa_{AV}} H^2 \right) w' (w' - q)(w' - \chi)} \tag{30}$$

mit

$$w_0 = \frac{\beta}{\alpha_{LH}} \cdot \frac{A}{H} \tag{31}$$

$$\varphi = -\frac{H\,w_0}{\sqrt{\dfrac{\alpha_{AV}}{\alpha_{HV}} \cdot \dfrac{\gamma_{AV}}{\alpha_{AV}}\,A - H}} \tag{32}$$

$$\chi = \frac{H\,w_0}{\sqrt{\dfrac{\alpha_{AV}}{\alpha_{HV}}\,\dfrac{\gamma_{AV}}{\alpha_{AV}}\,A + H}} \tag{33}$$

$$\frac{d\ln P}{d\ln w} = \frac{w}{1+w} + \frac{3\,w}{w-w_0} - 1 - \frac{w}{w-\varphi} - \frac{w}{w-\chi}. \tag{34}$$

Bei kleinem w kann die innere Ausbeute superlinear zunehmen. Dabei ist zu bemerken, daß es sich bei $H > A$ um Phosphore handelt, die erst bei starker Anregung leuchten, meist dadurch charakterisiert, daß sie nur auf Kathodenstrahlen ansprechen.

Um die gemessene Ausbeute η als Funktion von w zu erhalten, müssen wir auch in Gl. (18) $A - A^+$ aus Gl. (4) einsetzen und bekommen unter den gleichen Voraussetzungen wie bei Gl. (30)

$$\eta = \frac{\left(\dfrac{\gamma_{AV}}{\alpha_{AV}}\,A - \dfrac{\alpha_{HV}}{\alpha_{AV}}\,H^2\right)(w-\varphi)\,(w-\chi)}{A\,H\,(1+w)\,(w-w_0)}, \tag{35}$$

$$\frac{d\ln\eta}{d\ln w} = \frac{w}{w=\varphi} + \frac{w}{w-\chi} - \frac{w}{1+w} - \frac{w}{w-w_0}, \tag{36}$$

$$\frac{d\ln\eta}{d\ln P} = \frac{\dfrac{w}{w-\varphi} + \dfrac{w}{w-\chi} - \dfrac{w}{1+w} - \dfrac{w}{w-w_0}}{\dfrac{w}{1+w} + \dfrac{3\,w}{w-w_0} - 1 - \dfrac{w}{w-\varphi} - \dfrac{w}{w-\chi}}. \tag{37}$$

Unter den Bedingungen der Superlinearität der inneren Ausbeute ist der Zähler $\simeq 1$, so daß die Superlinearität auch beobachtbar ist.

2. Anregung: Valenzband-Haftstellen

Bei der Haftstellenanregung lauten die Reaktionsgleichungen:

$$\frac{dn}{dt} = -\beta\,n\,A^+ - \alpha_{LH}\,n\,(H - H^-) + \gamma_{HL}\,H^- = 0, \tag{38}$$

$$\frac{dH^-}{dt} = P\left(1 - \frac{H^-}{H}\right) + \alpha_{LH}\,n\,(H - H^-) + \gamma_{HL}\,H^- - \alpha_{HV}\,p\,H^- = 0, \tag{39}$$

$$\frac{dA^+}{dt} = -\beta\,n\,A^+ - \gamma_{AV}\,A^+ + \alpha_{AV}\,p\,(A - A^+) = 0, \tag{40}$$

$$\frac{dp}{dt} = P\left(1 - \frac{H^-}{H}\right) - \alpha_{HV}\,p\,(A - A^+) + \gamma_{AV}\,A^+ = 0. \tag{41}$$

Wir untersuchen zunächst den Fall $H^- = A^+$.

Aus Gl. (38) ergibt sich:

$$n = \frac{\gamma_{HL}}{\alpha_{LH}} \cdot \frac{H^-}{H - H^- + \dfrac{\beta}{\alpha_{LH}} H^-}, \tag{42}$$

aus Gl. (38) und (40)

$$p = \left(\frac{\gamma_{AV}}{\alpha_{AV}} + \frac{\beta}{\alpha_{AV}} \cdot \frac{\gamma_{HL}}{\alpha_{LH}} \frac{H^-}{H - H^- + \dfrac{\beta}{\alpha_{LH}} H^-} \right) \frac{H^-}{A - H^-}, \tag{43}$$

$$w = \frac{J}{J'} = \frac{\beta}{\alpha_{HV}} \cdot \frac{n}{p} = w_0 \frac{1 - \dfrac{H^-}{A}}{1 - \dfrac{H^-}{H} N}, \tag{44}$$

mit

$$N = 1 - \frac{\beta}{\alpha_{LH}} - \frac{\beta}{\alpha_{AV}} \cdot \frac{1}{\varrho}, \tag{45}$$

worin w_0, die Ausbeute bei verschwindendem H^- das gleiche ist wie bei der Aktivatoranregung Gl. (11) und bei der Band-Band-Anregung.

Aus Gl. (44) sieht man bereits, daß w bei kleinem w_0 nur dann große Werte erreichen kann, wenn $N \simeq 1$ ist, d.h. wenn:

$$\frac{\beta}{\alpha_{LH}} + \frac{\beta}{\alpha_{AV}} \cdot \frac{1}{\varrho} \ll 1. \tag{46}$$

Aus Gl. (44) ergibt sich:

$$\frac{H^-}{H} = \frac{w - w_0}{N \left(w - w_0 \dfrac{H}{A N} \right)} \tag{47}$$

und

$$\frac{H - H^-}{H^-} = (1 - N) \frac{\eta_H - w}{w - w_0} \tag{48}$$

mit

$$\eta_H = w_{H^- \to H} = w_0 \frac{1 - \dfrac{H}{A}}{1 - N} = \frac{\alpha_{AV}}{\alpha_{HV}} \cdot \frac{\dfrac{A}{H} - 1}{\dfrac{\alpha_{AV}}{\alpha_{LH}} \varrho + 1}. \tag{49}$$

Einsetzen von Gl. (48) in:

$$P \left(1 - \frac{H^-}{H} \right) = J \frac{1 + w}{w} = \beta \frac{1 + w}{w} n H^- \tag{50}$$

$$P = \beta \frac{\gamma_{HL}}{\alpha_{LH}} \frac{H}{\left(\dfrac{H - H^-}{H^-} + \dfrac{\beta}{\alpha_{LH}} \right) \dfrac{H - H^-}{H^-}} \cdot \frac{1 + w}{w} \tag{51}$$

ergibt

$$P = \alpha_{AV} \frac{\gamma_{AV}}{\alpha_{AV}} \cdot \frac{H}{1 - N} \cdot \frac{(1 + w)(w - w_0)^2}{w(\eta_H - w)(\xi_H - w)}, \tag{52}$$

wobei

$$\xi_H = w_0 \cdot \frac{1 - \dfrac{H}{A} - \dfrac{\beta}{\alpha_{LH}}}{1 - N - \dfrac{\beta}{\alpha_{LH}}} = \frac{\alpha_{AV}}{\alpha_{HV}} \left[\frac{A}{H}\left(1 - \frac{\beta}{\alpha_{LH}}\right) - 1\right] \tag{53}$$

gesetzt ist.

$$\frac{d \ln P}{d \ln w'} = \frac{w'}{1 + w'} + \frac{2\,w'}{w' - w_0} + \frac{w'}{\eta_H - w'} - \frac{w'}{w - \xi_H} - 1 . \tag{54}$$

Die Ableitung von Gl. (44) nach H^- gibt als Bedingung für Zunahme der inneren Ausbeute:

$$\frac{H}{A} < N = 1 - \frac{\beta}{\alpha_{LH}} - \frac{\beta}{\alpha_{AV}} \cdot \frac{1}{\varrho} . \tag{55}$$

Im Gegensatz zur Aktivatoranregung nimmt also für $H = A$ die Ausbeute ab.

Superlinearität der inneren Ausbeute ist hier nicht möglich. Sie würde außer kleinem w_0 (großes ϱ) und großem η_A (großer Grenzwert von w bei $H^- = H$) noch voraussetzen, daß $|\xi_H|$ sehr klein ist.

Die gemessene Ausbeute ist:

$$\eta = \frac{w'}{1 + w'}\left(1 - \frac{H^-}{H}\right) = \frac{1 - N}{N}\,\frac{w'\,(\eta_H - w')}{(1 + w')\,(w' - \zeta_H)} , \tag{56}$$

mit

$$\zeta_H = w_{H^- \to \infty} = w_0'\,\frac{H}{A\,N} ,$$

$$\frac{d \ln \eta}{d \ln w'} = 1 - \frac{w'}{1 + w'} - \frac{w'}{\eta_H - w'} - \frac{w'}{w - \zeta_H} \tag{57}$$

$$\frac{d \ln \eta}{d \ln P} = \frac{1 - \dfrac{w'}{1 + w'} - \dfrac{w'}{\eta_H - w'} - \dfrac{w'}{w - \zeta_H}}{\dfrac{w'}{1 + w'} - 1 + \dfrac{2\,w}{w' - w_0'} + \dfrac{w'}{\eta_H - w'} - \dfrac{w'}{w' - \zeta_H}} . \tag{58}$$

Auch bei zunehmendem w nimmt im allgemeinen die gemessene Ausbeute ab.

Obwohl wegen der mit $1 - \dfrac{H^-}{H}$ verschwindenden Absorption ohne praktische Bedeutung, sei der Fall der Haftstellensättigung $H \simeq H^-$ mit der Neutralitätsbedingung $n = A^+ - H$ kurz besprochen:

Man erhält in ähnlicher Weise wie oben:

$$\frac{1}{w'} = \frac{\alpha_{HV}}{\alpha_{AV}}\,\frac{H}{A - A^+} + \frac{\alpha_{HV}}{\beta}\,\frac{H}{(A - A^+)(A^+ - H)} \tag{59}$$

mit

$$A^+ = \frac{H}{2}\left(1 + \sqrt{1 + \frac{4\,J}{\beta\,H^2}}\right) . \tag{60}$$

Die Gleichungen sind identisch mit denen bei Band-Band-Anregung (Gl. (45) und (46) der früheren Mitteilung).

Von größerer Bedeutung ist der Fall der Aktivatorsättigung bei $A < H$ mit der Neutralitätsbedingung:

$$p = H^- - A \, .$$

Aus Gl. (38) erhält man:

$$n = \frac{\dfrac{\gamma_{HL}}{\alpha_{LH}} H^-}{H - H^- + \dfrac{\beta}{\alpha_{LH}} A} \, . \tag{61}$$

Es ist dann:

$$w = \frac{\beta}{\alpha_{HV}} \frac{nA}{pH^-} = \frac{\beta}{\alpha_{HV}} \frac{A \cdot \dfrac{\gamma_{HL}}{\alpha_{LH}}}{\left(H - H^- + \dfrac{\beta}{\alpha_{LH}} A\right)(H^- - A)} \, . \tag{62}$$

Mit zunehmendem H^- nimmt die innere Ausbeute zunächst ab, nach einem Minimum steigt sie an, wenn H^- sich H nähert. Der Anstieg ist aber unter Umständen durch das Glied $\dfrac{\beta}{\alpha_{LH}} A$ abgeschwächt.

Für nicht zu flache Haftstellen ist im allgemeinen w so klein, daß wir

$$P\left(1 - \frac{H^-}{H}\right) = J' \tag{63}$$

sctzen können. Dann erhält man H^- aus der Auflösung der Gleichung:

$$P = \alpha_{HV} \frac{H\,(H^- - A)\,H^-}{H - H^-} \, . \tag{64}$$

Für $H^- > A$ ist

$$H^- = \frac{1}{2} \frac{P}{\alpha_{HV} H} \left(\sqrt{1 + \frac{4\,\alpha_{HV}\,H^2}{P}} - 1\right) . \tag{65}$$

Die vorstehenden Betrachtungen sind angestellt worden ohne Rücksicht darauf, ob in den angenommenen Fällen überhaupt nennenswertes Leuchten auftreten kann. Trotzdem erscheinen sie mir sinnvoll zu sein, da sie die zahlreichen Verhaltensmöglichkeiten zeigen, die wegen der Nichtlinearität in dem zugrunde gelegten einfachen Modell verborgen sind. Außerdem sind es offenbar gerade die Fälle sehr schwachen Leuchtens, die physikalisch interessant sind, da sich hier die Besonderheiten des Leuchtstoffs besonders deutlich ausdrücken.

Literatur

[1] Schön, M.: Techn.-wiss. Abh. Osram-Ges. 6 (1953) S. 49—68.

Über das kurzzeitige Nachleuchten von Phosphoren bei Rechteck-Impuls-Anregung*)

Von

A. Schleede

Mit 4 Abbildungen

Bereits in früheren Veröffentlichungen hat der Verfasser gemeinsam mit Bartels[1]) und mit Bartels und Glassner[2]) über Untersuchungen berichtet, die sich mit dem An- und Abklingen von Leuchtstoffen befassen. Das Prinzip der in der erstgenannten Arbeit beschriebenen Untersuchungsmethodik ist dann von einer Reihe weiterer Autoren (de Groot[3]), Nelson, Johnson und Nottingham[4]), Randall und Wilkins[5]), Strange und Henderson[6]), Gobrecht und Mitarbeiter[7, 9]) und Bril und Klasens[8])) angewandt worden. Es beruht darauf, daß auf den flächenhaft ausgebreiteten Leuchtstoff rechteckige Erregungsimpulse (Kathodenstrahlen oder ultraviolettes Licht) gegeben werden. Da der Leuchtstoff der Erregung im allgemeinen nicht trägheitslos folgt, erhält man typische An- und Abklingkurven. Durch die zahlreichen Untersuchungen auf diesem Gebiet hat sich im Lauf der Zeit ein ziemlich übersichtliches Bild ergeben. Besonders wichtig ist die Erkenntnis, daß die Abklingcharakteristik der Leuchtstoffe (hyperbolisch oder exponentiell) in Zusammenhang steht mit ihrer Photoleitfähigkeit, und daß dementsprechend die Leuchtstoffe in zwei Klassen zu unterteilen sind, für die man verschiedene Leuchtmechanismen anzunehmen hat:

I. Bei ausgeprägter Photoleitfähigkeit verläuft die Abklingung hyperbolisch (bis zu bimolekular). Sie ist von der Erregungsdichte stark abhängig[1]). Es wird angenommen, daß die durch den Erregungsprozeß in das Leitfähigkeitsband gehobenen Elektronen mit den ionisierten Zentren rekombinieren (Rekombinationsleuchten). Die am meisten untersuchten Beispiele sind ZnS und ZnO.

II. Bei fehlender Photoleitfähigkeit ist der Abklingverlauf exponentiell (monomolekular). Er ist von der Erregungsdichte weniger abhängig[1]). Dementsprechend wird angenommen, daß der Leuchtprozeß innerhalb einer beschränkten Zahl von Atomen bzw. Ionen (a) oder innerhalb eines Ions (b) stattfindet (Zentrenleuchten). Beispiele sind:

    a) Uranylverbindungen, Wolframate, Molybdate, Verbindungen des Titans und Zirkons.

    b) Leuchtstoffe mit Aktivatoren wie:

$$Cr^{3+}, Mn^{2+}, Mn^{4+},$$
$$Sn^{2+}, Pb^{2+}, Sb^{3+}, Bi^{3+}, Tl^{1+}.$$

Seltene Erden.

Das Nachleuchten kann in beiden Leuchtstoffklassen (I) und (II) von der Temperatur abhängig oder unabhängig sein. Das temperaturabhängige Nachleuchten ist kennzeichnend für die sogenannte Phosphoreszenz, während das temperaturunabhängige Nachleuchten zumeist von kürzerer Dauer und für die sogenannte Fluoreszenz charakteristisch ist. Für das erstere werden Haftstellen angenommen, in denen die erregten Elektronen bis zur Befreiung durch eine Wärmeschwingung festgehalten werden. Für das kurze Fluoreszenznachleuchten dagegen macht man die nur wenig temperaturabhängige Übergangswahrscheinlichkeit des Elektrons innerhalb des Zentrums verantwortlich.

Um zu einer eingehenderen Kenntnis des An- und Abklingvorgangs und dadurch des Leuchtmechanismus zu gelangen, erscheint es zweckmäßig, die eigent-

---

*) Originalmitteilung.

liche Phosphoreszenz nach Möglichkeit auszuschalten. Hierfür könnte man daran denken, mit der Temperatur so hoch zu gehen, daß die Haftstellen nicht mehr gefüllt werden. Dieser Weg kommt jedoch wegen der mit steigender Temperatur zunehmenden Löschung, d. h. abnehmenden Lichtausbeute des Leuchtens infolge Zunahme der strahlungslosen Übergänge nicht in Betracht. Aussichtsreich erscheint nur die Anwendung tiefer und tiefster Temperaturen, bei denen die Haftstellen vielleicht gefüllt, aber kaum noch entleert werden, und die Untersuchung im Bereich kurzer Abklingdauern, so daß die mittlere Zeitdauer der Entleerung groß wird gegenüber der Dauer der zu beobachtenden Abklingzeit. Die letztere Forderung läßt sich schlecht mit UV, dagegen relativ gut mit Kathodenstrahlen erfüllen. Allerdings muß man dabei in Kauf nehmen, daß die Kathodenstrahlen alle Emissionsbanden, die ein Leuchtstoff hervorzubringen vermag, aus diesem herausholen.

Die Versuchsanordnung wurde auf Grund der früher gemachten Erfahrungen und in Anlehnung an die Apparaturen von GOBRECHT und Mitarbeitern[7]) und von BRIL und KLASENS[8]) entwickelt. Das Kathodenstrahlrohr ist waagrecht angeordnet und mit einem Quarzfenster versehen, hinter dem sich in kurzem Abstand (etwa 4 cm) der Präparateträger befindet. Dieser besteht aus einem unten flach gedrückten und geschlossenen Rohr, das in einen senkrecht angeordneten Mantelschliff des Kathodenstrahlrohrs eingesetzt werden kann. Für die Messungen bei tiefer Temperatur wurde das Trägerrohr mit flüssiger Luft gefüllt. Die Steuerung der BRAUNschen Röhre erfolgte mit Hilfe eines Rechteckgenerators für den Frequenzbereich zwischen 50 Hz und 500 kHz (Grundig). Da der Rechteckgenerator jedoch nur eine Spannung von 3 V liefert, mußten die Impulse verstärkt werden. Dieses geschah mit Hilfe des Breitbandverstärkers (Frequenzbereich 20 Hz bis 8 MHz) eines Oszillographen, mit dem die auf den WEHNELTzylinder der BRAUNschen Röhre wirkenden Rechteckimpulse gleichzeitig kontrolliert wurden. Die aus dem Quarzfenster austretende Lichtstrahlung fiel auf einen mit UV-Fenster versehenen Sekundär-Elektronen-Vervielfacher (Dr. Maurer), dessen Stromimpulse auf einen zweiten Oszillographen gegeben wurden. Es erwies sich als praktisch, dabei ohne Verstärker zu arbeiten, um die Nullinie mit aufnehmen zu können. Um bei höheren Frequenzen eine hinreichende Flankensteilheit zu gewährleisten, soll der Arbeitswiderstand am Ausgang des SE-Vervielfachers entsprechend klein gehalten werden (etwa 10 kΩ nicht überschreiten).

Mit Hilfe der vorstehenden Versuchsanordnung wurde eine Reihe von Leuchtstoffen bei Zimmertemperatur und bei der Temperatur der flüssigen Luft (bzw. des flüssigen Stickstoffs) aufgenommen. Über die mit einigen charakteristischen Leuchtstoffen erzielten Ergebnisse wird nachfolgend berichtet. Die exponentielle Abklingung der Zentrenleuchtstoffe, $I = I_0\, e^{-\frac{t}{\tau}}$, kann durch die Abklingkonstante τ relativ einfach beschrieben werden als „Abklingzeit", während der die Intensität auf $1/e$ der Anfangsintensität absinkt. Wesentlich schwieriger liegen die Verhältnisse bei der hyperbolischen Abklingung der Rekombinationsleuchtstoffe $I = At^{-n}$, da die Konstanten A und n von der Anfangsintensität I_0, der Temperatur, der Zeit und der Art der Erregung abhängen. Die Angabe einer „Abklingzeit" ist daher nicht gut möglich, jedoch pflegt man für Vergleichszwecke die „Abklingzeit" analog zur exponentiellen Abklingung zu definieren.

1. ZnO-selbstaktiviert, hergestellt durch Abrösten von ZnS bei 830° C.

Wie zuerst von SCHLEEDE und BARTELS[1]) mitgeteilt wurde, ist die Abklingung sehr steil, weshalb dieser Leuchtstoff bereits frühzeitig für Abtaströhren eingesetzt worden ist[12]). Unsere früheren und jetzt wiederholten Messungen ergaben in Übereinstimmung mit anderen Autoren[6, 7, 9]) für ZnO eine „Abklingzeit" von größenordnungsmäßig 10^{-6} s. Unter der Voraussetzung eines 625-Zeilen-Rasters sollte der Leuchtstoff aber nur eine Abklingzeit in der Größenordnung von 10^{-7} s haben, da andernfalls eine Verschmierung des Bildes stattfindet. Um trotzdem mit ZnO brauchbare Bilder zu erhalten, kann man sich elektrischer Kompensationsschaltungen bedienen, wie sie zuerst von Bedford und Puckle und von Urtel (diskutiert in einer Arbeit von Schleede und Bartels[12])) angegeben wurden. Aber auch von der Leuchtstoffseite ist man weitergekommen, wobei besonders eine Untersuchung von Randall[13]) bemerkenswert ist, durch die sich herausstellte, daß ZnO außer der breiten grünen Bande (Maximum bei etwa 5050 Å) noch eine schmale *UV*-Bande (Maximum bei etwa 3850 Å) zu emittieren vermag (die sich bei $-190°$ zu etwa sechs Teilbanden auflöst). Diese *UV*-Bande wird nach Leverenz[14]) durch Glühen von ZnO in Sauerstoff hervorgerufen, und ihre Abklingzeit liegt größenordnungsmäßig bei 10^{-7} s[10, 11]). Sie wird daher für Schwarz-Weiß-Bild-Abtastungen in Anwendung gebracht. Ungünstig ist dabei die geringe Energieausbeute bei der Erregung mit Kathodenstrahlen. Sie beträgt nach Bril und Klasens[15]) nur $0,2\%$, während die grüne Bande etwa 7% Ausbeute ergibt.

Neuerdings befaßten sich Gobrecht und Mitarbeiter mit dem Abklingen des ZnO, insbesondere der *UV*- und der grünen Bande. Sie fanden, daß sich die hyperbolische Abklingung des ZnO als Überlagerung zweier exponentieller Abklingungen, der *UV*- und der grünen Bande, darstellen läßt und erhielten für die *UV*-Bande $\tau = 2,7 \cdot 10^{-6}$ s, für die grüne Bande $\tau = 4,5 \cdot 10^{-6}$ s. Der Wert für die *UV*-Bande liegt um eine Größenordnung höher als die Werte anderer Autoren[10, 11]).

Die von uns ausgeführten Messungen beziehen sich auf die grüne Bande, da das von uns durch Abrösten von ZnS gewonnene Präparat die *UV*-Bande praktisch nicht enthielt. Es wurde bei Zimmertemperatur nichtexponentielle Abklingung mit einer „Abklingzeit" von $3,7 \cdot 10^{-6}$ s gefunden. Mit sinkender Temperatur nimmt die Flankensteilheit der Abklingung zu, wobei die „Abklingzeit" unter gleichen Erregungsbedingungen auf etwa $^1/_3$ des Wertes bei Zimmertemperatur zurückgeht: $1,3 \cdot 10^{-6}$ s.

2. Zn S-selbstaktiviert, hergestellt mit 2% NaCl bei 900° C, nach dem Glühen gewaschen.

Die nichtexponentielle Abklingung dieses Leuchtstoffes ist schon so viel untersucht und diskutiert worden, daß an dieser Stelle nicht weiter darauf eingegangen werden soll. Die „Abklingzeit" des Fluoreszenzleuchtens des ZnS-Cl liegt unter den angewandten Versuchsbedingungen bei etwa $7 \cdot 10^{-5}$ s. Beim Übergang zur Temperatur der flüssigen Luft nimmt die Flankensteilheit etwas zu, die „Abklingzeit" dementsprechend ab: $5 \cdot 10^{-5}$ s.

3. CaWO$_4$. Bei diesem Leuchtstoff handelt es sich um ein von der Firma Merck bezogenes Präparat.

CaWO$_4$ kann mit einer rein exponentiellen Abklingung als Hauptvertreter der Leuchtstoffklasse (IIa) angesprochen werden. Die Abklingzeit wurde von verschiedenen Autoren[6, 8, 16]) gemessen. Es wurden Werte zwischen 0,5 und $1,6 \cdot 10^{-5}$ s erhalten. Unsere Messungen ergaben die Werte $\tau = 1,0 \cdot 10^{-5}$ s für 20° C und $1,7 \cdot 10^{-5}$ s für $-196°$ C. Die Abklingzeit nimmt also mit sinkender Temperatur zu, die Flankensteilheit ab.

4. ZrP$_2$O$_7$, hergestellt aus ZrOCl$_2 \cdot$ 8H$_2$O und (NH$_4$)$_2$HPO$_4$ durch Glühen bei 1200°.

Das reine unaktivierte ZrP$_2$O$_7$ ist ein *UV*-Leuchtstoff. Das Maximum der Emission liegt bei etwa 2900 Å. Die Abklingkonstante wurde bereits von Bril und KLASENS[8]) zu $2 \cdot 10^{-6}$ s gemessen. Unsere Messung ergab exponentielle Abklingung mit einer Abklingkonstanten $\tau = 1,7 \cdot 10^{-6}$ s. Bezüglich der Temperaturabhängigkeit liegt beim ZrP_2O_7 eine Besonderheit vor, da das Nachleuchten beim Übergang zur Temperatur der flüssigen Luft extrem (um etwa das 30fache) zunimmt.

5. Zn_2SiO_4, hergestellt aus den Komponenten mit Überschuß an SiO_2 durch mehrfaches Glühen bei 1250°.

Das Zinksilikat ist hauptsächlich als Mangan-aktivierter Leuchtstoff bekannt und untersucht worden. Aber auch das unaktivierte Zinksilikat ist lumineszenzfähig. Die Emission ist blau (Maximum nach LEVERENZ[17]) bei etwa 4100 Å) und klingt im Gegensatz zum Mangan-aktivierten Zinksilikat sehr schnell ab. Die Abklingzeit wurde von verschiedenen Autoren gemessen, zuletzt von BRIL und KLASENS zu $5 \cdot 10^{-6}$ s. Unsere Messung ergab bei 20° C: $4,7 \cdot 10^{-6}$ s, bei $-196°$ C: $2,2 \cdot 10^{-6}$ s. Das reine Zn_2SiO_4 verhält sich also wie ein Rekombinationsleuchtstoff, ähnlich dem ZnO, jedoch mit anschließendem längeren Phosphoreszenzleuchten. Die Auswertung der Abklingkurven ergibt nur, daß die Abklingung sicher nicht exponentiell ist. Das ähnliche Verhalten von Zn_2SiO_4 und ZnO entspricht dem strukturellen Bau beider Verbindungen (Zink in Sauerstoff-Tetraedern).

6. Zn_2SiO_4-Mn von Osram-Studiengesellschaft Berlin.

Das bekannte, mit Mangan aktivierte Zinksilikat zeigt überwiegend exponentielle Abklingung und eine um etwa vier Größenordnungen längere Abklingzeit als das nicht aktivierte Zinksilikat. Das von uns gemessene Präparat hatte eine Abklingkonstante von etwa $1,1 \cdot 10^{-2}$ s. Durch den Übergang auf die Temperatur der flüssigen Luft wurde die Abklingkonstante auf $1,2 \cdot 10^{-2}$ s erhöht.

7. MgS-$5 \cdot 10^{-3}Sb$, hergestellt durch Reduktion von $MgSO_4$ und $K(SbO)C_4H_4O_6$ im N_2-CS_2-Strom bei 950° C.

Dieser Leuchtstoff emittiert eine breite Bande mit einem Maximum bei 5300 Å und klingt sehr schnell ab. Bereits früher war von SCHLEEDE, BARTELS und GLASSNER[18]) festgestellt worden, daß die Abklingung des MgS-Sb größenordnungsmäßig etwa derjenigen des ZnO entspricht. Jedoch ist die Emission des MgS-Sb langwelliger als diejenige des ZnO. Dieser Umstand führte dazu, das MgS-Sb für das Abtasten farbiger Bilder einzusetzen. Das Abklingen des MgS-Sb verläuft rein exponentiell. Die Abklingkonstante beträgt bei 20° C $2,3 \cdot 10^{-6}$ s, bei der Temperatur der flüssigen Luft $3,0 \cdot 10^{-6}$ s, d.h. die Flankensteilheit nimmt ebenso wie bei den vorher beschriebenen, exponentiell abklingenden Leuchtstoffen ab.

8. $NaCaPO_4$-$0,01Ce^{3+}$, hergestellt aus $CaCO_3$, NaH_2PO_4 und CeO_2 durch Glühen bei 1100° C.

Leuchtstoffe mit Ce^{3+}-Aktivierungen, wie sie zuerst von ASCHERMANN[19]) angegeben worden sind, wurden neuerdings besonders von BRIL und KLASENS[8, 15]) untersucht. Dabei stellte sich heraus, daß man mit den Emissionen verschiedener Phosphate, Silikate und Alumosilikate mit Ce^{3+}-Aktivierung das ganze UV-Gebiet von etwa 3200 Å bis 4300 Å überdecken kann. Alle diese Leuchtstoffe ergeben extrem kleine Abklingkonstanten von etwa $4 \cdot 10^{-7}$ s. Unsere Messungen an einem mit Ce aktivierten $NaCaPO_4$ ergaben denselben Wert für 20° C und einen um etwa 20 % höheren Wert bei der Temperatur der flüssigen Luft.

In den Abb. 1—4 wurden die mit zwei Rekombinations- und zwei Zentrenleuchtstoffen erhaltenen An- und Abklingkurven zusammengestellt.

Aus den vorstehenden Untersuchungen ergibt sich, daß die Abklinggeschwindigkeit des Fluoreszenzleuchtens deutlich temperaturabhängig ist. Beim Rekombinationsleuchten (gekennzeichnet durch hyperbolische Abklingung und Photoleitfähigkeit) nimmt die Abklinggeschwindigkeit (Flankensteilheit) mit absinken-

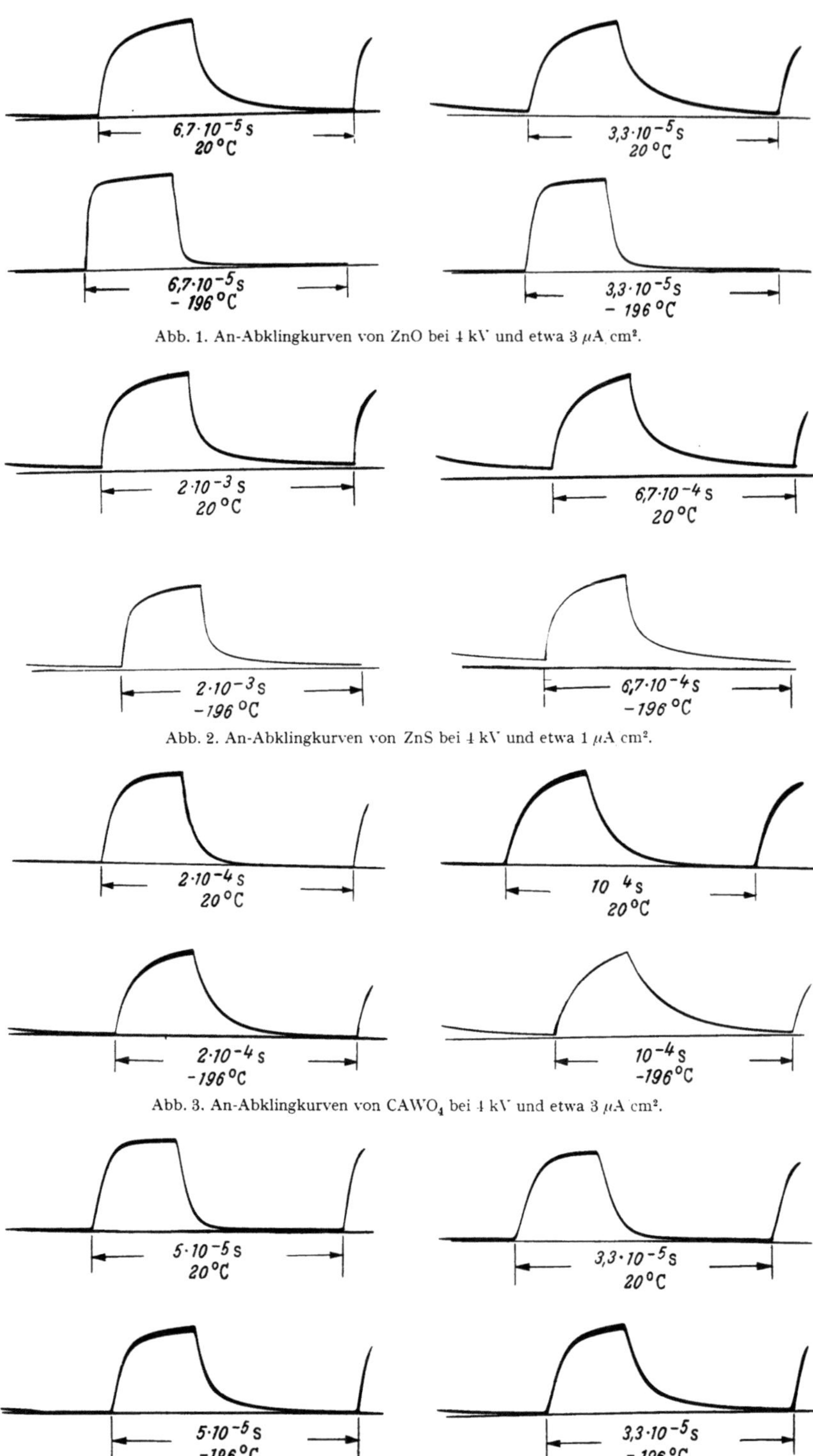

Abb. 1. An-Abklingkurven von ZnO bei 4 kV und etwa 3 μA/cm².

Abb. 2. An-Abklingkurven von ZnS bei 4 kV und etwa 1 μA/cm².

Abb. 3. An-Abklingkurven von CaWO₄ bei 4 kV und etwa 3 μA/cm².

Abb. 4. An-Abklingkurven von MgS-Sb bei 4 kV und etwa 2 μA/cm².

der Temperatur zu, während sie beim Zentrenleuchten (gekennzeichnet durch exponentielle Abklingung und fehlende Photoleitfähigkeit) abnimmt.

Die zunehmende Flankensteilheit im Fall der Rekombinationsleuchtstoffe dürfte sich im Sinne des SCHÖNschen Bändermodells dadurch erklären, daß die Haftstellen eingefroren werden. Sie verlieren dadurch ihren Einfluß auf das Fluoreszenzleuchten, so daß die Abklingung schneller erfolgen kann. Bei den Zentrenleuchtstoffen ist nach SCHÖN die Übergangswahrscheinlichkeit des angeregten Elektrons geschwindigkeitsbestimmend. Der Übergang kann leuchtend oder strahlungslos erfolgen. Der strahlungslose Übergang bedarf einer Aktivierungsenergie. Seine Wahrscheinlichkeit nimmt dementsprechend mit sinkender Temperatur exponentiell ab. Infolge des damit verbundenen Verschwindens der strahlungslosen Übergänge wächst die Lebensdauer der angeregten Zustände, und der Abklingvorgang wird verlangsamt.

Es ist beabsichtigt, die Untersuchungsrichtung unter weiterem Ausbau der Meßmethodik und Übergang zu noch niedrigeren Temperaturen weiter zu verfolgen.

Der Verfasser dankt Frau Dr. SCHLEEDE-GLASSNER für die Herstellung von Präparaten und Frau J. ECKERT für Mitarbeit bei der Auswertung der Oszillogramme.

Literatur

[1]) SCHLEEDE, A., B. BARTELS: Z. techn. Phys. 19 (1938) S. 364.
[2]) SCHLEEDE, A.: Leuchten und Struktur fester Stoffe. Lum.-Tg. München, Januar 1942. Herausgeg. von R. TOMASCHEK. München u. Berlin 1943, S. 149 und Chem. Ber. RWA 1942, S. 562.
[3]) GROOT, W. DE: Physica 6 (1939) S. 275.
[4]) NELSON, R. B., R. P. JOHNSON, W. B. NOTTINGHAM: J. appl. Phys. 10 (1939) S. 335.
[5]) RANDALL, J. T., M. H. F. WILKINS: Proc. Roy. Soc. London Ser. A, 184 (1945) S. 347.
[6]) STRANGE, J. W., S. T. HENDERSON: Proc. Phys. Soc. 58 (1946) S. 369.
[7]) GOBRECHT, H., D. HAHN, H. DAMMANN: Z. Phys. 132 (1952) S. 239.
[8]) BRIL, A., H. A. KLASENS: Philips Res. Rep. 7 (1952) S. 421.
[9]) GOBRECHT, H., D. HAHN, K. SCHEFFLER: Z. Phys. 139 (1954) S. 365.
[10]) SHRADER, R. E., H. W. LEVERENZ: J. Opt. Soc. Amer. 37 (1947) S. 939.
[11]) MONNOT, R.: Onde électr. 30 (1950) S. 362.
[12]) SCHLEEDE, A., B. BARTELS: Telefunken-Hausmitt. 20 (1939) S. 106.
[13]) RANDALL, J. T.: Trans. Farad. Soc. 35 (1939) S. 2.
[14]) LEVERENZ, H. W.: RCA Rev. 7 (1946) S. 199.
[15]) BRIL, A., H. A. KLASENS: Philips Res. Rep. 7 (1952) S. 401.
[16]) SCHNABEL, W.: Arch. Elektrotechn. 30 (1939) S. 461.
   BRIGGS, H. B.: J. Opt. Soc. Amer. 31 (1941) S. 543.
[17]) LEVERENZ, H. W.: Luminescence of solids. New York 1950, S. 221.
[18]) BARTELS, B., A. SCHLEEDE, J. GLASSNER/Telefunken: D.B.P. 856610 v. 22. 3. 1940, ausg. 24. 11. 1952.
[19]) ASCHERMANN, G./General Electr. Comp. U.S.P. 2254956 v. 9. 9. 1940, ausg. 2. 9. 1941.

Über die sogenannte Druckzerstörung und Druckverfärbung von Leuchtstoffen*)

Von

A. Schleede und J. Schleede-Glassner

Mit 9 Abbildungen

Es wird die Druckzerstörung, Druckverfärbung und Regenerierung je eines technisch wichtigen Leuchtstoffs der Gruppe der Zink-(Cadmium-)sulfide und der Gruppe der Silikate (Phosphate) untersucht. Es zeigte sich, daß sich die Leuchtfähigkeit in beiden Fällen durch hinreichend intensive mechanische Beanspruchung weitgehend zerstören läßt, daß die Empfindlichkeit des Silikats aber wesentlich geringer ist als die des Sulfids. Die Gründe hierfür werden an Hand von Mikro- und Röntgen-Aufnahmen im einzelnen dargelegt. Durch Temperung läßt sich die Leuchtfähigkeit wieder regenerieren, jedoch bleibt die Lichtausbeute hinter der ursprünglichen um so mehr zurück, je vollständiger die Zerstörung war. Die Schlußfolgerung hieraus ist, daß man einen Mahlprozeß zum Zweck der Homogenisierung eines Leuchtstoffs bei den Sulfiden ganz vermeiden, bei den Silikaten nur beschränkt in Anwendung bringen sollte. Besser ist es, ein gleichmäßiges Korn durch geeignete Lenkung des chemischen Präparationsprozesses zu erzeugen.

Alle anorganischen Leuchtstoffe verlieren ihre Leuchtfähigkeit ganz oder teilweise, wenn sie einem scherenden Druck ausgesetzt werden, wie er beim Mörsern oder Mahlen auftritt. Diese zuerst von Lenard und Klatt[1]) beobachtete und dann von Lenard[2]) näher untersuchte Erscheinung wird nach dem Vorgange von Lenard als „Druckzerstörung" bezeichnet. Sie tritt, wie von Kuppenheim[3]) nachgewiesen wurde, nicht auf, wenn die Kristalle allseitigem Druck, etwa in einer unter hohem Druck stehenden Ölsuspension, ausgesetzt werden. Für das Auftreten der Druckzerstörung ist es vielmehr erforderlich, daß durch den angreifenden Druck eine Zerstörung des Kristallgefüges, eine Deformierung und ein Zerbrechen der Kristallite herbeigeführt wird. Hierzu kommt es aber, wenn der Leuchtstoff nach der Glühsinterung oder Glühsynthese zur Erzielung eines gleichmäßigen feinen Korns gemörsert oder gemahlen wird. Mechanische Zerkleinerungen sollten daher nach Möglichkeit vermieden werden, was aber nicht immer durch geeignete Lenkung der Herstellungsbedingungen erreicht werden kann. Es ist jedoch ein günstiger Umstand, daß sich die den Leuchtprozeß beeinträchtigende Wirkung der mechanischen Zerkleinerung durch Tempern zum Teil ausheilen läßt. Es sind hierfür Temperaturen hinreichend, die wesentlich unter denen der ursprünglichen Herstellung liegen, so daß die dadurch bewirkte Rekristallisation wohl ein Ausheilen der Kristallite und Leuchtzentren herbeiführt, aber keine wesentliche Kristallitvergrößerung.

Neben der Druckzerstörung bewirkt die mechanische Zerkleinerung auch noch eine Verfärbung, die jedoch unabhängig vom Aktivator und vom Schmelzmittelzusatz des Leuchtstoffs ist. Das kristallisierte Grundmaterial zeigt die gleiche Erscheinung wie der aktivierte Phosphor. Die Druckfarbe bildet sich erst beim Beleuchten der Druckstellen allmählich aus und erreicht nach einer bestimmten Zeit, abhängig von der Beleuchtungsintensität, ein Maximum. Die Druckfarbe ist charakteristisch für das jeweilige Grundmaterial. Calciumsulfid färbt sich ziegelrot, Strontiumsulfid karminrot, Bariumsulfid grün, Zinksulfid braun (ocker), Cadmiumsulfid rotbraun.

Außer Lenard befaßten sich besonders Riehl und Ortmann[4]) mit der Druckzerstörung der Leuchtstoffe. Sie wiesen darauf hin, daß man sich bei einer Unter-

*) Originalmitteilung.

suchung des durch Zermörsern eines Phosphors bewirkten Helligkeitsrückganges darüber Rechenschaft geben muß, wieweit der Rückgang lediglich durch die Kornverkleinerung und die dadurch bewirkte Vermehrung der Streuung des Phosphoreszenzlichtes innerhalb des Leuchtstoffs hervorgerufen wird. Um diesen Streueinfluß auszuschalten, gingen RIEHL und ORTMANN so vor, daß sie auf gleichen Flächen gleiche Gewichtsmengen in so geringer Schichtdicke untersuchten, daß auch beim feinsten Korn keine Überdeckung der Kristalle stattfand. Der mit diesem Meßverfahren gemessene Rückgang der Phosphoreszenzhelligkeit beträgt bei einer Verkleinerung des Korndurchmessers auf $^1/_{100}$ knapp 40 %. RIEHL und ORTMANN schließen daraus, daß die wahre Druckzerstörung wesentlich geringer ist, als es bei Betrachtung dickerer Schichten den Anschein hat, und daß der bei dickeren Schichten auftretende Effekt überwiegend durch die Kornverkleinerung und die dadurch gesteigerte Streuung hervorgerufen wird.

Mit der Druckverfärbung befaßten sich RIEHL und ORTMANN in der zitierten Arbeit nicht. Die Verfärbung wird von RIEHL[5]) nur in seiner 4 Jahre später erschienenen Monographie kurz gestreift. RIEHL teilt darin mit, daß er in einer Reihe technisch gewonnener Phosphore (SrS—Bi, CaS—Bi und ZnS—Cu) auch beim stärksten Mörsern nicht die Spur einer Verfärbung beobachten konnte.

Die Ergebnisse von RIEHL und ORTMANN stehen mit Bezug auf die Druckzerstörung zum Teil, mit Bezug auf die Druckverfärbung dagegen ganz in Widerspruch zu den Ergebnissen LENARDS. Dies gab die Veranlassung zu einer von SCHWEIGART[6]) durchgeführten Experimentaluntersuchung, in der nachgewiesen werden konnte, daß die Unterschiede zwischen den Ergebnissen LENARDS und RIEHLS sicher zum Teil auf die Beschaffenheit des verwendeten Materials in Verbindung mit der Methodik der mechanischen Beanspruchung zurückzuführen ist. LENARD zerdrückte den erkalteten Glühkuchen im Mörser oder strich den durch Glühen mit Calciumfluorid erhaltenen Glühkuchen an einer Feile ab. RIEHL und ORTMANN begnügten sich dagegen mit der Methode des einfachen Zermörserns der Leuchtstoffe, wie sie bei der technischen Herstellung anfallen. Frau SCHWEIGART löste die Aufgabe, auch feinstkristalline Leuchtstoffpulver zu zerstören, dadurch, daß sie den zwischen zwei Glimmerplatten in einer Schichtdicke von etwa 0,5 mm gleichmäßig verteilten Leuchtstoff in einem Diamantmörser dem Druck eines 2-kg-Hammers oder einer hydraulischen Presse aussetzte. Durch diese Methode lassen sich Druckzerstörung und Verfärbung in allen Fällen hervorrufen. Eingehend untersucht wurden eine Reihe verschiedener Strontiumsulfid- und Zinksulfid-Leuchtstoffe. Es zeigte sich, daß die durchgreifende Behandlung im Diamantmörser nicht nur eine röntgenoptisch meßbare Kornverkleinerung mit entsprechender Linienverbreiterung zur Folge hat, sondern auch starke Gitterdeformationen, wie sie in dem erhöhten Intensitätsabfall von niederen zu höheren Beugungswinkeln, der Zunahme der Streustrahlung und dem Verschwinden des K_α-Dubletts der Linien unter hohem Beugungswinkel zum Ausdruck kommen.

LENARD interpretierte 1915 die Erscheinung der Druckzerstörung als ein Zerbrechen der „sperrigen" Zentrenmoleküle, die sich auch ohne die Gegenwart von Aktivatoren auszubilden vermögen, und die Druckverfärbung als ein Einfangen von Elektronen durch die Metallionen des Grundmaterials. Nachdem SCHLEEDE[7]) später den Nachweis geführt hat, daß es Zentrenmoleküle im Sinne LENARDS gar nicht gibt, sondern daß die Zentren aus fremden Atomen bzw. Ionen bestehen, die in das Kristallgitter des Grundmaterials isomorph eingebaut sind, muß die Druckzerstörung als ein Zerbrechen und Deformieren der Kristallite des Grundmaterials und die Verfärbung als Photodissoziation angesprochen werden. Im übrigen dürfte sich aber die theoretische Ausdeutung der Versuchsergebnisse durch Lenard den tatsächlich vorliegenden Verhältnissen weitgehend nähern. Dies wird besonders deutlich, wenn man die mit den Erdalkalisulfiden erzielten Ergebnisse Lenards in Parallele setzt zu den Erfahrungen, die im Verlauf der letzten 25 Jahre mit den wesentlich besser untersuchten Alkalihalogeniden gesammelt werden konnten.

Nach dem Vorgange von Wiedemann und Schmidt[8]) und von Goldstein[9]) befaßte sich besonders Przibram[10]) mit der Verfärbbarkeit von Alkalihalogeniden durch Strahlung nach vorangegangener mechanischer Deformation. Im Gegensatz zu den Sulfiden der zweiten Gruppe des periodischen Systems können die Alkalihalogenide bereits im ungepreßten Zustand durch Strahlung verfärbt werden. Diese Verfärbbarkeit wird durch vorhergehende mechanische Beanspruchung wesentlich verstärkt, so daß sich in dieser Hinsicht die Alkalihalogenide zu den Erdalkalisulfiden in Beziehung setzen lassen.

Über die Natur der bei den Alkalihalogeniden auftretenden Verfärbungen ist man durch die umfassenden Untersuchungen von Pohl und Mitarbeitern[11]) weitgehend unterrichtet. In der obengenannten Arbeit von Schweigart konnte die Ähnlichkeit mit den Erscheinungen der Verfärbung und Entfärbung der druckzerstörten Erdalkalisulfide gut herausgearbeitet werden, wobei die durch UV-Bestrahlung entstehende Verfärbung im Sichtbaren als Quasi-F'-Bande gedeutet werden könnte. Auf diese Ergebnisse soll jedoch im Rahmen dieser Arbeit nicht näher eingegangen werden. Vielmehr sollen im folgenden die Vorgänge bei der Druckzerstörung, Verfärbung und Regeneration von zwei technisch wichtigen Leuchtstoffen beschrieben werden.

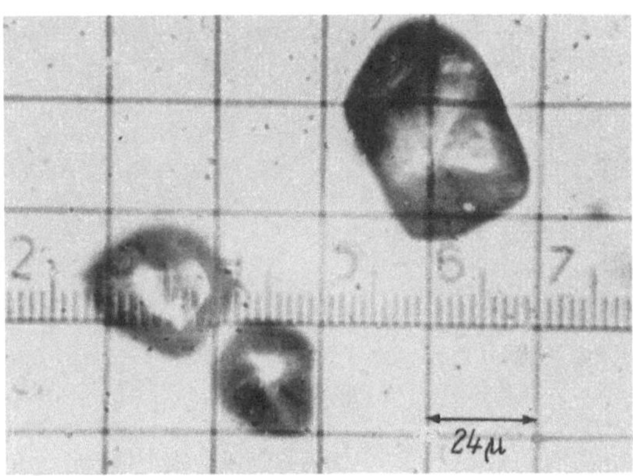

Abb. 1. ZnS-Cu-Wurtzit ungemahlen.

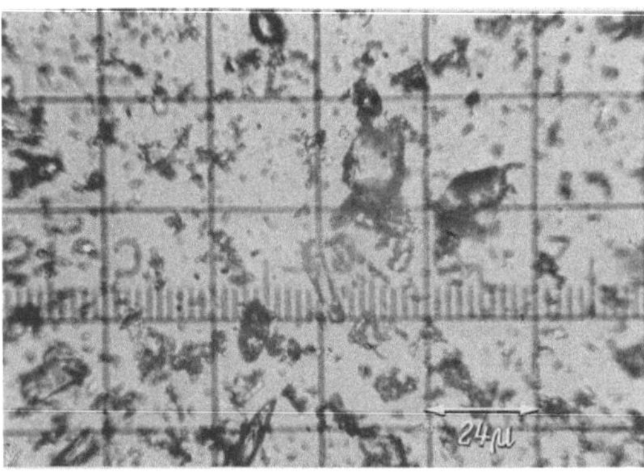

Abb. 2. ZnS-Cu-Wurtzit 2 h naß gemahlen

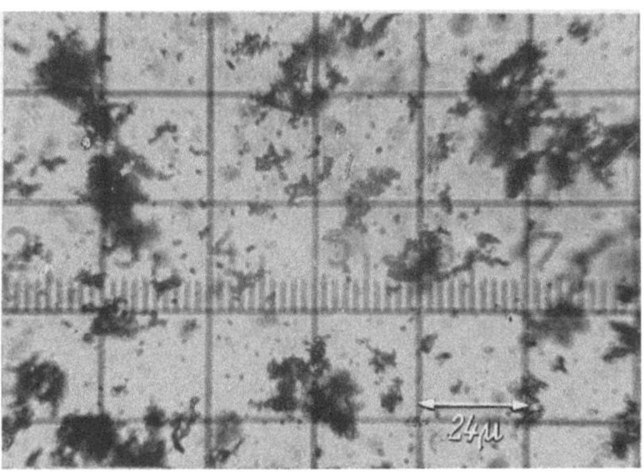

Abb. 3. ZnS-Cu-Wurtzit 2 h trocken gemahlen.

Untersuchungsobjekte waren:

1. ein mit Kupfer aktivierter Zinksulfid-Wurtzit-Phosphor, hergestellt bei etwa 1200° (Umwandlungstemperatur Blende-Wurtzit 1020°) und von überschüssigem Schmelzmittel ausgewaschen. Angenäherte Zusammensetzung: $ZnS—5 \cdot 10^{-5}$ Cu. Der Phosphor zeigt grüne Fluoreszenz und Phosphoreszenz mit einem Emissionsmaximum bei etwa 5200 Å.

2. ein mit Mangan aktiviertes Zinkberylliumsilikat, hergestellt durch Glühen der Ausgangsmaterialien bei etwa 1200°. Angenäherte Zusammensetzung: $(1,7 \text{ Zn}, 0,3 \text{ Be}) SiO_4—0,14$ Mn. Der Leuchtstoff zeigt eine breite Emission (5000 bis 7000 Å) mit einem Hauptmaximum bei etwa 6100 Å.

Beide Leuchtstoffe wurden in einer Vibrations-Sinterkorund-Kugelmühle (35 Hz bei einer Vibrationsamplitude von 4 mm) und in einer Schwingmühle während verschiedener Zeiten naß und trocken gemahlen. Die Schwingmahlung führte zu folgenden Ergebnissen:

1. ZnS—Cu

Mahlung	Helligkeitsrückgang
2 h naß	um 72 % der Anfangshelligkeit
6 h naß	um 83 % der Anfangshelligkeit
2 h trocken	um 94 % der Anfangshelligkeit
6 h trocken	um 96 % der Anfangshelligkeit

Von den Proben wurden Mikroaufnahmen und Kristallstrukturaufnahmen gemacht. Die Mikroaufnahmen des Ausgangsmaterials zeigten große Einzelkristallite in schöner Ausbildung, Durchmesser im Durchschnitt etwa 20—40 μ (Abb. 1). Nach 2 Stunden Naßmahlung in der Schwingmühle sind die großen Kristallite weitgehend verschwunden, an ihrer Statt finden sich regellose Bruch-

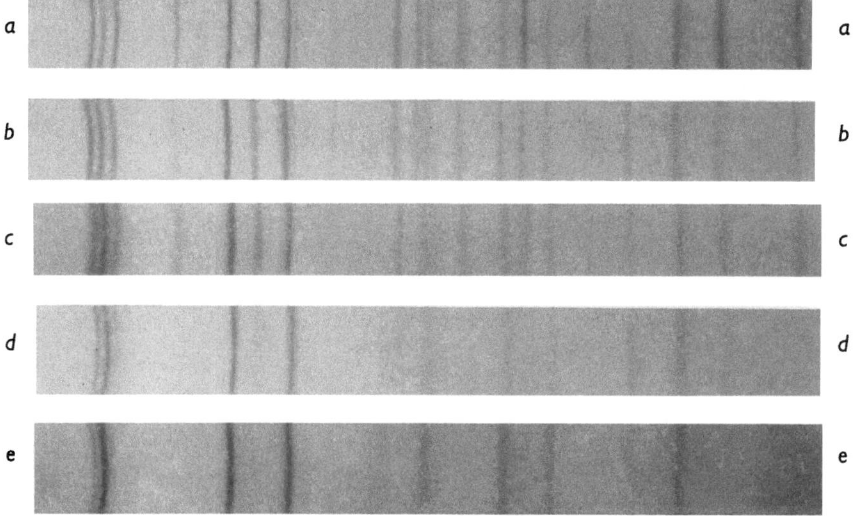

Abb. 4. Strukturänderungen bei der Druckzerstörung von ZnS-Cu-Wurtzit.
(Aufnahmen mit CuK-Strahlung und Ni-Folie auf dem Film.)

a ungemahlen　　*b* 2 h naß gemahlen　　*c* 6 h naß gemahlen　　*d* 2 h trocken gemahlen　　*e* 6 h trocken gemahlen

stücke, in denen noch Kristallreste zu erkennen sind (Abb. 2). Nach 2 Stunden Trockenmahlung ist auch von diesen Resten nichts mehr zu sehen, das Material sieht gleichsam zerfetzt aus (Abb. 3). Die Kristallstrukturaufnahmen (Abb. 4) zeigen im ersten Fall noch das Wurtzitgitter, jedoch schon erheblich gestört und mit veränderten Intensitäten der Interferenzen. Im zweiten Fall sind von den Wurtzitinterferenzen nur diejenigen übriggeblieben, die der Wurtzit und die

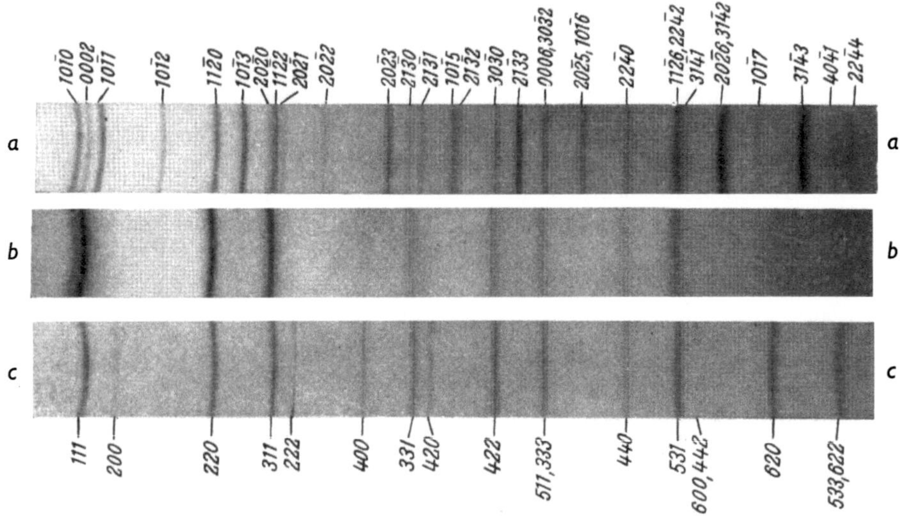

Abb. 5. Druckzerstörter ZnS-Cu-Wurtzit-Phosphor *b* im Vergleich zu unzerstörtem Wurtzit *a* und unzerstörter Blende *c*. (Aufnahme mit Cu_K-Strahlung und Ni-Folie auf dem Film.)

Blende gemeinsam haben[12]), dagegen kommt es nicht zur Ausbildung der im Wurtzit fehlenden Blendeinterferenzen (vgl. Abb. 5). Der Wurtzit geht also durch hinreichend langes Mahlen in eine Pseudoblende über. Bei der Druckzerstörung des Wurtzits laufen demnach zwei Vorgänge parallel: die Zerkleinerung und

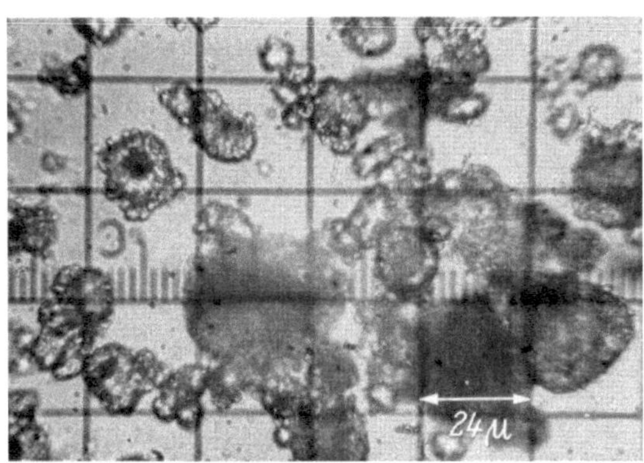

Abb. 6. (Zn, Be)$_2$ SiO$_4$-Mn ungemahlen.

Deformation der Kristallite (Verbreiterung der Interferenzen, Intensitätsabfall von niederen zu höheren Ordnungen, Zunahme der Streustrahlung*) und der Übergang in eine Pseudoblende.

----

*) Die Zunahme der Schwärzung nach höheren Ordnungen tritt auf den Diagrammen der druckzerstörten Proben nur wenig in Erscheinung, da die vermehrte Streustrahlung durch eine Ni-Folie auf dem Film fortgenommen wurde.

2. $(Zn, Be)_2 SiO_4$—Mn

Mahlung	Helligkeitsrückgang
2 h naß	keine merkbare Helligkeitsabnahme
2 h trocken	um 27 % der Anfangshelligkeit

Die Mikroaufnahmen des Ausgangsmaterials zeigen keine großen Einzelkristallite, sondern Konglomerate von kleinen und kleinsten Einzelkriställchen (Abb. 6). Der Durchmesser der Konglomerate ist ungefähr gleich dem der ZnS—Cu-Einzelkristalle, die Durchmesser der Einzelkriställchen liegen bei etwa 2—4 μ. Nach zwei Stunden Naßmahlung sind die Konglomerate weitgehend aufgelöst, wenn auch nicht vollständig. Die kleinen Kriställchen sind deutlich noch vorhanden (Abb. 7). Nach zwei Stunden Trockenmahlung sind die Konglomerate vollständig verschwunden, die Einzelkriställchen etwas in Mitleidenschaft gezogen (Abb. 8). Die Röntgenstrukturaufnahmen (Abb. 9) zeigen nach zwei Stunden Naßmahlung keinerlei Veränderung, nach zwei Stunden Trockenmahlung einen schwachen Intensitätsabfall von niederen zu höheren Beugungswinkeln. Im Gegensatz zum Wurtzit findet beim Zermahlen keine Strukturveränderung statt. Das Willemit- (Phenakit-) Gitter bleibt unverändert erhalten.

Wie bereits eingangs gesagt, lassen sich druckzerstörte Leuchtstoffe durch Erhitzen auf relativ niedrige Temperaturen rekristallisieren. Diese Regenerierungsmöglichkeit wurde mit zwei Proben untersucht, die in der Vibrationskugelmühle so lange gemahlen wurden, bis nach acht Stunden die Leuchtfähigkeit fast vollständig zerstört war.

Für den ZnS-Cu-Phosphor sind die Ergebnisse der Temperung in Tabelle 1 zusammengestellt.

Tabelle 1.

Menge	Schmelzmittel	Tiegel	Temp.	Glühdauer	Aussehen	Lumineszenz	Intensität
5 g	—	evakuiertes	500°	1 h	bräunlich	gelbgrün	ss
		abgeschmolz.	600°	1 h	bräunlich	gelbgrün	ss
		Quarzrohr	800°	30 min	weiß	gelbgrün	m
			1100°	20 min	weiß	blau	st
6 g	0,5 %	evakuiertes	500°	1 h	bräunlich	gelbgrün	ss
	NaCl	abgeschmolz.	600°	1 h	bräunlich	gelbgrün	s
		Quarzrohr	800°	30 min	weiß	gelbgrün	m
			1100°	20 min	weiß	grün	st
6 g	—	bedeckter	600°	1 h	bräunlich	gelbgrün	ss
		Quarztiegel	700°	1 h	weiß	gelbgrün	s
5 g	—	Quarztiegel	800°	30 min	weiß	gelbgrün	m
5 g	—	Quarztiegel	950°	30 min	weiß	gelbgrün	st
5 g	—	Quarztiegel	1100°	20 min	weiß	blau	st

ss = sehr schwach,   s = schwach,   m = mittel,   st = stark

Mit steigender Temperatur wird also eine zunehmende Regenerierung der Lumineszenzfähigkeit erreicht. Parallel damit geht eine Ausheilung der Gitterdeformation des Blendeteilgitters, ohne daß es jedoch unterhalb des Umwandlungspunktes zu einem Aufbau der fehlenden Netzebenenscharen kommt. Die gelbgrüne Lumineszenzfarbe entspricht derjenigen eines einfachen ZnS—Cu-Blende-Phosphors. Oberhalb des Umwandlungspunktes wird die ursprüngliche

Wurtzitstruktur zurückgebildet, die Lumineszenzfarbe schlägt bei Abwesenheit von Schmelzmitteln in Blau, bei Zugabe von Schmelzmittel dagegen in Wurtzit-grün um. Im ersteren Fall handelt es sich offenbar um die in der Literatur beschriebene sogenannte blaue Kupferbande, die immer dann auftritt, wenn keine dem Kupfergehalt äquivalente Chlormenge vorhanden ist (vgl. hierzu die kürzlich erschienene Arbeit von Schleede[13])). Die Temperungen bei den niedrigeren

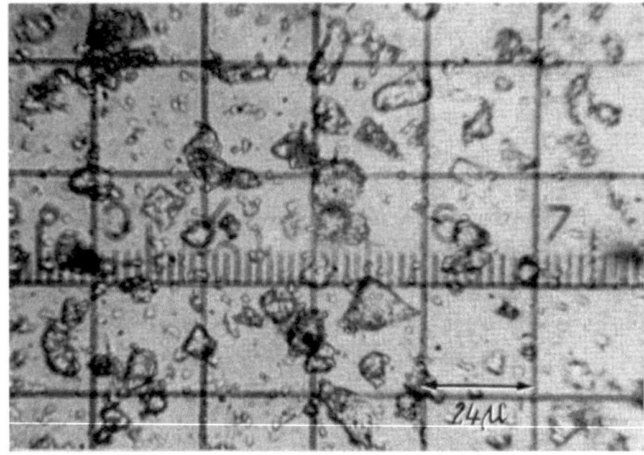

Abb. 7. $(Zn, Be)_2 SiO_4$-Mn 2 h naß gemahlen.

Temperaturen ergaben nur geringe Intensitäten, aber auch die oberhalb des Umwandlungspunktes unter Zugabe von Schmelzmitteln getemperten Präparate blieben etwa 20% hinter der Intensität des Ausgangsmaterials zurück. Es kann sein, daß dies auf Verunreinigungen aus dem Sinterkorundmaterial der Kugelmühle zurückzuführen ist.

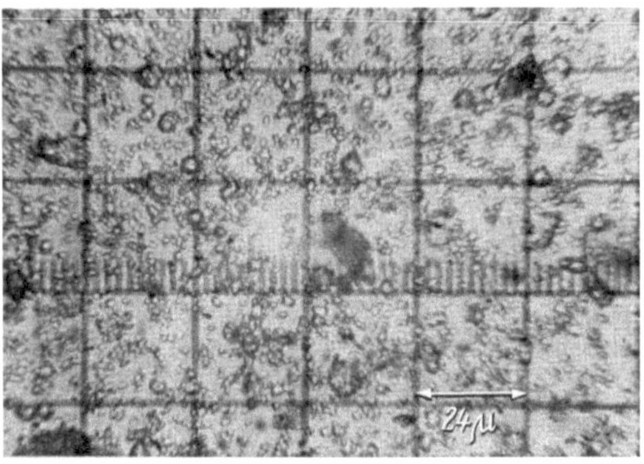

Abb. 8. $(Zn, Be)_2 SiO_4$-Mn 2 h trocken gemahlen.

Beim druckzerstörten $(Zn, Be)_2 SiO_4$—Mn-Leuchtstoff wurde die Regenerierung in ähnlicher Weise wie beim Zinksulfid durchgeführt. Die Temperung bei 700° ergab eine schwache Regenerierung mit etwas gelberer Lumineszenzfarbe als das Ausgangsmaterial. Mit weiter bis 1100° gesteigerten Temperaturen konnten zwar steigende Regenerierungen erzielt werden, jedoch konnte die ursprüngliche Intensität und Farbe nicht wieder erreicht werden.

Abb. 9. Debye-Diagramme von (Zn, Be)$_2$ SiO$_4$-Mn. (Aufnahme mit CuK-Strahlung und Ni Folie auf dem Film.)
a ungemahlen b 2 h naß gemahlen c 6 h naß gemahlen d 2 h trocken gemahlen e 6 h trocken gemahlen

Zusammenfassende Schlußfolgerung

Die mit den Druckzerstörungsversuchen erzielten Ergebnisse bestätigen nicht nur die aus der Leuchtstofftechnik bekannte Erfahrung, daß die Sulfidphosphore gegenüber mechanischer Beanspruchung wesentlich empfindlicher sind als die Silikat- und Phosphat-Leuchtstoffe, sondern geben auch eine Erklärung für das unterschiedliche Verhalten. Es ist ohne weiteres verständlich, daß ein größerer Kristallit, der in kleine Bruchstücke aufgeteilt wird — abgesehen von einer eventuell parallellaufenden Strukturumwandlung —, einer weit größeren Zerstörung und Deformation ausgesetzt ist, als ein etwa gleich großes Konglomerat von kleinen Einzelkristallen. Wenn dann das letztere Kristallmaterial darüber hinaus noch eine größere Härte aufweist, ist die Druckzerstörung wesentlich geringer (Härte in der Mohsschen Skala von ZnS: 3,5—4, von Zn$_2$SiO$_4$: 5,5).

Die Versuche zur Regenerierung nahezu vollständig druckzerstörter Leuchtstoffe haben gezeigt, daß die regenerierten Leuchtstoffe in der Helligkeit hinter den Ausgangsleuchtstoffen zurückbleiben.

Aus diesen Gründen wird man bei der Herstellung von Leuchtstoffen auf ein Kugelmahlen des fertigen Leuchtstoffs nach Möglichkeit verzichten. Bei der Gruppe der Zink- (und Cadmium-) sulfid-Leuchtstoffe kann man dies, weil man bei den Sulfiden die Rekristallisation des aus Lösung gefällten Ausgangssulfids so leiten kann, daß auch ohne nachträgliche Mahlung ein gleichmäßiges Korn aus Einzelkristalliten erhalten werden kann. Bei den Synthesen der Silikat- und Phosphat-Leuchtstoffe, die fast ausnahmslos als Reaktionen im festen Zustand ausgeführt werden, ist das nur zum Teil möglich, und zwar durch geeignete Wahl der Atmosphäre, in der die Glühungen vorgenommen werden. Praktische Bedeutung erlangte die Pneumatolyse nach Jander und Hoffmann[14]), bei der durch Glühen im Wasserdampfstrom die Reaktionsgeschwindigkeit zwischen den Silikatkomponenten (z.B. ZnO, BeO und SiO$_2$) erhöht wird, eine Wirkung, die durch die Gegenwart von Chlorwasserstoff verstärkt wird. Die Pneumatolyse kann man als eine Vorstufe der Hydrothermalsynthese auffassen. Glühungen im Wasserdampf-

und Chlorwasserstoffstrom begünstigen daher, wie von Kressin[15]) beschrieben wurde, die erzielbaren Lichtausbeuten. Im Zusammenhang mit dieser Arbeit konnte darüber hinaus festgestellt werden, daß dem Wasserdampf auch noch eine homogenisierende Wirkung zukommt. Es wurde gefunden, daß ein in Wasserdampf geglühtes Zinkberylliumsilikat bezüglich Kristallitgröße etwa einem ohne Wasserdampf geglühten Silikat entspricht, daß es aber weitgehend frei von zusammengebackten Konglomeraten ist. Dementsprechend lassen sich die Mahldauern für die Homogenisierung solcher Leuchtstoffe wesentlich herabsetzen.

Herrn Dr. Ruffler danken wir für die Durchführung von Schwingmahlungen, Herrn Dr. Kressin für die Überlassung eines in Wasserdampf geglühten Zinkberylliumsilikat-Leuchtstoffs.

Literatur

1) Lenard, P., u. V. Klatt: Ann. Phys., Folge 4, 12 (1903) S. 439.

2) Lenard, P.: in: Arbeiten aus den Gebieten der Physik, Mathematik und Chemie, Festschrift Julius Elster u. Hans Geitel zum 60. Geburtstag gewidmet, S. 669—688. Hrsg. von Karl Bergwitz. Braunschweig: Vieweg 1915.
Vgl. auch zusammenfassenden Bericht über Druckzerstörung im Handbuch für Experimentalphysik, Bd. 23, 1. Teil, Artikel „Fluoreszenz und Phosphoreszenz" v. P. Lenard, F. Schmidt u. R. Tomaschek, S. 627—648. Leipzig: Akad. Verl. Ges. 1928.

3) Kuppenheim, H.: Ann. Phys., Folge 4, 70 (1923) S. 116.

4) Riehl, N., u. H. Ortmann: Ann. Phys., Folge 5, 29 (1937) S. 556.

5) Riehl, N.: Physik und technische Anwendung der Lumineszenz, Berlin: Springer 1941, S. 86.

6) Schweigart, H.: Karlsruhe: TH, Diss. 1952 (ausgeführt 1943/44 im Anorg.-chem. Inst. der TH Berlin).

7) Schleede, A.: Z. Phys. 18 (1923) S. 109.

8) Wiedemann, E., u. G. C. Schmidt: Ann. Phys. u. Chem. N.F. 64 (1898) S. 84.

9) Goldstein, E.: Sitz.-Ber. kgl. preuß. Akad. d. Wiss. zu Berlin, math.-nat. Kl. (1894) S. 937; (1895) S. 1017; (1901) S. 222.
— Phys. Z. 3 (1902) S. 149.

10) Przibram, K.: Z. Phys. 41 (1927) S. 833.

11) Pohl, R. W.: Zusammenfassender Bericht über Elektronenleitung und photochemische Vorgänge in Alkalihalogenidkristallen. Phys. Z. 39 (1938) S. 36—54.
Vgl. auch „Einführung in die Optik" 7./8. Aufl. Berlin: Springer 1948.

12) Schleede, A., u. H. Gantzckow: Z. Phys. 15 (1923) S. 184.

13) Schleede, A.: Chem. Ber. 90 (1957) 1162.

14) Jander, W., u. E. Hoffmann: Z. anorg. u. allgem. Chem. 218 (1934) S. 211.
Fenner, C. N.: Carnegie-Inst., Geophys. Labor. Nr. 827 (1933).

15) Kressin, G.: Techn.-wiss. Abh. Osram-Ges. 6 (1953) S. 89.

Der Einfluß der Kristallstruktur auf die Lumineszenz des Calciumsilikates (Mn, Pb)*)

Von

H. Lange und **G. Kressin**

Mit 2 Abbildungen

Die charakteristische Zweibandenemission des Aktivators Mangan im Calciumsilikat (Mn, Pb) ist in zwei kürzlich erschienenen Arbeiten[2,3] eingehend untersucht worden. Durch eine Separation der Banden war es möglich, ihr Nachleuchten sowie ihr Verhalten in Abhängigkeit von der Temperatur und der Aktivatorkonzentration zu bestimmen. In Fortsetzung dieser Untersuchungen wurde von uns beobachtet, daß auch eine Erhöhung der Glühtemperatur und der Zusatz von Strontiumoxyd das Spektrum beeinflussen können. Die vorliegende Arbeit wird zeigen, daß es sich hierbei nicht um einen grundsätzlich neuen Effekt handelt, sondern daß die spektrale Verschiebung der Emission auf eine Erhöhung der Aktivatorkonzentration im ß-Calciumsilikat (Wollastonit) zurückgeführt werden kann.

Wir gingen von einem mit 0,010 mol MnO aktivierten Präparat aus und glühten es bei 1000, 1150 und 1250° C in einer Wasserdampfatmosphäre. Die Spektren dieser Stoffe sind in Abb. 1 dargestellt und zeigen eine beträchtliche Verschiebung

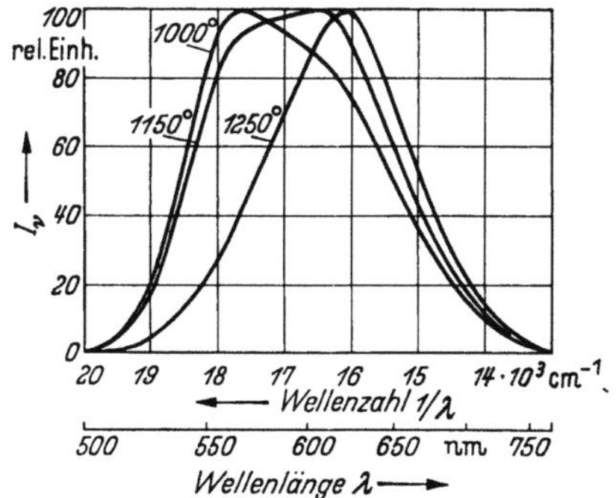

Abb. 1. Rotverschiebung durch die Herstellungstemperatur (0,010 mol MnO).

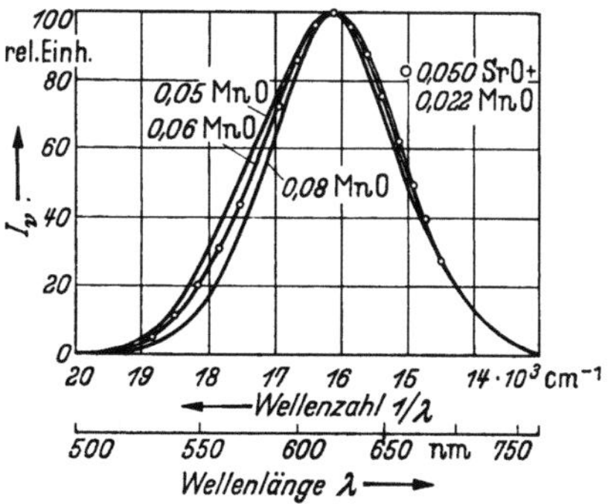

Abb. 2. Bestimmung des Mangangehaltes aus dem Lumineszenzspektrum. Ausgezogene Kurven: Lumineszenzspektren reiner Wollastonit-Präparate. Meßpunkte: Lumineszenzspektrum eines Ca-Sr-Silikates (Mn, Pb).

des Emissionsschwerpunktes von 560 nm nach 620 nm. Je höher man jedoch ein Präparat aktiviert, um so weniger läßt sich das Spektrum durch die Herstellungstemperatur beeinflussen. In ähnlicher Weise wirkt auch der Zusatz von Strontiumoxyd. Die Rotverschiebung setzt hier bereits bei einer Temperatur von 1150° C ein. Auch in diesem Falle hängt die Größe der Verschiebung vom Mangangehalt ab.

Die Erregung dieser Präparate durch Kathodenstrahlen ergab einen überraschenden Befund. Während die Spektren niedriggeglühter Proben ebenfalls orange lumineszierten, zeigten die hochgeglühten Substanzen und diejenigen, die Strontium enthielten, eine neue grüne Emission bei 540 nm, die die orange-rote Lumineszenz überdeckte. Dieses Verhalten läßt auf die Bildung einer neuen Phase schließen. Debye-Scherrer-Aufnahmen zeigten dann auch in der Tat neben dem Wollastonit einen starken Anteil an Pseudowollastonit, der Hochtemperaturform des Calciumsilikates. Die Umwandlungstemperatur liegt etwa bei 1180° C und kann durch den Zusatz fremder Kationen verändert werden. Strontiumoxyd zum Beispiel setzt die Umwandlungstemperatur herab, Manganoxyd dagegen erhöht sie.

---

*) Auszug aus der in Z. Phys. 142 (1955) S. 380—386 erschienenen Arbeit.

Einen weiteren Fortschritt erzielten wir durch die Trennung der beiden Phasen auf chemischem Wege. Nach einer Bemerkung von E. Thilo[4]) wird der Pseudowollastonit von verdünnten Säuren ($p_H \sim 3-4$) im Gegensatz zum Wollastonit leicht zersetzt. Wir behandelten daher die Präparate mit 2 n Essigsäure und ließen vom ungelösten Teil der Substanzen Röntgenspektren anfertigen. Hierbei wurden kaum noch Spuren von Pseudowollastonit gefunden. Ebenso verschwand die grüne Kathodolumineszenz. Die relative spektrale Energieverteilung der orange-roten Lumineszenz bleibt dagegen vollständig erhalten, wobei ihre Intensität sogar noch zunimmt, da die unter UV-Erregung nicht leuchtende Phase des Pseudowollastonits herausgelöst wurde. Die Rotverschiebung bleibt also erhalten, selbst wenn der Pseudowollastonit nicht mehr vorhanden ist. Wir haben es nun mit dem reinen Wollastonit zu tun.

Eine chemische Analyse dieser mit Essigsäure versetzten Präparate hatte ein unerwartetes Resultat. Es zeigte sich nämlich, daß das aus der Analyse gefundene Verhältnis CaO:MnO stark abweichende Werte von dem bei der Herstellung benutzten Ansatz ergab. Beispielsweise wurde bei einem Präparat mit folgendem Ansatz: 1 CaO · 0,050 SrO · 0,022 MnO · 0,005 PbO · 1,085 SiO_2 nach dem Herauslösen des Pseudowollastonits ein Verhältnis von 1,0 CaO : 0,057 MnO gefunden. Wie Abb. 2 zeigt, entspricht das Spektrum dieses Präparates (in der Abbildung durch die Meßpunkte gekennzeichnet) gerade einem Calciumsilikat mit einer Mangankonzentration von etwa 0,060 mol MnO, das unter reinen Wollastonitbedingungen hergestellt worden ist. Auch bei anderen Präparaten zeigte sich ausnahmslos, daß die Farbe der Lumineszenz durch das Verhältnis CaO:MnO in den mit Essigsäure versetzten Präparaten eindeutig gekennzeichnet wird. Der experimentelle Befund unserer Untersuchungen besagt also, daß durch die Strukturumwandlung eine Konzentrationserhöhung des Aktivators Mangan im Wollastonit hervorgerufen wird und daß die Farbe der Lumineszenz allein durch diese Mangankonzentration bestimmt wird. Um sie analytisch zu ermitteln, hat man aus der fertiggeglühten Substanz den Pseudowollastonit durch Essigsäure zu entfernen und den Mangangehalt im Rückstand zu bestimmen.

Zur Deutung unserer Beobachtungen ziehen wir die Kristallstruktur des Calcium- und Mangansilikates heran. Das Calciumsilikat kristallisiert in zwei verschiedenen Modifikationen, dem Wollastonit ($< 1180°$ C) und dem Pseudowollastonit ($> 1180°$ C). Im kristallinen Aufbau besteht zwischen diesen beiden Phasen ein beträchtlicher Unterschied [1, 4]). Aus diesem Grunde ist für den Einbau des Mangans in das Gitter des Calciumsilikates die Kristallstruktur von großer Wichtigkeit. Untersuchungen von E. Voos[5]) haben nämlich gezeigt, daß das Manganmetasilikat mit dem Wollastonit isomorph ist und mit ihm eine lückenlose Mischkristallreihe bildet. Der Pseudowollastonit dagegen nimmt infolge des großen Strukturunterschiedes nur kleine Manganmengen auf. Präpariert man nun ein Calciumsilikat (Mn, Pb) so, daß neben Wollastonit auch Pseudowollastonit entsteht, so verbleibt im Pseudowollastonit nur ein verhältnismäßig kleiner Teil des Mangans, während der größte Teil in den restlichen Wollastonit eingebaut wird und dort eine höhere Mangankonzentration erzeugt. Dies ruft dann die von uns beobachtete Rotverschiebung hervor.

Literatur

[1]) Barnick, M.: Strukturber. 4 (1936) S. 71, 207.
[2]) Dziergwa, H., H. Lange: Z. Phys. 140 (1955) S. 359.
[3]) Lange, H.: Z. Phys. 139 (1954) S. 346.
[4]) Thilo, E.: Angew. Chem. 63 (1951) S. 201.
[5]) Voos, E.: Z. anorg. Chem. 222 (1935) S. 201.

Die Beeinflussung der Lumineszenz des Mangan-aktivierten Cadmiumchlorophosphates durch Wismut*)

Von

H. Ruffler

Mit 9 Abbildungen

Zielsetzung

Es gibt nur wenige Beispiele dafür, daß durch Einbau eines Fremdions in ein fluoreszenzfähiges Kristallgitter Haftstellen erzeugt werden können, ohne daß hierdurch die spektrale Verteilung der Fluoreszenzstrahlung merklich beeinflußt wird. Im folgenden soll über ein solches Beispiel in der Gruppe der Phosphate berichtet werden.

Während sich ähnliche Erscheinungen an photoleitenden Leuchtstoffen zwanglos erklären lassen[1]), ist dies für die Gruppe der Phosphate nicht ohne weiteres möglich, sofern man bei der Annahme eines monomolekularen Leuchtmechanismus bleibt und keine Photoleitung vorhanden ist.

Das Ziel der vorliegenden Arbeit ist eine nähere Untersuchung der Lumineszenzeigenschaften des mit Mangan und Wismut aktivierten Cadmiumchlorophosphates, um einen Einblick in den hier ablaufenden Lumineszenzmechanismus zu bekommen.

Herstellung der Präparate und ihre Kristallstruktur

Die Ausgangsstoffe zur Präparation waren Cadmiumcarbonat, sekundäres Ammoniumphosphat, Ammoniumchlorid, Manganchlorid und Wismutnitrat. Diese wurden in der Reibschale mit Azeton angepastet. Nach Verdunsten des Azetons bei Zimmertemperatur wurde die Mischung im nicht ganz dicht verschlossenen, zylindrischen Quarzguttiegel $1/2$ Stunde bei 600° C geglüht. Nach leichtem Mörsern erfolgte eine weitere Glühung von $1/2$ Stunde bei 700° C. Die stöchiometrische Zusammensetzung der geglühten Substanzen war laut chemischer Analyse weitgehend übereinstimmend mit der Apatitformel $3\,M_3^{2+}\,(PO_4)_2 \cdot M^{2+}\,X_2$. Der Mangangehalt betrug 3 At%, bezogen auf die Summe der Kationenplätze ($= 10$). Der Wismutgehalt betrug für die untersuchten 6 Präparate (in At%): 0; $1,8 \times 10^{-4}$; $1,8 \times 10^{-3}$; $7,5 \times 10^{-3}$; $6,8 \times 10^{-2}$; $4,9 \times 10^{-1}$, wie die chemische Analyse der geglühten Präparate ergab.

Die Debye-Scherrer-Aufnahmen stimmen mit den von Rooksby und McKeag[2]) an gleichen Substanzen gemachten überein.

Die Verteilung der Lage und Intensität der Linien des Cadmiumchlorophosphates zeigt doch nennenswerte Unterschiede gegenüber derjenigen des Calciumfluoroapatites, so daß es nicht ganz gesichert erscheint, daß man dem Cadmiumchlorophosphat die Kristallstruktur des Calciumfluoroapatites zuschreiben darf. Jedoch soll diese Frage hier nicht näher diskutiert werden.

Wismuteinbau verursachte keine erkennbare Änderung der Linienlagen oder -intensitäten.

Emissionsspektrum

Die Erregung des Leuchtstoffes wurde durch eine Quecksilberdampf-Niederdruckentladung vorgenommen, deren Strahlung durch eine Nickel-Kobaltsulfat-Lösung im wesentlichen auf die Quecksilberresonanzlinie beschränkt wurde. Zur Aufnahme der Spektren diente der 3-Prismen-Glasspektrograph von Steinheil mit

*) Originalmitteilung.

dem von der gleichen Firma hierzu entwickelten Multiplieradapter, welcher mittels Synchronmotor entlang dem Spektrum gefahren werden kann. Der Photostrom wurde registriert und danach durch Vergleich mit der Strahlung einer ausgemessenen Osram-Wolframbandlampe Wi 17 auf relative Energie umgerechnet. Die Breite des Eintritts- und Austrittsspaltes betrug 0,1 mm.

Abb. 1 zeigt das Spektrum des nur Mangan-aktivierten Präparates bei verschiedenen Temperaturen. Es läßt deutlich erkennen, daß die Emission aus mindestens 2 Banden zusammengesetzt ist, von denen die kurzwelligere mit abnehmender Temperatur in ihrer Intensität geringer wird. Dies steht in Einklang mit dem Verhalten des Mn^{2+} als Aktivator auch in anderen Grundsubstanzen, wie z. B. Calciumsilikat[3]).

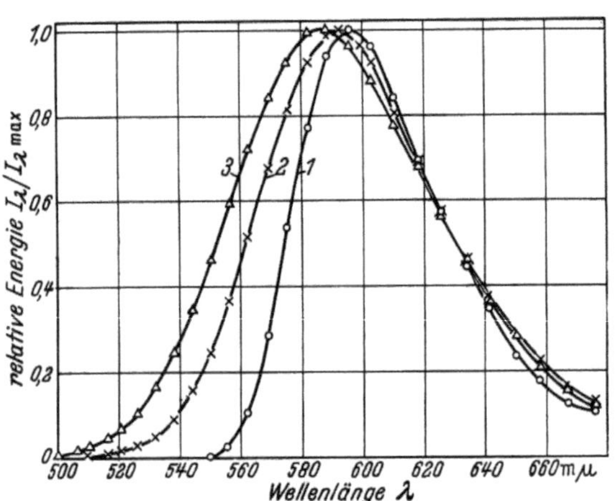

Abb. 1. Spektrale Energieverteilung der Luminiszenz von Cadmium-chlorophosphat — Mn angeregt durch 253,7 mμ bei —170°C = Kurve 1, + 20°C = Kurve 2, + 150°C = Kurve 3.

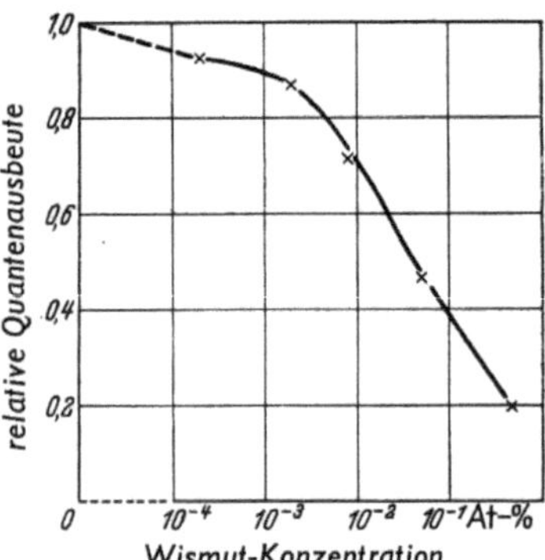

Abb. 2. Fluoreszenzintensität als Funktion der Wismut-Konzentration.

Wismuteinbau verändert das Spektrum nicht; auch seine Temperaturabhängigkeit bleibt dieselbe.

Das Phosphoreszenzspektrum, welches nach einer Abklingzeit von 0,47 sec bei 20° aufgenommen wurde, stimmt ebenfalls mit dem Fluoreszenzspektrum bei 20° überein. Dagegen sinkt mit steigendem Wismutgehalt die Quantenausbeute erheblich ab, wie aus Abb. 2 hervorgeht.

Temperaturabhängigkeit der Fluoreszenz

Die Abhängigkeit der Fluoreszenzintensität von der Temperatur wird durch den Einbau von Wismut charakteristisch beeinflußt. Da sich das Emissionsspektrum aus 2 Banden mit stark verschiedenem Temperaturverhalten zusammensetzt, wurden die Messungen in Verbindung mit dem Stein-heil-Spektrographen und Multiplier bei den Wellenlängen 650 mμ und 550 mμ ausgeführt.

Die Kurven a und b in Abb. 3

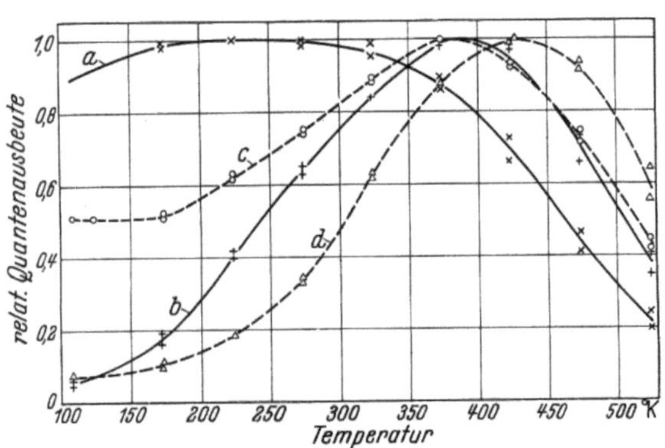

Abb. 3. Temperaturabhängigkeit der Fluoreszenzintensität:

——— 0 % Bi	a = rote Teilbande	b = grüne Teilbande
— · — — 6,8 × 10⁻² % Bi	c = rote Teilbande	d = grüne Teilbande.

zeigen die Temperaturabhängigkeit des nur Mangan-aktivierten Präparates sowohl für die rote Bande (a) als auch für die grüne Bande (b). Die gestrichelten Kurven geben die Temperaturabhängigkeit des Präparates mit zusätzlich $6,8 \times 10^{-2}$ At% Bi (rote Bande $= c$; grüne Bande $= d$). Auffallend ist besonders der andersartige Verlauf für die rote Bande. Auch der Verlauf für die grüne Bande ändert sich im gleichen Sinne, wenn auch nicht so ausgeprägt.

Abklingen

Die Messung der Abklingkurven wurde in der Weise vorgenommen, daß der Vorgang nur einmal ablief. Mittels einer gleichstrombetriebenen Quecksilberniederdruckentladung wurde der Leuchtstoff bis zur Sättigung erregt (etwa 20 Minuten). Die Registrierung des Multiplierstromes während des Abklingens wurde auf photographische Weise ausgeführt unter Zuhilfenahme eines Drehbügelgalvanometers (Einstellzeit für Vollausschlag 0,01 sec).

Abb. 4 zeigt die Abklingzeit in Abhängigkeit von der Wismutkonzentration, und zwar Kurve a die Zeitdauer für das Abklingen bis auf den e-ten Teil, Kurve b für das Abklingen bis auf den zehnten Teil der Fluoreszenzintensität. Es besteht ein stark ausgeprägtes Maximum für eine Wismutkonzentration von $6,8 \times 10^{-2}$ At%.

Die Abklingkurve für das Präparat mit dieser Konzentration ist in Abb. 5 in halblogarithmischem Maßstab wiedergegeben. Sie entspricht nicht einem exponentiellen Gesetz.

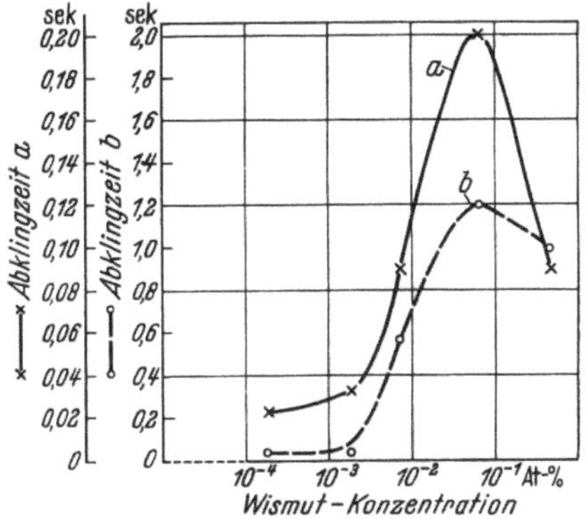

Abb. 4. Abklingzeit als Funktion der Wismut-Konzentration.
Abklingen:
Kurve a auf $J = J_0/e$
Kurve b auf $J = J_0/10$.

Von einer Analyse der Abklingkurve mit dem Ziel, Rückschlüsse auf den

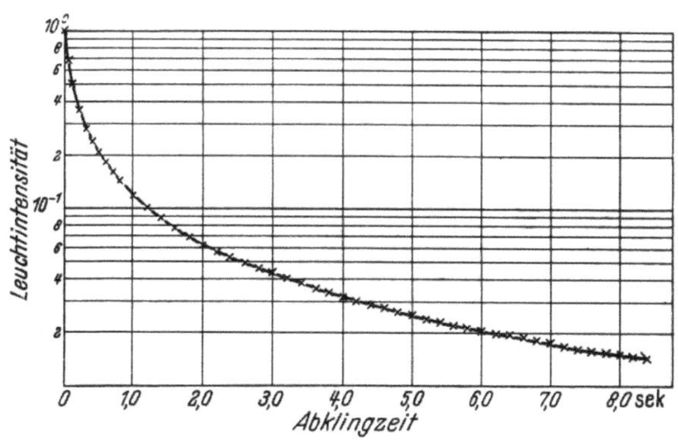

Abb. 5.
Abklingkurve für $3\ Cd_3(PO_4)_2 \cdot CdCl_2 - 0.03\ Mn + 6,8 \times 10^{-2}\%\ Bi.$

Leuchtmechanismus zu ziehen, wurde Abstand genommen, weil solche Auswertungen mit gewissen Vorbehalten gemacht werden müssen und überdies eine rein rechnerische Zerlegung in Exponentialkurven immer möglich ist. Es läßt sich ein Einblick in den Lumineszenzmechanismus evtl. besser gewinnen durch Beobachtung der Fluoreszenzausbaute in Abhängigkeit von der Erregungsintensität (Riehl-Effekt).

Riehl-Effekt

Die von Riehl[4]) gefundene Abhängigkeit der Lumineszenzausbeute von der Anregungsintensität ergibt sich, wie Peyrou[5]) und M. Schön[6]) gezeigt haben, daraus, daß im gesamten Lumineszenzprozeß ein Vorgang nach einem Gesetz 1. Ordnung (z. B. monomolekular) und ein Vorgang nach einem Gesetz 2. Ordnung (z. B. bimolekular) miteinander in Konkurrenz stehen. Beim Zinksulfid z. B. steht der bimolekulare leuchtende Übergang vom Leitfähigkeitsband in den Term des angeregten Aktivators in Konkurrenz mit dem monomolekularen strahlungslosen Übergang aus dem Term der besetzten Haftstelle ins Valenzband. Sorgt man dafür, daß beide Prozesse mit vergleichbarem Anteil ablaufen, so kann man leicht durch Messung der Fluoreszenzintensität den Effekt beobachten. Der Riehl-Effekt kann somit Hinweise auf die Art der ablaufenden Teilvorgänge geben.

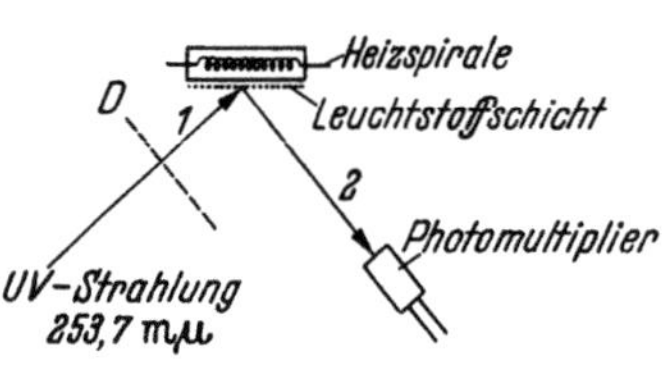

Abb. 6.
Anordnung zur Messung des Riehl-Effektes.

Das Prinzip der Meßanordnung ist in Abb. 6 skizziert. D bedeutet ein Drahtnetzfilter, welches wahlweise in den Gang der UV-Strahlung oder denjenigen des Emissionslichtes gebracht werden kann.

Verlaufen die Teilprozesse nach einem Gesetz gleicher Ordnung, so hängt die Lumineszenzintensität linear mit der Anregungsintensität zusammen. Der Multiplierstrom bleibt also derselbe, gleichgültig, ob sich das Drahtnetz im Strahlengang 1 oder 2 befindet. Die Multiplierströme sind jedoch unterschiedlich, wenn die Teilprozesse nach Gesetzen unterschiedlicher Ordnung ablaufen. Damit der Anteil der strahlungslosen Übergänge im angemessenen Verhältnis zu demjenigen der strahlenden steht, wurde die Temperatur des Leuchtstoffes so weit erhöht, bis seine Lumineszenzintensität etwa die Hälfte derjenigen ($= J$) bei Zimmertemperatur betrug.

Im folgenden werden die Multiplierströme mit J_1 bzw. J_2 bezeichnet, je nachdem sich das Drahtnetz im Strahlengang 1 oder 2 befindet. Zur Charakterisierung der Größe des Effektes wird das Verhältnis $J_1 : J_2$ gebildet.

Die völlige Symmetrie der Meßanordnung wurde durch eine Messung an Uranylazetat erwiesen, das mit Sicherheit monomolekularen Leuchtprozeß besitzt.

In Tab. 1 sind die Meßergebnisse aufgeführt. Als Vergleichsmaßstab wurden die entsprechenden Werte für Zinksulfid-Cu mit angeschrieben.

Tabelle 1.

Substanz	$\dfrac{J_1}{J_2}\,(T = 20^\circ\mathrm{C})$	$\dfrac{J_1}{J_2}\left(T = \sim \dfrac{J}{2}\right)$
Zinksulfid-Cu	1	0,63
Cadiumchlorophosphat-Mn		
Bi-Konzentration = 0 At%	0,99	0,93
Bi-Konzentration = $1,8 \times 10^{-4}$ At%	0,99	0,89
Bi-Konzentration = $1,8 \times 10^{-3}$ At%	0,98	0,88
Bi-Konzentration = $7,5 \times 10^{-3}$ At%	0,98	0,78
Bi-Konzentration = $6,8 \times 10^{-2}$ At%	0,98	0,66
Bi-Konzentration = $4,9 \times 10^{-1}$ At%	0,98	0,78

Die Meßwerte zeigen deutlich eine Zunahme des RIEHL-Effektes mit steigender Wismutkonzentration bis zu derjenigen, welche auch optimal für die Phosphoreszenz ist. Dann nimmt der RIEHL-Effekt ebenso wie die Phosphoreszenz mit weiterer Steigerung der Wismutkonzentration wieder ab.

GLOW-Kurven

Cadmiumchlorophosphat, nur mit Mangan aktiviert, zeigt bereits eine schwache Phosphoreszenz, welche sich durch geeignete Glühbehandlung herauspräparieren läßt. Es tritt daher die Frage auf, ob diese Haftstellen identisch sind mit den im Zusammenhang mit Wismuteinbau entstehenden. Es wurden deshalb GLOW-Kurven aufgenommen im Temperaturbereich von $100°$ K bis $560°$ K. Die Anregung des Leuchtstoffes bei tiefer Temperatur erfolgte bis zur Sättigung, welche

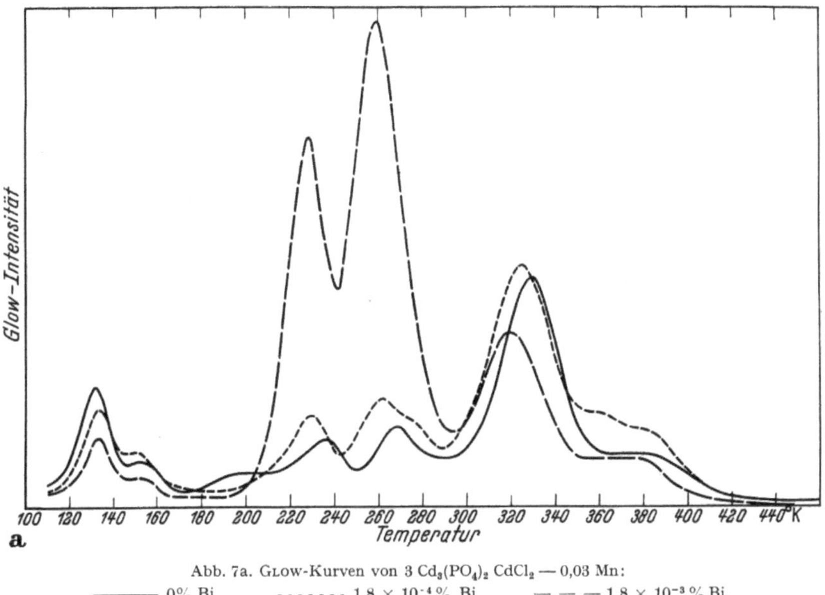

Abb. 7a. GLOW-Kurven von 3 Cd₃(PO₄)₂ CdCl₂ — 0,03 Mn:
——— 0% Bi   ······· 1,8 × 10⁻⁴ % Bi   — — — 1,8 × 10⁻³ % Bi.

nach 20 Minuten erreicht war. Die über die Messung konstante Aufheizgeschwindigkeit betrug $2,2°$ C je Sekunde. Temperatur und Multiplierstrom wurden mittels Spiegelgalvanometer auf denselben Photopapierstreifen registriert.

Abb. 7a und 7b zeigen die Abhängigkeit des Haftstellenspektrums vom Wismutgehalt, wobei der besseren Deutlichkeit wegen die Ordinatenmaßstäbe zwischen 7a und 7b unterschiedlich gewählt wurden. Um jedoch Abb. 7a an 7b anschließen zu können, wurde die Kurve für die Wismutkonzentration $1,8 \times 10^{-3}$ At % (gestrichelte Kurve) in beiden Bildern im jeweils entsprechenden Maßstab aufgezeichnet.

Das GLOW-Spektrum des wismutfreien Präparates ist recht komplex. Deutlich treten 5 Bandenmaxima auf. Auch bei wiederholter Neuherstellung des Präparates treten diese gut reproduzierbar auf. Schon die geringe Wismutkonzentration von $1,8 \times 10^{-4}$ At % beeinflußt den Verlauf des Spektrums deutlich: Maximum 3 und 4 werden relativ zu den Maxima 1 und 5 höher. Innerhalb der GLOW-Maxima 3 und 4 findet eine Verschiebung statt. Auch diese Auswirkung des Wismutzusatzes auf das gesamte Glow-Spektrum ist bei wiederholter Herstellung gleichzusammengesetzter Präparate sehr gut reproduzierbar.

In der Glow-Kurve des Präparates mit $1,8 \times 10^{-3}$ At% Wismut (Abb. 7a) überwiegen die Maxima 3 und 4 ausgesprochen. Weitere Erhöhung der Wismutkonzentration läßt auch das Maximum 4 gegenüber 3 bei weitem in den Vordergrund treten (Abb. 7b). Oberhalb der für Phosphoreszenz optimalen Wismutkonzentration von $6,8 \times 10^{-2}$ At% nimmt die Höhe des Glow-Maximums wieder stark ab.

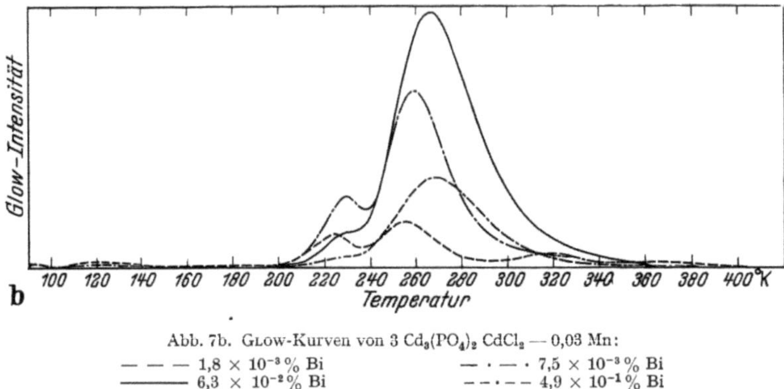

Abb. 7b. Glow-Kurven von 3 $Cd_3(PO_4)_2$ $CdCl_2$ — 0,03 Mn:

— — — $1,8 \times 10^{-3}$% Bi	— · — · $7,5 \times 10^{-3}$% Bi
——— $6,3 \times 10^{-2}$% Bi	— — · — $4,9 \times 10^{-1}$% Bi

Wie eingangs gezeigt, besteht das Fluoreszenz- und Phosphoreszenzspektrum aus wenigstens 2 Banden. Es wurden deshalb 2 Glow-Kurven aufgenommen, bei welchen vor den Multiplier zur Aussonderung dieser Banden ein Interferenzfilter mit Durchlaßbereich bei 655 mμ bzw. 552 angebracht wurde. Die beiden Kurven stimmen völlig überein.

Den Charakter der Glow-Kurve des Präparates ohne Wismut besitzen auch die Glow-Kurven derjenigen Präparate, welche lediglich durch geeignete Glühbe-

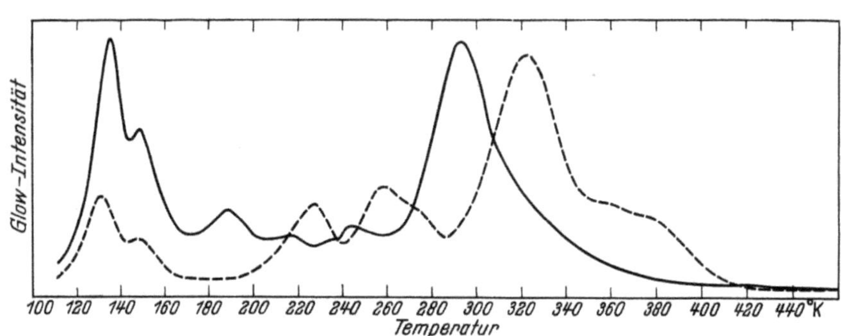

Abb. 8. Glow-Kurven von zwei Präparaten etwa gleicher Lichtsumme:
——— nachleuchtend durch Glühbehandlung,   — — — nachleuchtend durch Wismutzusatz.

handlung erhöhte Phosphoreszenz zeigen. Diese unterscheiden sich von der ersteren dadurch, daß das Maximum 1 nun von derselben Höhe ist wie Maximum 5 und die zwischen diesen beiden liegenden anderen Maxima ebenfalls angehoben sind. Die Kurve ist in Abb. 8 (Kurve *a*) in Vergleich gesetzt mit der Glow-Kurve (*b*) eines wismuthaltigen Präparates. Zum Vergleich wurden Präparate herangezogen, welche annähernd die gleiche Lichtsumme speichern. Es ist deutlich zu erkennen, daß das Nachleuchten, je nachdem, ob es durch Glühbehandlung oder durch Wismutzusatz herauspräpariert wurde, an unterschiedliche Haftstellengruppen geknüpft ist.

Erwähnt sei noch, daß auch Antimon und bis zu gewissem Grade auch Arsen einen ähnlichen Einfluß ausüben wie Wismut. Abb. 9 zeigt die GLOW-Kurve für ein Präparat mit 9×10^{-2} At % Sb. Abgesehen von der kleinen Spitze bei 160° K zeigt die Kurve sehr große Ähnlichkeit mit derjenigen des Präparates mit $6,8 \times 10^{-2}$ Bi,

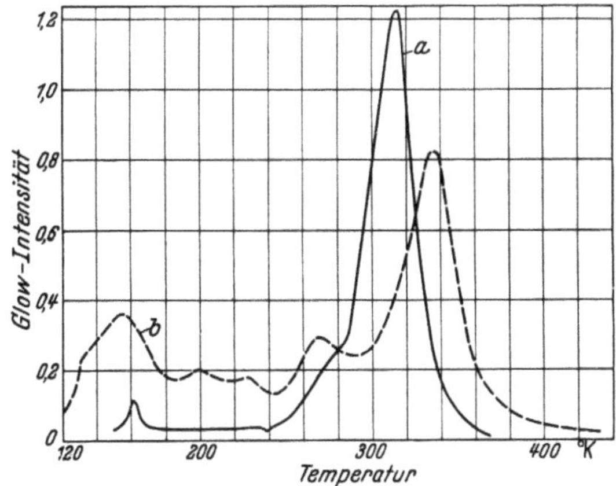

Abb. 9. GLOW-Kurven von 3 $Cd_3(PO_4)_2$ $CdCl_2$ — 0,03 Mn:
a 9×10^{-2}% Sb;   b 9×10^{-1}% As.

jedoch liegt ihr Maximum bei etwas höherer Temperatur. Die GLOW-Kurve der arsenhaltigen Präparate zeigt bei 9×10^{-1} At % ebenfalls eine stark ausgeprägte GLOW-Spitze, die wiederum bei etwas höherer Temperatur liegt als beim antimonhaltigen Präparat, jedoch ähnelt der übrige Verlauf der Kurve mehr dem nur Mangan-aktivierten Präparat. Der Grund mag vielleicht darin liegen, daß Arsen gegenüber Sauerstoff weniger zur 3-Wertigkeit neigt als Antimon oder gar Wismut und daher ein Teil des Arsen 5wertig anders eingebaut ist.

Diskussion

Der Lumineszenzprozeß in Phosphaten und Halogenphosphaten wird allgmein als monomolekular betrachtet und die Emission inneren Übergängen am Mn^{2+}-Ion zugeordnet, da die Manganemission in den verschiedensten Grundmaterialien immer außerordentlich verwandt ist. Wenn nun durch Wismuteinbau eine Speicherwirkung eintritt, so erforderte das einen Einbau des Bi-Ions in unmittelbarer Nachbarschaft des Mn-Ions. Man sollte dann erwarten, daß durch diese unmittelbare Nachbarschaft das Fluoreszenzspektrum sowie dessen Temperaturabhängigkeit beeinflußt würden, was aber keineswegs der Fall ist. Auch sprechen keine besonderen Gründe für eine solche Paarbildung. Eine statistische Verteilung der Bi-Ionen würde aber ein Vorhandensein von Photoleitung erfordern, um eine Wechselwirkung zwischen Aktivator und Haftstelle zu ermöglichen. Untersuchungen in dieser Richtung führten noch nicht zu einwandfreien Ergebnissen, jedoch scheint eine — allerdings sehr geringe — Photoleitung vorhanden zu sein.

Überraschend ist daher zunächst das Auftreten eines RIEHL-Effektes im Zusammenhang mit dem Wismuteinbau von nahezu derselben Größe wie beim Zinksulfid. Jedoch sagt der RIEHL-Effekt im Falle der Mangan-aktivierten Phosphate etwas anderes aus, nämlich, daß der monomolekulare Leuchtprozeß — an welcher Annahme man ja festhalten muß — in Konkurrenz steht mit einem bimolekularen Nebenprozeß.

Es erhebt sich der Verdacht, daß dieser Nebenprozeß sich im Bereich des Übertragungsmechanismus der Anregungsenergie vom Grundgitter auf das Aktivator-Ion abspielt. Einen Hinweis gibt Kurve c in Abb. 3, die zeigt, daß durch Wismuteinbau der Energieübertragungsmechanismus gestört wird. Bis herauf zu 173° K verläuft die Kurve horizontal aber erheblich unter der ihr entsprechenden Kurve a (Wismutgehalt = 0). Ab 173° K jedoch steigt die Fluoreszenzintensität mit der Temperatur bis zu einem Maximum an. Offenbar ist zur Übertragung eines Teiles der Anregungsenergie eine Aktivierungsenergie notwendig geworden, welche oberhalb 173° K aus der Gitterschwingungsenergie geliefert wird. Auch die Kurve d für die grüne Teilbande sagt dasselbe aus, wenn auch nicht so ausgeprägt. Welcher Art diese Prozesse sind, kann an Hand der bis jetzt vorliegenden Messungen noch nicht ausgesagt werden. Die Untersuchungen werden fortgesetzt, um weiteres Beobachtungsmaterial für eine Deutung zu sammeln.

Inwieweit die ausgeprägte Glow-Spitze des Präparates mit $6{,}8 \times 10^{-2}$ At% Bi mit dem Energieübertragungsmechanismus in Zusammenhang zu bringen ist, bedarf noch eingehender Untersuchung. Immerhin stimmt ihre Temperaturlage auffallend mit der Temperaturlage des Anstiegs der Kurve c überein.

Die hier wiedergegebenen Beobachtungen deuten wohl darauf hin, daß auch in den Phosphaten der Lumineszenzmechanismus recht komplexer Natur ist, wenngleich der leuchtende Übergang auf das Mn-Ion beschränkt ist und somit klarere Verhältnisse als beim Zinksulfid zu bestehen scheinen.

Auch an dieser Stelle möchte ich Frau Dr. Schleede-Glassner für Anfertigung und Auswertung der Debyeogramme und Fräulein Dr. Hüniger für die Analysen sowie für Unterstützung bei der Anfertigung der Präparate danken. Ebenso danke ich Herrn Prof. Schön und Herrn Prof. Brauer für anregende Diskussion.

Literatur

[1] Rothschild, S.: Phys. Z. 35 (1934) S. 557.
Brauer, P.: Z. Phys. 114 (1939) S. 245.
Brauer, P.: Ann. Phys. Folge 5, 36 (1939) S. 97.
Brauer, P.: Z. Naturforsch. 2a (1947) S. 238.
Urbach, F., D. Pearlman, H. Hemmendinger: J. Opt. Soc. Amer. 36 (1946) S. 372.
Ellickson, R. T.: J. Opt. Soc. Amer. 36 (1946) S. 264.
Klasens, H. A.: J. Electrochem. Soc. 100 (1953) S. 72.
Hoogenstraaten, W.: J. Electrochem. Soc. 100 (1953) S. 356.
Hoogenstraaten, W., H. A. Klasens: J. Electrochem. Soc. 100 (1953) S. 367.
[2] Rooksby, H. P., A. H. McKeag: GEC-J. 17 (1950) S. 89.
[3] Lange, H.: Z. Phys. 139 (1954) S. 346.
Dziergwa, H., H. Lange: Z. Phys. 140 (1955) S. 359.
[4] Riehl, N.: Z. techn. Phys. 20 (1939) S. 152.
[5] Peyrou, C.: Ann. Phys. Paris Sér. 12, 3 (1948) S. 459.
[6] Schön, M.: Techn.-wiss. Abh. Osram-Ges. 6 (1953) S. 49.

Das Temperaturverhalten der Manganbanden in Calciumsilikat (Mn, Pb) und Zinkberylliumsilikat (Mn)*)

Von

H. Lange

Mit 8 Abbildungen

Einleitung

Die meisten Leuchtstoffe senden bei Erregung durch Kathodenstrahlen oder UV-Strahlung sehr breite kontinuierliche Emissionsspektren aus. Ihre Untersuchung nimmt innerhalb der Lumineszenzforschung einen breiten Raum ein. Dabei hat sich gezeigt, daß die emittierten Spektren von zahlreichen Parametern abhängen, insbesondere aber von der Aktivatorkonzentration und der Beobachtungstemperatur. Dies äußert sich darin, daß die spektrale Lage des Emissionsschwerpunktes, die Breite der Spektren und ihre Intensität sich gleichzeitig ändern. Weiterhin wurde gefunden, daß die Spektren nicht als einheitliches Ganzes zu betrachten sind, sondern als ein Komplex sich überlagernder Banden, deren verschiedene physikalische Eigenschaften das unübersichtliche Verhalten eines Leuchtstoffspektrums hervorrufen. Eine Nutzanwendung läßt sich aus dieser Erkenntnis zunächst noch nicht ziehen, da die Banden nur in Ausnahmefällen einer direkten Messung zugänglich sind. In allen anderen Fällen überlagern sie sich sehr stark, und ihre Separation bildet das eigentliche Problem bei der Untersuchung von Leuchtstoffspektren. Man hat nun versucht, die Schwierigkeiten dadurch zu überwinden, daß man gewisse Annahmen über die Banden einführt und prüft, ob sie mit dem Verhalten des Gesamtspektrums im Einklang stehen. So wird häufig angenommen, daß die spektrale Lage einer Bande unveränderlich ist und die verschiedenen Parameter nur die Intensität einer Bande ändern. Das Verhalten des Spektrums kommt danach durch den Wechsel der Bandenintensitäten zustande. Andere Autoren gehen noch weiter und nehmen an, daß die spektrale Energieverteilung einer Bande die Form einer Gaussschen Fehlerkurve hat. Alle diese Versuche enthalten jedoch eine gewisse Willkür, die sich auch in den Ergebnissen widerspiegelt. So besteht zur Zeit noch nicht einmal über die Anzahl der Banden in einem Spektrum Übereinstimmung. Beispielsweise ließ sich nach den bisher vorliegenden Arbeiten nicht entscheiden, ob das Spektrum von Zinksilikat (Mn) aus einer, zwei, drei oder fünf Banden besteht.

Die Forderung nach eindeutigen und einheitlichen Ergebnissen kann daher nur erfüllt werden, wenn man die Zahl der Hypothesen von vornherein beschränkt und in stärkerem Umfange als bisher physikalische Messungen heranzieht. Dieser Weg wurde in der vorliegenden Arbeit bei der Untersuchung der Spektren von Calciumsilikat (Mn, Pb) und Zinkberylliumsilikat (Mn) eingeschlagen. Diese beiden Leuchtstoffe sind nicht nur in ihrer spektralen Verteilung außerordentlich ähnlich, sondern haben auch gleiches Temperaturverhalten. Deswegen wurde bisher angenommen, daß sich auch die entsprechenden Banden ähnlich verhalten. Die nachfolgende Untersuchung führt jedoch auf das überraschende Ergebnis, daß die mit zunehmender Temperatur auftretende Grünverschiebung beim Zinkberylliumsilikat (Mn) auf andere Weise als beim Calciumsilikat (Mn, Pb) zustande kommt.

---

*) Zusammenfassender Auszug aus den in der Z. Phys. **139** (1954) S. 346—357 und Z. Phys. **140** (1955) S. 359—369 erschienenen Arbeiten.

Calciumsilikat (Mn, Pb)

Bei Erregung durch die Quecksilberresonanzlinie 253,7 nm sendet das Calciumsilikat (Mn, Pb) ein breites Lumineszenzspektrum aus, dessen spektrale Lage von der Aktivatorkonzentration und der Temperatur bestimmt wird. Wählt man zum Beispiel die Mangankonzentration als Parameter, so beobachtet man eine stetige Verschiebung des Emissionsschwerpunktes von 560 nm nach 630 nm (Abb. 1). Ferner bemerkt man, daß die Spektren der Stoffe mit geringer Aktivatorkonzentration breit und unsymmetrisch sind, während diejenigen, die viel Mangan enthalten, schmal und symmetrisch sind und außerdem eine ähnliche spektrale Verteilung besitzen. Auch in ihrem Temperaturverhalten sind die hochaktivierten Präparate untereinander ähnlich. Trägt man nämlich die Halbwertsbreite der Spektren als Funktion der Temperatur auf (Abb. 2), so bemerkt man, daß diese Stoffe, im Gegensatz zu den niedrigaktivierten, untereinander gleiches Verhalten zeigen. Diese Beobachtungen lassen den Schluß zu, daß Calciumsilikate mit einem hohen Aktivatorgehalt nur eine Bande emittieren. Ihr Temperaturverhalten läßt sich deshalb besonders gut an extrem hoch aktivierten Stoffen

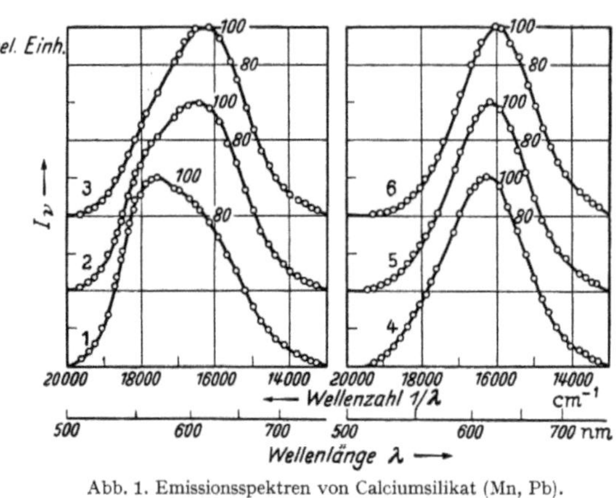

Abb. 1. Emissionsspektren von Calciumsilikat (Mn, Pb).
$1\ CaO \cdot 1{,}3\ SiO_2 \cdot 0{,}005\ PbO \cdot a\ MnO$.

1: $a = 0{,}004$ MnO	4: $a = 0{,}060$ MnO
2: $a = 0{,}020$ MnO	5: $a = 0{,}080$ MnO
3: $a = 0{,}040$ MnO	6: $a = 0{,}120$ MnO

studieren. Abb. 3 zeigt die Spektren eines solchen Präparates (0,120 mol MnO) bei verschiedenen Temperaturen. Neben der Abnahme der Intensität mit zunehmender Temperatur zeigt sich auch eine Verschiebung des Maximums nach kürzeren Wellenlängen hin. Entgegen der bisher von anderen Autoren gemachten Annahme, daß sich die Lage einer Bande nicht ändert, beobachtet man hier eine außerordentlich starke Verschiebung nach Grün.

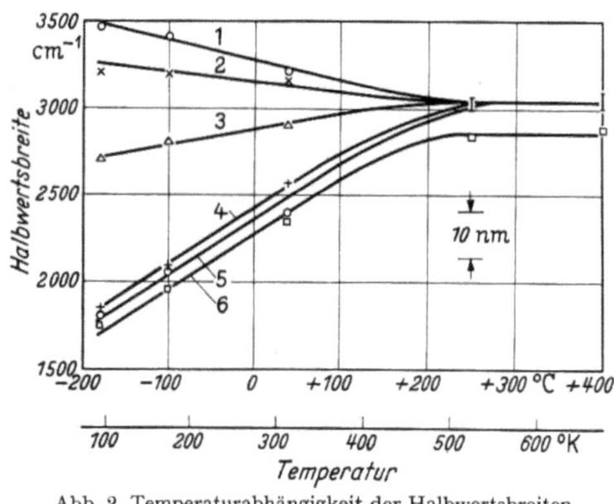

Abb. 2. Temperaturabhängigkeit der Halbwertsbreiten.
$1\ CaO \cdot 1{,}3\ SiO_2 \cdot 0{,}005\ PbO \cdot a\ MnO$.

1: $a = 0{,}004$ MnO	4: $a = 0{,}060$ MnO
2: $a = 0{,}020$ MnO	5: $a = 0{,}080$ MnO
3: $a = 0{,}040$ MnO	6: $a = 0{,}120$ MnO

Abb. 3. Temperaturabhängigkeit des Spektrums 6.
$1\ CaO \cdot 1{,}3\ SiO_2 \cdot 0{,}005\ PbO \cdot 0{,}120\ MnO$.

Im Gegensatz zu diesem Farbwechsel, der durch eine Bandenverschiebung entsteht, wird die mit abnehmendem Mangangehalt auftretende Grünverschiebung (s. Abb. 1) durch eine zusätzliche kurzwellige Bande hervorgerufen. Die Existenz dieser Bande kann an niedrigaktivierten Präparaten bei tiefer Temperatur nachgewiesen werden. An den Spektren eines Calciumsilikates mit 0,004 mol MnO (Abb. 4) sieht man zum Beispiel, daß bei $-180°$ C und bei $-100°$ C neben der langwelligen Bande noch eine weitere kurzwellige Bande emittiert wird. Leider läßt sich ein Calciumsilikat, das rein grün leuchtet, nicht präparieren, da mit abnehmendem Mangangehalt die Konkurrenz des im UV emittierenden Bleis zu groß ist, so daß die sichtbare Lumineszenz sehr schwach ist. Da jedoch das Verhalten der langwelligen Bande bereits bekannt ist, läßt sich die kurzwellige aus den vorliegenden Spektren durch geeignete Kombination separieren. Dabei ergab sich, daß die kurzwellige Bande schnell mit der Temperatur abnimmt, jedoch ihre spektrale Lage beibehält. Das Gegensätzliche der früheren Auffassung und der hier vertretenen zeigt Abb. 5.

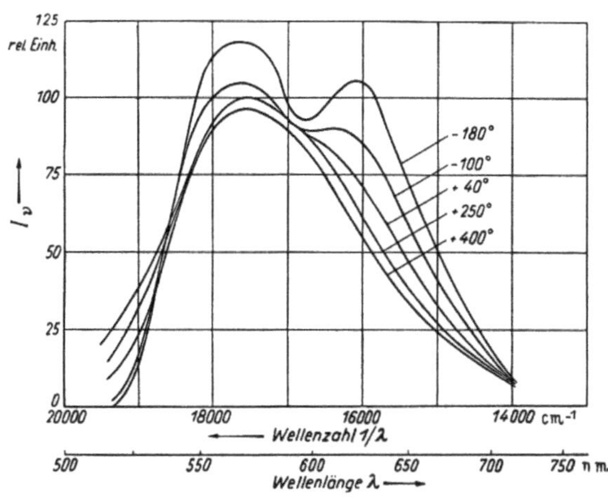

Abb. 4. Temperaturabhängigkeit des Spektrums 1.
1 CaO · 1,3 SiO$_2$ · 0,005 PbO · 0,004 MnO.

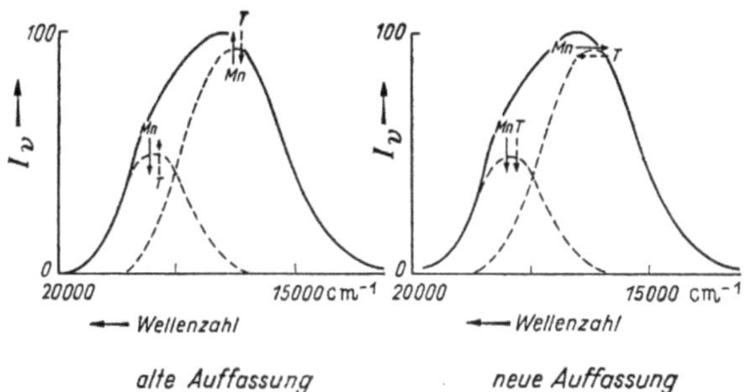

Abb. 5. Einfluß der Aktivatorkonzentration und der Temperatur auf das relative spektrale Emissionsvermögen von Calciumsilikat (Mn, Pb) (schematisch).

Zinkberylliumsilikat (Mn)

Die große Ähnlichkeit zwischen den Spektren von Calciumsilikat (Mn, Pb) und Zinkberylliumsilikat (Mn) gab zu der Vermutung Anlaß, daß das Temperaturverhalten dieses Spektrums in ähnlicher Weise wie beim Calciumsilikat zustande kommt. Um dies zu prüfen, wurde von beiden Stoffen je ein Präparat mit einer ähnlichen spektralen Verteilung untersucht (Abb. 6 und 7). Beim Calciumsilikat (Abb. 6) kann man bei tiefer Temperatur im Ausläufer des Spektrums noch deutlich die kurzwellige Bande beobachten, deren Intensität aber bereits so stark reduziert ist, daß sie bei $+40^\circ$ C kaum noch zu finden ist. Oberhalb $+40^\circ$ C wird dann das Spektrum nur noch von der langwelligen Bande mit ihrem charakteristischen Temperaturverhalten beherrscht. Ganz anders verhält sich das Zinkberylliumsilikat (Abb. 7). Hier erleidet die langwellige Bande nur eine geringe Verschiebung, und der Farbwechsel entsteht dadurch, daß die langwellige Bande beim Erhitzen schneller verschwindet.

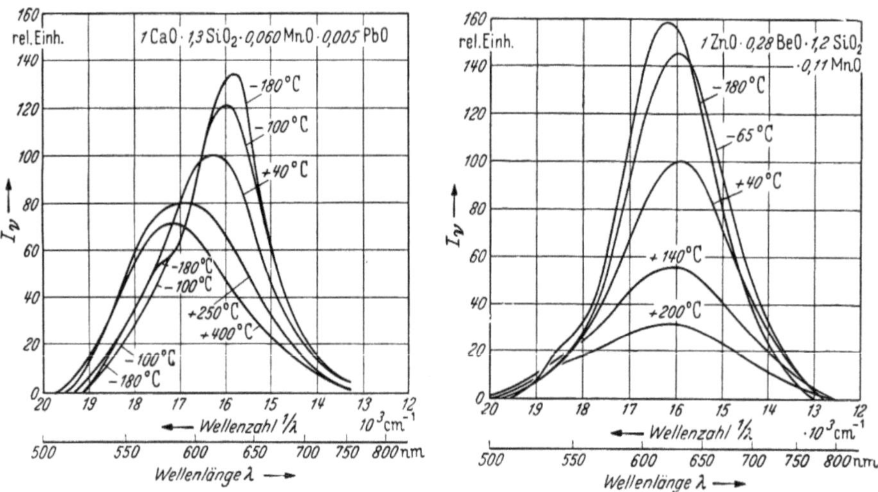

Abb. 6. Temperaturabhängigkeit eines Spektrums von Calciumsilikat (Mn, Pb).

Abb. 7. Temperaturabhängigkeit eines Spektrums von Zinkberylliumsilikat (Mn).

Zusammenfassung

Zwischen beiden Leuchtstoffen besteht also ein wesentlicher Unterschied. Er läßt sich besonders knapp und deutlich demonstrieren, wenn man für einige der zuletzt diskutierten Kurven einen anderen Maßstab wählt, so daß die Maxima

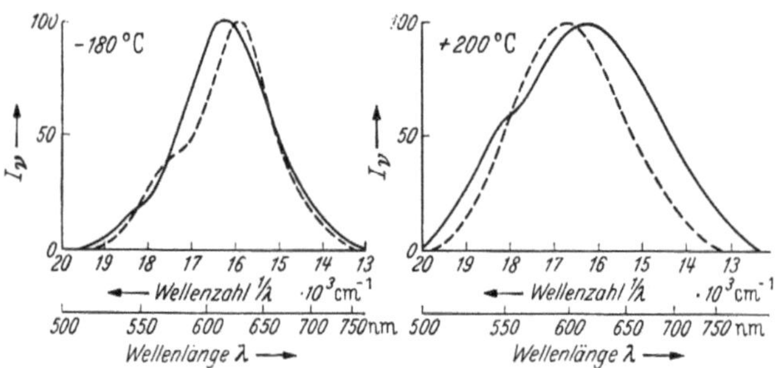

Abb. 8. Gegensätzliches Verhalten der kurzwelligen Bande beim Calciumsilikat
(Mn, Pb) und Zinkberylliumsilikat (Mn).
————— 1 ZnO · 0,28 BeO · 1,2 SiO₂ · 0,11 MnO;
·············· 1CaO · 1,3 SiO₂ · 0,060 MnO · 0,005 PbO.

normiert erscheinen. Abb. 8 zeigt eine solche Darstellung. Das Spektrum des Zinkberylliumsilikates ist bei -180° C nahezu glatt, während es bei $+200^\circ$ C eine zweite Erhebung im Grün zeigt als Zeichen dafür, daß die grüne Bande hitzebeständiger ist. Das Calciumsilikat verhält sich gerade umgekehrt.

Über die sensibilisierende Wirkung von Ce in Mn-aktivierten Sulfatleuchtstoffen*)

Von

J. Rudolph und H. Ruffler

Mit 16 Abbildungen

1. Einleitung

Zur Lumineszenzerregung kristalliner Mn-aktivierter Sulfate ist stets eine energiereiche Erregerstrahlung erforderlich. Die ersten Berichte über die Lumineszenz von Sulfaten des Na, Zn und Cd mit geringen Mn-Zusätzen bei Erregung mit Kathodenstrahlen stammen von E. Wiedemann und G. C. Schmidt[1]) sowie von M. W. Hoffmann[2]). Untersuchungen an röntgenstrahlerregten Sulfatleuchtstoffen, insbesondere über Thermolumineszenz und Phosphoreszenz von $CaSO_4$ und $CdSO_4 \cdot Mn$, wurden von F. G. Wick und M. K. Slatery[3]) und von T. Tanaka[4]) ausgeführt. Auch bei Anregung mit sehr kurzem UV einer Wellenlänge kleiner als 2000 Å ist nach I. T. Randall[5]) in Mn-aktivierten Sulfaten von Na, Mg, Sr, Ba, Zn und Cd eine rötliche Lumineszenz und beim System $CaSO_4 \cdot Mn$ eine Lumineszenz im Grünen beobachtbar. Die Eigenschaften des letztgenannten Leuchtstoffes sind nach K. Watanabe[6]) durch eine von 1350 Å an bis in das γ-Strahlgebiet reichende Erregbarkeit der um 5020 Å liegenden Emissionsbande sowie durch lang andauernde Phosphoreszenz und Thermolumineszenz gekennzeichnet.

Bei Lichteinstrahlung im gut zugänglichen UV (> 2000 Å) ist bisher eine Lumineszenz von Sulfatleuchtstoffen nicht beobachtet worden. Es hat sich indessen gezeigt, daß — wie im folgenden berichtet wird — durch Zusätze kleiner Mengen dreiwertiger Ce-Ionen eine Sensibilisierung der Lumineszenz Mn-haltiger Sulfate in weitem Umfang möglich ist und daß auf diese Weise die Erregbarkeit der Mn-aktivierten Sulfate bis in das Spektralgebiet der Hg-Niederdruck- und Hochdruckentladung verschoben werden kann.

2. Herstellung und allgemeine Eigenschaften der Mn- und Ce-aktivierten Sulfate

Die Untersuchung der Lumineszenzfähigkeit umfaßte die Sulfate der Alkalien von Li bis Cs einschließlich des $(NH_4)_2SO_4$, die Sulfate der Erdalkalien von Mg bis Ba und die des Zn, Cd und Al sowie einige Doppelsulfate des Al mit anderen. Die mit einigen 10^{-2} Mol Mn- und Ce-Sulfat vermischten Stoffe wurden im geschlossenen Tiegel teilweise mit Zugabe einiger Tropfen H_2SO_4 oder von etwas $(NH_4)_2SO_4$ erhitzt. Die Glühtemperaturen lagen zum Teil nahe unter, zum Teil etwas über dem Schmelzpunkt der Grundsubstanz, bei den thermisch zersetzlichen Sulfaten jeweils unter der eine stärkere SO_3-Abspaltung hervorrufenden Temperatur.

Bei einigen wasserlöslichen Sulfaten genügte auch ein Eindampfen der Lösungsgemische und schärferes Trocknen, um lumineszierende Präparate zu erhalten. Die Ausgangsstoffe waren p.a.-Stoffe von Merck, soweit sie nach thermischer Behandlung keinerlei Lumineszenz zeigten, oder besonders gereinigte Stoffe, die für die Leuchtstoffherstellung benutzt werden. Das von anderen Seltenen Erden befreite $Ce_2(SO_4)_3$ war eine Sonderanfertigung von Merck.

Die Konzentrationen der zugesetzten Ce- bzw. Mn-Mengen sind im folgenden stets als %Ce- bzw. Mn-Ionen, gerechnet auf die Grundstoffkationen, angegeben.

*) Originalmitteilung.

Eine Übersicht über Farbe und abgeschätzte Helligkeit des Lumineszenzlichtes einiger Sulfatluminophore gibt Tabelle 1.

Tabelle 1. *Lumineszenzfarbe und -helligkeit der Ce, Mn-aktivierten Sulfate.*
(gr: grün, g: gelb, or: orange, r: rot; ss: sehr stark, s: stark, m: mittel, w: wenig.)

Sulfate von:	Li	Na	K	Rb	Cs	NH$_4$	Mg	Ca	Sr	Ba	Al	Zn	Cd
Lumineszenzfarbe	g	or	g-or	or	g	g	or	gr	r	r	or	or	or
Helligkeit	ss	s	s	s	s	m	m	s	w	w	m	m	m

Die dem Mn zuzuschreibende sichtbare Lumineszenz der Sulfatleuchtstoffe ist durch das UV einer Hg-Niederdrucklampe, zum Teil auch mit einer Hg-Hochdrucklampe erregbar. Wurde indessen eine Aktivierung der Sulfate lediglich mit Mn — bei Abwesenheit von Ce — vorgenommen, so war unter diesen Anregungsbedingungen in fast allen Fällen kein, mitunter nur ein sehr schwaches rötliches Leuchten beobachtbar. Auch die lediglich mit Ce aktivierten Sulfate leuchteten nicht im Sichtbaren, zeigten aber eine im langwelligen UV liegende, dem Ce^{3+} zuzuschreibende Emission.

3. Die spektrale Verteilung der Emission einiger Sulfatleuchtstoffe

Um quantitative Unterlagen über Lage und Form der Emissionsbanden zu erhalten und um gegebenenfalls Zusammenhänge zwischen Bandenlagen einerseits und Grundstoffbeschaffenheit, Temperatur und Aktivatorkonzentration andererseits zu erkennen, wurde an einer Reihe von Sulfatleuchtstoffen die spektrale Verteilung der Emission bei Raumtemperatur sowie bei höherer und tieferer Temperatur gemessen. Zur Aufnahme der spektralen Emissionsverteilung diente im allgemeinen ein Spektrograph mit Multiplier-Adapter von Steinheil. Bei zu geringer Lumineszenzhelligkeit wurde die spektrale Intensität photographisch ermittelt.

Als erregende Lichtquelle wurde eine Osram-Hg-Niederdrucklampe HNS 12 benutzt, deren Licht nach Filterung mit einem Co-Ni-Sulfat-Flüssigkeitsfilter in der Hauptsache aus der Linie 2537 Å bestand. Mitunter wurde auch mit dem durch ein Schott-Filter UG 2 gefilterten Licht einer Osram-Hochdrucklampe HQA 300 erregt, das im wesentlichen die Linien 3130 und 3650 Å enthielt. Die jeweilige Erregungsart ist im folgenden mit HNS 12 bzw. HQA 300 gekennzeichnet.

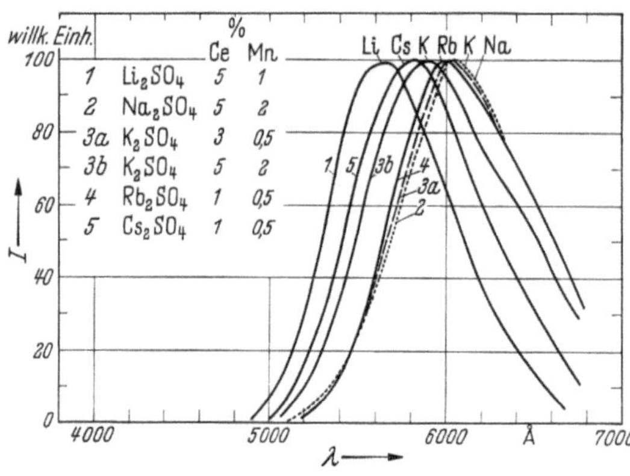

Abb. 1. Relative spektrale Energieverteilung der Lumineszenz.

Abb. 1 gibt in einer Übersicht die Emissionsspektren der Ce, Mn-aktivierten Alkalisulfate bei Erregung mit der HNS 12-Anordnung, Abb. 2 die der Sulfate von Ca-Al sowie von Zn und Cd wieder. Die mehr oder weniger glockenförmigen

Emissionsbanden liegen alle im gelben und roten Spektralgebiet mit Ausnahme der Emission des $CaSO_4$ bzw. der $CaSO_4$-haltigen Mischsulfate, deren Bandenmaximum im Grünen um 5200 Å gemessen wurde.

Bandenform und -lage sind im allgemeinen nur wenig oder gar nicht von der erregenden Wellenlänge abhängig. Ein Beispiel für die Emission bei Erregung mit HNS 12 sowie mit HQA 300 zeigt Abb. 3 an den Leuchtstoffen $Li_2SO_4 \cdot Ce$, Mn und $Na_2SO_4 \cdot Ce$, Mn. Ebenso sind im allgemeinen bei Kathodenstrahlerregung der Sulfate nur geringe Änderungen des Spektrums gegenüber den UV-erregten Leuchtstoffen feststellbar. Größere Farbveränderungen der Lumineszenz zeigen die $CaSO_4$ im Grundstoff enthaltenen Präparate, bei denen — wie Abb. 4 an einem Leuchtstoff $CaSO_4 \cdot Al_2(SO_4)_3 \cdot Ce$, Mn zeigt — die Emission bei Kathodenstrahlerregung kurzwelliger (Kurve 2) als bei Anregung mit UV (Kurve 1) liegt; dabei deckt sich Kurve 2 mit der Emissionsbande eines durch Röntgenstrahlen, Kathodenstrahlen oder Vakuum-UV erregten Ce-freien $CaSO_4 \cdot Mn$-Leuchtstoffes nach Tanaka[4]) und Watanabe[6]).

Neben der sichtbaren Emission besitzen alle mit Ce und Mn aktivierten Sulfate eine dem Ce zugehörige Emissionsbande im langwelligen UV, die in ihrer Lage mit der UV-Emissionsbande der entsprechenden Mn-freien, lediglich mit Ce-aktivierten Sulfate übereinstimmt, jedoch bei gleichzeitiger Mn-Anwesenheit in ihrer Intensität

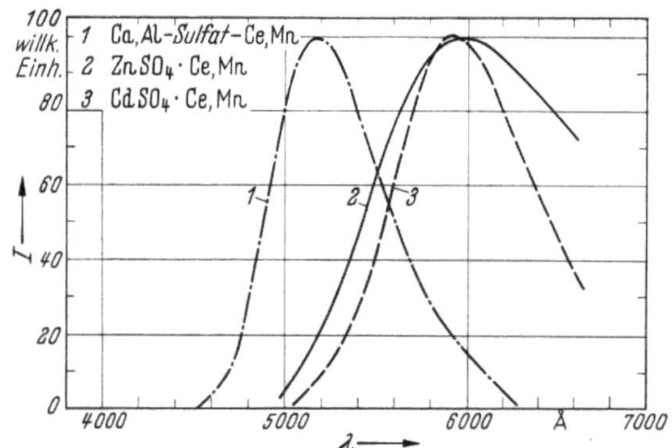

Abb. 2. Relative spektrale Energieverteilung der Lumineszenz.

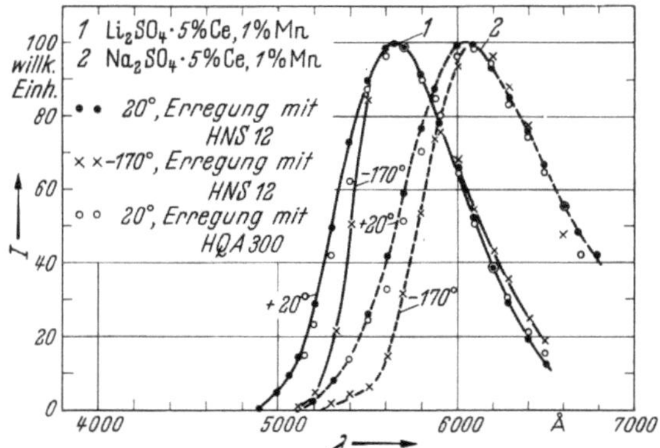

Abb. 3. Relative spektrale Energieverteilung der Lumineszenz.

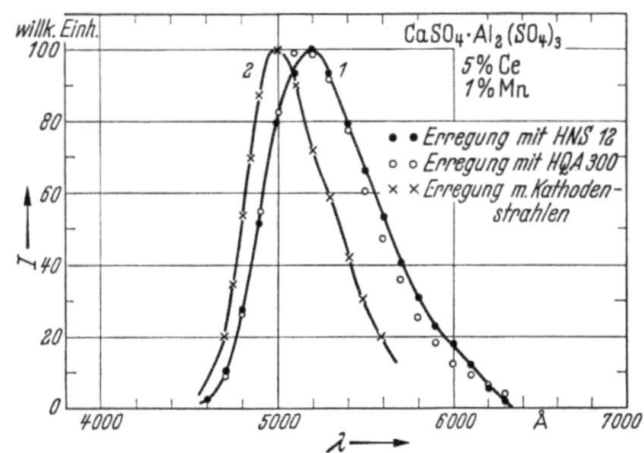

Abb. 4. Relative spektrale Energieverteilung der Lumineszenz.

wesentlich geringer ist. Die UV-Bande, deren spektrale Lage etwas vom Grundstoff abhängig ist (s. Abb. 5), zeigt mehr oder weniger deutlich die auch von vielen anderen lumineszierenden Ce^{3+}-Verbindungen bekannte Dublettstruktur (Gobrecht[7]) sowie Kröger und Bakker[7a])), die als Übergänge der 4 f-Elektronen des Ce^{3+}-Ions in den in zwei scharfe Terme ($2F_{5/2}$ und $2F_{7/2}$) aufgespaltenen Grundzustand zu deuten ist. Die Abb. 5 zeigt die UV-Emissionsbanden einiger Ce-haltiger Sulfate, die durch Schwärzungsmessungen photographischer Spektralaufnahmen — ohne Berücksichtigung der spektralen Plattenempfindlichkeit — gewonnen wurden. Der besonders beim $K_2SO_4 \cdot$ Ce deutliche Dublettabstand von etwa 1900 cm^{-1}, der sich mit dem Mittelwert aus zahlreichen Ce^{3+} - Fluoreszenzspektren deckt, entspricht etwa dem theoretischen Wert (2250 cm^{-1}) nach Lang[8]).

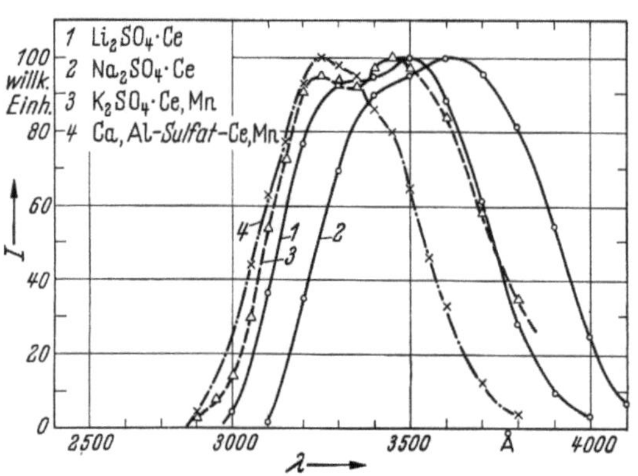

Abb. 5. Relative spektrale Energieverteilung der UV-Lumineszenz.

4. Der Einfluß der Ce- und Mn-Konzentration sowie der Temperatur auf die Emission

Die Form der sichtbaren Emissionsbanden der Ce, Mn-aktivierten Sulfate ließ zunächst eine Entscheidung der Frage, wieweit eine einheitliche Emissionsbande vorliegt, nicht zu, obwohl mehr oder weniger deutliche Unsymmetrien der glockenformähnlichen Banden auf das Vorhandensein einer Bandenüberlagerung hindeuteten. Zur Klärung dieser Frage wurde sowohl der Einfluß der Temperatur wie auch der Aktivator- bzw. Sensibilisatorkonzentration auf Bandenform und -lage näher untersucht.

Während eine Variation der Konzentration des Mn bzw. des Ce beim gelb leuchtenden Li_2SO_4 und beim orange leuchtenden Na_2SO_4 keine bemerkenswerte Farbverschiebung der Emission bewirkt, ist beim orange leuchtenden Rb_2SO_4 und beim gelb leuchtenden Cs_2SO_4 sowie insbesondere beim K_2SO_4 mit wachsender Sensibilisator- und Aktivatorkonzentration eine deutliche Umfärbung der Emission feststellbar. Und zwar wird die Emission z. B. des K_2SO_4 bei konstanter Mn-Konzentration mit wachsender Ce-Konzentration nach kurzen Wellen, bei konstanter Ce-Konzentration und wachsendem Mn-Gehalt nach Rot verlagert. Abb. 6 zeigt die Emis-

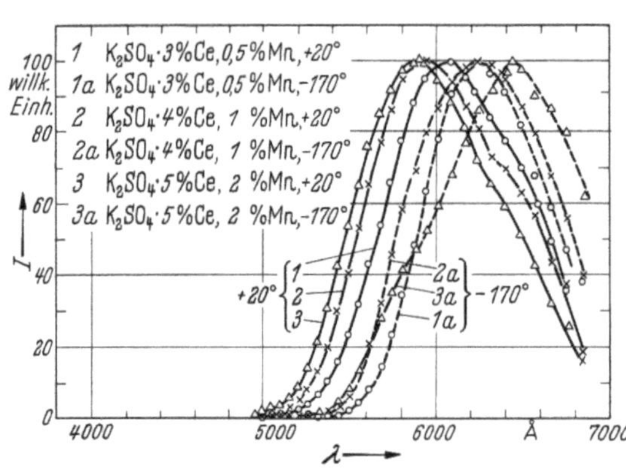

Abb. 6. Relative spektrale Energieverteilung der Lumineszenz bei 20° und —170°.

sionsbanden dreier K_2SO_4-Präparate mit verschiedenen Konzentrationen an Mn und Ce. Die Bandenmaxima wurden auf gleiche Höhe gebracht. Dabei deutet sich im Intensitätsverlauf auf der langwelligen Seite des Bandenmaximums das Vorhandensein einer Bandenüberlagerung an.

Um das Vorhandensein mehrerer Emissionsbanden deutlicher zu erkennen, wurde der Einfluß der Temperatur auf Bandenform und -lage der K_2SO_4-Luminophore untersucht. In der Abb. 6, die gleichzeitig die Emissionsbanden derselben K_2SO_4-Präparate bei der Temperatur der flüssigen Luft wiedergibt, zeigt sich, daß die Schwerpunkte der Emissionen jetzt gegenüber denen bei Raumtemperatur stark nach dem Roten verschoben sind (Kurven 1a bis 3a) und daß darüber hinaus diese Verschiebung, wie besonders aus der Form der Kurve 3a zu ersehen ist, offenbar durch Anwachsen einer roten Bande um 6450 Å mit abnehmender Temperatur bei gleichzeitiger Abschwächung der bei Raumtemperatur vorherrschenden gelben Bande zustande kommt. Dabei wird auch deutlich, daß bei tiefer Temperatur mit zunehmender Mn-Konzentration der Anteil der roten Bande im Emissionsspektrum verstärkt ist.

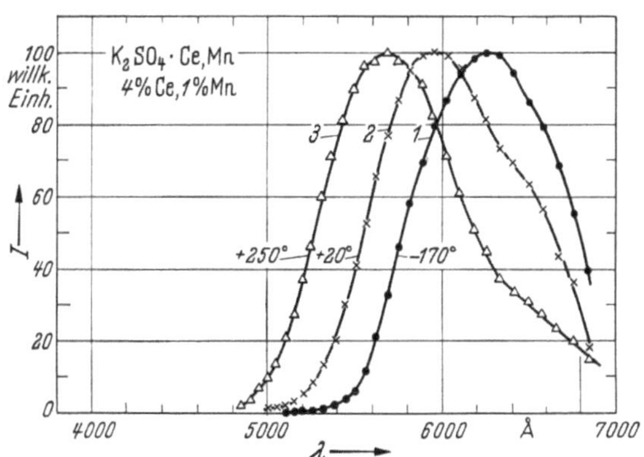

Abb. 7. Relative spektrale Energieverteilung der Lumineszenz.

Andererseits verschiebt eine Temperaturerhöhung über Raumtemperatur den Schwerpunkt der Emission noch weiter nach kurzen Wellen. Die Emissionsfarbe der K_2SO_4-Präparate wechselt bei Erwärmung auf 250° von Gelb nach Gelbgrün, wobei entsprechend der Form der Emissionsbanden, wie aus Abb. 7 ersichtlich ist, diese Farbverschiebung offenbar durch einen weiterhin zunehmenden Aufbau der kurzwelligen und einen wachsenden Abbau der roten Bande zustande kommt.

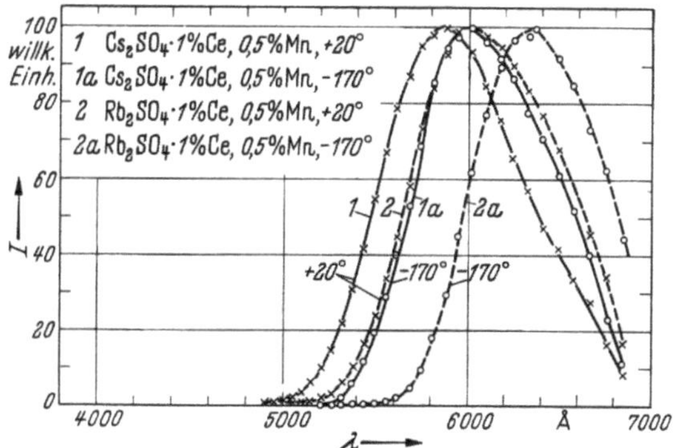

Abb. 8. Relative spektrale Energieverteilung der Lumineszenz bei 20° und —170°.

Auch bei den anderen Alkalisulfatleuchtstoffen ist ein Temperatureinfluß auf die Emissionsfarbe ähnlich wie beim K_2SO_4 im Sinne einer mehr oder weniger starken Betonung des langwelligen Anteils bei sinkender Temperatur festzustellen. Während aber beim Rb_2SO_4 und beim Cs_2SO_4 durch Abkühlung auf —170° — ähnlich wie beim K_2SO_4 — eine deutliche Verschiebung des Bandenschwerpunkts nach dem Roten erfolgt (Abb. 8), wird die Emissionsbande der Ce, Mn-aktivierten Sulfate von Li und Na ohne wesentliche Änderung der Maximumlage lediglich auf der kurzwelligen Seite erniedrigt (s. Abb. 3).

Die unterschiedliche, dem Sinn nach entgegengesetzte Änderung der Intensität der beiden Banden ein und desselben Leuchtstoffes mit der Temperatur kommt noch deutlicher zum Ausdruck in den Abb. 9a—c, in denen für drei $K_2SO_4 \cdot$ Ce, Mn-Präparate die monochromatische Lumineszenzintensität bei kürzeren und längeren Wellenlängen als Funktion der Temperatur über einen größeren Temperaturbereich wiedergegeben ist. Während die Intensität im Bereich der langwelligen

Bande mit wachsender Temperatur stetig abnimmt, steigt die Lumineszenzhelligkeit bei kurzen Wellenlängen zunächst laufend an und nimmt erst bei höheren Temperaturen infolge Einsetzens strahlungsloser Übergänge wieder ab.

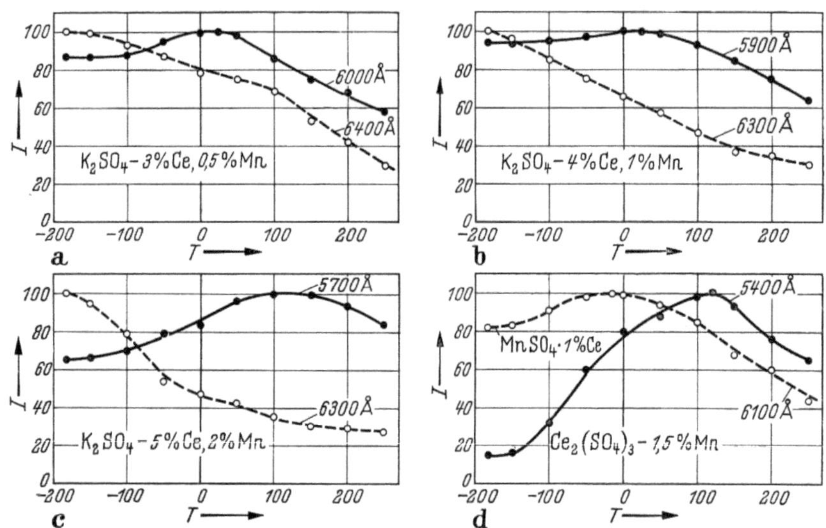

Abb. 9. Temperaturabhängigkeit der Emission bei verschiedenen Wellenlängen.

5. Das Nachleuchten der Sulfatleuchtstoffe

Die Ce, Mn-aktivierten Sulfate zeigen im allgemeinen ein kurzes, kräftiges Nachleuchten in bezug auf die sichtbare Mn-Emission. Der Abklingverlauf für die Lumineszenz der Sulfate des Li, Na und K wurde nach Erregung durch Lichtimpulse einer Hg-Niederdrucklampe, die durch eine rotierende Schlitzblende erzeugt wurden, mit Hilfe eines Elektronenvervielfachers in Verbindung mit einem Kathodenstrahloszillographen ermittelt. Wie Abb. 10 zeigt, ist der Abklingverlauf der drei Leuchtstoffe nahezu exponentiell. Dabei nimmt die Zeitkonstante mit abnehmender Wellenlänge des Emissionsschwerpunktes, also in der Reihe der Sulfate Na-K-Li, von $4,4 \cdot 10^{-2}$ über $3,65 \cdot 10^{-2}$ auf $2,25 \cdot 10^{-2}$ s ab. Beim Na_2SO_4 schließt sich an das anfängliche, schnell abklingende Nachleuchten ein zweiter, offenbar ebenfalls exponentieller Abklingverlauf mit größerer Zeitkonstante an.

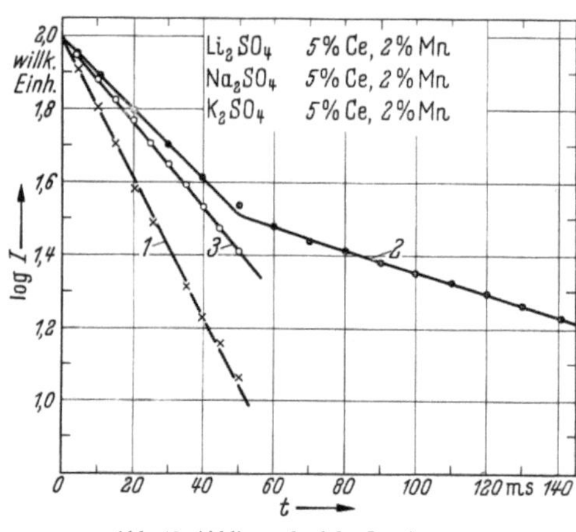

Abb. 10. Abklingverlauf der Lumineszenz.

Das Nachleuchtverhalten der Sulfate spricht für einen monomolekularen Abklingprozeß. Beim $K_2SO_4 \cdot$ Ce, Mn ergab das Fehlen des Riehl-Effektes eine Bestätigung. Die Lumineszenzintensität war von der erregenden Intensität innerhalb der Meßgenauigkeit von 2% unabhängig, auch bei Temperaturen, bei welchen bereits eine Temperaturlöschung bemerkbar ist.

6. Die Absorption der Sulfatleuchtstoffe

Die reinen Sulfate der Alkalien und Erdalkalien absorbieren im mittleren und langwelligen UV nicht. Auch nach Einbau von Mn in die Sulfate wird keine ausgeprägte Absorption in diesem Wellenlängengebiet geschaffen, wodurch sich die Nichterregbarkeit der Mn-aktivierten Sulfate durch UV-Strahlung oberhalb 2000 Å erklären dürfte. Dagegen entsteht nach Einbau von Ce^{3+}-Ionen in den Sulfaten eine charakteristische Absorption bis zu Wellenlängen von rund 3200 Å, die für die Erregbarkeit der ultravioletten Ce-Emission und bei gleichzeitigem Vorhandensein von Mn für dessen sichtbare Emission verantwortlich ist.

An den pulverförmigen, Ce-haltigen K_2SO_4-Leuchtstoffen wurden, um den Absorptionsverlauf im UV kennenzulernen, die Remissionsspektren in einer GISOLF-Kugel mit einer H_2-Lampe als kontinuierliche UV-Lichtquelle mit Hilfe eines Elektronenvervielfachers (im Vergleich zu nichtabsorbierendem MgO) aufgenommen. Abb. 11 gibt die Remission von K_2SO_4 mit Ce-Konzentrationen zwischen 0,01 und 5% als Funktion der Wellenlänge wieder. Die offenbar mehrere Banden aufweisende Remission nimmt mit zunehmender Ce-Konzentration kontinuierlich, ohne eine ausgesprochene Bevorzugung der einen oder anderen Bande, ab und

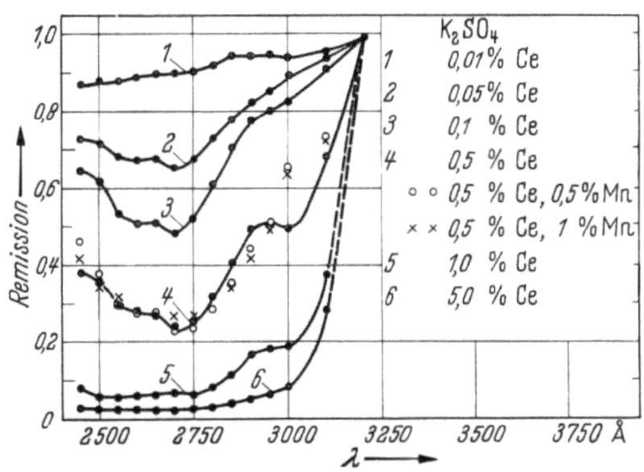

Abb. 11. Spektrale Abhängigkeit der Remission.

wird bei einem Gehalt von 5% Ce für das Gebiet unter 3000 Å kleiner als 5%. Im Gebiet 3000° bis 3200 Å überschneiden sich Absorption und Emission; die Remissionswerte sind daher in diesem Bereich (oberhalb 3000 Å) unsicher. Das gleichzeitige Vorhandensein von Mn ist ohne wesentlichen Einfluß auf das Hauptremissionsspektrum des Ce, wie aus den eingezeichneten Meßpunkten (im Vergleich zur Kurve 4) zu sehen ist, die die Remissionen von $K_2SO_4 \cdot 0,5$ Ce mit 0,5% bzw. 1% Mn darstellen.

7. Diskussion

Ähnlich wie für andere sensibilisierte Mn-haltige Leuchtstoffe ergibt sich auf Grund der geschilderten Beobachtungen auch für die Ce- und Mn-haltigen Sulfate die Notwendigkeit, eine Energieübertragung von dem die Erregungsenergie absorbierenden Sensibilisator Ce^{3+} zum emittierenden Aktivator Mn^{2+} anzunehmen. Diese Energieübertragung muß bei Raumtemperatur mit relativ guter Ausbeute erfolgen: Die Helligkeit der Sulfatluminophore erreicht durchaus die der hellsten technischen Leuchtstoffe; $Li_2SO_4 \cdot$ Ce, Mn übertrifft in der Helligkeit selbst die Halophosphate. Dieser guten Übertragungsausbeute entspricht andererseits die Beobachtung, daß die UV-Emission der lediglich Ce enthaltenden Sulfate bei Zusatz von Mn, z.B. beim System K_2SO_4-Ce-Mn, sehr stark (zum Teil bis auf weniger als 5%) herabgesetzt wird.

Eine Energieübertragung zwischen Sensibilisator und Aktivator ist grundsätzlich möglich durch a) Photonen, b) freie Elektronen, c) Excitonen oder d) durch quantenmechanische Resonanz. Bezüglich der Art der Energieübertragung bei unseren Ce und Mn enthaltenden Sulfaten ist zu sagen: Eine sekundäre Anregung des Mn etwa durch das vom Ce emittierte UV liegt nicht vor, da das Mn im Gebiet dieser UV-Emission ja nicht absorbiert und nicht erregt wird. Auch eine Übertragung durch freie Elektronen etwa im Sinne des Schön-Klasensschen Modells der Kristallphosphore fällt aus, da die Nachleuchtmessungen und vor allem die Untersuchung auf den Riehl-Effekt ziemlich einwandfrei einen monomolekularen Leuchtmechanismus ergaben. Es bleiben also nur die Mechanismen einer Übertragung durch Excitonen oder durch Resonanz. Welcher Art nun die Energieübertragung anzunehmen ist, soll im Zusammenhang mit der Frage der Zentrenbeschaffenheit im folgenden diskutiert werden.

Wie aus dem Verhalten der Emission des Systems K_2SO_4-Ce-Mn bei verschiedenen Temperaturen und bei verschiedenen Sensibilisator- bzw. Aktivatorkonzentrationen zu sehen war, kommt bei diesem Leuchtstoff die Emission offenbar durch Überlagerung einer gelbgrünen und einer roten Bande zustande, wobei erstere bei höheren Temperaturen und höheren Ce-Konzentrationen, letztere bei tiefer Temperatur und besonders bei höheren Mn-Konzentrationen überwiegt. Die Existenz zweier durch Lage und Temperaturverhalten verschiedener Bandensysteme erfordert das Vorhandensein zweier verschiedener Zentrenarten, über deren Beschaffenheit eine Aussage zunächst nicht möglich ist.

Es gibt indessen zwei experimentelle Beobachtungen, die einen Hinweis auf die Zentrenbeschaffenheit enthalten.

Es hat sich gezeigt, daß einmal das reine $Ce_2(SO_4)_3$, das bei UV-Anregung nur eine Emission im langwelligen UV besitzt, nach Zusatz geringer Mn^{2+}-Mengen eine grüngelbe, dem Mn zuzuschreibende Emissionsbande aufweist, die dadurch charakterisiert ist, daß sie praktisch nur bei höherer Temperatur auftritt. Andererseits ist auch reines $MnSO_4$, das an sich bei UV-Anregung nicht leuchtet, nach Zusatz geringer Mengen von Ce^{3+} imstande, im gelbroten Gebiet zu emittieren, wobei diese Bande auch bei tiefen Temperaturen relativ beständig ist. Abb. 12 und 13 geben die Emissionsbanden von $Ce_2(SO_4)_3$ mit 1 % Mn sowie von $MnSO_4$ mit 1 % Ce bei 250°, bei Raumtemperatur und bei —170° im tatsächlichen Intensitätsverhältnis zueinander wieder. Es zeigt sich, daß die gelbgrüne Bande des $Ce_2(SO_4)_3 \cdot$ Mn (Abb. 12) bei Abkühlung auf die Temperatur der flüssigen Luft sehr stark, bis auf etwa 10 % gegenüber der bei Raumtemperatur gemessenen Kurve, abgesunken ist. Dabei verhält sich die gleichzeitig auftretende UV-Emission gerade umgekehrt: Die UV-Bande steigt bei Abkühlung an (Abb. 14). Das System $MnSO_4 \cdot$ Ce, dessen Emission in Abb. 13 gezeigt ist, zeigt ebenfalls eine Intensitätsabnahme bei tiefen Temperaturen, jedoch in weitaus geringerem Maße. Überdies ist im Gegensatz zum Verhalten des $Ce_2(SO_4)_3 \cdot$ Mn bei 250° bereits eine wesentliche Temperaturlöschung der Lumineszenz feststellbar. Im übrigen zeigt sich das unterschiedliche Temperaturverhalten dieser beiden Leuchtstoffsysteme noch deutlicher in Abb. 9d, die den Temperaturgang der Emissionswellenlängen im Gebiet der Bandenmaxima wiedergibt.

Es lassen sich also in zwei getrennten, nur aus Sensibilisator und Aktivator bestehenden Systemen je nach Konzentrationsverhältnis zwei verschiedene Emissionsbanden erzeugen, die in ihrem Temperaturverhalten und bezüglich ihrer relativen Lage zueinander den gleichzeitig auftretenden beiden Banden des $K_2SO_4 \cdot$ Ce, Mn sehr ähnlich sind.

Im System $Ce_2(SO_4)_3$, aktiviert mit Mn, befindet sich nun das Mn in einer vorwiegend aus Ce-Ionen bestehenden Umgebung. Bezüglich des Leuchtmechanismus ergibt sich hier, daß das Grundgitter — also die Ce^{3+}-Ionen — die anregende Energie absorbiert und bei tiefen Temperaturen fast ausschließlich als UV-Emission wieder abgibt. Bei höheren Temperaturen jedoch kann ein Teil der absorbierten Energie unter Aufwand einer thermischen Aktivierungsenergie über weitere Ce-Ionen bis zu einem dem Mn benachbarten Ce-Ion transportiert und dann auf dieses Mn-Ion übertragen werden, von dem es schließlich als gelbgrüne Lumineszenz abgegeben wird. Die Verhältnisse entsprechen hier ganz denen der mit Sm aktivierten Wolframate und Molybdate der Erdalkalien[10]).

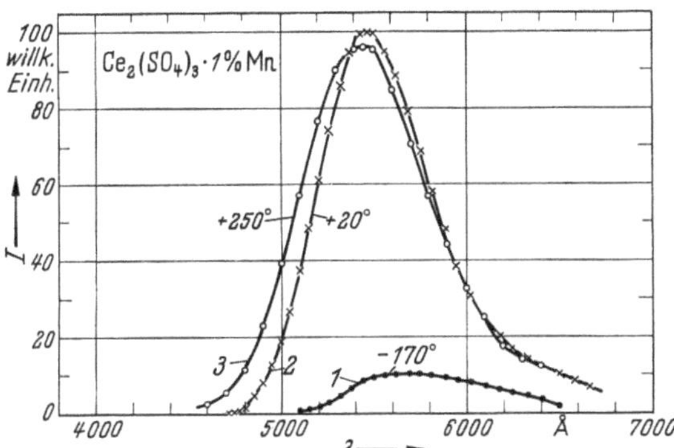

Abb. 12. Relative spektrale Energieverteilung der Lumineszenz.

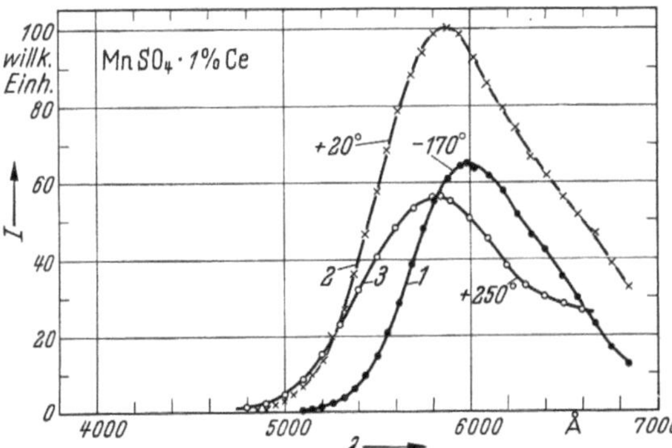

Abb. 13. Relative spektrale Energieverteilung der Lumineszenz.

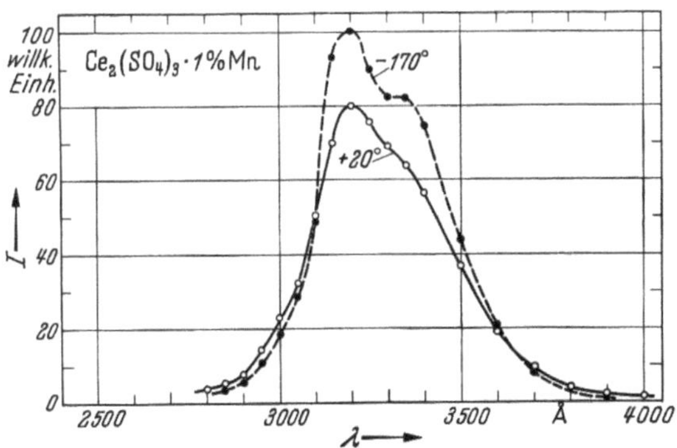

Abb. 14. Relative spektrale Energieverteilung der UV-Lumineszenz.

Das zweite System $MnSO_4$, aktiviert mit Ce^{3+}, hat nun andererseits vereinzelte Ce-Ionen in einer vorwiegend aus Mn-Ionen bestehenden Umgebung, und die von den Ce-Ionen absorbierte Energie kann, ohne über weitere Ce-Ionen transportiert zu werden, direkt und ohne wesentlichen thermischen Energieaufwand auf das Mn-Ion übertragen werden. Es handelt sich bei diesem System um den seltenen Fall, daß eine an sich durch UV nicht erregbare Grundsubstanz durch einen Sensibilisator die Fähigkeit zu einer für sie spezifischen Lumineszenz erlangt.

Überträgt man auf Grund der Analogie des Emissionsverhaltens beim $K_2SO_4 \cdot Ce$, Mn einerseits und bei den beiden aus Sensibilisator S und Aktivator A bestehenden Systemen andererseits einen entsprechenden Mechanismus auch auf das $K_2SO_4 \cdot Ce$, Mn, so ergeben sich die zwei Übertragungsmöglichkeiten: 1. Prozeß $S_0 \rightarrow S_1 \rightarrow A$ für A-Ionen, umgeben von mehr S-Ionen, 2. Prozeß $S_0 \rightarrow A$, wenn die A-Ionen gegenüber den S-Ionen überwiegen.

In diesem Zusammenhang erhebt sich die Frage, ob Sensibilisator und Aktivator unmittelbar assoziiert sind oder nur eine statistische Verteilung im Grundgitter vorliegt, so daß in dem durch das Grundgitter (z.B. K_2SO_4) gleichsam verdünnten

System von S und A die Energie auch über größere Strecken innerhalb des Kristallgitters übertragen werden kann.

Hinweise für die Beantwortung dieser Frage geben Untersuchungen des Einflusses der Sensibilisatorkonzentration auf das Absorptionsspektrum einerseits (Ginther[9]) und auf das Verhältnis von Sensibilisator- zu Aktivatorlumineszenzausbeute andererseits (Botden[10])).

Die gleichmäßige Änderung des Remissionsspektrums z. B. des $K_2SO_4 \cdot Ce$ mit der Konzentration des Ce ohne ausgeprägte Bevorzugung einer einzelnen Bande (Abb. 11) spricht für eine gleichbleibende Form des Einbaues des S in das Grundgitter von kleinen (0,01 %) bis zu großen (5 %) S-Konzentrationen. Das stimmt mit Beobachtungen an einer Reihe von Leuchtstoffen überein, bei denen statistische S-Verteilung angenommen wird, steht aber im Gegensatz zu dem von Ginther beim System $CaF_2 \cdot Ce$ beobachteten Verhalten, das gekennzeichnet war durch eine bevorzugte Zunahme eines Teils des Absorptionsspektrums bei kleinen Ce-Konzentrationen (statistischer Ce-Einbau), gefolgt von einem Anstieg einer zweiten Absorptionsbande bei höheren Ce-Konzentrationen (Einbau von Ce-Paaren).

Nach der Botdenschen Theorie kann vor allem die Abhängigkeit des Verhältnisses der Intensität von Aktivatorlumineszenz zu Sensibilisatorlumineszenz von der Sensibilisatorkonzentration C_S bei konstanter Aktivatorkonzentration C_A weiteren Aufschluß über die Art des Einbaues von S und A sowie über den Energieübertragungsmechanismus geben. Die Untersuchung dieses Verhaltens an zwei Konzentrationsreihen des $K_2SO_4 \cdot Ce$, Mn zeigte nun auf Grund von Messungen der relativen Helligkeiten J_S und J_A von Sensibilisator- und Aktivatorlumineszenz für C_S von 0,5 bis 2,5 % Ce bei einem konstanten C_A von 0,5 bzw. 1 % Mn eindeutig

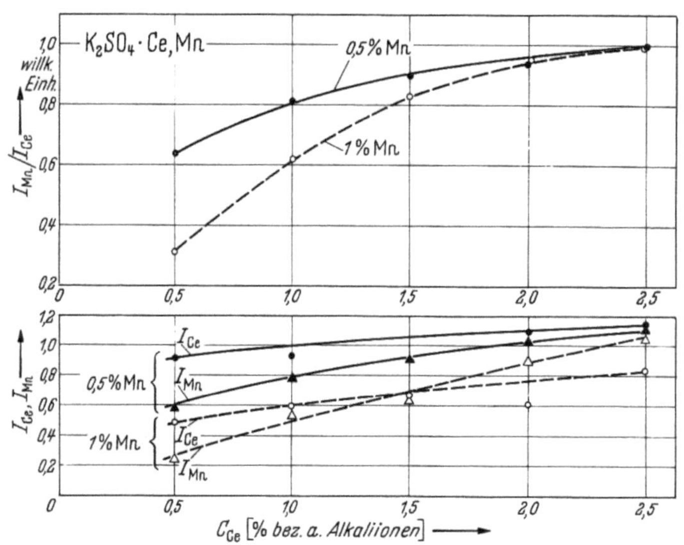

Abb. 15. Abhängigkeit der Intensität der Ce- und Mn-Lumineszenz von der Ce-Konzentration.

eine Zunahme von $B = J_A/J_S$ mit C_S, wie Abb. 15 zeigt. Aus dieser Zunahme von B mit C_S, die auch von Botden für eine Reihe anderer sensibilisierter Leuchtstoffe gemessen wurde, ergibt sich der Theorie nach folgendes Bild: 1. S und A sind — ohne bevorzugte Paarbildung — statistisch über das Gitter verteilt. 2. Neben einer direkten Energieübertragung vom absorbierenden Sensibilisator zum emittierenden Aktivator auch über größere Entfernungen (6—15 Å) ist außerdem ein schrittweiser Energietransport von einem S über ein oder mehrere andere S bis zu einem näher an einem A befindlichen S, von dem dann die Übertragung zum A erfolgt, anzunehmen. Dabei kann die zulässige Reichweite für den Energietransport $S_0 \to S_1$ ($\gtrsim 30$ Å) größer als die für den Übergang $S_0 \to A$ sein. Überdies ist für den Prozeß $S_0 \to S_1$ im allgemeinen eine thermische Aktivierungsenergie zu fordern, die größer als die für den direkten Übergang $S_0 \to A$ ist.

Dieses aus der BOTDENschen Theorie folgende Bild liegt ganz im Sinne unseres oben geschilderten, aus der Analogie zwischen dem Emissionsverhalten von $K_2SO_4 \cdot Ce$, Mn und dem des reinen Systems $Ce_2(SO_4)_3$-$MnSO_4$ sich ergebenden Konsequenzen bezüglich des Leuchtmechanismus, der also für die Sulfate durch die gleichzeitig auftretenden Prozesse gekennzeichnet ist:

1. Direkte Übertragung $S_0 \to A$ mit kleiner Aktivierungsenergie ε_1
2. Schrittweise Übertragung $S_0 \to S_1 \to A$ mit $\varepsilon_2 > \varepsilon_1$.

Die relative Häufigkeit des einen oder anderen Prozesses wird dabei zwangsläufig durch das Konzentrationsverhältnis von A und S zueinander und — der verschiedenen Aktivierungsenergien wegen — von der Temperatur bestimmt. Gleichzeitig müßte man aber annehmen, daß das gegenseitige Verhältnis der Konzentrationen von S und A offenbar von Einfluß auf die Energietermlage des emittierenden Mn und damit auf die spektrale Lage der Emissionsbande ist, so daß — wie beim $K_2SO_4 \cdot Ce$, Mn beobachtbar — das Überwiegen des einen oder anderen Energieübertragungsprozesses spektral getrennt erfaßbar ist.

Zweifellos ist bezüglich der spektralen Lage der Emission der Sulfate auch die Art des Grundstoffes von Bedeutung. Der Schwerpunkt der Emission der verschiedenen Sulfate kann im Bereich von Rotorange (Na_2SO_4, Rb_2SO_4) über Gelb (Li_2SO_4, Cs_2SO_4) bis Grün ($CaSO_4$) variieren. Ein eindeutiger Zusammenhang zwischen spektraler Bandenlage und Kristallstruktur — etwa im Sinne der WEYL-LINWOODschen Koordinationstheorie[11]) — besteht dabei offenbar nicht, wie aus der Gegenüberstellung von Kristallstruktur, Koordinationszahl (KZ) und Bandenlage (Tab. 2) hervorgeht.

Tabelle 2.

Grundstoff	Li_2SO_4	Na_2SO_4	K_2SO_4	Rb_2SO_4	Cs_2SO_4	$CaSO_4$
Kristallstruktur	Phenakit	Eig. Typ (rhomb)	Olivin	Olivin	Olivin	Anhydrit
Koord.-Zahl	4	6	9,10	9,10	9,10	8
Max. der Lumineszenz bei Raumtemperatur (Å)	5650	6050	5850 bis 6050	6000	5850	5170

Ebenso wie bei Grundstoffen mit verschiedener KZ die Emissionslage variiert (z.B. Li_2SO_4 und Rb_2SO_4), kann bei Grundstoffen mit gleichem Gitter und gleicher Koordinationszahl die Emission in gleichem Maße verschieden sein (z.B. Rb_2SO_4 und Cs_2SO_4). Im Gegensatz zu dem einen oder anderen bekannten Beispiel eines Einflusses der KZ auf die Bandenlage, liegt — in Übereinstimmung mit vielen anderen Leuchtstoffen — bei den Sulfaten offenbar mehr eine für das Grundstoffkation spezifische Wirkung auf die Emission als ein eindeutiger Zusammenhang zwischen Lage des Emissionsschwerpunktes und KZ vor.

Als ein besonders bemerkenswertes Beispiel dafür, daß die Gegenwart eines bestimmten Kations, selbst bei geringer Konzentration, von wesentlichem Einfluß auf die Emission eines Leuchtstoffes sein kann, sei eine Beobachtung der Bandenverschiebung eines Sulfatleuchtstoffes durch die Gegenwart von Ca, das in Sulfaten bevorzugt eine grüne Lumineszenz verursacht, angeführt. Es zeigt sich, daß die gelbrote Emission des $MnSO_4 \cdot 1\% Ce$ — wie Abb. 16 zeigt — bereits durch kleine Zusätze von $CaSO_4$ in einer der Ce-Konzentration entsprechen-

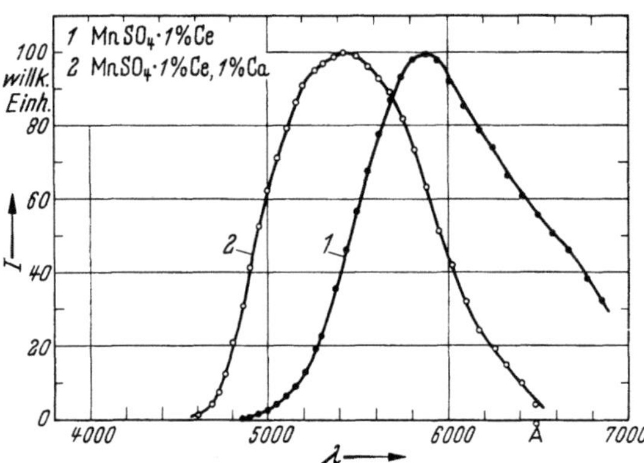

Abb. 16. Relative spektrale Energieverteilung der Lumineszenz.

den Menge (1 %) ins grüne Spektralgebiet verschoben wird. Dabei tritt nicht etwa eine — grundsätzlich mögliche — Änderung des den Grundstoff bildenden $MnSO_4$-Gitters auf, wie eine Strukturaufnahme der beiden Präparate ergab *). Es liegt hier also eine für das Ca spezifische, trotz dessen geringer Konzentration aber ausgeprägte Wirkung auf die Lage der Emissionsbande vor. Nähere Aussagen über Art und Weise dieses Effektes sind zunächst nicht möglich.

Es bedarf in dieser Hinsicht sowie in bezug auf endgültige Aussagen über Zusammenhänge zwischen Emission und Grundstoffart sowie über den Leuchtmechanismus noch weiterer, eingehender Untersuchungen. Die neue Gruppe der Ce-sensibilisierten, Mn-haltigen Sulfatleuchtstoffe bietet indessen der Vielfalt der leuchtenden Stoffkombinationen wegen hierfür besonders gute Möglichkeiten.

Literatur

[1] WIEDEMANN, E., u. G. C. Schmidt: Wiedemann's Ann. 54 (1895) S. 604.
— — Ann. Chem. u. Phys. 56 (1896) S. 201.
[2] HOFFMANN, M. W.: Wiedemann's Ann. 60 (1897) S. 269.
[3] WICK, F. G., u. M. K. SLATERY: J. Opt. Soc. Amer. 14 (1927) S. 125.
— — J. Opt. Soc. Amer. 16 (1928) S. 398.
[4] TANAKA, T.: J. Opt. Soc. Amer. 8 (1924) S. 287.
[5] RANDALL, J. T.: Proc. Roy. Soc. 170 (1939) S. 272.
[6] WATANABE, K.: Phys. Rev. 83 (1951) S. 785.
[7] GOBRECHT, H.: Ann. Phys. Folge 5, 31 (1938) S. 131.
[7a] KRÖGER, F. A., u. J. BAKKER: Physica 8 (1941) S. 628.
[8] LANG, R. J.: Phys. Rev. 49 (1936) S. 552.
[9] GINTHER, R. J.: J. Electrochem. Soc. 101 (1954) S. 248.
[10] BOTDEN, TH. P. J.: Utrecht, Diss., 1952.
BOTDEN, TH. P. J., u. F. A. KRÖGER: Physica 14 (1948) S. 553.
— — Physica 15 (1949) S. 747.
BOTDEN, TH. P. J.: Philips' Res. Rep. 6 (1951) S. 425.
— Philips' Res. Rep. 7 (1952) S. 197.
[11] LINWOOD, S. H., u. W. A. WEYL: J. Opt. Soc. Amer. 32 (1942) S. 443.

---

*) Für die Strukturaufnahmen sei Herrn Prof. SCHLEEDE und Frau Dr. SCHLEEDE-GLASSNER besonders gedankt.

Über die Zerstrahlung von Leuchtstoffen in der Quecksilber-Niederdruckentladung*)

Von

G. Kressin

Mit 7 Abbildungen

Es werden von den in der Technik gebräuchlichen Leuchtstoffen die durch Photoreaktion entstandenen substantiellen Umwandlungen untersucht. Die beschriebene Versuchsanordnung schließt ein Reagieren mit anderen im Entladungsraum befindlichen und dadurch sehr reaktiven Stoffen aus. Die Ergebnisse zeigen, daß die Reaktion eine Reduktion des Aktivators ist. Bei den Wolframaten und anderen Reinstoffphosphoren greift die Reduktion vermutlich am WO_4-Komplex an.

Die Grunderscheinung der Lumineszenz fester kristalliner Körper hat in letzter Zeit in immer größerem Umfange technische Verwendung gefunden. Am augenfälligsten ist hierbei der Einsatz leuchtfähiger Substanzen für die Zwecke der Lichterzeugung in den Leuchtstofflampen, wo die zur Erregung notwendige UV-Strahlung von einer Quecksilber-Niederdruckentladung erzeugt wird. Neben dem Wunsch, Leuchtstoffe mit möglichst hohem Wirkungsgrad zu verwenden, interessiert hierbei auch, in welchem Maße die dieser Strahlung ausgesetzten Leuchtstoffe gegen diese Beanspruchung beständig sind.

Es ist bekannt, daß die Lichtausbeute — besonders in den ersten 200 Stunden der Exponierung — einen großen Rückgang erleidet. Als Ursache wurden in den Arbeiten einiger Autoren[1, 2] mancherlei Gründe angeführt. Pringsheim und Vogel[3] geben hierfür die allgemeingültige Regel an, daß organische wie anorganische lumineszierende Stoffe viel weniger zerstrahlt werden, wenn sie vor dem Zutritt von Sauerstoff und Wasserdampf bewahrt bleiben. Andere Deutungen machen für das Nachlassen der Intensität die Kondensation oder Adsorption von Quecksilberdampf verantwortlich oder begründen die Ursache des Effektes mit der Bildung von schwarzem Quecksilberoxydul, dessen Entstehung auf den an der Oberfläche des Leuchtstoffs adsorbierten und durch Evakuieren und Ausheizen nicht entfernbaren Sauerstoff zurückgeführt wird. Dieses Hg_2O absorbiert dann die zur Erregung des Leuchtstoffs vorhandene Strahlung. Zweifellos ist der zusätzlich genannte Einfluß der Oxydulbildung vorhanden, und es erscheint zunächst auch einleuchtend, daß die Entstehung derartiger Quecksilberverbindungen das maßgeblichste und durchgreifendste Moment für das Nachlassen der Intensität ist, sofern sich der Leuchtstoff im Entladungsraum befindet.

Die folgende Untersuchung befaßt sich nun mit der photochemischen Veränderung verschiedener durch die Strahlung der Quecksilber-Niederdruckentladung erregbarer Leuchtstoffe. Aus der später folgenden Beschreibung der Versuchsanordnung ist ersichtlich, daß lediglich dieser Strahlungseinfluß, nicht aber die mögliche Reaktion mit anderen im Entladungsraum vorhandenen Reaktionspartnern, in den folgenden Versuchsergebnissen ermittelt worden ist.

Für die Wahrscheinlichkeit eines meßbaren Reaktionsablaufes spricht die Tatsache, daß die dem Leuchtstoff zugeführte Strahlungsenergie immerhin ein Mehrfaches des sonst bei photochemischen Reaktionen üblichen Betrages ausmacht. Die normale Niederdruckentladung setzt sich im UV-Bereich im wesentlichen aus zwei Strahlungsanteilen zusammen, nämlich der Resonanzstrahlung (2537 Å) und einem kürzerwelligen Anteil von 1850 Å Wellenlänge. Diese kurzwelligen Strahlungen würden 113 kcal/mol bzw. 165 kcal/mol entsprechen.

---

*) Originalmitteilung.

Versuchsanordnung

Bei der bereits beschriebenen Methode[1]), die Leuchtstoffe im Entladungsraum zu exponieren, überlagern sich die im vorangegangenen Abschnitt erwähnten Einzelwirkungen und lassen über die Größe der Strahlungseinwirkung keine Aussage zu. Es war deshalb nötig, die Leuchtstoffe von der Quecksilberentladung zu trennen. Um die Veränderung der Präparate bequem verfolgen zu können, entschlossen wir uns, die Leuchtstoffe auf Objektträger aus Glas oder auch für einen Sonderfall aus Quarzglas durch Sedimentieren aus einer wäßrigen Suspension und späteres Trocknen aufzubringen. Auf diese Weise lassen sich die Proben leicht mit exakt gleicher Schichtdicke herstellen und eignen sich besser für zusätzliche

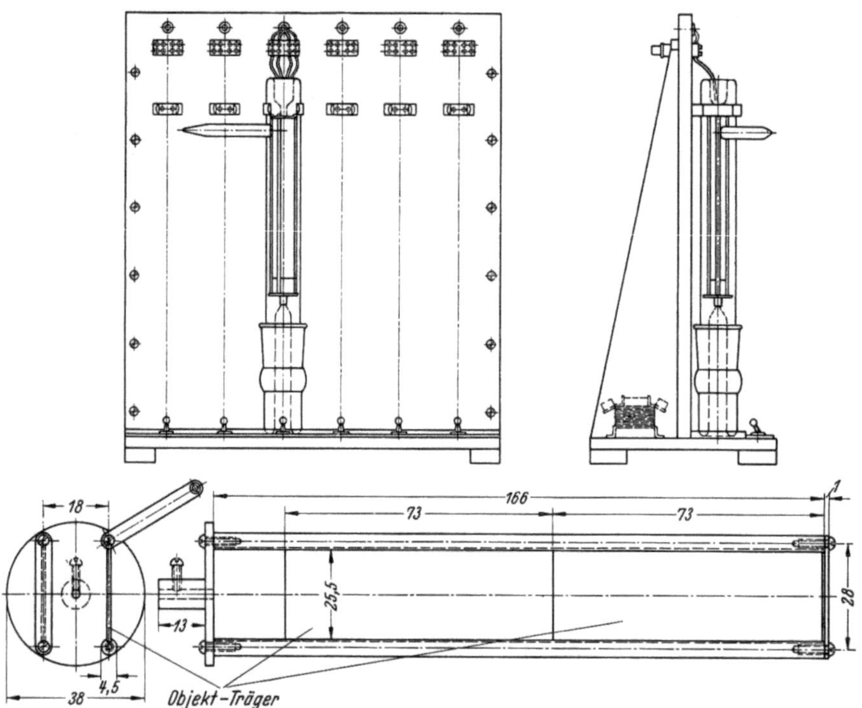

Abb. 1. Versuchsanordnung.

Untersuchungen, beispielsweise solche mikroskopischer Art, als wenn der Leuchtstoff sich auf der Innenseite von Glas- oder Quarzröhren befindet, weil hierbei zum Einbringen irgendwelche Bindemittel (zum Beispiel Nitrozellulose) verwendet werden müssen, die bei der Entfernung durch Ausheizen eine vorherige Reaktion des Leuchtstoffs verursachen und durch eventuelle Rückstandsbildung die Befunde verfälschen können.

Als Strahlungsquelle dienten eine Anzahl haarnadelförmiger Entladungslampen aus Quarzglas mit Oxydelektroden. Um den Einfluß der verschiedenen Strahlungsanteile zu studieren, war ein Teil der Entladungslampen aus reinem normalem Quarzglas angefertigt, für die andere Hälfte war ein Quarzrohr verwendet worden, dem bei der Herstellung 0,01 % TiO_2 zugefügt worden war. Durch diesen Gehalt an TiO_2 wird die Wellenlänge 1850 Å völlig absorbiert, so daß nur die Resonanzstrahlung wirksam ist. Die Anordnung für die eigentliche Exponierungsuntersuchung von je 4 Proben mit einer Entladungslampe ist in der Abb. 1 skizziert. Die Messung der Intensität des emittierten Lichtes erfolgte mit Hilfe des in Abb. 2 dargestellten Photometers.

Die Versuche wurden mit Cadmiumsilikat, Zinksilikat, Zinkberylliumsilikat und Cadmiumborat angestellt. Alle diese Leuchtstoffe waren mit Mangan aktiviert. Zur weiteren Untersuchung gelangten Magnesiumwolframat, Calciumhalogenphosphat (Calciumfluoroapatit aktiviert mit Mn und Sb) sowie ein Calcium-Strontiumsilikat, aktiviert mit Mn und Pb. Die angeführten Präparate — mit Ausnahme des als sogenannter Reinstoff-Phosphor bekannten Magnesiumwolframats — enthalten das Mangan in Form des Mischkristalls isomorph ein-

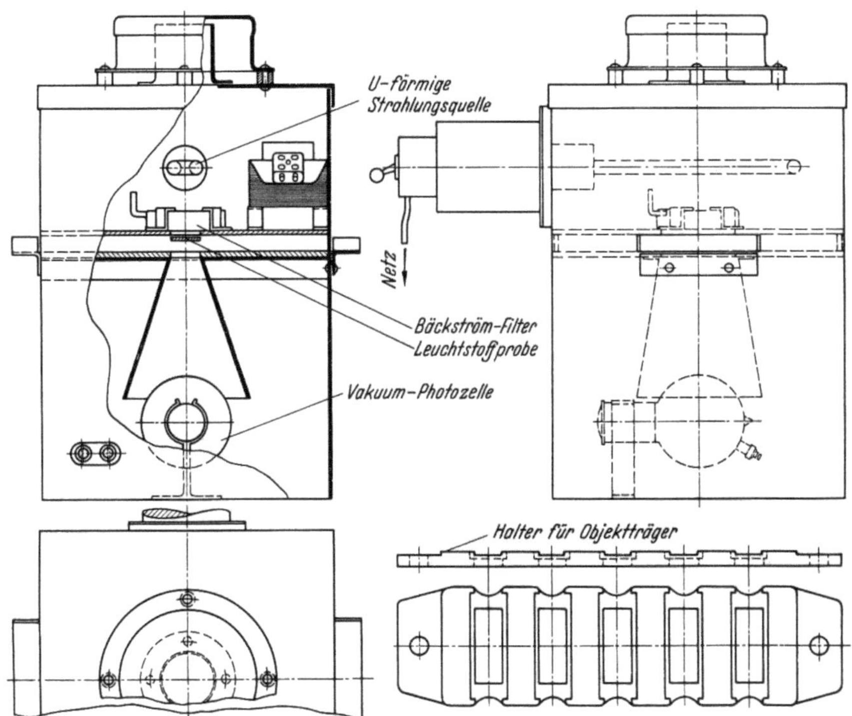

Abb. 2. Photometer, schematisch.

gebaut. Im Falle des Calciumhalogenphosphats $(3\,Ca_3(PO_4)_2 \cdot CaF_2)$ vermittelt der zweite Aktivator Sb hauptsächlich die Absorption der Energie; bei dem Calcium-Strontiumsilikat ist hierfür das Pb verantwortlich.

Versuchsergebnisse

Die Kurven von Abb. 3 zeigen den Verlauf der Zerstrahlung an manganaktiviertem Cadmiumsilikat und Zinksilikat im Vakuum

a) bei Einwirkung von 2537 Å + 1850 Å (Kurven 1a und 2a)

b) die Intensitätseinbuße bei Resonanzstrahlung (Kurven 1b und 2b).

Es ist offensichtlich, daß die Zerstrahlung bei 1850 Å + 2537 Å diejenige bei ausschließlicher Resonanzstrahlung erheblich übertrifft. Die Kurven (Abb. 4, 1a—1b, 2a—2b) zeigen den zeitlichen Intensitätsabfall der gleichen Leuchtstoffe, jedoch bei Gegenwart von ~ 15 mm Luft oder ~ 15 mm Wasserstoff. Der Versuch in Sauerstoff wurde nicht als Kurve aufgeführt, weil sein Ergebnis praktisch identisch mit dem Resultat in Luft ist. Augenfällig ist die Tatsache, daß die Abnahme in Sauerstoff geringer, in Wasserstoff jedoch höher als im Vakuum ist. Nimmt man den Versuch mit Wasserstoff unter Verwendung eines

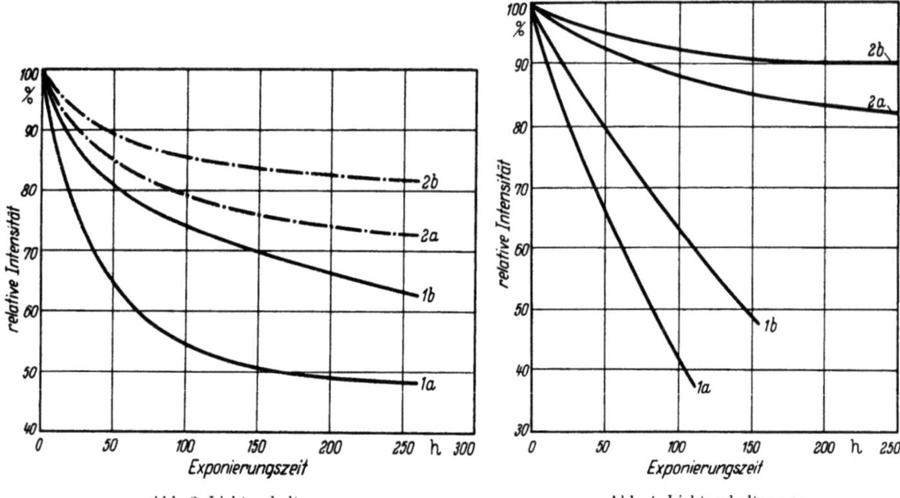

Abb. 3. Lichtverhalten von

1 a u. b Cadmiumsilikat (CdO · SiO₂ · 2 mol% Mn) im Vakuum
2 a u. b Zinksilikat (1,33 Zn · 1,0 SiO₂ · 2 mol% Mn)
Kurve 1a 2537 Å + 1850 Å   Kurve 2a 2537 Å + 1850 Å
Kurve 1b 2537 Å   Kurve 2b 2537 Å

Abb. 4. Lichtverhalten von

a) Cadmiumsilikat   (CdO · SiO₂ · 2 mol% Mn)
b) Zinksilikat (1,33 ZnO · 1 SiO₂ · 2 mol% Mn)
bei Gegenwart von 15 mm H₂: Kurve 1a u. b
bei Gegenwart von 15 mm Luft: Kurve 2a u. b
        Strahlung: 2537 Å + 1850 Å

Schichtträgers aus Quarzglas vor und glüht für 10 Minuten das vorher exponierte Präparat bei 1000° bis 1100° C an Luft, so erreicht dieses fast seine ursprüngliche Helligkeit zurück. Die Intensität des in Sauerstoff zerstrahlten Präparates läßt sich durch Glühen nur unwesentlich wiederherstellen. Diese Tatsache ist für die

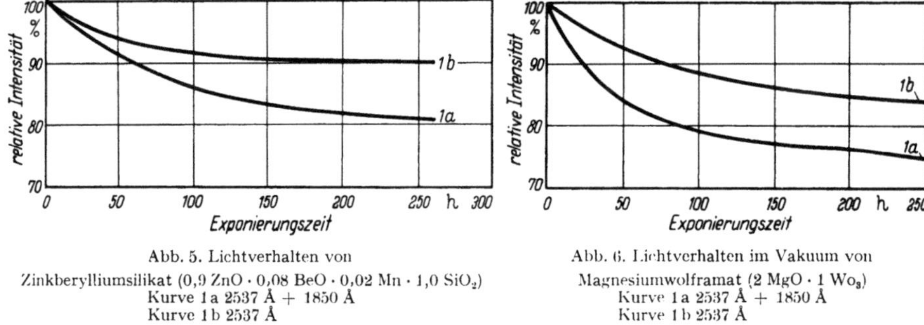

Abb. 5. Lichtverhalten von

Zinkberylliumsilikat (0,9 ZnO · 0,08 BeO · 0,02 Mn · 1,0 SiO₂)
Kurve 1a 2537 Å + 1850 Å
Kurve 1b 2537 Å

Abb. 6. Lichtverhalten im Vakuum von

Magnesiumwolframat (2 MgO · 1 Wo₃)
Kurve 1a 2537 Å + 1850 Å
Kurve 1b 2537 Å

Deutung des Zerstrahlungseffektes von Bedeutung. Es erscheint plausibel, den größeren Abfall in Wasserstoff mit durch Reduktion entstandenem freiem Mangan zu begründen, zumal da in keinem Fall bei der mikroanalytischen Untersuchung etwa freies Zink oder freies Cadmium nachgewiesen werden konnte*).

---

*) Die Nachweisbarkeitsgrenze wurde im Blindversuch ermittelt, sie lag bei 3 · 10⁻⁶ g Zn/g Leuchtsubstanz.

Bei dem Versuch in Sauerstoff wird das durch photochemische Reaktion entstehende Mangan zu dreiwertigem Mn oxydiert. Der erste Prozeß ist reversibel, der zweite im wesentlichen nicht.

Betrachtet man hierzu das Verhalten eines Zinkberylliumsilikates, so zeigt sich im Vergleich zum Cadmium- und Zinksilikat ein erheblich geringerer Abfall (Abb. 5).

Magnesiumwolframat (Abb. 6) wird durch die kürzerwellige Strahlung im Vakuum fast um den doppelten Betrag zerstört. Die Nachprüfungen für die vorliegenden Reaktionsprodukte sind jedoch bei dieser Substanz recht schwierig. Es ist wahrscheinlich, daß die Zerstrahlung am Wolframsäurekomplex angreift.

Andere Verhältnisse findet man bei den Calcium-Halogenphosphaten, die bereits von der Praxis her als widerstandsfähiger gegenüber den Schwermetallsilikaten bekannt sind. Die Kurven in der Abb. 7 sind praktisch gleich.

Im Falle der Erdalkalisilikate fanden wir bei einer Exponierungszeit von 250 Stunden nur ein sehr minimales Nachlassen der Intensität (Abb. 7).

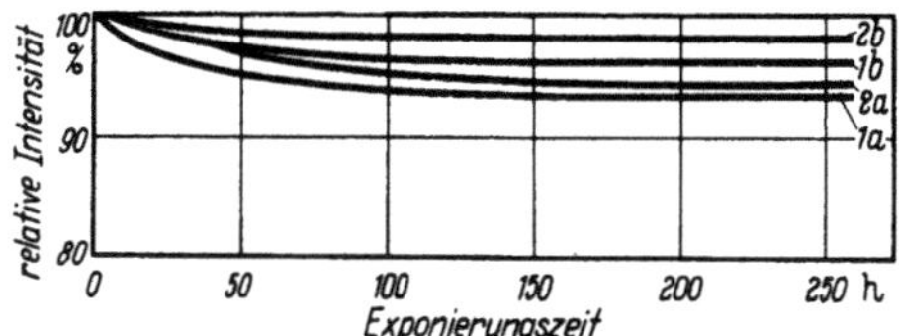

Abb. 7. Lichtverhalten im Vakuum von
Calciumfluorophosphat (Sb, Mn) 3 Ca$_3$ (PO$_4$)$_2$ · Ca F$_2$ · 1,2 Gew.% Sb, 1,5 Gew.% Mn
Kurven 1a u. b

und:

Calciumstrontiumsilikat (Pb, Mn) 0,90 CaO · 0,04 SrO · 0,01 MnO · 0,02 PbO · 1,1 SiO$_2$
Kurven 2a u. b

Ein überraschender Befund zeigte sich im Falle des rotorange leuchtenden, ebenfalls mit Mangan aktivierten Cadmiumborats von der molmäßigen Zusammensetzung 2 CdO · B$_2$O$_3$, 0,3 mol % Mn. Während bei Gegenwart von Sauerstoff in beiden Fällen (2537 Å, 2537 Å + 1850 Å) hier ein minimaler Effekt im Vergleich zu den oben berichteten Versuchen festzustellen war, war die Wirkung im Vakuum wie bei Gegenwart von Wasserstoff eine besonders große. Die qualitative Nachprüfung ergab als Zerstrahlungsprodukt eindeutig elementares Cadmium mit einem verschwindend geringen Anteil von Cadmiumoxyd.

Diskussion des Befundes

Aus den angeführten Versuchen geht hervor, daß die gewichtigere Ursache für die Abnahme der Lichtausbeute von Leuchtstoffen, die mit der Strahlung der Quecksilber-Niederdruckentladung erregbar sind, die photoreaktionsmäßige Umwandlung ist. Saubere vakuumtechnische Bedingungen vorausgesetzt, spielen Quecksilberoxydulbildung und sonstige Reaktionen im Entladungsraum nicht annähernd eine gleichwertige Rolle. Bei leuchtfähigen Silikaten — am stärksten bemerkbar bei den Schwermetallsilikaten — hat dies seine Ursache in einer Reduktion von zweiwertigem Mangan zu metallischem. In Gegenwart von Wasserstoff wird diese Reaktion beschleunigt, ist Sauerstoff zugegen, erfolgt eine Aufoxydation und Ausscheidung von Mn$_2$O$_3$. Damit dürfte zu den bekannten Befunden[1]) dieser die Anschauung stützen, daß das Mangan — und zwar ausschließlich dieses — bei den leuchtfähigen Silikaten Angriffspunkt der Photoreaktion ist. Bei dem Versuch, die vorliegenden Ergebnisse mit der Größe der Bildungsenthalpien der untersuchten Mischkristallsysteme in Zusammenhang zu bringen, zeigte es sich, daß bei Benutzung der Werte für die Bildungsenthalpien der einzelnen Oxyde (exakte Werte für die Phasen des Willemits, Phenakits, Fluoroapatits sowie des Wollastonits liegen nicht vor) kein systematischer Gang in die Ergebnisse zu bringen ist. Bei gleichen Anionen jedoch stellt sich eine mit der Höhe der Bildungsenergie der Grundgittersubstanz geringer werdende Reduzierbarkeit des Mangans heraus.

Literatur

[1] Lowry, E. F.: J. elektrochem. Soc. 95 (1949) H. 5, S. 242—253.
[2] Meister, G., R. Nagy in: Preparation and Characteristics of Luminescent Materials. Hrsg. G. R. Fonda u. Seitz. New York 1948, S. 372—382.
[3] Pringsheim, R., u. M. Vogel: Lumineszenz von Flüssigkeiten und festen Körpern. Weinheim/Bergstr. 1951.
[4] Kröger, F. A.: Some Aspects of the Luminescence of Solids. New York 1948.

Lichttechnische und technologische Probleme der Elektrolumineszenz*)

Von

W. Schwiecker

Mit 2 Abbildungen

In einer früheren Arbeit[1]) wurden Untersuchungen behandelt, die zur Analyse der Lichtemission beim Destriau-Effekt sowie des Leuchtens bei durch Elektrolyse auf Aluminium-Elektroden aufwachsenden Oxydschichten durchgeführt wurden. Die Messungen bezogen sich auf die Spannungs- und Frequenzabhängigkeit des emittierten Lichts sowie auf die Phasenbeziehungen zwischen Lichtstrom, Spannung und Verschiebungsstrom. Der damals beim Destriau-Effekt verwendete Leuchtstoff war auf der Basis Zinksulfid-Zinkoxyd hergestellt und zeigte eine verhältnismäßig hohe elektrische Leitfähigkeit.

Bei weiteren Untersuchungen[2]) wurde ein Leuchtstoff auf Zinksulfidbasis verwendet, bei dem durch geeigneten Präparationsgang (Reinigung des Ausgangsmaterials, kontrollierte Glühatmosphäre usw.) eine Verringerung der Verluste (z. B. elektrische Leitfähigkeit, strahlungslose Übergänge) angestrebt wurde. Bei diesen Versuchen wurde im Gegensatz zu früher mit nichtsinusförmiger Anregung gearbeitet. Dabei stellte sich heraus, daß unter geeigneten Bedingungen eine Proportionalität zwischen Lichtstrom und Verschiebungsstrom besteht (s. Abb. 1).

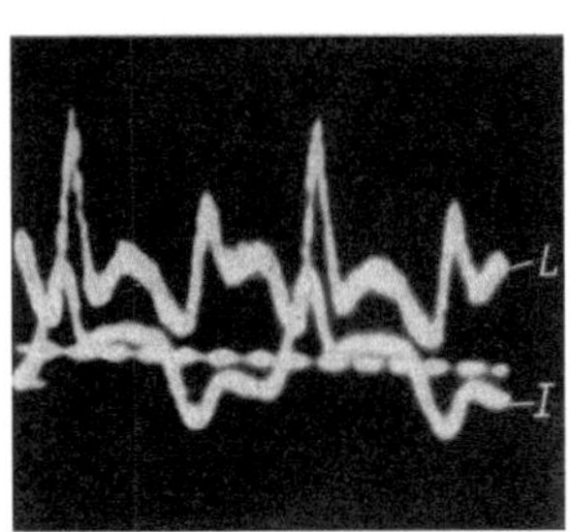

Abb. 1. Oszillogramm der Lichtemission (L) und des Verschiebungsstroms (I). Betriebsspannung nichtsinusförmig.

Aus dem Abklingverlauf des Lichtstroms bei schnell aufeinanderfolgenden, kurzzeitigen Spannungs- bzw. Stromimpulsen entgegengesetzten Vorzeichens wurde geschlossen, daß die beiden aufeinanderfolgenden Lichtimpulse von verschiedenen Stellen der Kristalle emittiert werden, denn im Bereich der Überlagerung beider Lichtimpulse verdoppelt sich die Abklinggeschwindigkeit. Das Abklingen auf $1/e$ der ursprünglichen Lichtintensität erfolgte bei nichtüberlagerten Impulsen in 1 bis 2 Millisekunden.

____

*) Auszug aus der in Elektro-Welt (1956) H. 8, S. 177—181 veröffentlichten Arbeit.

Die späteren Untersuchungen, über die in der hier im Auszug wiedergegebenen Arbeit berichtet wird, beschäftigten sich mit lichttechnischen und technologischen Problemen, wobei die spektrale Verteilung des emittierten Lichts verschieden präparierter Leuchtstoffe (blau-, grün- und gelb-emittierend) sowie der Einfluß durch die Verzerrung der Netzspannung untersucht wurde (s. Abb. 2).

Aus der Größe des Einebnungseffekts ergab sich, daß die Welligkeit bzw. der Modulationsgrad des Lichtstroms mit größer werdender Frequenz abnimmt und daß die Abklinggeschwindigkeit beim blau-emittierenden Leuchtstoff größer als beim grün-emittierenden und diese größer als beim gelb-emittierenden Leuchtstoff

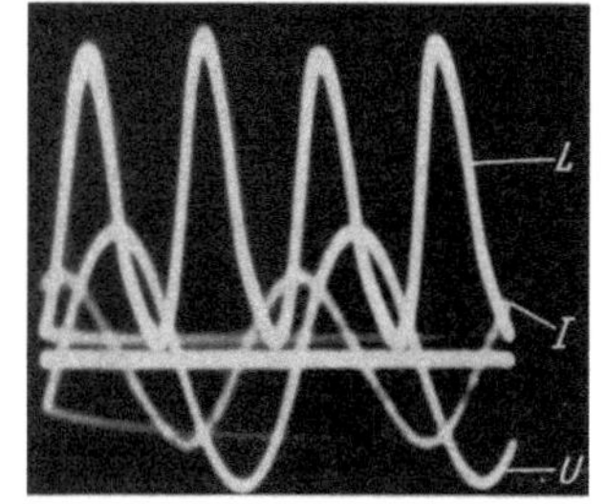 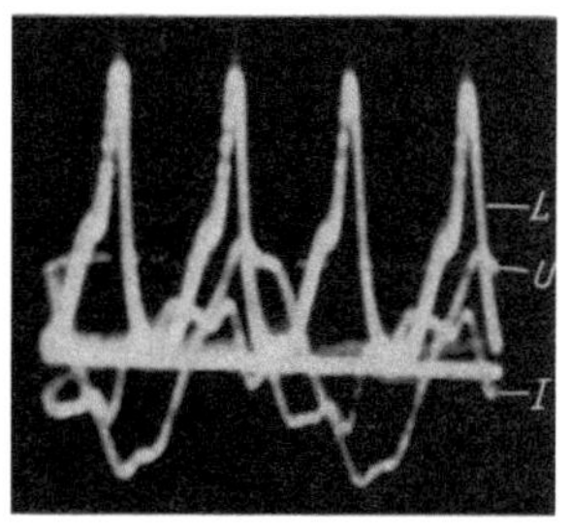

Abb. 2. a) Oszillogramm der Lichtemission (L), der Spannung (U) und des Verschiebungsstroms (I), Betriebsspannung sinusförmig; b) Oszillogramm der Lichtemission (L), der Spannung (U) und des Verschiebungsstroms (I), Betriebsspannung sinusförmig verzerrt (Netzspannung).

ist, d.h. die Abklinggeschwindigkeit wird um so größer, je größer die Energie der emittierten Lichtquanten ist.

Bei Beachtung der technologischen Gesichtspunkte – Vermeidung von Verlusten durch geeignete Präparation und durch geeignete Herstellung der Leuchtkondensatoren (Wahl des Dielektrikums, Vermeidung von Elektrodenverlusten, insbesondere in der durchsichtigen Zinnoxyd-Elektrode) – gelang die Herstellung eines Leuchtkondensators, dessen Verlustwinkel $< 1°$ (50 Hz, Zimmertemperatur) war. Beim Betrieb zeigte sich nur eine geringe Temperaturerhöhung in der Größenordnung von einigen Zehntel Grad (600 V; 0,4 mA; 50 Hz; 90 cm²; Zimmertemperatur).

Für praktisch anwendbare Lichtquellen ist zu fordern, daß diese am normalen Versorgungsnetz von 220 V betrieben werden können. Jede Zwischenschaltung eines Vorschaltgeräts, sei es zur Spannungs- oder Frequenzwandlung, verringert den an sich nicht sehr hohen Wirkungsgrad, der zur Zeit noch unter dem der Glühlampe liegt.

Die Dicke der Dielektrikum-Leuchtstoff-Schicht liegt für eine Speisespannung von 220 V in der Größenordnung von 30 bis 50 μ. Hieraus ergeben sich für die Fertigungstechnik besondere Anforderungen, weil die Durchschlagsspannung des reinen Dielektrikums durch die eingelagerten unregelmäßigen Kristalle infolge der sich dabei ausbildenden Feldverzerrung herabgesetzt wird. Die Schicht muß poren- und blasenfrei sein und zur Erzielung einer guten Lichtausbeute eine verhältnismäßig hohe Leuchtstoffkonzentration aufweisen.

Der Leuchtkondensator stellt für das Netz eine unter Umständen für Kompensationszwecke erwünschte kapazitive Belastung dar. Die Kapazität eines Leuchtkondensators von einem Quadratmeter Fläche beträgt einige Mikrofarad, wobei naturgemäß die Dielektrizitätskonstante des Einbettungsmittels eine Rolle spielt.

Literatur

[1] SCHWIECKER, W.: Lichttechn. 5 (1953) H. 5, S. 152—154.
[2] SCHWIECKER, W.: Prakt. Energiekde. 3 (1955) H. 1, S. 55—66.

Glasdichte und Glasstruktur*)

Von

W. Schwiecker

Mit 3 Abbildungen

Die bekannte Tatsache, daß die Eigenschaftswerte der Gläser stark von ihrer chemischen Zusammensetzung abhängen, hat ihre Ursache in der von der Glaszusammensetzung abhängigen Konstitution. Eine Reihe von Untersuchungen wurde daher mit dem Ziel angestellt, aus der Änderung der Eigenschaftswerte bei Variation der Glaszusammensetzung Rückschlüsse auf die eintretende Konstitutionsänderung zu ziehen. Dabei wurde die Zachariasen-Warrensche Netzwerkhypothese zur Diskussion der Ergebnisse, die unter Einbeziehung einer großen Anzahl von in der Literatur zu findenden Meßwerten erhalten wurden, zugrunde gelegt. Neben Untersuchungen über die Glasdichte, die in der besprochenen Arbeit behandelt werden, wurden solche über den spannungsoptischen Koeffizienten[1]) und die thermischen sowie elastischen Glaseigenschaften durchgeführt.

Zur Charakterisierung der Glaszusammensetzung werden nicht wie bisher Gewichts- oder Molprozente der Glaskomponenten, sondern die Anzahl der zu 1 cm³ eines Grundglases (z.B. reines Quarzglas oder Borsäureglas, aber auch binäre Gläser bei der Untersuchung ternärer Gläser usw.) zugesetzten Moleküle des untersuchten Oxyds angegeben. Hierdurch läßt sich in eindeutiger Weise die Eigenschaftsänderung dem dafür verantwortlichen Oxydzusatz zuordnen. Die durch die zugesetzten Oxydmoleküle verursachte Eigenschaftsänderung wird als Störung der entsprechenden Eigenschaft des Grundglases aufgefaßt.

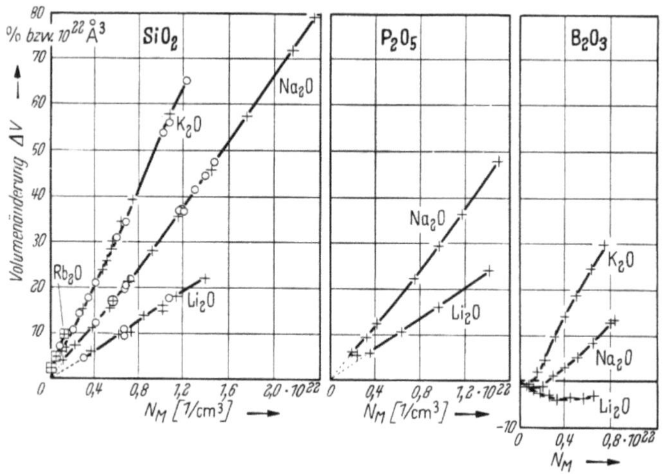

Abb. 1. Volumenänderung von Silikat-, Phosphat- und Boratgläsern durch Alkalioxydzusatz.

Aus der Untersuchung der Glasdichte in Abhängigkeit von der Glaszusammensetzung wurde die durch ein Zusatzoxyd verursachte Volumenänderung ermittelt, weil diese durch die Struktur in ausschlaggebender Weise beeinflußt wird. Hierbei war es erforderlich, den Einfluß der unterschiedlichen Masse auf die Glasdichte bei Änderung der Glaszusammensetzung zu eliminieren und so die Volumen-

---

*) Auszug aus der in Glastechn. Ber. 30 (1957) H. 9, S. 379—386 veröffentlichten Arbeit.

änderung zu separieren. Die dabei angewendete Methode beruht auf der Einführung einer hypothetischen Glasdichte, die sich rechnerisch ergibt, wenn man voraussetzt, daß durch den Zusatz des zu untersuchenden Oxyds zum Grundglas dessen Volumen nicht geändert werden soll. Nach der ZACHARIASEN-WARRENschen Netzwerkhypothese würde das bedeuten, daß die zugesetzten Moleküle in den Hohlräumen des Netzwerks untergebracht werden. Ein Vergleich dieser hypothetischen Glasdichte mit der experimentell bestimmten bzw. der entsprechenden spezifischen Gewichte zeigt, ob das Netzwerk des Grundglases durch den Zusatz eine Erweiterung (wie das bei den Silikatgläsern der Fall ist) oder eine Kontraktion (wie sie bei den Boratgläsern im Gebiet geringer Zusätze eintritt) erfährt.

Für die reinen Grundgläser SiO_2, P_2O_5 und B_2O_3 und Zusatz von Alkalioxyden sind die Ergebnisse in der Abb. 1 dargestellt. Als Ordinate ist die prozentuale Volumenänderung bzw. eine Volumenänderung in 10^{22} Å^3 aufgetragen; der letzte Wert ergibt sich, wenn man von 1 cm^3 Grundglas ausgeht. Dieser Maßstab ist vorteilhaft zur Errechnung der pro Molekül verursachten Volumenänderung, da auf der Abszisse die Anzahl der Moleküle in Bruchteilen oder Vielfachen von 10^{22} aufgetragen ist.

Die auf diese Weise errechneten Volumenänderungen ergeben sich ohne Zuhilfenahme von aus dem Kristallzustand abgeleiteten Ionengrößen (Ionenradien oder -volumina) allein aus den Dichten bzw. spezifischen Gewichten der Gläser. Die Abb. 1 zeigt, daß die Volumenänderung von der Anzahl der zugesetzten Moleküle abhängig ist. Im Falle der Silikat- und Phosphatgläser ist die Volumenänderung bei kleinen Zusätzen geringer als bei großen und im Falle der Boratgläser findet wegen der Koordinationsänderung bei Zusatz von netzwerkändernden Oxyden zunächst eine Kontraktion und später eine Aufweitung des Netzwerks statt. Darüber hinaus ist die Volumenänderung von der Größe der Kationen des Zusatzoxyds abhängig. Die Kationen werden also nicht, wie üblicherweise angenommen wird, in den Hohlräumen des Grundglasnetzwerks untergebracht, sondern sie bestimmen in maßgebender Weise die Volumenaufweitung und damit die Konstitution des Glases.

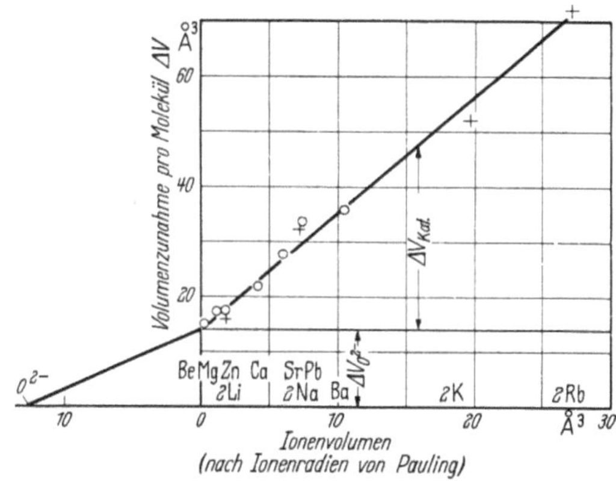

Abb. 2. Volumenänderung als Funktion der Ionenvolumina (Silikatgläser).

Benutzt man die Ionenvolumina (aus den Ionenradien von PAULING berechnet) als Ordnungsprinzip, indem man auf der Abszisse die Volumina der Kationen eines Moleküls und auf der Ordinate die pro zugesetztes Molekül errechnete Volumenzunahme (Mittelwert) aufträgt, so zeigt sich diese Abhängigkeit von der Kationengröße im Falle der Silikatgläser sehr deutlich (s. Abb. 2).

Trägt man auf der Abszisse nach links das Volumen eines Sauerstoffions auf und verbindet diesen Punkt mit dem Ordinatenschnittpunkt der ersten Kurve, so zeigt sich, daß die beiden Geraden unterschiedliche Neigungen haben. Dieses Verhalten führt zu dem Schluß, daß der Raumbedarf der Kationen größer als der des eingebauten Sauerstoffions ist. Offensichtlich spielt hier die stark polarisierende Wirkung des Si-Ions eine Rolle, da das Sauerstoffion in ein SiO_4-Tetraeder eingebaut wird, während sich das Netzwerk um die Kationen herum infolge der nach Dietzel[2]) berechneten, gegenüber dem Si-Ion geringeren, effektiven Feldstärken lockerer aufbaut. Formal läßt sich die gesamte Volumenzunahme durch einen von den Kationen herrührenden Anteil (ΔV_{Kat}) und einen durch das Sauerstoffion verursachten Anteil ($\Delta V_{O^{2-}}$) zusammensetzen.

Ein ähnliches Verhalten zeigen die Phosphatgläser, wobei die Volumenzunahmen bei beiden Glassorten annähernd gleich sind.

Wegen der anfänglichen Kontraktion konnte eine entsprechende Darstellung für Boratgläser nicht gegeben werden, jedoch zeigt sich auch hier, daß die spätere Expansion um so größer ist, je größer das Kation des zugesetzten Oxyds ist

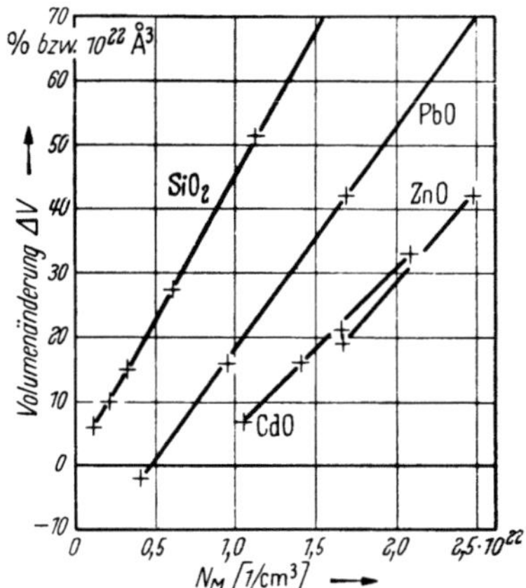

Abb. 3. Volumenänderung von Boratgläsern durch Zusatzoxyde mit zweiwertigen Kationen sowie SiO_2.

(s. Abb. 1 u. 3). Der Zusatz eines Netzwerkbildners allein (z. B. SiO_2) zum reinen Boratglas führt nicht zu einer anfänglichen Kontraktion des Netzwerks, weil hierbei keine Umkoordination der um das Borion angeordneten Sauerstoffionen erfolgt (s. Abb. 3).

In der Arbeit wurden weiterhin die Borsäureanomalie bei Silikatgläsern und die Volumenänderung durch Zusatz von Oxyden mit zwei- und dreiwertigen Kationen zu Silikatgläsern behandelt. Wegen dieser speziellen Probleme wird auf die Originalarbeit verwiesen.

Literatur

[1]) Schwiecker, W.: Glastechn. Ber. 30 (1957) H. 3, S. 84—88.
[2]) Dietzel, A.: Naturwiss. 23 (1941) S. 537; Z. Elektrochem. 48 (1942) S. 8.

Komponentenabhängigkeit der spannungsoptischen Koeffizienten von Glas*)

Von

W. Schwiecker

Mit 2 Abbildungen

In der Arbeit werden Untersuchungen über den Einfluß der verschiedenen Glasbildner auf den spannungsoptischen Koeffizienten behandelt und die eigenen Messungen sowie Meßergebnisse anderer Autoren (Neumann, Pockels, Filon, Adams und Williamson, Savur, Balmforth und Holland, Weyl) auf der Grundlage der Zachariasen-Warrenschen Netzwerkhypothese und unter Berücksichtigung der in der Arbeit über „Glasdichte und Glasstruktur" behandelten Volumenänderung eines Grundglases durch Zusatz weiterer Glasoxyde diskutiert.

Die bei elastomechanischer Beanspruchung infolge einer Änderung des Polarisierungszustands der Ionen auftretende Spannungsdoppelbrechung wird mit Hilfe bekannter Meßanordnungen aus dem Gangunterschied, den zwei Planwellen beim Durchlaufen des Glaskörpers erhalten, ermittelt. Der in geeigneter Weise definierte spannungsoptische Koeffizient, dessen Einheit entweder mm/kg oder cm²/dyn, bzw. die daraus abgeleitete Einheit Brewster ist, ist ein Maß für die spannungsoptische Wirksamkeit des untersuchten Materials; er ist abhängig von der Zusammensetzung des Glases, da diese die Struktur des Glases und damit die Anordnung sowie die Konzentration der leicht polarisierbaren Ionen, insbesondere der O^{2-}-Ionen, beeinflußt.

Bei den eigenen Untersuchungen wurde die elastomechanische Beanspruchung des Glaskörpers durch eine Hebeldruckpresse herbeigeführt, wobei durch geeignete Wahl der Dimensionen des Probekörpers dafür gesorgt wurde, daß die durch die verhinderte Querkontraktion an den Übertragungsflächen entstehende Verzerrung des an sich einachsigen Spannungszustands im Gebiet der Messung keinen Einfluß mehr hatte.

Als Beispiel einer solchen Meßreihe ist die Untersuchung von Osram-Quarzglas wiedergegeben (s. Abb. 1). Die daraus ermittelten spannungsoptischen Koeffizienten sind

$$K = -6{,}3 \cdot 10^{-2} \text{ mm/kg}$$
$$\text{bzw. } C = -3{,}5 \text{ br}$$

Zur Auswertung der Abhängigkeit des spannungsoptischen Koeffizienten

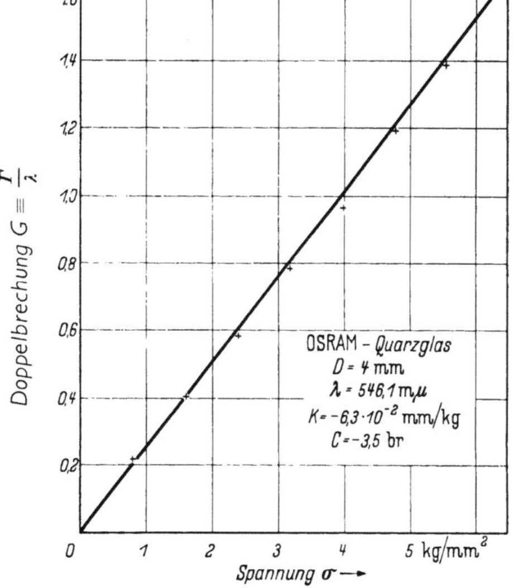

Abb. 1. Abhängigkeit der Spannungsdoppelbrechung von der elastomechanischen Spannung (Osram-Quarzglas).

von der Glaszusammensetzung wurde die in der Arbeit „Glasdichte und Glasstruktur" beschriebene Charakterisierung der Glaszusammensetzung durch die Anzahl der einem Kubikzentimeter Grundglas zugefügten Moleküle netzwerkändernder Oxyde bzw. des netzwerkbildenden B_2O_3 benutzt.

---

*) Auszug aus der in Glastechn. Ber. 30 (1957) H. 3, S. 84—88 veröffentlichten Arbeit.

Die durch die zugesetzten Moleküle verursachte Volumenänderung, die ebenfalls in der bereits zitierten Arbeit eingehend besprochen wurde, ermöglichte es, die infolge der Volumenerweiterung eintretende Konzentrationsverringerung des Netzwerks beim Einbau netzwerkändernder Oxyde und damit auch die Konzentrationsverringerung der Netzwerk-Sauerstoffionen zu berechnen. Diese Konzentrationsverringerung führt zu einer Verkleinerung des Zahlenwerts des spannungsoptischen Koeffizienten, die für Na_2O, K_2O, PbO und BaO in der Abb. 2a graphisch dargestellt ist.

In den Abb. 2b und 2c wurde zur Prüfung der Arbeitshypothese, nach der die Konzentration der Netzwerk-Sauerstoffionen für die Änderung der spannungsoptischen Koeffizienten maßgebend ist, die Differenz zwischen den berechneten spannungsoptischen Koeffizienten – ausgehend vom reinen Quarzglas als Grundglas – und den experimentell ermittelten Werten bestimmt.

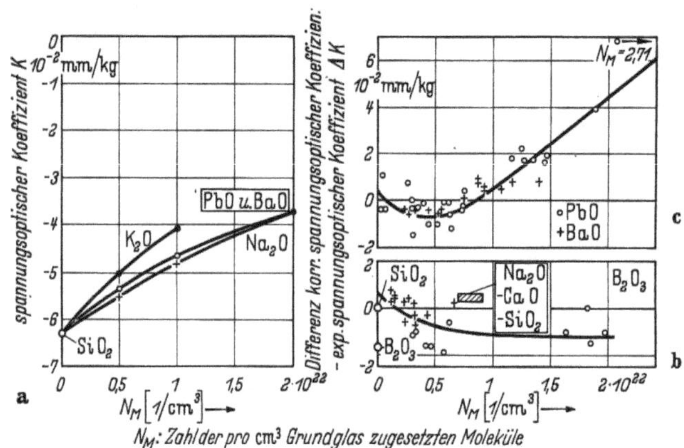

Abb. 2a. Einfluß der Volumenänderung durch Zusatzoxyde auf den spannungsoptischen Koeffizienten.

Abb. 2b. Differenz zwischen dem berechneten und dem experimentellen Wert der spannungsoptischen Koeffizienten bei Na_2O—CaO—SiO_2- und B_2O_3—SiO_2-Gläsern.

Abb. 2c. Differenz zwischen dem berechneten und dem experimentellen Wert der spannungsoptischen Koeffizienten bei PbO—SiO_2- und BaO—SiO_2-Gläsern.

Zu 2b und 2c: Unter Verwendung der Meßwerte von: Pockels, Adams u. Williamson, Balmforth u. Holland, Filon, Savur u. a

Im Falle der Na_2O–CaO–SiO_2-Gläser ergab sich eine gute Übereinstimmung, da die Differenz nahe bei Null liegt (s. Abb. 2b, schraffiertes Gebiet: 10 Gläser mit unterschiedlichem Na_2O–CaO-Verhältnis). Der Zusatz von PbO und BaO führt erst im Gebiet größerer Zusätze zu einer Abweichung im Sinne einer stärkeren Verkleinerung des Zahlenwerts der spannungsoptischen Koeffizienten als einer Verringerung der Netzwerk-Sauerstoffionen entsprechen würde. Diese größere Abweichung ist durch den Einfluß der leicht polarisierbaren Pb-Ionen zu erklären. Bei geringen Zusätzen von PbO und BaO ist der Einfluß des Netzwerks dominierend (s. Abb. 2c).

Der Zusatz des netzwerkbildenden B_2O_3 ergibt bei Anwesenheit netzwerkändernder Oxyde, insbesondere von Alkalioxyden, nur eine geringe Beeinflussung, weil sich in diesem Falle eine 4er-Koordination des Sauerstoffs um das B-Ion bildet (s. Abb. 2b, durch Kreuze gekennzeichnete Meßpunkte), während bei B_2O_3–SiO_2-Gläsern mit vernachlässigbaren Mengen anderer Oxyde eine leichte Erhöhung des Zahlenwerts des spannungsoptischen Koeffizienten eintritt, da hier eine 3er-

Koordination des Sauerstoffs um das B-Ion eine größere Deformierung des Netzwerks unter dem Einfluß der mechanischen Kräfte erlaubt (s. Abb. 2b, durch Kreise gekennzeichnete Meßpunkte).

Der spannungsoptische Koeffizient nähert sich dabei dem spannungsoptischen Koeffizienten des reinen B_2O_3-Glases (3er-Koordination des Sauerstoffs um das B-Ion), der entsprechende Wert ist auf der Ordinate durch einen Kreis gekennzeichnet. Der Nullpunkt ist in dieser Darstellung dem reinen SiO_2-Glas (4er-Koordination des Sauerstoffs um das Si-Ion) zuzuordnen.

Literatur: siehe Originalarbeit.

Benetzungseigenschaften und mechanische Festigkeit bei Glas-Metall-Verschmelzungen*)

Von

W. Weiss

Mit 2 Abbildungen

Bei der Herstellung von Glas-Metall-Verschmelzungen muß auf passende thermische Ausdehnung beider Partner sowie günstige Benetzungs- und Haftbedingungen geachtet werden. Während der ersten Forderung durch geeignete Wahl von Metall- und Glaszusammensetzung Rechnung getragen wird, sind die zur Erfüllung der zweiten Bedingung notwendigen Eigenschaften noch weitgehend unbekannt.

Die Arbeit versucht, auf rein experimenteller Grundlage eine Auskunft über die Beziehungen zwischen Benetzbarkeit von Metalloberflächen durch schmelzflüssige Gläser und der Haftfestigkeit abgetemperter Gläser auf diesen Oberflächen zu geben.

Zunächst wurden in einem evakuierbaren Ofen unter bestimmten oxydierenden und reduzierenden atmosphärischen Bedingungen auf die Metalle Platin, Wolfram und Molybdän Glaskugeln aufgeschmolzen, deren Zusammensetzung in definierter Weise geändert worden war. Der Winkel, den die Tangente der aufschmelzenden Kalotte an der Verschmelzungsfläche mit der Metalloberfläche bildet, wurde bei konstanter Temperatur in Abhängigkeit von der Zeit gemessen. Der sich nach längerer Zeit einstellende Grenzwert des Benetzungswinkels diente als Maß für die Benetzbarkeit und wurde als Funktion der Glaszusammensetzung in ein Diagramm eingetragen. Der Winkel 0 bedeutet vollständige Benetzbarkeit. Abb. 1a bis c zeigen einige Ergebnisse. Die starke Erniedrigung des Benetzungswinkels durch Erhöhung des Na_2O- und des CaO-Gehaltes im Glase geschieht in ähnlicher Weise durch alle Alkali- und Erdalkalioxyde. Ihr geht eine zunehmende Lösungstendenz von WO_3 bzw. MoO_3 im Glase parallel. Die Verschlechterung der Benetzbarkeit mit wachsendem Gehalt an B_2O_3 ist mit einer Abnahme der Lösungsfreudigkeit des Glases für MoO_3 verbunden. Die Benetzungsergebnisse zeigen keine Analogie zur Größe der Glasoberflächenspannungen: Trotz gleichen Ganges der Benetzungswinkel mit der Erhöhung des Na_2O- und CaO-Gehaltes nehmen die Oberflächenspannungen im Falle der Alkalioxyde ab, im Falle der Erdalkalioxyde aber zu. Das Verhalten der Benetzbarkeit ist also weniger auf den Einfluß der

---

*) Auszug aus der in Glastechn. Ber. 29 (1956) H. 10, S. 386—392 veröffentlichten Arbeit.

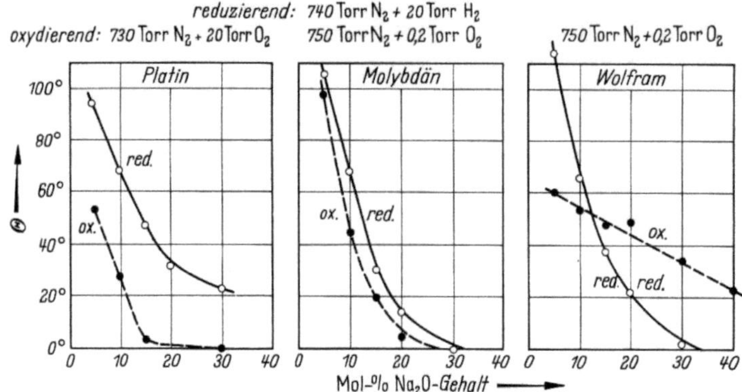

Abb. 1a. Benetzungswinkel Θ in Abhängigkeit von der Glaszusammensetzung bei 1300°C.

Glaszusammensetzung: 80 Mol% SiO₂ + Na₂O
                      18   B₂O₃
                      2   Al₂O₃

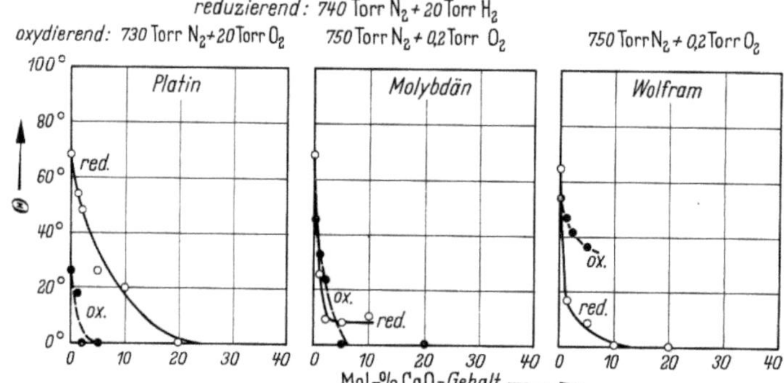

Abb. 1b. Benetzungswinkel Θ in Abhängigkeit von der Glaszusammensetzung bei 1300°C.

Glaszusammensetzung: 70 Mol% SiO₂ + CaO
                      18   B₂O₃
                      2   Al₂O₃
                      10   Na₂O

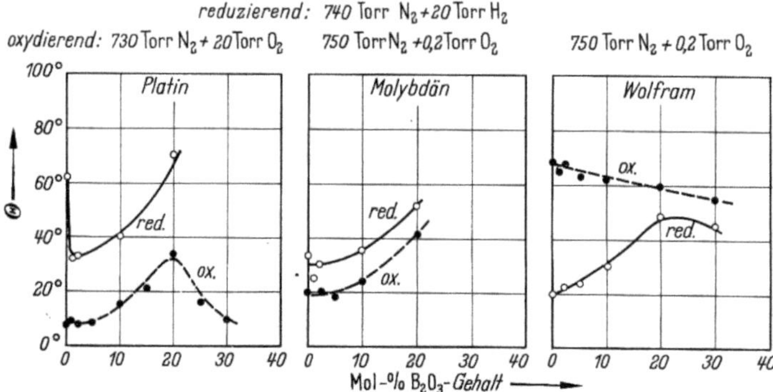

Abb. 1c. Benetzungswinkel Θ in Abhängigkeit von der Glaszusammensetzung bei 1300°C.

Glaszusammensetzung: 82 Mol% SiO₂ + B₂O₃
                      3   Al₂O₃
                      15   K₂O

Glasoberflächenspannung als vielmehr auf den der Grenzflächenspannung zwischen Glas und Metall zurückzuführen.

Die großen Unterschiede in der Benetzbarkeit legen die Frage nahe, ob die in der Praxis beobachteten Unterschiede in der Haftfestigkeit darauf zurückgeführt werden können.

Um dies zu entscheiden, wurden 10 Gläser mit solchen Zusammensetzungen erschmolzen, die starke Unterschiede in der Größe der Oberflächenspannungen und der Benetzbarkeiten erwarten ließen. Als Unterlage wurde Platin verwendet, auf dessen thermische Ausdehnung die Gläser abgestimmt worden waren. Die Verschmelzung geschah in oxydierender Atmosphäre.

Die in geeigneter Weise hergestellten Platin-Glas-Verschmelzungen wurden unter konstanten Bedingungen einem Zugversuch unterworfen. Die Zerreißfestigkeit diente als Maß für das Haftvermögen der beiden Partner aneinander.

Durch diese Versuche wurde der zunächst angenommene direkte Zusammenhang zwischen Benetzbarkeit und Haftfestigkeit nicht bestätigt; vielmehr spielt hier die Oberflächenspannung σ des Glases eine entscheidende Rolle. Das Ergebnis der Versuche ist in Abb. 2 zusammengefaßt: Bildet man aus σ (dyn/cm) und dem

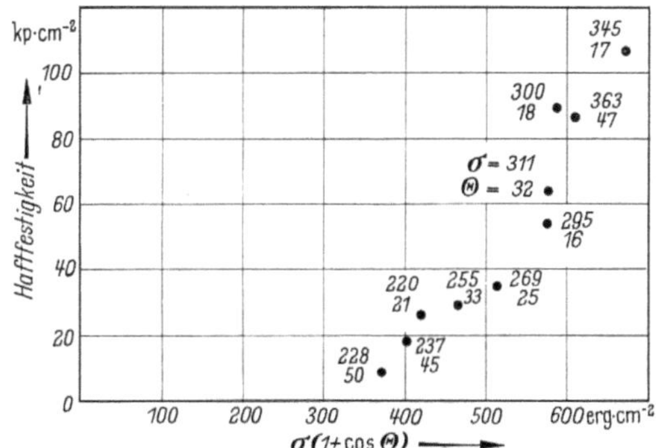

Abb. 2. Platin-Glas-Verschmelzungen bei 1300°C in oxydierender Atmosphäre.

Benetzungswinkel Θ (Grad) den Ausdruck $\sigma\,(1 + \cos\Theta)$, so steigt die Haftfestigkeit H (kp/cm²) mit dieser Größe an. Die Beziehung ergibt in doppeltlogarithmischen Koordinaten aufgetragen eine gerade Linie. Man erkennt, daß sich die Haftfestigkeiten der verschiedenen Verschmelzungen wie $1:10$ verhalten. Der mittlere Fehler der Haftfestigkeitsmessungen beträgt dagegen nur etwa $\pm\,20\,^0/_0$.

Die Größe $\sigma\,(1 + \cos\Theta)$ hat als spezifische Haftenergie eine anschauliche Bedeutung. So groß ist der aufzuwendende Energiebetrag für die Ablösung eines cm² schmelzflüssigen Glases von der Metalloberfläche. Daß diese Adhäsion bei hohen Temperaturen auch für die Haftfestigkeit bei Zimmertemperatur verantwortlich ist, ist keine selbstverständliche Tatsache.

Wegen der Angaben von Versuchsdaten und der Literatur muß auf die Originalarbeit verwiesen werden.

Beobachtungen
über Reaktionszeiten von Glasschmelzwannen*)

Von

M. Thomas

Ein Eingriff in eine laufende, größere Glasschmelzwanne ist stets eine etwas heikle Angelegenheit. Man weiß in den meisten Fällen nur wenig darüber, wie sich eine Änderung des Gemenges oder eine Änderung der Feuerführung zeitlich auswirkt. Man scheut sich daher oft, einen notwendigen Eingriff mit der nötigen Entschlossenheit und Stärke durchzuführen und kommt dann nicht zu einer schlüssigen Erkenntnis von Ursache und Wirkung.

Da auch die Literatur wenig über diese Fragen aussagt, ist es besonders wichtig, daß von möglichst vielen Seiten Beobachtungen über die praktischen Ergebnisse von Änderungen an Glasschmelzwannen mitgeteilt werden.

Beobachtungen über die Folgen von Gemengeänderungen

Wir standen vor einiger Zeit vor der Aufgabe, drei Wannen nacheinander von einem farblosen Weichglas auf ein anderes mit weitgehend gleichen physikalischen Eigenschaften (gleiche Oberflächenspannung, Viskosität $0-5\,°C$ niedriger, Dichte um $0,03\ g/cm^3$ höher), aber etwas geänderter chemischer Zusammensetzung umzustellen.

Die erste zunächst noch leere Wanne wurde zu einem Drittel mit Scherben des vorhandenen alten Glases gefüllt und dann mit Gemenge des neuen Glases vollgeschmolzen. (Wanneninhalt 90 t, Tagesdurchsatz 10 t, später 15 t.) Überraschenderweise war die Produktion vom ersten Tage an befriedigend. Die Glaszusammensetzung entsprach stets einer vollständigen Mischung der beiden Gläser. Es liegt nahe, anzunehmen, daß die gute Homogenisierung vielleicht mit dem höheren spezifischen Gewicht des oben liegenden Glases zusammenhängt.

Die zweite, bereits in Betrieb befindliche Wanne (Wanneninhalt 145 t, Tagesdurchsatz 20 t) wurde in zwei Stufen auf die neue Glaszusammensetzung umgestellt. Acht Stunden nach der ersten Gemengeeinlage trat an einer Stirnmaschine eine Homogenitätsstörung, nämlich Winden und feine Bläschen, auf, die nach ein bis zwei Tagen abklang. Die Störung griff abgeschwächt nach und nach auf jede der anderen Maschinen über. Nach etwa einer Woche produzierte die Wanne wieder einwandfrei.

In diesem Falle trat also nicht sofort vollständige Mischung ein, sondern das Oberflächenglas traf vorzeitig an den Stirnmaschinen ein. Erst dann trat, wie die weiteren Untersuchungen zeigten, vollständige Mischung ein. Dieses Ergebnis steht in Übereinstimmung mit den Literaturangaben.

Die dritte Wanne wurde nur mit Scherben gespeist, ihre Umstellung bereitete keine besonderen Schwierigkeiten.

Bei einer Durchflußwanne (Inhalt 80 t, Tagesdurchsatz 6 t) in unserem früheren Werk Weißwasser zeigte sich, daß die Wirkung von Gemengeänderungen nach etwa 2 Tagen deutlich erkennbar war, nach 6 bis 7 Tagen hatten sie sich durchgesetzt.

Bei Tageswannen hatten wir nach kleineren Gemengeänderungen bei jeder Schmelze den Eindruck, daß eine vollständige oder nahezu vollständige Mischung des Gesamtinhaltes erfolgt war.

---

*) Nach einem Vortrag, gehalten vor der Mitgliederversammlung der Hüttentechnischen Vereinigung der Deutschen Glasindustrie am 14. 10. 1953 in Augsburg.

Im Gegensatz hierzu steht ein Fall, bei dem zwei Gläser von sehr ungleicher Oberflächenspannung und sehr ungleichem spezifischem Gewicht einer Mischung hartnäckigen Widerstand entgegensetzten. Eine Bleiglas-Durchflußwanne (Inhalt 80 t, Tagesdurchsatz 10 t) war durch vom Oberbau ablaufendes feuerfestes Material mit Steinchen und starken Schlieren stark verunreinigt worden. Nach Abstellen des Fehlers kamen noch 10 bis 14 Tage lang in langsam größer werdenden Abständen scharf abgegrenzte Posten von äußerst schlierigem Glas, die für 10 bis 15 Minuten die Produktion einer angeschlossenen Röhrenziehmaschine zu 100% verdarben. Die außerordentliche Schärfe dieser Erscheinung ist mit größter Wahrscheinlichkeit auf die sehr hohe Oberflächenspannung des Schlierenglases zurückzuführen.

Beobachtungen über die Folgen geänderter Feuerführung

Bei der oben behandelten Bleiglas-Durchflußwanne war in zwei Fällen in Abständen von einigen Wochen durch etwas schlechten Abzug das Glas mit feuerfestem Material vom Oberbau der Wanne durchsetzt worden. Nachdem die Zugverhältnisse der Wanne in Ordnung gebracht waren, konnte in beiden Fällen nach 2 Tagen wieder mit einiger Ausbeute produziert werden, nach 5 bis 6 Tagen war die Produktion gut, lediglich, wie erwähnt, durch einzelne Posten schlierigen Glases unterbrochen.

Bei einer Durchflußwanne (Inhalt 150 t, Tagesdurchsatz 20 t) ergaben sich immer wieder Störungen durch winzige feine Bläschen in der Oberflächenschicht des Glases. Sie äußerten sich darin, daß an ein oder zwei Köpfen der dem letzten Brenner benachbarten Maschinen die Glühlampenkolben auf einer Fläche von 3 bis 4 cm² mit diesen Bläschen übersät waren. An einem Novemberabend hörten die Bläschen innerhalb einer Viertelstunde auf und kamen erst in den Vormittagsstunden des nächsten Tages wieder.

Dieses Spiel wiederholte sich an den darauffolgenden beiden Tagen zur selben Zeit. Daraus mußte geschlossen werden, daß der letzte Brenner trotz seiner stark oxydierenden Einstellung doch noch den Raum vor der nächststehenden Maschine mit einem reduzierenden Schleier belegte, der eine Zersetzung von restlichem Sulfat im Glas herbeiführte. Durch die niedrigere Lufttemperatur in den Nachtstunden wurde wohl eine etwas größere Luftmenge angesaugt, so daß sie zur vollständigen Verbrennung ausreichte.

Nachdem der letzte Brenner noch stärker oxydierend eingestellt worden war, ging die Bläschenbildung am Tage zurück. Der vorliegende Fall zeigt, daß die unbeabsichtigte Änderung einer Brennereinstellung schon nach 2 bis 3 Stunden die Glasqualität beeinflussen kann.

Ergebnis

Wenn auch die Auswirkungen von Eingriffen, insbesondere bei Gemengeänderungen, sich sehr lange hinziehen, so kann man doch bei Wannen der behandelten Größe bereits relativ kurzzeitig die Auswirkungen auf die Glasqualität bei einem Eingriff erkennen.

Ist der Zustand einer Wanne unbefriedigend, so sollte man möglichst alle geeigneten Maßnahmen gleichzeitig und in starkem Maße anwenden. Ist der Zustand jedoch befriedigend und eine Änderung aus anderen Gründen erwünscht, so wird man nur wenig und nacheinander ändern, um eine eventuell eintretende Verschlechterung wieder rückgängig machen zu können.

Über die maschinelle Herstellung dünnwandiger Hohlglaskörper aus Rohr*)

Von

E. Mickley und **M. Thomas**

Mit 3 Abbildungen

Bei der maschinellen Verarbeitung von flüssigem Glas zu Hohlglaskörpern ist der Maschine in den meisten Fällen dadurch eine Grenze gesetzt, daß bei der Herstellung kleiner Hohlglaskörper sich die kleinen Posten im Maschinengang zu sehr abkühlen. Ein Aufheizen der Glasposten in der Maschine ist nicht immer möglich.

Zu den am schwierigsten herzustellenden kleinen Hohlglaskörpern gehören die dünnwandigen Gegenstände, z. B. die kleinen Glühlampenkolben, da sie sich wegen ihres geringen Gewichtes besonders stark abkühlen. Die kleinsten dünnwandigen Körper, die auf den bekannten hierfür gebräuchlichen Maschinen, der Ivanhoe-, Westlake- und Ribbonmaschine, herzustellen sind, haben unseres Wissens etwa folgende Dimensionen:

Zylindrische Kolben: 20 mm Durchmesser bei 0,8 mm Wandstärke.

Kugelkolben: 30—35 mm Kugeldurchmesser und 18 mm Halsdurchmesser bei 0,8 mm Halswandstärke.

Bei den kugelförmigen Körpern ist für die Mindestgröße ausschlaggebend der Halsdurchmesser, da das an der Maschine hängende, ziemlich zylindrische Külbel von der Größe des Halsdurchmessers in den kugelig werdenden Teil aufgeblasen werden muß; es leuchtet ein, daß Gegenstände mit einem im Vergleich zum Körperdurchmesser sehr kleinen Halsdurchmesser nicht nach diesem Verfahren hergestellt werden können.

Man ist bei der Herstellung kleinerer Gegenstände oder bei Gegenständen mit vergleichsweise engen Hälsen deshalb darauf angewiesen, vom Glasrohr auszugehen. Eine manuelle Herstellung derartiger Körper aus flüssigem Glas oder aus Rohr scheidet wegen der hohen Stückzahlen aus.

Die maschinelle Herstellung aus Rohr hat zwei Schwierigkeiten zu überwinden: erstens ist das Rohr von der Herstellung her gespannt; zweitens zeigt es unvermeidbare Dimensionsungenauigkeiten.

An dem ersten Nachteil läßt sich kaum vorbeikommen, da das Rohr wegen seiner Sperrigkeit nur in Einzelfällen entspannt werden kann; man muß also wohl oder übel gespanntes Rohr zerteilen und zur Verformung erhitzen. Die Ungenauigkeiten des Rohres bezüglich der Dimensionen machen besondere Maßnahmen erforderlich.

Schneiden der Rohre

Bei der Verarbeitung von Rohr entsteht die Frage, ob man die Rohre mit den üblichen Rohrlängen von etwa 1,30 m in die Verarbeitungsmaschinen hineingeben soll oder ob man mit kurzen Rohrstücken arbeitet. Wir halten es nach Abwägung der jedem der beiden Verfahren anhaftenden Vor- und Nachteile in vielen Fällen für richtiger, die Rohre zunächst zu schneiden und zu verschmelzen und dann die einzelnen Stücke auf abgestuften Sortierwalzen nach dem Außendurchmesser unterzusortieren. Bei diesem Verfahren ist man gewiß, nur Rohrstücke absolut gleichen Durchmessers (Unterschiede kleiner als 0,2 mm) jeweils hintereinander zur Verarbeitung zu bringen. Eine Gewichtssortierung und damit Wand-

---

*) Gekürzter Abdruck der in Glastechn. Ber. 26 (1953) H. 7, S. 197—201 veröffentlichten Arbeit.

stärkensortierung hat sich bei den sehr großen Stückzahlen an Rohrstücken praktisch noch nicht erzielen lassen.

In der Originalarbeit werden die verschiedenen beim Schneiden der Glasrohre verwendeten Verfahren ausführlich beschrieben.

Herstellung von zylindrischen Hohlglaskörpern

Bei der Herstellung von zylindrischen Hohlglaskörpern geht man von den geschnittenen und gut kalibrierten Rohren aus und verarbeitet diese als Doppelstücke in der bekannten horizontal arbeitenden Bodenformmaschine, wie sie etwa von der Fa. AMBEG hergestellt wird.

Interessanter ist die Verwendung der vielleicht nicht so bekannten kombinierten Bodenform- und Halsrollmaschine. Diese Maschine wird beispielsweise benutzt, um die kleinen Soffittenkolben für Fahrzeuglampen herzustellen. Es werden in einem Arbeitsgang gleich zwei zusammenhängende Soffittenkolbenkörper angefertigt. Gemäß Abb. 1 wird zunächst in der Mitte erhitzt, dann die Mitte eingerollt, darauf in

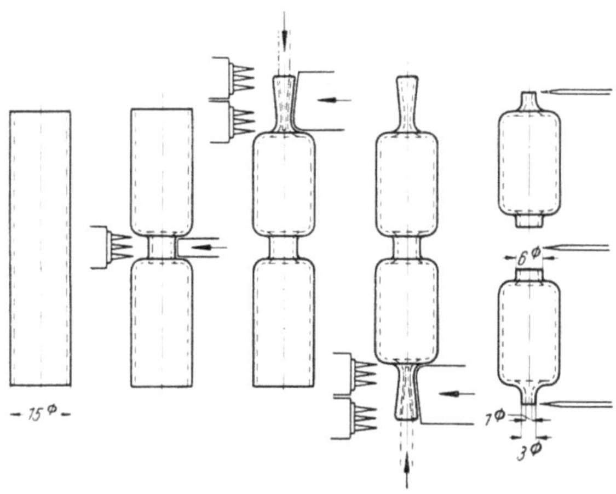

Abb. 1. Herstellung von Kolben für Autosoffittenlampen.

einem anschließenden Teil der Maschine das eine Ende zu einer Spitze mit einer Bohrung von 1 mm heruntergerollt, und schließlich nach Wenden des Körpers in einem weiteren anschließenden Teil der Maschine das zweite Ende des Körpers ebenfalls zur Spitze heruntergerollt. Bemerkenswert ist, daß man beim Herunterrollen eines Rohres von 11 bis 15 mm Außendurchmesser zu einer Spitze von 3 mm mit 1 mm Bohrung in einem Arbeitsgang wegen der starken Materialanhäufung nicht zurechtkommt. Wir haben diesen Arbeitsgang in zwei Teile zerlegen müssen. Auf diese Weise erhielten wir Spitzen, die ein nachheriges Bearbeiten in der Flamme, wie es bei der Fertigstellung der Lampe notwendig ist, ohne Sprunggefahr vertragen. Nach Fertigrollen der Glaskörper werden auf der gleichen Maschine die Spitzen durch schnellaufende Stahlscheiben auf die gewünschte Länge gebracht. In einer anschließenden Maschine werden die beiden noch zusammenhängenden Kolben in der Mitte durch ein Stahlrad geteilt und verschmolzen. Wir haben den Eindruck, daß die Kombination der Bodenform- und Rollmaschine zu diesem Maschinensatz durch ihre Leistungsfähigkeit und Genauigkeit die anderen uns bekannten Herstellungsverfahren für derartige Körper übertrifft.

Herstellung von kugelförmigen Hohlglaskörpern

Für die Verformung von Rohrstücken zu kugelförmigen Hohlglaskörpern wird man in den Fällen, in denen der Halsdurchmesser des Gegenstandes sich nicht zu sehr vom Körperdurchmesser unterscheidet, von einem Rohrdurchmesser ausgehen, welcher dem künftigen Halsdurchmesser entspricht. Dies gelingt im allgemeinen dann, wenn der Körperdurchmesser den Halsdurchmesser um nicht mehr als 100% überschreitet, weil sonst der Körper beim Aufblasen des Rohres im Vergleich zum Hals eine zu geringe Wandstärke erhält.

Die Wandstärke des Halses darf aber in den meisten Fällen bestimmte Werte (maximal 0,8 mm) nicht überschreiten, weil sonst Schwierigkeiten bei der maschinellen Weiterverarbeitung der Kolben, nämlich beim Einschmelzen, entstehen. Bei der Wandstärke des Körpers ist man an gewisse Mindestmaße (praktisch mindestens 0,4 mm) gebunden, weil sonst die Festigkeit des Körpers zu gering wird.

Die bisher gebräuchlichen Maschinen zur Herstellung derartiger Kolben arbeiten nach folgendem Verfahren: das in ein Futter eingespannte, senkrecht hängende Rohr wird am unteren Ende erhitzt; nach dem Erweichen wird es mit einer Zange ausgezogen und dadurch geschlossen. Anschließend wird das Külbel von unten gestaucht; nach weiterem Erhitzen wird das Külbel unter dauernder Drehung um seine Achse in eine feststehende Klappform eingeblasen (Abb. 2/1).

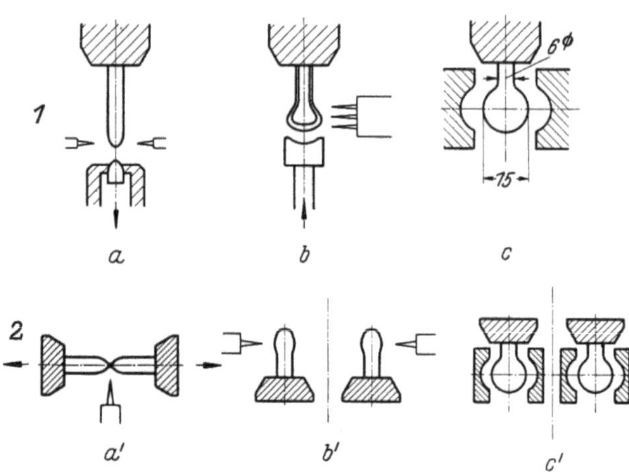

Abb. 2. Herstellung von Taschenlampenkolben
1. Bisheriges Verfahren. 2. Neues Verfahren (Prinzip-Skizze).

Ein Nachteil dieses Verfahrens liegt darin, daß durch das Gewicht des hängenden Külbels die Wandstärke leicht etwas leidet; ein weiterer Nachteil ist der, daß durch das Abziehen der Spitzen Glas verlorengeht. Beide Fehler werden in einer vollständigen Neukonstruktion der Maschine bekämpft. Bei dieser Neukonstruktion wird gemäß Abb. 2/2 ein in zwei Futter horizontal liegend eingespanntes Rohr in der Mitte erhitzt, ausgezogen und so getrennt, daß beide Enden geschlossen sind. Die beiden Hälften werden anschließend weiter erhitzt, wobei sie ein Teil dieser Erhitzung in aufrecht stehendem Zustand durchmachen. Der Sinn dieser Maßnahme ist der, die gewünschte Stauchung durch das Eigengewicht des Glases zu erzielen.

Anschließend werden die beiden Rohrenden in bekannter Weise in eine Form eingeblasen.

Mit dieser Arbeitsweise ist unseres Erachtens ein gewisser Fortschritt erzielt. Die Leistung der Maschine ist gegenüber der nach dem alten Prinzip arbeitenden Maschine um etwa 50% gesteigert, auch die Glasersparnis (etwa 30%) ist von Bedeutung. Die Leistungsfähigkeit der Maschine bei durchgehendem Betrieb beträgt etwa 800000 Zwergkolben/Monat und ist voraussichtlich auf etwa 1 Million pro Monat zu steigern.

Wesentlich schwieriger ist die Erzeugung von Kolben, deren Halsdurchmesser verhältnismäßig klein gegenüber dem Kolbendurchmesser ist. In Fällen, wo beispielsweise der Hals eines Kolbens 14 mm nicht überschreiten darf und wo der Kolbendurchmesser etwa 35 mm beträgt, ist es hoffnungslos, von Rohr mit 14 mm Durchmesser auszugehen.

Es ist unmöglich, durch mechanisches Stauchen oder durch Erhitzen des geschlossenen, aufrecht stehenden Rohres die nötige Glasmenge anzusammeln und sie gleichmäßig zu verteilen, um eine Körperwandstärke von mindestens 0,4 mm zu erzielen. Sind die Durchmesserunterschiede zwischen Körper und Hals allzu groß, so wird man zweckmäßig einen Rohrdurchmesser verwenden, der zwischen Hals- und Körperdurchmesser liegt. Nach unseren Erfahrungen ist es zweckmäßig, ihn etwa 5 mm kleiner als den größten Durchmesser des zu blasenden Kolbens zu wählen. Um nun zu dem gewünschten engen Halsdurchmesser zu kommen, ist ein Erhitzen und Ausziehen mit gleichzeitigem Einrollen des Rohres notwendig. Diese Operation wird zweckmäßig auf einer der bekannten Ampullenmaschinen ausgeführt. Bei der Ambeg-Maschine (Abb. 3) geht man von ganzen Rohrlängen aus. Die senkrecht stehenden Rohre werden in zwei koaxial synchron miteinander laufende Zangen eingespannt und in der Mitte zwischen den Zangen erhitzt. Das

Glasrohr wird sodann durch Ziehen der unteren Zangen nach unten ausgezogen und durch eine von außen gegengeführte Formrolle auf den gewünschten Außendurchmesser des Halses heruntergeholt. Hierbei ist es zur Erreichung einer gewissen Mindestwandstärke des Halses notwendig, daß man von einem Rohr ausgeht, welches in der Wandstärke etwas stärker ist als nachher im Halse verlangt wird. Wird z. B. ein Kolben von 35 mm Körper- und 14 mm Halsdurch-

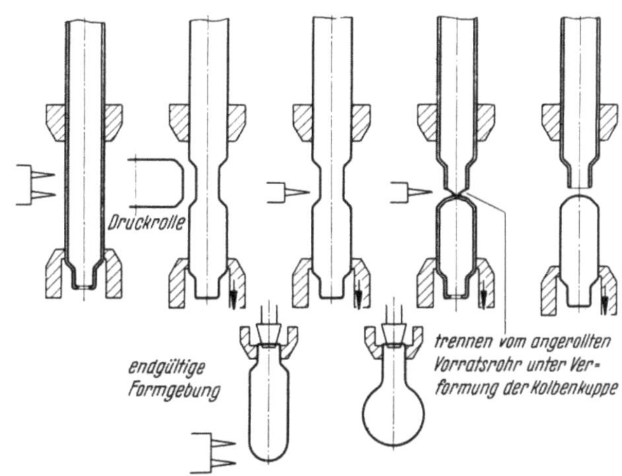

Abb. 3. Arbeitsschema zur Herstellung von Kolben mit weitem Körperdurchmesser und engem Halsdurchmesser.

messer bei einer Halswandstärke von 0,6 bis 0,8 mm gewünscht, so geht man von einem Rohr von 30 mm Außendurchmesser und 1 bis 1,2 mm Wandung aus. Man erhält dann nach Ausziehen die gewünschte Wandung des Halses von 0,6 bis 0,8 mm. Durch geeignete Einstellung der Ziehkurve erreicht man, daß der Kolben auf die gesamte Halslänge die vorgeschriebene Wandstärke erhält.

In weiteren Stellungen der Ampullenmaschine wird das Rohrstück von dem langen Glasrohr durch senkrecht zur Rohrachse stehende Sauerstoffbrenner getrennt. Hierbei wird derart verfahren, daß der untere Rohrteil durch weitere Abwärtsbewegung der unteren Zange an der Angriffsstelle des Brenners von dem oberen Rohrteil Glas abzieht. Dadurch, daß die Zugrichtung des unteren Rohrteils und die Schwerkraft sich unterstützen, zieht sich das Glas zum unteren Stück hin und bildet eine geschlossene Decke am unteren Stück, und zwar ohne merkliche Linsenbildung an der Kuppe. Das obere Rohrstück wird bei dieser Operation nicht geschlossen, weil durch das dauernde Fortziehen des Glases zum unteren Körper hin die Wandstärke am oberen Rohrstück so geschwächt wird, daß es leicht und vollkommen gleichmäßig durchschmilzt.

Die so hergestellten, geschlossenen Formkörper werden in einer normalen Kolbenblasmaschine mit hängendem Körper in die gewünschte Form geblasen. Die Bildung des Kolbenbodens bereits in der Ampullenmaschine hat den großen Vorteil, daß man die Leistung der Ausblasmaschine sehr hoch treiben kann. Außerdem ist die Materialersparnis bei großen Durchmessern durch das Schließen der Rohre in der Ampullenmaschine, welches völlig ohne jeden Glasverlust erfolgt, von beträchtlicher Bedeutung.

Die Abweichungen
von der Matthiessenschen Regel bei Wolfram und bei Blei im Temperaturbereich von 14° K—300° K*)

Von

E. Krautz und **H. Schultz**

Mit 4 Abbildungen

1. Einleitung

Der elektrische Widerstand eines Metalles wird durch Verunreinigungen und Gitterbaufehler (Leerstellen, Versetzungen usw.) erhöht. Die experimentell gefundene Regel von Matthiessen[1]) besagt, daß diese Widerstandserhöhung als ein temperaturunabhängiger Betrag additiv zum thermisch bedingten Widerstand hinzutritt, daß also gilt:

$$\varrho\,(T) = \varrho_i\,(T) + \varrho_R. \tag{1}$$

Dabei bedeutet $\varrho_i\,(T)$ den Idealwiderstand, d. h. den Widerstand des ideal reinen und fehlerfreien Metalles, der durch die Streuung von Elektronen an den thermischen Schwingungen der Gitterbausteine zustande kommt und ϱ_R den Restwiderstand, der durch die Streuung an den statischen Gitterstörungen (Fremdatome, Gitterbaufehler) hervorgerufen wird.

In den letzten Jahren sind einige Arbeiten erschienen, die sich mit den theoretisch zu erwartenden Abweichungen von der Matthiessenschen Regel beschäftigen. Kohler[2]); Sondheimer[3]); Sondheimer u. Wilson[4]).

So konnte Kohler zeigen, daß ganz allgemein in Erweiterung der Matthiessenschen Regel gilt:

$$\varrho\,(T) = \varrho_i\,(T) + \varrho_R + \triangle\,(T)$$
$$\text{mit}\ \triangle\,(T) \geq 0. \tag{2}$$

Das Zusatzglied $\triangle\,(T)$ gibt die Abweichungen von der Matthiessenschen Regel wieder, die durch die gleichzeitige Wirksamkeit der thermischen Gitterschwingungen und der statischen Gitterstörungen verursacht werden.

Genauere Aussagen über die Größe und Temperaturabhängigkeit von $\triangle\,(T)$ lassen sich nur für spezielle Modelle gewinnen. So hat Sondheimer für den Fall freier Elektronen die Abweichungen von der Matthiessenschen Regel mit Hilfe des Kohlerschen Variationsverfahrens numerisch berechnet. Für diesen Fall, der bei den einwertigen Metallen realisiert sein sollte, ergeben sich nur sehr kleine Abweichungen von der Matthiessenschen Regel.

Ganz anders liegen die Verhältnisse, wenn neben Elektronen auch Defektelektronen am Leitungsvorgang beteiligt sind, wie es bei den mehrwertigen Metallen der Fall ist. Wie Sondheimer und Wilson gezeigt haben, sind nach dem Zweibändermodell größere Abweichungen von der Matthiessenschen Regel zu erwarten, selbst wenn für jedes einzelne Band die Matthiessensche Regel angenähert gilt. Dies läßt sich nach Sondheimer und Wilson folgendermaßen einsehen:

Die Gesamtleitfähigkeit σ setzt sich im Zweibändermodell additiv aus den Beiträgen σ_1 und σ_2 der beiden Bänder zusammen:

$$\sigma = \sigma_1 + \sigma_2. \tag{3}$$

---

*) Zusammenfassung d. in Z. Naturforsch. 9a (1954) S. 125 u. Abh. Braunschweig. Wiss. Ges. 8 (1956) S. 55 veröffentlichten Arbeiten.

Andererseits soll für jedes Band einzeln die Matthiessensche Regel gelten:

$$\varrho_1 = \varrho_{i_1} + \varrho_{R_1} \qquad (4)$$
$$\varrho_2 = \varrho_{i_2} + \varrho_{R_2}$$

Es kann also nicht mehr allgemein $\varrho = \varrho_i + \varrho_R$ gelten. Vielmehr ergibt sich eine Gleichung der Form (2), wobei sich jetzt für die Abweichung $\triangle\,(T)$ eine Gleichung von folgender Art ergibt:

$$\triangle\,(T) = \beta\cdot\gamma\cdot\frac{\varrho_R\cdot\varrho_i}{\beta\cdot\varrho_R + \gamma\cdot\varrho_i}- \qquad (5)$$

Aus Gl. (5) ist ersichtlich, daß die Abweichung $\triangle$ für $T \to 0$ mit $\varrho_i \to 0$ verschwindet und für hohe Temperaturen mit $\varrho_R \ll \varrho_i$ gegen den konstanten Wert $\beta\cdot\varrho_R$ strebt.

Zur Prüfung dieser theoretischen Voraussagen haben wir die Abweichungen von der Matthiessenschen Regel experimentell an je einem Metall der 6. und 4. Spalte des periodischen Systems, nämlich an Wolfram und an Blei näher untersucht.

Die Ergebnisse dieser Untersuchungen, über die zum Teil schon ausführlicher an anderer Stelle berichtet worden ist[5, 6]), seien hier kurz zusammengestellt.

Bei der experimentellen Prüfung wurde so vorgegangen, daß die Temperaturabhängigkeit des Widerstandes einer sehr reinen Probe und der von Proben erhöhten Restwiderstandes möglichst genau gemessen und miteinander verglichen wurde, wobei man für die hochreine Probe die Abweichungen $\triangle\,(T)$ vernachlässigen kann.

Bei den Wolframproben wurden die erhöhten Restwiderstände einmal durch Gitterstörungen infolge plastischer Deformation beim Drahtziehprozeß, zum andern aber auch durch verschiedene Schwermetallzusätze erzeugt. Bei Blei wurden erhöhte Restwiderstände durch Zusatz von Indium hervorgerufen. In allen Fällen ergab sich, daß die Temperaturabhängigkeit der Abweichungen von der Matthiessenschen Regel gut durch die aus der Zweibändertheorie abgeleitete Gl. (5) wiedergegeben wird.

In Abb. 1 ist der Betrag $(\varrho_R + \triangle)/\varrho_i\,(273)$ für verschieden stark verformte W-Proben aufgetragen, in Abb. 2 ist die gleiche Größe für Pb-Proben mit unterschiedlichen In-Zusätzen wiedergegeben. Bei strenger Gültigkeit der Matthiessenschen Regel sollte sich mit $\triangle = 0$ ein temperaturunabhängiger Restwiderstand ϱ_R, also eine Parallele zur Abszisse ergeben. Die in Abb. 1 und 2 dargestellten Kurven geben die scheinbare Temperaturabhängigkeit des Restwiderstandes wieder.

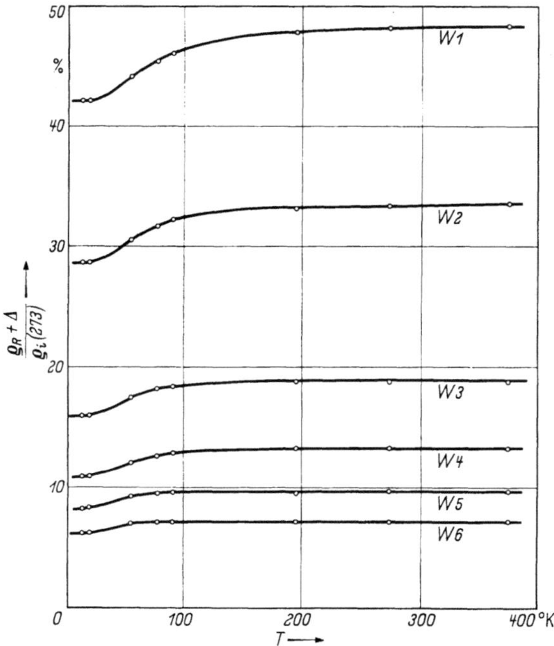

Abb. 1. Die Temperaturabhängigkeit des Restwiderstandes für verformte Wolframdrähte.

Noch deutlicher kommt der Temperaturverlauf der Abweichungen von der Matthiessenschen Regel zum Ausdruck, wenn man die Abweichung $\triangle$ *(T)* bezogen auf den Restwiderstand ϱ_R als Funktion der Temperatur aufträgt, wie es in Abb. 3 für Blei mit Zusatz von 2,5 At% In und in Abb. 4 für Wolfram mit Zusatz von 1,0 At% Ta dargestellt ist. In Übereinstimmung mit Gl. (5) verschwinden die Abweichungen mit Annäherung an $T = 0$ und erreichen für hohe Temperaturen einen Sättigungswert, der durch $\triangle/\varrho_R = \beta$ gegeben ist.

Demnach folgen also bei Blei und Wolfram die Abweichungen von der Matthiessenschen Regel den Voraussagen der Zweibändertheorie.

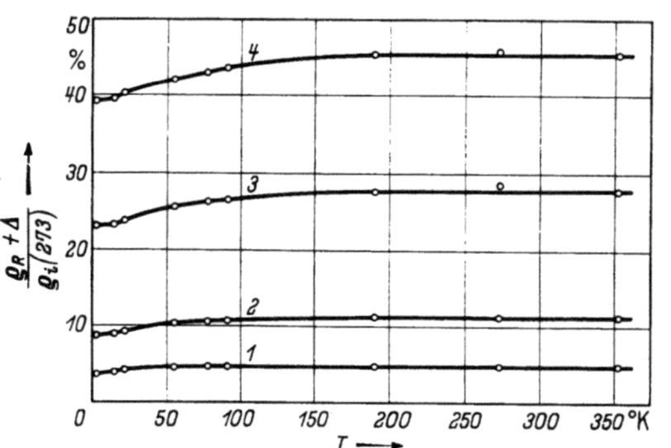

Abb. 2. Die Temperaturabhängigkeit des Restwiderstandes bei Blei mit Zusätzen von Indium.

Über die Abweichungen von der Matthiessenschen Regel bei Gold und Silber als Vertreter der einwertigen Metalle wird in einer weiteren Untersuchung berichtet[7]).

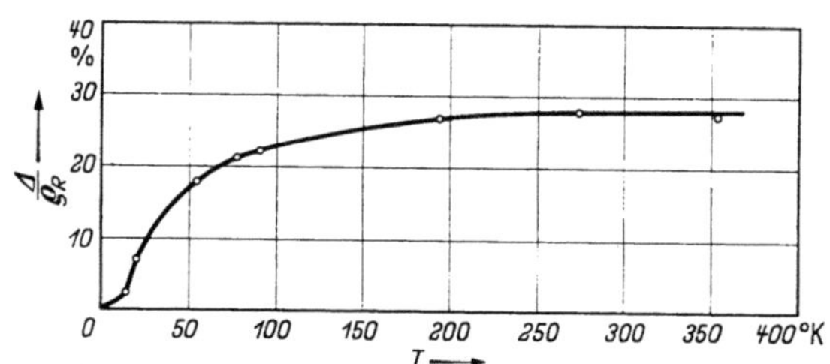

Abb. 3. Die Abweichung von der Matthiessenschen Regel $\triangle$ (T) bezogen auf den Restwiderstand ϱ_R für Blei mit Zusatz von 2,5 At% In (Probe Nr. 2 aus Abb. 2).

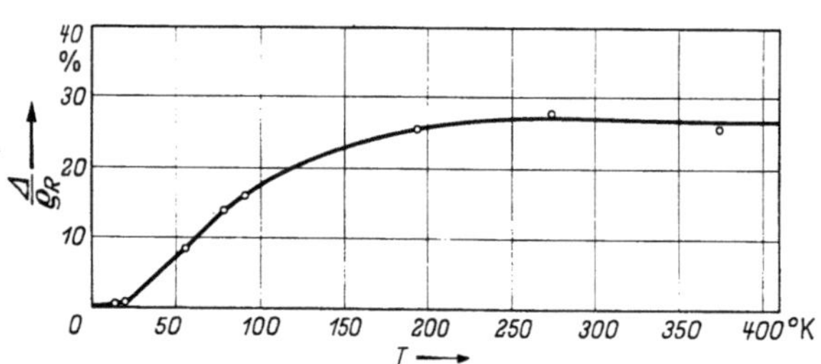

Abb. 4. Die Abweichung von der Matthiessenschen Regel $\triangle$ (T) bezogen auf den Restwiderstand ϱ_R für Wolfram mit Zusatz von 1,0 At% Ta. $[\varrho_R/\varrho_i\,(273) = 0,1575]$.

Literatur

[1]) Matthiessen, A., u. C. Vogt: Ann. Phys. Reihe 5, 2 (1864) S. 19.
[2]) Kohler, M.: Z. Phys. 126 (1949) S. 495.
[3]) Sondheimer, E. H.: Proc. Roy. Soc., Ser. A 203 (1950) S. 75.
[4]) Sondheimer, E. H., u. A. H. Wilson: Proc. Roy. Soc., Ser. A 190 (1947) S. 435.
[5]) Krautz, E., u. H. Schultz: Z. Naturforsch. 9a (1954) S. 125.
[6]) Krautz, E., u. H. Schultz: Abh. Braunschweig. Wiss. Ges. 8 (1956) S. 55.
[7]) Krautz, E., u. H. Schultz: Z. Naturforsch. 12a (1957) S. 710.

Über den Nachweis von Fremdstoffzusätzen in Wolframsinterstäben und -drähten mit Hilfe von Restwiderstandsmessungen*)

Von

E. Krautz und H. Schultz

Mit 7 Abbildungen

Inhaltsübersicht

1. Allgemeines über den Restwiderstand von Metallen

Nach der Regel von Matthiessen setzt sich der spezifische Widerstand ϱ eines Metalles aus einem temperaturabhängigen Anteil und einem temperaturunabhängigen Zusatzwiderstand ϱ_z additiv zusammen:

$$\varrho\,(T) = \varrho_i\,(T) + \varrho_z \tag{1}$$

Der temperaturabhängige Anteil $\varrho_i\,(T)$ erfaßt den Widerstandsverlauf als Funktion der Temperatur für eine ideal reine einkristalline Metallprobe. Der Zusatzwiderstand ϱ_z wird durch Verunreinigungen, Deformationen und verschiedenste Baufehler des Gitters hervorgerufen.

Für die Temperaturabhängigkeit von ϱ_i gilt, daß ϱ_i bei mittleren und höheren Temperaturen in erster Näherung proportional zu T ist, bei tiefen Temperaturen jedoch eine Proportionalität zu T^4 bis T^5 besteht, so daß ϱ_i mit Annäherung an den absoluten Nullpunkt sehr klein wird und der spez. Widerstand ϱ in diesem Falle durch den konstanten Widerstand ϱ_z bestimmt wird, der als Maß für die Verunreinigungen und Gitterstörungen des betreffenden Metalles gelten kann; ϱ_z wird daher als Restwiderstand bezeichnet. Bei einigen Metallen tritt zusätzlich zu dem hier besprochenen Temperaturverlauf des elektrischen Widerstandes bei sehr tiefen Temperaturen noch die Erscheinung der Supraleitfähigkeit auf. Von dieser Erscheinung können wir hier absehen, da bei Wolfram, auf das sich die hier mitgeteilten Untersuchungen beziehen, Supraleitfähigkeit bis herab zu etwa 0,1° K nicht beobachtet worden ist.

Bei der Anwendung von Restwiderstandsmessungen zur Bestimmung von Verunreinigungen und Gitterstörungen ist es wichtig, zunächst den Gültigkeitsbereich der Matthiessenschen Regel zu kennen. Wir haben diese Frage für Wolfram genauer untersucht und geprüft, ob Gleichung (1) in Strenge erfüllt ist. Wir haben darüber an anderer Stelle ausführlich berichtet[1]). Es zeigt sich, daß die von Matthiessen aufgestellte Regel nur als erste Näherung aufzufassen ist. Nach

---

*) Originalmitteilung.

den theoretischen Untersuchungen von Sondheimer und Wilson[2]) sowie von Kohler[3]) gilt vielmehr genauer:

$$\varrho\,(T) = \varrho_i\,(T) + \varrho_z + \varDelta\,(T) \tag{2}$$

Zur Matthiessenschen Regel (1) ist also ein Zusatzglied $\varDelta\,(T)$ hinzuzufügen, über dessen Größe und Temperaturgang in [1]) nähere Angaben gemacht sind.

Der Restwiderstand wird meist in Bruchteilen des Eispunktwiderstandes mit der Bezeichnung $\varrho_z/\varrho\,(273) = z$ angegeben. Auf diese Weise werden die geometrischen Dimensionen der Probe eliminiert.

Für die Anwendung bei höheren Temperaturen wird die Matthiessensche Regel manchmal auch in folgender Weise formuliert:

$$\alpha \cdot \varrho = \text{const.} \quad (\text{für } T = \text{const.}) \tag{3}$$

α bedeutet den Temperaturkoeffizienten des elektrischen Widerstandes. Diese Formulierung läßt sich aus (1) mathematisch ableiten, so daß Gl. (1) und Gl. (3) völlig gleichwertig sind. Gl. (3) zeigt anschaulich, daß Verunreinigungen den spezifischen elektrischen Widerstand heraufsetzen, den Temperaturkoeffizienten des elektrischen Widerstandes aber erniedrigen.

Der Temperaturkoeffizient des elektrischen Widerstandes ist häufiger zum Studium metallkundlicher Fragen herangezogen worden (s. z.B. Geiss und van Liempt[4]). Die Bestimmung des Restwiderstandes bei tiefen Temperaturen stellt aber eine sehr viel empfindlichere Methode zum Nachweis kleiner Verunreinigungen und von Gitterstörungen dar. Das läßt sich leicht einsehen, wenn man aus Gl. (1) und Gl. (3) eine Beziehung zwischen Restwiderstand und Temperaturkoeffizient des elektrischen Widerstandes herleitet:

$$\frac{\varrho_z}{\varrho\,(273)} = \left[\frac{\alpha_i - \alpha}{\alpha_i}\right]_{T\,=\,273°\,\text{K}} \tag{4}$$

$\alpha_i =$ Temperaturkoeffizient des ideal reinen Metalles.

Auf der linken Seite von Gl. (4) steht das Verhältnis des bei tiefen Temperaturen gemessenen Restwiderstandes zum Eispunktwiderstand; beide Größen lassen sich mit großer Genauigkeit bequem messen. Auf der rechten Seite von Gl. (4) steht die Differenz zweier ungefähr gleicher Größen. Bei reinen Metallen treten Restwiderstandsverhältnisse bis zu so niedrigen Werten wie $z = 10^{-3}$ bis $z = 10^{-4}$ auf; es erscheint also aussichtslos, derartig niedrige Restwiderstände etwa durch Messung des Temperaturkoeffizienten des Widerstandes bei Zimmertemperatur zu erfassen.

Bei den hier mitgeteilten Untersuchungen wurde der Restwiderstand aus Messungen bei der Temperatur des flüssigen Wasserstoffs (20° K), in einigen Fällen auch aus Messungen bei der Temperatur des flüssigen Stickstoffs (77° K) ermittelt. Die Widerstandsmessungen erfolgten mit einem 5stufigen Diesselhorst-Kompensationsapparat und Normalwiderständen. Weitere experimentelle Einzelheiten sind in [1]) angegeben.

2. Der Einfluß von plastischer Deformation im Verlaufe des Hämmerns und Ziehens auf den Restwiderstand von Wolfram

Bei der technischen Wolframdrahtherstellung werden aus Wolframpulver durch Pressen und Sintern Stäbe hergestellt, die durch Hämmern und Ziehen zu Drähten verarbeitet werden. Bei der plastischen Deformation, die das Wolfram beim Hämmern und Ziehen erfährt, entstehen Gitterstörungen (Versetzungen, Leerstellen), die ebenfalls den Restwiderstand erhöhen. Bei Wolfram ist die Restwiderstandserhöhung infolge plastischer Deformation wesentlich größer als bei den meisten anderen Metallen. So ist es möglich, bei Wolfram Restwiderstandserhöhungen bis zu 50%, bezogen auf den Eispunktwiderstand des ideal reinen Materials, durch plastische Deformation zu erzeugen und auf diese Weise mechanische Bearbeitungsprozesse sehr genau zu verfolgen. Zum Vergleich sei angegeben, daß bei Kupfer durch plastische Deformation bei Zimmertemperatur nur Restwiderstandserhöhungen von etwa 3% nachgewiesen worden sind.

Die Gitterstörungen, die durch die plastische Deformation entstehen, lassen sich durch Glühen und Rekristallisieren der verformten Proben wieder beseitigen. In Abb. 1 ist der Einfluß des Hämmerns und Ziehens auf den Restwiderstand einer Wolframprobe dargestellt. Von 5 bis 2,3 mm $\varnothing$ ist die Probe gehämmert worden, von 2,3 bis 0,2 mm $\varnothing$ als Draht gezogen worden.

Durch eine Glühung bei 1650° C geht der Restwiderstand für alle Drahtdurchmesser auf den gleichen Wert von etwa 1% zurück. Dieser Restwiderstand entspricht dem der unverformten Probe und charakterisiert im wesentlichen den Verunreinigungsgehalt der Wolframprobe. Wie wir im folgenden noch zeigen

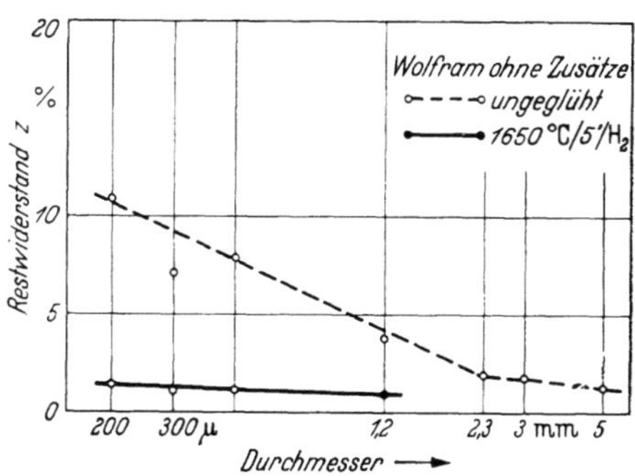

Abb. 1. Einfluß des Hämmerns und Ziehens auf den Restwiderstand von Wolfram.
Der Einfluß der plastischen Deformation wird durch eine Glühung bei 1650° C beseitigt.

werden, sind bei Wolframdrähten mit Zusätzen bestimmter Metalloxyde noch erheblich höhere Glühtemperaturen erforderlich, um den Verformungseinfluß zu beseitigen.

3. Der Einfluß von metallischen Zusätzen auf den Restwiderstand von Wolfram

Die reinsten Wolframproben lassen sich nach dem Aufwachsverfahren durch thermische Zersetzung von Wolframchlorid erhalten. Sie lassen sich sogar als Einkristalle herstellen. Für einen derartigen Einkristall wurde in früheren Untersuchungen von W. Meissner[5] ein Restwiderstand von 0,052% des Eispunktwiderstandes bestimmt. Die von uns hergestellten Aufwachseinkristalle besitzen einen noch höheren Reinheitsgrad $z = 0,014\%$. Wesentlich niedrigere Restwiderstände für Wolframproben sind bisher nicht bekanntgeworden. Diese sehr niedrigen verbleibenden Restwiderstandswerte bei den reinen Aufwachskristallen sind sicherlich durch letzte Spurenverunreinigungen und durch Gitterbaufehler bedingt, die beim Wachstumsvorgang der Kristalle entstehen.

Wolframproben, die aus recht reinem Metallpulver durch Sintern hergestellt worden sind, zeigen Restwiderstandswerte von $z = 0,3{-}0,5\%$. An derartigen

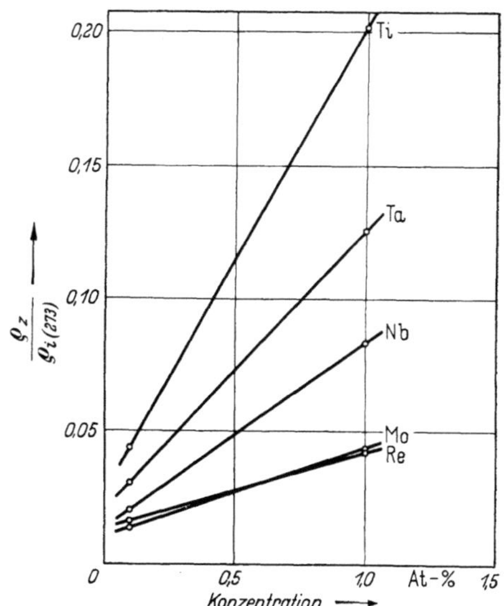

Abb. 2. Der Einfluß von Fremdmetallzusätzen auf den Restwiderstand von Wolfram.

Proben haben wir durch Zulegieren von Fremdmetallen den Einfluß von metallischen Zusätzen auf den Restwiderstand untersucht. In Abb. 2 sind einige Beispiele in einem Diagramm zusammengestellt. Aufgetragen ist ϱ_z/ϱ_i (273) $= \varrho_z/[\varrho$ (273) $- \varrho_z] = z/(1 - z)$ in Abhängigkeit von der Konzentration des Zusatzmetalles. Für kleine Zusatzkonzentrationen ist ϱ_z und damit ϱ_z/ϱ_i (273) proportional der Konzentration des Zusatzmetalles. Die Restwiderstandserhöhung pro At % Zusatzmetall ist um so größer, je weiter im periodischen System der Elemente das Zusatzmetall vom Wolfram entfernt liegt ("Norburysche Regel").

Wird das Zusatzmetall in das Wolframgitter eingebaut, so ergibt sich eine gut meßbare Restwiderstandserhöhung in Übereinstimmung mit der theoretischen Erwartung.

Die Restwiderstandserhöhung bei gleichzeitiger Wirksamkeit von metallischen Zusätzen und von plastischer Deformation ist in Abb. 3 dargestellt, wo für Wolframproben mit Zusätzen von Tantal der Anstieg des Restwiderstandes im Verlaufe des Hämmerns und Ziehens wiedergegeben ist. Man erkennt, daß, wie beim reinen Wolfram, eine Glühung bei 1650° C den Einfluß der Verformung beseitigt und der verbleibende Restwiderstand der geglühten Proben die Fremdbeimengung zum Wolfram erfaßt.

Der Anstieg des Restwiderstandes mit steigendem Deformationsgrad scheint durch den Zusatz von gitterlöslichen Fremdmetallen geringer Konzentration nicht wesentlich beeinflußt zu werden, wie der Vergleich von Abb. 1 mit Abb. 3 zeigt.

Von den in Abb. 2 angegebenen Wolframproben mit gitterlöslichen metallischen

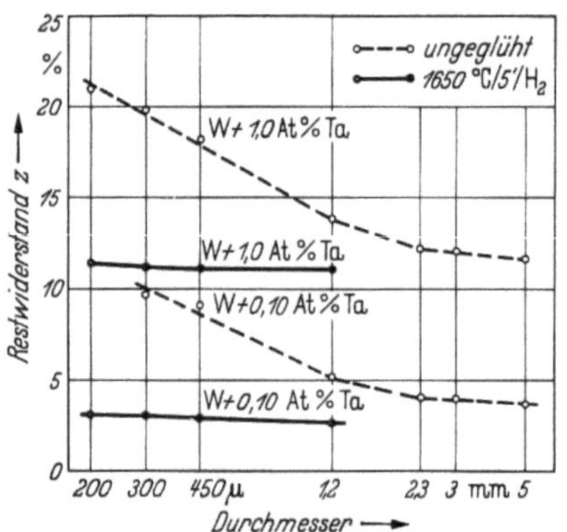

Abb. 3. Einfluß des Hämmerns und Ziehens auf den Restwiderstand von Wolfram mit Zusätzen von Tantal.

Zusätzen haben wir das Rekristallisationsverhalten untersucht. Drähte von 0,2 mm ⌀ mit den angegebenen metallischen Zusätzen rekristallisierten sehr ähnlich wie Drähte aus reinem Wolfram. Bei einer Glühtemperatur von 1500 bis 1600° C war die Rekristallisation praktisch abgeschlossen. Das Gefüge zeigte kleine Kristalle, wie sie bei Drähten aus reinem Wolfram beobachtet werden.

4. Der Einfluß von oxydischen Zusätzen auf den Restwiderstand von Wolfram

Der Wolframdraht erhält zur Verwendung als Glühlampendraht Zusätze von K_2O und SiO_2 ("NS-Draht") oder Zusätze von K_2O, SiO_2 und Al_2O_3 ("BSD-Draht"). Diese Zusätze beeinflussen die Rekristallisation derart, daß sich lange, überlappende Kristalle bilden. Dies ist erwünscht, da Wendeln aus derartigen Drähten formbeständig sind.

Restwiderstandsbestimmungen an einer größeren Zahl von Wolfram-Sinterstäben, aus denen die Drähte durch Hämmern und Ziehen hergestellt werden, ergaben, daß die Alkalisilikat-Zusätze (NS-Material) keinen merklichen Einfluß auf den Restwiderstand besitzen, daß jedoch der Zusatz von Al_2O_3 (BSD-Material) eine sehr deutliche Erhöhung des Restwiderstandes bewirkt. Es ist daraus zu schließen, daß die Alkalisilikat-Zusätze nicht in nennenswertem Umfange vom Wolframgitter in fester Lösung aufgenommen werden, sondern nur als 2. Phase in sehr geringer Konzentration an Korngrenzen verbleiben können. Die starke

Beeinflussung des Restwiderstandes durch den Zusatz von Al_2O_3 deutet darauf hin, daß vermutlich Aluminium in das Wolframgitter eingebaut wird. Genauere Angaben über den Einfluß eines Zusatzes von Al_2O_3 auf den Restwiderstand von Wolfram werden im nächsten Absatz diskutiert.

Bei Wolframdrähten mit NS- oder BSD-Zusätzen steigt der Restwiderstand mit wachsendem Deformationsgrad etwa in gleicher Weise an wie bei reinen Wolframdrähten oder Wolframdrähten mit gitterlöslichen metallischen Zusätzen (Abb. 4).

Auffallende Unterschiede zwischen NS- und BSD-Drähten einerseits und Wolframdrähten ohne Zusätze andererseits zeigen sich bei der Bestimmung des Restwiderstandes nach einer Glühbehandlung.

Bei reinen Wolframdrähten und Wolframdrähten mit gitterlöslichen metallischen Zusätzen wird der Einfluß der Deformation auf den Restwiderstand nach einer Glühung bei 1600° C praktisch beseitigt. Bei Drähten aus NS- oder BSD-Material muß man wesentlich höher erhitzen, um den Deformationseinfluß auf den Restwiderstand zu beseitigen (siehe Abb. 4). Dieses Verhalten hängt mit den Rekristallisationseigenschaften dieser Drähte zusammen. Die NS- und BSD-Zusätze bewirken, daß die Rekristallisation in zwei Stufen abläuft. Bei etwa 1500° C wird zunächst das Stadium einer Primär-Rekristallisation erreicht. Das Gefüge zeigt eine vergröberte Faserstruktur, die sich im Bereich von 1500° C bis

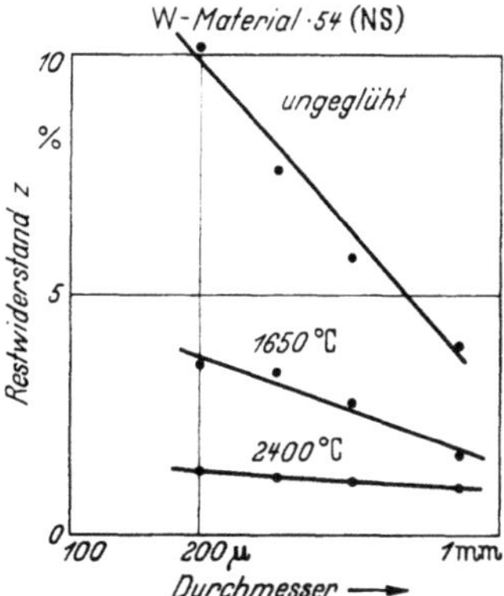

Abb. 4. Einflüsse des Ziehens und von Glühbehandlungen auf den Restwiderstand von NS-Draht (Zusätze von K_2O und SiO_2).

etwa 2000° C kaum verändert. Oberhalb von 2000° C (die genaue Temperaturschwelle hängt von der Drahtsorte und Drahtdicke ab) setzt eine Sekundärrekristallisation ein, die zur Ausbildung von Langkristallen führt. Erst wenn diese Sekundärkristallisation abgeschlossen ist, ergibt sich für den Restwiderstand wieder der Wert des unverformten Materials.

5. Spezielle Untersuchungen über Zusätze von Al_2O_3 in Wolfram

a) Der Restwiderstand von Wolfram mit Zusätzen von Al_2O_3

Die beim BSD-Material beobachteten erhöhten Restwiderstände möchten wir einer Lösung von Al im W-Gitter zuschreiben. Wir haben versucht, diese Vermutung durch ergänzende Untersuchungen zu belegen. Zu diesem Zweck wurde W-Pulver mit Al_2O_3-Pulver gemischt und zu kleinen Versuchsstäbchen ($5 \times 5 \times 50$ mm) gepreßt und gesintert. Die Versuchsergebnisse sind in Tabelle 2 zusammengestellt:

Tabelle 2. Restwiderstände von W-Sinterstäben mit und ohne Al_2O_3-Zusatz. (Die Stäbchen wurden stufenweise erhitzt, nach jeder Temperaturstufe wurde jeweils der Restwiderstand bestimmt.)

Sintertemperatur und Sinterzeit	Restwiderstand in % für W ohne Zusatz	Restwiderstand in % für W + 0,1% Al_2O_3	Restwiderstand in % für W + 1% Al_2O_3
1700°C/10 min	6,25	8,40	8,57
1800°C/10 min	5,12	8,73	9,85
1900°C/10 min	4,56	10,11	11,41
2000°C/10 min	3,63	9,87	13,22
2100°C/10 min	2,80	9,50	13,26

Bei der zusatzfreien W-Probe nimmt der Restwiderstand mit steigender Sinter-temperatur und Sinterzeit ab als Folge des Ausdampfens flüchtiger Verunreini-gungen und der zunehmenden Verdichtung des Materials. Bei den Proben mit Al_2O_3-Zusatz nimmt der Restwiderstand mit steigender Temperatur zunächst zu, was auf die mit steigender Temperatur einsetzende Reduktion des Al_2O_3 zu Al oder einem niederen Aluminiumoxyd und Einbau des Al in das W-Gitter zurück-geführt wird. Mit weiter steigender Temperatur und zunehmender Sinterzeit nimmt der Restwiderstand wieder ab, da durch das laufende Abdampfen wieder eine Verminderung des Al-Gehaltes eintritt. In etwas abgewandelter Form wurde ein derartiger Versuch wiederholt. Die Stäbchen wurden bei 1800° C vorgesintert, dann bei 2700° C hochgesintert. Die Ergebnisse sind in Tabelle 3 zusammen-gestellt:

Tabelle 3. Restwiderstand von W-Sinterstäbchen mit unterschiedlichem Zusatz von Al_2O_3-Pulver.
(Die Stäbchen wurden 10 Minuten bei 1800° C vorgesintert, anschließend 15 Minuten bei 2700° C hochgesintert.)

Probe (Zusammensetzung der Einwaage)	Restwiderstand (%)
W	1,34
W + 0,025% Al_2O_3	3,12
W + 0,05 % Al_2O_3	6,54
W + 0,1 % Al_2O_3	8,13

Die Versuche zeigen, wie empfindlich der Restwiderstand von Wolfram auf den Zusatz von Al_2O_3 reagiert.

b) Das Ausdampfen der Zusätze beim Sintern von BSD-Stäben

Da der Restwiderstand von W sehr empfindlich auf den Zusatz von Al_2O_3 reagiert, geben Restwiderstandsmessungen bei BSD-Sinterstäben eine gute Kon-trolle für den eingebauten Zusatzgehalt.

Bei der Restwiderstandsbestimmung an einer Anzahl von BSD-Sinterstäben fiel auf, daß für Sinterstäbe, die aus dem gleichen Metallpulver und unter gleichen Sinterbedingungen hergestellt waren, auch einheitliche Restwider-standswerte erhalten wurden, daß aber Sinterstäbe, die aus verschiedenen Metallpulvern stammten und die bei unterschiedlichen Sinterbedin-gungen hergestellt waren, recht beträchtliche Unterschiede im Restwiderstand zeigten (s. Tabelle 4 u. 5).

Tabelle 4. Restwiderstand von Sinterstäben, die aus dem gleichen Metallpulver (BSD 8512) unter gleichen Sinterbedingungen hergestellt worden sind.

Stab Nr.	Restwiderstand (%)	Stab Nr.	Restwiderstand (%)
1193	2,38	1206	2,46
1194	2,19	1207	2,25
1196	2,41	1208	2,44
1197	2,18	1239	2,51
1198	2,39	1240	2,42
1203	2,46	1241	2,83
1204	2,43	1242	2,45
1205	2,30	1243	2,38

Es ist zu fragen, welche Ursachen den beobachteten starken Schwankungen im Restwiderstand der in Tabelle 5 angegebenen Sinterstäben zugrunde liegen. Diese Stäbe erhielten alle den gleichen Zusatz von 0,025 % Al_2O_3, sie unterscheiden sich

aber in der **Korngrößenverteilung der Metallpulver und in den Sinterbedingungen.**

Tabelle 5. Restwiderstand verschiedener BSD-Sinterstäbe, die aus verschiedenen Metallpulvern und bei unterschiedlichen Sinterbedingungen hergestellt
waren.

Bezeichnung	Sinterstrom (Ampere)	Aufheizzeit Min.	Zeit auf Höchsttemperatur	Restwiderstand z (%)
BSD 8508	2200	36	9	7,69
BSD 8511	2300	13	17	1,59
BSD 8512	2100	13	17	3,91

Wir vermuten, daß die Unterschiede im Restwiderstand dieser Stäbe durch
verschieden starkes Ausdampfen der Zusätze beim Sinterprozeß hervorgerufen
werden. Wenn ein solches Ausdampfen der Zusätze stattfindet, so ist zu erwarten,
daß die Randzonen des Sinterstabes stärker an Zu-
sätzen verarmt sind als das Innere des Stabes. Wir
haben diese Frage durch Restwiderstandsmessungen
geprüft. Zu diesem Zweck wurde die Randzone des
Sinterstabes abgetragen und der Restwiderstand des
inneren Kernes bestimmt. Auf diese Weise läßt sich
die Verteilung der Aluminiumzusätze über den Stabquerschnitt ermitteln. Die Ergebnisse sind in Abb. 5
zusammengestellt. Es ist ersichtlich, daß ein sehr
beträchtliches Konzentrationsgefälle im Aluminiumgehalt zwischen Kern und Randzone der Sinterstäbe eintreten kann. Daß der Restwiderstandsverlauf im Innern der Sinterstäbe tatsächlich die
Konzentration des Aluminiumgehaltes wiedergibt,
wird dadurch belegt, daß Stäbe ohne Aluminiumoxydzusatz keinen Restwiderstandsanstieg zum
Stabinnern zu zeigen (s. Abb. 5, Sinterstab NS 6528)
und dieser Befund auch mikrochemisch nachgewiesen
werden konnte*). Die Alkalisilikatzusätze beeinflussen den Restwiderstand kaum, zumindest in sehr
viel geringerem Grade, so daß zunächst aus dem
Verlauf des Restwiderstandes allein noch nichts
über die Verteilung der Alkalisilikatzusätze ausgesagt werden kann. Es ist anzunehmen, daß bei

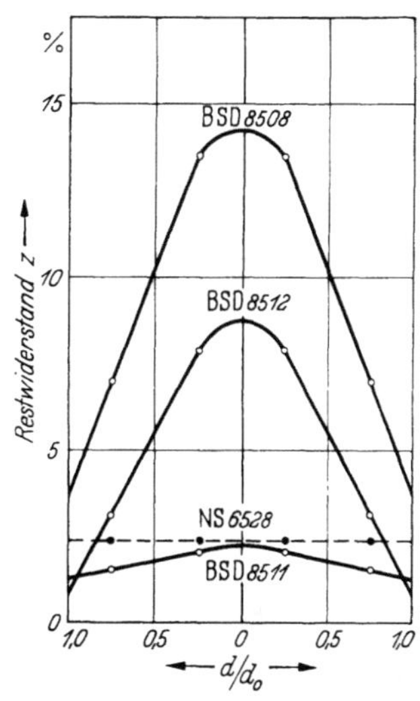

Abb. 5. Restwiderstandsverlauf im Innern von Sinterstäben. Bei BSD-Stäben
(Zusätze von K_2O, SiO_2 und Al_2O_3) steigt
der Restwiderstand zum Stabinnern hin
an.

den NS-Sinterstäben ebenso wie bei den Sinterstäben ohne Zusätze der Restwiderstandsverlauf durch schwer verdampfbare Beimengungen und Gitterstörungen bestimmt wird, die annähernd gleichmäßig über den Stabquerschnitt
verteilt sind.

c) Der Einfluß des Sinterschemas und der Korngrößenverteilung der Metallpulver auf den Restwiderstand von BSD-Stäben

Bei der Diskussion der Restwiderstandswerte verschiedener BSD-Sinterstäbe,
die aus verschiedenen Metallpulvern und bei unterschiedlichen Sinterbedingungen
hergestellt waren (s. Tabelle 5), hatten wir darauf hingewiesen, daß alle Stäbe den
gleichen Zusatz von 0,025 % Al_2O_3 erhalten haben, sich aber in der Korngrößenverteilung der Metallpulver und in den Sinterbedingungen unterscheiden. Wir

---

*) Siehe Beitrag A. DANNEIL, S. 350 in diesem Band.

wenden uns jetzt der Frage zu, welchen Einfluß die Sinterbedingungen und die Korngrößenverteilungen der Metallpulver auf den durch den Restwiderstand bestimmten Aluminiumgehalt der BSD-Sinterstäbe besitzen. Die Untersuchungen über den Einfluß des Sinterschemas sind noch nicht abgeschlossen. Ein Teilergebnis ist in Tabelle 6 angegeben.

Tabelle 6. Der Einfluß des Sinterschemas auf den Restwiderstand von BSD-Stäben.

Material	Stab Nr.	Sinterstrom (Ampere)	Zeit des Temperaturanstieges (Minuten)	Zeit auf Höchsttemperatur (Minuten)	Restwiderstand z (%)
BSD 8510	234	2200	19	17	4,76
BSD 8510	245	2200	19	17	4,75
BSD 8510	256	2200	36	9	5,16
BSD 8510	257	2200	36	9	5,30

Ein längeres Verweilen bei hoher Temperatur hat erwartungsgemäß einen niedrigeren Restwiderstand, also erhöhte Ausdampfung der Aluminiumzusätze zur Folge. Andererseits ist zu bedenken, daß ein schneller Temperaturanstig eine schnellere Verdichtung des Stabes und damit ein schnelleres Schließen der äußeren Poren und infolgedessen eine Behinderung des Ausdampfens bewirken kann. Da diese beiden Prozesse gegensinnig wirken, erklärt sich, daß die Unterschiede im Restwiderstand zwischen den beiden Sinterverfahren (Tab. 6) nicht allzu groß sind.

Für die Untersuchung des Einflusses der Korngrößenverteilung der Metallpulver wurde aus BSD-Metallpulvern unterschiedlicher Korngröße Drahtmaterial

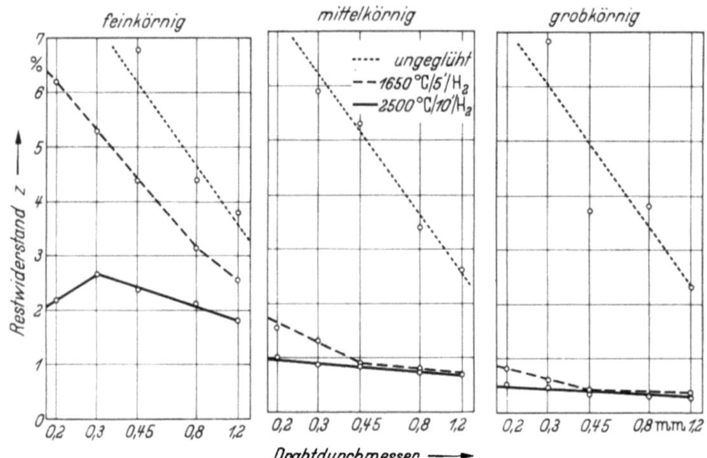

Abb. 6. Restwiderstand von W-Drähten (BSD-Material, d.h. Zusätze von K_2O, SiO_2 und Al_2O_3), die aus Metallpulvern unterschiedlicher Korngröße hergestellt worden sind.

hergestellt, dessen Restwiderstand und Rekristallisationsverhalten wir untersucht haben. Den Restwiderstandsmessungen (s. Abb. 6) sind die entsprechenden Gefügeaufnahmen zur Seite gestellt. Die Drähte aus grobkörnigen Metallpulvern rekristallisieren ähnlich wie reines zusatzfreies Wolfram. Ein Langkristalleffekt ist nicht vorhanden. Die charakteristischen Unterschiede zwischen Primär- und Sekundärrekristallisation, die üblicherweise bei Wolfram mit Zusätzen auftreten, sind ebenfalls verwischt, und der Restwiderstand dieser beiden Glühstufen (1650°C und 2500° C) unterscheidet sich nur geringfügig. Der Restwiderstand dieser Drähte ist trotz der Dotierung bemerkenswert niedrig, $z = 0,3\%$. Die Zusätze sind offenbar in diesem Falle annähernd vollständig beim Sinterprozeß ausgedampft.

Bei den Drähten aus mittel- und feinkörnigem Material liegen die Restwiderstandswerte höher, und man erkennt auf den Gefügeaufnahmen (Abb. 7) deutlich

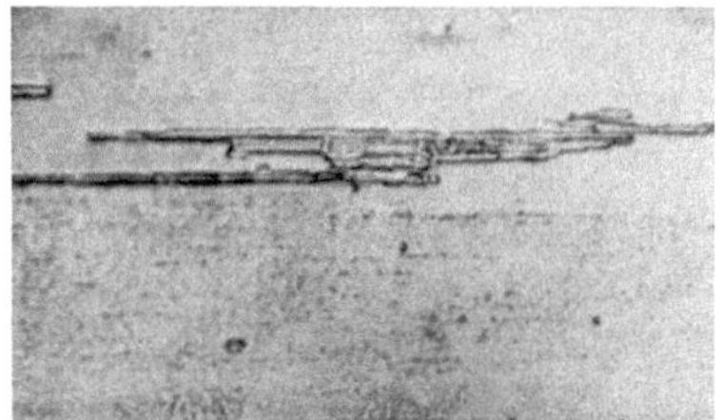

Glühtemperatur 1650° C   Glühtemperatur 2500° C
Aus feinkörnigem Metallpulver hergestellt.

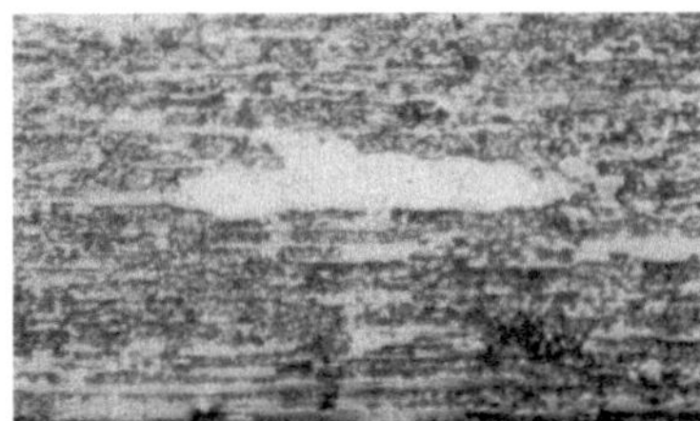
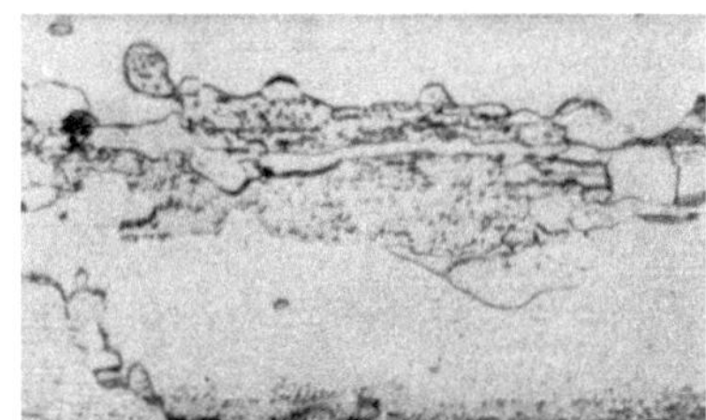

Glühtemperatur 1650° C   Glühtemperatur 2500° C
Aus Metallpulver mittlerer Korngröße hergestellt.

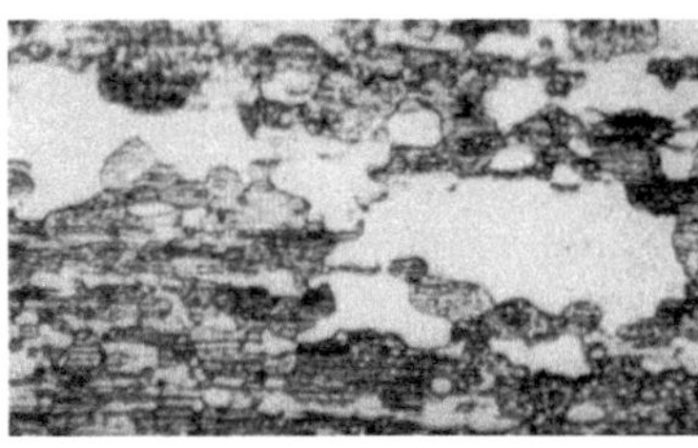
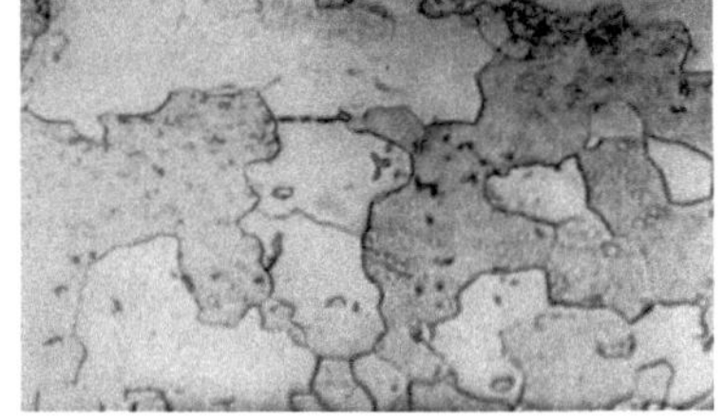

Glühtemperatur 1650° C   Glühtemperatur 2500° C
Aus grobkörnigem Metallpulver hergestellt.

Abb. 7. Rekristallisationsgefüge von W-Drähten (BSD-Material, d.h. Zusätze von K_2O, SiO_2 und Al_2O_3), die aus Metallpulvern unterschiedlicher Korngröße hergestellt worden sind. Durchmesser der Drähte 0,2 mm; Vergrößerung 300x.

den Einfluß der Zusätze an dem Auftreten einer primären und sekundären Rekristallisationsstufe. Das gleiche ist auch am Restwiderstand erkennbar. Bei den W-Drähten aus feinkörnigem Pulver ist die Konzentration der Zusätze offenbar so groß, daß die Temperatur der sekundären Rekristallisation (Langkristallbildung) so hoch liegt, daß sie bei der Glühtemperatur von 2500° C eben erst beginnt.

Aus den Ergebnissen ist ersichtlich, daß eine feinkörnige Komponente in den W-Pulvern von außerordentlicher Wichtigkeit dafür ist, daß eine hinreichende Konzentration von Zusätzen im Sinterstab verbleibt. Dieser Befund legt es nahe, anzunehmen, daß die Zusätze an der Oberfläche der Pulverkörner haften und die feinkörnigen Pulver einerseits infolge ihrer großen Oberfläche, andererseits durch schnellere Verdichtung und dadurch verminderte Ausdampfmöglichkeit beim Sintervorgang eine höhere Zusatzkonzentration im fertigen Sinterstab zur Folge haben.

6. Zusammenfassung

Der Restwiderstand von Wolfram wird durch plastische Verformung und durch gitterlösliche Fremdstoffe sehr empfindlich beeinflußt. Durch geeignete Glühbehandlungen läßt sich der Einfluß der plastischen Deformation vom Einfluß der Fremdstoffe auf den Restwiderstand trennen.

Metallische Zusätze erhöhen den Restwiderstand entsprechend der NORBURY-schen Regel um so stärker, je weiter im periodischen System der Elemente das Zusatzmetall vom Wolfram entfernt liegt, und es sich in seinen physikalischen und chemischen Eigenschaften von ihm unterscheidet.

Für die Verwendung als Glühlampendraht erhält das Wolfram Zusätze von gewissen Metalloxyden (K_2O, SiO_2 und Al_2O_3). Auf Grund der Restwiderstandsmessungen läßt sich entscheiden, welche dieser Zusätze lösliche und welche unlösliche Bestandteile im W-Gitter bilden. Zusätze von K_2O und SiO_2 beeinflussen den Restwiderstand nicht merklich. Diese Zusätze sollten also unlöslich sein und im Wolfram als 2. Phase vorliegen. Zusätze von Al_2O_3 ergeben dagegen eine sehr starke Beeinflussung des Restwiderstandes, woraus geschlossen wird, daß Aluminium nach vorausgegangener Reduktion seiner Verbindung in das W-Gitter eingebaut wird.

Die starke Beeinflussung des Restwiderstandes von Wolfram durch Zusätze von Al_2O_3 gestattet es, die Konzentration und Verteilung dieser Zusätze in W-Sinterstäben zu untersuchen. Es wird gezeigt, daß sich in den W-Sinterstäben durch beträchtliche Abdampfung der Zusätze bei den hohen Sintertemperaturen ein Konzentrationsgefälle des Al-Zusatzes vom Kern zur Randzone ausbilden kann und daß Sinterstäbe, die aus feinkörnigen Metallpulvern hergestellt sind, geringere Reinheit und einen höheren Zusatzgehalt aufweisen als Stäbe aus grobkörnigen Pulvern. Dies wird darauf zurückgeführt, daß die Zusätze zunächst an die Oberfläche der Pulverkörner gebunden sind und die feineren Körner infolge ihrer relativ größeren Oberfläche Zusätze in größeren Mengen zu binden vermögen und daß außerdem bei den feinkörnigen Pulvern eine schnellere Verdichtung beim Sintern erfolgt, so daß ein hoher verbleibender Anteil der Zusätze bei gleichen Sinterbedingungen erreicht werden kann.

Literatur

[1] KRAUTZ, E., H. SCHULTZ: Z. Naturforsch. 9a (1954), S. 125.
[2] SONDHEIMER, E. H., A. H. WILSON: Proc. Roy. Soc. (London) Ser. A 190 (1947) S. 435.
[3] KOHLER, M.: Z. Phys. 126 (1949), S. 495.
[4] GEISS, W., H. A. M. VAN LIEMPT: Z. Phys. 41 (1927), S. 867.
[5] MEISSNER, W.: In Handbuch d. Experimental-Physik. Hrsg. von W. Wien u. F. Harms. Bd. 11, 2 Leipzig (1935).

Die Zusätze bei der Wolframdrahtherstellung*)

Von

O. Herrmann in Zusammenarbeit mit H. Pfisterer**)

Mit 10 Abbildungen

A. Einleitung

Die heute allgemein übliche Einteilung der gebräuchlichen Wolframdrahttypen geht ausschließlich von den der Wolframsäure vor der Reduktion beigefügten Fremdstoffen aus. Man unterscheidet grundsätzlich zwei Drahtsorten, von denen die eine Thoriumoxyd und die andere Alkalisilikate enthält. Der letztgenannten Sorte wird vielfach auch Aluminiumoxyd zugefügt. Diese Zusätze werden in Form von Thoriumhydroxyd bzw. Kaliwasserglas der Wolframsäure (WO_3) fein verteilt beigegeben. Der durch Hämmern und Ziehen aus dem Wolframsinterstab hergestellte dünne Wolframdraht rekristallisiert erst nach dem Einbau der Wolframwendel beim Hochbrennen nach Beendigung des Fertigungsganges in der Glühlampe. Die Eigenschaften des rekristallisierten Wolframdrahtes sind für die Güte der Glühlampe maßgebend. Sie werden durch die genannten Zusätze, die vor der Reduktion dem Wolframoxyd beigemischt werden müssen, entscheidend beeinflußt. Die Wirkung der Zusätze kann z.B. durch Anwendung bestimmter Verformungsvorgänge oder Wärmebehandlungen nicht ersetzt werden.

Da der Wirkungsmechanismus der Zusätze von Interesse ist, wurden technisch reduzierte Wolframpulver in verschiedenen Reduktionsstufen und die Reduktion der Wolframsäure selbst im Elektronenmikroskop untersucht[1]). In einer neueren Untersuchung wurden der Verbleib, die Kristallstruktur und Form der Zusätze in den Zwischen- und Endprodukten durch elektronenmikroskopische Rückstandsanalysen verfolgt; über diese Untersuchungen wird im folgenden berichtet.

B. Untersuchung technisch reduzierter Wolframpulver

Um einen Überblick über Korngrößenverteilung und Kornform zu bekommen, untersuchten wir zunächst Wolframpulver verschiedenster Herstellung.

Zur Schaffung vergleichbarer Verhältnisse gingen wir von einer Sorte des reinen Ausgangsmaterials WO_3 aus.

Ein Teil blieb ohne Zusätze. Ein anderer Teil bekam Alkalisilikat (NS) und ein dritter Thoriumhydroxyd in geringen Mengen ($< 1\%$) vor der Reduktion zugesetzt. Alle drei Präparate wurden unter denselben quasitechnischen Bedingungen erst bei 650° C teilweise und dann bei höheren Temperaturen (850° C) vollständig zu metallischem Wolframpulver reduziert. Es wurde darauf geachtet, daß sich die Wasserdampfabführung bei allen drei Chargen gleich verhielt. Bekanntlich bewirkt die übermäßige Anwesenheit von Wasserdampf, der beim Reduktionsvorgang gebildet wird, schon bei der Reduktion eine unerwünschte Steigerung des Kornwachstums.

Diese drei verschiedenen Sorten wurden im Ausgangszustand, nach Teilreduktion (O_2-Gehalt bei der Probe ohne Zusätze 16,5%, O_2-Gehalt bei der Probe mit NS-Zusatz 15,5%, bei der Probe mit ThO_2-Zusatz 17,5%) und nach vollständiger Reduktion mittels elektronenmikroskopischer Abbildung auf Kornform, Korngröße und Korngrößenverteilung und mittels Elektronenbeugung auf Kristallstruktur und Phasenverteilung untersucht.

---

*) Originalmitteilung.

**) Werkstoffhauptlaboratorium der Siemens & Halske AG., Karlsruhe-Knielingen.

Aus den in Balken- bzw. Nadelform vorliegenden Ausgangskristallen des WO_3 von 2 bis 10 μ Breite und 5 bis 25 μ Länge bilden sich bei der Teilreduktion je nach Zusatz verschieden große Kristallite von reinem Wolfram und Wolframoxyd in verschiedenen Oxydationsstufen nebeneinander. Im Pulver ohne Zusatz beobachtet man neben 50 bis 100 $m\mu$ großen Wolframkörnern nur sauerstoffärmere Phasen als WO_2. Die äußere Form der Ausgangskristalle ist dabei weitgehend erhalten geblieben. Im NS-Pulver erkennt man neben Wolfram und WO_2 noch sehr feinteilige kolloidale Partikel, die bevorzugt an den nur teilweise reduzierten Kristallen gefunden und als SiO_2 angesprochen werden. Bei diesem Pulver ist eine ausgesprochene Einteilung in zwei Korngrößenklassen (50...100 $m\mu$ und 1...2 μ) eingetreten; die 1...2 μ großen Kristalle zeigen ausgeprägte Kristallformen. Bei der mit Thoriumhydroxyd versetzten Probe zeigen die Elektroneninterferenzen noch die Anwesenheit von $Th(OH)_4$ und ThO_2 neben W und WO_2 an. Das entstehende Wolfram ist sehr feinteilig.

In den vollständig reduzierten Pulvern hat in allen drei Chargen ein Kornwachstum stattgefunden, das zur weiteren Bildung von Kristallen mit ausgezeichneten Kristallformen geführt hat. Würfelförmige W-Kristalle mit 0,2 bis 2 μ Korngröße herrschen im Pulver ohne Zusätze vor. In dem Endprodukt der Charge mit NS-Zusätzen sieht man im elektronenmikroskopischen Bild zwischen den Wolframkristallen noch plättchenförmige Partikel, die nach der chemischen Analyse SiO_2 bzw. Silikate darstellen. Die Wolframkristalle (1 μ) der thorierten Probe sind mit etwa 50 $m\mu$ großen Thoriumdioxyd-Kristallen bedeckt (s. Abb. 1), welche das Verhalten des Wolframs bei der weiteren Behandlung und Verarbeitung entscheidend beeinflussen.

Abb. 1. Elektronenmikroskopische Aufnahme von Wolframoxyd mit $Th(OH)_4$-Zusätzen, vollständig reduziert zu Wolfram mit ThO_2-Kristallen bedeckt. — Vergrößerung 30000 : 1.

Vorstehend beschriebene Versuche wurden durch Reihenuntersuchungen an fabrikmäßig hergestellten Wolframpulvern mit den verschiedenen Zusätzen grundsätzlich bestätigt und durch Aufnahme von Häufigkeitskurven mit einer selbstregistrierenden Sedimentationswaage[2]) ergänzt.

C. Reduktionsablauf des WO_3 im Elektronenmikroskop

Die Veränderung von Kristallen im Elektronenmikroskop durch Elektronenbestrahlung und Einwirkung der Restgase im Mikroskop ist schon Ziel vieler Untersuchungen gewesen. Besonders die Veränderung von MoO_3 durch Elektronenbestrahlung ist von vielen Autoren untersucht und beschrieben worden. Als wesentliche Arbeiten auf diesem Gebiet seien die Arbeiten von O. Glemser und Mitarbeitern[3]) und H. König und Mitarbeitern[4]) erwähnt, in denen besonders die Struktur- und Gestaltsänderung beim Übergang von MoO_3 zu MoO_2 betrachtet wurden. Über WO_3 und seine Reduktion im Elektronenmikroskop zu metallischem Wolfram sind uns noch keine Untersuchungen bekanntgeworden.

Bei der von uns angewandten hohen Strahlstromdichte wurden die Zwischenstufen zwischen WO_3 und WO_2 sehr schnell durchschritten und infolgedessen nicht beobachtet. Im allgemeinen wurden von uns frei tragende WO_3-Kristalle beobachtet, um alle im Kontakt mit der Kollodium- bzw. Kohlehaut auftretenden Effekte zu unterdrücken. Die damit zusammenhängenden Erscheinungen wurden von A. VIDMAJER[5]) bei der Sublimation von MoO_3 im Elektronenmikroskop eingehend diskutiert, so daß hier darauf verwiesen werden kann. VIDMAJER findet stets bei der Zersetzung von MoO_3 als Endprodukt MoO_2; wir hingegen finden bei der Zersetzung von WO_2 stets metallisches Wolfram. Daneben finden wir ähnlich den Befunden bei MoO_3 an kälteren Stellen durch Sublimation verlagertes WO_x $(1 \leqq x \leqq 3)$.

Beachtenswert ist die bei der Zersetzung im Elektronenmikroskop entstehende Feinkörnigkeit, die bei technisch reduziertem Pulver nur in Zwischenstufen beobachtet wurde. Dieselbe Feinkörnigkeit entsteht bei allen Zersetzungsversuchen von WO_3 bzw. Ammoniumparawolframat im Elektronenmikroskop, unabhängig von der Art und bis zu einem gewissen Grade auch unabhängig von der Menge der NS-Zusätze. Auch die in diesen Fällen entstehenden stabilen Zwischenphasen bilden sich anscheinend in gleicher Weise wie die Zwischenphasen in den Pulvern ohne Zusätze. Diese Zusätze greifen danach offenbar nicht unmittelbar in den Reduktionsvorgang ein, sondern sind nur mittelbar an dem nach der Reduktion stattfindenden Kornwachstum beteiligt, indem sie entweder als „Quasi-Mineralisatoren" im Pulverhaufen wirken oder die Beweglichkeit der Wolframatome beeinflussen, da sie größtenteils bei den Reduktionstemperaturen in flüssigem Zustand vorliegen.

Auch die Entstehung des thorierten Wolframpulvers konnte im Elektronenmikroskop gezeigt werden; die feinteiligen Wolframkristalle sind wieder mit feinstem ThO_2 besetzt. Diese Zusätze wirken im Gegensatz zu den NS-Zusätzen offensichtlich als wachstumshemmende Inhibitoren.

D. Die Isolierung und Untersuchung
der Korngrenzsubstanz bei Wolframpulver und -draht

Aus den vorstehenden Untersuchungen geht hervor, daß die beim Herstellungsgang nicht verdampften Thoriumoxydzusätze auf den Kornoberflächen sitzen und so an den Korngrenzen ein Weiterwachsen verhindern. Die bei den mit NS-Zusätzen versehenen Pulvern noch vorhandenen Alkalisilikate schmelzen bei der Sinterung oder verdampfen teilweise. Sie bewirken über die Oberflächenenergie eine Steigerung des Kornwachstums gegenüber Pulvern ohne Zusätze. Ohne Rücksicht auf die Art und Größe der Zusätze entsteht bei der Reduktion zunächst ein sehr feinteiliges W-Pulver. In die Reduktion selbst greifen die Zusätze nicht ein. Sie wirken erst nach der Entstehung dieser feinstteiligen Wolframkristalle. Je nach Art der Beimengung kann das Wachstum der Wolframkörner gefördert oder gehemmt werden. Dieser Einfluß bleibt über alle Fertigungsgänge des Wolframdrahtes bis zur Rekristallisation der Wendeln in den Glühlampen erhalten.

Es war nun von Interesse, zu untersuchen, wie sich diese Zusätze während des Fertigungsvorganges und beim Brennen der Glühlampe in Zusammensetzung und Struktur änderten. Dazu war notwendig, die Zusätze als solche und nach Möglichkeit unverändert zu isolieren. Durch chemische und spektralanalytische Untersuchungen ist von anderen Autoren bewiesen, daß ein Teil der Zusätze noch im Wolframdraht vorhanden ist. Infolge des sehr geringen Anteils dieser Zusätze

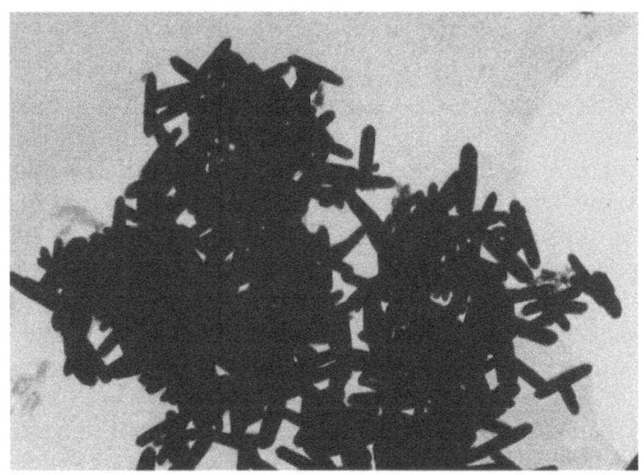

Abb. 2. Löserückstand von ungebranntem W-Draht, Aufschluß mit alkalischer Ammoniumpersulfatlösung (BaSO$_4$-Typ). — Vergrößerung 1200 : 1.

Abb. 3. Löserückstand von W-Draht mit Alkalisilikat, Aufschluß mit alkalischer Ammoniumpersulfatlösung. — Vergrößerung 7200 : 1.

Abb. 4. Rückstände von Wolframpulver mit Thoriumoxyd. — Vergrößerung 15000 : 1.

scheiden die normale chemische Bruttoanalyse, die metallographische und die einfache röntgenographische Phasenanalyse aus. Nach Isolierung und Anreicherung können die heterogenen Bestandteile unter Umständen röntgenographisch identifiziert werden. Bei Vorliegen geringster Substanzmengen hat sich die Beobachtung im Elektronenmikroskop und Identifizierung mittels Elektronenbeugung als vorteilhafte Methode erwiesen.

Zur Gewinnung der Rückstände wurden die Wolframproben entweder mittels alkalischer Ammoniumpersulfat-Lösung oder mittels Perhydrol gelöst und die verbleibenden oxydischen Rückstände nach Auswaschung durch Zentrifugieren gewonnen.

Rückstände folgender Proben wurden untersucht:

1. Wolframpulver.
2. Karburierte Wolframpulver.
3. Nicht rekristallisierte Wolframdrähte.
4. Rekristallisierte Wolframdrähte mit gestörtem und nicht gestörtem Gefüge.

Beim Aufschluß aller Proben mittels Ammoniumpersulfat beobachteten wir eine nadel- bis keulenförmige Kristallart, deren Interferenzen mit denen von Bariumsulfat verträglich sind. In den Abb. 2 und 3 sind zwei verschiedene Erscheinungsformen dieser störenden Kristallart wiedergegeben. Sie ließ sich auch durch wiederholtes Auswaschen nicht völlig beseitigen. Bei der Auflösung mit Perhydrol wurde in einigen Fällen Natriumfluorid beobachtet, dessen Auftreten bei geeigneter Analysenführung verhindert werden konnte.

1. Rückstände aus Wolframpulvern

Pulver ohne Zusätze lieferten im Rückstand im Elektronenmikroskop nur geringe Fremdanteile, die aus einem kolloidalen Bestandteil (vermutlich kolloidales SiO_2) bestehen. NS-Zusätze gaben bei den W-Pulvern Rückstände, die neben den störenden obengenannten Kristallen und einem geringen kolloidalen Anteil ausgeprägte hexagonale Plättchen zeigen, wie sie in Abb. 3 zu sehen sind. Abb. 4 zeigt Rückstände, die aus W-Pulver mit Thoriumoxydzusätzen gewonnen wurden. Sie bestehen nur aus Thoriumoxyd, wie durch Elektronenbeugung eindeutig nachgewiesen werden konnte. Das Thoriumoxyd liegt sehr feinteilig vor.

2. Karburiertes Wolframpulver

Karburiertes Wolframpulver mit und ohne Zusätze wurde untersucht, um festzustellen, ob sich evtl. durch das Schmiermittel beim Drahtzug gebildete Kohlehäute auf die Beschaffenheit der Rückstände auswirken. Abb. 5 zeigt Kohlehüllen um Wolframpulverkörner ohne Zu-

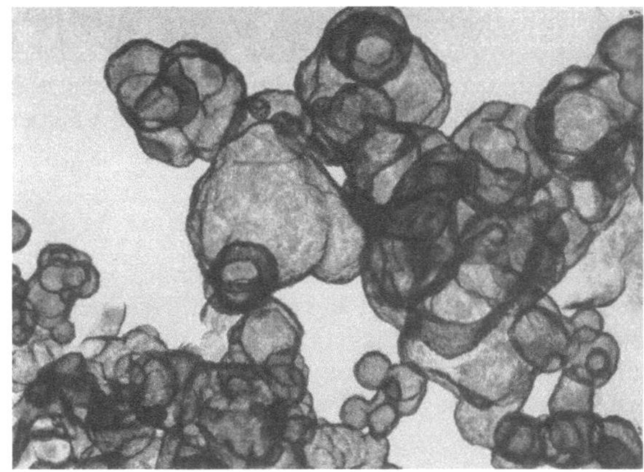

Abb. 5. Kohlehüllen karburierter W-Pulver ohne Zusätze. — Vergrößerung 7000 : 1.

Abb. 6. Rückstände von nicht rekristallisiertem W-Draht. — Vergrößerung 7000 : 1.

Abb. 7. Rückstände von nicht-rekristallisiertem Draht mit Alkalisilikat und Aluminiumoxyd. — Vergrößerung 7200 : 1.

sätze. Die rauhe Oberfläche der Wolframkristalle, die durch die Kohlehüllen wiedergegeben wird, bietet eine gute Haftmöglichkeit für alle Zusätze. In die Rückstände von Wolframdrähten eingeschleppte Kohlebestandteile müssen sich nach diesem Befund deutlich bemerkbar machen, was jedoch nicht beobachtet wurde.

3. Nicht rekristallisierte Wolframdrähte

Rückstände von NS-Drähten, die noch nicht rekristallisiert waren, geben, wie Abb. 6 zeigt, bevorzugt hexagonale Plättchen der Silikatphase und weniges kolloidales SiO_2. Die Rückstände von nicht rekristallisierten Drähten mit Alkalisilikat- und Aluminiumoxydzusatz lassen neben diesen Silikatplättchen etwa 3 bis 4 μ große, im normalen Lichtmikroskop rötlich erscheinende, ebenfalls hexa-

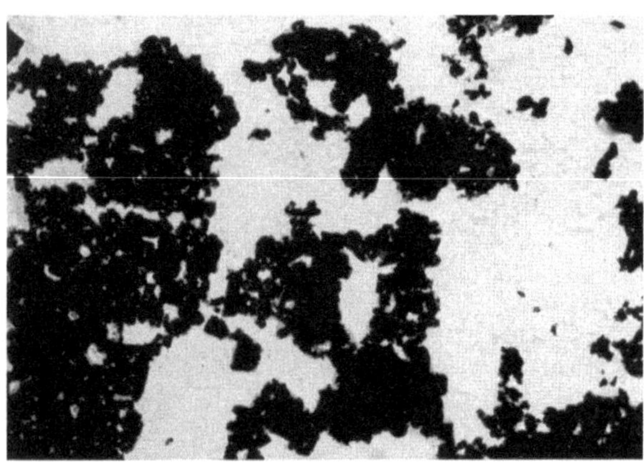

Abb. 8. Rückstände aus thoriertem Wolframdraht. — Vergrößerung 7000 : 1.

gonale Platten erkennen, die vermutlich Al_2O_3 darstellen (s. Abb. 7). Abb. 8 zeigt ein elektronenmikroskopisches Bild von Rückständen aus Wolframdraht mit Thoriumoxydzusätzen. Es sind nur Thoriumoxydkristalle zu beobachten, die starke Zusammenballungen aufweisen.

4. Rekristallisierte Drähte

Bei allen Untersuchungen wurde festgestellt, daß die Rückstände von rekristallisierten und nicht-rekristallisierten Drähten keine Unterschiede zeigen, die mit Hilfe der Untersuchungsmethode erfaßt werden können.

Während der Rekristallisation der Wolframdrähte können anwesende Fremdstoffe Störungen im Gefügebild hervorrufen. Die Abb. 9 und 10 zeigen ein ungestörtes und ein durch Anwesenheit von Sauerstoff während der Rekristallisation gestörtes Gefüge. Bei der Rückstandsgewinnung solcher Drähte wurde beobachtet, daß Drähte mit gestörtem Gefüge eine größere Menge ergaben. Die vergleichende elektronenmikroskopische Untersuchung zeigte keinen Unterschied in der Phasenzusammensetzung. Die größere Rückstandsmenge kann durch die Annahme erklärt werden, daß beim gestörten Gefüge mit seinen vielen Korngrenzen innerhalb des Drahtes die Korngrenzensubstanz fester gebunden wird, während sie beim ungestörten Gefüge von der Oberfläche leicht abdampfen kann.

Das Ergebnis der Isolierung und Untersuchung der Rückstände bei Wolframpulver und -draht läßt sich wie folgt zusammenfassen:

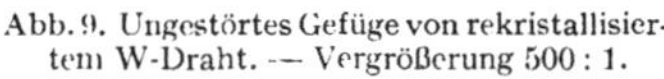
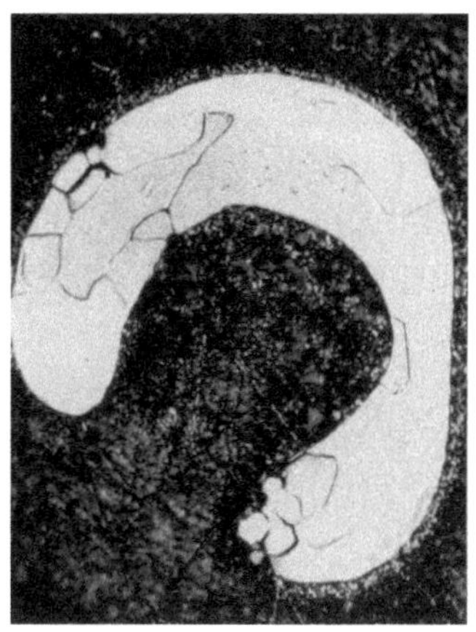

Abb. 9. Ungestörtes Gefüge von rekristallisiertem W-Draht. — Vergrößerung 500 : 1.

Abb. 10. Gestörtes Gefüge von rekristallisiertem W-Draht. — Vergrößerung 500 : 1.

Alle untersuchten Rückstände der nicht thorierten Proben sind identisch und
enthalten mindestens 3 Phasen:

1. SiO_2.

2. Ein Silikat, dessen Zusammensetzung nicht geklärt werden konnte, und

3. bei Anwesenheit von Al_2O_3 eine dritte Phase, Aluminiumoxyd.

Literatur

[1] HERRMANN, O., H. PFISTERER: Metall 8 (1954) S. 759—764.
[2] HERRMANN, O.: Techn.-wiss. Abh. Osram-Ges. 6 (1953) S. 215—219.
[3] GLEMSER, O., G. LUTZ: Kolloid-Z. 119 (1950) S. 99—102.
[4] KÖNIG, H.: Z. Phys. 130 (1951) S. 483—492.
[5] VIDMAJER, A.: Kolloid-Z. 130 (1953) S. 69—83.

Dämpfung von Wolframstäben, -drähten und -leuchtkörpern*)

Von

W. Schilling und **R. Haspel**

Mit 15 Abbildungen

Die Dämpfung von mechanischen Schwingungen wurde an Wolframdrähten, -stäben und -leuchtkörpern beobachtet. — Meßergebnisse über die Abhängigkeit der Dämpfung von der Verformungsamplitude, dem Drahtdurchmesser, der Zugfestigkeit, der Glühvorbehandlung des Drahtes sowie der Temperaturabhängigkeit im Rekristallisationsgebiet werden mitgeteilt. — Der Rekristallisationsablauf beim ersten Hochbrennen von Wolframwendeln in Glühlampen kann durch Dämpfungsmessungen beobachtet werden.

Die innere Dämpfung von Metallen bei periodischer Verformung im elastischen Bereich ist ein allgemein zu beobachtender Vorgang. — Physikalisch ist die Dämpfung von besonderem Interesse, weil die damit verbundene Energieabsorption bestimmt werden kann. Eine Entscheidung, durch welche Vorgänge die innere Dämpfung bei den mitgeteilten Messungen zustande kommt, kann bisher experimentell nicht getroffen werden.

Das log. Dekrement ϑ läßt sich aus der freien, gedämpften Schwingung nach der Beziehung

$$\vartheta = \frac{1}{n} \ln \frac{a_0}{a_n} \tag{1}$$

bestimmen, wobei a_0 die Anfangsamplitude, a_n die n-te Amplitude und n die Anzahl der Schwingungen ist.

Nach Zener[1]) ist die je Volumeneinheit und je Schwingung absorbierte Energie ΔE, bezogen auf die gesamte kinetische Energie der Schwungmasse E mit der Phasenverschiebung φ:

$$\frac{\Delta E}{E} = 2\,\pi \sin \varphi \tag{2}$$

Andererseits besteht die allgemeine Beziehung zwischen Phasenverschiebung φ und log. Dekrement ϑ:

$$\vartheta = \pi \cdot \operatorname{tg} \varphi \tag{3}$$

Aus Gln. (2) und (3) ergibt sich die Energieabsorption zu

$$\frac{\Delta E}{E} = 2\,\vartheta \, \frac{1}{\sqrt{1 + \left(\dfrac{\vartheta}{\pi}\right)^2}} \tag{4}$$

Für kleinere Werte von ϑ kann die Wurzel annähernd $= 1$ gesetzt werden. Es ergibt sich dann, daß der Energieverlust pro Schwingung dem doppelten Betrag des log. Dekrements annähernd proportional ist.

Im folgenden werden die Ergebnisse von Dämpfungsmessungen an Wolframstäben, -drähten und -leuchtkörpern mitgeteilt.

---

*) Originalmitteilung.

Abhängigkeit der Dämpfung bei 20° C von der Verformungsamplitude

Bekanntlich zeigen Metalle selbst bei kleinster Verformung im elastischen Bereich eine gewisse Dämpfung[2,3]. Diese ist über einen weiten Bereich der Verformungsamplitude nahezu konstant. Bei größeren Verformungsamplituden steigt ϑ beschleunigt an. Abb. 1 zeigt in doppeltlog. Maßstab die Dämpfung eines

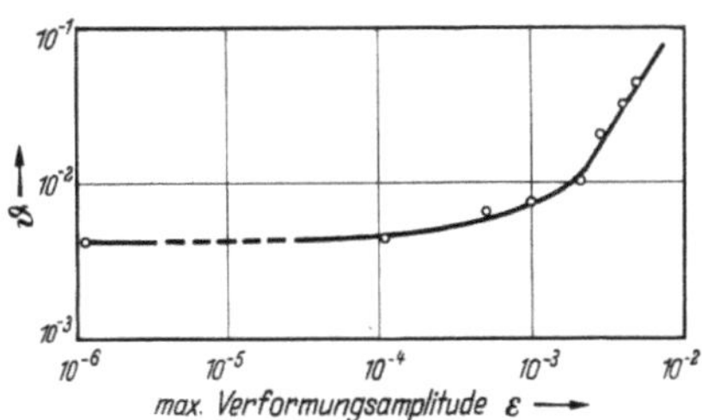

Abb. 1. Dämpfung eines 6,0 mm ⌀ Wolframhämmerstabes, Einfluß der Verformungsamplitude.

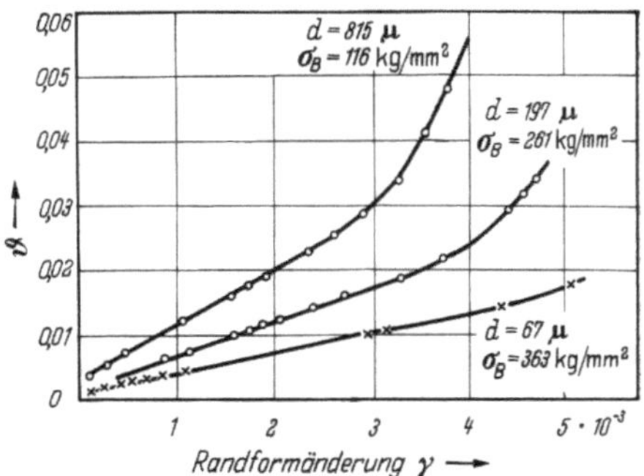

Abb. 2. Einfluß der Zugfestigkeit auf die Dämpfung*).

Wolframhämmerstabes von 6,0 mm ⌀ in Abhängigkeit von der Verformungsamplitude, beobachtet an Dehnungsschwingungen ($\nu = 22\,846$ Hz) bzw. Druckschwellschwingungen ($\nu = 180$ Hz).

Entsprechende Untersuchungen mit Torsionsschwingungen von 1 Hz an Drähten ergaben analoge Ergebnisse. Die Dämpfung in Abhängigkeit von der maximalen Verformungsamplitude im Bereich von $10^{-5}-10^{-2}$ ist daher bei 20°C weitgehend unabhängig von der Frequenz.

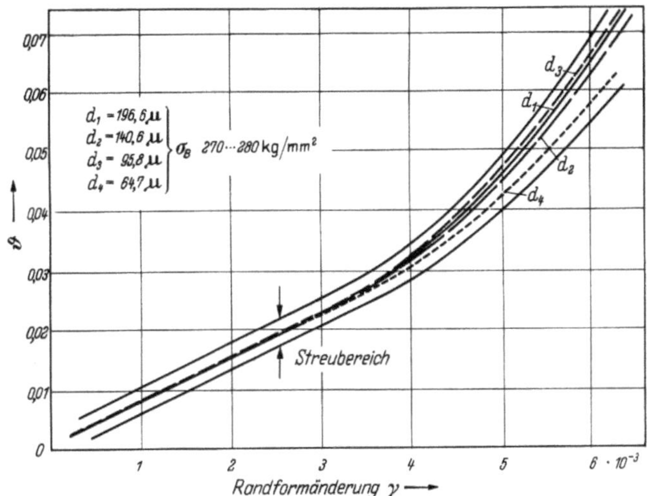

Abb. 3. Einfluß des Probendurchmessers auf den Dämpfungsverlauf*).

Einfluß der Zugfestigkeit auf die Dämpfung bei 20° C

Von drei Wolframdrähten verschiedener Zugfestigkeit und Durchmesser wurden Dämpfungskurven aufgenommen. Die Dämpfung wurde im Torsionsschwingver-

*) Aus Diplomarbeit von R. Haspel.

such mit 1 Hz bei Zimmertemperatur gemessen. Das Ergebnis zeigt Abb. 2. Der Draht mit der größeren Zugfestigkeit besitzt die niedrigere, der mit der kleineren Zugfestigkeit die größere Dämpfung.

Um nachzuweisen, daß die verschiedenen Zugfestigkeiten und nicht die damit verbundene Durchmesservariation die Ursache für die unterschiedliche Dämpfung sind, wurde der Einfluß des Drahtdurchmessers bei konstanter Zugfestigkeit überprüft. Dazu wurden vom gleichen Drahtposten 4 Drähte mit verschiedenen Durchmessern gezogen und durch Glühen zwischen 500 und 1300°C auf dieselbe Zugfestigkeit gebracht.

Aus Abb. 3 geht hervor, daß der Durchmesser praktisch keinen Einfluß auf den Dämpfungsverlauf besitzt.

Einfluß der Glühvorbehandlung auf die Dämpfung bei 20° C

Einen bedeutenden Einfluß auf den Dämpfungsverlauf in Abhängigkeit von der Verformungsamplitude besitzt die thermische Vorbehandlung des Probedrahtes. Abb. 4 zeigt bei Normaltemperatur aufgenommene Dämpfungskurven eines gezogenen Wolframdrahtes von 196 μ Durchmesser nach verschiedener Glühbehandlung.

Ungeglühter Wolframdraht besitzt bei kleinen Formänderungen eine höhere Dämpfung. Der Anstieg mit zunehmender Verformungsamplitude ist verhältnismäßig gering. Geglühter Wolframdraht liegt bezüglich ϑ im unteren Formänderungsbereich niedriger, steigt jedoch mit zunehmender Verformungsamplitude

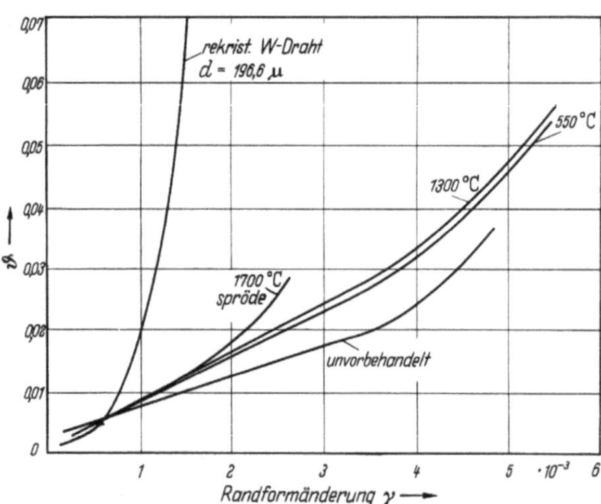

Abb. 4. Einfluß der Glühbehandlung auf die Dämpfung eines gezogenen Wolframdrahtes von 196 μ ⌀ *).

schneller an, so daß sich die Kurven des geglühten und des ungeglühten Drahtes überschneiden und somit bei größerer Verformung der geglühte Draht die höhere Dämpfung besitzt. Dies tritt besonders deutlich beim Vergleich des ungeglühten mit dem rekristallisierten Wolframdraht in Erscheinung. Der Kenntnis dieses Vorganges kommt z.B. bei der Beobachtung des Köster-Effektes**)[4] oder der Dämpfungsänderung in Verbindung mit Erholungsvorgängen besondere Bedeutung zu.

Einfluß von Spalten im Draht auf die Dämpfung

Materialfehler, wie z.B. Spalten im Draht, machen sich bekanntlich in der Dämpfung deutlich bemerkbar. In Abb. 5 ist die Dämpfung eines guten, eines spaltigen und eines stark rissigen Wolframdrahtes aufgetragen. Spalten und Risse im Draht ergeben demnach eine starke Dämpfungserhöhung.

---

*) Aus Diplomarbeit von R. Haspel.

**) Unter dem Köster-Effekt versteht man den zeitlichen Abfall der Dämpfung unmittelbar nach vorangegangener plastischer Verformung.

Abhängigkeit der Dämpfung von der Temperatur

Die Veränderung der Dämpfung während der Rekristallisation ist offenbar bei Metallen eine allgemein zu beobachtende Erscheinung. So besteht im Temperaturgebiet der Rekristallisation erhöhte Kriechneigung[5,6]). Als Beispiel kann aus der Glühlampenindustrie die Durchhangsneigung der Leuchtkörper beim ersten Hochbrennen angeführt werden.

Bisherige Untersuchungen über die Dämpfung im Rekristallisationsgebiet wurden an Aluminium von T. S. Kê[7,8]), an Kupfer von W. Köster, L. Bangert und W. Lang[9]) sowie an Gold von W. Köster, L. Bangert und J. Hafner[10]) durchgeführt.

Untersucht wurden die Wolframdrähte Nr. 1 und Nr. 2, die im Sinterverfahren mit nachfolgendem Hämmern und Ziehen gewonnen wurden. Draht Nr. 1 enthielt Alkalisilikatzusätze, deren Alkalikomponente im Sinterprozeß weitgehend ausdampfte und später nicht mehr nachweisbar war;

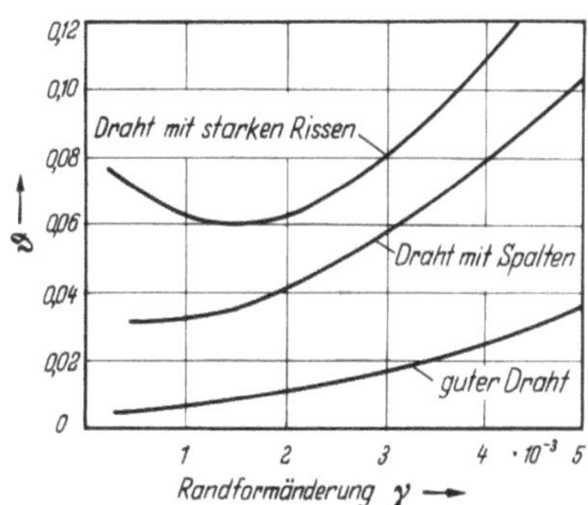

Abb. 5. Einfluß von Materialfehlern im Wolframdraht auf die Dämpfung.

der Siliziumgehalt im untersuchten Draht betrug etwa 0,01 %. Draht Nr. 2 enthielt etwa 1,8 % Thoriumdioxyd. Die bei der Torsion auftretende Schubverformung γ betrug $2 \cdot 10^{-5}$. Die Prüffrequenz lag bei $^1/_2$ bis 1 Hz. Die Meßtemperatur wurde mit Hilfe eines elektrischen Widerstandsofens oder eines Kühlzylinders eingestellt.

Da sich im Temperaturgebiet der Rekristallisation die Dämpfung mit der Zeit ändert, wurde für jede Messung eine konstante Meßzeit von 2 min festgesetzt.

Der gezogene Wolframdraht Nr. 1 zeigt im Temperaturgebiet von 113°K bis 600°K einen nahezu konstanten Verlauf der Dämpfung. Über 600°K beginnt die Dämpfung bis zum Temperaturgebiet der sekundären Rekristallisation stark anzu-

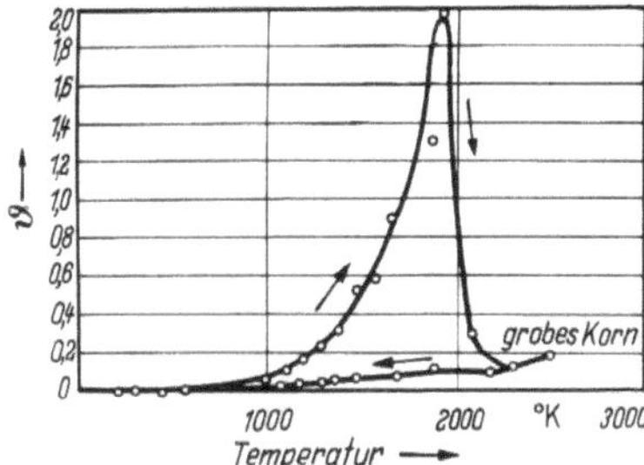

Abb. 6. Dämpfungsverlauf in Abhängigkeit von der Temperatur bei gezogenem Wolframdraht mit Alkalisilikatzusätzen von 200 μ Durchmesser $(\vartheta_{293} = 8{,}35 \cdot 10^{-3})^{11})$.

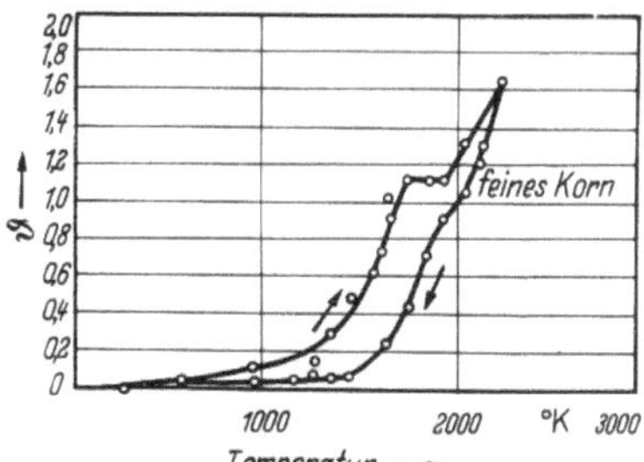

Abb. 7. Dämpfungsverlauf in Abhängigkeit von der Temperatur bei gezogenem Wolframdraht mit 1,8 % ThO₂-Zusatz von 200 μ Durchmesser $(\vartheta_{293} = 6{,}2 \cdot 10^{-3})^{11})$.

steigen und nach erfolgter Rekristallisation steil abzufallen (Abb. 6). Bei der nachfolgenden Abkühlung und erneuten Aufheizung tritt das starke Dämpfungsmaximum nicht mehr auf.

Der gezogene, thorierte Wolframdraht Nr. 2 zeigt mit steigender Temperatur eine Dämpfungszunahme (Abb. 7), die bis 1900°K der des Drahtes Nr. 1 ähnlich ist. Oberhalb 1900° ist ein weiterer Anstieg der Dämpfung zu beobachten (Hochtemperaturdämpfung). Beim Abkühlen und erneuten Aufheizen wird die untere Dämpfungskurve (Abb. 7) durchlaufen.

Bemerkenswert ist, daß Wolframdraht Nr. 1 und Nr. 2 beim ersten Aufheizen bis 1900°K im Dämpfungsverlauf ähnlich sind. Bis zu dieser Temperatur zeigen beide Drähte im Gefügebild eine Vergröberung der üblichen Faserstruktur (s. Gefügebild). Oberhalb 1900°K wird das Rekristallisationsverhalten beider Drähte völlig verschieden. Draht Nr. 1 rekristallisiert innerhalb der Meßzeit sekundär und

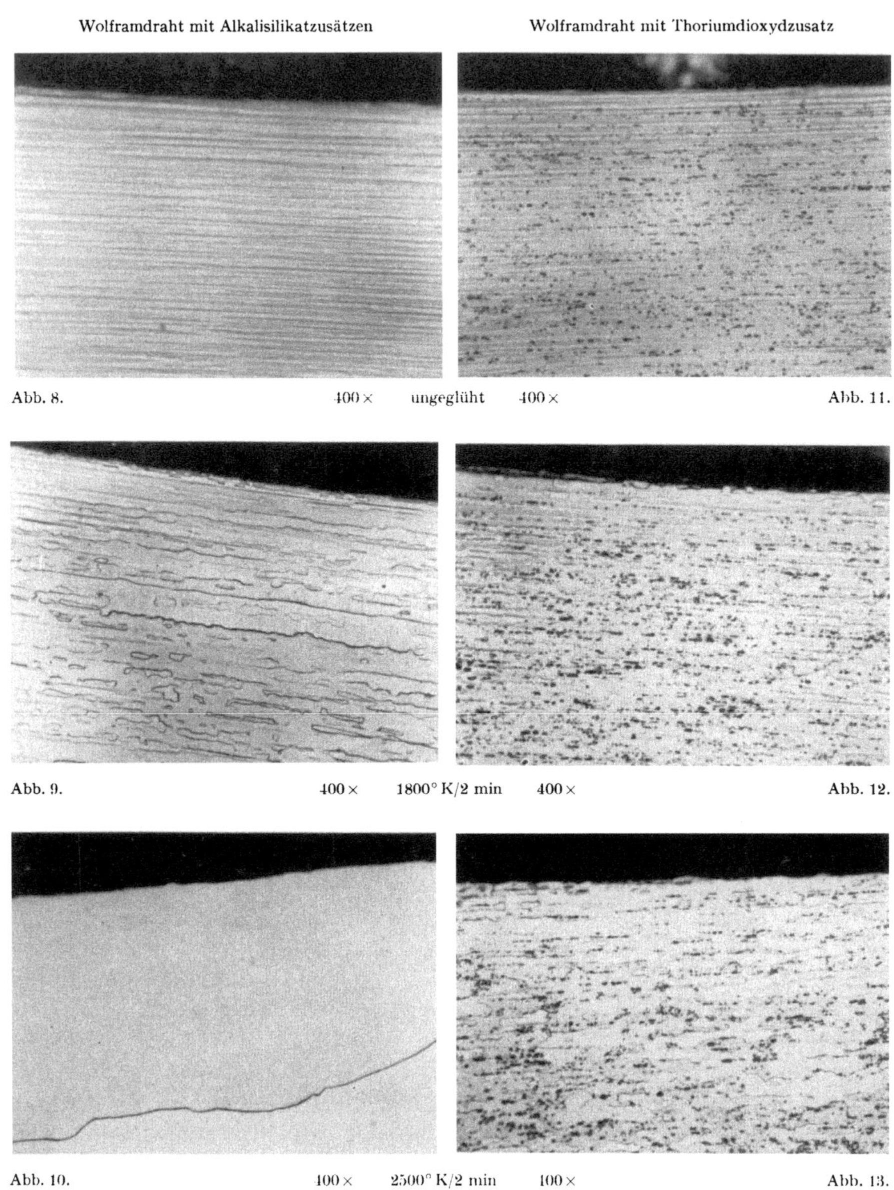

Wolframdraht mit Alkalisilikatzusätzen   Wolframdraht mit Thoriumdioxydzusatz

Abb. 8.   400×   ungeglüht   400×   Abb. 11.

Abb. 9.   400×   1800°K/2 min   400×   Abb. 12.

Abb. 10.   100×   2500°K/2 min   100×   Abb. 13.

bildet ein sehr großkristallines Gefüge, welches im Drahtquerschnitt nur ein bis zwei Kristalle aufweist. Mit Eintritt dieser Sekundärrekristallisation fällt die Dämpfung um mehr als eine Zehnerpotenz ab bis auf einen Restwert, der für das großkristalline Gefüge typisch ist. Demgegenüber wird bekanntlich beim Draht Nr. 2 durch den Thoriumdioxydzusatz die Sekundärrekristallisation unterdrückt, im Temperaturgebiet über 1900° K findet lediglich eine weitere Kornvergröberung statt. In der Dämpfungskurve des thorierten Wolframdrahtes Nr. 2 (Abb. 7) tritt der für die erhebliche Kornvergrößerung des Wolframdrahtes Nr. 1 charakteristische Steilabfall bei 1900° K nicht auf.

Bei höheren Temperaturen ist bei beiden Drähten ein Anstieg der Dämpfung zu beobachten (Hochtemperaturdämpfung). Die Dämpfung des thorierten Wolframdrahtes Nr. 2 ist bei 2200° K etwa zwanzigmal größer als die des Drahtes Nr. 1, bedingt durch die wesentlich geringere Korngröße des thorierten Drahtes. Die Dämpfungswerte oberhalb der Rekristallisationstemperatur werden demnach weitgehend durch die Korngröße des rekristallisierten Drahtes bestimmt. Diese Beobachtung ist in Übereinstimmung mit den von W. KÖSTER und Mitarbeiter[9,10]) beschriebenen Gesetzmäßigkeiten.

Zum besseren Verständnis der in Abb. 6 und 7 beschriebenen Vorgänge sind in den Abb. 8—13 Gefügeschliffe dargestellt.

Der bei etwa 1000° K gezogene Wolframdraht zeigt deutlich im Längsschliff eine Faserstruktur

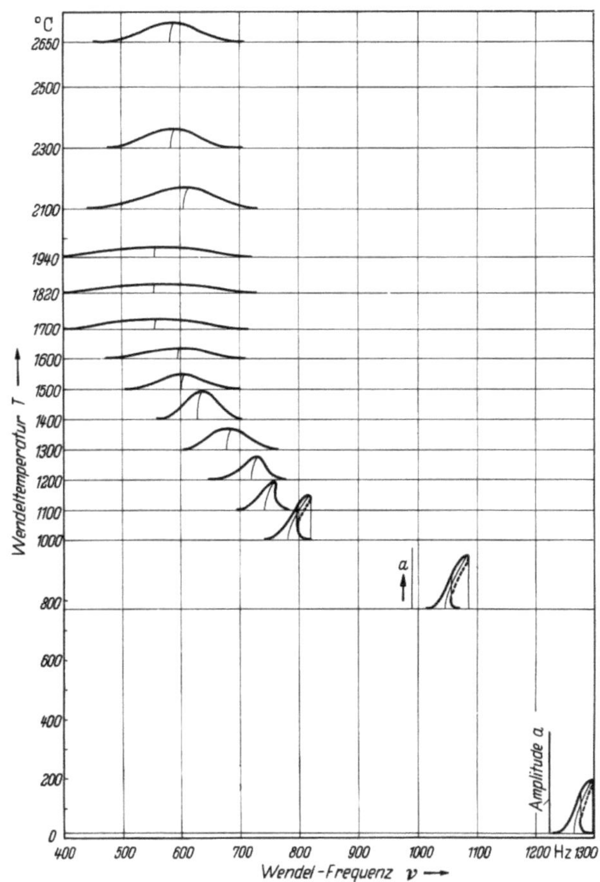

Abb. 14. Resonanzkurven einer Wolframwendel 12 V/15 W bei verschiedenen Wendeltemperaturen.

(Abb. 8). Durch eine 2-Minuten-Glühung bei 1800° K setzt Rekristallisation ein (Abb. 9). Wird der Draht 2 Minuten bei 2500° K geglüht, so hat eine sekundäre Rekristallisation stattgefunden, bei der über den ganzen Querschnitt nur noch wenige Körner vorhanden sind (Abb. 10).

Der thoriumhaltige Draht besitzt in ungeglühtem Zustand ebenfalls eine Faserstruktur (Abb. 11). Die im Schliffbild sichtbaren schwarzen Pünktchen sind Einschlüsse von ThO_2. Beim Glühen auf 1800° K/2 min tritt Rekristallisation ein (Abb. 12), jedoch bleibt bei einer höheren Glühstufe von 2500° K/2 min die Sekundär-Rekristallisation aus, weil diese in bekannter Weise durch das eingelagerte Thoriumdioxyd unterbunden wird (Abb. 13).

Dämpfungsmessungen am Leuchtkörper einer Autolampe 12 V/15 W

Die mikroskopische Beobachtung einer zu Resonanzschwingungen erregten Wendel ermöglichte eine Dämpfungsbestimmung. Durch Variation der Erregerfrequenz wurde die Resonanzkurve der Wendelgrundschwingung ausgemessen. Wie aus Abb. 14 zu ersehen, vollführt die Wendel Kippschwingungen, was die Dämpfungsermittlung erschwert.

Für das log. Dekrement gilt in guter Näherung

$$\vartheta = \frac{\pi\,\Delta v}{v_0} \cdot \frac{1}{\sqrt{\left(\dfrac{a_{max}}{a}\right)^2 - 1}} \tag{5}$$

v_0 ist die Resonanzfrequenz, Δv die gesamte Breite der Resonanzkurve bei einer meßbaren Amplitude a, a_{max} ist der Maximalwert der Amplitude.

In Abb. 14 ist in einem Doppeldiagramm die Veränderung der Resonanzkurve einer Wendel beim ersten Hochbrennen mit der Temperatur dargestellt. Im kalten Zustand sowie bei Temperaturen unterhalb 1100°C führt die Wendel ausgeprägte Kippschwingungen aus. Oberhalb 1100°C wird die Resonanzkurve so breit, daß keine Kipperscheinungen mehr auftreten. Trotzdem ist der nichtlineare Charakter der Schwingung an dem nach höheren Frequenzen verschobenen Amplitudenmaximum zu erkennen. Von 1600° bis 1940° werden die Resonanzkurven außerordentlich breit. Bei 2100° nimmt die maximale Amplitude plötzlich wieder zu.

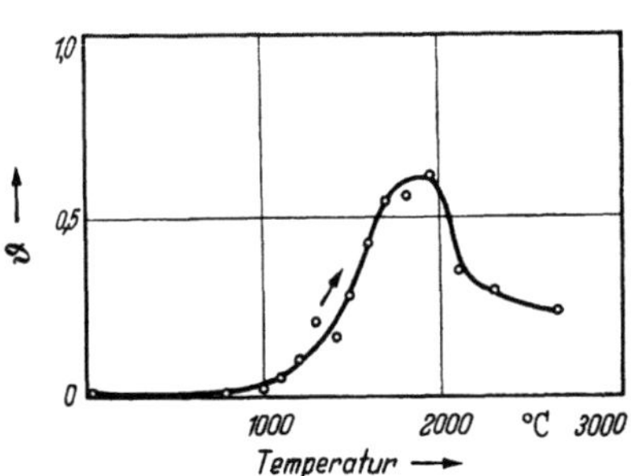

Abb. 15. Temperaturverlauf der Dämpfung einer Wendel 12 V/15 W.

Die Auswertung der Resonanzkurven liefert den in Abb. 15 dargestellten Dämpfungsverlauf mit der Temperatur. In Übereinstimmung mit den am geraden Wolframdraht ermittelten Ergebnissen steigt auch bei dem untersuchten Leuchtkörper die Dämpfung mit zunehmender Temperatur an. Im Temperaturgebiet der Rekristallisation erfolgt ein sprunghafter Abfall. Die Deutung dieser Erscheinung ist analog der für den geraden Draht im vorigen Abschnitt beschriebenen.

Literatur

[1] Zener, C.: Elasticity and Anelasticity of Metals. Chicago 1952.
[2] Lüttgerding, H., u. O. Föppl: Mitt. d. Wöhlerinst. Braunschweig (1938), H. 35.
[3] Föppl, O., R. Becker u. E. Heydekampf: Die Dauerprüfung der Werkstoffe hinsichtlich ihrer Schwingungsfestigkeit und Dämpfungsfähigkeit. Berlin: Springer 1929.
[4] Köster, W., u. K. Rosenthal: Z. Metallkde. 30 (1938) S. 345.
[5] Koref, F.: Z. techn. Phys. 7 (1926) S. 544.
[6] Becker, R.: Z. techn. Phys. 7 (1926) S. 547.
[7] Kê, T. S.: Trans. AIME 188 (1950) S. 575.
[8] Kê, T. S.: Trans. AIME 188 (1950) S. 581.
[9] Köster, W., L. Bangert u. W. Lang: Z. Metallkde. 46 (1955) S. 84.
[10] Köster, W., L. Bangert u. J. Hafner: Z. Metallkde. 47 (1956) S. 224.
[11] Schilling, W., u. R. Haspel: Z. Metallkde. 48 (1957) S. 32.

Über verschiedene Wachstumsformen des Kohlenstoffs *)

Von

A. Danneil

Mit 4 Abbildungen

Der Kohlenstoff kommt in der Natur in zwei Modifikationen vor, einmal als tetraedrisch kristallisierter Diamant, zum anderen Mal als hexagonal kristallisierter Graphit. Künstlich lassen sich noch zahlreiche Formen des Kohlenstoffs herstellen, die äußerlich sehr voneinander abweichen, helle und dunkle Spiegelflächen, gerade und gebogene Säulen und Nadeln, Perlenschnüre, watteähnliche Gebilde, wurmförmige und flügelähnliche Formen, die aber alle ein Graphitgitter besitzen. Ihre Entstehung hängt ab von der Temperatur, von der Kohlenstoffkonzentration in der beteiligten Atmosphäre und von der Beschaffenheit der Unterlage. Diese künstlichen Formen des Kohlenstoffs werden kurz behandelt.

Wohl die erste Veröffentlichung zu diesem Thema stammt aus dem Jahre 1890. P. u. L. Schützenberger[1]) erhielten beim Durchleiten von Cyan durch ein Porzellanrohr in Gegenwart von Kryolith bei etwa 800° ein graues, watteartiges Produkt, das sie als Kohlenstoff identifizierten. Im Jahre 1892 stellte W. Luzi[2]) durch Verbrennen von Leuchtgas in einem Muffelofen, in dem sich ein glasierter Porzellantiegel befand, auf den Wänden des Tiegels bei etwa 1770° einen hellsilberfarbenen Überzug dar, der sich ebenfalls als Kohlenstoff herausstellte. Um 1903 fanden C. u. H. Pelabon[3]) in Koksöfen Kohlenstoffwolle. K. A. Hofmann u. C. Röchling[4]) begannen im Jahre 1923 sich mit dem Glanzkohlenstoff zu beschäftigen und untersuchten seine Darstellungsbedingungen und seine Eigenschaften. Die umfangreichen Untersuchungen wurden bis etwa 1947 fortgesetzt[5-7]). Während dieser Zeit wurden auch von anderen Verfassern noch mehrere Arbeiten über den Kohlenstoff veröffentlicht[8,9]), und das Interesse für den Kohlenstoff fand in der Literatur bis in die neuere Zeit seinen Niederschlag[10-12]).

Die verschiedenen Untersuchungen lassen sich folgendermaßen zusammenfassen: Beim Strömen kohlenstoffhaltiger Gase oder Dämpfe durch heiße Zonen bildet sich an chemisch indifferenten Flächen Glanzkohlenstoff, wenn die Strömungsgeschwindigkeit so gering ist, daß die Ordnungsgeschwindigkeit der Kohlenstoffatome größer als deren Abscheidungsgeschwindigkeit wird. In Abhängigkeit von Temperatur und Unterlage wechselt die Farbe der Kohlenstoffschichten von silberfarben bis hochglänzend tiefschwarz oder von hellplatingrau bis mattmetallisch. Die Kristallitgröße wächst mit steigender Darstellungstemperatur. In Gegenwart gewisser Metalle oder anderer nicht indifferenter Materialien entstehen die eingangs erwähnten ungewöhnlichen Formen des Kohlenstoffs, deren Abscheidung katalytisch beeinflußt wird in dem Sinne, daß schon bei wesentlich niedrigerer Temperatur größere Kristallitbildung auftritt.

Bei der Untersuchung von Kohlenstoffabscheidungen aus der Dampfphase erhielten wir alle in der Literatur beschriebenen Formen des Glanzkohlenstoffs, die ohne Ausnahme ein Graphitgitter zeigten. Der C-Gehalt betrug zwischen 98,5 und 100 %. Daß der Kohlenstoff bis zu 10 % SiO_2 enthalten kann, wie Iley und Riley[10]) angeben, ist von uns nicht beobachtet worden, da wir die Temperatur nur in wenigen Fällen bis 1200° C gesteigert haben. Das Si dürfte wohl als SiC vorgelegen haben und die Entstehung von SiC aus Quarz in Gegenwart von Kohlenwasserstoffen erfolgt erst bei 1400—1600° C.

Wir haben weiterhin versucht, Glanzkohlenstoff auf einigen Metallen zu erzeugen.

---

*) Originalmitteilung.

Auf einer polierten Nickelfläche erhielten wir keinen Glanzkohlenstoff. Es war eine sehr dünne schwarze Oberflächenschicht entstanden, von der einzelne Stellen sich abhoben.

Gut polierte einerseits und nur gesinterte Wolframplättchen andererseits wurden im Kohlenwasserstoffstrom bei 1000° C karburiert. Die polierten Plättchen sahen danach glänzend, die gesinterten Plättchen mattgrau aus. Innerhalb des Quarzschiffchens hatten sich blanke Nadeln gebildet, die eine mattgraue Farbe annahmen, wenn sie aus dem Schiffchenraum in den Gasstrom hineinwuchsen.

Rückstrahlröntgenaufnahmen mit Cu-Kα-Strahlung zeigten, daß die polierten Plättchen weniger stark karburiert waren als die nur gesinterten. Nach einer Stunde bei 1150° C waren W-Linien, W_2C- und WC-Linien festzustellen, also war eine nur wenige μ starke C-haltige Schicht vorhanden. Nach einstündiger Karburierung bei 1200—1400° C verschwanden die W-Linien und später die W_2C-Linien, und es wurde nur noch eine WC-Schicht nachgewiesen.

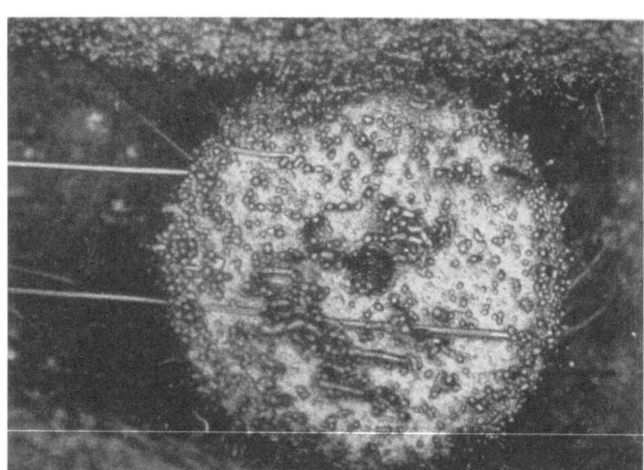

Abb. 1. Wurmartige C-Abscheidung an Wolfram (9×).

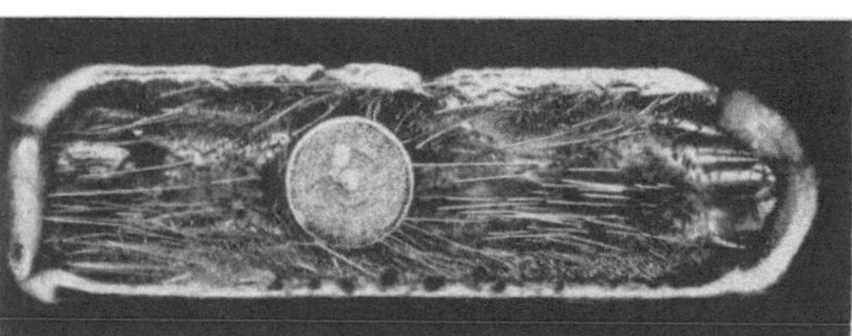

Abb. 2. C-Nadeln in Gegenwart von Wolfram (2×).

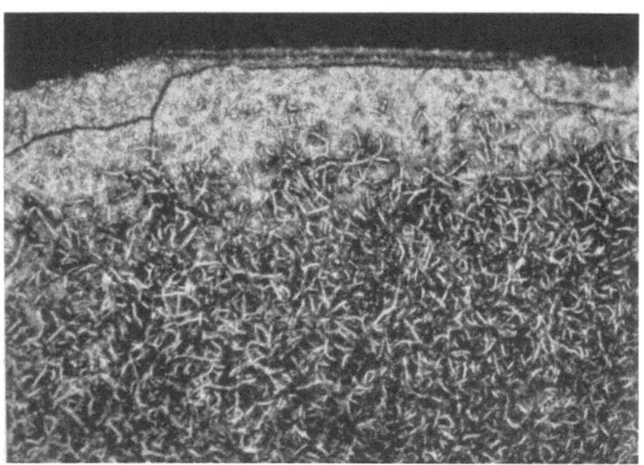

Abb. 3. Wurmförmiger C auf Co (18×).

Auf einem geschliffenen Silberstück wurde bei 800°C eine matte Kohlenstoffschicht erhalten, die unter dem Mikroskop zwar glatt, aber schwach gewellt aussah.

Auf Platinblech konnten wir hochglänzende, dünne Glanzkohlenstoffschichten erzeugen, die leicht abplatzten, was auf die verschiedenen Ausdehnungskoeffizienten zurückzuführen ist.

W. R. Davis, R. J. Slawson u. G. R. Rigby[12]) veröffentlichten im Jahre 1953 eine Arbeit über Kohlenstoff, der an eisenhaltigen Hochofensteinen in Gestalt wurmförmiger Ablagerungen neben Zementit (Fe$_3$C) und einem Eisenperkarbid (Fe$_{20}$C$_9$) entstanden war. Sie geben aber keine Gitterkonstanten an und auch nicht, wie sie die Formel des Eisenperkarbids (Fe$_{20}$C$_9$) sichergestellt haben. Aus ihren Angaben, daß es sich bei den von ihnen festgestellten Ausscheidungen um „amorphen" Kohlenstoff handelte, geht hervor, daß ein sehr feinkristalliner Kohlenstoff vorgelegen haben muß, dessen Graphitkristallit-Abmessungen 20 Å nicht überschritten haben. Die Verfasser erhielten die wurmförmigen Kohlenstoffprodukte bei 450° C. Daß solche Abscheidungen schon bei dieser niedrigen Temperatur entstehen können, für die allgemein Darstellungstemperaturen zwischen 800 und 1400° C angegeben werden, allenfalls noch herab bis zu 650° C, ist auf den katalytischen Einfluß des Eisens zurückzuführen, der schon von HOFMANN u. WILM[6]) beobachtet wurde.

Wurmförmigen Kohlenstoff haben wir auf Wolframplättchen im Quarzschiffchen bei 1000—1100° C erhalten, die einen etwa 500fach größeren Durchmesser besaßen als die von DAVIS und Mitarbeitern angegebenen, nämlich 0,1 mm (Abb. 1). Gleichzeitig traten lange, gerade und gebogene Nadeln auf (Abb. 2).

An Kobalt haben wir wesentlich kleinere wurmförmige Abscheidungen bei 1000° C erhalten, aber so zahlreich, daß sie die ganze Metallfläche bedeckten (Abb. 3). Diese Abscheidungen besaßen ein graumetallisches Aussehen und lagen in einer 0,3 mm starken Schicht vor. Beim Verbrennen an Luft hinterblieb ein feines Netzgewebe, das einwandfrei chemisch und röntgenographisch als Kobaltoxyd nachgewiesen wurde. Die aus dieser Schicht herausragenden wurmartigen Gebilde ergaben bei der Röntgenuntersuchung das Gitter des Glanzkohlenstoffes. Die Wurmenden verbrannten ohne Rückstand. Die Analyse erbrachte 99,2 °$_0$ C. Unsere Versuche wurden mit aliphatischen Kohlenwasserstoffen durchgeführt. Beim Abheben der wurmartigen Schicht stellte sich heraus, daß zwischen dieser Schicht und dem Metall eine dünne, tiefschwarze Kohlenstoffschicht lag, die sich leicht fortwischen ließ. Auf der dann frei werdenden Kobaltoberfläche waren Korngrenzen gut zu erkennen. Es geht also Kohlenstoff im Kobalt in Lösung, wahrscheinlich über ein sehr labiles Kobaltkarbid als Zwischenprodukt, dessen Kohlenstoff sich beim Abkühlen der Probe und auch bei höherer Temperatur wieder abscheidet, und zwar sowohl im Metall als auch auf dessen Oberfläche. Vergl. FRIEDR. W. MEYER[13]).

Die wichtigsten Eigenschaften der verschiedenen Erscheinungsformen des Kohlenstoffs sind in der folgenden Tabelle aufgeführt, wobei alle, außer dem Diamant, das Graphitgitter aufweisen.

Kohlenstoff-Form	Kristallitgröße in Å		Bildungstemperatur in °C		Dichte
Diamant	—		—		3,50—3,55
Graphit	über	60	über	2000	2,12—2,26
Retortengraphit	etwa	40—60	etwa	1500	2,00—2,03
Glanzkohlenstoff	etwa	20—40		650—1400	1,88—1,96
Ruß	unter	20	unter	650	1,78—1,87

Karbidbildende Metalle, insbesondere Eisen, wirken katalytisch auf die Kohlenstoffabscheidung dahingehend, daß bei niedrigeren Temperaturen größere Kristallite gebildet werden.

Bei genügend langsamer Abscheidungsgeschwindigkeit wachsen die Kristallite mit der Blättchenebene $a \cdot b$ parallel zur Basisfläche und in den Nadeln und ähnlichen Gebilden parallel zur Nadelachse, wie aus Röntgenuntersuchungen hervorgeht.

Wenn man sich vorstellt, daß die so gelagerten Kristallite eine weitgehend gleichmäßige Packung darstellen, deren Elemente nur wenig gegeneinander verkantet sind, so lassen sich gut die spiegelnde Glätte und die hohe Härte dieser Gebilde erklären. Die Hexagonalebenen der Kristallite liegen parallel zur Unterlage so gleichmäßig, daß eine glatte Fläche erscheint, aber doch nicht so gleichmäßig, daß sich die Hexagonalebenen eines Kristallites etwa an die entsprechende Stelle eines benachbarten Kristallites verschieben ließen.

Der Gedanke liegt nahe, daß man aus dem einfachsten Kohlenwasserstoff, dem tetraedrischen Methan (CH_4), durch pyrogene Zersetzung am leichtesten einen tetraedrischen Kohlenstoff herstellen kann, der dann Diamantstruktur hätte und etwa als Film auf Werkzeugen diesen eine enorme Oberflächenhärte verleihen würde. Das ist aber bisher nicht gelungen. Wohl kann man die pyrogene Zersetzung von Kohlenwasserstoffen der aliphatischen Reihe besser steuern, da diese meist endotherm zersetzt werden, während aromatische Kohlenwasserstoffe häufiger exotherm zerfallen. Es ist zwar gelungen, durch geeignete Maßnahmen, wie Regulierung des Gasstromes oder Zumischen von gewissen Stoffen, auch aus aromatischen Kohlenwasserstoffen gute Kohlenstoffabscheidungen zu erhalten, doch gelingt dies mit aliphatischen Kohlenwasserstoffen leichter. Selbst bei Verwendung des einfachen aliphatischen Methans jedoch kann man aus den Zersetzungsprodukten fast die ganze Skala der aliphatischen und aromatischen Kohlenwasserstoffe bis zum Naphthalin und Anthracen isolieren, ein Zeichen, wie verwickelt solche Reaktionen oft ablaufen.

Es bleibt noch die Frage zu beantworten, wie die verschiedenen Kohlenstofferscheinungsformen sich unterscheiden, wenn alle das Graphitgitter aufweisen. Den Hauptunterschied hatten wir schon erwähnt. Er liegt in der Kristallitgröße, die von der Abscheidungstemperatur und von der Kohlenwasserstoffkonzentration abhängt. Damit im Zusammenhang steht der Gitterabstand, der in der Sechsringebene mit sinkender Kristallitgröße etwas kleiner als bei Graphit ist, während der Schichtabstand mit sinkender Kristallitgröße sich wenig vergrößert. Ein zweiter Unterschied ist der, daß im Graphit jede dritte Schicht unter die erste paßt[11]), während die anderen künstlichen Kohlenstoffarten eine größere Willkürlichkeit in dieser Beziehung aufweisen.

Alle Autoren, die sich mit der Analyse der besprochenen Kohlenstoffabscheidungen beschäftigt haben, geben einen geringen Wasserstoffgehalt dieser Produkte an. Bei dem Betrachten des Bildes einer Sechsringebene läßt sich leicht erkennen, daß die Randkohlenstoffatome noch freie Valenzen zur Verfügung haben, die sich während der pyrogenen Darstellung der Produkte mit Wasserstoff oder mit Kohlenwasserstoffradikalen absättigen werden. An der Peripherie der Kristallite hat man sich also gleichsam eine Kohlenwasserstoffhaut vorzustellen. Da bei den großen Graphitkristalliten das Verhältnis der Gesamtkohlenstoffatome zu den Randatomen sehr groß ist, dagegen bei den kleineren Kristalliten des Glanzkohlenstoffs dieses Verhältnis kleiner wird, ist zu erwarten, daß der Wasserstoffgehalt der letzteren höher liegt. Durch die Analyse wird bestätigt, daß die Glanzkohlenstoffe merklich Wasserstoff enthalten. Diese Betrachtungen gelten vorwiegend für Kohlenstoffabscheidungen an indifferenten Stoffen.

Sie werden nicht mehr zutreffen bei Stoffen, die sich an der Umsetzung irgendwie beteiligen, z. B. bei karbidbildenden Metallen. Dabei wird es wieder verschieden sein, ob sich ein beständiges Karbid bildet oder ob sich ein Karbid als Zwischenprodukt bildet. Der erste Fall scheint gegeben beim Wolfram, der zweite beim Eisen unter Kohlenoxdyeinwirkung, wie Davis und Mitarbeiter mitteilten, und beim Kobalt unter Kohlenoxydeinwirkung, wie es Friedr. W. Meyer[13]) beschreibt, aber auch beim Kobalt im Kohlenwasserstoff, wie von uns beobachtet wurde. Vielleicht ist die Einwirkung von Kohlenwasserstoff auf Quarz als Übergang von den indifferenten Stoffen zu den nichtindifferenten Stoffen zu werten. Daraus ergibt sich als dritter Unterschied der, daß Säulen, Nadeln, Perlenschnüre, Gräser, Wolle, Würmer, Federn, kurz alle langgestreckten Formen geringen Durchmessers nur entstehen, wenn die Unterlage nicht vollkommen indifferent ist. Perlen und Wolle erhielten wir auf mehrfach gebrauchtem Quarz, dagegen nie in neuen Rohren. SCHÜTZENBERGER[1]) erhielt Kohlenstoffwolle in Gegenwart von Kryolith, PELABON[3]) in Gegenwart von Eisen oder Schamotte und ILEY und RILEY[10]) auf mehrfach gebrauchtem Quarz. Ein kleines Quarzschiffchen wurde bei uns nach mehrmaliger Benutzung schwach rosa gefärbt. Die Farbe des Rosenquarzes wird nach der Literatur durch organische Spuren verursacht. Nadeln aller

Abb. 4. Flügelförmiger C (3×).

Art entstanden in Gegenwart von Wolfram, wurmförmiger Kohlenstoff zeigt sich bei Anwesenheit von Eisen oder Kobalt. Eine bisher in der Literatur noch nicht beschriebene Form des Kohlenstoffs erhielten wir als vogelflügelähnliche Abscheidung im Quarzschiffchen aus Propan in Anwesenheit von Platin bei 1000°C (Abb. 4).

Auf neuen Quarz- und Porzellanflächen, auf poliertem Graphit, auf Silber und auf Platin wurden solche Gebilde von uns nie beobachtet.

DAVIS und Mitarbeiter vermuten, daß ein Katalysatorpartikelchen an der Spitze des wachsenden Kohlefadens sitzt. Man könnte sich aber auch vorstellen, daß einige Stellen der Oberfläche der betreffenden Unterlage — sei es beim Quarz durch Anätzen infolge Kohlenwasserstoffeinwirkung oder bei den Metallen durch Ausscheiden von Graphitnadeln oder Metallpartikeln aus Karbiden — als Kristallisationskeime wirken und ein in einer Richtung bevorzugtes Wachstum verursachen.

Literatur

[1]) SCHÜTZENBERGER, P. u. L.: C. R. Acad. Sci., Paris: 111 (1890) S. 774—780.
[2]) LUZI, W.: Ber. Dt. Chem. Ges. 25 (1892) S. 214.
[3]) PELABON, C. u. H.: C. R. Acad. Sci., Paris: 137 (1903) S. 706—708.
[4]) HOFMANN, K. A., C. RÖCHLING: Ber. Dt. Chem. Ges. 56 (1923) S. 2071—2076.
[5]) HOFMANN, K. A. u. U.: Ber. Dt. Chem. Ges. 59 (1926) S. 2433—2443.
[6]) HOFMANN, U., D. WILM: Z. phys. Chem. Abt. B 18 (1932) S. 401.
[7]) RUESS, G.: Z. anorg. Chem. 253 (1947) S. 263—272.
[8]) HENDRICKS, ST. B.: Z. Kristallogr. Abt. A 83 (1932) S. 504—505.
[9]) GIBSON, J., H. L. RILEY, J. TAYLOR: Nature (London) 154 (1944) S. 544.
[10]) ILEY, R., H. L. RILEY: J. Chem. Soc. 2 (1948) S. 1362—1366.
[11]) GRISDALE, R. O., A. C. PHISTER, W. VAN ROOSBROEK: The Bell Syst. Techn. J. (1951) S. 271—314.
[12]) DAVIS, W. R., R. J. SLAWSON, G. R. RIGBY: Nature (London) 171 (1953) S. 756.
[13]) MEYER, F. W.: Z. Kristallogr. Abt. A 97 (1937) S. 145—169.

Lebensdauer einer Glühlampe
bei Betrieb an schwankender Spannung*)

Von

H. Paschedag

Mit 2 Abbildungen

In der Praxis werden Glühlampen häufig bei dauernd veränderlicher Spannung gebrannt, besonders sämtliche Auto- und Fahrradlampen. Die Prüfung solcher Lampen erfolgt jedoch bei konstanter Spannung. In dieser Arbeit ist die Aufgabe behandelt, festzustellen, welche konstante Prüfspannung der variablen Spannung in bezug auf die Lebensdauer der Lampen gleichwertig ist.

1. Lebensdauer einer Glühlampe bei konstanter Betriebsspannung

Eine Glühlampe kann aus verschiedenen Gründen unbrauchbar werden. Die Glühlampenhersteller sind bestrebt, alle Einflüsse, die zu einem vorzeitigen Ausfall einer Lampe führen können, auszuschalten. Im allgemeinen gelingt das mit Ausnahme der unvermeidbaren Abtragung des Leuchtkörpers infolge einer allmählichen Verdampfung des Wolframs bei der hohen Betriebstemperatur.

Für die Verdampfungsgeschwindigkeit m (g cm^{-2} sec^{-1}) eines Stoffes im Vakuum ergibt sich bei einer Temperatur T (^{0}K) eine mit Hilfe der Thermodynamik leicht abzuleitende Gleichung der Form:

$$\log m = A - \frac{B}{T} - C \log T. \tag{1}$$

Messungen verschiedener Autoren[1-5] zeigen im Fall eines glühenden Wolframdrahtes eine gute Übereinstimmung mit dieser Formel. Beispielsweise ergeben die neuesten Messungen[5] unter Vernachlässigung des letzten, nur langsam veränderlichen Gliedes der Gl. (1):

$$\log_{10} m = a - \frac{b}{T} = 9{,}34 - \frac{46\,500}{T}. \tag{2}$$

Diese allmähliche Abtragung des Wolframdrahtes in der Glühlampe kann jedoch nicht unbegrenzt fortgesetzt werden. Es zeigt sich, daß kleinste, durch die Fabrikation bedingte Unregelmäßigkeiten im Drahtdurchmesser und den Wendelabmessungen zu einer progressiven Überhitzung und einer beschleunigten Abtragung einzelner Stellen des Leuchtdrahtes führen und schließlich bei einem gewissen „tödlichen Gewichtsverlust" δ zum Durchbrennen des Leuchtdrahtes an einer bestimmten Stelle Anlaß geben[5-7]. Das mittlere Maß dieses tödlichen Gewichtsverlustes δ ist ein Gütemerkmal der jeweiligen Fabrikation.

Aus Gl. (2) läßt sich nach [5] die Lebensdauer t einer Lampe in Abhängigkeit vom relativen tödlichen Gewichtsverlust δ, dem Anfangsdrahtradius r und der Dichte des Wolframs ϱ ableiten:

$$\log t = \log \varrho\, r\, (1 - \sqrt{1 - \delta}) - a + \frac{b}{T}. \tag{3}$$

Für die praktische Berechnung der Lebensdauern in der Glühlampentechnik ist es jedoch zweckmäßiger, die relativ unbequemen Gln. (2) und (3) für die Verdampfungsgeschwindigkeit m und die Lebensdauer t einer Glühlampe durch eine Parabel höherer Ordnung anzunähern:

$$m = C_m \cdot T^{\alpha}. \qquad\qquad t = C_t \cdot T^{-\alpha}. \tag{4}$$

Diejenige Parabel beliebiger Ordnung, die bei einer bestimmten Temperatur T_1

---

*) Originalmitteilung.

dieselbe Verdampfungsgeschwindigkeit m_1 und dieselbe Ableitung dm/dT liefert, ergibt sich wie folgt:

thermodynamisch	praktisch	
$m_1 = C \cdot e^{-\frac{b'}{T_1}}$	$m_1 = C_m \cdot T_1{}^\alpha$	
$\left(\dfrac{dm}{dT}\right)_1 = \dfrac{b'C}{T_1{}^2} \cdot e^{-\frac{b'}{T_1}}$	$m_1' = \alpha \cdot C_m \cdot T_1{}^{\alpha-1}$	(5)
$\dfrac{m_1}{m_1'} = \dfrac{T_1{}^2}{b'}$	$\dfrac{m_1}{m_1'} = \dfrac{T_1}{\alpha}$	

Den Exponenten der Parabel kann man also folgendermaßen berechnen:

$$\alpha = \frac{b'}{T_1}. \tag{5^1}$$

Nach den Meßwerten in [5]) ist $b' = 2{,}303 \cdot 46\,500$ Grad.

Für $T_1 = 2700°$ K erhält man für den Temperaturexponenten α der Verdampfungsgeschwindigkeit und der Lebensdauer:

$$\alpha = 39{,}7. \tag{6}$$

Die von R. BECKER[6]) nach umfangreichen Messungen in der Glühlampenfabrikation festgestellte Proportionalität von m und t mit T^{39} bzw. T^{-39} läßt sich also aus thermodynamischen Überlegungen als Näherung herleiten.

Weiterhin läßt sich aus den physikalischen Grundlagen der Wendelberechnung von Glühlampen[8]) ableiten, daß bei einer Glühlampe mit konstant gehaltenen Wendelabmessungen die Leuchtdrahttemperatur im Bereich von 2000° C bis 3000° C näherungsweise mit der dritten Wurzel der angelegten Spannung steigt:

$$U \sim T^3. \tag{7}$$

Mit Gln. (4) und (6) ergibt sich somit das wichtige Gesetz für die Abhängigkeit der mittleren Lebensdauer einer Glühlampe von der Betriebsspannung:

$$t \sim U^{-13}. \tag{8}$$

In der Praxis schwanken die „Spannungs-Lebensdauer-Exponenten" n je nach Lampentype zwischen 10 und 14.

2. Betrieb einer Glühlampe an einer zeitlich veränderlichen Spannungsquelle

Wie wir sahen, ist die Lebensdauer einer Glühlampe einer hohen Potenz der Betriebsspannung proportional. Bei einer zeitlich variablen Spannung $U(t)$, wie sie in der Praxis häufig anzutreffen ist, besonders stark bei allen Autolampen, gehen daher Überspannungen wesentlich stärker in die Lampenlebensdauer ein als Unterspannungen. Die Lebensdauer läßt sich dann nicht einfach aus der mittleren Betriebsspannung U_0 berechnen, sondern an dem so berechneten Wert ist eine häufig sehr beträchtliche Korrektur anzubringen.

Der einfache Fall, daß eine Lampe abwechselnd während gleicher Zeiten an zwei verschiedenen Spannungen U_1 und U_2 gebrannt wird, ist bereits früher beschrieben worden[9]). Es läßt sich an diesem Beispiel leicht plausibel machen, daß die wirkliche Lebensdauer stets kürzer ist, als sie bei der mittleren Betriebsspannung $U_0 = \frac{1}{2}(U_1 + U_2)$ gewesen wäre. Im folgenden soll jedoch der allgemeine Fall eines beliebigen zeitlichen Spannungsverlaufs $U(t)$ untersucht werden.

Das arithmetische Zeitmittel der Spannung ist:

$$U_0 = \frac{1}{t} \int_0^t U\, dt \tag{9}$$

und die relative Streuung der Spannung:

$$s^2 = \frac{1}{t} \int_0^t \left(\frac{U-U_0}{U_0}\right)^2 dt = \frac{1}{t} \int_0^t x^2\, dt, \tag{10}$$

dabei ist $x(t) = \dfrac{U-U_0}{U_0}$ die relative Abweichung von der mittleren Betriebsspannung U_0.

Die Wahrscheinlichkeit für das Auftreten einer Spannung U_i bzw. x_i ist dann:

$$\varphi(x_i) = k \sum_i \left(\frac{dt}{dx}\right)_{x=x_i} = k \sum_i \frac{1}{x'(t)}. \tag{11}$$

$t(x)$ ist dabei die Umkehrfunktion zu $x(t)$. Die Summe ist über alle in der Verteilung $x(t)$ im Intervall $(0, t)$ vorkommenden Werte x_i zu erstrecken.

Der Faktor k ist so zu wählen, daß:

$$\int_{-\infty}^{+\infty} \varphi(x)\, dx = 1, \quad \text{also } k = \frac{1}{t}. \tag{12}$$

Das Mittel der Wahrscheinlichkeitsverteilung von x liegt bei:

$$\bar{x} = \int_{-\infty}^{+\infty} x\, \varphi\, dx = \frac{1}{t} \int_{-\infty}^{+\infty} x \left(\sum \frac{dt}{dx}\right) dx = \frac{1}{t} \int_0^t x\, dt = 0 \tag{13}$$

und die quadratische Streuung der Verteilung beträgt:

$$s^2 = \int_{-\infty}^{+\infty} x^2\, \varphi\, dx = \frac{1}{t} \int_{-\infty}^{+\infty} x^2 \left(\sum \frac{dt}{dx}\right) dx = \frac{1}{t} \int_0^t x^2\, dt, \tag{14}$$

also gleich der Streuung des zeitlichen Spannungsverlaufs.

Diejenige Brennzeit $d\tau$ an der konstanten mittleren Spannung U_0, die denselben Wolframabtrag hervorruft wie die Brennzeit dt an der wirklichen Spannung U, führen wir als „äquivalente Brennzeit" ein. Nach dem Potenzgesetz Gl. (4) ergibt sich für diese äquivalente Brennzeit:

$$d\tau = \left(\frac{U}{U_0}\right)^n dt = (1+x)^n\, dt. \tag{15}$$

Wenn die gesamte äquivalente Brennzeit (an der mittleren Betriebsspannung) einen bestimmten Betrag t_0 erreicht hat, wenn also eine bestimmte Wolframmenge verdampft ist, dann ist im Mittel die Brenndauer der Lampe beendet; d.h. wenn

$$\int_0^t d\tau = \int_0^t (1+x)^n\, dt = t_0 \tag{16}$$

geworden ist, dann ist t die wirkliche mittlere Lebensdauer der Glühlampe an der variablen Spannung $U(t)$.

Unter Benutzung von Gln. (11) und (12) läßt sich das Integral Gl. (16) umformen in:

$$\int_0^t (1+x)^n\, dt = t \cdot \int_{-\infty}^{+\infty} (1+x)^n\, \varphi\, dx = t_0. \tag{17}$$

Durch Einsetzen der Reihenentwicklung für $(1+x)^n$:

$$(1+x)^n = 1 + nx + \frac{n(n-1)}{2}\, x^2 + \ldots \tag{18}$$

erhält man:

$$\frac{t_0}{t} = \int_{-\infty}^{+\infty} (1+x)^n\, \varphi\, dx = \int_{-\infty}^{+\infty} 1 \cdot \varphi \cdot dx \qquad\qquad 1$$

$$+ n \int_{-\infty}^{+\infty} x \cdot \varphi \cdot dx \qquad\qquad = + 0$$

$$+ \frac{n\,(n-1)}{2} \cdot \int_{-\infty}^{+\infty} x^2 \cdot \varphi \cdot dx \qquad\qquad + \frac{n\,(n-1)}{2}\, s^2 \tag{19}$$

$$+ \ldots\ldots\ldots \qquad\qquad\qquad + \ldots\ldots\ldots$$

Als erste Näherung ergibt sich also, unabhängig von der speziellen Form der Spannungsverteilung:

$$\boxed{\;\frac{t_0}{t} = 1 + \frac{n\,(n-1)}{2}\, s^2 + \cdots\;} \tag{20}$$

wobei: $t\ \ $ = wirkliche Lebensdauer an der variablen Spannung,

t_0 = berechnete Lebensdauer an der mittleren Spannung,

$n\ \ $ = Spannungs-Lebensdauer-Exponent,

$s\ \ $ = quadratische Streuung des Spannungsverlaufs.

Um die Verkürzung der Brenndauer an einer variablen Spannung zu berechnen, ist es in erster Näherung nur notwendig, die quadratische Streuung der Spannung um den Mittelwert zu kennen. In Abb. 1 ist das Absinken der Lebensdauer in Abhängigkeit von der relativen Streuung der Spannung nach Gl. (20) wiedergegeben.

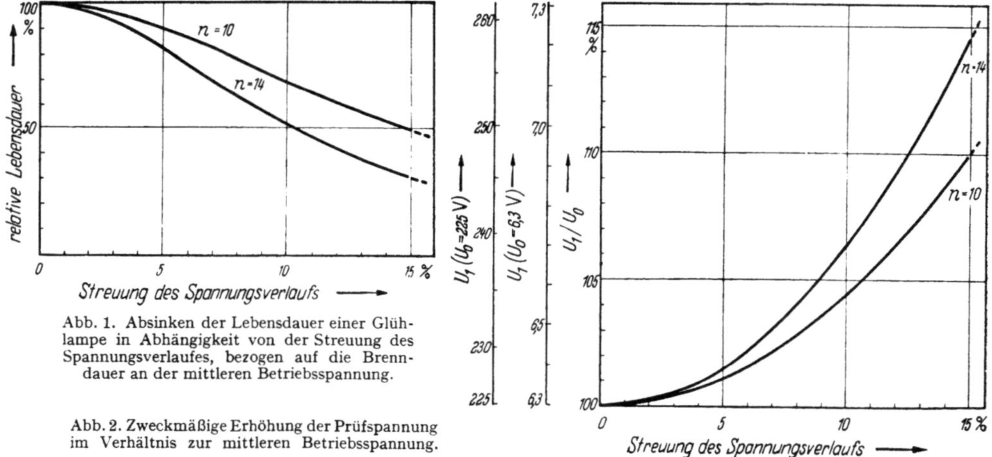

Abb. 1. Absinken der Lebensdauer einer Glühlampe in Abhängigkeit von der Streuung des Spannungsverlaufes, bezogen auf die Brenndauer an der mittleren Betriebsspannung.

Abb. 2. Zweckmäßige Erhöhung der Prüfspannung im Verhältnis zur mittleren Betriebsspannung.

Bis zu einer Streuung von 10%, die in der Praxis selten überschritten wird, ist die Kurve nach Gl. (20) gut brauchbar. Darüber hinaus wird die Näherung ungenau, und es empfiehlt sich, eine genauere Rechnung nach Gl. (17) unter Benutzung der zu messenden Wahrscheinlichkeitsverteilung für die Spannung vorzunehmen.

Da eine Glühlampe also bei einer schwankenden Betriebsspannung eine kürzere Lebensdauer erreicht als an der entsprechenden konstanten mittleren Spannung, so ist es zweckmäßig, die Lampen nicht bei der mittleren Spannung U_0 zu prüfen, sondern bei einer etwas höheren Spannung U_1, bei der die Lampen im Mittel dieselbe Lebensdauer erreichen würden, wie an der variablen Spannung $U\,(t)$. Diese

„zweckmäßigste Prüfspannung" U_1 ergibt sich aus der Näherungsgl. (20) unter Berücksichtigung der Proportionalität $t \sim U^{-n}$:

$$\frac{U_1}{U_0} = \left(\frac{t_0}{t}\right)^{\frac{1}{n}} \approx 1 + \frac{n-1}{2}\, s^2 + \cdots \tag{21}$$

Abb. 2 gibt die notwendige Erhöhung der Prüfspannung für die Extremfälle $n = 10$ und $n = 14$ wieder. An den beigefügten Skalen kann man für Autolampen 6,3 V und Allgebrauchslampen 225 V die neuen Prüfspannungen direkt ablesen.

3. Bemerkungen

Im vorangegangenen Abschnitt ist berechnet worden, wie sich bei Schwankungen der Betriebsspannung um einen Mittelwert die Lebensdauer einer Glühlampe verkürzt. Um die angegebenen Formeln verwenden zu können, sind jedoch folgende Voraussetzungen zu beachten:

1. Die Betrachtungen setzen voraus, daß die Brenndauer der Glühlampe auf normale Weise beendet wird, also durch Verdampfung des Wolframdrahtes. In gasgefüllten Glühlampen, für die unsere Rechnungen ebenso wie für die primär betrachteten Vakuumlampen gelten, treten bei erhöhten Leuchtdrahttemperaturen häufig Gasentladungen auf. Das Leben der Lampe wird in diesem Fall durch „inneren Kurzschluß" beendet. Unsere Formeln sind für diesen Fall nicht anwendbar.

2. Die Rechnung beruht auf der Gültigkeit des Potenzgesetzes Gl. (8) für die Abhängigkeit der Lebensdauer von der Betriebsspannung der Lampe. In Fällen, wo der Gültigkeitsbereich des Gesetzes überschritten wird, etwa in der Nähe des Schmelzpunktes des Wolframs, verliert die Rechnung ihre Gültigkeit.

3. Die Gl. (7) setzt voraus, daß die primär die Lebensdauer bestimmende Leuchtdrahttemperatur einer Spannungsänderung ohne zeitliche Verschiebung folgt. In der Praxis können jedoch die „Aufheizzeiten" von Wolframwendeln beträchtliche Werte annehmen, besonders bei dickdrähtigen, gasgefüllten Lampen, z.B. Autoscheinwerferlampen (vgl. [2]) und [10])). Die Wolframtemperatur kann dann einer Spannungsänderung nicht sofort folgen. Der Temperaturverlauf ist gegenüber dem Spannungsverlauf, besonders wenn er scharfe Spitzen aufweist, ausgeglichen. In diesem Fall kann die Rechnung übernommen werden, wenn an Stelle von U überall T^3 eingesetzt wird. An Stelle der schwer meßbaren Wolframtemperatur kann auch die ohne Zeitverschiebung von T abhängige Lichtausbeute η (Gesamtlichtstrom pro Leistungsaufnahme) benutzt werden. Nach [8]) kann man U wie folgt ersetzen:

$$U \sim (\eta + 4)^{0,775} \sim T^3. \tag{21}$$

Mit Benutzung von η bzw. T kann die Rechnung dann in leicht abgeänderter Form übernommen werden. Bei Autolampen kann man jedoch mit relativ langsamen Spannungsänderungen rechnen, so daß die Ergebnisse dieser Arbeit dafür unverändert gültig sind.

Literatur

[1]) Langmuir, I.: Phys. Z. 14 (1913) S. 1273.
[2]) Jones, H. A., u. I. Langmuir: Gen. Electr. Rev. 30 (1927) S. 310, 356, 408.
[3]) Zwikker, G.: Amsterdam, Diss. 1925.
[4]) Forsythe, W. E., u. A. G. Worthing: Astrophys. J. 61 (1925) S. 146.
[5]) Baş-Taymaz, E.: Z. angew. Phys. 2 (1950) S. 374.
[6]) Becker, R.: Z. techn. Phys. 6 (1925) S. 309.
[7]) Koref, F., u. H. C. Plaut: Techn.-wiss. Abh. Osram-Ges. 2 (1932) S. 89.
[8]) Schilling, W.: Unveröffentl. Arbeiten.
[9]) Köhler, W.: Licht u. Lampe (1930) S. 22.
[10]) Exalto, L. J. H., u. B. J. van der Waal: Lichttechn. 8 (1956) S. 343.

Ursachen von Inhomogenitäten der Temperaturverteilung bei Eisenwiderständen und deren Beseitigung*)

Von

G. Patzer

Mit 5 Abbildungen

Es werden die Ursachen für das Auftreten von Inhomogenitäten der Temperaturverteilung bei Eisenwiderständen untersucht. Technische Eisenwiderstände, die mit derartigen Fehlern behaftet waren, werden besprochen. Die konstruktive Beseitigung dieser Mängel wird dargelegt.

Bei Eisenwiderständen bisheriger Bauart trat zuweilen die Erscheinung auf, daß einzelne Wendeln oder mitunter recht scharf begrenzte Wendelstücke wesentlich heller glühten als die übrigen. Eine solche partielle Überlastung der Widerstände führte dann zu deren frühzeitiger Zerstörung. Diese Beobachtung konnte besonders an Exemplaren mit nur einer oder zwei Wendeln und vornehmlich dann, wenn als Füllgas reiner Wasserstoff verwendet wurde, gemacht werden. Im folgenden sollen die Ursachen dieser Erscheinung dargelegt und die konstruktive Beseitigung dieser Mängel behandelt werden.

Die Kennlinie

Es bedeute $A = A(T)$ die funktionelle Abhängigkeit der von einem glatten, in einer Wasserstoffatmosphäre ausgespannten und durch den hindurchfließenden elektrischen Strom aufgeheizten Eisendraht je Sekunde abgeführten Wärmemenge von der absoluten Temperatur. Diese ist gleich der aufgenommenen elektrischen Leistung

$$A(T) = U \cdot I .$$

Ferner ist der Widerstand des Drahtes bei der jeweiligen Temperatur

$$R(T) = U/I .$$

Diese beiden Funktionen lassen sich bestimmen, wobei die Ermittlung von $A(T)$ mit gewissen Schwierigkeiten verbunden ist[1]). Hieraus erhält man dann die Abhängigkeit des Stromes von der Spannung

$$I = I(U) .$$

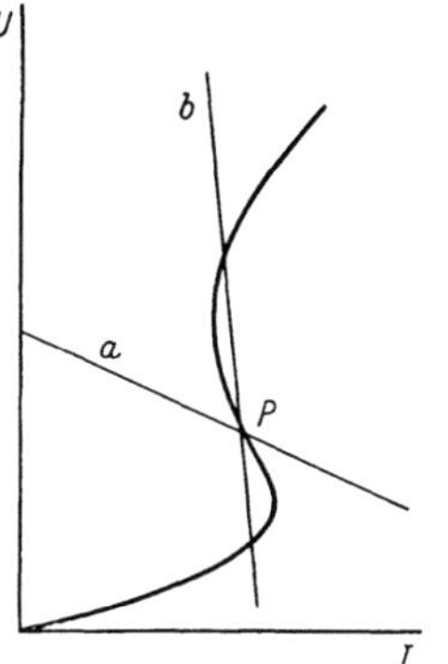

Abb. 1. Der Schnitt der Widerstandsgeraden a mit der Kennlinie eines Eisenwiderstandes ergibt in P einen stabilen, der der Geraden b einen labilen Zustand.

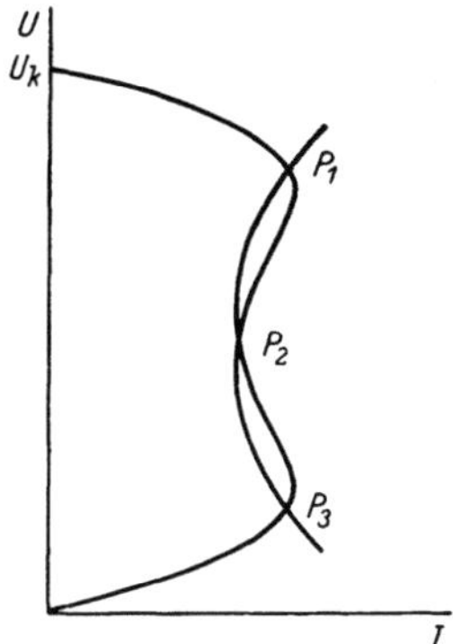

Abb. 2. Die Schnittpunkte der Kennlinien zweier gleicher, in Reihe geschalteter Eisenwiderstände.

Konstruiert man nun eine derartige Kurve, so ergibt sich die bemerkenswerte Tatsache, daß eine solche Charakteristik „rückfallend" ist, d. h. der Strom erreicht nach einem verhältnismäßig steilen Anstieg ein Maximum; er wird dann wieder kleiner und steigt nach dem Durchlaufen eines flachen Minimums in ähnlicher Weise wie bei niedrigen Spannungen an. Stabilitätsbetrachtungen ergeben, daß in Stromkreisen mit einem solchen Eisenwiderstand labile Zustände auftreten kön-

---

*) Originalmitteilung.

nen, und zwar dann, wenn die Kennlinie des Vorwiderstandes beim Schnitt mit der Charakteristik des Eisenwiderstandes im rückfallenden Gebiet steil genug zur I-Achse verläuft (Abb. 1).

Reihenschaltung von Teilwiderständen

Denkt man sich den Eisendraht endlicher Länge zusammengesetzt aus zwei hintereinandergeschalteten, gleich großen Teilstücken, so ergibt sich bei einer bestimmten Klemmenspannung U_k das in Abb. 2 dargestellte Bild. Hierbei entsprechen die Schnittpunkte P_1 und P_3 einem stabilen, der Schnittpunkt F_2 einem labilen Zustand.

Bei niedriger Klemmenspannung werden sich beide Kurven zunächst mit ihren ansteigenden Ästen im Arbeitspunkt P schneiden (Abb. 3a). Steigt die Spannung

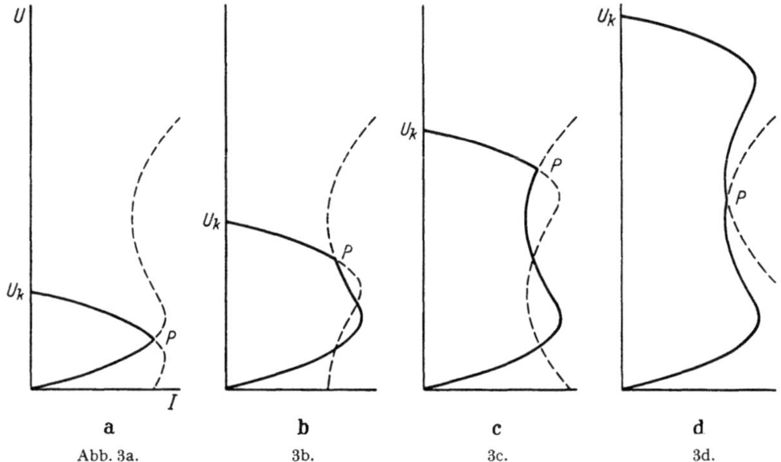

<table>
<tr><td>a</td><td>b</td><td>c</td><td>d</td></tr>
<tr><td>Abb. 3a.</td><td>3b.</td><td>3c.</td><td>3d.</td></tr>
</table>

Abb. 3a—d. Verlagerung des Arbeitspunktes P zweier in Reihe geschalteter Eisenwiderstände bei verschiedenen Klemmspannungen U_k.

nun weiter, überschreitet einer der beiden Teilwiderstände das Maximum seiner Charakteristik, während der andere Teilwiderstand auf seinem ansteigenden Ast wieder zurücksinkt (Abb. 3b). Temperaturmäßig betrachtet bedeutet dies, daß von einer bestimmten, gemeinsam erreichten Temperatur an die Temperatur des einen Teilwiderstandes weiter ansteigt, während die des anderen wieder um einiges absinkt.

Erst wenn der momentane Arbeitspunkt das Minimum des ersten Teilwiderstandes durchlaufen hat, wird auch die Temperatur des anderen erneut ansteigen (Abb. 3c). Nach Überschreiten des Kennlinienmaximums des zweiten Teilwiderstandes gleicht sich die Temperatur der beiden Teile aus, wobei zunächst die des ersten Teilstückes wieder absinkt (Abb. 3d). Von da ab steigt die Temperatur der beiden Teilwiderstände bei weiterer Vergrößerung der Klemmspannung gemeinsam an.

Diese Betrachtung läßt sich nun auf n gleiche Teilwiderstände ausdehnen, und man kommt zu dem Schluß, daß die einzelnen Teilstücke nacheinander eine höhere Temperatur erreichen, während der Rest bei niedriger Temperatur verharrt. Bei genügend großer Anzahl n werden die Gleitgebiete schließlich verschwinden, und es resultiert eine sprunghafte Änderung der Temperaturen der Teilstücke.

Die Temperaturverteilung

Die Temperaturverteilung längs des Drahtes wird also inhomogen sein, es werden sich scharf begrenzte Stücke höherer Temperatur mit solchen niedrigerer Temperatur abwechseln, eine Erscheinung, wie sie der eingangs als Fabrikationsfehler genannten entspricht.

Technische Eisenwiderstände

Wenn nun bei den technischen Eisenwiderständen diese Erscheinung nur selten auftritt, dann beruht dies darauf, daß infolge der Wärmeleitung längs des Drahtes oder über die Gasatmosphäre bzw. durch Strahlungseinwirkung benachbarter Windungen oder ganzer Wendeln diese Inhomogenitäten verwischt werden, indem die in Abb. 4 unendlich steilen Flanken der Gebiete höherer Temperatur nunmehr

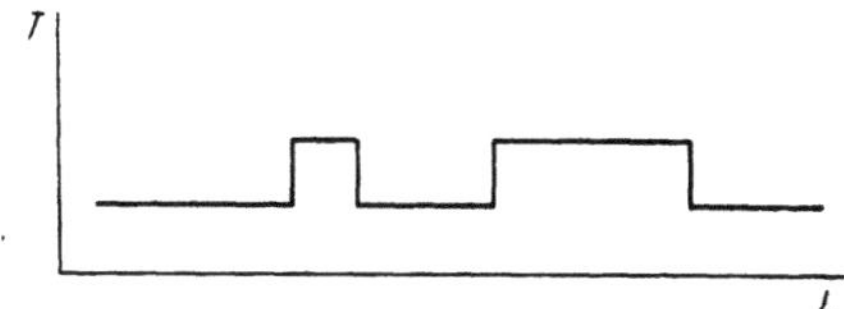

Abb. 4. Inhomogenitäten der Temperaturverteilung längs
eines Eisendrahtes.

durch Übergänge mit stetigem Kurvenverlauf ersetzt werden und, mit anderen Worten, eine thermische Koppelung der Teilwiderstände besteht.

Liegt eine ungenügende Wärmeleitung längs des Drahtes vor, die z.B. durch Kristallgrenzflächen verursacht sein kann, wie dies möglicherweise bei dem während des Krieges versuchsweise benutzten Carbonyleisendraht der Fall gewesen sein mag, so wird sich eine perlenschnurartige Temperaturverteilung ergeben.

Auftretende Fehler und deren Beseitigung

α) Ungenügende Wendelung

Bei ungenügender Wendelung und ganz besonders bei glatten Drähten treten solche Inhomogenitäten ebenfalls auf. Auf Grund dieser Erkenntnis wurden Widerstände solcher Bauart umkonstruiert, d.h. stärker gewendelt, wodurch der Fehler verschwand.

β) Einwendelwiderstände

Eine besondere Type in der äußeren Form einer Picoröhre war anfangs als Einwendelwiderstand mit einem Zwischenhalter aus Konstantan gebaut worden. Ungenügende Wendelung und die Störung der Wärmeleitung längs des Drahtes durch den Zwischenhalter bewirkten einen starken Temperaturunterschied der beiden Wendelstücke. Die Folge war eine Lebensdauer von nur wenigen Stunden. Es wurde Abhilfe geschaffen durch Aufteilung der Einzelwendel in zwei getrennte, eng benachbarte Wendeln unter gleichzeitiger Beachtung der beiden im folgenden behandelten Punkte.

γ) Zweiwendelwiderstände

Ein nicht unerheblicher Teil der Fertigung von Eisenwiderständen besitzt, bedingt durch die elektrischen Daten, zwei Wendeln, die man aus Symmetriegründen bisher diametral zur Kolbenachse anordnete (Abb. 5a). Bei allen diesen

Widerständen glühte stets nur eine der beiden Wendeln hell auf, während die andere fast über den gesamten Regelbereich des Eisenwiderstandes kühl blieb und ihre Glühtemperatur erst bei sehr hohen Spannungen erreichte.

So glühte z. B. bei einem EW mit einem Regelbereich von 7 bis 21 Volt die eine Wendel bereits bei knapp 11 V, also wesentlich vor Regelbereichsmitte auf, während die andere diese Temperatur erst bei etwa 19 V erreichte. Die Folge hiervon war die sehr frühzeitige Zerstörung der ersteren Wendel z. T. bereits nach sechs Stunden. Hinzu kam noch, daß sich bei dieser Type die Wendeln recht nahe an der Kolbenwand befanden, wodurch die Wärme rasch in dieser Richtung abfloß und die thermische Koppelung noch schlechter wurde.

Alle Eisenwiderstände mit zwei Wendeln wurden wie Abb. 5b zeigt, umkonstruiert. Die Wendeln befinden sich jetzt nahe der Kolbenachse und sind so eng benachbart zueinander montiert (Abstand etwa 4 mm), daß sie sich gegenseitig wärmemäßig beeinflussen. Beide Wendeln glühen seitdem bei der gleichen Spannung auf, und auch die Temperaturverteilung längs der Wendeln selbst ist wesentlich günstiger. Solche Widerstände erreichen ohne weiteres die vorgeschriebene Prüflebensdauer von 2000 Betriebsstunden bei 125 % der Nennspannung.

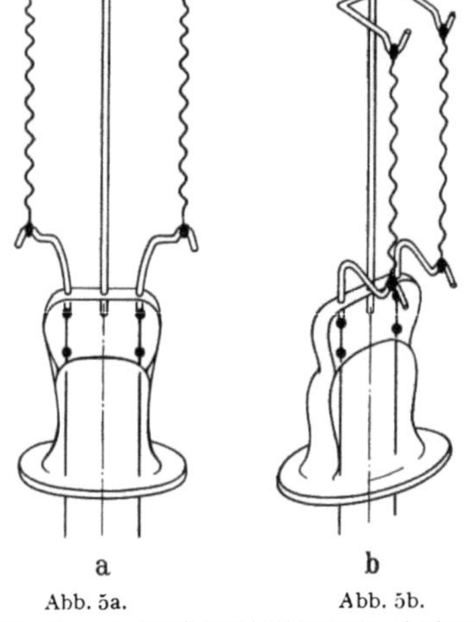

a   b

Abb. 5a.   Abb. 5b.

Abb. 5a u. b. Zweiwendelwiderstände, a) alter und b) neuer Bauart.

δ) Mehrwendelwiderstände

Auch bei Mehrwendelwiderständen, besonders bei solchen mit geringer elektrischer Leistungsaufnahme, konnten Fälle ungenügender thermischer Koppelung beobachtet werden. Hier konnte in den meisten Fällen schon dadurch Abhilfe geschaffen werden, daß diese Widerstände — selbstverständlich unter Umstellung auf einen Draht größeren Querschnittes — mit Stickstoff oder mit einem H_2-N_2- Gemisch mit beträchtlichem Stickstoffanteil an Stelle von reinem Wasserstoff gefüllt wurden. In einer Stickstoffatmosphäre wurden bisher niemals Inhomogenitäten der Temperaturverteilung beobachtet.

Zusammenfassung

Ausgehend von der Theorie der Erwärmung stromdurchflossener Drähte in verdünnten Gasen wurden die Ursachen von Inhomogenitäten der Temperaturverteilung bei technischen Eisenwiderständen erkannt. Es konnte in allen Fällen durch zweckmäßige Umkonstruktion Abhilfe geschaffen und die Qualität der betreffenden Eisenwiderstände verbessert werden.

Literatur

[1] Busch, H.: Ann. Phys. Folge 4, 64 (1921) S. 401—450.

Entropie und Blitzlampe*)

Von

H. Kocher und G. Kocher

Mit 4 Abbildungen

Es wird versucht, die Aussagen zu ermitteln, die mit Hilfe des Entropiebegriffes über die Abbrennvorgänge in Blitzlampen zu gewinnen sind. Überlegungen ähnlicher Art wurden von J. D. Fast in seinem Bericht „Entropie in Wissenschaft und Technik"[1] angestellt, in dem ebenfalls die Verbrennung von Aluminium bei konstanter Temperatur und konstantem Sauerstoffdruck behandelt wird.

A. Entropieänderung beim Abbrennvorgang in einer Blitzlampe

Bei allen thermodynamischen Überlegungen muß als erstes das „thermodynamische System" genau abgegrenzt werden, auf welches sich die Berechnungen beziehen. Im Falle der Blitzlampe umfasse das System die im Lampenkolben eingeschlossene Sauerstoffmenge und das zu verbrennende Aluminium. Die Zündpille liegt demnach außerhalb des Systems. Die Aufgabe besteht nun darin, die Änderung der Entropie dieses Systems zu berechnen, wenn das darin enthaltene Aluminium ganz oder teilweise verbrannt wird. Dabei werde der Anfangs- und Endzustand des Systems dadurch gekennzeichnet, daß es sich auf Normtemperatur von 20° C befindet. Damit das System diese Endtemperatur erreichen kann, muß die bei der Reaktion erzeugte Wärme nach außen abgeführt werden, so daß es sich um ein nicht abgeschlossenes System handelt.

Da die Entropie eine Zustandsfunktion ist, hängt die Größe der Entropieänderung nur vom Anfangs- und Endzustand des Systems und nicht vom Verlauf des Prozesses selbst ab. Man kann also den tatsächlichen Vorgang durch eine Reihe von Teilprozessen ersetzen, welche nicht realisierbar zu sein brauchen, die aber zum gleichen Endzustand des Systems führen und deren Entropieänderungen in einfacher Weise berechnet werden können.

Für die Berechnung der Entropieänderung beim Verbrennungsprozeß in einer Blitzlampe kann man folgende zwei Teilprozesse konstruieren:

Im ersten Teilprozeß wird das im Kolben enthaltene Aluminium bei konstanter Temperatur und konstantem Sauerstoffdruck oxydiert. Das System befinde sich dabei in einem Thermostaten mit der Normaltemperatur $T_n = 293°$ K (20° C) und sein Volumen werde wegen der durch den Oxydationsprozeß aus dem Gasraum verschwindenden Sauerstoffmoleküle derart verkleinert, daß im System konstant der Fülldruck p_f herrscht (isotherm-isobarer Prozeß).

Im zweiten Teilprozeß wird dann das Restgas isotherm bei der Temperatur T_n auf das Volumen V_K des Lampenkolbens entspannt, so daß sich das System nunmehr im gleichen Zustand befindet, den es nach Ablauf des tatsächlichen Verbrennungsprozesses einnimmt.

1. Die Entropieänderung bei der Verbrennung von Aluminium in einem isotherm-isobaren Prozeß läßt sich am einfachsten auf dem Wege über die freie Enthalpie G des Systems berechnen. Diese Größe ist bekanntlich folgendermaßen definiert:

$$G = U + p_f V - T_n S. \tag{1}$$

Hier ist U die innere Energie, V das Volumen, p_f der Fülldruck und S die Entropie des Systems. Die freie Enthalpie gehorcht dabei der Differentialgleichung:

$$\left(\frac{\partial G}{\partial p_f}\right)_T = V. \tag{2}$$

---

*) Originalmitteilung.

Das Volumen V, welches das System in den einzelnen Phasen des isotherm-isobaren Prozesses einnimmt, läßt sich aus der idealen Gasgleichung für die unter dem konstanten Druck p_f stehende, jeweils vorhandene Sauerstoffmenge berechnen.

$$p_f V = m R T_n. \tag{3}$$

m gibt dabei die Molzahl der gerade im Gasraum vorhandenen Sauerstoffmenge an. Setzt man Gl. (3) in Gl. (2) ein, so ergibt sich folgender Ausdruck:

$$\left(\frac{\partial G}{\partial p_f}\right)_T = \frac{m R T_n}{p_f}. \tag{4}$$

Die Differentialgleichung ist separierbar und kann wie folgt integriert werden:

$$\int dG = m R T_n \int \frac{d p_f}{p_f} + G_0. \tag{5}$$

Man erhält für die freie Enthalpie des Systems:

$$G = G_0 + m R T_n \ln p_f. \tag{6}$$

Die mit G_0 bezeichnete Funktion ist dabei vom Fülldruck p_f unabhängig.

Wird nun ein Mol Sauerstoff durch eine isotherm-isobare Oxydationsreaktion mit dem Aluminium dem Gasraum des Systems entzogen, so lautet nunmehr der Ausdruck für die freie Enthalpie:

$$G' = G_0 + (m - 1) R T_n \ln p_f. \tag{7}$$

Die Änderung der freien Enthalpie bei diesem Prozeß beträgt also gemäß Gl. (6) und (7):

$$\Delta G = G' - G = \Delta G_0 - R T_n \ln p_f. \tag{8}$$

Dabei bezeichnet man $-\Delta G$ als die „Affinität" dieser Oxydationsreaktion und $-\Delta G_0$ als die „Standardaffinität", welche sich auf einen Sauerstoffdruck von 1 Atm bezieht. Die Standardaffinität hängt dabei nur von der Reaktionstemperatur ab.

Die der Enthalpieänderung ΔG entsprechende Entropieänderung ΔS erhält man durch analoge Differenzenbildung mit Gl. (1) zu:

$$\Delta G = \Delta U + p_f \Delta V - T_n \Delta S. \tag{9}$$

Hier ist ΔU die Änderung der inneren Energie oder die Reaktionswärme bei konstantem Volumen. Diese hängt nur von der Temperatur ab. Das Produkt $p_f \Delta V$ stellt die bei der Volumenverkleinerung gegen den Sauerstoffdruck geleistete Arbeit dar. Da sich der Sauerstoff bei Zimmertemperatur wie ein ideales Gas verhält, kann man diese Arbeit aus der idealen Gasgleichung berechnen. Sie beträgt pro Mol umgesetzten Sauerstoff

$$p_f \Delta V = - R T_n. \tag{10}$$

Setzt man Gl. (1) in Gl. (9) ein, so ergibt sich:

$$\Delta G = \Delta U - R T_n - T_n \Delta S. \tag{11}$$

Durch Kombination von Gl. (8) mit Gl. (11) erhält man für die gesuchte Entropieänderung pro Mol umgesetzten Sauerstoff:

$$\Delta S = R \ln p_f + \frac{\Delta U - \Delta G_0}{T_n} - R. \tag{12}$$

Für die von p_l unabhängigen Glieder in Gl. (12) kann man schreiben:

$$\frac{\Delta U - \Delta G_0}{T_n} - R = \Delta S_0. \tag{13}$$

ΔS_0 ist demnach die Entropieänderung, wenn der Prozeß bei einem Druck von einer Atmosphäre abläuft. Diese Größe kann man noch auf andere Weise ableiten, wenn man berücksichtigt, daß der negative erste Differentialquotient der Funktion G nach der Temperatur gleich der Entropie ist. Bezieht man sich auf die Änderungen der genannten Größen, so lautet die Gleichung:

$$\Delta S = -\left(\frac{\partial (\Delta G)}{\partial T}\right)_{p_l}. \tag{14}$$

Führt man diese Differentiation bei Gl. (8) durch, so ergibt sich:

$$\Delta S = -\frac{d (\Delta G_0)}{d T} + R \ln p_l. \tag{15}$$

Vergleicht man diesen Ausdruck mit Gl. (12) und (13), so erhält man für eine beliebige Temperatur T:

$$\Delta S_0 = -\frac{d (\Delta G_0)}{d T} = \frac{\Delta U - \Delta G_0 - R T}{T} \tag{16}$$

bzw.

$$\frac{d T}{T} = \frac{d (\Delta G_0)}{\Delta G_0 - \Delta U + R T}. \tag{17}$$

Die Reaktionswärme $-\Delta U$ beträgt rund 250 kcal/Mol O_2 und nimmt in ganz geringem Maße mit wachsender Temperatur ab. Diese Abnahme wird durch das Produkt $R T$ kompensiert, welches bei $T = 2500°$ K etwa 5 kcal bzw. 2 % von $-\Delta U$ beträgt, so daß man $d(-\Delta U + R T) = 0$ setzen kann. Somit kann man für Gl. (17) auch schreiben:

$$\frac{d T}{T} = \frac{d (\Delta G_0 - \Delta U + R T)}{\Delta G_0 - \Delta U + R T}. \tag{18}$$

Aus Gl. (18) ersieht man, daß der Ausdruck $\Delta G_0 - \Delta U + R T$ linear von der Temperatur abhängt. Dies bedeutet aber, daß wegen $d(-\Delta U + R T) = 0$ auch die Standardaffinität eine lineare Funktion der Temperatur ist und die Größe ΔS_0 als erste Ableitung dieser Funktion gemäß Gl. (16) eine konstante Größe ist. Ihr Zahlenwert beträgt nach J. D. Fast[2]):

$$\Delta S_0 = -44,3 \frac{\text{cal}}{\text{Grad Mol}}. \tag{19}$$

Man kann voraussetzen, daß die Reaktion

$$\text{Al} + \frac{3}{4} O_2 \rightarrow \frac{1}{2} \text{Al}_2 O_3 \tag{20}$$

bei der Oxydation des Aluminiums die anderen noch möglichen Oxydbildungen weit überwiegt, so daß bei der Verbrennung von a Mol Aluminium $\frac{3}{4} a$ Mol Sauerstoff gebunden werden. Somit beträgt die Entropieänderung im ersten Teilprozeß bei der Oxydation von a Mol Aluminium gemäß Gl. (12) und (13):

$$\Delta s_I = \frac{3}{4} a \left\{ R \ln p_l + \Delta S_0 \right\} \tag{21}$$

2. Bei der isothermen Expansion auf das Volumen V_K erfährt das System eine Entropiezunahme. Diese beträgt für ein ideales Gas:

$$\varDelta s_{\mathrm{II}} = \left(\nu - \frac{3}{4}\,a\right) R \ln \frac{V_K}{V'}\,. \tag{22}$$

Dabei ist ν die anfangs in den Lampenkolben eingefüllte Sauerstoffmenge in Mol. Der Ausdruck $(\nu - \frac{3}{4}\,a)$ ist demnach gleich der Restgasmenge. V' ist das Volumen, welches dieses Restgas beim Druck p_f und der Temperatur T_n einnimmt. Das Verhältnis V_K/V' ergibt sich aus den beiden idealen Gasgleichungen für den Anfangszustand und den Zustand vor der isothermen Expansion des Systems:

$$p_f V_K = \nu R T_n. \tag{23}$$

$$p_f V' = (\nu - \frac{3}{4}\,a)\,R T_n. \tag{24}$$

Durch Division von Gl. (23) und (24) erhält man:

$$\frac{V_K}{V'} = \frac{\nu}{\nu - \frac{3}{4}\,a}\,. \tag{25}$$

Durch Kombination von Gl. (25) und (22) ergibt sich für die Entropieänderung im zweiten Teilprozeß:

$$\varDelta s_{\mathrm{II}} = \left(\nu - \frac{3}{4}\,a\right) R \ln \frac{\nu}{\nu - \frac{3}{4}\,a}\,. \tag{26}$$

Zusammenfassung der Teilprozesse

Die gesamte Entropieänderung $\varDelta s$ des Systems infolge des Verbrennungsprozesses erhält man durch Addition der Gln. (21) und (26):

$$\varDelta s = \frac{3}{4}\,a R \left[\ln p_f + \left(\frac{\nu}{\frac{3}{4}\,a} - 1\right) \ln \frac{\nu}{\nu - \frac{3}{4}\,a} + \frac{\varDelta S_0}{R}\right] \tag{27}$$

In diese Gleichung werden nun folgende neuen Größen eingeführt:

$$a = \gamma g. \tag{28}$$

Dabei ist g die in die Blitzlampe eingefüllte Aluminiummenge in Mol und γ der Bruchteil, der davon verbrannt wird.

Um g Mol Aluminium zu verbrennen, werden $\frac{3}{4}\,g$ Mol Sauerstoff benötigt. Arbeitet man, wie aus der Erfahrung als günstig bekannt ist, mit einem Sauerstoffüberschuß und bezeichnet dann diesen auf die stöchiometrisch notwendige Menge bezogenen Sauerstoffüberschuß mit $\ddot{u}$, so ergibt sich für die ganze Sauerstoffmenge ν der Ausdruck:

$$\nu = \frac{3}{4}\,g\,(1 + \ddot{u}). \tag{29}$$

Durch Einsetzen von Gln. (28) und (29) in Gl. (27) ergibt sich schließlich für die gesuchte Entropieänderung des Systems Sauerstoff–Aluminium beim Verbrennungsvorgang in einer Blitzlampe:

$$\boxed{\varDelta s = \frac{3}{4}\,a R \left\{\ln p_f + \left(\frac{1 + \ddot{u}}{\gamma} - 1\right) \ln \frac{1 + \ddot{u}}{1 + \ddot{u} - \gamma} + \frac{\varDelta S_0}{R}\right\}} \tag{30}$$

Beschränkt man sich auf normale Sauerstoff-Fülldrücke zwischen 0,25 und 1,5 Atm, so betragen die beiden veränderlichen Glieder in der geschweiften Klammer höchstens 6% des konstanten Gliedes. Man kann also näherungsweise schreiben:

$$\varDelta s \cong \frac{3}{4} a \,\varDelta S_0 \tag{31}$$

oder zusammen mit Gl. (19):

$$\varDelta s \cong -1,23 \cdot 10^{-3} a \,\frac{\text{cal}}{\text{Grad}}\,. \tag{32}$$

In diese Gleichung ist die verbrannte Aluminiummenge a in mg einzusetzen. Man erkennt, daß der Verbrennungsprozeß in einer Blitzlampe immer mit einer Entropieabnahme verbunden ist. Dieses Ergebnis läßt sich ohne weiteres verstehen, wenn man bedenkt, daß das bei der Verbrennung gebildete feste Al_2O_3 einen höher geordneten Zustand darstellt, als das vorher vorhandene System aus festem Aluminium und gasförmigem Sauerstoff. Der gasförmige Zustand ist wegen der größeren Zahl der Freiheitsgrade der Gasmoleküle immer ungeordneter als die beiden hier vorkommenden festen Aggregatzustände. Da aber nach den Gesetzen der Statistik die Entropie auch ein Maß für den Grad der Unordnung in einem System darstellt, folgt, daß ein höher geordneter Systemzustand einen geringeren Entropieinhalt besitzt als ein Zustand geringerer Ordnung. Die Blitzlampe hat also in ihrem Endzustand, der höher geordnet ist als der Anfangszustand, einen geringeren Entropieinhalt als zu Beginn des Prozesses, was in einem negativen Vorzeichen der Entropieänderung beim Verbrennungsprozeß zum Ausdruck kommt. Dabei ist diese Entropieabnahme gemäß Gl. (21) etwa ebensogroß, als wenn die Aluminiummenge a in einem isotherm-isobaren Prozeß bei einem Sauerstoffdruck $p_f = 1$ Atm und einer Temperatur zwischen 0 und 2000° C oxydiert würde.

In diesem Temperaturbereich ist nämlich nach J. D. FAST[2]) die Größe $\varDelta S_0$ unabhängig von der Temperatur. Man kann demnach die Entropieänderung beim Verbrennungsprozeß in einer Blitzlampe auch mit Hilfe der Normalentropien berechnen, welche sich auf einen Sauerstoffdruck von 1 Atm und eine Systemtemperatur von 25° C beziehen. Für die Normalentropien ergeben sich nach D'ANS-LAX (1949) pro Mol Substanz folgende Werte:

$$\text{Al} \ldots\ldots\ldots\ldots \quad 6,75 \text{ cal/Grad Mol},$$
$$\text{Al}_2\text{O}_3 \ldots\ldots\ldots \quad 12,75 \text{ cal/Grad Mol},$$
$$\text{O}_2 \ldots\ldots\ldots\ldots \quad 49,03 \text{ cal/Grad Mol}.$$

Berechnet man mit diesen Werten die Entropieänderung für einen Sauerstoffumsatz von 1 Mol, was der Größe $\varDelta S_0$ in Gl. (19) entspricht, so ergibt sich $-49,7$ cal/Grad Mol. Man erkennt, daß die Größe der Entropieabnahme im wesentlichen durch das Verschwinden der bei der Oxydation verbrauchten Sauerstoffmenge aus dem Gasraum bedingt ist. Der Unterschied von 12% zwischen dem Wert von FAST und dem aus den Normalentropien berechneten dürfte darauf zurückzuführen sein, daß die spez. Wärmen der einzelnen Stoffe, welche der Berechnung der Normalentropien zugrunde liegen, vor allem bei tiefen Temperaturen nicht genau genug bekannt sind.

Beispiel

Für einen Vacublitz XP mit einer Aluminiumfüllung von 10,5 mg ergibt sich nach Gl. (32) eine Entropieabnahme von

$$\varDelta s = -0,013 \,\frac{\text{cal}}{\text{Grad}}\,.$$

B. Schlußfolgerungen aus der Entropiebetrachtung

Für weitere theoretische Überlegungen wird Gl. (30) nach a partiell differenziert. Man erhält:

$$\frac{\partial \Delta s}{\partial a} = \frac{3}{4} R \left(\ln \frac{p_f (1 + \ddot{u} - \gamma)}{1 + \ddot{u}} + \frac{\Delta S_0}{R} + 1 \right). \tag{33}$$

Dabei ist $\partial \Delta s$ der Entropieunterschied zwischen zwei beliebig wenig verschiedenen makroskopischen Systemzuständen, die sich in ihren umgesetzten Aluminiummengen um ∂a Mol unterscheiden. Der Quotient $\dfrac{\partial \Delta s}{\partial a}$ kann nicht unendlich groß werden. Das würde sonst bedeuten, daß sich zwei beliebig wenig verschiedene Makrozustände um einen endlichen Wert in der Entropie unterscheiden. Da aber die Entropie gleichzeitig ein Maß für die Wahrscheinlichkeit eines Systemzustandes ist, folgt, daß dieser beliebig wenig verschiedene Nachbarzustand nicht erreicht werden kann. Der Ausdruck $\dfrac{\partial \Delta s}{\partial a}$ kann also einen bestimmten Maximalwert nicht überschreiten. Das bedeutet wiederum, daß der in Gl. (33) unter dem Zeichen des natürlichen Logarithmus stehende Ausdruck einen gewissen Betrag nicht unterschreiten kann. Man muß also schreiben:

$$p_f \frac{(1 + \ddot{u} - \gamma)}{1 + \ddot{u}} \geqq K. \tag{34}$$

Die Größe K müßte für alle aluminiumgefüllten Blitzlampen ungefähr den gleichen Zahlenwert haben, denn sie stellt nach den obigen Ausführungen die Grenze dar, bei deren Überschreiten die relative Abnahme der thermodynamischen Wahrscheinlichkeit zu groß ist, als daß das System einen sehr wenig verschiedenen Nachbarzustand noch erreichen könnte.

Setzt man in die Beziehung (34) für den Fülldruck p_f die Gln. (23) und (29) ein und faßt alle konstanten Faktoren in einer neuen Konstanten C zusammen, so erhält man schließlich:

$$1 + \ddot{u} - \gamma \geqq \frac{C}{\dfrac{g}{V_K}} > 0. \tag{35}$$

Diese Gleichung soll im folgenden eingehend diskutiert werden.

a) Ableitung des „notwendigen Sauerstoffüberschusses"

Man ersieht aus der Beziehung (35), daß für $\gamma = 1$ in jedem Fall der Überschuß $\ddot{u}$ größer als 0 ist. Das bedeutet: Um in einer Blitzlampe eine bestimmte Aluminiummenge vollständig zu verbrennen, muß ein Sauerstoffüberschuß vorhanden sein. Bisher war dies nur als Erfahrungstatsache bekannt[3]).

Außerdem erkennt man, daß es für jede Aluminiumfülldichte $\dfrac{g}{V_K}$ einen bestimmten Sauerstoffüberschuß $\ddot{u}_m$ gibt, bei dem das Aluminium noch vollständig verbrennen kann. Dieser ergibt sich aus Gl. (35):

$$\gamma = 1 \qquad \boxed{\ddot{u}_m = \frac{C}{\dfrac{g}{V_K}}} \tag{36}$$

Für $\underline{\ddot{u} < \ddot{u}_m}$ ergibt sich:

$$\gamma = 1 + \ddot{u} - \frac{C}{\dfrac{g}{V_K}} \tag{37}$$

In Gl. (37) tritt kein $<$-Zeichen auf, weil wegen der großen Affinität der Reaktion Sauerstoff—Aluminium die Größe γ bei richtiger Zündung dem zulässigen Höchstwert zustrebt.

Wenn die Sauerstoffmenge gleich der stöchiometrischen Menge ist, verbrennt nur der Bruchteil:

$$\underline{\ddot{u} = 0} \qquad \gamma = 1 - \frac{C}{\dfrac{g}{V_K}} \tag{38}$$

Mit Hilfe von Gl. (37) kann man eine Aussage machen, wie sich bei einer Blitzlampe mit einer bestimmten Fülldichte die verbrannte Aluminiummenge mit dem Fülldruck ändert. Man führt dazu für die Größe $\ddot{u}$ folgenden neuen Ausdruck ein:

$$\ddot{u} = \frac{p_f - p_0}{p_0} . \tag{39}$$

Dabei ist p_0 der nach der stöchiometrischen Rechnung notwendige Fülldruck. Man erhält durch Einsetzen in Gl. (37):

$$\gamma = \frac{p_f}{p_0} - \frac{C}{\dfrac{g}{V_K}} . \tag{40}$$

Differenziert man diesen Ausdruck nach dem Fülldruck p_f, so erhält man:

$$\frac{\partial \gamma}{\partial p_f} = \frac{1}{p_0} . \tag{41}$$

Die nachfolgende Abbildung 1 zeigt den qualitativen Verlauf der Kurve

$$\gamma = \gamma (p_f),$$

wie er sich auf Grund der vorangegangenen theoretischen Überlegungen ergibt.

Für $p_f > p_{fm}$ verläuft die Kurve waagrecht. p_{fm} ist dabei analog zu $\ddot{u}_m$ der Fülldruck, bei dem das Aluminium noch vollständig verbrennt. Unterhalb p_{fm} nimmt γ linear mit dem Fülldruck ab, und zwar ist die Neigung dieser Geraden nach Gl. (41) umgekehrt proportional zu p_0. Der Abfall ist also umso steiler, je kleiner der stöchiometrische Fülldruck bzw. die Fülldichte (mg Al/cm³) ist. Da es sich bei den bisherigen theoretischen Überlegungen wegen der Mannigfaltigkeit des vorliegenden Verbrennungsproblemes nur um eine Näherungslösung handeln kann, darf man nicht sämtliche Folgerungen, die sich aus der Theorie ergeben,

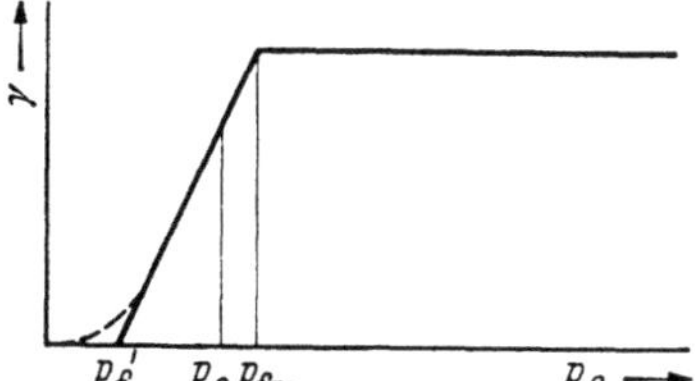

Abb. 1. Theoretische Abbrandkurve einer Blitzlampe.
γ = verbrannte Aluminiummenge
p_f = Sauerstoff-Fülldruck

ohne weiteres auf die Praxis anwenden. So wird z. B. die Abbrandkurve $\gamma = \gamma (p_f)$ in Wirklichkeit nicht die Druckachse im Punkt p'_f schneiden, sondern im Gebiet kleiner Drücke asymptotisch in den Nullpunkt übergehen, wie es die gestrichelte Kurve in der obigen Abbildung zeigt. Ebenso wird die Abbrandkurve im Punkt p_{fm} in Wirklichkeit keinen „Knick" besitzen, sondern in Form einer starken Krümmung in die Waagrechte übergehen.

b) Anwendung auf die Praxis

Um die Gültigkeit dieser theoretischen Überlegungen nachzuprüfen, wurden Untersuchungen mit Osram-Vacublitzen XP durchgeführt. Es wurden hierzu Lampen mit den Fülldrücken von 150 bis 680 Torr hergestellt und nach dem Abblitzen der Restgasdruck gemessen. Bei einem Fülldruck von 380 Torr und darüber ergab sich im Mittel ein Sauerstoffverbrauch von 320 Torr. Da bei diesen Drücken das gesamte Aluminium verbrennt ($\gamma = 1$), stellt $p_0 = 320$ Torr den stöchiometrischen Fülldruck dar. Für die übrigen Fülldrücke wurde ebenfalls der Sauerstoffverbrauch in Torr berechnet und auf p_0 bezogen, wodurch man den Bruchteil des verbrannten Aluminiums erhält.

In Abb. 2 ist die Größe γ in Abhängigkeit vom Fülldruck p_f aufgetragen. Man erkennt, daß tatsächlich ein Sauerstoffüberschuß notwendig ist, um das Aluminium

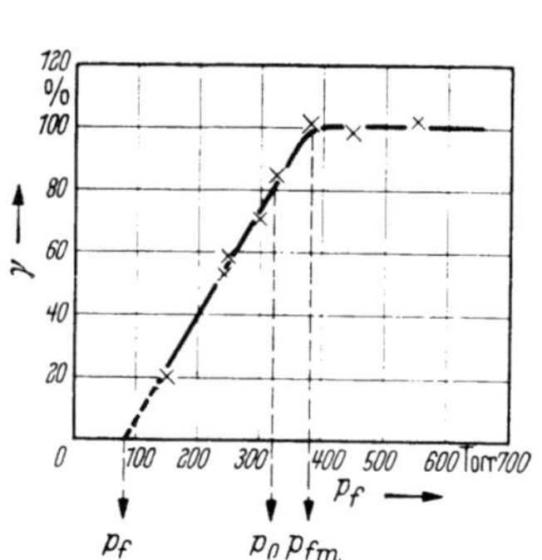

Abb. 2. Experimentelle Abbrandkurve
eines Vacublitzes XP.

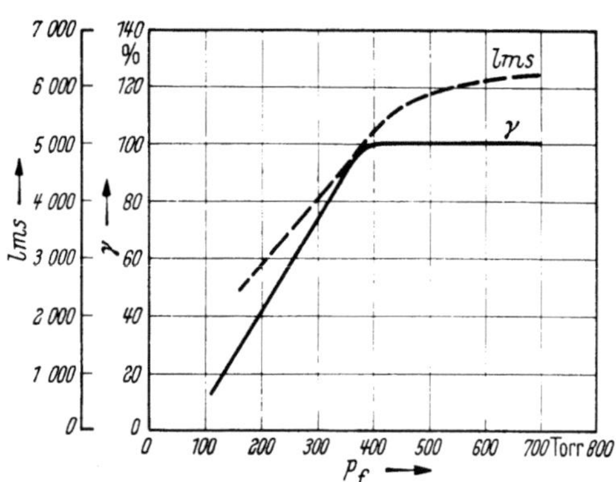

Abb. 3. Aluminiumverbrennung und Lichtmenge bei einem
Vacublitz XP als Funktion des Fülldruckes.

vollständig zu verbrennen. Dieser beträgt 60 Torr bzw. $\ddot{u}_m = 19\%$. Auch die starke Krümmung beim Wert p_{fm} ist zu erkennen. Die Neigung der Geraden in Abb. 2 beträgt $\dfrac{1}{300}$, während der theoretische Wert nach Gl. (41) $\dfrac{1}{320}$ ergibt. Die theoretischen Überlegungen werden also durch die Experimente gut bestätigt. Die Größe C in Gl. (36) errechnet sich mit $g = 10{,}5$ mg und $V_K = 16{,}5$ cm³ zu:

$$C = 0{,}12 \text{ mg/cm}^3.$$

In der nachfolgenden Tabelle sind eine Reihe weiterer Blitzlampen aufgeführt, bei denen $\gamma = 1$ ist und von denen die Werte für $\ddot{u}$, g und V_K bekannt sind. Setzt man diese Zahlenwerte in Gl. (36) ein, so errechnet sich formal für die Konstante eine Reihe von Werten, die in der Tabelle mit C' bezeichnet sind.

Blitzlampe	g/V_K mg/cm³	$\ddot{u}$ %₀	C' mg/cm³
S 2	0,67	+21	0,14
F 2	0,44	+39	0,17
S 1	0,53	+27	0,14
F 1	0,40	+32	0,13
F O	0,84	+13	0,11
X O	0,93	+13	0,12
X P (Fertigung) ...	0,64	+54	0,35

Man erkennt, daß keiner dieser C'-Werte wesentlich kleiner als 0,12 mg/cm³ ist und daß mehrere Lampen mit verschiedener Größe, Füllmenge, verschiedenen

Fülldrücken, Abbrennzeiten usw. von diesem Wert nur 10 bis 20% abweichen. Dies weist aber darauf hin, daß die in Gl. (34) gefundene Größe K bzw. der daraus abgeleitete Wert C nicht nur für eine bestimmte Blitzlampe sinnvoll ist, sondern einen für Blitzlampen allgemeingültigen Zahlenwert besitzt, welcher bei den einzelnen Lampen wohl erreicht, aber nicht unterschritten werden kann [s. Gl. (35)]. Dieses Ergebnis wird noch gestützt durch die vorher beschriebenen Messungen an Vacublitzen XP, bei denen sich für die Größe C ebenfalls der Wert 0,12 mg/cm³ ergab, während man bei den Lampen XP aus der Fertigung für $C' = 0,35$ mg/cm³ erhielt. Dies bedeutet, daß der Sauerstoffüberschuß in einem serienmäßigen Vacublitz XP wesentlich höher ist, als für eine vollständige Verbrennung des eingefüllten Aluminiums notwendig wäre. Der relativ hohe Sauerstoffüberschuß bei der

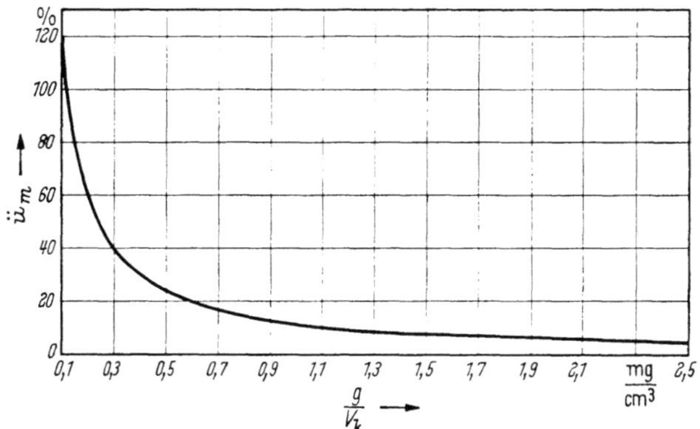

Abb. 4. Notwendiger Sauerstoffüberschuß für vollständige Aluminiumverbrennung in einer Blitzlampe als Funktion der Aluminiumfülldichte.

XP-Type wurde aus anderen verfahrenstechnologischen Überlegungen gewählt. Er bewirkt gleichzeitig auch eine Verbesserung des Wirkungsgrades, wie aus Abb. 3 hervorgeht. Variiert man nämlich den Fülldruck und trägt die jeweiligen Lichtmengen als Funktion des Druckes auf, so zeigt sich, daß beim Eintritt der vollständigen Verbrennung der Aluminiumfüllung die maximale Lichtmenge noch nicht erreicht wird, sondern erst bei einem bedeutend höheren Druck.

Der durch Gl. (36) festgelegte notwendige Sauerstoffüberschuß für eine vollständige Verbrennung des Aluminiums ist für $C = 0,12$ mg/cm³ in Abb. 4 graphisch dargestellt. Dabei muß betont werden, daß diese Kurve keine Aussage über die maximale Lichtmenge von Blitzlampen macht.

C. Zusammenfassung

Es wurde die Entropieänderung des Systems Sauerstoff—Aluminium in einer Blitzlampe beim Abbrennvorgang berechnet und daraus abgeleitet, daß die Aluminiumfüllung in der Lampe nur bei Sauerstoffüberschuß vollständig verbrennen kann. Ferner wurde auf halb-empirischem Wege eine Kurve gefunden, welche den Sauerstoffüberschuß angibt, der für eine vollständige Verbrennung notwendig ist. Die Gültigkeit der theoretischen Überlegungen konnten durch Versuche mit Vacublitzen XP bestätigt werden.

Literatur

[1] Fast, J. D.: Philips Techn. Rdsch. 16 (1954/55) S. 277, 315, 339.
[2] Fast, J. D.: Philips Techn. Rdsch. 16 (1954/55) S. 315.
[3] Helwig, H. J.: Techn.-wiss. Abh. OSRAM-Ges. 6 (1953) S. 93.

Gerät zur Prüfung des Proportionalitätsverhaltens physikalischer Strahlungsempfänger*)

Von

H. Hoppmann

Mit 4 Abbildungen

Ein nach dem Prinzip der Addition von Bestrahlungsstärken entwickeltes Gerät gestattet, den Zusammenhang zwischen der Bestrahlungsstärke auf einem Strahlungsempfänger und der Anzeige des Meßgeräts schnell, bequem und genau zu bestimmen. Aufbau des Geräts, Kalibrierung, Messung und Auswertung werden beschrieben. Diskussion des Anwendungsbereichs.

Nur bei wenigen physikalischen Meßanordnungen für die Messung von Licht und Strahlung ist erfahrungsgemäß ein hohen Ansprüchen an die Meßgenauigkeit gerecht werdendes, proportionales Verhalten anzutreffen. Es ist deshalb notwendig, Proportionalitätskorrekturen in den Auswertegang einzubeziehen bzw. sich durch Auswahl und Anpassung der Empfänger — soweit möglich — das gewünschte Betriebsverhalten zu schaffen.

1. Verfahren und Geräte zur Proportionalitätsprüfung

Als bekanntestes Verfahren zur Prüfung des Proportionalitätsverhaltens ist die Erzeugung bekannter, relativer Bestrahlungsstärken auf Grund des Entfernungsquadratgesetzes $E \sim 1/r^2$ durch Variation der Entfernung r zwischen Strahlungsquelle und Empfänger zu nennen. Die endliche Größe von Strahler und Empfänger, die Schwierigkeiten bei der Bestimmung des Strahlungs- und Empfänger-Schwerpunktes und damit die Unsicherheit bei der Angabe der in die Messung eingehenden Entfernung r sowie die Veränderung der Reflexionsbedingungen im Meßaufbau bei der Änderung von r haben bei diesem Prüfverfahren jedoch nur eine relativ geringe Meßgenauigkeit zur Folge.

Hält man die Entfernung zwischen Strahler und Empfänger konstant und schafft eine Möglichkeit zur Erzeugung genau bekannter und addierbarer Bestrahlungsstärken, so werden die obengenannten, die Meßgenauigkeit einschränkenden Schwierigkeiten vermieden. Derartige Anordnungen wurden bereits 1937 von F. Buchmüller und H. König[1]), 1938 von J. R. Atkinson, N. R. Campbell, E. H. Palmer und G. T. Winch[2]), 1940 von L. E. Barbrow[3]) und 1954 von H. Korte und M. Schmidt[4]) mitgeteilt. Ein anderes Verfahren zur Prüfung des Proportionalitätsverhaltens von Strahlungsempfängern, bei dem dem Meßlichtstrom ein konstanter Zusatzlichtstrom überlagert wird, wurde 1955 von G. Hansen[5]) veröffentlicht.

Buchmüller und König[1]) verwendeten einen Aufbau mit 8 Flächenelementen in zwei Zeilen zu 4 Fenstern angeordnet, hinterlegt mit einer Streuscheibe aus Trübglas, in Verbindung mit einer 200…300 W-Glühlampe und erreichten hiermit eine Beleuchtungsstärke bis 50 Lux. Zur Erweiterung des Beleuchtungsniveaus bis 100 Lux wurde die Ausrüstung mit 2 Lampen vorgeschlagen. Zur Erreichung niedrigerer und höherer Beleuchtungsstärken wird von den gleichen Autoren eine andere Anordnung genannt. Eine Lampe mit einem Leuchtkörper aus geradem Draht — im Aufbau der Osram Wi 9 bzw. Wi 42 entsprechend — wird durch eine zweiflügelige Klappe ohne Zwischenschaltung einer Streuscheibe abgedeckt.

---

*) Originalmitteilung.

Wahlweise läßt sich die Strahlung der oberen oder unteren Hälfte des Leuchtdrahtes abschirmen. Mit diesem Aufbau ist also nur eine Veränderung der Bestrahlungsstärke im Verhältnis 1:2 möglich.

Das von ATKINSON und Mitarbeitern[2]) beschriebene Gerät besteht aus einem turmförmigen Aufbau, in dessen Oberteil hinter jedem von 10 auf einem Kreise angeordneten Lochfenstern eine Vakuum-Langdrahtlampe brennt. Alle 10 Lampen sind parallel geschaltet. Die Fenster lassen sich wahlweise durch mit schwarzem Samt bezogene Abdeckscheiben verschließen. Die optische Achse des Geräts steht vertikal, der zu prüfende Empfänger befindet sich unten.

Bei der von BARBROW[3]) gewählten Anordnung sind in einem flachen Kasten 10 Vakuum-Lampen zu je 15 W in zwei Zeilen zu 5 Stück untergebracht. Jede Lampe kann durch eine Klappe abgedeckt werden. Das Gerät ist für Beleuchtungsstärken bis etwa 200 Lux vorgesehen.

KORTE und SCHMIDT[4]) haben bei der Prüfung der Proportionalität von Vervielfacher-Photozellen die Lichtquelle durch eine Linse auf den zu prüfenden Empfänger abgebildet. Die Linse ist auf der Seite der Lichtquelle durch eine Blende mit 12 Lochfenstern abgedeckt, die einzeln verschlossen werden können, ohne daß sich dadurch Störungen bei den benachbarten Löchern ergeben.

2. Aufgabenstellung

Das nachfolgend beschriebene Gerät stellt eine für unsere Meßaufgaben entwickelte Verbesserung der eben erwähnten Anordnungen dar, die zur Proportionalitätskontrolle der Kombinationen von Meßinstrumenten mit empfindlichen Vervielfacher-Photozellen oder mit Selen-Photoelementen für Beleuchtungsstärken bis zu etwa 150 Lux verwendet werden sollte. Die Möglichkeit zur Erzeugung erheblich höherer Bestrahlungsstärken war vorzusehen, um z. B. bei Einfügung von Monochromatfiltern noch über genügend große Energie zur Prüfung des Proportionalitätsverhaltens physikalischer Empfänger in bestimmten Spektralgebieten zu verfügen.

Es erschien zweckmäßig, die Bestrahlungsstärken nur durch eine in ihrer photometrischen Konstanz einwandfreie und für Batteriebetrieb geeignete Lichtquelle zu erzeugen. Bei etwaiger Änderung der Lichtquelle ändern sich die Bestrahlungsstärkeanteile dann weitgehend gleichartig, was bei einer Anordnung mit mehreren sich unterschiedlich ändernden Lampen nicht zu erreichen ist.

Weiterhin war die Erhöhung der Anzahl der addierbaren Bestrahlungsstärken und damit eine größere Anzahl schnell verfügbarer Meßpunkte zur Aufnahme der Proportionalitätskurve sowie rotationssymmetrische Anordnung der Fenster wünschenswert. Stabiler Aufbau, gute Transportierbarkeit sowie sichere Arbeitsweise mußten gefordert werden.

3. Aufbau des Geräts

In der Mitte eines innen blanken Aluminiumgehäuses von 515 mm Höhe, 310 mm Breite und 400 mm Tiefe (s. Abb. 1) befindet sich in einer kontaktsicheren, in der Höhe verstellbaren Fassung eine Wolfram-Drahtlampe (1) vom Typ Wi 40 (etwa 30 V, 6 A, 250 cd bei $T_f = 2850°$ K). Durch den auf den Doppelkondensor (2) fallenden Strahlungsfluß wird die Streuscheibe (3) weitgehend gleichmäßig ausgeleuchtet. Ein an der Stirnseite des Gehäuses angebrachter 15teiliger Sektorenstern mit Verschlußklappen (4) gestattet, von der von der Streuscheibe ausgehenden Strahlung 15 annähernd gleich große Teilbeträge in be-

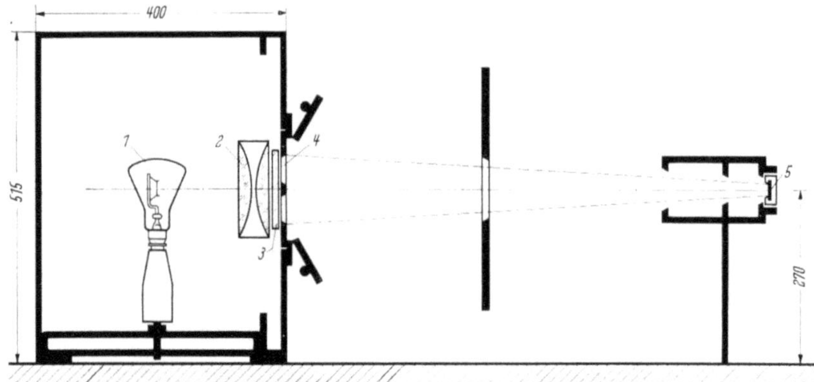

Abb. 1. Gerät zur Prüfung der Proportionalität physikalischer Strahlungsempfänger. Schema der Anordnung.

liebiger Kombination wirksam werden zu lassen. Der zu prüfende Empfänger (5) wird in der durch das Gerät gegebenen optischen Achse in geeignetem Abstand vom Gerät aufgestellt.

Außer durch Abstandsänderung läßt sich eine weitere Veränderung des Bestrahlungsniveaus durch Auswechseln der Trübglas-Streuscheibe (3) gegen eine

Abb. 2. Ansicht des Geräts mit 15teiligem Sektorenstern.

Mattglas-Scheibe sowie durch Entfernung des Kondensors und Einfügen einer zweiten Streuscheibe erreichen. Hierzu sowie zum Einbringen und Ausrichten der

Lampe ist die Rückwand des Gehäuses aufklappbar. Ein kleines Visierloch in der Mitte jeder Gehäuseseitenfläche erleichtert die für die gleichmäßige Ausleuchtung der Sektoren notwendige Höhenjustierung der Lampe.

Ober- und Unterfläche des Gehäuses sind zur Durchlüftung durchbrochen. Der unerwünschte Lichtaustritt durch diese Öffnungen wird durch Lichtschleusen verhindert.

Abb. 2 zeigt die Außenansicht des Geräts mit dem 15teiligen Sektorenstern.

Ausführung und Abmessungen der Einzelteile des Sektorensterns lassen sich aus Abb. 3 entnehmen. Doppelte Blattfedern (6) halten die auf der Innenseite mit

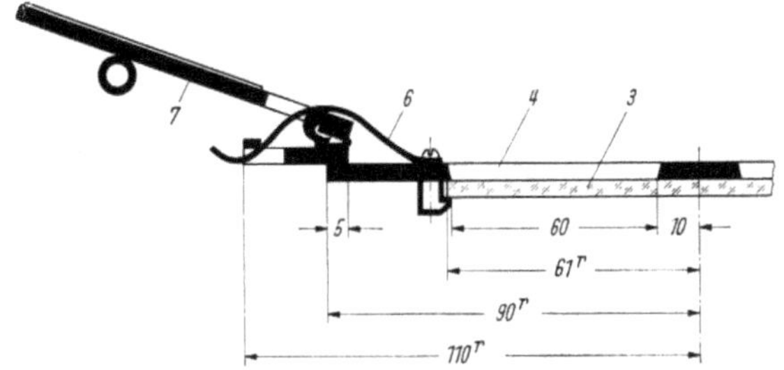

Abb. 3. Schnitt durch Sektorenöffnung mit Streuscheibe und Verschlußklappe.

schwarzem Filz bezogenen Verschlußklappen (7) sowohl in der geschlossenen als auch in der geöffneten Stellung fest. Die vom Empfänger gesehene größte Streuscheibenfläche (alle 15 Sektoren geöffnet) beträgt 82,5 cm².

4. Meßbereich des Geräts

In Tab. 1 sind die Beleuchtungsstärken auf einer Ebene senkrecht zur optischen Achse in 1 m Abstand von der Streuscheibe bei Öffnung aller 15 Sektoren zusammengestellt. Die verwendete Wi-Lampe hatte hierbei eine Lichtstärke von etwa 250 cd und eine Farbtemperatur von 2850° K.

Tabelle 1. Beleuchtungsstärke auf einer Ebene senkrecht zur optischen Achse in 1 m Abstand von der Streuscheibe. Alle 15 Sektoren geöffnet.

Optische Anordnung	E (lx)
2 Trübglas-Streuscheiben ohne Kondensor	5,8
1 Trübglas-Streuscheibe ohne Kondensor	10,3
1 Trübglas-Streuscheibe mit Kondensor	11,5
1 Mattglas-Scheibe ohne Kondensor	62,5
1 Mattglas-Scheibe mit Kondensor..............	195

Die Beleuchtungsstärke in 1 m Abstand läßt sich auf 1400 Lux steigern, wenn man an Stelle der Wi 40 eine Concentra-Lampe, Engstrahler 24 V, 150 W (Lampenachse horizontal) in Verbindung mit einer Mattglas-Scheibe verwendet. Da die Kolbenkuppe dieser Lampe mattiert ist, kann man hierbei gegebenenfalls auf die Mattglas-Scheibe verzichten. Die Reflektorlampe, unmittelbar hinter den Sektorenstern gesetzt, ergibt dann eine Beleuchtungsstärke von etwa 6000 Lux auf dem in 1 m aufgestellten Empfänger. Die photometrische Konstanz dieser Lampe ist nach der für Normallampen üblichen Voralterung durchaus befriedigend.

5. Kalibrierung, Messung und Auswertung

Zur Prüfung der Proportionalität einer photometrischen Meßanordnung ist es notwendig, die auf dem Empfänger durch jeden einzelnen Sektor erzeugte relative Bestrahlungsstärke möglichst genau zu bestimmen. Unter der Voraussetzung, daß die durch die einzelnen Sektoren erzeugten Bestrahlungsstärkeanteile nur geringe Unterschiede aufweisen, können die hierfür erforderlichen Messungen mit dem zu prüfenden Empfänger in der gleichen Aufstellung durchgeführt werden, die für die nachfolgende Proportionalitätskontrolle nötig ist. Dies ist von ausschlaggebender Bedeutung für die hohe Meßgenauigkeit des Verfahrens.

Die Entfernung des Empfängers vom Sektorenstern wird zweckmäßigerweise so gewählt, daß bei Öffnung aller 15 Sektoren der gewünschte Höchstwert der Bestrahlungsstärke erreicht ist, das mit dem Empfänger verbundene Meßgerät also etwa „Vollausschlag" zeigt.

Zur Bestimmung der relativen Bestrahlungsstärken der einzelnen Sektoren (Sektorenkalibrierung) ist der Empfänger nach Möglichkeit mit einem um das 10...15fache empfindlicheren Meßgerät zu verbinden, so daß die von jedem Sektor erzeugte Bestrahlungsstärke einen gut ablesbaren, großen Zeigerausschlag liefert. Der Reihe nach werden die Sektorenklappen 1, 2, 3 usw. einzeln geöffnet und die angezeigten Skalenteile als relatives Maß für die den Sektoren zuzuordnenden Bestrahlungsstärken in einem Meßprotokoll vermerkt. Da die Bestrahlungsstärken annähernd gleiche Größe haben, fällt ein etwa vorhandener Proportionalitätsfehler der Meßanordnung hier nicht ins Gewicht. Um Unsicherheiten durch Veränderung der Lampe bzw. des Empfängers während der Untersuchung zu berücksichtigen, wird auf den Ausschlag bei wiederholter Öffnung eines bestimmten Sektors – z.B. des Sektors Nr. 1 – bezogen.

Bei der Proportionalitätskontrolle der zu prüfenden Meßanordnung wird der Empfänger mit dem zugehörigen Anzeigeinstrument verbunden und nacheinander der Bestrahlung durch die Sektoren 1, $1+2$, $1+2+3$ usw. bis $1+2+...+15$ ausgesetzt. Die Gegenüberstellung der hierbei abgelesenen Meßwerte mit der entsprechenden errechneten Summe der durch die Kalibrierung vorher bestimmten Anteile der einzelnen Sektoren ergibt die Abweichung von der Proportionalität.

Tab. 2 zeigt als Beispiel den Auswertegang für die Proportionalitätskontrolle eines Selen-Photoelementes in Verbindung mit einem Lichtmarkengalvanometer ($R_g = 3000$ Ohm). Der maximale Photostrom betrug 10 μA bei einem Vollausschlag von 100 Skalenteilen. Die Messung wurde mit Glühlampenlicht der Farbtemperatur 2700° K durchgeführt. Die Lampe wurde von einer Akkumulatorenbatterie betrieben und die Stromstärke unter Verwendung eines Kompensators konstant gehalten.

Die bei der Sektorenkalibrierung für die einzelnen Sektoren abgelesenen Skalenteile sind in der Spalte α_1 eingetragen. α_2 ergibt sich durch Bezug des Ausschlags für die Sektoren 2...15 auf den Ausschlag bei Öffnung des Sektors 1. Spalte $\Sigma\alpha_2$ enthält die Addition der Ausschläge α_2 der relativen Bestrahlungsstärken, Spalte α_3 die Umrechnung dieser Werte auf den bei der Messung für die Sektoren $1+2+...+10$ abgelesenen Ausschlag α. Dieser willkürlich bei etwa $^2/_3$ des Skalenendwertes gewählte Anschluß der Kalibrierung hat den Vorteil, daß die Proportionalitäts-Korrekturfaktoren für Meßwerte im meistgebrauchten zweiten und dritten Drittel der Instrumentenskala nahe bei 1,0 liegen.

Spalte $\Delta\alpha$ enthält die prozentuale Proportionalitätsabweichung der Meßanordnung, Spalte F den Faktor, mit dem der abgelesene Ausschlag α zu multiplizieren

Tabelle 2. Beispiel eines Auswerteprotokolls bei der Proportionalitätsprüfung eines Photoelements.

Sektorenkalibrierung					Proportionalitätsprüfung				
Sektor Nr.	α_1	α_2	$\Sigma\,\alpha_2$	α_3	Sektor Nr.	α	$\Delta\alpha$ (%)	F	K
1	91,7	91,7	91,7	6,5	1	6,5	$\pm$0	1,000	0
2	91,0	91,0	182,7	12,9	1 + 2	13,0	+0,8	0,992	—0,1
1	91,7								
3	96,4	96,4	279,1	19,7	1 + 2 + 3	20,0	+1,5	0,985	—0,3
1	91,7								
4	94,6	94,7	373,8	26,4	1... 4	26,8	+1,5	0,985	—0,4
1	91,6								
5	97,5	97,6	471,4	33,4	1... 5	33,8	+1,2	0,988	—0,4
1	91,6								
6	95,9	96,1	567,5	40,2	1... 6	40,6	+1,0	0,990	—0,4
1	91,5								
7	95,7	95,9	663,4	46,9	1... 7	47,2	+0,6	0,994	—0,3
1	91,5								
8	92,0	92,3	755,7	53,5	1... 8	53,8	+0,6	0,994	—0,3
1	91,4								
9	91,9	92,2	847,9	60,0	1... 9	60,1	+0,2	0,998	—0,1
1	91,4								
10	91,8	92,1	940,0	**66,5**	1...10	**66,5**	$\pm$0	1,000	0
1	91,4								
11	96,1	96,4	1036,4	73,3	1...11	73,0	—0,4	1,004	+0,3
1	91,4								
12	98,6	98,9	1135,3	80,3	1...12	79,8	—0,6	1,006	+0,5
1	91,4								
13	96,3	96,6	1231,9	87,2	1...13	86,3	—1,0	1,010	+0,9
1	91,4								
14	91,8	92,1	1324,0	93,7	1...14	92,5	—1,3	1,013	+1,2
1	91,4								
15	91,8	92,1	1416,1	100,2	1...15	98,7	—1,5	1,015	+1,5
1	91,4								

$$\Delta\alpha\,(\%) = \frac{\alpha - \alpha_3}{\alpha_3} \cdot 100 \qquad F = \frac{\alpha_3}{\alpha} \qquad K = \alpha_3 - \alpha$$

ist, um den der Betrahlungsstärke proportionalen Wert α_3 zu erhalten. Die für den praktischen Meßbetrieb handlichste Proportionalitätskorrektur beruht auf der

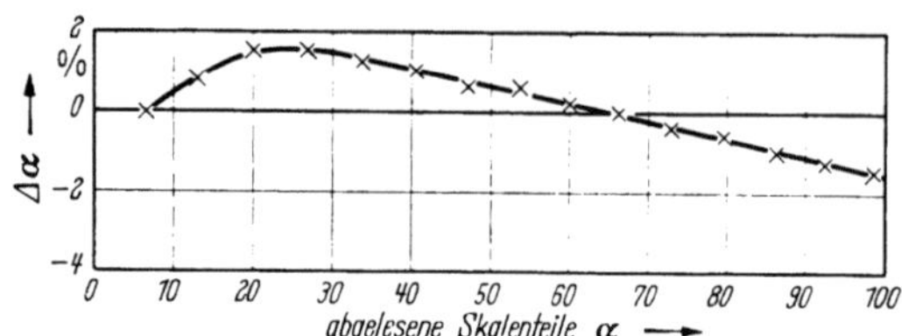

Abb. 4. Proportionalitätsprüfung eines Photoelements. Kurve der prozentualen Abweichung von der Proportionalität.

Addition bzw. Subtraktion von Korrektur-Skalenteilen. In Spalte K sind die Skalenteilkorrekturen eingetragen, mit denen α zu versehen ist.

Die Kurve der prozentualen Proportionalitätsabweichung $\Delta\alpha$ ist in Abb. 4 dargestellt.

6. Anwendungsbereich

Das beschriebene Gerät hat sich bei uns bei vielen Proportionalitätsprüfungen lichtelektrischer Meßanordnungen mit Photoelementen, Vakuum-Photozellen und Vervielfacher-Photozellen bewährt. Infolge seiner hohen Lichtstärke ermöglicht es auch die Proportionalitätsprüfung mit monochromatischem Licht unter Verwendung von Filtern. Bei Ausrüstung mit der Reflektorlampe war die Bestrahlungsstärke auch zur Prüfung eines hinter dem Dispersionsprisma in einem Spektralphotometer eingebauten Frontkathoden-Multipliers voll hinreichend.

7. Zusammenfassung

Die Proportionalitätsprüfung von Strahlungsempfängern nach dem Additionsprinzip gestattet, den Empfänger in konstantem Abstand von der Lichtquelle anzuordnen, wobei die Lage des Schwerpunktes von Lichtquelle und Empfänger nicht bekannt zu sein braucht und die Reflexionseinflüsse konstant bleiben. Das hier beschriebene Gerät zur Durchführung derartiger Prüfungen läßt sich leicht transportieren und unmittelbar am Meßplatz aufbauen. Bei Verwendung nur einer, infolgedessen leicht kontrollierbaren Lampe ist die Variation der Bestrahlungsstärke in einem sehr großen Bereich möglich, wobei die zu prüfende Skala des Anzeigeinstruments jeweils in 15 etwa gleichabständigen Punkten rasch und genau kontrolliert werden kann. Wegen der rotationssymmetrischen Anordnung der Sektoren ist es zulässig, auch kleine Abstände zwischen Sektorenebene und Empfänger zu verwenden.

Herrn Ing. K.-E. Sill habe ich für Konstruktion und Bau des Geräts zu danken.

Literatur

[1] Buchmüller, F., H. König: Bull. SEV (1937) H. 5 (Sonderdruck).
[2] Atkinson, J. R., N. R. Campbell, E. H. Palmer, G. T. Winch: Proc. phys. Soc. 50 (1938) S. 934.
[3] Barbrow, L. E.: J. Res. NBS 25 (1940) S. 703, RP 1348.
[4] Korte, H., M. Schmidt: Lichttechn. 6 (1954) S. 355.
[5] Hansen, G.: Mikrochim. Acta (1955) S. 410.

Ein cos i-gerechtes Photometer*)

Von

F. Hartig und H.-J. Helwig

Mit 2 Abbildungen

In einer Diplomarbeit (Technische Universität Berlin) wurde das cos i-Problem der Beleuchtungsstärkemesser[1]) erneut aufgegriffen. Dabei erschien die Ausführung mit einer ringförmig um eine Trübglaskalotte gelegten, zylindrischen Blende interessant: einmal ist der Aufbau technisch leicht auszuführen, und zum anderen ist der Lichtverlust bei dieser Anordnung erträglich. Es schien zunächst darauf anzukommen, die günstigsten Abmessungen für die Kalotte und die Blende herauszufinden. Dabei liegt eine Abmessung der Ringblende theoretisch fest: ihre Höhe muß derjenigen der Trübglaskalotte entsprechen, um bei streifendem Einfall den Ausschlag Null zu bekommen.

Systematische Versuche ergaben jedoch, daß man mehrere Ringschirme mit verschiedenen Höhen und Durchmessern bzw. einen entsprechend geformten Profilring benötigt. Erreichte Fehlerkurven zeigt Abb. 1. Der Profilring mit Trübglaskalotte und Photoelement ist aus Abb. 2 zu ersehen.

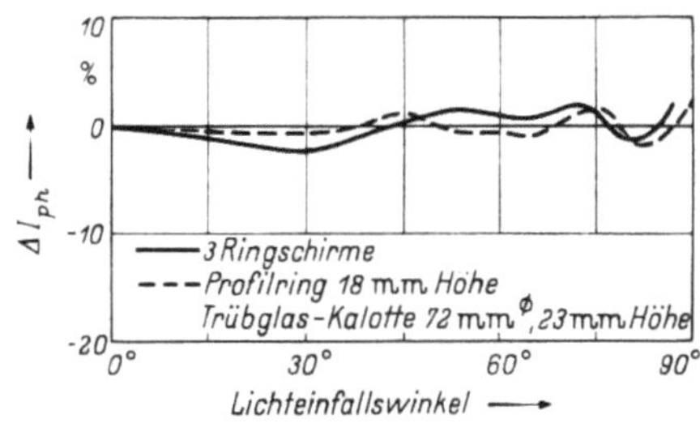

Abb. 1. cos i-Fehler von Photoelementen.

3 Ringschirme
Profilring 18 mm Höhe
Trübglas. Kalotte 72 mm; 23 mm Höhe.

Für die Dimensionierung der Ringblenden war das Raumwinkelprojektions-Gesetz bestimmend: „Die Beleuchtungsstärke, die von nichtpunktähnlichen, ausgedehnten Lichtquellen erzeugt wird, kann aus der Leuchtdichte dieser Lichtquellen und der Raumwinkelprojektion ermittelt werden: E (lx) $= B$ (sb) $\cdot \omega_p \cdot 10^4$." Die Raumwinkelprojektion (ω_p) und die Projektion der beleuchteten Kugelkalotte (F_p) auf die Meßebene sind einander

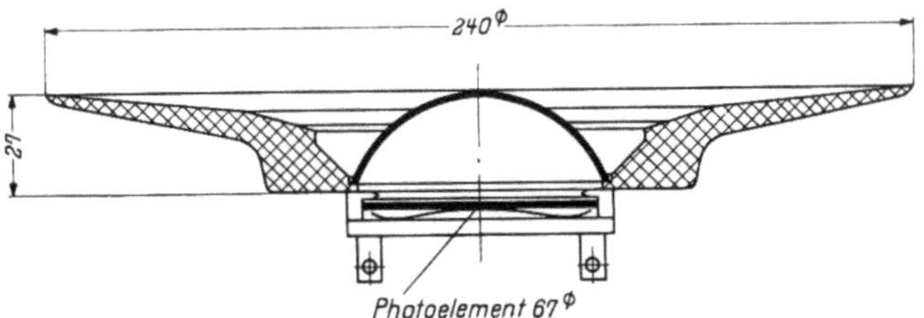

Abb. 2. Profilblende zur cos i-Korrektur.

proportional. Entsprechend der Definition des Raumwinkels ist der Proportionalitätsfaktor r^2. Ein einfacher Vorversuch bestätigte, daß Messungen und Berechnungen gut übereinstimmen, so daß diese Beziehung zur Dimensionierung der Ringblende benutzt werden konnte.

Die Absorptionsverluste des bei Glühlampenlicht durchgemessenen Gerätes gemäß Abb. 2 betrugen rund 50%, die Empfindlichkeit $0,6 \times 10^{-6}$ A/lx (Empfind-

*) Auszug aus der in „Lichttechnik" 7 (1955) H. 5, S. 181—182 veröffentlichten Arbeit.

lichkeit des Lichtmarkengalvanometers $= 3,8 \times 10^{-8}$ A/SKT bei 150 SKT; System-widerstand etwa 25 Ohm; Photoelement „Electrocell" 60 mm $\varnothing$).

Eine Kombination des Vorsatzes mit einem Filter-Photoelement System Dresler-Rieck hatte eine Empfindlichkeit von $0,016 \times 10^{-6}$ A/lx. Die geringere Empfindlichkeit ergibt sich durch die Verluste in den Filtern sowie infolge des Abstandes von etwa 60 mm zwischen Kugelkalotte und Filtersatz, wodurch eine ähnliche Ausleuchtung des Filtersatzes wie bei der Eichung angestrebt wurde.

Mit dem in Abb. 2 gezeigten Gerät wurden Beleuchtungsstärken in allen Winkel-bereichen gemessen; die Ergebnisse wichen nirgends um mehr als $\pm 3\%$ vom Soll-wert ab.

(Hinzuweisen ist auf die von Reeb und Tosberg[2]) angegebene Ausführungsform mit Linse und Profilring.)

In Nachahmung eines Falles der Straßenbeleuchtung wurden zwei Leuchtstoff-lampen (Queraufhängung) im Abstand von 11,2 m und in einer Höhe von 1,45 m über der Meßebene aufgehängt; gemessen wurde in der Mitte der Strecke, wobei die Lichteinfallswinkel rund 75° betrugen. Von dem in Abb. 2 gezeigten Beleuchtungs-messer wurde die Beleuchtungsstärke um rund 3% niedriger als berechnet ge-messen. Demgegenüber ergab sich mit einem nackten Photoelement eine Unter-bewertung von 38%.

Literatur

[1]) Handb. d. Lichttechnik. Hrsg. von R. Sewig. Bd. 1, Berlin 1938, S. 345. — Trojok, W.: Das Licht **14** (1944) S. 104. — Buck, G. B.: Illum. Engng. **44** (1949) S. 293—302.
[2]) Reeb, O., u. W. Tosberg: Lichttechnik **7** (1955) S. 275—278.

Zum Angleich
der spektralen Empfindlichkeit lichtelektrischer Empfänger
an vorgegebene Empfindlichkeitsfunktionen*)

Von

K. Corduan

Mit 7 Abbildungen

Es werden die wichtigsten Gesichtspunkte aufgezeigt, die bei der Veränderung der relativen spektralen Empfindlichkeit lichtelektrischer Empfänger durch partielle Filterung nach dem Dresler-Prinzip zu beachten sind. An Beispielen wird der wirksame Bereich eines Filters sowie der Einfluß verschiedener Filteranordnungen erläutert und die praktische Durchführung eines $V\lambda$-Angleiches für ein Selen-Photoelement an Hand von Meßergebnissen kurz diskutiert. Ein graphisches Verfahren zur Bestimmung der relativen spektralen Empfindlichkeit bei Variation des Bedeckungsgrades durch ein oder mehrere Filter wird angegeben.

Von den verschiedenen Möglichkeiten zur Veränderung der relativen spektralen Empfindlichkeit lichtelektrischer Empfänger wird von uns fast ausschließlich das von A. Dresler[1]) angegebene und von J. Rieck[2]) weiterentwickelte Verfahren der partiellen Filterung angewendet. Im folgenden werden Erfahrungen mitgeteilt, die beim Angleich der spektralen Empfindlichkeit von Selen-Photoelementen an die V_λ-Kurve nach dieser Methode gemacht wurden. Die Erkenntnisse lassen sich sinngemäß auch auf andere Empfindlichkeitsfunktionen oder andere Strahlungs-empfänger übertragen.

*) Originalmitteilung.

1. Auswahl der geeigneten Filter

Für die Auswahl der zum Angleich benötigten Filter ist die Kenntnis der relativen spektralen Empfindlichkeitskurve des ungefilterten Empfängers erforderlich. Durch Messung am Filtermonochromator[3]) läßt sich deren Verlauf im Vergleich zu einem Empfänger mit bekannter relativer spektraler Empfindlichkeit verhältnismäßig einfach und schnell mit einer Genauigkeit von $\approx \pm 1\%$ des Maximalwertes bestimmen. Dabei ist zu beachten, daß sich diese Messung über den später wirksamen Spektralbereich hinaus besonders in das Gebiet des Ultraviolett und des Infrarot hinein erstrecken muß, da einerseits die Empfindlichkeit vieler Empfänger im UV sehr hoch ist und andererseits manche Filtergläser im IR eine große Durchlässigkeit zeigen. In beiden Fällen ist durch Bedeckung der ganzen Empfängerfläche mit einem geeigneten Filter (Vollfilterung) dafür zu sorgen, daß solche Gebiete „gesperrt" werden. Unter Zugrundelegung der durch die Messung ermittelten Empfindlichkeitskurve des ungefilterten Empfängers und der geforderten für den angeglichenen Empfänger, ist die Auswahl geeigneter Filter vorzunehmen.

Um Aussagen über die notwendigen spektralen Eigenschaften eines für einen bestimmten Angleich auszuwählenden Filters machen zu können, ist die Kenntnis des Bereiches, in dem das Filter die relative spektrale Empfindlichkeit des Photoelementes am stärksten beeinflussen soll, notwendig.

Einige Filtergläser zeigen bei UV-Bestrahlung Fluoreszenzlicht[4]). Wenn die Verwendung solcher Gläser sich wegen ihrer spektralen Eigenschaften nicht vermeiden läßt, so ist es notwendig, geeignete, nichtfluoreszierende Sperrfilter einzuschalten.

2. Spektralphotometrische Nachprüfung der Filter

Es ist bekannt, daß die von den Herstellerfirmen veröffentlichten Kurvendarstellungen oder Tabellen über den Verlauf des spektralen Transmissionsgrades ihrer Filter nur als Richtwerte anzusehen sind und nicht für alle Fälle ausreichende Aussagen liefern. Das zeigte sich besonders bei den Schott-Gläsern der Typen GG, OG und RG, für die bei Filtern verschiedener Schmelzen mit $\pm$ 10 nm als Toleranz für die Lage der Absorptionskante gerechnet werden muß[5]). Besondere Aufmerksamkeit ist bei den Gläsern auch den auslaufenden Teilen der τ_λ-Kurven zu widmen, wobei besonders im kurzwelligen Spektralbereich von gelb- und orangefarbigen Gläsern erhebliche Abweichungen von den Listenwerten beobachtet wurden. Gläser, die in diesem Bereich eine zu hohe Durchlässigkeit zeigen, sind meist für den V_λ-Angleich ungeeignet, da die Mehrzahl der Empfänger in diesem Spektralgebiet noch sehr empfindlich ist. Es ist daher unbedingt erforderlich, die τ_λ-Kurve der nach Katalog ausgewählten Filter genau zu überprüfen, da erst danach über die Verwendungsmöglichkeit entschieden werden kann.

Außerdem ist zu beachten, daß bei manchen Glasarten (besonders UG und BG) die Möglichkeit besteht, daß sie ihre spektralen Eigenschaften, im allgemeinen nur im Ultravioletten, bei Bestrahlung irreversibel ändern[4]).

3. Anordnung der Filter

Es ist nicht gleichgültig, in welcher Weise die Filter vor dem Empfänger angeordnet werden. So bieten sich z.B. bereits bei Verwendung von nur zwei Filtern mehrere Möglichkeiten unterschiedlicher Wirkung, von denen die in der Abb. 1 mit a, b und c bezeichneten herausgegriffen seien. Bei den Anordnungen 1b und 1c tritt allerdings, sobald sich die Filter z.T. überlappen, auch der Fall a auf.

Der sich bei 1a und 1c ergebende Angleichmechanismus ist verhältnismäßig einfach zu übersehen. Es hängt dabei von den Erfordernissen der jeweiligen Angleichsbedingungen ab, welcher der Anordnungen der Vorzug gegeben wird oder

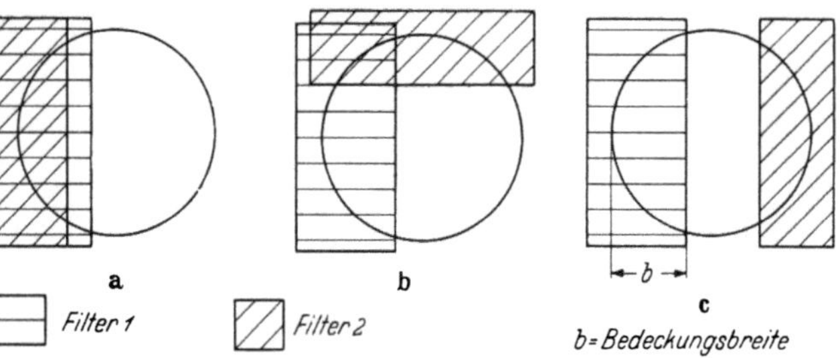

Abb. 1. Einige Möglichkeiten zur Anordnung der Filter.

ob die Kombination beider günstig ist, wie es z. B. bei den Verfahren von A. Dresler und J. Rieck der Fall ist.

4. Wirksamkeit der Filter beim spektralen Angleich

Bei der Beurteilung der Veränderung der relativen spektralen Empfindlichkeit photoelektrischer Empfänger durch partielle Filterung der empfindlichen Fläche des Empfängers empfiehlt sich die Einführung des Begriffes Bedeckungsgrad g, worunter das Verhältnis der gefilterten Fläche f zur gesamten empfindlichen Fläche F des Empfängers zu verstehen ist.

$$g = \frac{f}{F}$$

In den Teilbildern a…c der Abb. 2 ist die Änderung der relativen spektralen Empfindlichkeit eines Photoelementes von 67 mm ⌀ (Fabrikat Electrocell) in Abhängigkeit von dem Bedeckungsgrad durch ein Filter nach Messung am Filtermonochromator aufgetragen. Es ist jeweils die im Maximum = 1 gesetzte spektrale Empfindlichkeitskurve des ungefilterten Empfängers und die Durchlässigkeitskurve des verwendeten Filters (OG 4, OG 5, VG 6 je 1 mm stark) eingezeichnet sowie Kurven für die relative spektrale Empfindlichkeit bei verschiedenem Bedeckungsgrad durch das jeweilige Filter. Bei Abb. 2a und 2b wurde die Kurve für vollständige Bedeckung durch das Filter aus Gründen der Übersichtlichkeit nicht eingetragen, da

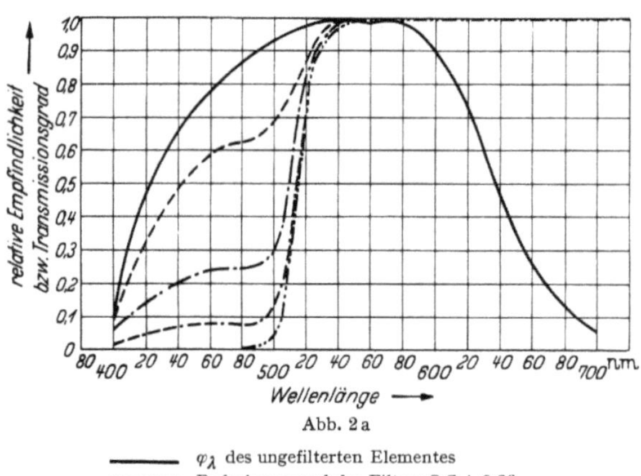

Abb. 2a

       φ_λ des ungefilterten Elementes
— — — Bedeckungsgrad des Filters O G 4 0,29
— · — Bedeckungsgrad des Filters O G 4 0,70
· — · — Bedeckungsgrad des Filters O G 4 0,89
— · · — τ_λ des Filters O G 4/1 mm

Abb. 2 a—c. Veränderung der relativen spektralen Empfindlichkeit eines Photoelementes bei verschiedener Bedeckung mit einem Farbfilterglas.

die sich ergebende resultierende Empfindlichkeit im kurzwelligen Spektralbereich praktisch mit dem Verlauf der τ_λ-Kurve zusammenfällt.

Die auftretenden Werte 0,29, 0,70 und 0,89 für den Bedeckungsgrad g ergeben sich aus seiner Abhängigkeit von der Bedeckungsbreite b (s. Abb. 1) für das verwendete Element. Die Bedeckungsbreite wurde bei den Messungen aus Gründen der Einfachheit zu 20, 40 und 50 mm gewählt (gemessen von der Kreisperipherie).

Die Abb. 2a…2c zeigen deutlich den Zusammenhang der τ_λ-Kurve des jeweils verwendeten Filters mit dem Bereich seiner Wirksamkeit. In Bereichen, in denen die τ_λ-Werte konstant sind, tritt eine von der Wellenlänge unabhängige proportionale Schwächung der ursprünglichen Empfängerempfindlichkeit auf, die nur dadurch geändert wird, daß sie in diesen Bereichen um einen gewissen Betrag reduziert wird.

Im nach Null auslaufenden Teil der τ_λ-Kurve schwächt das Filter daher sehr intensiv; es wirkt hier wie ein starkes Graufilter, setzt also die relative Empfindlichkeit des bedeckten Bezirkes der Elementoberfläche stark herab, ohne sie in ihrem relativen Verlauf spektral merklich zu verändern.

Im Bereich der Absorptionskante tritt dagegen eine mit der Wellenlänge sich stetig ändernde Beeinflussung der ursprünglichen spektralen Empfindlichkeit auf. Man erhält eine Steilheitsänderung der ursprünglichen Empfindlichkeitskurve um einen „oberen Drehpunkt". Seine Lage ist von der Absorptionskante des verwendeten Filters abhängig und kann durch dessen Wahl verändert werden.

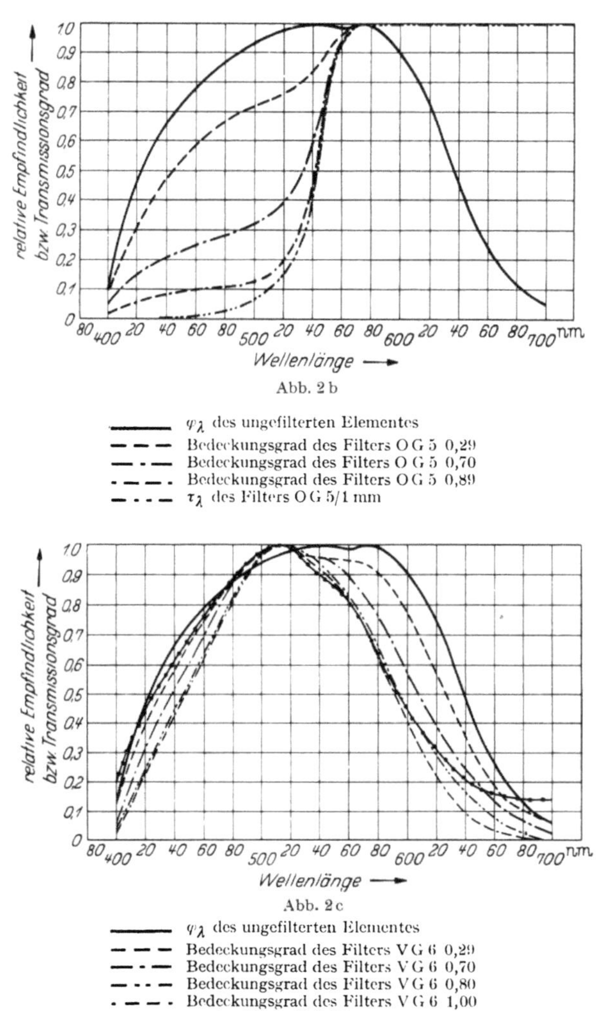

Abb. 2 b

—————— φ_λ des ungefilterten Elementes
— — — Bedeckungsgrad des Filters O G 5 0,29
— · — Bedeckungsgrad des Filters O G 5 0,70
· — — · Bedeckungsgrad des Filters O G 5 0,89
— · · — τ_λ des Filters O G 5/1 mm

Abb. 2 c

—————— φ_λ des ungefilterten Elementes
— — — Bedeckungsgrad des Filters V G 6 0,29
— · — Bedeckungsgrad des Filters V G 6 0,70
— · · — Bedeckungsgrad des Filters V G 6 0,80
· — — · Bedeckungsgrad des Filters V G 6 1,00
—•—•— τ_λ des Filters V G 6/1 mm

Hat die τ_λ-Kurve einen praktisch konstanten Maximalwert erreicht, so wirkt das Filter am schwächsten, meist nur um den Betrag der Reflexionsverluste.

Bei partieller Filterung des Empfängers ist der Einfluß der ungefilterten Elementfläche außerdem noch additiv zu berücksichtigen. (Vgl. Abschn. 7.)

Für den Angleich der relativen spektralen Empfindlichkeit von Empfängern z. B. an die V_λ-Kurve sind daher Gläser wünschenswert, deren abfallende Absorptionskanten sowohl nach dem Kurz- als auch nach dem Langwelligen so aufeinanderfolgen, daß die wirksamen Bereiche aneinander anschließen.

Wegen der spektralen Eigenschaften der verfügbaren Filtergläser ergibt sich jedoch, daß die Verhältnisse auf der kurzwelligen Flanke der V_λ-Kurve von denen auf der langwelligen sehr verschieden sind. Die kurzwellige Kurvenflanke kann durch eine Mehrzahl von Filtern mit steiler Absorptionskante schrittweise aufgebaut werden. Die Filter müssen dabei mit ihren τ_λ-Kurven in geeigneter Weise aufeinanderfolgen und mit verschiedenem Bedeckungsgrad vorgeschoben werden. Da für die Veränderung der nach dem Langwelligen hin abfallenden Flanke nur wenige Gläser mit zudem noch verhältnismäßig flach verlaufender τ_λ-Kurve zur Verfügung stehen, deren Abfall sich meist über einen für schrittweisen Angleich zu großen Spektralbereich erstreckt, läßt sich für diesen Teil der V_λ-Kurve der Angleich durch Partialfilterung oft nur schwierig anwenden.

Die Steilheit der relativen spektralen Empfindlichkeit kann in diesem Bereich im wesentlichen nur durch Schichtvariation beeinflußt werden, dieses Verfahren

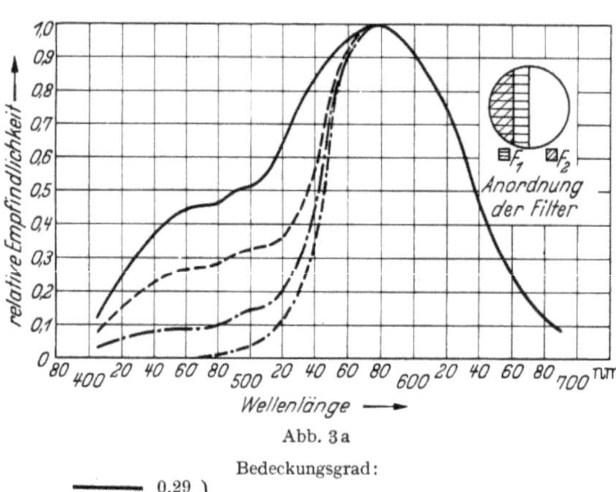

Abb. 3 a

Bedeckungsgrad:

$$\left.\begin{array}{l}\text{——— } 0{,}29 \\ \text{— — — } 0{,}70 \\ \text{—·—·— } 0{,}89 \\ \text{·—·—· } 1{,}00\end{array}\right\} \text{ für } F_2; \quad 0{,}50 \text{ für } F_1 \text{ bei allen Messungen}$$

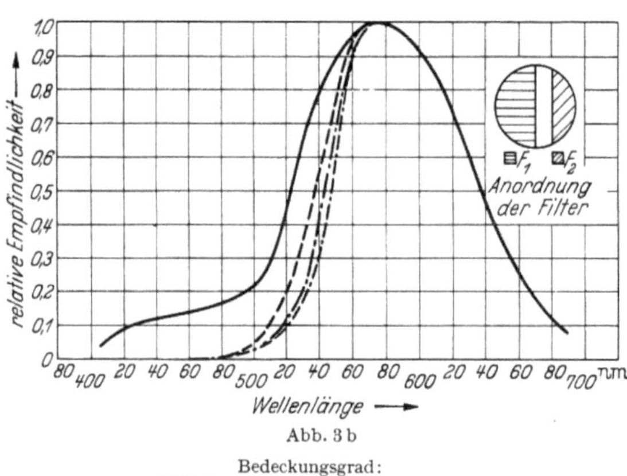

Abb. 3 b

Bedeckungsgrad:

$$\left.\begin{array}{l}\text{——— } 0{,}29 \\ \text{— — — } 0{,}70 \\ \text{—·—·— } 0{,}89 \\ \text{·—·—· } 1{,}00\end{array}\right\} \text{ für } F_2; \quad 0{,}50 \text{ für } F_1 \text{ bei allen Messungen}$$

Abb. 3. Einfluß verschiedener Anordnung zweier Filter vor dem Photoelement auf die relative spektrale Empfindlichkeit.

ist jedoch schwierig zu handhaben. Die in Frage kommenden Filtergläser haben außerdem häufig eine geringe Maximaldurchlässigkeit, so daß bei dem fast immer erforderlichen großen Bedeckungsgrad mit steigender Schichtdicke oft nicht tragbare Empfindlichkeitsverluste die Folge wären. Es lassen sich aus diesen Gründen nur wenige der theoretisch möglichen Änderungen der relativen spektralen Empfindlichkeit ausnutzen.

Aus den Abb. 3a und 3b läßt sich erkennen, welchen Einfluß die verschiedene örtliche Anordnung von zwei Filtern auf die resultierende spektrale Empfindlichkeit hat. Als Beispiel wurden dazu die Filter F_1 und F_2 nach Anordnung Abb. 1a und 1c so vor ein Photoelement vorgeschaltet, daß ein Filter die Hälfte der Elementfläche konstant bedeckt, während der Bedeckungsgrad des zweiten Filters verändert wurde. Die Filter wurden so ausgewählt, daß die Absorptionskante des mit gleichbleibendem Bedeckungsgrad benutzten Filters F_1 weiter nach dem kurzwelligen Spektralbereich liegt als die des

vorgeschobenen Filters F_2. Es entspricht dabei die Abb. 3a den Ergebnissen von Messungen einer Anordnung nach Abb. 1a, bei der beide Filter in der gleichen Richtung über das Element geschoben werden. Bei der Abb. 3b liegen

Messungen einer Anordnung nach Abb. 1c zugrunde, wobei die beiden Filter in **zwei um 180° verschiedenen Richtungen** über die Elementfläche geschoben werden.

Werden beide Filter nach Abb. 1a von einer Seite vorgeschoben, so beeinflußt das im Bedeckungsgrad veränderte Filter F_2 sofort die relative spektrale Empfindlichkeit des Photoelementes innerhalb des wirksamen Bereiches. Liegt jedoch die Absorptionskante des Filters F_1 (mit 0,5 Bedeckungsgrad) weiter nach dem Langwelligen als die des Filters F_2, so kann bei dieser Anordnung das verschiebbare „hellere" Filter F_2 erst dann wirksam werden — abgesehen von den unter Umständen durch Verkitten auf ein Mindestmaß zu reduzierenden Reflexionsverlusten — wenn sein Bedeckungsgrad größer wird als der des Filters F_2.

Das „strengere" Filter (hier F_1) beeinflußt die relative spektrale Empfindlichkeit des Photoelementes an den von ihm bedeckten Stellen schon so stark, daß das „hellere" Filter sich nicht mehr auswirken kann. Ist also die Verwendung mehrerer sich überdeckender Gelb- bzw. Orangefilter notwendig, so soll der Bedeckungsgrad des Filters mit der am weitesten nach dem Kurzwelligen liegenden Absorptionskante am größten sein.

Bei Vorhandensein mehrerer Filter werden die Verhältnisse naturgemäß komplizierter, jedoch geben die an diesen einfachen Angleichsmodellen mit einem bzw. zwei Filtern gefundenen Ergebnisse Anhaltspunkte auch für den Angleich unter Verwendung noch mehrerer Filter.

5. Experimentelle Erfahrungen

Auf Grund der Übereinstimmung unserer Meßergebnisse an Photoelementen mit den auf die geschilderte Weise für ein und zwei Filter graphisch ermittelten resultierenden Empfindlichkeitskurven konnte meist die Verteilung der relativen spektralen Empfindlichkeit über die Empfängerfläche als praktisch konstant bestätigt werden. Nur in wenigen Fällen zeigte sich bei Variation der Filtereinstellung eine nicht erwartete Empfindlichkeitsänderung, die vermutlich dadurch verursacht wurde, daß Teile der Empfängeroberfläche mit stark unterschiedlicher spektraler Empfindlichkeit nahe beieinanderlagen; unter Umständen ist es in solchem Falle möglich, durch Drehung des Photoelementes diesen Effekt für die gewählte Filteranordnung zu verringern.

Für die leichtere Durchführung des Angleichs ist es vorteilhaft, die Zahl der Partialfilter gering zu halten und möglichst durch Auswahl von Photoelementen mit geeigneter relativer spektraler Empfindlichkeit und Filtern mit günstiger τ_λ-Kurve durch Vollfilterung einen gewissen „Vorangleich" zu erreichen, der dann nur noch durch wenige Partialfilter im Feinabgleich endgültig verbessert wird.

Nach unseren bisherigen Erfahrungen scheinen bei den von uns verwendeten Selen-Photoelementen der Fa. Electrocell auch über längere Zeiten keine wesentlichen Änderungen der relativen spektralen Empfindlichkeit einzutreten. Durch Kontrollmessungen konnten früher ermittelte Empfindlichkeitsfunktionen im wesentlichen wieder bestätigt werden.

6. Praktische Durchführung eines V_λ-Angleiches

Bei den von uns vorgenommenen Angleichsarbeiten wurde ausschließlich die für mehrere Filter besonders geeignete Anordnung gewählt, bei der die Filter von zwei gegenüberliegenden Seiten über die Empfängerfläche vorgeschoben werden; dabei ist neben der schon erwähnten Übersichtlichkeit des Angleichsmechanismus außerdem die Möglichkeit zur Anordnung einer ausreichenden Anzahl von Filtern gegeben.

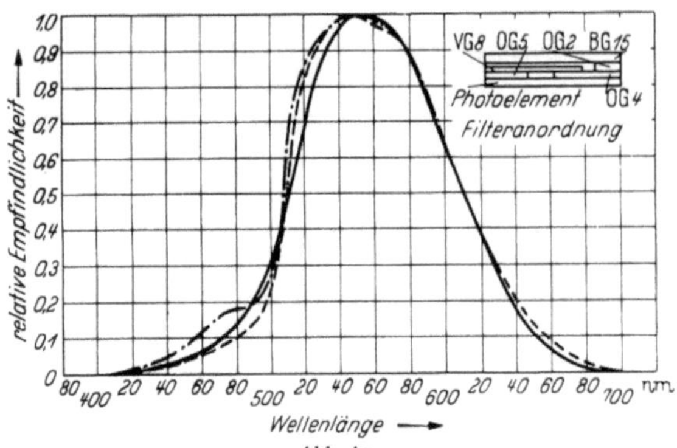

Abb. 4a

— — — 1. Messung BG 15/4 ganz, OG 5/1 15 mm,
OG 2/2 6 mm, OG 4/1 33 mm, VG 8/1 39 mm
— · — 2. Messung BG 15/4 ganz, OG 5/1 17,5 mm,
OG 2/2 6 mm, OG 4/1 25 mm, VG 8/1 39 mm
— V_λ — Kurve

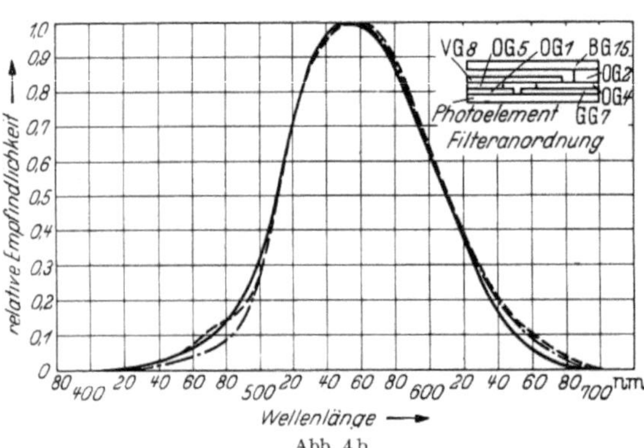

Abb. 4b

— — — 3. Messung BG 15/4 ganz, OG 5/1 17 mm, OG 1/1 20 mm,
OG 2/2 6 mm, OG 4/1 25 mm, GG 7/1 25 mm, VG 8/1 39 mm
— · — 4. Messung BG 15/4 ganz, OG 5/1 17 mm, OG 1/1 21 mm,
OG 2/2 6 mm, OG 4/1 24 mm, GG 7/1 29 mm, VG 8/1 40 mm
— V_λ — Kurve

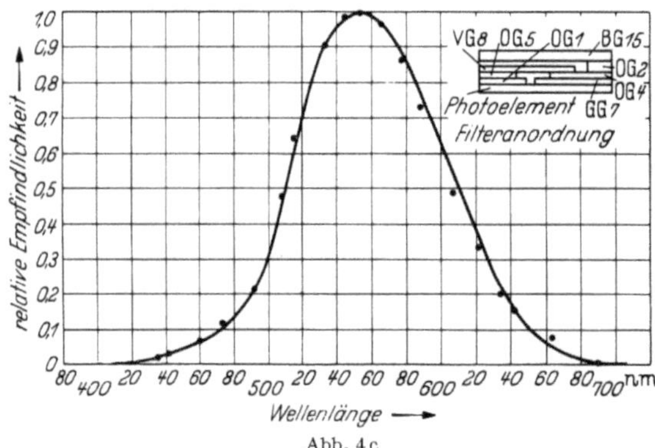

Abb. 4c

· 5. Messung BG 15/4 ganz, OG 5/1 16,5 mm, OG 1/1 20,5 mm,
OG 2/2 5,5 mm, OG 4/1 23,5 mm, GG 7/1 26,5 mm, VG 8/1 40 mm
— V_λ — Kurve

Abb. 4. Meßergebnisse bei Durchführung eines V_λ-Angleichs.

In den Abb. 4a…4c sind 5 Meßergebnisse aufgetragen, die aus insgesamt 8 Filtereinstellungen ausgewählt wurden, welche beim Angleich eines Photoelementes an die V_λ-Kurve nötig waren.

Es hat sich als zweckmäßig erwiesen, der Anfangsmessung eine „mittlere" Filtereinstellung zugrunde zu legen, die erfahrungsgemäß bereits zu einem V_λ-ähnlichen Verlauf der Empfindlichkeit des Elementes führt und damit den Ausgangspunkt für den „Feinabgleich" bildet.

Bei einem Vergleich des Ergebnisses der ersten Messung mit der V_λ-Kurve läßt sich erkennen, daß die Empfindlichkeit unter 500 nm mit einer deutlichen Unterschneidung bei etwa 490 nm zu gering ist. Im Bereich von 510…540 nm liegt die τ_λ-Kurve über V_λ. Das Maximum der Empfindlichkeit ist nach dem Kurzwelligen verschoben. Der Verlauf des nach dem Langwelligen abfallenden Teiles der Empfindlichkeitskurve kann für den Anfang als befriedigend bezeichnet werden. Danach ergibt sich, daß die Empfindlichkeit bis etwa 500 nm durch Verringern des Bedeckungsgrades des Filters OG 4 angehoben werden muß; wegen der zu hohen Empfindlichkeit zwischen etwa 510…545 nm und des verlagerten Maximums muß das in diesem Bereich wirksame Filter OG 5 etwas weiter über die Photoelementfläche geschoben werden.

Das Ergebnis der zweiten Messung bei einer in diesem Sinne veränderten Filtereinstellung zeigt, daß der Empfindlichkeitszuwachs bis etwa

480 nm zu groß geworden ist; bei etwa 500 nm hat das Element etwa die gewünschte relative spektrale Empfindlichkeit. Daraus läßt sich schließen, daß das Filter OG 4 unterhalb 480 nm zu hohe Durchlässigkeitswerte hat. Aus diesem Grunde wurde bei der nächsten Messung zusätzlich ein nur in diesem Bereich wirksames Glas (GG 7) vorgesehen. Für den Bereich von 500...550 nm läßt sich erkennen, daß die beabsichtigte Veränderung der Empfindlichkeit nur im oberen Teil der Kurve eingetreten ist (Maximumverschiebung); die Meßpunkte zwischen 510 und 530 nm liegen noch wesentlich zu hoch über der V_λ-Kurve. Die beiden für den Angleich der kurzwelligen Flanke vorgesehenen Filter OG 4 und OG 5 schließen also nicht günstig aneinander an, so daß ein weiteres Filter (OG 1) angeordnet wurde, dessen steil abfallende Flanke bei etwa 530 nm beginnt.

Das Ergebnis der dritten Messung zeigt, daß die Übereinstimmung der Empfindlichkeitskurve des Photoelementes mit der V_λ-Kurve bis auf die auslaufenden Teile schon als befriedigend angesehen werden kann. Durch eine Veränderung des Bedeckungsgrades der Filter GG 7 und OG 4 wird die Empfindlichkeit im kurzwelligen Teile der Kurve beeinflußt, während durch geringe Verschiebung der Filter OG 2 und VG 8 die langwellige Flanke verbessert wird.

Es läßt sich jedoch bei der vierten Messung erkennen, daß der Bedeckungsgrad des Filters GG 7 zu groß gewählt wurde, so daß die spektrale Empfindlichkeit im Gebiet bis etwa 500 nm zu weit absinkt. Daher wurde eine weitere Korrektur dieser Filtereinstellung vorgenommen.

Abb. 4c zeigt den in der fünften Messung erhaltenen endgültigen Verlauf der relativen spektralen Empfindlichkeit des gefilterten Photoelementes.

Infolge der Unterschiede der spektralen Empfindlichkeit bei den einzelnen Exemplaren der Photoelemente und der von der Schmelze abhängigen Durchlässigkeit der verwendeten Filter haben die hier angegebenen Filtereinstellungen naturgemäß nur für das vorliegende Photoelement und die verwendeten Filter Gültigkeit. Sie sind weder auf andere Empfänger noch Filter übertragbar.

7. Rechnerische Bestimmung der resultierenden Empfindlichkeit

Die Wirkung der Filter läßt sich auch rechnerisch bestimmen, wenn homogene Bestrahlung und örtliche Konstanz der absoluten und spektralen Empfindlichkeit auf der Fläche des Photoelementes vorausgesetzt wird. Die Gesamtfläche F wird dann als eine Parallelschaltung von Einzel-Photoelementen aufgefaßt, deren jeweilige spektrale Empfindlichkeit durch die vorgeschalteten Filter mit den spektralen Transmissionsgraden $\tau_{1\lambda}$, $\tau_{2\lambda}...\tau_{n\lambda}$ bestimmt wird, die die Flächenanteile g_1, $g_2...g_n$ bedecken.

Die spektrale Gesamtempfindlichkeit $\varphi_{\lambda ges}$ für die Wellenlänge λ wäre dann

$$\varphi_{\lambda ges} = g_0 \cdot \varphi_\lambda + g_1\,\varphi_\lambda\,\tau_{1\lambda} + g_2\,\varphi_\lambda \cdot \tau_{2\lambda} + ... + g_n\,\varphi_\lambda\,\tau_{n\lambda},$$

wobei g_0 der ungefilterte Flächenanteil des Photoelementes ist.

Es ist dann

$$g_0 + g_1 + g_2 + ... + g_n = 1{,}0.$$

Für den einfachsten Fall der Bedeckung durch nur ein Filter würde sich z. B., wenn das Filter mit dem spektralen Transmissionsgrad τ_λ den Flächenanteil g bedeckt, für die resultierende relative spektrale Empfindlichkeit des gefilterten Photoelementes mit der Gesamtfläche $F = 1{,}0$ ergeben:

$$\varphi'_\lambda = (1 - g)\,\varphi_\lambda + g\,\varphi_\lambda\,\tau_\lambda = \varphi_\lambda - g\,\varphi_\lambda + g\,\varphi_\lambda\,\tau_\lambda$$

oder auch

$$\varphi'_\lambda = \varphi_\lambda\,[1 - g\,(1 - \tau_\lambda)].$$

Die bei der Rechnung benötigte Kenntnis der Abhängigkeit des Bedeckungsgrades von der Bedeckungsbreite läßt sich für jede Empfängerflächenform ermitteln. Für kreisförmige Empfängerflächen ergibt sich (vgl. Abb. 5):

$$g = \frac{f}{F} = \frac{1}{\pi}\left[\left(\frac{b}{r}-1\right)\middle/\overline{1-\left(\frac{b}{r}-1\right)^2} + \arcsin\left(\frac{b}{r}-1\right) + \frac{\pi}{2}\right]$$

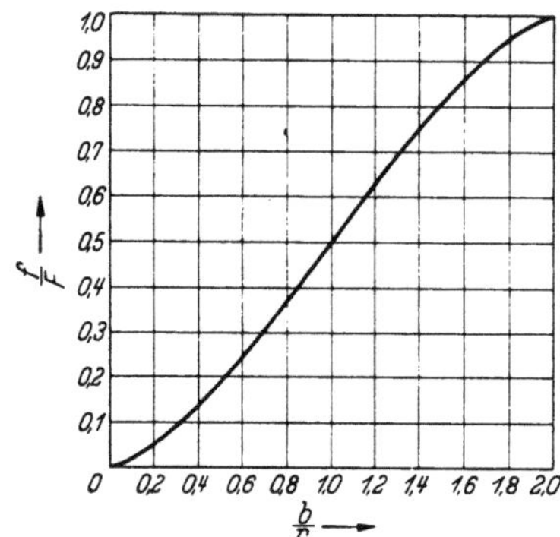

Dabei bedeuten:

g = Bedeckungsgrad (vom Filter bedeckter Flächenanteil)

F = gesamte empfindliche Empfängerfläche

b = Bedeckungsbreite des Filters (gerechnet von der Kreisperipherie)

f = gefilterte Fläche

r = Radius der Kreisfläche

Abb. 5. Abhängigkeit des Bedeckungsgrades vom Verhältnis Bedeckungsbreite zu Radius für kreisförmige Empfängerflächen.

8. Graphisches Verfahren zur Bestimmung der relativen spektralen Empfindlichkeit gefilterter Photoelemente

Einfacher und übersichtlicher als die rechnerische Methode ist ein graphisches Verfahren, bei dem aus den Kurven φ_λ des Photoelementes und τ_λ des verwendeten Filters die relative spektrale Empfindlichkeit bei verschiedenem Bedeckungsgrad durch das Filter ermittelt, d. h. der Wert φ_λ $[1 - g\,(1 - \tau_\lambda)]$ aus einem Diagramm abgelesen wird.

Zur Ermittlung der relativen spektralen Empfindlichkeit des teilgefilterten Photoelementes wird die φ_λ-Kurve des ungefilterten Elementes und die $\varphi_\lambda \cdot \tau_\lambda$-Kurve des vollgefilterten Elementes aufgetragen (s. Abb. 6).

Diese Kurven repräsentieren die beiden Grenzfälle der verschiedenen spektralen Empfindlichkeiten, die durch das ungefilterte und das vollgefilterte Element gegeben sind. Daraus ergibt sich, daß alle durch partielle Filterung erreichbaren Änderungen der relativen spektralen Empfindlichkeit durch Kurven darstellbar sein müssen, die zwischen diesen beiden Grenzkurven liegen. Setzt man nun jeweils die Differenz $\varphi_\lambda - \varphi_\lambda \cdot \tau_\lambda = AC = 1{,}0$, so erhält man für jeden beliebigen Bedeckungsgrad die resultierende relative spektrale Empfindlichkeit durch lineare Unterteilung der Strecke AC, die sich bei Verwendung

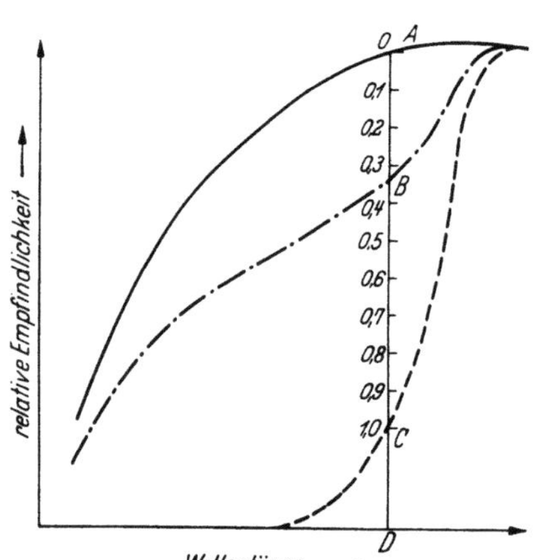

——— $\varphi\lambda$ des ungefilterten Elementes
—·— $\varphi'\lambda$ des teilgefilterten Elementes
— — — $\varphi\lambda \cdot \tau\lambda$ des vollgefilterten Elementes

$AD = \varphi_\gamma$
$CD = \varphi_\lambda \cdot \tau_\lambda$
$AC = \varphi_\lambda - \varphi_\lambda \cdot \tau_\lambda = 1{,}0$
$AB = (\varphi_\lambda - \varphi_\lambda \cdot \tau_\lambda)g$
$BD = AD - AB = \varphi_\lambda - (\varphi_\lambda - \varphi_\lambda \cdot \tau_\lambda)g$
$BD = \varphi_\lambda\,[1 - g\,(1 - \tau_\lambda)]$

Abb. 6. Graphische Bestimmung der relativen spektralen Empfindlichkeit bei verschiedenem Bedeckungsgrad durch ein Filter.

eines geeigneten Transversalmaßstabes für die verschiedenen Längen von AC leicht durchführen läßt. BD ist dann der gesuchte Wert φ'_λ, da

$$AD = \varphi_\lambda$$
$$CD = \varphi_\lambda \cdot \tau_\lambda$$
$$AC = \varphi_\lambda - \varphi_\lambda \cdot \tau_\lambda = 1{,}0$$
$$AB = (\varphi_\lambda - \varphi_\lambda \cdot \tau_\lambda)\, g$$
$$BD = AD - AB = \varphi_\lambda - (\varphi_\lambda - \varphi_\lambda \cdot \tau_\lambda)\, g = \varphi_\lambda\,[1 - g\,(1 - \tau_\lambda)] = \varphi'_\lambda.$$

Daraus läßt sich erkennen, daß die Empfindlichkeitsänderung linear von dem Bedeckungsgrad g abhängt. Bei Veränderung der Schichtdicke eines Filters, z. B. von 1 auf 2 mm besteht dagegen bekanntlich eine exponentielle Abhängigkeit. Schichtdickenvariation und Bedeckungsänderung haben also beim Angleich unterschiedliche Wirkung und sind aus diesem Grunde nicht gegeneinander austauschbar.

Bei graphischer Bestimmung der relativen spektralen Empfindlichkeit bei einer Filterung mit mehreren Filtern werden die Produkte $g_0 \cdot \varphi_\lambda$, $g_1 \cdot \varphi_\lambda \cdot \tau_{1\lambda}$, $g_2 \cdot \varphi \cdot \tau_{2\lambda}$ usw. über λ aufgetragen und für jede Wellenlänge die Summe dieser Einzelwerte

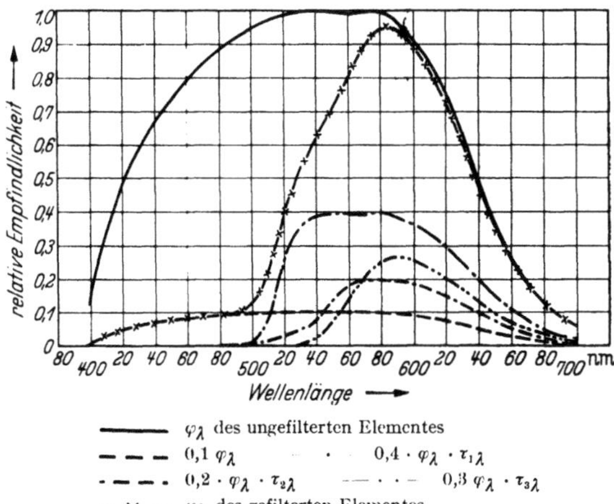

  ——— φ_λ des ungefilterten Elementes
  — — — $0{,}1\,\varphi_\lambda$ · $0{,}4 \cdot \varphi_\lambda \cdot \tau_{1\lambda}$
  — · — · — $0{,}2 \cdot \varphi_\lambda \cdot \tau_{2\lambda}$ — · · — · · — $0{,}3\,\varphi_\lambda \cdot \tau_{3\lambda}$
  — × — φ_λ des gefilterten Elementes

Abb. 7. Graphische Bestimmung der relativen spektralen Empfindlichkeit bei Vorschaltung mehrerer Filter mit verschiedenem Bedeckungsgrad.

gebildet. Sie stellt dann die relative spektrale Empfindlichkeit des gefilterten Empfängers dar (s. Abb. 7).

Bei sich teilweise überdeckenden Filtern ergibt sich wegen der Forderung

$$g_0 + g_1 + g_2 + \dots + g_n = 1{,}0,$$

daß die in Rechnung zu setzenden τ_λ-Werte für gewisse Flächenanteile auch aus den Kurven mehrerer Filter hervorgegangen sein können, z. B.

$$\varphi'_\lambda = g_0 \cdot \varphi_\lambda + g_1\,\varphi_\lambda \cdot \tau_{1\lambda} \cdot \tau_{2\lambda} + g_2\,\varphi_\lambda \cdot \tau_{2\lambda} + \dots \text{ o. ä.}$$

Die rein rechnerische Lösung von Angleichsproblemen[6] hat gegenüber dem meßtechnischen Verfahren den Nachteil, daß bei Verwendung mehrerer Filter wegen der Vielzahl von Kombinationsmöglichkeiten nicht ohne weiteres die sich dabei ergebenden ungünstigen Filterkombinationen rechtzeitig erkannt werden und so unter Umständen unnötige Rechenarbeit geleistet wird. Das hier mitgeteilte graphische Verfahren hat sich bei unseren Angleichsarbeiten als Hilfsmittel bei der Auswahl geeigneter Filter und ihrer Einstellung bewährt.

Literatur

[1] Dresler, A.: Das Licht 3 (1933) H. 2, S. 41—43.
[2] Rieck, J.: Das Licht 7 (1937) H. 5, S. 115—117; Das Licht 7 (1937) H. 7, S. 137—139; Das Licht 7 (1937) H. 8, S. 157—160.
[3] Frühling. H.-G.: Techn.-wiss. Abh. Osram-Ges. 7 (1957) S. 324.
[4] Jenaer Glaswerk Schott u. Gen., Jena, Liste 8040 g: Farb- und Filterglas für Wissenschaft und Technik.
[5] Jenaer Glaswerk Schott u. Gen., Mainz, Liste: Jenaer Farb- und Filterglas.
[6] Bachmann, K. H.: Z. Meteor. 4 (1950) H. 6, S. 176—179.

Ein Filtermonochromator*)

Von

H.-G. Frühling

Mit 2 Abbildungen

Die Aussonderung nahezu monochromatischer Strahlung aus Lichtquellen mittels Filtern, die in der optischen Meßtechnik vielfach Anwendung findet, gestattet, verhältnismäßig große Flächen mit relativ hoher Intensität gleichmäßig auszuleuchten. Hierfür wurde eine Meßeinrichtung gebaut, die eine möglichst große Zahl monochromatischer Strahlungen in raschem Wechsel nacheinander darzubieten ermöglicht.

Abb. 1 zeigt die Anordnung. An dem einen Ende einer optischen Bank befindet sich ein drehbares Lampenhaus für 9 Spektrallampen und eine Schmalfilmglüh-

Abb. 1. Gesamtansicht des Filtermonochromators.

lampe 110 V 500 W. Die Monochromatfilter für die Spektrallampen sitzen in einer Schwenkvorrichtung vor den einzelnen Kammern des Lampenhauses. Die für die Glühlampe bestimmten Interferenzfilter befinden sich in etwa 40 cm Abstand vom Lampenhaus in zwei hintereinander angeordneten Revolverscheiben, die jeweils auch eine freie Öffnung haben. Eine Küvette mit $CuSO_4$ (20 mm Schichtdicke) dient zur Ausfilterung unerwünschter Rot- bzw. Infrarotstrahlung, ein Tubus zwischen Lampenhaus und Küvette zur Abschirmung von Streulicht. Ein auf der optischen Bank verschiebbarer Wagen mit Querschlitten (s. Abb. 2) gestattet, 1...3 Meßobjekte aufzunehmen, die durch Verschiebung des Schlittens senkrecht zur Achse der optischen Bank abwechselnd rasch nacheinander in den Strahlengang gebracht werden können. Das Niveau der Bestrahlungsstärke auf dem Empfänger kann durch Entfernungsänderung oder durch Graufilter eingestellt werden, die in einer Revolverscheibe untergebracht sind.

Auf Grund der in der Literatur vorhandenen Angaben über Monochromatfilter für Spektrallampen haben wir uns bemüht, diese Kombinationen bezüglich spektraler Reinheit zu verbessern (s. Tab. 1). Bei den für die Glühlampe verwendeten Interferenzfiltern ist eine höheren Ansprüchen genügende spektrale

---

*) Auszug aus der in „FARBE" 2 (1953) H. 1/2, S. 1—12 erschienenen Arbeit; ergänzt durch eine Tabelle.

Reinheit erst durch zusätzliche Filtersätze oder besser durch Hintereinander-
schalten zweier Interferenzfilter gleichen Durchlaßbereiches zu erreichen. Die
Halbwertsbreite beträgt dann etwa 5...8 nm. Für das gesamte Intervall des sichtbaren Spektrums stehen 22 Linien bzw. enge Spektralbereiche zur Verfügung.

Abb. 2. Wechselschlitten für die Aufnahme der Meßobjekte.

In letzter Zeit haben wir auch die Eignung der Xenon-Lampe in Verbindung
mit Interferenzfiltern erprobt. Infolge ihrer gegenüber der Glühlampe wesentlich
höheren Intensität im kurzwelligen Bereich erweist sie sich besonders im blauen
und grünen Teil des Spektrums sehr geeignet. Tab. 2 zeigt eine Gegenüberstellung
der mit Spektrallampen, 500-W-Schmalfilmlampe und 500-W-Xenon-Lampe etwa
erreichbaren Beleuchtungsstärken und relativen spektralen Bestrahlungsstärken
im sichtbaren Spektralbereich. Die Überlegenheit der Xenon-Lampe im kurzwelligen Bereich ist deutlich erkennbar.

Tabelle 1. Monochromatfilter-Kombinationen für Spektrallampen.

Wellenlänge der Spektrallinien (nm)	Spektrallampe	Monochromatfilter-Kombination*) (Schott-Gläser)	Spektraler Transmissionsgrad bei Zimmertemp. %
435,8	Hg	BG 12 (4) + GG 3 (4) -- BG 3 (2)	3,7
468,0 ⎫			27,0
472,2 ⎬	Zn	GG 5 (1) + BG 12 (2)	27,5
481,1 ⎭			21,5
508,6	Cd	BG 7 (1) + GG 14 (2) + BG 7 (2)	20,2
535,1	Tl	BG 18 (5) + GG 11 (2)	33,5
546,1	Hg	BG 20 (5) + OG 1 (1) + BG 18 (3) + BG 7 (2)	8,0
577,0 ⎫ 579,1 ⎭	Hg	BG 18 (2) + OG 2 (3) + BG 18 (2)	13,8
589,0 ⎫ 589,6 ⎭	Na	BG 18 (2) + OG 2 (2) + OG 3 (1) + BG 18 (2)	10,0
636,2	Zn	RG 1 (2)	86,0
643,9	Cd	RG 1 (2)	88,5
690,7	Hg	BG 30 (2) + VG 3 (2) + RG 5 (2)	17,5

*) Die Gläser der jeweiligen Kombination sind in der Reihenfolge von der Lichtquelle zum
Empfänger aufgeführt. — Die hinter der Glasbezeichnung in Klammern stehenden Zahlen
geben die Glasdicke in mm an.

Tabelle 2. Ungefähre Werte der Beleuchtungsstärken E in Lux und der relativen spektralen Bestrahlungsstärken $E_{e\lambda\mathrm{rel}}$ in einer Entfernung von 80 cm bei Verwendung von Spektrallampen + Monochromatfilter oder Glüh- bzw. Xenonlampe + Interferenzfilter.

| Nr. | Wellenlänge λ nm | Beleuchtungs- bzw. Bestrahlungsstärken | | | | | |
| | | Spektrallampe + Monochromatfilter | | Glühlampe + Interferenzfilter | | Xenonlampe + Interferenzfilter | |
		E	$E_{e\lambda\mathrm{rel}}$	E	$E_{e\lambda\mathrm{rel}}$	E	$E_{e\lambda\mathrm{rel}}$
1	417	—	—	$< 0{,}01$	0,6	$< 0{,}03$	2,2
2	424	—	—	0,01	0,5	0,03	1,5
3	436	0,1	1,4	—	—	—	—
4	442	—	—	0,07	0,6	0,15	1,6
5	452	—	—	0,06	0,4	0,15	1,0
6	461	—	—	0,12	0,7	0,3	1,6
7	474	0,3	0,7	—	—	—	—
8	483	—	—	0,5	0,8	0,7	1,4
9	494	—	—	0,8	0,8	1,0	1,2
10	509	0,5	0,2	—	—	—	—
11	515	—	—	1,8	0,8	1,6	0,9
12	525	—	—	7,5	2,5	8,2	2,7
13	535	0,4	0,1	—	—	—	—
14	546	3,2	0,9	—	—	—	—
15	555	—	—	3,8	1,0	3,3	0,9
16	565	—	—	1,1	0,3	1,0	0,3
17	578	7,6	2,3	—	—	—	—
18	589	1,7	0,5	—	—	—	—
19	611	—	—	1,9	1,0	1,3	0,7
20	621	—	—	6,0	4,5	3,6	2,8
21	636	0,2	0,3	—	—	—	—
22	644	0,2	0,4	—	—	—	—

Die Spektrallampen sind mit etwa 2,5facher Stromstärke überlastet betrieben worden.

Die Strahlung der Linien 636 und 644 wurde ohne Einschaltung der Kupfersulfat-Küvette gemessen.

$E_{e\lambda\mathrm{rel}}$ wurde so normiert, daß der Wert für Glühlampe + Interferenzfilter bei $\lambda = 555$ nm gleich 1 gesetzt worden ist.

Die mit Wechselstrom ausreichender Konstanz betriebenen Spektrallampen lassen sich zum Teil zwecks Erhöhung der Strahlungsleistung (auf Kosten der Lebensdauer) überlasten. Glasfilter, die erhebliche Änderungen ihrer spektralen Durchlässigkeit bei Temperaturwechsel zeigen, müssen vor Beginn der Messung konstante Temperatur erreicht haben. Solche Filter sind also nicht zum wahlweisen Einschalten während der Messung geeignet. Aus diesem Grunde müssen z. B. die Kombinationen für Hg 436 und Hg 578 bereits während des Einbrennvorganges der Lampen vor diese vorgeschaltet sein.

Der Filtermonochromator wird bei uns vorwiegend zur Bestimmung der relativen spektralen Empfindlichkeit lichtelektrischer Empfänger sowie für den spektralen Angleich von Selen-Photoelementen an eine vorgegebene spektrale Empfindlichkeitsverteilung (z. B. an die Normspektralwertfunktionen x_λ, y_λ, $\bar{z}_\lambda$ bei lichtelektrischen Farbmeßgeräten) verwendet. Als Bezugsstandard dienen dabei Photoelemente, deren relative spektrale Empfindlichkeit von der Physikalisch-Technischen Bundesanstalt geeicht wurde. Bei Anwendung des Filtermonochromators für den spektralen Angleich lichtelektrischer Empfänger ist die gleichmäßige Ausleuchtung größerer Empfängerflächen, die bei der Prüfung von mit dem Teilfilterprinzip (Dresler) arbeitenden Filter-Photoelementen besonders wichtig ist, wesentlich leichter zu erreichen als etwa beim Prismen-Monochromator.

Ein lichtelektrisches
Farbmeßgerät nach dem Dresler-Prinzip*)

Von

H.-G. Frühling und F. Krempel

Mit 2 Abbildungen

Für die Farbmessung von Leuchtstofflampen ist das von A. Dresler angegebene lichtelektrische Farbmeßgerät verbessert worden. Vor ein Selenphotoelement (Electrocell) von 67 mm Durchmesser werden zeitlich nacheinander Filtersätze geschaltet, die aus teilweise hintereinander, teilweise nebeneinander liegenden Farbglasfiltern (Schottfiltern) verschiedener spektraler Durchlässigkeit bestehen. Das Hauptproblem bei einem lichtelektrischen Farbmeßgerät ist die sorgfältige Anpassung der spektralen Empfindlichkeit des Empfängers an die Normspektralwertkurven $\bar{x}_\lambda$, $\bar{y}_\lambda$, $\bar{z}_\lambda$ des Normvalenzsystems (vgl. DIN 5033). Durch Verwendung je eines besonderen Filtersatzes für den kurzwelligen Teil der $\bar{x}_\lambda$-Kurve und für die $\bar{z}_\lambda$-Kurve, d. h. also insgesamt 4 Filtersätzen (s. Abb. 1) wird der spektrale Angleich gegenüber der ursprünglichen Ausführung mit nur drei Filtersätzen verbessert. Er wurde mit einem Filtermonochromator unter Verwendung von ungefilterten Photoelementen bekannter relativer spektraler Empfindlichkeit (von der Physikalisch-Technischen Bundesanstalt bestimmt) als Standard vorgenommen.

Die vier Filtersätze sind in einem rechteckigen Filterrahmen angeordnet, der sich vor dem Photoelement, in vier definierten Stellungen genau einrastend, verschieben läßt. Zur Anzeige des Photostromes wird ein Lichtmarkengalvanometer der Stromempfindlichkeit $3{,}5 \cdot 10^{-9}$ A je Skalenteil mit 150teiliger Skala verwendet.

Zur Kalibrierung des Geräts können grundsätzlich alle Lichtquellen herangezogen werden, deren relative spektrale Strahlungsverteilung S_λ bekannt ist. Die Kenntnis der Normfarbwertanteile allein ist hierfür wegen der Aufspaltung von $\bar{x}_\lambda$ in zwei Teilkurven nicht ausreichend. Die Normfarbwerte $X = X_1 + X_2$, Y und Z der Kalibrierlichtquellen werden aus deren relativen spektralen Strahlungsverteilungen errechnet.

Die Genauigkeit, mit der Farbmessungen mit dem Gerät durchgeführt werden können, wird zum größten Teil durch die Güte des spektralen Angleichs an die Normspektralwertkurven bestimmt. Ist der Angleich nicht vollkommen, so sind die Kalibrierwerte des Gerätes von der spektralen Zusammensetzung des Meßobjektes abhängig; die Unterschiede der Kalibrierfaktoren sind ein Maß für

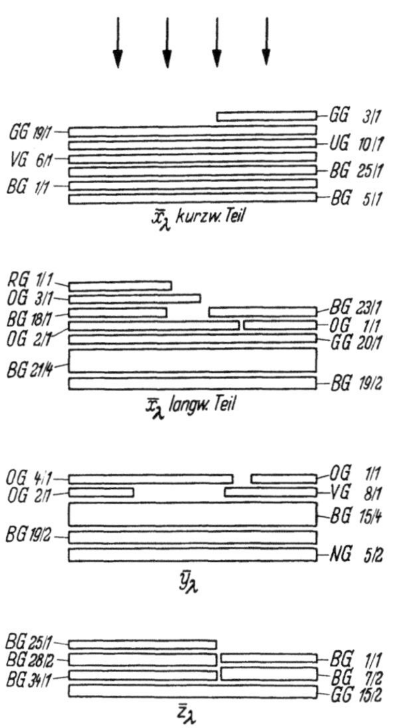

Abb. 1. Anordnung und Abmessungen der Angleichfilter des Farbmeßgerätes.

---

*) Auszug aus der in „Die Farbe" **3** (1955) H. 5/6, S. 139—150 erschienenen Arbeit.

die Güte des Angleichs. Bei dem hier beschriebenen Gerät wurden bei Kalibrierung mit Glühlampen und Leuchtstofflampen der gängigen Farbtypen Gerätekonstanten erhalten, die nur so wenig voneinander abweichen, daß diese Unterschiede nicht berücksichtigt zu werden brauchen. Die Meßunsicherheit des Gerätes

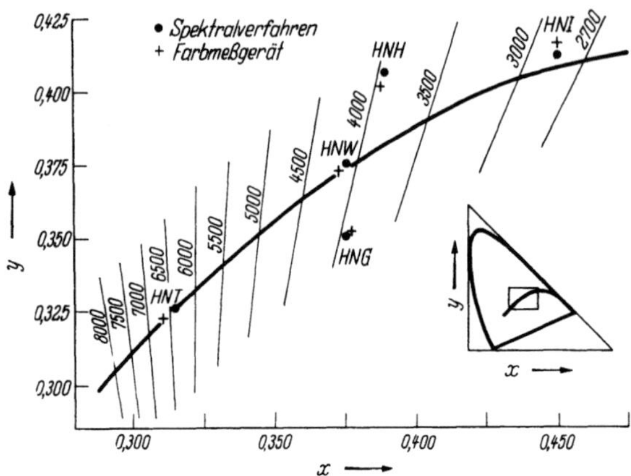

Abb. 2. Meßergebnisse: Normfarbwertanteile von Leuchtstofflampen.

bei mehrmaliger Messung derselben konstant brennenden Lichtquelle beträgt maximal $\pm$ 0,002 (Standardabweichung s_x bzw. s_y). Bei dem vorliegenden Gerät wird eine Beleuchtungsstärke von etwa 15 Lux auf dem Filtersatz des Empfängers benötigt, um im $\bar{y}_\lambda$-Bereich Vollausschlag (150 Skalenteile) zu erhalten.

Abb. 2 zeigt in einem Ausschnitt aus der Normfarbtafel Ergebnisse der Farbmessung an Leuchtstofflampen. In der rechten unteren Ecke der Abbildung ist angedeutet, welchem Teil der Normfarbtafel der wiedergegebene Ausschnitt entspricht. In das Diagramm sind die Farborte einiger handelsüblicher Leuchtstofflampen verschiedener Farbtypen für je ein Exemplar eingetragen. Die mit dem Farbmeßgerät unmittelbar erhaltenen Ergebnisse sind den nach dem Spektralverfahren ermittelten gegenübergestellt, für das ein Leiss-Spiegel-Doppelmonochromator (spektrale Spaltbreite 1,6 nm bei 550 nm) mit Vervielfacherphotozelle der Firma Dr. Maurer benutzt wurde. Die maximale Abweichung beider Verfahren in x bzw. y beträgt $\pm$ 0,004.

Unsere Erfahrungen haben gezeigt, daß bei Anwendung des Dresler-Prinzips der Partialfilterung der spektrale Angleich eines Selenphotoelementes an die Normspektralwertkurven so gut durchgeführt werden kann, daß ein Farbmeßgerät mit einem solchen Empfänger in seiner Genauigkeit bereits die des Spektralverfahrens erreicht. Der Zeitbedarf bei Bestimmung der Normfarbwertanteile einer Lichtquelle beträgt (die Einbrennzeit nicht eingerechnet) einschließlich Auswertung etwa 5 Minuten.

Die Eignung der Xenon-Lampe als Standardlichtquelle für Strahlungs- und Farbmessungen*)

Von

H.-G. Frühling und **W. Münch** in Zusammenarbeit mit **M. Richter****)

Mit 2 Abbildungen

Es wurde untersucht, inwieweit sich Xenon-Kurzbogen-Lampen (XBO) als Standardlichtquellen für wissenschaftliche Zwecke eignen, bei denen Strahler mit kontinuierlichem tageslichtähnlichem Spektrum und hoher Leuchtdichte benötigt werden.

1. Photometrische Eigenschaften

Die Leuchtdichte der XBO-Lampen hat in der Nähe der Kathode ein scharfes Maximum (Plasmakugel) und fällt nach der Anode hin erst steil, dann immer flacher ab. Das Gebiet in der Nähe der Anode hat eine verhältnismäßig gleichförmige Leuchtdichteverteilung. Dieser Teil eignet sich demnach für die Anwendungsbereiche, in denen es darauf ankommt, aus dem Bogen einen Bezirk möglichst konstanter Leuchtdichte auszublenden.

Die Lichtstärke ist in viel geringerem Maß von der Stromstärke abhängig (Exponent etwa 1,7) als bei Glühlampen (Exponent bei Gasfüllung etwa 7,6). Während die Lichtstärke in erster Linie von der Lampenleistung abhängt, wird die Leuchtdichte eines Bogenausschnittes hauptsächlich durch die

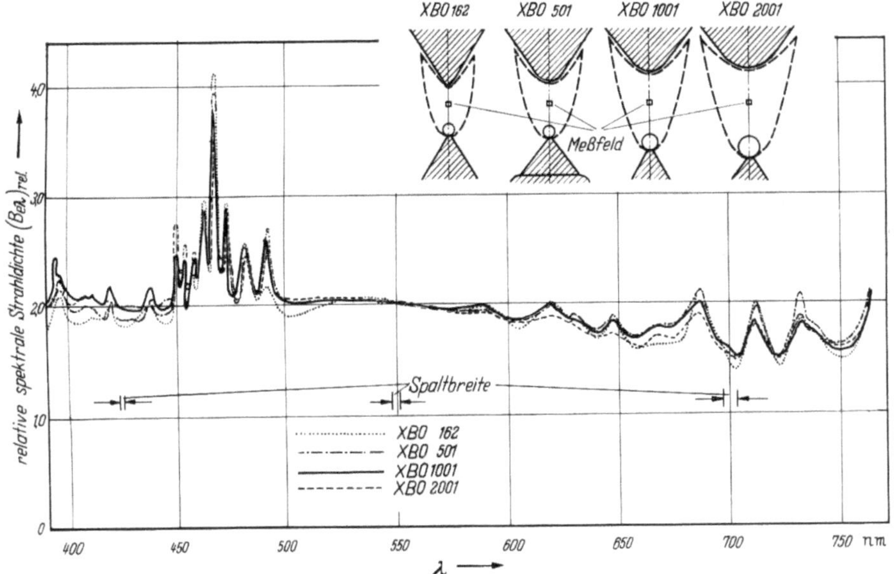

Abb. 1. Relative spektrale Strahldichteverteilung von XBO-Lampen; Spektrum der Bogenmitte normiert auf gleiche Leuchtdichte; Größe des Meßfeldes 0,22 × 0,22 mm, Lage zum Bogen wie angegeben.

Stromstärke bestimmt. Zeitliche Schwankungen der Lichtstärke infolge Wanderns des Kathodenansatzpunktes sind bei Gleichstrombetrieb sehr viel seltener als bei Wechselstrombetrieb. Für genaue Messungen ist daher nur Gleich-

---

*) Auszug aus der in „Die Farbe" 5 (1956) H. 1/2, S. 41—68 erschienenen Arbeit.

**) Bundesanstalt für Materialprüfung Berlin, Fachgruppe Angewandte Farbforschung.

strombetrieb geeignet. Bei konstanter Netzspannung betragen die zeitlichen Schwankungen der Lichtstärke z.B. bei der Type XBO 501 maximal etwa $\pm$ 1...1,5 %, die der Leuchtdichte etwa $\pm$ 0,5...1 %. Bei Lampen höherer Leistung ist die Konstanz noch wesentlich besser.

Die Lichtstärkeabnahme während einer 500stündigen Brenndauer beträgt für Lampen der Typen XBO 501 und 1001 bei konstant gehaltener Stromstärke etwa 10 %.

2. Strahlungsphysikalische Eigenschaften

Abb. 1 gibt die relative spektrale Strahldichteverteilung von luftgekühlten Xenon-Hochdrucklampen bei Messung senkrecht zur Lampenachse für die Strahlung der Bogenmitte wieder. Einem vorwiegend kontinuierlichen Verlauf überlagern sich im sichtbaren Spektralbereich zwischen 440...490 nm ausgeprägte, ab etwa 620 nm schwächere Liniengruppen. Das kontinuierliche Spektrum folgt etwa der Planckschen Funktion einer Verteilungstemperatur zwischen 6000 °K und 6800 °K. In der Plasmakugel sind die in Bogenmitte bei 440...490 nm deutlich erscheinenden Linien gegenüber dem Kontinuum nur noch schwach vorhanden und die Linien im langwelligen Bereich z.T. nur noch eben nachweisbar. Die Messung der absoluten spektralen Strahldichteverteilung zwischen etwa 270 und 1300 nm bestätigte die bereits von anderen Autoren gefundene intensive kontinuierliche und fast strukturlose Emission im UV.

Der Farbort der XBO-Lampen ($x \approx 0,320$ und $y \approx 0,320$) liegt sehr nahe dem der Normlichtart C, die Unterschiede zwischen den einzelnen Lampentypen sind äußerst gering. Die ähnlichsten Farbtemperaturen liegen für die gesamte Lampe (Bogen- und Elektrodenstrahlung) zwischen 6050 °K und 6350 °K, für die Xenon-Entladung ohne Elektroden (Bogenmitte) zwischen 6200 °K und 6500 °K.

Die relative spektrale Strahldichteverteilung der Xenon-Lampe ist von der elektrischen Belastung praktisch unabhängig. Bei Änderung der Stromstärke um $\pm$ 10 % ändert sich die spektrale Strahldichte im sichtbaren Bereich, von der Wellenlänge nahezu unabhängig, um etwa $\pm$ 16 %. Diese Eigenschaft läßt die Xenon-Lampe für Strahlungs- und Farbmessungen besonders geeignet erscheinen. Die relative spektrale Strahlstärkeverteilung einer 500-W-Xenon-Lampe änderte sich im Laufe einer Brennzeit von 500 Stunden praktisch nicht.

Wegen ihres glatten Kontinuums mit hoher Strahldichte, insbesondere im kurzwelligen UV, ist die Xenon-Hochdrucklampe u.a. für die Spektralphotometrie besonders gut geeignet.

3. Farbmetrische Eigenschaften

Für die Farbmessung sind als Standardlichtquellen international u.a. die Normlichtarten A (Glühlampenlicht der Farbtemperatur 2850 °K) und C („mittleres Tageslicht") festgelegt. Besonders die letztere besitzt für die technische Anwendung Nachteile wegen der hier erforderlichen Flüssigkeitsfilter.

Die Eignung der Xenon-Lampe für diese Zwecke wurde untersucht. Es wurde zunächst für nichtfluoreszierende Proben geprüft, ob die Abweichungen zwischen Xenonlicht und Normlichtart C für Farbmessungen tragbar sind. Für eine Reihe von Farbproben der DIN-Farbenkarte und einige bedingt-gleiche Wollproben wurden aus ihrer spektralen Remission bzw. Transmission die Farborte bei Normlichtart C bzw. Xenonlicht rechnerisch ermittelt (s. Abb. 2). Man sieht, daß kleine Farbortänderungen auftreten, wenn man von Normlichtart C auf Xenonlicht übergeht. Diese Farbverzerrungen entsprechen nach Richtung und Größe etwa dem Farbunterschied der beiden Lichtarten. Bekanntlich kann man der Umstimmung des Auges angenähert Rechnung tragen, indem man auf die jeweilige Lichtart als Mittelpunktsvalenz bezieht. Hierbei ist die Übereinstimmung der Farborte größtenteils noch besser geworden, z.T. sogar völlig erreicht. Selbst bei den an-

nähernd bedingt-gleichen Wollproben sind keine auffälligen Verschiedenheiten zu bemerken. Die Unterschiede sind nicht größer als Abweichungen, die bei sorgfältigen Messungen nach verschiedenen Verfahren bzw. Geräten auftreten können.

Nach diesen Ergebnissen genügt die Xenon-Lampe, die hinsichtlich Lichtausbeute, Farbkonstanz, Bequemlichkeit der Handhabung und Ausleuchtungsmöglichkeit größerer Flächen der Normlichtart C erheblich überlegen ist, auch strengen Anforderungen in bezug auf die Farbwiedergabeeigenschaft. Der Ersatz der Normlichtart C durch Xenonlicht hätte den weiteren Vorteil, daß für Meß- und Abmusterungsbeleuchtungen die Lichtarten identisch wären, was im Hinblick auf die gewünschte Übereinstimmung beider Ergebnisse immer mehr gefordert wird. Bei Färbungen mit fluoreszierenden Zusätzen sollte die spektrale Strahldichteverteilung der

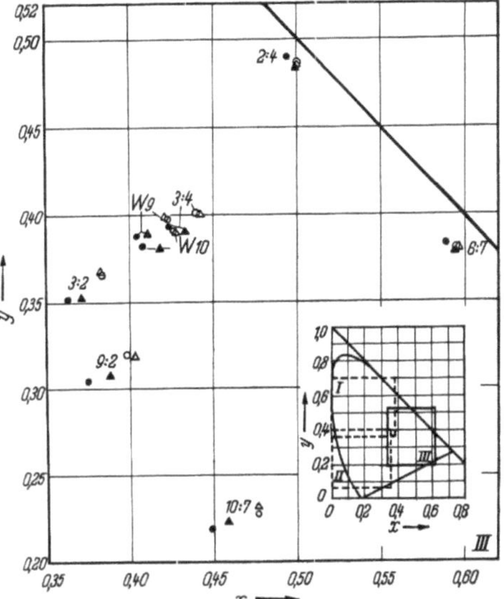

Abb. 2. Farborte einiger ausgesuchter Farbproben bei Beleuchtung mit Normlichtart C (●, ○) bzw. Xenonlicht (500-W-Lampe) (▲, △)
Mittelpunktvalenz E (▲, ●)
Mittelpunktvalenz C (○) bzw. Xe (△).

Lichtquelle auch im UV der des natürlichen Tageslichts weitgehend entsprechen. Im Gegensatz zur hierfür nicht geeigneten Normlichtart C ermöglicht der hohe UV-Gehalt der Xenon-Lampe durch Hinzunahme passender Filter auch im UV die Annäherung an die spektrale Strahlungsverteilung des Tageslichtes.

Über eine Methode
zur Kennzeichnung der Farbwiedergabeeigenschaften einer Lichtquelle durch Vergleich mit dem Schwarzen Strahler ähnlichster spektraler Leuchtdichteverteilung*)

Von

K. Larché und **H. Schlegel**

Mit 5 Abbildungen

Durch Vergleich einer gegebenen spektralen Leuchtdichteverteilung mit der Folge der spektralen Leuchtdichteverteilungen des Schwarzen Strahlers erhält man nach der Methode der kleinsten Quadrate eine Funktion, die die Größe der Abweichung dieser Verteilung gegenüber der Folge der Verteilungen des Schwarzen Strahlers angibt. Es wird vorgeschlagen, eine mit Hilfe dieser Funktion bestimmte Kennzahl zur Beurteilung der Farbwiedergabeeigenschaften einer Lichtquelle zu verwenden.

Im CIE-System wird der Farbeindruck der Strahlung einer Lichtquelle ohne Berücksichtigung der Helligkeit in einem zweidimensionalen Schema (Farbtafel)

---

*) Originalmitteilung.

als Farbort gekennzeichnet. Die Angabe des Farbortes sagt jedoch nichts über die spektrale Verteilung der betreffenden Strahlung aus. Jeder Farbort der Farbtafel mit Ausnahme der Randpunkte (Spektralfarbenzug) ist durch beliebig viele Spektralverteilungen realisierbar, die somit sämtlich den gleichen Farbeindruck im Auge hervorrufen. Solange das Auge dem in Frage kommenden Licht direkt ausgesetzt ist oder die beleuchteten Körper einen von der Wellenlänge unabhängigen Remissionsgrad besitzen (grau sind), ist diese Vieldeutigkeit ohne Belang. Durchläuft jedoch das Licht selektive Prozesse, ehe es das Auge erreicht, so tritt eine Farbreizverschiebung auf, die für verschiedene Lichtquellen gleichen Farbortes unterschiedlich sein wird, wenn die spektralen Verteilungen der Lichtquellen voneinander abweichen. Zur Kennzeichnung der Farbwiedergabeeigenschaften von Lichtquellen bestehen nun im wesentlichen zwei Möglichkeiten:

1. Man untersucht subjektiv (durch Versuchspersonen) die Verschiebung des Farbortes von Testfarbproben, die mit Lichtquellen gleichen Farbortes, aber verschiedener Spektralverteilungen beleuchtet werden.

2. Man untersucht objektiv die Abweichung der spektralen Verteilung der fraglichen Lichtquelle von einer geeignet gewählten Bezugsverteilung, deren Farbwiedergabeeigenschaften man als optimal erkannt hat oder voraussetzt.

Den ersten Weg gehen u. a. H. Helson, D. B. Judd und M. Wilson[1]). Da hierbei allein mit den Mitteln der bewährten Farbtheorie gearbeitet wird und insbesondere eine Zusatzhypothese über eine Lichtquelle optimaler Farbwiedergabeeigenschaften entfällt, ist dieses Vorgehen der Fragestellung wohl am besten angepaßt und methodisch einwandfrei. Es ist jedoch ein beträchtlicher Aufwand nötig, der zwar für grundlegende Untersuchungen gerechtfertigt ist, für die Prüfung einer größeren Anzahl von Lichtquellen und für Routineuntersuchungen zu umfangreich sein dürfte. Zudem dürfte es prinzipiell schwierig sein, aus der Vielzahl der bei einer solchen Untersuchung erhaltenen Ergebnisse eine Kennzahl zu bilden, die die Farbwiedergabegüte einer bestimmten Lichtquelle zu charakterisieren erlaubt.

Für die Praxis wird es deshalb angebracht sein, den zweiten Weg einzuschlagen, also von der spektralen Strahldichte- bzw. Leuchtdichteverteilung auszugehen. Dies ist von verschiedenen Autoren in verschiedener Weise getan worden, wobei sich die einzelnen Untersuchungen im wesentlichen in bezug auf die Vergleichsmethode, die unterschiedliche Einteilung des Spektrums in einzelne Bereiche, die zum Vergleich benutzt werden, und auf die Wahl des Bezugsstrahlers unterscheiden. Eine Einteilung in fünf Bereiche, die durch Filterkombinationen meßtechnisch gut erfaßt werden können, benutzt z. B. das von H.-G. Frühling[2]) beschriebene Fünf-Filter-Meßgerät. Als Bezugsstrahler dient hier die Normlichtart C (ursprünglich Normlichtart B, später Normlichtart E), mit der die zu untersuchende Lichtquelle bereichsweise durch Quotientenbildung verglichen wird. Diese Methode hat sich bei der laufenden Überwachung der Fertigung an Leuchtstofflampen auf Abweichungen von einer für eine bestimmte Lampentype festgelegten Standardverteilung der fünf Farbanteile bewährt.

Von P. J. Bouma[3]) wurde eine Einteilung des sichtbaren Spektralgebietes in 8 Bereiche vorgeschlagen, die so ausgewählt sind, daß sie die Farbeigenschaften einer Lichtquelle möglichst erschöpfend beschreiben. Auf Grund dieser Einteilung sind ebenfalls Untersuchungen angestellt worden, die Farbwiedergabeeigenschaften von Strahlungsquellen durch Quotientenbildung unter Verwendung eines Bezugsstrahlers zu beurteilen. So wird von W. Harrison[4]) über eine Methode berichtet, die im wesentlichen die Einteilung in acht Bänder benutzt und als Bezugsstrahler die äquienergetische Verteilung verwendet.

H.-W. Bodmann[5]) läßt die Unterteilung des Spektrums in endlich große Bereiche ganz fallen und schlägt die Verwendung des Farbabstandes nach H. Wolter[6]) zwischen der untersuchten Lichtquelle und dem Bezugsstrahler (Tageslicht) in einem unendlich-dimensionalen Farbraum zur Bewertung einer Beleuchtung vor.

Die eigenen Untersuchungen gehen ebenfalls von der spektralen Leuchtdichteverteilung aus. Es sind vorläufig die Bereichseinteilungen nach H. J. Bouma in acht Spektralbändern verwendet worden, da Messungen in dieser Einteilung im Rahmen der CIE von Meßstellen aller größeren Lampenfabriken laufend ausgeführt werden und Ergebnisse darüber im Meßlabor der OSRAM-Gesellschaft zur Verfügung stehen. Im Gegensatz zu den oben zitierten Arbeiten wird im folgenden die zu untersuchende Verteilung nicht mit einem bestimmten Bezugsstrahler in Beziehung gesetzt, sondern mit der Folge der Schwarzen Strahler verschiedener Temperatur. Diesem Vorgehen liegt folgende Überlegung zugrunde: Man darf annehmen, daß der in bezug auf die Farbwiedergabeeigenschaften beste Strahler eine Lichtquelle ist, deren Licht annähernd weiß erscheint und deren spektrale Verteilung möglichst kontinuierlich und gleichmäßig ist (Bouma)[7]). Es ist naheliegend, sich deshalb auf die Strahlung der Sonne, die Globalstrahlung und die Strahlung der seit langer Zeit üblichen Temperaturstrahler zu beziehen. Durch sehr lange während Anpassung ist das menschliche Auge daran gewöhnt, das von diesen Lichtquellen ausgehende Licht als natürlich und angenehm zu empfinden und die Farben, unter denen die Gegenstände in diesem Licht erscheinen, als die natürlichen Farben dieser Gegenstände anzusprechen. Da die Farborte dieser Strahler in unmittelbarer Nähe der Kurve des Schwarzen Strahlers liegen (Abb. 1) und wie dieser eine weitgehend kontinuierliche Spektralverteilung aufweisen, erscheint es sinnvoll, den

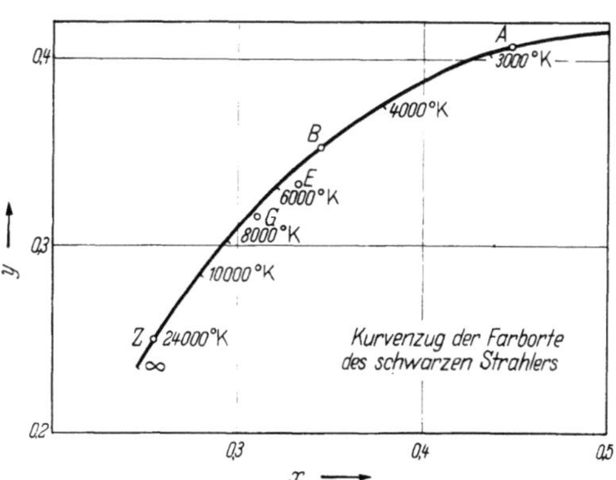

Abb. 1. Farbort verschiedener Lichtquellen im CIE-System. *A* Wolframglühlampe $T = 2848$ °K (Normallichtart *A*), *B* Sonnenstrahlung, *E* Äquienergetische Strahlung, *G* Globalstrahlung, *Z* Zenitstrahlung.

Planckstrahler in bezug auf die Farbwiedergabeeigenschaften als optimalen Strahler zu postulieren. Zudem befürwortet auch die einfache Möglichkeit der Kennzeichnung der spektralen Verteilung eines Schwarzen Strahlers durch eine einzige Zahl — die Temperatur — seine Verwendung als Bezugssystem für die Beurteilung annähernd weißer Lichtquellen.

Auf der Grundlage dieser Überlegungen wird in folgender Weise vorgegangen: Es wird die Summe der quadratischen Abweichungen der nach dem Spektralbandverfahren erhaltenen relativen Werte für die Lichtstärkeverteilung der zu beurteilenden Lichtquelle von den nach demselben Verfahren erhaltenen Werten der Folge von Planckverteilungen verschiedener Temperatur bestimmt und die Wurzel aus diesem Wert in Abhängigkeit von der Plancktemperatur aufgetragen. Der rechnerische Vorgang vollzieht sich also folgendermaßen:

Es sei $I_{e\,\lambda,\,T}$ die relative spektrale Strahlstärkeverteilung eines Schwarzen Strahlers, V_λ der spektrale Hellempfindlichkeitsgrad, dann ist die Lichtstärke eines Spektralbandes

$$a_{ik}^{T} = \int_{\lambda_i}^{\lambda_k} I_{e\lambda,T} \cdot V_\lambda \cdot d\lambda \tag{1}$$

wobei λ_i und λ_k die Grenzwellenlängen der Bänder sind:

Nr. des Spektralbandes	λ_i (nm)	λ_k (nm)	Farbe
1	380	420	Fern-Violett
2	420	440	Violett
3	440	460	Blau
4	460	510	Blau-Grün
5	510	560	Grün
6	560	610	Gelb
7	610	660	Orange
8	660	760	Rot

und normiert:

$$a_{j,T} = \frac{\int_{\lambda_i}^{\lambda_k} I_{e\lambda,T} \cdot V_\lambda \cdot d\lambda}{\int_{\lambda=380\,\mathrm{nm}}^{\lambda=760\,\mathrm{nm}} I_{e\lambda,T} \cdot V_\lambda \cdot d\lambda} \tag{2}$$

wobei j die Nummer des betreffenden Spektralbandes ist. Ist weiter a_j die in gleicher Weise normierte Lichtstärke im j-ten Bereich des gemessenen Strahlers, so kann man bilden:

$$Q(T) = \left[\sum_{j=1}^{8} (a_{j,T} - a_j)^2 \right]^{\frac{1}{2}}. \tag{3}$$

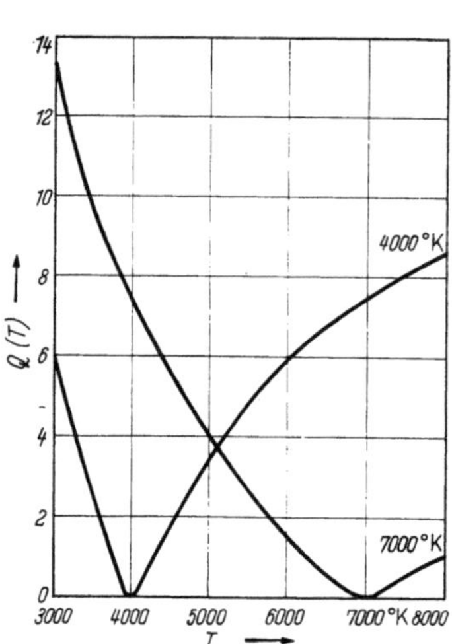

Abb. 2. Funktion $Q(T)$ für die Schwarzen Strahler von 4000 °K und 7000 °K.

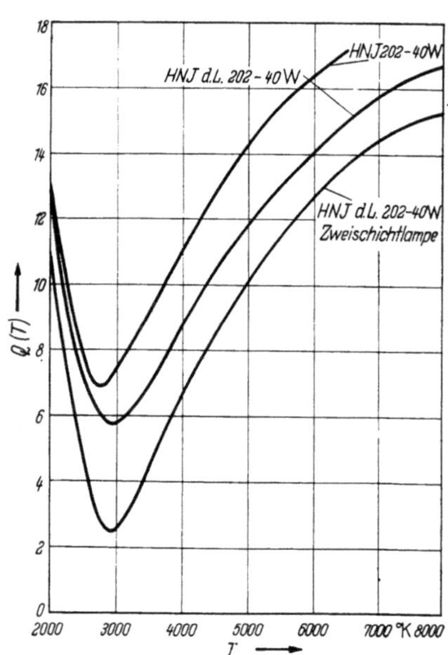

Abb. 3. Funktion $Q(T)$ für die Leuchtstofflampen HNI, HNI de Luxe, HNI de Luxe-Zweischicht.

Man erhält auf diese Weise für jede beliebige spektrale Leuchtdichteverteilung eine stetige Funktion $Q(T)$.

Geometrisch-anschaulich bedeutet diese Funktion den Gaußschen Abstand des durch die untersuchte Lichtquelle gegebenen Punktes vom Kurvenzug des Schwarzen Strahlers in einem achtdimensionalen Konfigurationsraum, dessen Grundvektoren durch die Rechteckfunktionen der acht Spektralbereiche gegeben sind. Diese Abstandsdefinition weicht von der durch BODMANN behandelten ab. Während dort durch eine geeignete Normierung der Winkelabstand zwischen zwei Punkten des (dort unendlich-dimensionalen) Konfigurationsraumes betrachtet wird, handelt es sich hier um den metrischen Abstand zwischen einem Punkt und einem Kurvenzug, wobei die bei BODMANN notwendige Normierung dadurch vermieden wurde, daß von vornherein nur Relativverteilungen in Beziehung gesetzt werden.

In Abb. 2—5 sind die Funktionen $Q(T)$ in Abhängigkeit von der Temperatur des Schwarzen Strahlers gezeichnet. Die Abszisse des Minimums (min $[Q(T)]$) gibt die Temperatur T^* des Planckstrahlers an, der in bezug auf die a_j-Werte der zu kennzeichnenden Lichtquelle gegenüber dieser die kleinste mittlere quadratische Abweichung hat. Diese „Vergleichstemperatur T^*" liegt zwar in der Nähe der ähnlichsten Farbtemperatur T_n, beide Größen stehen jedoch nur in einem losen Zusammenhang, da sie von der spektralen Energieverteilung ausgehend nach durchaus verschiedenen Vorschriften gebildet werden. Die Ordinate min $Q(T) = Q(T^*)$ ist ein Maß für den Absolutwert der mittleren Abweichung der spektralen Lichtstärkeverteilung der untersuchten Lichtquelle von der des Planckstrahlers mit der Temperatur T^*. In erster

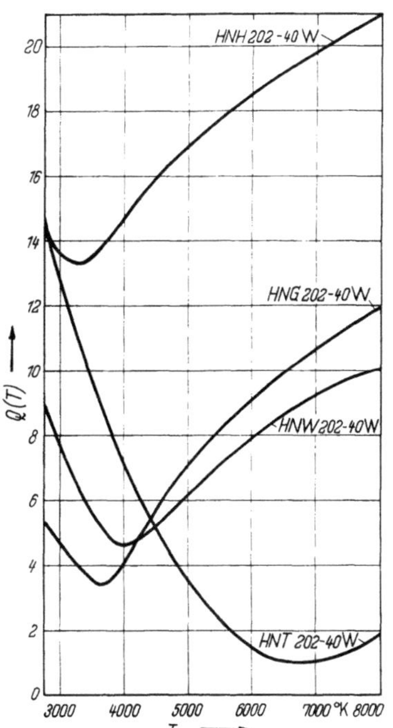

Abb. 4. Funktion $Q(T)$ für die Leuchtstofflampen HNH, HNG, HNW und HNT.

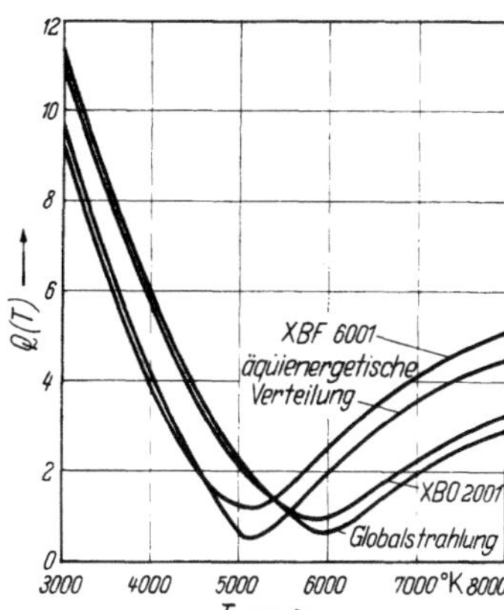

Abb. 5. Funktion $Q(T)$ für die luftgekühlte Xenonhochdrucklampe XBO 2001, die wassergekühlte Xenonhochdrucklampe XBF 6001, für die Globalstrahlung (Himmelsstrahlung + Sonnenstrahlung nach A. H. TAYLOR) und für die äquienergetische Verteilung.

Näherung kann $Q(T^*)$ als Gütezahl für die Farbwiedergabeeigenschaft einer Lichtquelle angesehen werden. Sie ist für Schwarze und Graue Strahler gleich Null (Abb. 2). Treten in der zu untersuchenden Spektralverteilung Diskontinuitäten (Linien, Kanten) auf oder liegt eine Verteilung vor, die sich von einem Planckstrahler im Gesamtverlauf unterscheidet, so ist $Q(T^*) > 0$. In Übereinstimmung mit einer Feststellung von BOUMA[7]) ist $Q(T^*)$ bei einer Grünabweichung größer als bei einer Purpurabweichung (bei gleicher prozentualer Abweichung der Strahlstärke der Lichtquelle von der des Schwarzen

Strahlers in den zugehörigen Spektralbändern). Eine einseitige Veränderung der Flanken der Spektralverteilung drückt sich dagegen nicht wesentlich in $Q(T^*)$ aus, sondern verschiebt T^* zu höheren oder tieferen Temperaturen. Die Abb. 3—5 zeigen die Ergebnisse der Rechnung für eine Reihe technischer Strahlungsquellen sowie für die Globalstrahlung und die äquienergetische Spektralverteilung. Man sieht, daß es in relativ einfacher Weise möglich ist, aus den Achtbänderwerten eine Kennzahl $Q(T^*)$ zu bestimmen, die zur Prüfung der Farbwiedergabeeigenschaften von Lichtquellen verwendet werden könnte. Die folgende Tabelle gibt die Zahlen $Q(T^*)$ und die Vergleichstemperaturen T^* der in den Zeichnungen aufgeführten Lichtquellen an. Zum Vergleich sind außerdem noch die ähnlichsten Farbtemperaturen T_n und die x,y-Koordination angegeben.

Lichtquelle	$Q(T^*)$	T^*	T_n	CIE-Koordinaten	
				x	y
HNI 202 40 W	6,93	2700	2860	0,447	0,408
HNI de Luxe 202 40 W	5,80	3000	2840	0,448	0,408
HNI de Luxe 202/Z 40 W........	2,47	2900	3080	0,428	0,398
HNH 202 40 W	13,3	3300	3740	0,395	0,394
HNG 202 40 W	3,43	3650	3900	0,374	0,347
HNW 202 40 W ...	4,65	4000	4100	0,373	0,369
HNT 202 40 W	1,00	6750	6400	0,315	0,319
XBF 6001........	1,25	5200	5490		
XBO 2001	0,97	5900	6400	0,317	0,320
Globalstrahlung....	0,70	6000	6000	0,322	0,335
Äquienergetische Verteilung	0,50	5150	5500	0,333	0,333

Ein Vergleich der berechneten Zahlen $Q(T^*)$ mit praktischen Farbabmusterungsversuchen müßte zeigen, ob das Verfahren in der vorliegenden Form verwendbar ist oder ob eventuell durch Einführung einer passend gewählten Gewichtsfunktion eine spezielle Normierung nötig ist. Ferner erscheint es notwendig zu prüfen, welchen Einfluß die Wahl anderer Spektralbereiche sowie deren Zahl auf die Ergebnisse hat. Derartige Rechnungen werden von einem von uns (Sch.) zur Zeit durchgeführt und sollen später publiziert werden. Für die Ausführung der numerischen Rechnungen sind wir Fräulein stud. math. B. George zu Dank verpflichtet.

Literatur

[1] Helson, H., D. B. Judd u. M. Wilson: Illum. Engng. 51 (1956) S. 329.
[2] Frühling, H.-G.: Techn.-wiss. Abh. Osram-Ges. 6 (1953) S. 125.
[3] Bouma, P. J.: Philips Techn. Rdsch. 2 (1937) S. 1.
[4] Harrison, W.: Light and Lighting 44 (1951) S. 148.
[5] Bodmann, H.-W.: Ann. Phys., Folge 6, 12 (1953) S. 348.
[6] Wolter, H.: Vortrag vor dem Dtsch. Fachnormenausschuß „Farbe" in Göttingen am 26. 9. 1951.
[7] Bouma, P. J.: Farbe und Farbwahrnehmung. Eindhoven 1951. S. 297 ff.

Messung der „Leitzahl" bei Blitzlichtaufnahmen*)

Von

W. Lang und G. Kocher

Mit 4 Abbildungen

Aufgabenstellung

Mit eine der wichtigsten Aufgaben zur sicheren Beherrschung einer photographischen Aufnahme ist die Messung und richtige Bewertung der Lichtverhältnisse am Aufnahmeort. Dies gilt nicht nur für normale Tageslichtaufnahmen, etwa durch Feststellung der mittleren Leuchtdichte des Aufnahmeobjektes oder durch Messung der Beleuchtungsstärke am Objekt, sondern auch für Kunstlichtaufnahmen, insbesondere für die jetzt so populär gewordenen Blitzlichtaufnahmen. Hier ist die Wirkung der Lichtquellen schon vor der Aufnahme zu ermitteln und dementsprechend sind die richtigen Kameraeinstellwerte bei vorgegebener Filmempfindlichkeit festzulegen. Zweckmäßigerweise geht man hierbei von der „Leitzahl" aus, deren Definition in einer früheren Arbeit gegeben wurde[1].

$$\text{Leitzahl} = \text{Blende} \times \text{Entfernung (Lichtquelle} - \text{Objekt)}$$

$$Z = F \cdot r.$$

Da in den letzten Jahren der Leitzahlwert als wichtigste Größe bei allen photographischen Momentbeleuchtungsquellen allgemein Anwendung fand, ergibt sich nicht nur die Notwendigkeit, seine theoretische Ableitung auszubauen, sondern auch eine geeignete und brauchbare Meßanordnung zu seiner einheitlichen Bestimmung bei den verschiedensten Blitzlichtquellen zu entwickeln. Die hier vorliegende Arbeit stellt einen Beitrag zu dieser Aufgabe dar.

Ableitung

Ein Objektpunkt der Leuchtdichte B_0 ruft gemäß Abb. 1 in dem ihm entspre-

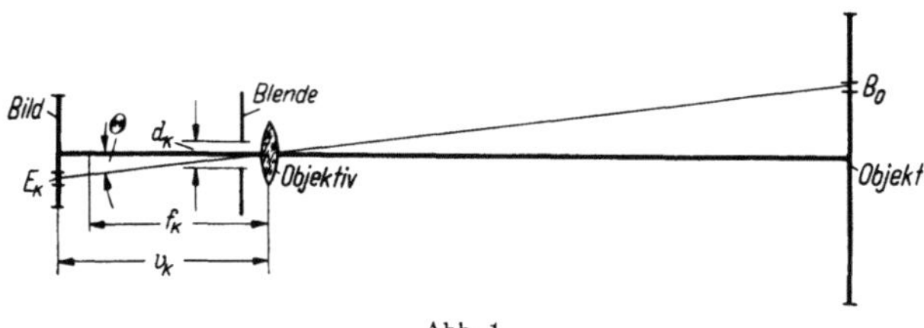

Abb. 1.

chenden Bildpunkt in der Kamera eine Beleuchtungsstärke hervor von

$$E_k = 10^4 \cdot B_0 \, \frac{\pi \cdot f_k^2 \cdot V_k \cdot \tau_k}{4 \, v_k^2 \cdot F_k^2} \cos^4 \Theta \, [lx].^{2)} \tag{1}$$

Es bedeutet:

E_k	Bildbeleuchtungsstärke in lx	f_k	Brennweite des Kameraobjektivs
B_0	Objektleuchtdichte in sb	d_k	Durchmesser der Kamerablende
v_k	Entfernung zwischen Bild und Objektivmitte in der Kamera	F_k	f_k/d_k = Blendenzahl
		V_k	Vignettierungsfaktor
		τ_k	Durchlaßgrad des Objektivs.

---

*) Originalmitteilung.

Gl. (1) gilt aber nur für ideale Verhältnisse. In Wirklichkeit besteht zwischen der Bildbeleuchtungsstärke E_k und der Objektleuchtdichte B_0 keine strenge Proportionalität. Bezeichnet man das Verhältnis von maximaler und minimaler Objektleuchtdichte mit

$$s_0^B = \frac{B_{0\,max}}{B_{0\,min}} \tag{2}$$

das Verhältnis von maximaler und minimaler Bildbeleuchtungsstärke mit

$$s_k^E = \frac{E_{k\,max}}{E_{k\,min}}, \tag{3}$$

so gilt folgende Beziehung

$$s_0^B > s_k^E,$$

d. h. die Beleuchtungsstärkenskala des Bildes in der Kamera umfaßt immer weniger relative Einheiten als die Leuchtdichteskala des Objekts. Dies wird verursacht durch das sogenannte „Streulicht". Es überlagert sich nämlich dem durch das Objektiv vom Objekt entworfenen Bild ein Streulicht, welches z. B. von der Reflexion zwischen den Linsenflächen, am Verschluß, an der Blende, der inneren Oberfläche der Kamera usw. herrührt. Dieses Streulicht vergrößert die vom Objekt allein herrührende Beleuchtungsstärke der Bildelemente, so daß die dunkelsten Bildpunkte im allgemeinen eine relativ große Aufhellung erfahren, was eine Abnahme der Beleuchtungsstärkenskala s_k^E zur Folge hat. Als Maß für die Größe des Streulichtes ist in der amerikanischen Literatur der sogenannte „Streufaktor" eingeführt, welcher mit φ bezeichnet werde. Dieser ist durch folgende Gleichung definiert:

$$\varphi = \frac{s_0^B}{s_k^E} > 1. \tag{4}$$

Seine Größe hängt nicht nur von den optischen und mechanischen Eigenschaften der Kamera ab, sondern auch von der Art des Objekts und seiner Umgebung. Nach LOYD A. JONES und H. R. CONDIT[3]) kann man das Streulicht dadurch berücksichtigen, daß man zu der tatsächlichen, von Punkt zu Punkt verschiedenen Objektleuchtdichte B_0 eine hypothetische Leuchtdichte ΔB addiert und mit dieser scheinbaren Objektleuchtdichte $B_0' = B_0 + \Delta B$ nach Gl. (1) die tatsächliche vom Objekt und vom Streulicht herrührende Beleuchtungsstärke in der Kamera berechnet. Die beiden amerikanischen Autoren geben für diese zusätzliche Leuchtdichte folgenden Ausdruck an:

$$\Delta B = \frac{E_{k\,min} \cdot B_{0\,max} - E_{k\,max} \cdot B_{0\,min}}{E_{k\,max} - E_{k\,min}}. \tag{5}$$

Unter Verwendung der Definitionsgln. (2), (3) und (4) läßt sich diese Gleichung folgendermaßen darstellen:

$$\Delta B = B_{0\,max} \frac{1 - {}^1/_\varphi}{s_k^E - 1}. \tag{5a}$$

Nach den vorangegangenen Ausführungen beträgt also die scheinbare maximale Leuchtdichte

$$B_0'{}_{max} = B_{0\,max}\left(1 + \frac{1 - {}^1/_\varphi}{s_k^E - 1}\right). \tag{6}$$

Die tatsächliche Objektleuchtdichte wird durch eine Kunstlichtlampe in Verbindung mit einem Reflektor erzeugt. Für ihre Berechnung werden folgende Voraussetzungen gemacht:

1. Das Objekt werde von vorne mit einer einzigen Kunstlichtquelle beleuchtet, welche sich ganz nahe bei der Kamera befindet.

2. Das Objekt befinde sich in einer Umgebung, welche ihm nur wenig Licht zustrahlt. Dies trifft im allgemeinen immer zu, bis auf Räume mit weißen Wänden, Decken und Möbeln.

3. Bei einem durchschnittlichen Objekt liege der hellste Punkt ungefähr auf der optischen Achse der Kamera, d.h. die entsprechende Stelle des Objekts reflektiert das auffallende Licht maximal, besitzt also ein Reflexionsvermögen $\varrho_{0\,max}$.

Die tatsächliche (maximale) Leuchtdichte $B_{0\,max}$ des Objektpunktes auf der optischen Achse beträgt

$$B_{0\,max} = \frac{I \cdot d\omega \cdot \varrho_{0\,max}}{df_0 \cdot \pi} \cdot 10^{-4}.\,^4)\tag{7}$$

Die in Gl. (7) enthaltenen Größen werden an Hand von Abb. 2 erläutert.

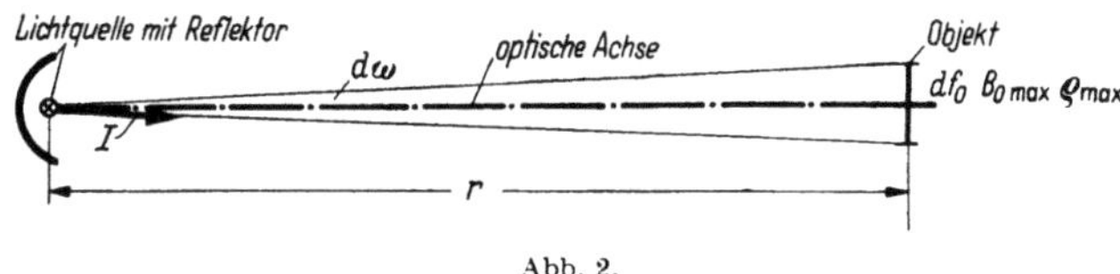

Abb. 2.

Es ist: I (cd) = Lichtstärke der Lichtquelle samt Reflektor in Richtung der optischen Achse der Kamera. Dabei wird die ganze Beleuchtungsvorrichtung näherungsweise als punktförmig betrachtet, da deren Außenmaße in jedem Falle klein gegen ihren Abstand vom Objekt sind; $d\omega$ = räumlicher Winkel; df_0 = Flächenelement des Objekts.

Ferner ist r der Abstand zwischen Lichtquelle (Kamera) und Objekt. Mit Hilfe der Beziehung $df_0 = d\omega \cdot r^2$ ergibt sich durch Einsetzen in Gl. (7)

$$B_{0\,max} = \frac{I \cdot \varrho_{0\,max}}{r^2 \cdot \pi} \cdot 10^{-4}.\tag{7a}$$

Durch Kombination von Gl. (6) und (1), wobei B_0 durch $B'_{0\,max}$ ersetzt wird, erhält man:

$$E_k = 10^4 \cdot B_{0\,max}\left(1 + \frac{1 - {}^1\!/\varphi}{s_k^E - 1}\right)\frac{\pi \cdot f_k^2 \cdot V_k \cdot \tau_k}{4\,v_k^2 \cdot F_k^2}\cos^4\Theta .\tag{8}$$

Setzt man in diese Gleichung wiederum Gl. (7a) ein, so gilt gleichzeitig $\Theta = 0$ und $V_k = 1$, da die Größe $B_{0\,max}$ nach Voraussetzung für Objektpunkte in der nahen Umgebung der optischen Achse gilt.

Es ergibt sich damit:

$$E_{k\,max} = \frac{f_k^2 \cdot \tau_k \cdot \varrho_{0\,max}}{4\,v_k^2 \cdot F_k^2}\left(1 + \frac{1 - {}^1\!/\varphi}{s_k^E - 1}\right)\frac{I}{r^2}.\tag{9}$$

Für die weiteren Überlegungen wird der dunkelste Bildpunkt betrachtet, der die geringste Bildbeleuchtungsstärke ergibt. Diese soll noch eine Schwärzung von

0,1 über dem Schleier hervorrufen, damit auf normal kopierten Papieren der entsprechende dunkelste Bildpunkt eben noch erkennbar ist. Zusammen mit Gl. (3) ergibt sich dann für diese **minimale Bildbeleuchtungsstärke**:

$$E_{k\,min} = \frac{f_k^2 \cdot \tau_k \cdot \varrho_{0\,max}}{4\,v_k^2 \cdot F_k^2 \cdot s_k^E} \left(1 + \frac{1 - {}^1/\varphi}{s_k^E - 1}\right) \frac{I}{r^2}\,. \tag{10}$$

Die minimale Belichtung wird damit:

$$H_{k\,min} = \int\limits_{t_1}^{t_2} E_{k\,min}\, dt\,. \tag{11}$$

Die Differenz $t_2 - t_1$ stellt dabei die Belichtungszeit in sec dar. Die Integration von Gl. (10) nach der Zeit t und Kombination mit Gl. (11) ergibt:

$$H_{k\,min} = \frac{1}{(F_k \cdot r)^2} \cdot \frac{f_k^2 \cdot \tau_k \cdot \varrho_{0\,max}}{4\,v_k^2 \cdot s_k^E} \left(1 + \frac{1 - {}^1/\varphi}{s_k^E - 1}\right) \int\limits_{t_1}^{t_2} I\, dt\,. \tag{12}$$

Das Produkt $(F_k \cdot r)$ stellt aber nach Definition die Leitzahl Z dar. Für diese erhält man aus Gl. (12) folgende Beziehung:

$$Z = \sqrt{\frac{f_k^2 \cdot \tau_k \cdot \varrho_{0\,max}}{4\,v_k^2 \cdot s_k^E} \left(1 + \frac{1 - {}^1/\varphi}{s_k^E - 1}\right)} \cdot \sqrt{\frac{\int\limits_{t_1}^{t_2} I\, dt}{H_{k\,min}}}\,. \tag{13}$$

Die in Gl. (13) unter der ersten Quadratwurzel stehenden Größen hängen von der Kamera, vom Objekt und seiner Umgebung und vom Abstand Kamera—Objekt ab. Man ist deshalb gezwungen, mit Durchschnittswerten zu rechnen. Setzt man diesen Wurzelausdruck $= A$, so folgt

$$\boxed{Z = A \sqrt{\frac{\int\limits_{t_1}^{t_2} I\, dt}{H_{k\,min}}}\,.} \tag{14}$$

Meßverfahren

Die meßtechnische Ermittlung des für die Leitzahl wichtigen Ausdruckes

$$\sqrt{\frac{\int\limits_{t_1}^{t_2} I\, dt}{H_{k\,min}}}$$

nach Gl. (14) kann auf verschiedene Weise erfolgen. Vor allem bieten sich zwei Wege hierfür an:

1. Durch eine photometrische Messung wird das Lichtstärkenintegral der Lichtquelle ermittelt. Man geht hierbei zweckmäßigerweise so vor, daß man einerseits den Gesamtlichtstrom der Lichtquelle ohne Reflektor und andererseits den Verstärkungsfaktor des Reflektors mißt und aus beiden dann den im Zähler unter der Wurzel stehenden Ausdruck ermittelt. Auf dieses Prinzip ist die amerikanische ASA-Vorschrift zur Ermittlung der Leitzahlen für Photolampen aufgebaut[2]). Folgende Nachteile erschweren jedoch erheblich die praktische Anwendung:

Die photometrische Messung der Lichtwerte ist nicht ganz einfach und gerade bei Elektronenblitzröhren nur mit einem erheblichen meßtechnischen Aufwand beherrschbar. Überdies ergibt sich bei diesem Verfahren die Notwendigkeit, wegen des Schwarzschildeffektes bei sehr kurzen Belichtungszeiten auch den durch die jeweilige Blitzlichtquelle gegebenen „Schwärzungs-Wirkungsgrad" auf dem Negativ zu ermitteln, d. h. bei dieser Methode ist auch der Nenner des Wurzelausdruckes von der Art der Beleuchtungsquelle abhängig. Praktisch haben diese Schwierigkeiten dazu geführt, daß in den USA bisher nur die Leitzahlen der Verbrennungsblitzlichtlampen nach diesem Verfahren festgelegt werden.

2. Beide Nachteile lassen sich umgehen, wenn man den unter dem Wurzelzeichen stehenden Ausdruck

$$\frac{\int_{t_1}^{t_2} I \, dt}{H_{k\,min}}$$

direkt aus Schwärzungsmessungen mit Hilfe der zu untersuchenden Lichtquelle bestimmt. Dies kann beispielsweise mittels der in Abb. 3 dargestellten Versuchsanordnung ausgeführt werden.

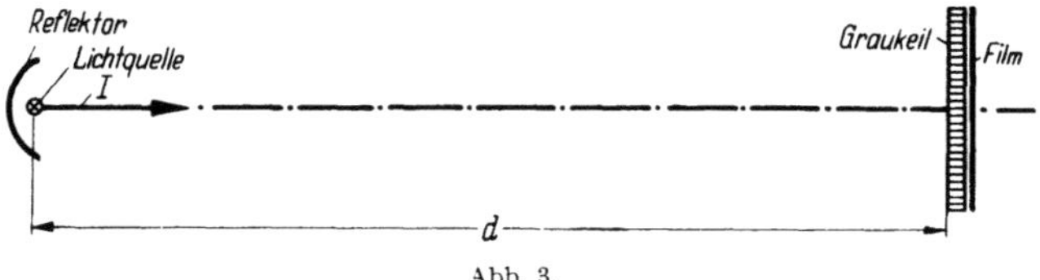

Abb. 3.

Durch die zu prüfende Momentbeleuchtungsvorrichtung wird aus einer Entfernung von d Metern ein Probefilmstreifen belichtet, auf dem ein Graukeil mit dem Stufenfaktor $\sqrt[3]{2}$ liegt.

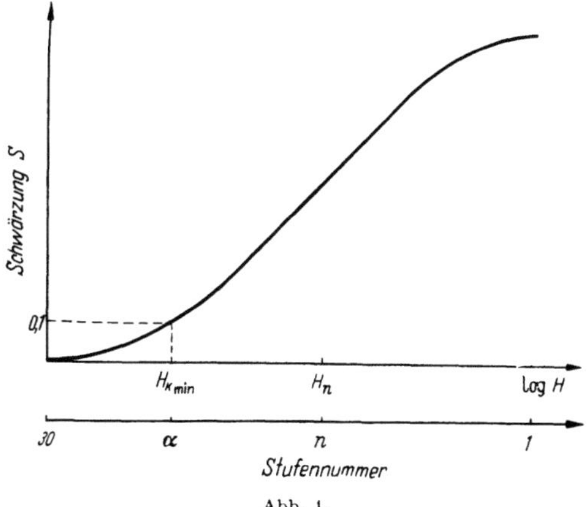

Abb. 4.

Für die Auswertung des Negativs sind an Hand der Abb. 4 folgende Überlegungen notwendig. Hier ist für die entsprechende Blitzlichtquelle und eine bestimmte Entwicklung die Schwärzungskurve eingezeichnet.

Auf einer zweiten Abszissenachse sind die den einzelnen Belichtungen zugeordneten Graukeilstufen aufgetragen. Es entspricht der Belichtung H_n die Stufe n und der Minimalbelichtung $H_{k\,min}$ die Stufe α.

Bezeichnet man die Belichtung des Keiles mit H_0, so bestehen folgende Beziehungen:

$$\log \frac{H_0}{H_n} = 0,1\,n$$

und

$$\log \frac{H_0}{H_{k\,min}} = 0,1\,\alpha.$$

Aus diesen beiden Gleichungen ergibt sich durch Elimination von H_0

$$H_n = H_{k\,min}\,10^{0,1\,(\alpha - n)}\,. \tag{15}$$

Für die Belichtung H_n kann man auch schreiben:

$$H_n = \int_{t_1}^{t_2} E_n\,dt\,. \tag{16}$$

Dabei ist E_n die Beleuchtungsstärke auf dem Film beim n-ten Graukeilfeld. Diese kann man wiederum ausdrücken durch das Produkt aus dem Durchlaßgrad dieser Stufe und der Beleuchtungsstärke E_0 auf dem Keil.

$$E_n = 10^{-0,1\,n}\cdot E_0\,. \tag{17}$$

Die Beleuchtungsstärke ist dabei gegeben durch die Beziehung

$$E_0 = \frac{I}{d^2}\,. \tag{18}$$

Durch Kombination der Gleichungen (16), (17) und (18) ergibt sich:

$$\int_{t_1}^{t_2} I\,dt = d^2 \cdot 10^{0,1\,n}\cdot H_n\,. \tag{19}$$

Setzt man nun Gl. (15) in Gl. (19) ein und dividiert durch $H_{k\,min}$, so erhält man:

$$\frac{\int_{t_1}^{t_2} I\,dt}{H_{k\,min}} = d^2 \cdot 10^{0,1\,\alpha}\,. \tag{20}$$

Kombiniert man schließlich diesen Ausdruck mit Gl. (14), so ergibt sich für die Auswertung des Filmstreifens folgende sehr einfache Schlußformel:

$$\boxed{Z = A \cdot d \cdot 10^{0,05\,\alpha}} \tag{21}$$

Man braucht also bei der Auswertung nur diejenige Graukeilstufe zu bestimmen, welcher auf dem Film die Minimalbelichtung $H_{k\,min}$ bzw. die Schwärzung 0,1 über dem Schleier zugeordnet ist. Diese Stufennummer setzt man zusammen mit dem Wert für den Abstand d in Gl. (21) ein und berechnet die Leitzahl.

Der Faktor A ist der erste Wurzelausdruck in Gl. (13). Werden folgende Durchschnittswerte für die Berechnung dieses Ausdrucks verwendet:

$$\tau_k = 0,85; \qquad \frac{f_k^2}{v_k^2} = 0,95; \qquad s_k^E = 32; \qquad \varphi = 3; \qquad \varrho_{0\,max} = 0,8,$$

so wird der Ausdruck $A = 0,072$ und

$$Z = 0,072 \cdot d \cdot 10^{0,05\,\alpha}. \tag{22}$$

Praktische Meßanordnung

Setzt man in Gl. (21) für den Abstand d als Maximalwert 10 m und für die Stufennummer den größtmöglichen Wert mit 30 ein, so zeigt sich, daß mit der beschriebenen Versuchsanordnung nur Leitzahlen unter 21 gemessen werden können. Es ist daher notwendig, unter Beibehaltung einer Entfernung von höchstens 10 m, das auffallende Licht bei stärkeren Lichtquellen zusätzlich durch ein auf dem Keil liegendes Graufilter mit dem Durchlaßgrad σ_F zu schwächen.

In Gl. (21) kommt also noch der Faktor $\dfrac{1}{\sqrt{\sigma_F}}$ hinzu.

$$Z = A\,\frac{d}{\sqrt{\sigma_F}} \cdot 10^{0,05\,\alpha}. \tag{23}$$

Da der Graukeil 30 Stufen hat, beträgt das Verhältnis der größten zur kleinsten Leitzahl, welche mit dieser Versuchsanordnung noch mit Sicherheit gemessen werden kann:

$$\frac{Z_{\max}\,(\alpha = 30)}{Z_{\min}\,(\alpha = 1)} = \frac{10^{1,5}}{10^{0,05}} = 10^{1,45} = 28,2.$$

Wird beispielsweise $Z_{\min} = 6$ angenommen, so erstreckt sich der Meßbereich bis $Z_{\max} = 169$. Die in der Praxis auftretenden Leitzahlen liegen somit innerhalb dieses Bereiches. Damit ist nach Gl. (23) auch die Größe des Faktors $\dfrac{d}{\sqrt{\sigma_F}}$ bestimmt.

Mit $A = 0,072$ ergibt sich dafür:

$$\frac{d}{\sqrt{\sigma_F}} = 91\,\mathrm{m}. \tag{24}$$

Wählt man beispielsweise ein Graufilter mit der Schwärzung 2,40 bzw. einem Durchlaßgrad $\sigma_F = 0,004$, so ergibt sich nach Gl. (24) für den Abstand $d = 5,75\,\mathrm{m}$.

Da der Abstand d, der Durchlaßgrad σ_F des Graufilters und die Konstante A in Gl. (23) durch eine Normung festgelegt werden können, besteht die Möglichkeit, die Gesamtleitzahl aus einem genormten Diagramm zu entnehmen. Die einfachste graphische Darstellung ergibt sich, wenn man log Z in Abhängigkeit von der Stufennummer α aufträgt. In diesem Fall erhält man gemäß Gl. (23) eine Gerade.

Meßergebnisse

Mit der hier beschriebenen Meßanordnung wurden die Leitzahlen von Verbrennungsblitzlichtlampen in Abblitzgeräten mit verschiedenen Reflektoren und von Elektronenblitzgeräten ausgemessen. Die Untersuchungen umfaßten mehrere Negativfilme (Kleinbildfilme mit 17/10° DIN Empfindlichkeit), wobei auch die verschiedenen Entwicklermethoden berücksichtigt wurden. Ein Teil der Ergebnisse ist in folgender Tabelle zusammengestellt:

Lichtquelle	Leitzahl lt. Gebrauchsanweisung	gemessene Leitzahl bei:			
		Film A	Film B	Film C	Film D
Vbl. XM 1 in Reflektor mit sehr guter Verstärkung (Faktor 8) ...	25	37	34	39	44
Vbl. XM 1 in Reflektor mit guter Verstärkung (Faktor 6) ...	25	29	28	34	35
Vbl. XM 1 in Reflektor mit schwacher Verstärkung (Faktor 2)	25	18	18	20	22
Elektronenblitzgerät A, 105 Ws	50	23	23	26	29
Elektronenblitzgerät B, 80 Ws	36	21	21	23	26
Elektronenblitzgerät C, 60 Ws	30	13	14	18	18

Wie daraus zu ersehen ist, streuen bei den Blitzlampen entsprechend dem unterschiedlichen Wirkungsgrad der Reflektoren die gemessenen Werte sehr stark, liegen jedoch im Mittel bei den vom Hersteller empfohlenen Angaben, die sich auf einen Reflektor mit dem Verstärkungsfaktor 4 beziehen. Bei den Elektronenblitzgeräten sind dagegen die nach dem hier beschriebenen Meßverfahren ermittelten Leitzahlwerte wesentlich niedriger als die bisher publizierten Zahlen, obwohl bei den entsprechenden Schwärzungsmessungen die für Elektronenblitzaufnahmen empfohlene längere Entwicklungszeit berücksichtigt wurde. Damit ist nicht nur schlagartig die ganze Problematik der bisherigen Handhabung von Leitzahlangaben erhellt, sondern auch die Notwendigkeit einer einheitlichen und genormten Meßmethode hinlänglich erwiesen.

Zusammenfassung

Es wurde der Leitzahlbegriff theoretisch abgeleitet und eine Meßmethode entwickelt, welche es gestattet, eine exakte Ermittlung dieser Leitzahl für jede Momentbeleuchtungsvorrichtung mit Hilfe von Schwärzungsmessungen durchzuführen. Der Vorteil dieser Methode besteht darin, daß keine Vergleichsnormale gebraucht werden und eine Kenntnis der Schwärzungskurve des verwendeten Filmmaterials nicht vorausgesetzt wird. Die Methode eignet sich in gleicher Weise für Blitzlampen wie für Elektronenblitzgeräte und bildet eine einfache meßtechnische Grundlage für eine Normung des photographischen Begriffs „Leitzahl".

Literatur

[1] Lang, W.: Techn.-wiss. Abh. Osram-Ges. 6 (1953) S. 99.
[2] ASA PH 2.4-1953: Exposure Guide Numbers for Photographic Lamps.
[3] Jones, L. A., u. H. R. Condit: J. Opt. Soc. Amer. 31 (1941) S. 651.
[4] Handbuch der Lichttechnik. Herausgegeb. v. R. Sewig. Bd. 1, S. 50. Berlin 1938.

Zur Abgrenzung der Existenzgebiete der Dicalciumphosphate und des Apatits im System H_2O-$Ca(OH)_2$-H_3PO_4 bei 25° C*)

Von

R. Knütter

Mit 1 Abbildung

Es wurden die stabilen und metastabilen Löslichkeiten des $CaHPO_4 \cdot 2\,H_2O$ sowie die stabilen des Hydroxylapatites und des $CaHPO_4$ für 25° C experimentell ermittelt. Das resultierende Löslichkeitsdiagramm wird diskutiert und eine technisch anwendbare Fällungsmethode für stöchiometrisch zusammengesetztes $CaHPO_4 \cdot 2\,H_2O$ abgeleitet.

Zur Darstellung exakt stöchiometrischer Calciumphosphate aus wäßriger Lösung im technischen Maßstab wird die Kenntnis der betreffenden Existenzgebiete benötigt. Im folgenden soll über eine neuere einschlägige Arbeit und ihre Auswertung für die technische Herstellung solchen Calciumphosphates berichtet werden.

Zur Bestimmung der Löslichkeiten wurde eine in anderen Fällen bewährte Methode angewandt, bei der man ausgehend von übersättigten Lösungen die Konzentrationsänderung der Komponenten bei der Kristallisation verfolgt. Die notwendige Übersättigung wurde durch vorsichtiges Mischen reiner, verschieden konzentrierter Lösungen von $Ca(OH)_2$ und H_3PO_4 erzielt. Damit ergibt sich eine Begrenzung bei einer Konzentration $< 0,02$ Mol/l $Ca(OH)_2$ durch dessen Sättigung. Untersucht wurden die speziell interessierenden Verhältnisse bei Zimmertemperatur. Im einzelnen ergab sich folgendes:

In dem gesamten erfaßten Gebiet treten nur die Dicalciumphosphate $CaHPO_4$, $CaHPO_4 \cdot 2\,H_2O$ und der Hydroxylapatit $3\,Ca_3(PO_4)_2 \cdot Ca(OH)_2$ als Bodenkörper auf. Nur bei sehr großem $Ca(OH)_2$-Überschuß können geringe Mengen stärker basischer Phosphate ausfallen, deren Natur nicht eindeutig definiert ist. Sie interessieren in diesem Zusammenhang nicht. Für Calciumphosphate anderen Wassergehaltes oder anderer Zusammensetzung zwischen Dicalciumphosphat und Apatit sind keine Anzeichen vorhanden. Etwaige derartige Existenzgebiete, falls sie mit anderen Mitteln doch erfaßbar wären, würden also so klein sein, daß sie für eine technische Nutzung nicht in Frage kämen.

Die genauen Löslichkeitsverhältnisse, die die Abgrenzung der Existenzgebiete ergeben, gehen aus Abb. 1 hervor. Bei I ist der Hydroxylapatit die stabile Phase. Er fällt so feinkörnig aus, daß er mikroskopisch nicht identifizierbar ist. Die Analyse ist jedoch eindeutig. Im Gebiet II entstehen Hydroxylapatit und kristallwasserhaltiges Dicalciumphosphat nebeneinander. Der Übergangspunkt zwischen ihnen liegt bei A. Bei III ist $CaHPO_4 \cdot 2\,H_2O$ stabiler Bodenkörper. Der Übergangspunkt zu $CaHPO_4$ liegt bei B. Im Gebiet IV ist $CaHPO_4$ stabil und $CaHPO_4 \cdot 2\,H_2O$ metastabil. Letzteres kristallisiert aber bei Zimmertemperatur auf Grund seiner höheren Kristallisationsgeschwindigkeit primär, ohne daß auch $CaHPO_4$ ausfällt. Die beiden sekundären Calciumphosphate sind mikroskopisch und analytisch einwandfrei identifizierbar. Der Punkt A ist zwar deutlich zu interpolieren, doch kristallisieren in seiner Umgebung meist beide Bodenkörper nebeneinander, so daß die Gebiete I und III für die Praxis stark verkleinert werden. Die gegenseitige Umwandlung der einmal ausgefallenen Bodenkörper geht

---

*) Unter Benutzung der in der Zeitschrift „Angewandte Chemie" 65 (1953) Nr. 23, S. 578 bis 581 erschienenen Arbeit von J. D'Ans und R. Knütter.

auf Grund der geringen Löslichkeitsunterschiede sehr langsam vor sich. Beim Lösen fester Bodenkörper vergehen also bis zur exakten Gleichgewichtseinstellung untragbar lange Zeiten, worauf manche Differenzen in der Literatur zurückzuführen sind.

Wie aus dem Diagramm hervorgeht, sind die sekundären Calciumphosphate nur inkongruent löslich. Die Mutterlaugen entsprechen ziemlich genau einer Lösung von $Ca(H_2PO_4)_2$ bzw. einem rund 100%igen Phosphorsäure-Überschuß. Werden also $CaHPO_4$ bzw. $CaHPO_4 \cdot 2H_2O$ in reinem Wasser suspendiert, so setzt sich ein

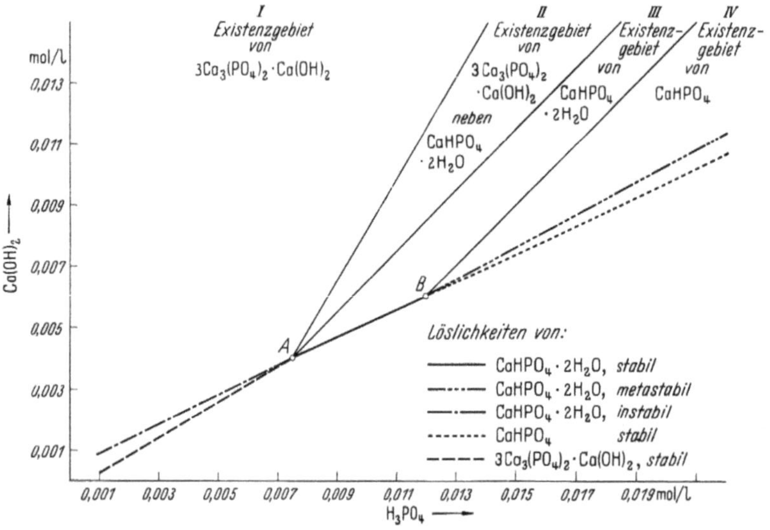

Abb. 1. Existenzgebiete von Calciumphosphaten.

Teil unter Ausfällung von Hydroxylapatit und Bildung einer Mutterlauge entsprechend A um. Im Extremfall (bei sehr großen Wassermengen) kann vollständige, aber sehr langsame Umsetzung zum Hydroxylapatit stattfinden. Im anderen Extremfall wird der Apatitanteil praktisch nicht mehr nachweisbar sein, ist jedoch prinzipiell vorhanden. Dieselben Verhältnisse liegen vor, wenn durch Mischen äquivalenter Mengen von $Ca(OH)_2$ und H_3PO_4 die Dicalciumphosphate erst gebildet werden sollen. Es tritt dann immer ein je nach den Konzentrationsverhältnissen verschieden hoher Apatitanteil auf, was einen weiteren Teil der Widersprüche in der Literatur erklärt. Bei geeigneten Konzentrationen kann auch ein solches Gemisch von Dicalciumphosphat und Hydroxylapatit ausgefällt werden, daß die gemittelte molare Zusammensetzung dem tertiären Calciumphosphat $Ca_3(PO_4)_2$ entspricht. Diese Verbindung entsteht jedoch erst beim Glühen des Präcipitats und liegt in der wäßrigen Phase noch nicht vor.

Für die Reindarstellung von Calciumphosphaten im technischen Maßstab kommt nach den geschilderten Verhältnissen nur das $CaHPO_4 \cdot 2H_2O$ mit seinem großen metastabilen Existenzgebiet in Frage. Die übrigen Existenzgebiete sind zu klein bzw. zu stark eingeengt. Um eine teilweise Bildung von Apatit zu verhüten, muß Sorge getragen werden, während des gesamten Fällungsvorganges im Gebiet IV zu bleiben. Es muß also von vornherein eine entsprechende Mutterlauge vorliegen. Das Diagramm bezieht sich primär auf H_3PO_4 und $Ca(OH)_2$ als Komponenten. Werden statt dieser andere PO_4^{3-}- und Ca^{2+}-Träger in äquivalenter Menge verwendet, z. B. $(NH_4)_2HPO_4$ und $Ca(NO_3)_2$, so entsteht NH_4NO_3 an Stelle von

H_2O als Reaktionsprodukt. Wird der notwendige Überschuß an H_3PO_4 primär vorgelegt, so fällt also eine Mutterlauge an, die über ihre normale Zusammensetzung hinaus noch zusätzlich NH_4NO_3 enthält. Dadurch wird zwar die Löslichkeit etwas beeinflußt, die bestehenden Verhältnisse aber nicht prinzipiell verändert. Wird der Arbeitspunkt genügend weit von B entfernt gewählt, so treten keine Komplikationen auf.

Zweckmäßigerweise fällt man also $CaHPO_4 \cdot 2 H_2O$, indem man äquivalente Mengen von $Ca(NO_3)_2$- und $(NH_4)_2HPO_4$-Lösungen gleichzeitig in eine Lösung von $Ca(H_2PO_4)_2$ oder noch einfacher von H_3PO_4 einlaufen läßt. Unter diesen Bedingungen spielen selbst merkliche Abweichungen von der Stöchiometrie der Lösungen und ihrer exakten Dosierung keine Rolle. Sie haben nur einen Einfluß auf die Zusammensetzung der Mutterlauge und damit auf die Ausbeute. Es können bei genügender Entfernung von A jedoch keine anderen Bodenkörper auftreten. Die Ungleichheiten werden gewissermaßen „abgepuffert". Das so gewonnene $CaHPO_4 \cdot 2 H_2O$ entspricht tatsächlich voll den Erwartungen.

Literatur siehe Originalarbeit.

W-Bestimmung nach dem Oxinatverfahren*)

Von

G. Gottschalk

1. Allgemeines

Nach S. Halberstadt[1]) liefert Wolfram in Form von Alkaliwolframat in essigsaurer Lösung mit Oxin (= HOx) einen gelben voluminös aussehenden Niederschlag, der nach Trocknen bei 120°C der Formel $WO_2(Ox)_2$ entspricht. Eine bei Oxinatverfahren häufig anwendbare maßanalytische Weiterbehandlung ist hier nicht möglich, da $WO_2(Ox)_2$ in Mineralsäuren unlöslich ist. Selbst konz. H_2SO_4 oder konz. HNO_3 vermögen nur teilweise unter Zersetzung einzuwirken.

Jilek und Rysánek[2]) beschreiben eine W-Sn-Trennung, in der Sn als Oxalatokomplex maskiert wird.

Nach R. Berg[3]) fällt W im p_H-Bereich 4,95—5,65 quantitativ, wobei in essigsaurer acetathaltiger Lösung noch 200 μg = 0,2 mg W pro 100 ml erfaßt werden sollen.

Neben dem Oxinat-Verfahren sind u.a. folgende Bestimmungsmethoden für W vorgeschlagen worden:

Maßanalyse[4])

1. Titration von WO_3 mit NaOH gegen Phenolphthalein.
2. Titration mit Ferrisalz nach Reduktion von WO_3 zu WO_2.
3. Tüpfeltitration von Wolframat mit Bleiacetat.

Gravimetrie

(Auswaage stets WO_3)

4. Fällung als WO_3 mit Säure.
5. Fällung mit Benzidinhydrochlorid.
6. Fällung mit Tannin-Cinchonin.
7. Fällung als Hg_2WO_4 mit $Hg_2(NO_3)_2$.

Nur das $Hg_2(NO_3)_2$-Verfahren ist in bezug auf Genauigkeit als geeignet für Schiedsanalysen[5]) befunden worden. Durch systematische Untersuchung der Fäl-

---

*) Originalmitteilung.

lungsbedingungen des $WO_2(Ox)_2$ konnte gezeigt werden, daß ein modifiziertes Oxinatverfahren mindestens die Genauigkeit des Hg_2WO_4-Verfahrens erreicht, darüber hinaus aber den Vorteil eines weitaus geringeren Zeitbedarfes, einer verminderten Störanfälligkeit und eines wesentlich günstigeren Umrechnungsfaktors besitzt.

2. Über den Einfluß von Fremdionen

Das Grundprinzip des neuen Oxinatverfahrens ist die Komplexierung des Wolframs mit Oxalsäure zu

$$[WO_2(OH)_2C_2O_4]''$$

und die langsame Fällung aus homogener Lösung (Fällung nur durch p_H-Änderung). Der Oxalatokomplex besitzt den Charakter einer Heteropolysäure und ist im p_H-Bereich $1-10$ von relativ großer Beständigkeit, so daß zahlreiche störende Reaktionen des W mit Fremdionen entfallen. Bei $p_H = 4,7-4,9$ erfolgt quantitativer Umsatz mit Oxin.

$$H_2[WO_2(OH)_2C_2O_4] + 2\,HOx \rightarrow [WO_2(Ox)_2] + H_2C_2O_4 + 2\,H_2O.$$

Die Komplexierung bewirkt auch eine scharfe Abgrenzung des Fällungsbereiches, wobei z.B. für 300 mg WO_3 nur innerhalb $p_H = 3 - 6$ eine Trübung bzw. Fällung eintritt, die bei $p_H = 4,5-5$ quantitativ ist.

Alkalien, CH_3COO', NO_3', Cl', SO_4'', aber auch SiO_2 (untersucht bis 30 mg), P_2O_5 (bis 30 mg untersucht), Sn u.a. sind ohne Einfluß auf die Fällung.

Erdalkalien, Al und Erden, sowie die II-wertigen Ionen der Schwermetalle Mn, Fe, Co, Ni, Cu, Zn, Pt-Metalle, Cd, Hg u.a. sind selbst in großer Menge leicht durch Ionenaustausch (Kationenersatz durch H) abtrennbar.

Ti, Zr, Fe, Sb, Bi sind durch Hydroxydfällung mit NaOH bei $p_H = 7-8$ zu entfernen.

Mo wird in jedem Fall [wie auch beim $Hg_2(NO_3)_2$-Verfahren] mitgefällt.

Weinsäure, Citronensäure und NH_4' müssen vor der Fällung entfernt werden, da sie starke Störungen verursachen.

Eine direkte Fällung des W in Gegenwart fast aller II-, III- und teilweise auch IV-wertigen Metallionen sollte bei Anwesenheit von Äthylendiamintetraessigsäure möglich sein, doch stehen hier noch eingehende Versuche aus.

3. Arbeitsvorschrift für 250 bis 350 mg WO_3

Nach eventueller Vortrennung von Fremdionen oder nach ihrer Maskierung wird die 250 bis 300 mg WO_3 und 20 ml 2 n $H_2C_2O_4$ enthaltende klare Lösung mit 5 n NaOH auf $p_H = 9,5$ (Thymolblau-Indikator) gebracht und mit weiteren 6 ml 5 n NaOH im Überschuß versetzt. Nach Zugabe von 40 ml 0,1 m Oxinacetatlösung (0,1 m an Oxin und 0,6 m an CH_3COOH) wird die klare Lösung mit H_2O auf 600 ml verdünnt. Die Lösung wird unter Rühren zum Sieden erhitzt und tropfenweise mit 2 n CH_3COOH bis zur 1. Trübung versetzt ($p_H \simeq 5,5-6,0$; nur bei Gegenwart von Mo ist bereits bei $p_H = 7,5-8$ eine Trübung feststellbar). Zur Vergrößerung der Kristallkeime wird die Zugabe für $1-2$ min unterbrochen und danach bis $p_H = 4,7-4,9$ fortgesetzt. Lösung und Niederschlag werden unter Erkalten 30 min ausgerührt, wobei der zunächst gelbe Niederschlag sandfarben und grob kristallin wird. Nach Filtration über einen Porzellanfiltertiegel A 2 oder Glasfiltertiegel 1 G 4 und portionsweisem Waschen mit insgesamt $80-100$ ml heißem H_2O wird 90 min bei $120°$ C getrocknet. Nachtrocknen bis zur Gewichtskonstanz erfolgt jeweils in Intervallen von 30 min.

Umrechnungsfaktor:

$$WO_3 \quad \text{auf } W: \quad 0,7930 \quad \log: 0,89929-1$$
$$WO_2(Ox)_2 \text{ auf } W: \quad 0,3648 \quad \log: 0,56202-1$$
$$\text{auf } WO_3: \quad 0,4600 \quad \log: 0,66273-1$$

Der Zeitbedarf für die Einzelbestimmung beträgt etwa 3—4 Std. (Hg-Wolframat-Verfahren 10—20 Std.).

4. Bewertung des Verfahrens

Aus insgesamt 25 Modellanalysen mit 300 mg vorgegebener WO_3, teilweise in Gegenwart von 30 mg SiO_2 bzw. 30 mg P_2O_5 wurde gefunden:

$$\text{Standardabweichung: } s_{25} = \pm 0,72 \text{ mg } WO_3.$$

Der Fehlerbereich für S $= 99,9$ bzw. $99\,\%$ Sicherheit (t-Verteilung[6]) ergibt sich damit zu:

$$S = 99,9\,\% \qquad T = \pm 2,69 \text{ mg } WO_3$$
$$S = 99\,\% \qquad T = \pm 2,01 \text{ mg } WO_3.$$

Die entsprechenden Werte wurden beim Hg-Wolframat-Verfahren etwa zweimal größer gefunden.

5. Praktische Anwendung

Das modifizierte Oxinatverfahren hat sich bei der Bestimmung von W bzw. WO_3 in:

Scheeliten,
W-Bronzen,
Mg-Wolframat-Leuchtstoffen,
Ca-Wolframat-Leuchtstoffen

sowie einigen wolframathaltigen Leuchtstoffmischungen ausgezeichnet bewährt.

Frau KUBITZA sei an dieser Stelle für die gewissenhafte und gewandte Durchführung der Versuche gedankt.

Literatur

[1]) HALBERSTADT, S.: Z. anal. Chem. 92 (1932) S. 86.
[2]) JILEK, A., A. RYSÁNEK: Coll. Trav. chim. Tchéc. 3 (1933) S. 136.
[3]) BERG, R.: Die analytische Verwendung von o-Oxychinolin („Oxin") und seiner Derivate. Enke-Verlag 1938.
[4]) BECKURTS, H.: Maßanalyse (1913) S. 172, 687, 948.
[5]) Analyse der Metalle, Bd. 1, Schiedsverfahren. Berlin: Springer 1942, S. 395 usw.
[6]) GRAF, U., H. J. HENNING: Formeln und Tabellen der mathematischen Statistik. Berlin/Göttingen/Heidelberg: Springer 1953, S. 61.

Über einen fluorometrischen Mikro-Nachweis von Aluminium in Wolfram und Wolframoxyden mit Oxin und in Zinksulfid-Leuchtstoffen nach der Pontachrome-Methode*)

Von

A. Danneil

Mit 1 Abbildung

Es wird über eine Mikrobestimmung von Aluminium in der 100 000fachen Wolframoxydmenge berichtet, die mit Hilfe von Aluminiumoxinat-Chloroformlösung fluoreszenzanalytisch durchgeführt wird.

Anschließend wird eine Mikrobestimmung für Aluminium in Zinksulfid-Leuchtstoffen angegeben, die nach der Pontachrome-Methode ebenfalls fluorometrisch erfolgt und Mengen zwischen 0,5 und 10 μg Aluminium in 100 mg Leuchtstoff erfaßt.

Aluminium in Wolfram und Wolframoxyden

Als ein empfindliches Nachweisreagenz für Aluminium ist seit 1868 das Morin bekannt, das mit Aluminiumionen im UV-Licht grüne Fluoreszenz zeigt. Im Jahre 1931 wurde eine Methode ausgearbeitet, mit der Aluminium mittels Morin im Wolfram nachzuweisen ist. Das Morinverfahren bestand darin, daß Wolfram vom Aluminium durch vorsichtiges Chlorieren im Chloroform-Sauerstoff-Strom getrennt wurde und der Aluminiumrückstand durch Boraxschmelze in Lösung gebracht wurde. Das Chlorieren der Einwaage von etwa 2 g dauerte fast eine Woche, und der Morinnachweis mußte in schwach saurer Lösung geführt werden, weil sowohl in stärker saurem als auch in alkalischem Gebiet die zu messende Fluoreszenz sehr schwach wird oder ganz verschwindet. In schwachen Säuren und auch in verdünnten starken Säuren geht das Aluminiumhydroxyd nur schwer wieder in Lösung und wurde so dem Nachweis entzogen.

Nach wie vor besteht großes Interesse daran, den Einfluß des Aluminiumgehalts im Wolframmaterial, der bekanntlich die Kristallisationseigenschaften entscheidend beeinflußt, genau kennenzulernen. Wir haben daher versucht, einige bekannte Reaktionen zu einem verhältnismäßig schnell und einfach durchzuführenden Nachweis von Aluminium in Wolfram zusammenzustellen.

Allgemeine Betrachtungen

Im Jahre 1927 hat Berg[1]) das Oxin in die analytische Chemie eingeführt. Dieses 8-Oxychinolin ist seither in der Gravimetrie als quantitatives Fällungsmittel für Aluminium gut bekannt. Das getrocknete Aluminiumoxinat enthält 5,8% Al und ist durch das dadurch bedingte günstige Umrechnungsverhältnis besonders ausgezeichnet. Die Oxinate sind als Innerkomplexsalze aufzufassen. Das 8-Oxychinolin mit der Formel I ist eine amphotere Verbindung, die in der Phenolgruppe sauren und im Pyridinstickstoff basischen Charakter zeigt.

I 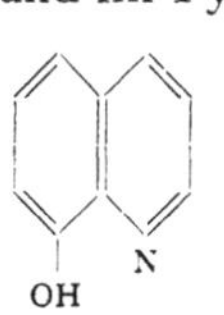 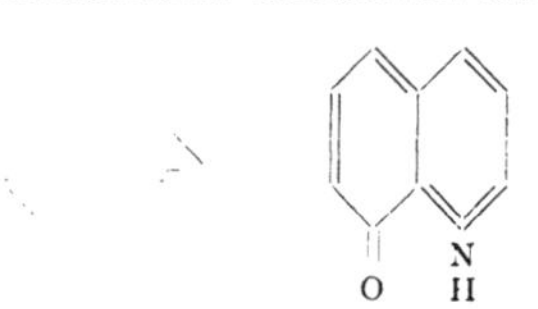   II

---

*) Originalmitteilung.

Das Oxin ist farblos, wird aber in Wasser gelblich. Dieser Farbumschlag läßt sich durch die Bildung der chinoiden Form II erklären. Beide Formen sind geeignet, ein Metalläquivalent zu binden, das in den Formeln III und IV mit Me bezeichnet ist.

$$\text{III} \qquad\qquad \text{IV}$$

Das Oxin ist also nicht spezifisch für Aluminium, sondern kann mit sehr vielen Metallen Innerkomplexsalze bilden, denen die allgemeine Formel $Me^{+n}\,(C_9H_6ON)_{\overline{n}}$ zukommt. Einige Ausnahmen von dieser Formel seien hier noch angeführt: $MoO_2()_2$; $WO_2()_2$; $TiO\,()_2$; $Th\,()_4 \cdot C_9H_7ON$; $UO_2()_2 \cdot C_9H_7ON$.

Die chinoide Form der Formel II bzw. IV ist nicht nur wegen des Farbwechsels durch Wasserzugabe zu vermuten, sondern sie wird noch wahrscheinlicher durch die ausgezeichnete Löslichkeit vieler Oxinate in Chloroform und anderen organischen Lösungsmitteln. Innerkomplexsalze sind in der Regel nur löslich, wenn die Salzmoleküle keine freien sauren oder basischen Gruppen enthalten. Das ist in der Formel IV der Fall, während in Formel III der Stickstoff noch als basische Gruppe auftreten kann.

Die schon erwähnten Chloroformlösungen der Metalloxinate sind gefärbt, z. B. die des Eisens und Vanadins grünschwarz, die meisten anderen gelb mit wechselnden Nuancen von hellgelb bis dunkelgelb, zitronengelb bis orangegelb. Nur wenige Oxinate zeigen jedoch im UV-Licht Fluoreszenz. Gallium, Indium, Aluminium und Zink fluoreszieren als Oxinat in Chloroform stark grünlichgelb. Nach F. FEIGL[2]) und nach E. B. SANDELL[3]) sind die p_H-Werte der vollständigen Fällungen der meisten Metalloxinate bekannt. In der folgenden Aufstellung sind einige Eigenschaften der hier besonders interessierenden Oxinate zusammengestellt:

Metall-Oxinat	p_H der vollständigen Fällung	löslich in Chloroform	Farbe	Fluoreszenz in Chloroform
Al	4,2— 9,8	∔	Grüngelb	∔
Ca	9,2—13,0	—	Hellgelb	—
Co	4,3—14,5	∔		—
Cu	5,3—14,6	+	Hellgelbgrün	—
Fe[III]	2,8—12,0	+	Grünschwarz	—
Mg	9,4—12,7	—	Grüngelb	—
Mo	3,6— 7,3	+	Gelborange	—
Ni	4,3—14,6	+	Gelbgrün	—
Th	4,4— 8,8	+	Zitronengelb	—
W	5,0— 5,7	—	Gelb	—

Das an letzter Stelle der Liste aufgeführte Wolfram bildet ein Oxinat im sauren Gebiet. Ebenso bildet Calcium ein Oxinat im alkalischen Gebiet. Beide Oxinate sind aber in Chloroform unlöslich, während alle sonst im Wolfram noch vorkommenden Metallverunreinigungen als Oxinate zwar chloroformlöslich sind, aber mit Ausnahme des Aluminiumoxinats im langwelligen UV-Licht nicht fluoreszieren.

Die Chloroformextraktion wird durch Acetat, Chlorid, Nitrat und Sulfat nicht beeinflußt, wohl aber durch Fluorid und Tartrat und auch durch Phosphat. SANDELL gibt in dem obenerwähnten Buch eine Aluminiumbestimmung in Wolframsäure an, bei der 6,3 g WO_3, entsprechend 5,0 g W, mit 10 g Soda geschmolzen werden und die Schmelze mit Wasser ausgelaugt und auf 500 ml aufgefüllt wird. 50 ml dieser Lösung werden mit KCN und Na_2S auf 70° C erwärmt, dann abgekühlt und nach Zufügen von NH_4NO_3 im Scheidetrichter geschüttelt und danach mit Oxinchloroform extrahiert. Wir haben mit diesem Verfahren keinen Erfolg gehabt.

Gang der Analyse

Nach unseren Erfahrungen ist es günstig, die Analyse folgendermaßen vorzunehmen: Die oberflächengereinigten Stäbe und Drähte werden im Diamantmörser zerkleinert, dann in einen sauberen Platintiegel eingewogen und die Einwaage an Luft über dem Teclubrenner oxydiert, was bei etwa 800° C in 15—20 Minuten gut gelingt. Unter sauberem Platintiegel soll ein mit Sodaschmelze und nachfolgender Hydrogensulfatschmelze innen und außen so gereinigter Tiegel verstanden werden, daß er beim Glühen keine Spur einer Natriumflammenfärbung zeigt.

Die Einwaage wird zweckmäßig auf 79,3 mg W, entsprechend 100 mg WO_3, bemessen, die mit einer Mischung aus 100 mg $KNaCO_3$ p. A. und 100 mg $Na_2B_4O_7$ p. A., die beide für diesen Zweck nochmals gereinigt wurden, über dem Teclubrenner vorsichtig geschmolzen und dann kurz durch die Gebläseflamme gezogen werden. So ist die Gewähr gegeben, daß das Aluminium vollständig aufgeschlossen wird. Die Schmelze wird im Tiegel in möglichst wenig Wasser gelöst und die Lösung zweckmäßig vorläufig quantitativ in ein Reagenzglas übergeführt, bis sich mehrere Untersuchungslösungen angesammelt haben. Diese werden mit Oxin-Chloroform ausgeschüttelt und die Chloroformextrakte im langwelligen UV-Licht mit Standardlösungen verglichen.

Vorbereitungen und Vorversuche

Der Aluminiumspurennachweis ist insofern recht schwierig, als das Aluminium als weit verbreitetes Element in vielen Reagenzien in geringer Konzentration vorhanden ist. Die meisten Reagenzien „zur Analyse" enthalten Aluminium zu 10^{-3} bis $10^{-4}\%$. Aluminiumfreie Salzsäure nahm innerhalb zweier Tage in einer Jenaer Glasflasche so viel Aluminium auf, daß die Säure für unsere Analysenzwecke unbrauchbar wurde. Es ist daher ratsam, die Reagenzlösungen in Quarz- oder Polyäthylen-Gefäßen aufzubewahren, wie überhaupt der Gefahr des Einschleppens unerwünschter Elemente aus Laborgeräten aller Art und aus den Chemikalien einschließlich des destillierten Wassers besondere Aufmerksamkeit gewidmet werden muß. Das Natriumkaliumkarbonat p. A. enthält Aluminium, wahrscheinlich in Form von Oxyd oder Hydroxyd, denn das Aluminium läßt sich aus einer Karbonatlösung durch einfaches Filtrieren über ein gehärtetes Filter zum Teil entfernen. Es muß diesen vielleicht selbstverständlich erscheinenden Vorarbeiten doch große Aufmerksamkeit gewidmet werden, denn sie sind die Voraussetzung für das einwandfreie Gelingen der Aluminiumbestimmung.

Die uns vorwiegend interessierenden Substanzen liegen entweder als WO_3-Pulver oder als metallisches W in Form von Sinterstäben oder Draht vor. Das Auflösen von Wolfram in Fluß-Salpetersäure ist einfach durchzuführen, erfordert aber aluminiumfreie Säuren und somit einen erheblichen Aufwand an Reinigungsapparaturen aus Platin und Quarz. Die Wolframlösung muß eingedampft und mit Schwefelsäure abgeraucht werden, da ein Fluoridgehalt die Aluminiumbestimmung stört.

Den Aufschluß haben wir daher ursprünglich nur mit Natriumkaliumkarbonat vorgenommen. Es stellte sich aber heraus, daß hochgeglühtes Aluminiumoxyd damit nicht vollständig aufgeschlossen wurde. Wir haben dann den Aufschluß durch Hydrogensulfatschmelze versucht, der aber zwei Nachteile zeigte. Erstens nahm die Fluoreszenz ab. Dieser Fehler konnte vermieden werden, wenn die Schmelze bis zum Sulfat verglüht wurde. Dadurch wurde aber der zweite Nachteil hervorgerufen. Aus dem Hydrogensulfat wurde so viel Aluminium aufgeschlossen, daß keine Fluoreszenzunterschiede mehr gemessen werden konnten. Alle diese unerwünschten Erscheinungen fallen fort bei Anwendung der Karbonat-Borax-Schmelze.

Die sauberen Reagenzgläser, Scheidetrichter usw., kurz alle zu benutzenden Gefäße und Geräte werden vor Gebrauch mit 0,5%iger Oxinchloroformlösung ausgespült und mit Chloroform nachgewaschen, ebenso die Chemikalienlösungen.

Das Aluminiumoxinat läßt sich in schwach essigsaurer Lösung gut vollständig ausschütteln. Wenn aber Wolfram zugegen ist, gelingt dies erst in ammoniakalischer Lösung. Es besteht dann keine Möglichkeit für Aluminium, als Hydroxyd oder Oxinat an Wolframsäure oder Wolframoxinat adsorbiert zu werden, da die Wolframsäure in Lösung vorliegt. Um den p_H-Wert 7, also in Nähe des Neutralpunktes fällt Aluminium nicht als Oxinat, sondern als Hydroxyd aus. Selbst in diesem Fall kann sich jedoch das Aluminium dem Nachweis nicht entziehen, da sowohl sein Hydroxyd als auch sein Oxyd seinerseits Oxin adsorbiert, das auch dann gut fluoresziert. Damit besitzt man eine sichere Kontrolle, ob alles Aluminium durch den Aufschluß erfaßt worden ist. Wenn nach erfolgtem Lösen des Aufschlusses die Tiegelwand mit 1—2 Tropfen Oxinchloroform angefeuchtet und im UV-Licht betrachtet an einzelnen Stellen Fluoreszenz zeigt, war der Aufschluß unvollständig.

Praktische Ausführung der Analyse

Die 100 mg WO_3 enthaltende Karbonat-Boraxschmelze wird im Tiegel in wenig Wasser gelöst und in einen 50-ml-Scheidetrichter übergeführt bzw. aus dem Reagenzglas, in dem sie vorläufig abgestellt war, quantitativ in den Scheidetrichter gespült. Dann wird sie mit 0,5 ml 0,5%iger Oxinchloroformlösung kurz geschüttelt. Darauf wird die Lösung mit 50%iger Essigsäure tropfenweise bis zum p_H-Wert 4,6 angesäuert und nach Zufügen von 2 ml Chloroform nach der Stoppuhr eine halbe Minute lang geschüttelt. Nachdem die Flüssigkeit im Scheidetrichter tropfenweise mit 25%iger Ammoniaklösung bis zum p_H-Wert 9,0 alkalisch gemacht worden ist, wird eine Minute lang ausgeschüttelt. Der abgesetzte Chloroformextrakt wird in ein Reagenzglas abgelassen und das Ausschütteln mit denselben Mengen Oxin und Chloroform wiederholt. Zum Schluß wird die Lösung mit 1—2 ml Chloroform eine Minute lang durch dauerndes Schütteln gewaschen und das Waschchloroform dem Extrakt hinzugefügt. Die vereinigten Chloroformextrakte werden mit gepulvertem, nochmals gereinigtem, entwässertem Na_2SO_4 p.A. etwa eine halbe Stunde lang getrocknet und zum Messen in ein Reagenzrohr ohne Filtration umgegossen.

Ausführung der Messung

Das Messen der Lösung geschieht halbquantitativ durch Vergleich der Fluoreszenz im Licht einer HQV 500 mit Standardlösungen, die auf dieselbe Art hergestellt wurden.

Die quantitativen Messungen wurden am Pulfrichphotometer ausgeführt, das wir für diesen Zweck umgebaut hatten. Die Messung erfolgte senkrecht zum einfallenden UV-Licht.

Für laufende Messungen empfiehlt es sich, folgende Anordnung zu benutzen: Das Licht einer HQV 500 läßt man durch eine konvexe Quarzlinse und durch ein 2-mm-UG-1-Filter oder UG-2-Filter (Schott & Gen.) in geeigneter Weise so auf das die Analysenlösung enthaltende Reagenzglas fallen, daß das Bild des

Quarzbrenners der Lampe gerade die Höhe der Flüssigkeitssäule ausleuchtet. Das durchfallend emittierte Fluoreszenzlicht wird durch ein 1-mm-VG-5-Filter (Schott & Gen.) auf eine Selenphotozelle geleitet, deren Stromstärke mit einem hochempfindlichen Galvanometer gemessen wird. Die Skala des Galvanometers ist durch Messen von Standardlösungen in μg Aluminium oder in $10^{-3}\%$ Al geeicht. Bei dieser Anordnung braucht man nur das die Analysenlösung enthaltende Reagenzglas in den Strahlengang zu stellen und kann das Resultat sofort ablesen.

Bei der halbquantitativen Messung haben wir zum Vergleich Standardlösungen von 0 um 1 μg steigend bis 5 μg Al gewählt. Für die quantitative Methode wurden mehrere 5 μg Al-Lösungen hergestellt, diese untereinander verglichen und nach dem Befund der Übereinstimmung die Fluoreszenzemission dieser Lösung gleich 100% eingestellt. Die zu untersuchenden Lösungen wurden mit dieser Eichlösung verglichen.

Ergebnisse

Die Ablesegenauigkeit am Pulfrichphotometer betrug bei zwei Personen im Mittel $\pm$ 1,1% und die Maximalabweichung $\pm$ 4,0% Fluoreszenzemission. Wenn man über dem Aluminiumgehalt in μg als Abszisse die Fluoreszenzemission in % als Ordinate aufträgt, so läßt sich der Al-Gehalt der Analysensubstanz leicht ermitteln. In der nebenstehenden Abb. 1 gibt die Kurve den Mittelwert zahlreicher Messungen wieder. Dieser gilt für Aluminium allein und für Aluminium neben der 100 000fachen WO_3-Menge, wobei es gleichgültig ist, ob Aluminium als Lösung vorliegt oder aus dem Oxyd aufgeschlossen werden muß. Dem Reinheitsgrad der Chemikalien entsprechend tritt ein Blindwert auf, der bisher bei uns 10—18% Fluoreszenzintensität oder 0,5—0,9 μg Al aus 300—400 mg Substanz betrug. Dieser Blindwert wird jeweils vom gemessenen Wert subtrahiert. Mit der Methode lassen sich Aluminiumgehalte in 100 mg WO_3 auf Bruchteile eines μg genau messen. Die Oxin-Extrakte sind so haltbar, daß die Messungen nach Tagen noch wiederholt werden können. In den Tabellen 1 und 2 sind einige Meßergebnisse aufgeführt.

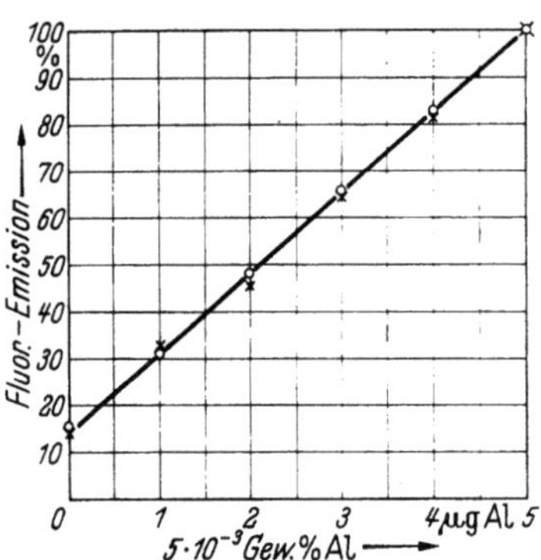

Abb. 1. Eichkurve der Fluoreszenzemission von Aluminium-Oxinat-Chloroform-Lösungen über dem Al-Gehalt in μg bzw. in 10^{-3} Gew. % in WO_3
× mit dem Pulfrichphotometer,
○ mit dem Fluorometer.

Tabelle 1. Messungen an Drähten.

Material	Mittelwerte in % Fluoreszenz-Emission 5 μg Al = 100%	Al in WO_3 in 10^{-3} Gew.-%
Blindlösung	11,3	0,00
W-Aufwachskristall 8	11,9	0,05
W-Aufwachskristall 132	13,5	0,10
Draht 1 200 μ	14,0	0,15
Draht 2 200 μ	17,8	0,25
Draht 3 450 μ	18,4	0,27
Pulver 3	26,3	0,75
Draht 4 840 μ	18,4	0,27
Draht 5 840 μ	35,5	1,30
Draht 6 450 μ	47,1	1,95

Tabelle 2. Draht 7.

Material	% Emission	10^{-3} Gew.-% Al
Draht ungeglüht 200 μ	48,1	2,00
Vak. geglüht 4 Std. 2700°C ...	35,0	1,25
Vak. geglüht 10 Std. 2800°C ...	26,8	0,75

Die Meßergebnisse stehen in sehr guter Übereinstimmung mit Restwiderstandsmessungen.

Zusammenfassend kann gesagt werden, daß unsere Oxinmethode zum quantitativen Nachweis von Aluminium neben viel Wolfram nur $^1/_{20}$ der Einwaage der alten Morinmethode benötigt und innerhalb einiger Stunden durchgeführt werden kann, wenn einmal die nötigen Vorbereitungen getroffen worden sind.

Durch sorgfältige Reinigung der Chemikalien kann die Genauigkeit durch Herabsetzen des Blindwertes noch gesteigert werden.

Aluminium in Zinksulfidleuchtstoffen

Es liegt nahe, die vorher beschriebene Methode auch für Al-Bestimmungen in anderen Materialien anzuwenden. Das wäre im Falle des Al-Nachweises in Zinksulfiden z. B. jedoch nicht ratsam, da auch das Zinkoxinat gelb fluoresziert und in Chloroform löslich ist.

Nach Sandell[3]) haben Zn-, Mg- und Cd-Oxinat jedoch die Eigenschaft, nach der Extraktion mit Chloroform bei längerem Schütteln mit Wasser ein unlösliches Dihydratoxinat zu bilden.

Theoretisch ist es also möglich, Aluminium- und Zink-Oxinat, die beide in Chloroform löslich sind und fluoreszieren, durch Schütteln mit Wasser zu trennen. Dabei bleibt Aluminiumoxinat gelöst, und Zinkoxinat fällt aus.

Hier aber beginnen die praktischen Schwierigkeiten, wenn wenig Aluminium neben viel Zink bestimmt werden soll. Ein Filtrieren der Lösung muß vermieden werden, da sonst das wenige Al-Oxinat teilweise an das Filter adsorbiert wird. Es läßt sich auch schlecht beurteilen, wieviel Al-Oxinat durch den Zinkoxinatniederschlag mitgerissen wurde.

Wir haben die Pontachromemethode von Weissler und White[4]) nachgeprüft und mit Erfolg zur Bestimmung von Aluminium benutzt, das als Koaktivator in Zinksulfide eingebaut war. Hierbei fand der Farbstoff Pontachrome Blue Black R Verwendung, das Natrium- oder Zinksalz des 4-Sulfo-2-hydroxy-α-naphthalin-azo-β-naphthols, das bei einem p_H-Optimum von 4,8—4,9 mit Aluminium eine rot fluoreszierende Verbindung gibt, in der das Verhältnis Farbstoff zu Al gleich 2:1 ist und die spezifisch für Al ist.

Wir fanden jedoch das Fluoreszenzoptimum bei p_H 4,9—5,2. Gang der Analyse: 100 mg ZnS werden eingewogen und im Platintiegel durch vorsichtigen, tropfenweisen Zusatz konzentrierter Schwefelsäure bis zum Auftreten von starken SO_3-Nebeln abgeraucht und mit wenig Wasser gelöst. Diese Lösung, etwa 10 ml, wird eine Stunde der Elektrolyse in einer Melaven-Zelle[5]) unterworfen, bei der alle eventuell störenden Metall-Ionen an Quecksilber abgeschieden werden. Spuren von Eisen setzen die später zu untersuchende Fluoreszenzintensität stark herab. Auch andere Störelemente wie Cu, Cr, Ni und Co, Zn, Ag werden aus der Lösung auf diese Weise entfernt, nicht dagegen das Al. Nach beendeter Elektrolyse wird die von Störelementen befreite Aluminiumlösung mit dem Waschwasser in eine 0,25 g Ammonacetat enthaltende Lösung von 0,75 ml 0,1 %igem alkoholischem Pontachrome-Blue-Black gegeben, auf 25 ml aufgefüllt und der p_H-Wert genau auf 5,0 eingestellt. Diese Lösung wird in eine Polyäthylenflasche gefüllt und bleibt mindestens zwei Stunden stehen. Die Lösungen sind einige Tage haltbar.

Nach etwa zwei Stunden haben sie ihre höchste Fluoreszenzintensität erreicht und können im Fluorometer mit ebenso hergestellten Al-Standard-Lösungen verglichen werden. Da die Farblösung eine geringe Eigenfärbung zeigt, ist es zweckmäßig, durch ein OG-5-Filter (Schott & Gen.) zu messen.

Tabelle 3. Analysen von μg Al in 100 mg ZnS

gegeben:	2	4	6	8	10	μg Al
gefunden:	2,0	4,2	6,2	7,4	10,3	
	2,0	4,1	6,1	7,1	10,3	
	1,8	3,9	6,0	7,1	10,1	
	2,5	4,7	6,9	8,8	10,0	
	2,4	4,7	6,7	8,4	10,0	
	2,6	4,8	6,9	8,6	10,1	
	1,8	4,0	6,1	8,9	10,3	
im Mittel:	2,15	4,34	6,41	8,04	10,15	μg Al in 100 mg ZnS

Beträge von $0{,}5-10\,\mu$g Al entsprechend $5.10^{-4}-1.10^{-2}$ Gew.% Al können so in Zinksulfiden gut bestimmt werden.

Literatur

[1]) Berg: J. prakt. Chem. 115 (1927), S. 180.
[2]) Feigl, F.: Chemistry of Specific, Selective, and Sensitive Reactions, 1949.
[3]) Sandell, E. B.: Colorimetric Determination of Traces of Metals, 1950.
[4]) Weissler, A., Ch. E. White: Ind. Eng. Chem. 18 (1946), S. 530—534.
[5]) Melaven: Ind. Eng. Chem. 2 (1930), S. 180.

Komplexometrische Th-Bestimmung*)

Von

G. Gottschalk

Mit 1 Abbildung

1. Allgemeines

Th bildet in schwach saurer Lösung mit Äthylendiamintetraessigsäure (=ADTE) einen 1:1-Komplex (Abb. 1), der stabiler als der bekannte rote Th-Alizarinkomplex ist. Mischungen von Th, ADTE und Alizarinsulfosäure (= HOA) zeigen folgendes Verhalten:

(I) Im p_H-Bereich von etwa $1-4$ schlägt die rote Färbung des $[Th(OA)_4]$-Komplexes bei Zugabe von ADTE im Äquivalenzpunkt relativ scharf nach Gelb um.

(II) Im p_H-Bereich von etwa $7-10$, d. h. in ammoniakalischer Lösung, bleibt die Rotfärbung selbst bei einem großen Überschuß an ADTE bestehen. Auch in der Siedehitze tritt jedoch keine Th-Farblackfällung ein, was darauf hindeutet, daß ein relativ stabiler, leicht löslicher Th-ADTE-Alizarin-Komplex vorliegt.

(III) Im p_H-Bereich oberhalb von 10, d. h. in natronalkalischer Lösung, kommt es bereits in der Kälte zur Farblackausfällung.

Das allgemeine Verhalten des Th gegenüber ADTE und HOA ist durch eine Reihe von Komplexgleichgewichten deutbar.

---

*) Originalmitteilung.

Gleichgewichtsschema

(I) $[Th(H_2O)_2(Y)]^{\pm 0}$

sauer   ammoniakalisch

(II) $[Th(OH)(H_2O)(Y)]^{-1}$

ammoniakalisch   natronalkalisch

(III) $[Th(OH)_2(Y)]^{-2}$

Zerfall

$ThO_2 + [H_2Y]^{-2}$

(I) besitzt keine substituierbaren OH-Gruppen und reagiert daher nicht mit HOA.

(II) reagiert mit HOA nach:

$$[Th(OH)(H_2O)(Y)]^{-1} + HOA \longrightarrow [ThOA(H_2O)(Y)]^{-1} + H_2O$$
farblos   rot, löslich

(III) reagiert mit HOA nach:

$$[Th(OH)_2(Y)]^{-2} + 2\,HOA \longrightarrow [Th(OA)_2(Y)]^{-2} + 2\,H_2O$$
$$[Th(OA)_2(Y)]^{-2} + 2\,HOA \longrightarrow [Th(OA)_4]\downarrow + [H_2Y]^{-2}$$

Im p_H-Bereich von 2—4 verläuft die Titration[1,2,3,4] nach:

$$[Th(OA)_4] + Na_2[H_2Y] + 2\,HNO_3 + 2\,H_2O \rightarrow [Th(H_2O)_2Y] + 4\,HOA + 2\,NaNO_3$$
Rotorange   Gelb

2. Störungen durch Fremdionen

Die Th-Bestimmung bei $p_H = 2$—3 ist weitgehend selektiv. Sofern nicht starke Eigenfärbungen der Fremdionen den Indikatorumschlag verfälschen, stören nicht:

Alkalien,
Erdalkalien,
Al, La und Seltene Erden,
Cr (III), Mn, Ni (wahrscheinlich auch II-wertige Platinmetalle),
Cu, Ag, Zn, Cd und Pb.

Ti, Zr, Hf, Sc, (Y), Ga, In, Hg, Fe (III), Sb und Bi dürften durch die ähnliche Stabilität ihrer ADTE-Komplexe stören. Co wird bereits in geringer Menge den Indikatorumschlag verdecken.

Starke Komplexierungsmittel, wie Weinsäure, Citronensäure, Oxalsäure u. a. verhindern weitgehend die Farblackbildung, während Fluorid und Phosphat bereits bei $p_H \sim 3$ eine störende Niederschlagsbildung verursachen können.

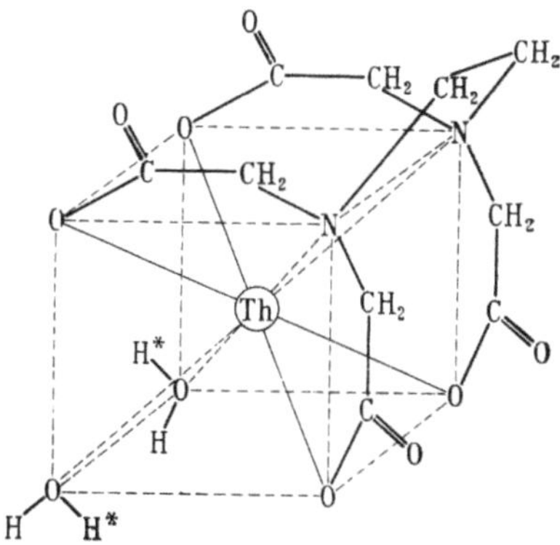

Abb. 1. Th-ADTE-Komplex $[Th(H_2O)_2(Y)]^{\pm 0}$. Koordinationszahl: 8. Kubische Struktur des Komplexes. H* = dissoziationsfähige H-Atome.

3. Verfahrensvorschrift

Es lassen sich 0,2 bis 230 mg Th komplexometrisch erfassen. Der gesamte Bereich wird zweckmäßig in 3 Teilbereiche unterteilt.

Makro: 23   bis 230   mg Th mit 0,1   m $Na_2[H_2Y]$

Halbmikro: 2,3 bis 23   mg Th mit 0,01 m $Na_2[H_2Y]$

Mikro: 0,2 bis   2,3 mg Th mit 0,001 m $Na_2[H_2Y]$

($Na_2[H_2Y]$ = Di-Natriumsalz der ADTE, dessen wässerige Lösungen als komplexometrische Maßlösungen verwendet werden.)

Es werden 10 ml Büretten mit 0,02 ml Teilung benötigt, bei denen eine Ablesegenauigkeit von $\pm$ 0,01 ml möglich ist.

Makro-Vorschrift

Eine 20—230 mg Th enthaltende, salpeter-, salz- oder schwefelsaure Lösung wird in einen 200 ml Weithals-Erlenmeyer übergeführt, mit 2 n NH_3 auf p_H = 4—6 gebracht (Beginn der Hydroxyd-Fällung) und mit 0,2 ml 2 n HNO_3 versetzt. Nach Überprüfen des p_H-Wertes der klaren Lösung (p_H = 2—3) werden 2 Tropfen 0,5%ige Alizarin-S-Lösung zugegeben und mit H_2O auf 50 ml verdünnt. Die rote Lösung wird mit 0,1 m $Na_2[H_2Y]$ auf Grünlich-Gelb titriert. Kurz vor dem Äquivalenzpunkt tritt ein Ausbleichen der Lösung zu Orangegelb ein. Wenn man jedoch eine aus- bzw. leicht übertitrierte Lösung als Farbvergleich benutzt, ist der Endpunkt unschwer auf $\pm$ 0,01 ml genau zu erfassen.

$$\text{mg Th} = 23{,}205 \cdot V$$
$$V = \text{Verbrauch an 0,1 m } Na_2[H_2Y] \text{ in ml.}$$

Halbmikro-Vorschrift

Man verfährt für 2—23 mg Th wie bei der Makro-Vorschrift, titriert jedoch mit 0,01 m $Na_2[H_2Y]$. Mit einem Farbvergleich ist auch hier der Umschlag auf $\pm$ 0,01 ml genau erfaßbar.

In einer weiteren Versuchsreihe wurde p_H = 2 durch Zugabe von 20 ml einer entsprechenden Glykokoll-HCl-Puffer-Lösung stabilisiert. Während bei Makro-Mengen Th die Verwendung der Pufferlösung keinen Vorteil bringt, bei Mikro-Mengen sogar eine Verschlechterung der Umschlagsschärfe eintritt, führt die Pufferung im Halbmikro-Bereich zu einer wesentlichen Steigerung der Genauigkeit.

$$\text{mg Th} = 2{,}3205 \cdot V$$
$$V = \text{Verbrauch an 0,01 m } Na_2[H_2Y] \text{ in ml.}$$

Mikro-Vorschrift

Eine 0,2—2,3 mg Th enthaltende salpeter-, salz- oder schwefelsaure Lösung (etwa 5 ml) wird in einen 50 ml Weithals-Erlenmeyer übergeführt, mit 2 n NH_3 auf p_H = 4—6 gebracht (Beginn der Hydroxyd-Fällung) und mit 0,5 ml 0,1 n HNO_3 versetzt. Nach Überprüfen des p_H-Wertes (p_H = 2—3) wird 1 Tropfen einer 0,5%igen Alizarin-S-Lösung zugegeben und mit H_2O auf 10 ml verdünnt. Die rote Lösung wird mit 0,001 m $Na_2[H_2Y]$ auf Grünlich-Gelb titriert. Selbst bei Verwendung eines Farbvergleiches (siehe Makro-Vorschrift) läßt sich der Endpunkt nur auf $\pm$ 0,03 ml (1 Tropfen) genau erfassen.

Wegen der relativ schlechten Endpunktserkennung muß eine korrigierte Formel verwendet werden*).

$$\text{mg Th} = 1{,}0077 \cdot 0{,}23205\,(V - 0{,}11)$$
$$= 0{,}2338\,(V - 0{,}11)$$
$$V = \text{Verbrauch an 0,001 m } Na_2[H_2Y] \text{ in ml.}$$

---

*) Die genauen Ursachen der Korrekturen sind noch nicht ermittelt. In der Praxis ist eine empirische Faktorenermittlung vorerst anzuraten.

4. Bewertung des Verfahrens

Die statistischen Bewertungsziffern
Standardabweichung: s_n
Fehlerbereiche: F (t-Verteilung)[5]
für die statistischen Sicherheiten S = 99 und 99,9 %
und relative Fehlerbereiche von Anfang und Ende der einzelnen Mengenbereiche sind in der nachfolgenden Tabelle zusammengestellt.

Bereich	Modell-analysen n	Standard-abweichung mg Th	µg Th	Fehlerbereich F S	mg Th	µg Th	für mg Th	Relative Fehler Rel.-%*)
Makro	24 (10 bis 220 mg Th)	±0,30	±296	99 %	±0,82	± 821	230	± 0,35/ 0,47
				99,9 %	±1,09	±1094	23	± 3,54/ 4,72
Halb-mikro	ohne Puffer 24 (1—23 mg Th)	±0,135	±135	99 %	±0,38	± 380	23	± 1,65/ 2,21
				99,9 %	±0,51	±0,509	2,3	± 16,5/ 22,1
Halb-mikro	mit Puffer 24 (1—23 mg Th)	±0,059	± 59	99 %	±0,17	± 166	23	± 0,72/ 0,97
				99,9 %	±0,22	± 222	2,3	± 7,21/ 9,65
Mikro	18 (0,2 bis 2,2 mg Th)	±0,017	± 17	99 %	±0,048	± 48	2,3	± 2,09/ 2,83
				99,9 %	±0,065	± 65	0,2	± 24/33

*) 1. Wert für S = 99 %; 2. Wert für S = 99,9 %.

Eine Steigerung der Genauigkeit sollte bei Verwendung von Brenzcatechinviolett (0,1 %ige wässerige Lösung) anstatt Alizarin S als Indikator möglich sein. Der Umschlag bei $p_H = 2-3$ erfolgt scharf von Rot nach Zitronengelb[6].

5. Praktische Anwendung

Das komplexometrische Verfahren eignet sich für die Schnellanalyse von Th-Salzen, wie

$$Th(NO_3)_4 \cdot x\, H_2O \quad (x \text{ bis zu } 12)$$
$$ThO_2$$

und einiger Legierungen, die Th enthalten sowie für eine schnelle Gehaltsbestimmung gefällter Th-Verbindungen. Die komplexometrische Th-Bestimmung ist in bezug auf den Zeitbedarf und zumeist auch in der Genauigkeit den klassischen Methoden weit überlegen.

Herrn BARTSCH sei an dieser Stelle für die geschickte Durchführung der Versuche gedankt.

Literatur

[1] CABELL, M. J.: Analyst 77 (1952) S. 859.
[2] FLASCHKA, H., K. TER HAAR, J. BAZEN: Mikrochim. Acta (1953) S. 345.
[3] FRITZ, J., J. J. FORD: Anal. Chem. 25 (1953) S. 1640.
[4] TER HAAR, K., J. BAZEN: Anal. chim. Acta 9 (1953) S. 235.
[5] GRAF, U., H. J. HENNING: Formeln und Tabellen der mathematischen Statistik. Berlin/Göttingen/Heidelberg: Springer 1953, S. 61.
[6] SUK, V., M. MALÁT, O. RYBA: Chem. Listy 48 (1954) S. 533.

Komplexometrische Fe-Bestimmung*)

Von

G. Gottschalk und P. Dehmel

Mit 1 Abbildung

1. Allgemeines

Fe (III) bildet mit Äthylendiamintetraessigsäure ($= $ ADTE $=$ H$_4$Y) im gesamten pH-Bereich von 0—12 sehr stabile 1 : 1-Komplexe, Abb. 1. Im pH-Bereich von 2—3 liegt praktisch nur der Neutral-Komplex [FeHY(H$_2$O)] vor.

Die ADTE-Komplexe des Al und Cr werden selbst bei Erwärmen nur sehr langsam gebildet, während Fe bei 50—60°C ohne merkliche Verzögerung mit ADTE reagiert.

Als reine Farb-Indikatoren wurden Tiron[1]), KSCN[2]), Sulfosalicylsäure[3]) und Salicylsäure[4]) erprobt.

Bei den angegebenen Indikatoren tritt im Äquivalenzpunkt kein plötzlicher Farbwechsel auf, da die Indikatorempfindlichkeit nicht sehr groß ist. Man beobachtet vielmehr ein mehr oder minder schleppendes Ausbleichen vor dem Verschwinden der letzten Färbung.

Abb. 1. Me $=$ Fe (III) gelb, Cr (III) violett, Al farblos. Koordinationszahl: 6 (Oktaederstruktur)

Eingehende Versuche haben gezeigt, daß Sulfosalicylsäure für die Titration von 0,2 bis 55 mg Fe am besten als Indikator geeignet ist.

Die Titration verläuft nach:

$$H_3 [Fe (Ss)_3] + Na_2 [H_2Y] + H_2O \longrightarrow [FeHY (H_2O)] + 2 NaH [Ss] + H_2 [Ss]$$

violettrot   gelb

H$_2$Ss = Sulfosalicylsäure = H$_2$

2. Störungen durch Fremdionen

Die Fe-Titration bei pH $=$ 2—3 ist weitgehend selektiv.

Sofern nicht starke Eigenfärbungen der Fremdionen den Indikatorumschlag verfälschen, stören nicht:

Alkalien,
Erdalkalien,
Al, La und seltene Erden,
ferner
Cr (III), Mn, Co, Ni (wahrscheinlich auch II-wertige Platinmetalle),
Cu, Ag, Zn, Cd und Pb.

Ti, Zr, Hf, Th dürften stören. Z.B. bildet Ti sehr stabile Sulfosalicylsäure-Komplexe, während Th zu 1 : 1-ADTE-Komplexen von ähnlicher Stabilität wie die Fe-Komplexe reagiert.

*) Originalmitteilung.

Ähnlich wie mit Th resultieren auch mit Sc, (Y), V (III), Hg (II), Ga und In sehr stabile ADTE-Komplexe[5], [6], so daß auch bei Gegenwart dieser Ionen mit Störungen zu rechnen ist. Nähere Untersuchungen stehen jedoch noch aus.

Starke Komplexierungsmittel wie Weinsäure, Citronensäure, Oxalsäure, Fluorid und relativ große Mengen Phosphat stören die Indikation, da die Bildung des Fe-Sulfosalicylsäurekomplexes weitgehend verhindert wird.

3. Verfahrensvorschrift

Es ist zweckmäßig, den gesamten Titrationsbereich von 0,2 bis 55 mg Fe in 2 Teilbereiche zu unterteilen:

$$\text{Makro:} \quad 5 \text{ bis } 55 \quad \text{mg Fe mit } 0,1 \text{ m } Na_2[H_2Y]$$
$$\text{Halbmikro: } 0,2 \text{ bis } 5,5 \text{ mg Fe mit } 0,01 \text{ m } Na_2[H_2Y]$$

($Na_2[H_2Y]$ = Di-Natriumsalz der ADTE, dessen wässerige Lösungen fast ausschließlich allein für komplexometrische Titrationen verwendet werden.)

Man verwendet 10 ml-Büretten mit 0,02 ml Teilung, bei denen die Ablesegenauigkeit etwa $\pm$ 0,01 ml beträgt.

Makro-Vorschrift

5—55 mg Fe (III) als Chlorid, Sulfat oder Nitrat werden auf dem Wasserbad bis fast zur Trockene eingedampft, mit 10 ml 0,1 n HCl aufgenommen und in einen 300 ml Titrierbecher (Weithals-Erlenmeyer) übergeführt. Nach Zugabe von 10 ml 2 n NH_4Cl wird mit H_2O auf 250 ml verdünnt. Der pH-Wert soll nunmehr p_H = 2—3 betragen. Als Indikator werden 2 ml 0,1 m Sulfosalicylsäure [p. a. Merck 691] zugegeben; sodann wird die tiefviolette Lösung auf 50—60°C erhitzt und mit 0,1 m $Na_2[H_2Y]$ auf REIN GELB (etwas grünstichig) titriert. Kurz vor dem Äquivalenzpunkt geht die violette Färbung in schmutzig braun über. Wenn man eine aus- bzw. leicht übertitrierte Lösung als Farbvergleich benutzt, ist der Endpunkt unschwer auf $\pm$ 0,01 ml genau zu erfassen.

Bei 24 Modellanalysen wurde festgestellt, daß die relativ geringe Indikatorempfindlichkeit zu einem mittleren Unterbefund von

$$- 67 \ \mu g \ Fe = - 0,012 \text{ ml} \simeq - 0,01 \text{ ml } 0,1 \text{ m } Na_2[H_2Y]$$

führt, so daß der Fe-Gehalt wie folgt zu berechnen ist.

$$\text{mg Fe} = 5,585 \cdot V + 0,067$$
$$\text{oder} \quad \text{mg Fe} = 5,585 \cdot [V + 0,01]$$
$$V = \text{Verbrauch an } 0,1 \text{ m } Na_2[H_2Y] \text{ in ml}$$

Halbmikro-Vorschrift

0,2 bis 5,5 mg Fe (III) als Chlorid, Sulfat oder Nitrat werden auf dem Wasserbad bis fast zur Trockene eingedampft, mit 2 ml 0,1 n HCl aufgenommen und in einen 200 ml Weithals-Erlenmeyer übergeführt. Nach Zugabe von 5 ml 2 n NH_4Cl wird mit H_2O auf 50 ml verdünnt. Der pH-Wert soll nunmehr p_H = 2—3 betragen. Als Indikator werden 1 ml 0,1 m Sulfosalicylsäure zugegeben und nach Erwärmen der tiefvioletten Lösung auf 50—60°C mit 0,01 m $Na_2[H_2Y]$ auf REIN GELB titriert. Kurz vor dem Äquivalenzpunkt geht die violettrote Färbung in eine hellbraun-gelbe Nuance über. Wenn man eine aus- bzw. leicht übertitrierte Lösung als Farbvergleich benutzt, ist der Endpunkt mit einer Mindestgenauigkeit von $\pm$ 0,02 ml erfaßbar.

Bei 24 Modellanalysen wurde festgestellt, daß die relativ geringe Indikatorempfindlichkeit zu einem mittleren Unterbefund von

$$- 6,8 \ \mu g \ Fe = - 0,012 \text{ ml} \simeq - 0,01 \text{ ml } 0,01 \text{ m } Na_2[H_2Y]$$

führt, so daß der Fe-Gehalt wie folgt zu berechnen ist:

$$\text{mg Fe} = 0,5585 \cdot V + 0,0068$$
$$\text{oder} \quad \text{mg Fe} = 0,5585 \cdot [V + 0,01]$$
$$V = \text{Verbrauch an } 0,01 \text{ m } Na_2[H_2Y] \text{ in ml}$$

4. Bewertung des Verfahrens

Bei jeweils 24 Modellanalysen wurde gefunden:

Standard-Abweichung

Makro: $s_{24} = \pm\ 0,055$ mg Fe $= \pm 55$ μg Fe
(2,5—55 mg Fe)

Halbmikro: $s_{24} = \pm\ 0,0088$ mg Fe $= \pm\ 8,8$ μg Fe
(0,2 — 5,5 mg Fe)

Fehlerbereiche

Für die statistischen Sicherheiten S = 99,9 bzw. 99 % ergeben sich mit der t-Verteilung[7]) die Fehlerbereiche zu:

Makro: $S = 99,9\%$ $T = \pm\ 0,204$ mg Fe $= \pm\ 204$ μg Fe
(2,5—55 mg Fe) $S = 99\ \%$ $T = \pm\ 0,153$ mg Fe $= \pm\ 153$ μg Fe
Halbmikro: $S = 99,9\%$ $T = \pm\ 0,033$ mg Fe $= \pm\ 33$ μg Fe
(0,2— 5,5 mg Fe) $S = 99\ \%$ $T = \pm\ 0,025$ mg Fe $= \pm\ 25$ μg Fe

Der prozentuale Fehler der Einzelbestimmung errechnet sich zu:

Makro: 55   mg Fe: $S = 99,9\%$; $Q = \pm\ 0,37$ Rel.-%
                          $S = 99\ \%$; $Q = \pm\ 0,28$ Rel.-%

             5,5 mg Fe: $S = 99,9\%$; $Q = \pm\ 3,7$ Rel.-%
                          $S = 99\ \%$; $Q = \pm\ 2,8$ Rel.-%

Halbmikro: 5,5 mg Fe: $S = 99,9\%$; $Q = \pm\ 0,60$ Rel.-%
                          $S = 99\ \%$; $Q = \pm\ 0,45$ Rel.-%

             0,2 mg Fe: $S = 99,9\%$; $Q = \pm\ 16,5$ Rel.-%
                          $S = 99\ \%$; $Q = \pm\ 12,5$ Rel.-%

5. Praktische Anwendung

Das komplexometrische Verfahren kann u.a. für die Schnellbestimmung des Fe in Zement, Gesteinen, Gläsern und Mineralien Anwendung finden.

Bei kleinen Fe-Mengen (bis zu 0,2 mg) kann Fe durch eine Hydroxydfällung in Gegenwart von Filterschleim angereichert werden. In der salzsauren Lösung des Niederschlages kann Fe komplexometrisch nach der Halbmikro-Vorschrift erfaßt werden.

Als Beispiel einer Fe-Bestimmung sei die Analyse von Feuersteinen (Cereisen) näher beschrieben.

Etwa 300 mg Feuersteine werden in 5 ml 5 n HNO_3 gelöst, die Lösung auf dem Wasserbad zur Trockene eingedampft und mit 1 ml 2 n HCl aufgenommen. Nach Überführen in einen 100 ml Meßkolben, der mit H_2O zur Marke aufgefüllt wird, können 20—25 ml oder 50 und 25 ml Lösung abpipettiert und nach der Makro-vorschrift bestimmt werden.

Zeitbedarf für die Einzelbestimmung: etwa 30 min.

Einwaage mg	Entnahme ml	Verbrauch 0,1 m $Na_2[H_2Y]$ ml	entspricht mg Fe	% Fe	Mittelwert % Fe
320,7	20	2,33	13,08	20,39	20,44
	20	2,335	13,11	20,44	
306,9	20	2,24	12,58	20,49	± 0,02
	20	2,235	12,55	20,45	[± 0,10 Rel.-%]

Aus der statistischen Bewertung erhält man für 4 Bestimmungen und S = 99%:

$$T = \frac{T}{\sqrt{4}} = \pm\, 0,077 \text{ mg Fe}$$

$$\overline{Q} = \pm\, 0,59 \text{ Rel.-}\%$$

Die Streuung liegt mit $\pm$ 0,10 Rel.-% mithin innerhalb der durch die Statistik erwarteten Grenzen. Damit liegt der wahre Fe-Wert innerhalb der Bereiche:

$$\begin{aligned}
S &= 99,9\% : 20,44 \pm 0,16\% \text{ Fe} \\
S &= 99\ \ \% : 20,44 \pm 0,12\% \text{ Fe}
\end{aligned}$$

Eine Fe-Bestimmung in Gegenwart von Ce nach klassischen Methoden wäre sehr viel zeitraubender und schwieriger.

Literatur

[1] Schwarzenbach, G., A. Willi: Helv. chim. Acta **34** (1951) S. 528.
[2] Lydersen, D., O. Gjems: Z. anal. Chem. **138** (1953) S. 249.
[3] Flaschka, H.: Mikrochem. **39** (1952) S. 38.
[4] Cheng, K. L., R. H. Bray, T. Kurtz: Anal. Chem. **25** (1953) S. 347.
[5] Schwarzenbach, G., E. Freitag: Helv. chim. Acta **34** (1951) S. 1503.
[6] Schwarzenbach, G., R. Gut, G. Anderegg: Helv. chim. Acta **37** (1954) S. 937.
[7] Graf, U., H. J. Henning: Formeln und Tabellen der mathematischen Statistik. Berlin/Göttingen/Heidelberg: Springer 1953 S. 61.

Zur gravimetrischen SO$_4$-Bestimmung als Benzidinsulfat*)

Von

G. Gottschalk und P. Dehmel

1. Allgemeines

Kleine S-Mengen (0,5—10 mg S) lassen sich nach der Benzidinsulfatmethode vorteilhafter als mit der klassischen BaSO$_4$-Methode bestimmen.

Da BZ(H$_2$SO$_4$) mit der Dichte von 1,4 g · cm^{-3} gegenüber BaSO$_4$ mit 4,5 g · cm^{-3} ein wesentlich größeres Volumen einnimmt, sind kleinere S-Mengen arbeitstechnisch besser erfaßbar. Der etwas vorteilhaftere Umrechnungsfaktor (BaSO$_4$: 0,1373; BZ(H$_2$SO$_4$): 0,1136) und die zeitsparende Titrationsmöglichkeit der BZ(H$_2$SO$_4$)-Fällung verdienen ebenfalls Beachtung.

Von Nachteil war bisher die sehr viel größere Löslichkeit des BZ(H$_2$SO$_4$) gegenüber BaSO$_4$. Es konnte gezeigt werden, daß bei Fällung aus äthanolhaltiger Lösung eine ausreichende Zurückdrängung der Löslichkeit erreicht wird.

2. Störungen

Sowohl die BaSO$_4$- wie auch die BZ(H$_2$SO$_4$)-Methode sind relativ störanfällig.

Bei Verwendung eines Kationenaustauschers in der H·-Form können störende Kationen in kurzer Zeit (etwa 30 min) gegen H·-Ionen ausgetauscht werden, so daß nur die Störungen durch Anionen beachtet werden müssen.

Unter den Verhältnissen des im folgenden beschriebenen Abscheidungsverfahrens sind Cl′, Br′, J′, NO$_3$′, SCN′ u.a. ohne Einfluß. Auch mit AsO$_4$′′′, Wein-

---

*) Auszug aus der in der Z. anal. Chem. **155** (1957), H. 4, S. 251—263, veröffentlichten Arbeit.

säure, Citronensäure und den entsprechenden Alkalisalzen treten keine Fällungen auf.

S″, S$_2$O$_3$″, SO$_3$″, CrO$_4$″, MoO$_4$″, WO$_4$″, VO$_3$′, C$_2$O$_4$″, SiF$_6$″, NO$_2$′ und PO$_4$‴

reagieren dagegen mit Benzidin zu mehr oder minder gut definierten Fällungen.

Bei Gesamt-S-Bestimmungen werden S″, S$_2$O$_3$″, SO$_3$″ und andere S-Verbindungen vor der Fällung in SO$_4$″ übergeführt.

Eine Störung durch CrO$_4$″, C$_2$O$_4$″, SiF$_6$″, NO$_2$′ läßt sich durch eine einfache Vorbehandlung (Reduktion, Oxydation, Ionenaustausch usw.) leicht ausschalten.

Der Einfluß von PO$_4$‴ wurde eingehender untersucht und macht sich erst bei mehr als 10 mg P stärker bemerkbar.

Relativ schwierig ist eine Umgehung der Störung durch WO$_4$″ und MoO$_4$″. Vorversuche zeigten jedoch, daß 10—50 mg W durch Weinsäure über eine längere Zeit in Lösung gehalten werden können.

Die intensiv bläulichweiße Fluoreszenz des reinen BZ(H$_2$SO$_4$) im UV-Licht ermöglicht eine schnelle und charakteristische Beurteilung der Reinheit, da Mitfällungen vergiftend wirken. Nur BZ · H$_3$PO$_4$ zeigt selbst eine schwache gelblichgrüne Fluoreszenz.

3. Fällungsverfahren

Die 0,5—10 mg SO$_4$ enthaltende neutrale Lösung wird in ein 250-ml-Becherglas gegeben, mit 0,5 ml 2 n HCl angesäuert und mit H$_2$O auf 40 ml verdünnt. Sie wird unter Rühren zum Sieden erhitzt, und nach Entfernen des Brenners werden im Verlaufe von 10—15 min 25 ml 0,1 m BZ(HCl)$_2$-Lösung zugetropft. Nach Zugabe von 35 ml Äthanol und Entfernen des Rührers (Abspritzen mit dem zuzugebenden Äthanol) und Durchschwenken wird die Lösung 120 min in einem Becherglaskühler (doppelwandiges Glasgefäß zum Kühlen mit fließendem Leitungswasser) gekühlt. Sie wird durch einen Glasfiltertiegel 63 a G 4 filtriert, wobei das in einem Becherglas aufgefangene Filtrat zum quantitativen Aufbringen der letzten Niederschlagsreste dient. Gewaschen wird zweimal mit je 3 ml Äthanol und zweimal mit je 1 ml Äther durch Auftropfen. Der Niederschlag wird 30 min bei 105° C getrocknet. Man kann auch während 20 min Luft durch den mit einem Filtrierpapierblättchen bedeckten Tiegel saugen. Bei mehr als 5 mg S ist eine Titration des in heißem H$_2$O gelösten Niederschlages mit 0,02 n NaOH (Indikator: Phenolphthalein) zu empfehlen.

4. Modellfällungen aus reiner K$_2$SO$_4$-Lösung

Im Bereich 0,5—10 mg S wurde für 16 Modellfällungen eine Standardabweichung von:

$$s = \pm\, 0{,}016 \text{ mg S} = \pm\, 16\, \mu g\text{ S}$$

gefunden, was den folgenden statistischen Fehlerbereichen entspricht:

Statistische Sicherheit: S = 99%   T = $\pm$ 0,049 mg S = $\pm$ 49 μg S
                          S = 99,9%   T = $\pm$ 0,069 mg S = $\pm$ 69 μg S

Im Bereich 5—10 mg S wurden geringe Überbefunde, bei 0,5—1 mg dagegen kleine Unterbefunde festgestellt, die jedoch alle innerhalb des Fehlerbereiches T für S = 99,9% lagen.

5. Blindwerte

Selbst bei Verwendung von elektrischen Spiegelbrennern zum Einengen von 400 ml Lösung (eine in der Praxis häufig notwendige Maßnahme) wurden bei 16 Bestimmungen Blindwerte von im Mittel

$$+ \, 0{,}052 \text{ mg S} = 52 \, \mu\text{g S}$$

gefunden, die in der Praxis nach Eindampfoperationen berücksichtigt werden müssen. Vorbehandlungen durch Ionenaustausch sind ohne Einfluß auf den Blindwert. Bei Verwendung von Bunsenbrennern als Heizquelle können die Blindwerte bis zu 0,15 mg S ansteigen.

6. Modellfällungen in Gegenwart von PO_4'''

In Gegenwart von 1 und 10 mg P in Form von PO_4''' wurde in 16 Modellanalysen mit 1 und 10 mg S als Standardabweichung gefunden:

$$s = \pm \, 0{,}042 \text{ mg S} = \pm \, 42 \, \mu\text{g S},$$

so daß in Gegenwart von $1-10$ mg P mit einem statistischen Fehlerbereich von

$$T = \pm \, 0{,}129 \text{ mg S} = \pm \, 129 \, \mu\text{g S für S} = 99 \%$$
$$\text{und } T = \pm \, 0{,}161 \text{ mg S} = \pm \, 161 \, \mu\text{g S für S} = 99{,}9 \%$$

gerechnet werden muß.

7. Anwendungen

In Ni-Materialien (Drähte, Bleche) kann bei 5 g Einwaage 0,01 % S auf $\pm$ 10 Rel.-% genau erfaßt werden. Die Erfassungsgrenze liegt bei 0,001 % S. Bei Co, Cu und Legierungen dieser Elemente ist das beschriebene Verfahren ebenfalls anwendbar.

In Fe-Materialien sind bei 2,5 g Einwaage 0,02 % S auf $\pm$ 10 Rel.-% erfaßbar. Nachweisgrenze: 0,002 % S.

Auch in ZrO_2 und TiO_2 ist bei 2,5 g Einwaage noch 0,01 % SO_4 bestimmbar.

Sehr genau ist die gravimetrische und titrimetrische SO_4''-Bestimmung in Rohwasser (s $= \pm$ 0,009 mg S $= \pm$ 0,027 mg SO_4). Hierzu werden je 100 ml Rohwasser vorgelegt.

Am Beispiel des Methylenblaus wird gezeigt, daß noch der S-Gehalt organischer Substanzen schnell und genau bestimmt werden kann. Der relative Fehler wurde bei Methylenblau zu Q (99 %) $= \pm$ 0,42 Rel.-% für die Einzelbestimmung ermittelt.

In der Originalarbeit werden 11 Literaturhinweise angeführt.

Zum Gebrauch der automatischen Trennsäule*)

Von

G. Gottschalk

Mit 1 Abbildung

1. Die automatische Trennsäule

Der Aufbau und auch der Gebrauch eines in 2 Richtungen verwendbaren Ionen-austauschergerätes in Säulenform wurden vom Verfasser[1]) früher eingehend beschrieben. Durch ein von W. Vogt[2]) entdecktes Regelprinzip wird ein weitgehend wartungsfreies Arbeiten der Säule ermöglicht.

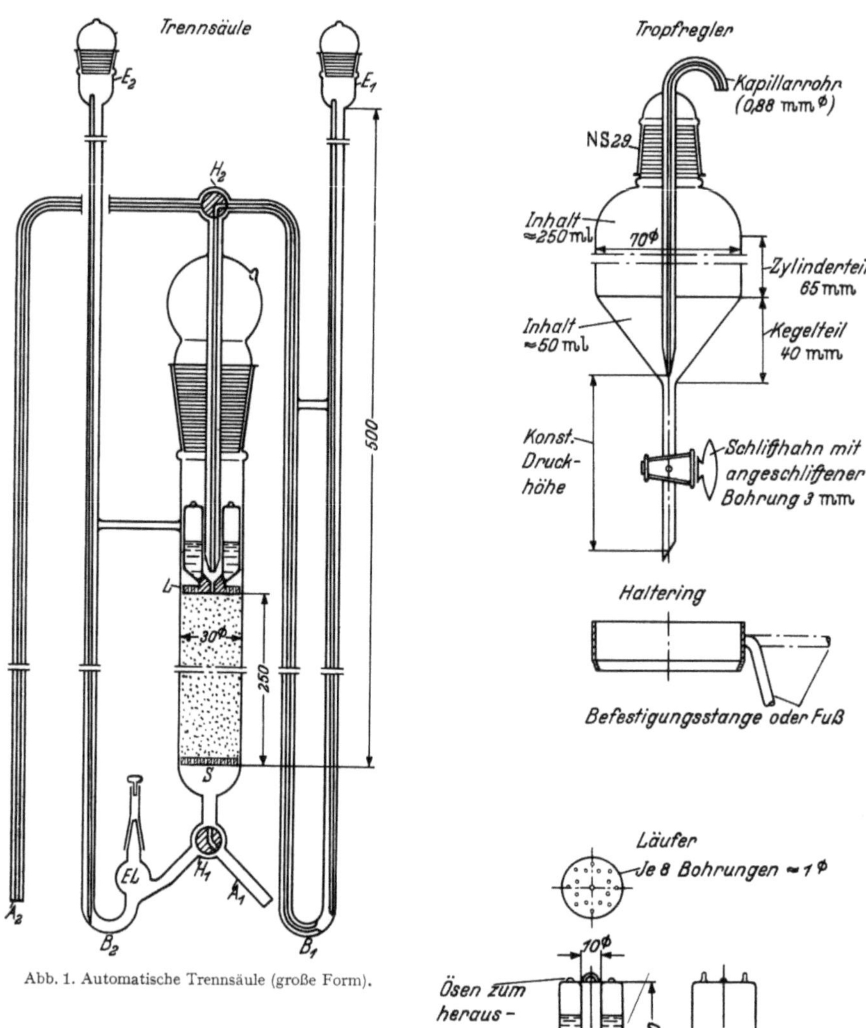

Abb. 1. Automatische Trennsäule (große Form).

*) Originalmitteilung.

Eine nunmehr fast zweijährige praktische Verwendung des Gerätes führte zu geringfügigen Änderungen des Aufbaues und zu einer verbesserten Arbeitstechnik.

Der relativ komplizierte Glasläufer konnte durch einen einfachen mit Hg gefüllten Läufer ersetzt werden, der sich zudem als wirkungsvoller erwies. Die eigentliche Säule wurde nicht geändert. Abb. 1 gibt einen Überblick des Gesamtgerätes.

Im folgenden wird das wirksamste Arbeitsprinzip eingehender diskutiert.

2. Das Regelprinzip

Das nachfolgende Schema zeigt das Grundprinzip der Regelung.

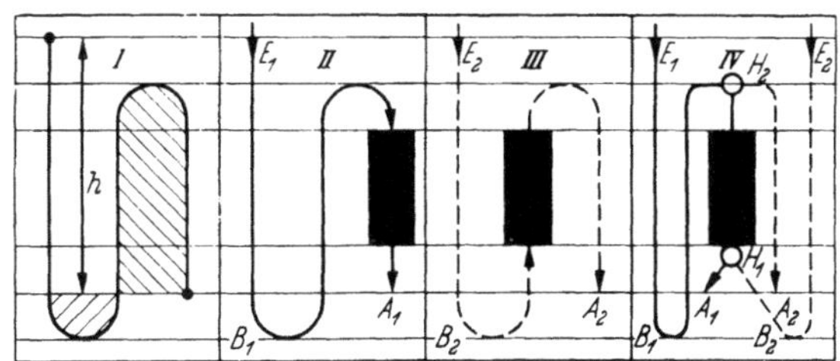

I verdeutlicht das Vorhandensein von 2 kommunizierenden Rohrsystemen (gestrichelt), d.h. ein Druckgleichgewicht von Flüssigkeitssäulen. h ist die wirksame Druckhöhe, die eine Strömung aufrechterhalten kann, wobei die Höhe h der Strömungsgeschwindigkeit proportional ist.

II beschreibt die Beschickung einer mit Austauscherharz gefüllten Säule in Richtung von oben nach unten. Ein Teil der wirksamen Druckhöhe wird durch den inneren Widerstand der Harzpackung kompensiert, was zu einer Verminderung der Strömungsgeschwindigkeit führt.

III beschreibt die Beschickung der Säule von unten nach oben. Im übrigen gilt das bei II Gesagte.

IV stellt die in der Trennsäule verwirklichte Kombination von II und III dar. Die Arbeitsrichtungen sind durch entsprechende Stellung der Hähne H_1 und H_2 wählbar.

Die Ausflüsse A_1 und A_2 müssen stets höher als die Bögen B_1 und B_2 liegen, damit ein Leerlaufen des Systems verhindert wird.

3. Grundlagen des quantitativen Austausches

Ein quantitativer Austausch bzw. eine weitgehende Ausnutzung der Säulenkapazität ist nur bei Beachtung der folgenden Bedingungen gewährleistet.

a) Die aufzugebenden Äquivalente an Ionen dürfen 80% (Sicherheitsfaktor 0,8) der Harzkapazität nicht überschreiten.

Als Richtzahlen gelten folgende Kapazitäten pro ml gequollenes Harz für stark saure bzw. stark basische Austauscher:

stark sauer: 1,9 mval/1 ml Harz,

stark basisch: 0,9 mval/1 ml Harz.

Z.B. besitzt eine Säule mit 170 ml Dowex 50 (stark sauer) insgesamt eine Kapazität

von 170 · 1,9 = 323 mval

bzw. eine Arbeitskapazität

von 0,8 · 323 = 253 mval.

Es können damit u.a. also folgende Maximalmengen gebunden werden:

$$Na: \quad \frac{0,253}{1} [Na] = 5,81 \text{ g}$$

$$K: \quad \frac{0,253}{1} [K] = 9,89 \text{ g}$$

$$Mg: \quad \frac{0,253}{2} [Mg] = 3,07 \text{ g}$$

$$Cu: \quad \frac{0,253}{2} [Cu] = 8,03 \text{ g}$$

$$Al: \quad \frac{0,253}{3} [Al] = 2,20 \text{ g}$$

$$Fe: \quad \frac{0,253}{3} [Fe] = 4,71 \text{ g}$$

b) Bei Kationenaustausch darf der p_H-Wert nicht kleiner als $\boxed{p_H \ 1\text{—}2}$ sein. Je größer die Wertigkeit des auszutauschenden Kations ist, um so fester wird es gebunden, d.h., um so niedriger darf auch der p_H-Wert sein. Bei niedrigeren p_H-Werten muß u U. mit einem kleineren Sicherheitsfaktor gerechnet werden (0,3 bis 0,5).

Bei Anionenaustausch darf der p_H-Wert nicht größer als $\boxed{p_H \ 11\text{—}12}$ sein. Je größer die Wertigkeit des auszutauschenden Anions ist, um so fester wird es gebunden, d.h., um so höher darf auch der p_H-Wert sein.

Man achte in jedem Fall auf Komplexbildner, die einen Austausch mehr oder minder weitgehend verhindern können.

c) Die Konzentration der auszutauschenden Ionen darf nicht größer als $\boxed{1 \text{ normal}}$ sein (d.h. insgesamt 1 Äquivalent, gegebenenfalls verschiedener Ionen pro Liter).

4. Zur Arbeitsmethodik

Die in der Veröffentlichung vorgeschlagene Bedeckung der unteren Siebplatte S mit einem Filtrierpapierblättchen hat sich auf die Dauer nicht bewährt und entfällt.

Es zeigte sich, daß in relativ kurzer Zeit eine Verstopfung der Papierporen durch Austauscherschlamm eintrat, wodurch eine untragbar lange Durchlaufzeit verursacht wurde. Selbst eine Siebung und eine Aufschlämmung des Harzes brachten keine wesentliche Besserung.

In diesem Zusammenhang war eine Vertauschung der Richtungen von Beladungs- und Regenerationsvorgang notwendig.

Beladung: Die Säule wird von unten beschickt.

Da die aufgegebenen Lösungen spezifisch schwerer als das in der betriebsfertigen Säule vorhandene Wasser sind, treten selbst bei großen Durchlaufgeschwindigkeiten (bis zu 30 ml/min) praktisch keine Wirbelungen und Kanalbildungen auf. Das durch den Läufer geschützte obere Ablaufrohr läßt kaum Austauscherkörnchen in das Eluat gelangen (bisher Hauptzweck des unteren Filtrierpapierblättchens). Die relativ geringe Schrumpfung wird durch die Schwere des Läufers voll ausgeglichen.

Regenerierung: Die Säule wird von oben mit 3 n HCl regeneriert.

Das bei der alten Arbeitsweise bisweilen beobachtete „Reißen" der Harzpackung kann nicht mehr auftreten, da nunmehr die oben einsetzende Schrumpfung sofort durch das Gewicht des Läufers kompensiert wird. Es kann unmittelbar mit großer Durchlaufgeschwindigkeit gearbeitet werden.

Durch die neue Arbeitsmethodik konnte der an und für sich bereits geringe Zeitbedarf weiter vermindert werden. Eine Trennung (Beladung und Waschen) beansprucht nunmehr 20—25 min; die folgende Regeneration etwa 20 min. Damit ist die Säule nach 40—45 min (vorher 60—70) erneut einsatzbereit.

5. Praktische Anwendung

Die Trennsäule hat sich u. a. bei folgenden Arbeiten bewährt:

(a) Bestimmung von S- und P-Spuren in Metallen, die nach Auflösung als maximal III-wertige Kationen vorliegen (z. B. S in Ni; Cu; Fe).

(b) Abtrennung von großen Mengen Na oder K aus Aufschlußmitteln (z. B. Na-Abtrennung aus oxalsaurer Ti- oder Zr-Aufschlußlösung nach Aufschluß mit $NaHSO_4$).

(c) Trennung der Kationen von komplexen Anionen (z. B. Trennung des Ca bzw. Mg von W in Wolframatleuchtstoffen, wobei W durch Oxalsäure komplexiert wird. Analog kann bei Scheeliten, aber auch bei mineralischen Molybdaten verfahren werden).

(d) Entfernung größerer Mengen Phosphat oder Arsenat (Ersatz durch Chlorid) zur ungestörten Kationenbestimmung (z. B. Ca-Bestimmung in Halophosphatleuchtstoffen; Mg-Bestimmung in Arsenatleuchtstoffen).

(e) Herstellung karbonatarmer Laugen (z. B. NaOH aus NaCl).

Bei (a) bis (c) wird mit einem Kationenaustauscher, bei (d) und (e) mit einem Anionenaustauscher gearbeitet.

Literatur

[1] Gottschalk, G.: Z. anal. Chem. 144 (1955) S. 342—347.
[2] Vogt, W.: Chem.-Ing.-Techn. 23 (1951) S. 580.

Ein neues Verfahren zur Gütebestimmung von Vakuumpumpenölen*)

Von

O. Herrmann

Mit 10 Abbildungen

Für die Beurteilung der Güte von Vakuumpumpenölen ist neben der Viskosität die Temperatur-Dampfdruckkurve von entscheidender Bedeutung. Führt man solche Dampfdruckmessungen an Pumpenölen aus, so findet man z. B. die in Abb. 1 dargestellten Temperatur-Dampfdruckkurven. Die Abhängigkeit des Dampfdruckes von der Temperatur ist je nach der Ölqualität sehr unterschiedlich. Entscheidend für die Güte des Öles ist der Dampfdruck bei der Betriebstemperatur der Pumpe. Die mittlere Betriebstemperatur der Rotationspumpen dürfte je nach den Betriebsbedingungen bei etwa 50° C liegen. Bei dieser Temperatur haben die in Abb. 1 gemessenen 5 verschiedenen Ölsorten einen Dampfdruck von 3×10^{-2} bis 10^{-2} Torr. Berücksichtigt man nicht nur die natürlichen Streuungen der einzelnen Öllieferungen, d. h. die verschiedenen Ölfraktionen, sondern auch die meßtechnischen Streuungen, so ist der gefundene Dampfdruckunterschied von nicht einmal einer halben Zehnerpotenz bei den gemessenen Öltypen verhältnismäßig sehr gering. Eine qualitative Einordnung der gemessenen Öle ist insbesondere bei Berücksichtigung der meßtechnischen Streuungen kaum möglich.

Diese kleinen Unterschiede in den Temperatur-Druckkurven beeinflussen jedoch bei Verwendung der Öle in den Pumpmaschinen die Güte der hergestellten Glühlampen. Der Öldampfdruck ist nicht nur bestimmend für die Güte des Endvakuums,

---

*) Originalmitteilung.

sondern gleichzeitig ein Kriterium für die Größe der möglichen Dampfrückströmung und damit für den schädigenden Einfluß der Kohlenwasserstoffe auf den Wolframdraht.

Bei einer Änderung des Kohlenwasserstoff-Partialdrucks von 2×10^{-2} bis $2{,}5 \times 10^{-1}$ Torr wird bereits eine relative Änderung des Wendel-Widerstandes bis zu 32% her-

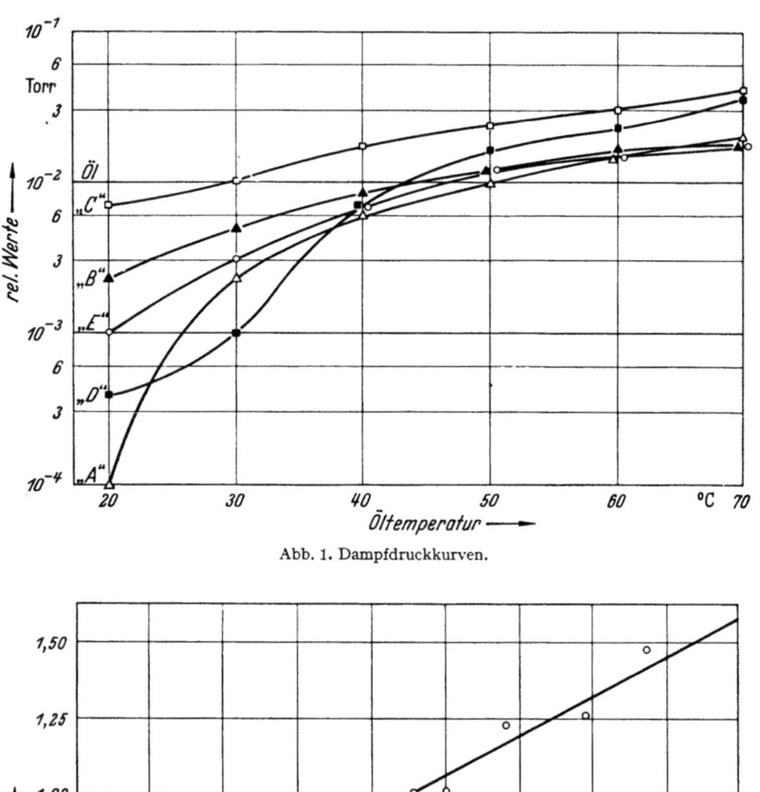

Abb. 1. Dampfdruckkurven.

Abb. 2. Grenzkonzentrationskurve von CH₄ in H₂.

vorgerufen. Die Methode der elektrischen Widerstandsmessung der karburierten bzw. entkarburierten Wolframdrähte ist vor allem in dem interessierenden Druckbereich außerordentlich empfindlich. Es war demnach zu erwarten, daß sie somit eine viel bessere Beurteilung der Pumpenöle zuläßt als die direkte Dampfdruckmessung. Dabei ist es für die Verwendung der Pumpenöle in Pumpmaschinen vollkommen gleichgültig, ob die Widerstandsänderung durch Kohlenwasserstoffe des

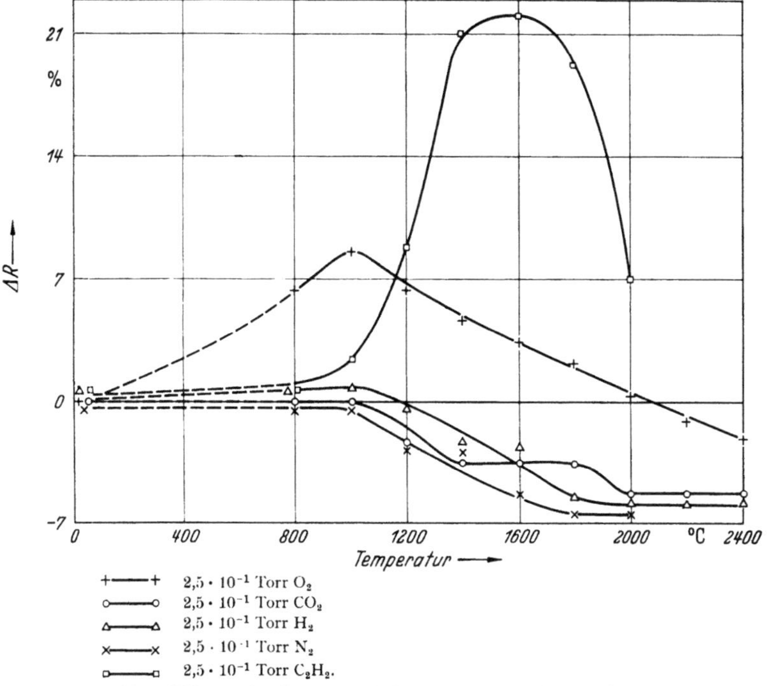

Abb. 3. Widerstandsänderung von W-Draht in den verschiedenen Gasen.

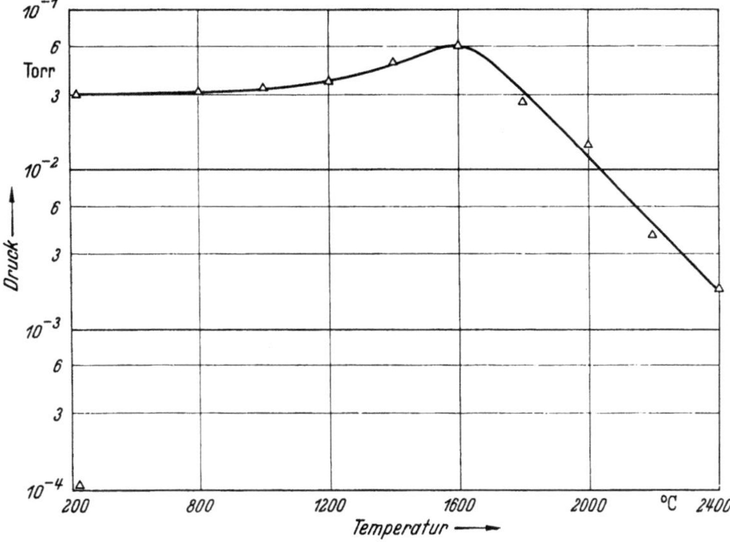

Abb. 4. Gasdruck = f (Glühfadentemperatur) in Anwesenheit von Kohlenwasserstoff. Glühlampe Type 220 V 25 W; gemessen nach Abkühlung.

Pumpenöles oder durch etwaige andere Beimengungen bzw. Zersetzungsprodukte des Pumpenöles hervorgerufen wird.

Bekanntlich ist das Gleichgewicht der Reaktion zwischen Wolfram und Kohlenwasserstoff nicht nur abhängig von der Temperatur, sondern auch von der Höhe des Partialdruckes des Kohlenwasserstoffes. K. BECKER[1]) hat die Mindestkonzentration von Methan in Wasserstoff ermittelt, bei der die Wolfram-Karbide beständig sind (s. Abb. 2). Dadurch wird das besondere Verhalten der Widerstands-

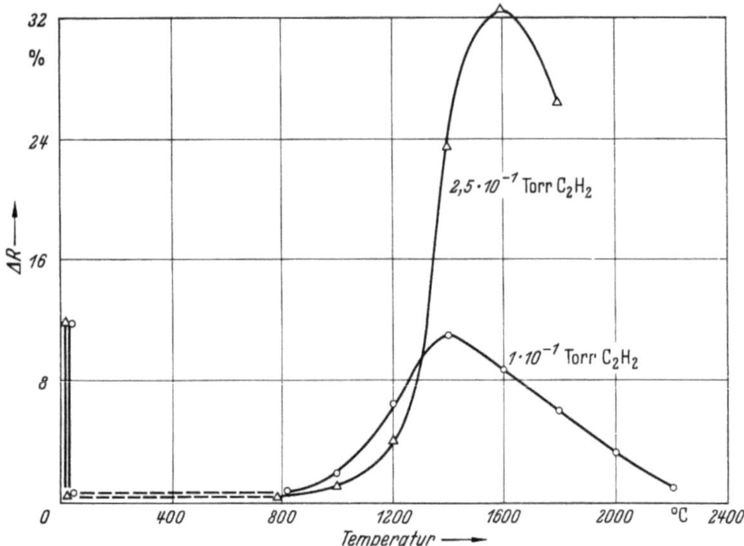

Abb. 5. Widerstandsänderung von W-Draht in C_2H_2.

änderung eines Wolframdrahtes in einem Kohlenwasserstoff verständlich (s. Abb. 3). Bei konstant gehaltenem Partialdruck des Kohlenwasserstoffes wird nach einer Widerstandszunahme bei Überschreitung der für die Beständigkeit des Wolframkarbids zulässigen Temperatur wieder ein Widerstandsabfall mit zunehmender Temperatur gefunden. Man erhält infolgedessen bei einer Druckmessung im geschlossenen Rezipienten im Temperaturbereich des Widerstandsmaximums eine Drucksteigerung, wie es in Abb. 4 bei 1600 °C entsprechend dem Widerstandsmaximum der Abb. 3 zu erkennen ist. Nicht nur die Höhe der Widerstandsänderung, sondern auch die Lage des Maximums muß nach K. BECKER vom Partialdruck des Kohlenwasserstoffes abhängig sein. Mit zunehmendem Partialdruck sind immer höhere Temperaturen nötig, um eine Entkarburierung, d. h. eine Widerstandsherab-

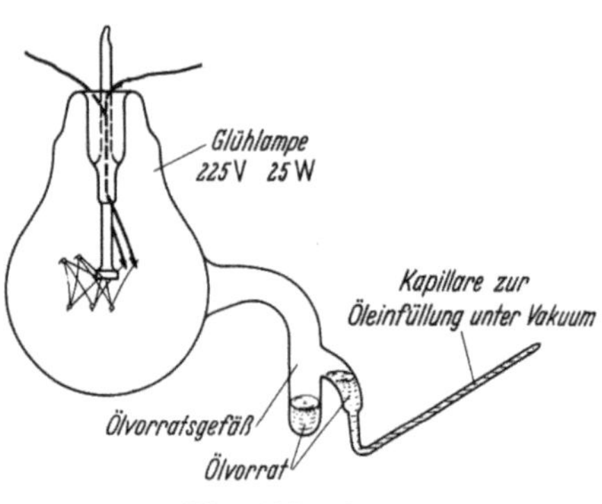

Abb. 6. Meßvorrichtung.

setzung herbeizuführen. Die Abb. 5 veranschaulicht dies noch einmal und zeigt deutlich die große Empfindlichkeit der elektrischen Widerstandsmessung im Bereich des bei Beurteilung der Pumpenöle interessierenden Druckbereiches. Die durch Kohlenwasserstoff herbeigeführte Änderung des Rekristallisationsverlaufs und damit des Wolframdrahtgefüges soll hier nicht betrachtet werden.

Die in Abb. 5 zu Beginn der Kurven angedeutete Widerstandsabnahme von etwa 12 % wird durch die Rekristallisation hervorgerufen. Es werden daher, um diesen Einfluß auf den Widerstand zu eliminieren, rekristallisierte Wolframdrähte bei den

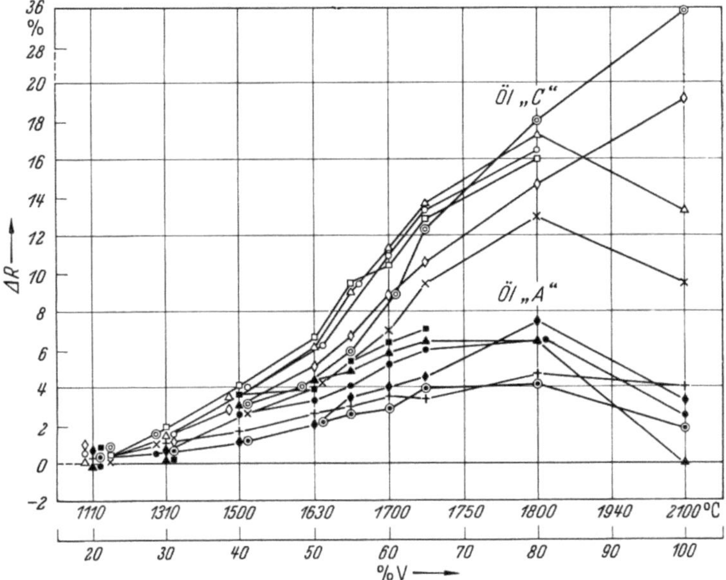

Abb. 7. $\Delta R = f$ (Temperatur). R gemessen bei 20 °C, je 3′ gebrannt.

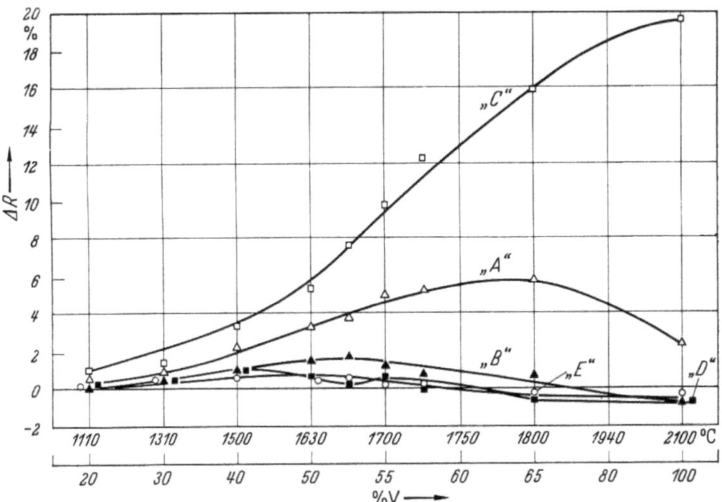

Abb. 8. $\Delta R = f$ (Temperatur). Mittelwert von je 6 Messungen. Öltemperatur 20 °C.

Versuchen verwendet. Die elektrische Widerstandsmethode gestattet nicht nur eine qualitative Aussage über die anwesende Gasart, sondern es kann auch aus der Lage des Wertes derjenigen Glühtemperatur, bei der maximale Widerstandsänderung gefunden wird, ein quantitativer Rückschluß auf die Höhe des Öldampfdruckes gemacht werden. Hierdurch ist es möglich, die Güte eines Pumpenöles mit großer Genauigkeit zu beurteilen und damit gleichzeitig auch alle möglichen Stö-

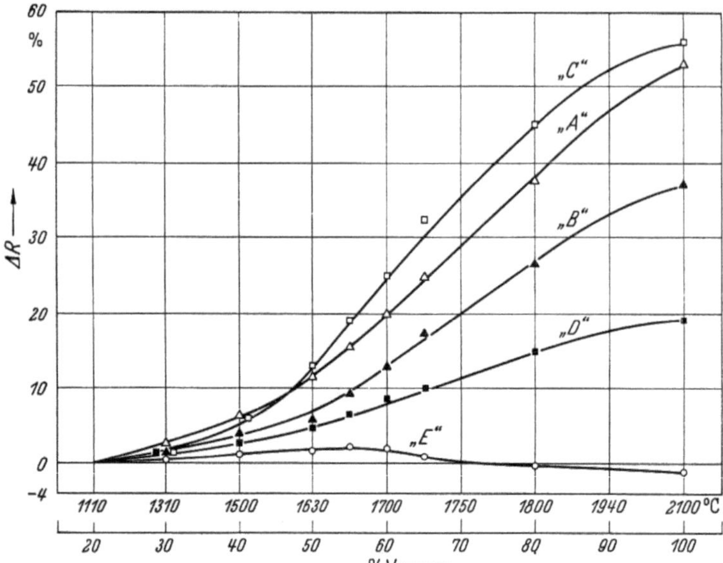

Abb. 9. $\Delta R = f$ (Temperatur). Mittelwert von je 3 Messungen. Öltemperatur 50°C.

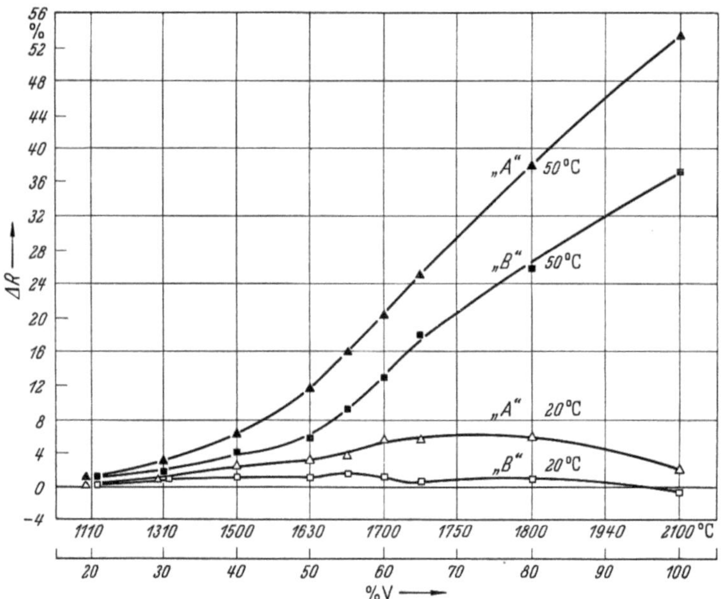

Abb. 10. Einfluß der Öltemperatur.

rungen zu erfassen, die dieses Öl bei der Verwendung in Pumpmaschinen für Glühlampen verursachen kann.

Setzt man, wie in Abb. 6 dargestellt, an den Kolben einer 225/25-W-Glühlampe ein Ölvorratsgefäß an, das über eine Kapillare unter Vakuum mit künstlich gealtertem Öl gefüllt werden kann, so ist es möglich, mit einer solchen Vorrichtung die Kaltwiderstandsänderung der Wolframwendel in Abhängigkeit von der Glühtemperatur zu ermitteln. Bei den Versuchen wurde die Wendel 3 min bei der in den Abbildungen 7 bis 10 angegebenen Temperatur gebrannt. In Abb. 7 sind solche Messungen mit dem Öl „C" und dem Öl „A" wiedergegeben. Die mittlere Widerstandsänderung bei 1800 °C oder 80 % Nennspannung beträgt beim Öl „C" etwa 16% und beim Öl „A" 6%. Der Unterschied ist sehr deutlich. In Abb. 8 sind die Ergebnisse der Widerstandsmessungen der 5 verschiedenen Öle, von denen in Abb. 1 die Temperatur-Druckkurven mitgeteilt sind, dargestellt. Es wurden die Mittelwerte von je 6 Messungen eingetragen. Die Öle „A" und „B" zeigen deutlich ein Maximum, wobei bestätigt wird, daß mit zunehmender Widerstandsänderung dieses Maximum zu höheren Temperaturen rückt. Bei dem Öl „C" ist der Partialdruck so groß, daß bei 100 % Nennspannung = 2100 °C noch keine Entkarburierung auftritt. Dieses Öl ist infolgedessen außerordentlich ungünstig. Der Draht wurde bei jeder Meßtemperatur, wie bereits oben gesagt, 3 min geglüht. Man kann natürlich auch die Öle „B", „E" und „D" mit niedrigeren Dampfdrücken noch dadurch besser in den Bereich der Beurteilung hineinziehen, indem das Glühen über längere Zeit je Meßtemperatur ausgedehnt wird. Es interessiert nicht nur der Einfluß bei einer Öltemperatur von 20 °C, sondern auch bei der Betriebstemperatur der Rotationspumpen von etwa 50 °C. Abb. 9 zeigt das Ergebnis bei einer Öltemperatur von 50 °C, und Abb. 10 gibt graphisch einen Vergleich der Meßergebnisse bei einer Öltemperatur von 20 und 50 °C. Obwohl bei 50 °C, wie in der Abb. 1 zu sehen ist, die Partialdrücke der verschiedenen Öle sehr nahe beieinander liegen, sind die Werte der Widerstandsänderung sehr unterschiedlich. Die Reihenfolge der Öle in bezug auf ihre Einwirkung auf den glühenden Wolframdraht ist bei 20 °C und 50 °C Öltemperatur die gleiche.

Zusammenfassung

Durch verhältnismäßig einfach auszuführende Widerstandsmessungen eines Wolframdrahtes, der im Rezipienten bei verschiedenen Temperaturen geglüht wird, ist es möglich, die Qualität eines Pumpenöles mit hoher Genauigkeit zu beurteilen. Jede Glühlampe kann hierbei als Indikator verwendet werden. Diese Methode ist von allgemeiner und unmittelbarer Bedeutung, da sie alle durch die Verwendung eines Pumpenöles möglichen Schädigungen der Wolframwendel einschließt.

Literatur

[1] BECKER, K.: Z. Elektrochem. **34** (1928) S. **640**; Z. Metallkunde **20** (1928) S. **437**; Techn. wiss. Abh. Osram-Konzern **2** (1931) S. 218—220 u. 221—229.

Die Verbesserung des Bohrfortschrittes bei der Bearbeitung von Diamantziehsteinen*)

Von

O. Herrmann und **W. Lehmann**

Mit 6 Abbildungen

Einleitung

Den Diamantziehsteinherstellern ist bekannt, daß die Trägerpasten für das Diamantpulver von wesentlichem Einfluß auf den Bohrfortschritt bei der Bearbeitung des Diamanten sind. Bei Verwendung von Glyzerin an Stelle von Olivenöl zum Anpasten des Diamantpulvers wächst der Bohrfortschritt etwa um das Doppelte. An die Trägerpaste muß die Forderung gestellt werden, daß der Dispersionszustand sehr lange Zeit gehalten wird, das Bohrmittel nicht austrocknet, damit die Konsistenz der Paste erhalten bleibt, und schließlich soll sich das Anpastmittel leicht aus den Bohrungen des Diamanten entfernen lassen. Glyzerin ist sehr hygroskopisch, so daß es die oben genannte Forderung einer gleichbleibenden Konsistenz nicht erfüllt. Es hat gegenüber dem Olivenöl aber den Vorteil der Wasserlöslichkeit, so daß die bearbeiteten Diamanten im Wasser gereinigt werden können.

Über Trägerpasten für Diamantpulver zum Schleifen, Läppen und Polieren wurde an verschiedenen Stellen berichtet. Zusammenfassende Arbeiten findet man bei P. Grodzinski[1,2]). Es zeigt sich, daß für derartige Arbeitsgänge vorwiegend Oliven- oder ähnliches Öl Verwendung findet. Dickflüssiges Öl als Trägerpaste zum Bohren von Werkstoffen wie Glas, Marmor, Korund usw. wird bei W. Peter[3]) erwähnt. R. S. Young, D. A. Benfield und G. B. Dauncey[4]) beschreiben Läppversuche über die Anwendung von wasserlöslichen Pasten für Diamantpulver. Sie untersuchten u. a. Zellulosederivate, Alkyl- und Arylsulfonsäure, Seifen und Polyäthylenglycole. Sie kamen zu dem Ergebnis, daß sich zur Herstellung wasserlöslicher Pasten besonders Polyäthylenglycole und deren Stearinsäureester eignen. Auch in einer Notiz der Glyce Products Co., Inc. Brocklyn, N. Y.[5]) wird auf wasserlösliche Trägerpasten für Diamantpulver zum Läppen und Polieren hingewiesen. L. E. Samuels[6]) verwendet Stearinsäure in Verbindung mit Triäthanolamin und erreicht damit nach seinen Angaben 4- bis 5mal größere Poliergeschwindigkeiten als in trockenem Zustand. Samuels hat seine Versuchsergebnisse beim Schleifen ebener Metallflächen gewonnen. Auf Grund dieses Hinweises wurde auch Triäthanolamin beim Bohren von Diamanten erprobt.

Einwirkung elektrischer Felder

Bei der mechanischen Bearbeitung von Diamantziehsteinen besitzen elektrische Erscheinungen, wie Reibungselektrizität, einen Einfluß auf die Haftfähigkeit des Diamantkornes an der Bohrnadel. Bei einer mikroskopischen Betrachtung der Bewegung der Diamantkörner im Dispersionsmittel konnte z. B. ein grundsätzlicher Unterschied zwischen Olivenöl und Glyzerin beobachtet werden. Ein Uhrglas wurde mit einer rotierenden Stahlnadel unter Verwendung von mit Olivenöl angepastetem Diamantpulver angebohrt. Zur besseren Beobachtung der Diamantteilchenbewegung hatte das Bohrmittel eine sehr geringe Teilchendichte. Die Abb. 1 zeigt die Teilchenverteilung bei Durchlicht (Teilchen dunkel) und 23facher Vergrößerung. Eine ringförmige Zone abgelagerter Diamantkörner ist in einem

---

* Originalmitteilung.

gewissen Abstand von der Stahlnadel erkennbar. Die Abb. 2 wurde unter den gleichen Bedingungen wie Abb. 1 angefertigt, aber diesmal das Diamantpulver mit Glyzerin angepastet. In diesem Falle ist eine gleichmäßige Kornverteilung in der Umgebung der Nadel zu beobachten. Glyzerin ist sehr hygroskopisch und hat die durch die elektrostatischen Ladungsträger bedingte Anordnung aufgehoben. Glyzerin ist im Gegensatz zum Olivenöl eine polare Flüssigkeit. Nur bei

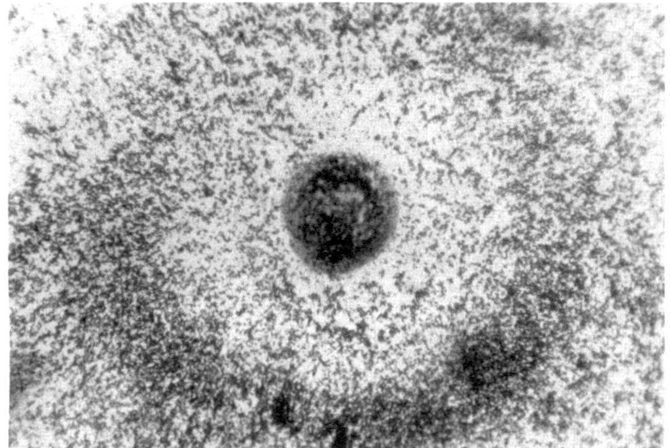

Abb. 1. Diamantpulver in Olivenöl.

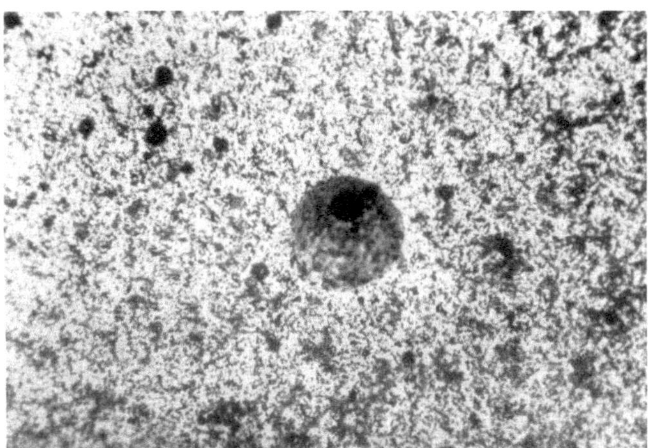

Abb. 2. Diamantpulver in Glyzerin.

unpolaren Flüssigkeiten als Dispersionsmittel ist eine Beeinflussung der Diamantteilchen durch elektrostatische Aufladung möglich. Der eine von uns (O. H.) hat daher vorgeschlagen, die Ladung der Diamantteilchen in unpolaren Bohrmitteln auszunutzen und durch Anlegen einer Gleichspannung an Nadel und Steinauflage der durch die elektrostatischen Aufladungen bedingten zentrifugalen Bewegung der Diamantteilchen, die durch die Nadelbewegung noch verstärkt wird, entgegenzuwirken. Das erzeugte elektrostatische Feld soll eine zentripetale Bewegung der Diamantteilchen hervorrufen.

Die Vorversuche, die eine Beobachtung der Bewegung der Diamantteilchen bei rotierender Nadel ermöglichten, ließen kein eindeutiges Urteil über die Polung der Nadel zu. In jedem Fall war jedoch eine Rückführung der durch die Fliehkraft weggeschleuderten Diamantkörner durch vom elektrostatischen Feld verursachte Wirbel des Bohrmittels zu erkennen. Bei Durchführung der Bohrversuche wurde ein Bohrtisch so umgebaut, daß Nadel und Steinaufnahme voneinander elektrisch isoliert waren. Es konnte eine Gleichspannung bis zu 8000 V angelegt werden. Zum Vergleich lief eine nicht veränderte Maschine des gleichen Typs mit genau abgeglichener Drehzahl, Hubhöhe und Hubfrequenz. Um die Wirksamkeit des elektrostatischen Feldes zu ermitteln, wurde der erzielte Bohrfortschritt, d.h. die Tiefe des Bohrloches in axialer Richtung pro Zeiteinheit bestimmt. Der so definierte Bohrfortschritt ist als einfach zu messende lineare Größe für den Praktiker interessant. Er beschreibt jedoch nicht die absolute Bohrleistung, da mit zunehmender Tiefe des Bohrloches das abzutragende Diamantvolumen zunimmt.

Auf diese Werte wurden folgende unpolare Trägerpasten untersucht:

1. Olivenöl,
2. Trikresylphosphat,
3. Cyclohexanol.

Die Spannung zwischen Nadel und Steinaufnahme betrug bei allen Versuchen 4000 V Gleichspannung. Das Ergebnis der mit und ohne elektrostatisches Feld durchgeführten Versuche war folgendes:

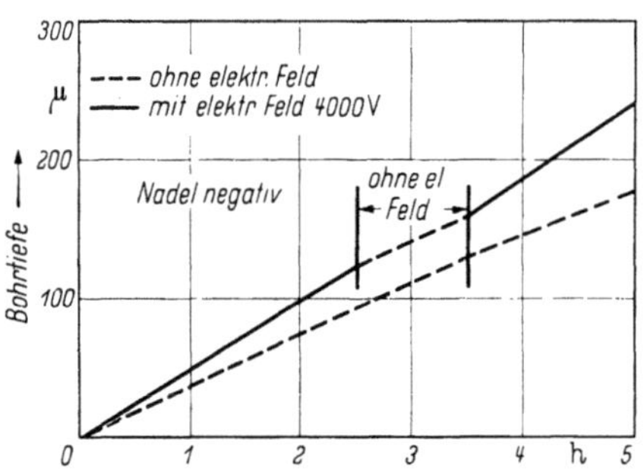

Abb. 3. Bohrfortschritt bei Verwendung von Olivenöl.

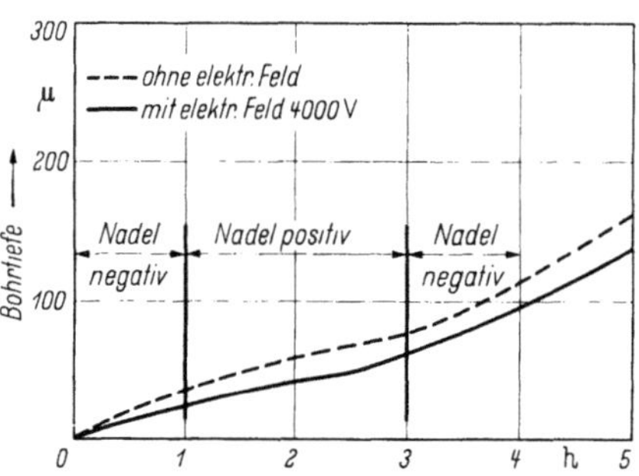

Abb. 4. Bohrfortschritt bei Verwendung von Trikresylphosphat.

1. Bei Olivenöl war eine negative Polung der Nadel günstiger. Es zeigte sich im elektrostatischen Feld eine Verbesserung des mittleren Bohrfortschrittes um etwa 10 μ/h. Dies entspricht einer Verbesserung von 25 % (Abb. 3). Die auf das Diamantvolumen bezogene Verbesserung ist, wie schon oben erläutert, größer. Um den Einfluß der Bohrmaschine zu vermeiden, war zeitweise das elektrostatische Feld ausgeschaltet. Während dieser Zeit ergaben beide Maschinen den gleichen Bohrfortschritt, was sich in Abb. 3 in dem parallelen Verlauf der beiden Kurven in dem besonders markierten Zeitabschnitt zeigt.

2. Bei Trikresylphosphat war bei den Versuchen mit und ohne elektrostatisches Feld kein Unterschied zu finden (Abb. 4). Die Steigungen der beiden ermittelten Kurven sind fast gleich. Die Absolutunterschiede liegen im Bereich der praktischen Streuung. Die Bohrtiefen bei gleichen Bohrzeiten sind bei Trikresylphosphat im Vergleich mit Olivenöl wesentlich kleiner. Es ist als Trägerpaste für Diamantpulver zum Bohren von Diamanten ungeeignet. Die weiter unten beschriebenen Versuche mit Trikresylphosphat bestätigen diese Ansicht. Der Einfluß des elektrostatischen Feldes kann anscheinend die Ursache dieser Nachteile des Trikresylphosphats nicht kompensieren.

3. Das elektrostatische Feld verbesserte bei Verwendung von Cyclohexanol den Bohrfortschritt um 30 %. Der absolute Bohrfortschritt pro Stunde war um etwa 20 µ größer (Abb. 5). Bei diesen Versuchen mußte die Nadel gegenüber der Steinaufnahme auf positives Potential geschaltet werden. Bei anderer Polung brachte das elektrostatische Feld keine Verbesserung des Bohrfortschrittes.

Diese Versuche bestätigen die oben ausgesprochene Vermutung, daß das elektrostatische Feld, das bei unpolaren Trägerpasten aufrechterhalten werden kann, einen Einfluß auf den Bohrfortschritt hat. Bei richtiger Polung der Nadel führt das Feld das den Bohrvorgang bewirkende Diamantkorn zur Nadel zurück. Zum mindesten wird die durch die Fliehkraft bedingte Abführung des Diamantkornes von der Nadel herabgesetzt. Wenn die Reibungselektrizität beim Bohrvorgang eine Aufladung des Diamanten bewirkt,

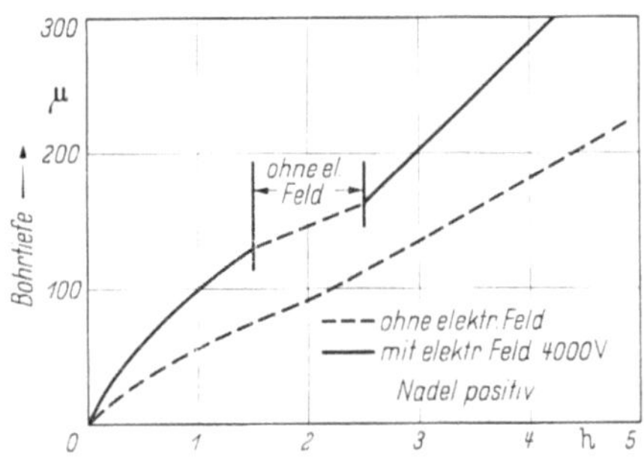

Abb. 5. Bohrfortschritt bei Verwendung von Cyclohexanol.

die zur Abstoßung des Bohrmittels, nämlich des Diamantpulverkornes, führt, so lassen polare Trägerpasten stets günstigere Ergebnisse erwarten. Der Nachteil unpolarer Flüssigkeiten kann in diesem Fall durch elektrische Felder aufgehoben werden. Andererseits zeigt aber das Beispiel des Trikresylphosphats, daß auch bei unpolaren Trägerpasten der erzielbare Bohrfortschritt selbstverständlich nicht allein von elektrischen Vorgängen abhängig ist. Andere spezifische Eigenschaften des Anpastmittels beeinflussen den Bohrfortschritt.

Die Erprobung verschiedener Trägerpasten

Andere physikalische Kenndaten der Trägerpaste, wie Viskosität, Dichte und Oberflächenspannung zwischen Diamant und Stahlnadel können nach dem Obigen bei Betrachtung des Problems nicht unbeachtet bleiben. Leider zeigte es sich bei Fortsetzung der Bohrversuche mit den verschiedenen Trägerpasten ohne elektrostatisches Feld, daß kein gesetzmäßiger Einfluß einer oder mehrerer der genannten Kenndaten ermittelt werden kann. Es war jedoch dabei möglich, einen Überblick über die mit verschiedenen Trägerpasten erzielbaren Bohrfortschritte zu gewinnen. Darüber hinaus konnten Trägerpasten gefunden werden, die bei wesentlich größerem Bohrfortschritt die Nachteile von Glyzerin und Olivenöl vermeiden.

Die Untersuchungen erstreckten sich auf:

1. Olivenöl,
2. Glyzerin,
3. Trikresylphosphat,
4. Cyclohexanol,
5. Wasser,
6. Polyäthylenglycol,
7. Silikonöl,
8. Triäthanolamin.

Es wurde jeweils auf zwei Maschinen derselben Bauart gleichzeitig gebohrt. Die Bohrtiefe wurde halbstündlich mit einem Mikroskop gemessen. Bei schnell verdampfenden Trägerpasten wurde die Konsistenz der Paste aufrechterhalten. Dies ist bei Anwendung der Versuchsergebnisse für die Praxis zu beachten. Die

Tab. 1 enthält die erzielten mittleren Bohrfortschritte der Bohrmittel, die mit den angegebenen Stoffen unter gleichen Verhältnissen angesetzt wurden. Die Streuung des mittleren Bohrfortschrittes ist angenähert konstant, wie aus Tab. 1 zu entnehmen ist. Die Streuung scheint durch unterschiedliches Arbeiten der beiden Maschinen und durch Schwankungen in der Materialeigenschaft der Diamantsteine bedingt zu sein.

Tabelle 1. Mit verschiedenen Trägerpasten erzielte Bohrfortschritte.

Bohrmittel	mittlerer Bohrfortschritt μ/h
Triäthanolamin	138 ±15
Silikonöl DC 200 1,5 cSt	112 ±15
Polyäthylenglycol PG 4*)	110 ±20
Silikonöl DC 200 10 cSt	106 ±15
Silikonöl DC 200 100 cSt	102 ±20
Silikonöl DC 200 500 cSt	104 ±10
Polyäthylenglycol PG 3*)	98
Silikonöl DC 200 1000 cSt	94 ±15
Cyclohexanol	84 ±30
Polyäthylenclycol PG 1*)	82 ± 5
Glyzerin	81 ±20
Wasser	81 ±20
Silikonöl DC 200 12 500 cSt	72 ±10
Wasser (alkalisch)	61 ±10
Wasser (angesäuert)	59 ±10
Olivenöl	50 ±15
Trikresylphosphat	45 ±15

*) Versuchsbezeichnung PG 1: Reines Produkt P 9 der Bad. Anilin- und Sodafabrik Ludwigshafen (Molekulargewicht 400).

Versuchsbezeichnung PG 3: Mischung von Produkt 9 mit Oxydwachs A (Molekulargewicht 4500 bis 6000) der Bad. Anilin- und Sodafabrik Ludwigshafen

Versuchsbezeichnung PG 4: Mischung von Produkt P 9 mit Polywachs 500 MG (Molekulargewicht 500 bis 600) der Chem. Werke Hüls.

Wasser wurde nur zum Vergleich in die Versuchsreihe aufgenommen. Obwohl damit der gleiche Bohrfortschritt erzielt wurde wie mit Glyzerin, ist es wegen seiner raschen Verdampfung zum Bohren im Betrieb ungeeignet. Trikresylphosphat ermöglicht nur sehr geringe Bohrfortschritte und ist daher als Trägerpaste ebenfalls ungeeignet. Mit Cyclohexanol lassen sich sehr günstige Bohrfortschritte erzielen. Die Streuung der Meßwerte war jedoch so groß, daß der mittlere Bohrfortschritt nicht wesentlich über dem des Glyzerins lag. Ein wesentlicher Nachteil des Cyclohexanols ist seine große Flüchtigkeit, die ein ständiges Zuführen von reinem Cyclohexanol an die Bohrstelle erforderlich macht. Die große Streuung des Ergebnisses ist sicher auf die ständige Veränderung der Konsistenz zurückzuführen. Die Silikonreihe verschiedener Viskosität zeigt den Zusammenhang zwischen Viskosität und Bohrfortschritt einer Trägerpaste. Pasten mit geringer Zähigkeit bohren sehr rasch, sind aber vielfach wegen ihrer Flüchtigkeit ungeeignet. Silikone sind mit einer dynamischen Zähigkeit bis 1000 cSt für Trägerpasten verwendbar. Bei einer Zähigkeit von 12 500 cSt ist bei gleichem chemischen Aufbau des Silikonöles der mittlere Bohrfortschritt um rund 30% gesunken. Sehr günstig sind die wasserlöslichen Polyäthylenglycole. Sie besitzen — soweit sie als Trägerpasten in Frage kommen — nur die halbe Hygroskopizität von Glyzerin (Tab. 2) und lassen sich durch Mischen mit sogenanntem Polydiol und Polywachs (Firmenbezeichnung der Chem. Werke Hüls) zu beständigen Anpastmitteln verschiedener Viskosität aufbereiten.

Tabelle 2. Hygroskopizität von Polyäthylenglycolen im Vergleich zum Glyzerin (bezogen auf Glyzerin = 100)[7]

Molekulargewicht	äußere Beschaffenheit	Hygroskopizität
190— 200	flüssig	90
285— 315	flüssig	70
380— 420	flüssig	60
570— 630	flüssig/fest	50
500— 600	vaselineartig	30
550— 650	vaselineartig	15
950—1050	weichwachsartig	5
1300—1600	bienenwachsartig	5
3000—4000	hartwachsartig	1

Der größte Bohrfortschritt wurde mit Triäthanolamin als Trägerpaste erzielt. Triäthanolamin ist wasserlöslich und hat einen niedrigen Dampfdruck.

Anwendung von Benetzungsmitteln

Um einen möglichst innigen Kontakt zwischen Trägerpaste, Diamantkörnung, Nadel und Stein zu erhalten, können die Trägerpasten mit Benetzungsmitteln versehen werden. Zur Untersuchung des Einflusses von Benetzungsmitteln auf den Bohrfortschritt haben wir den im vorigen Abschnitt behandelten Trägerpasten ein Benetzungsmittel Pril (Markenname) zugesetzt und die Messungen wiederholt. Das Benetzungsmittel wurde in kleinsten Mengen den Trägerpasten zugeführt. Als Richtlinie für die Anwendung gilt 1 cm³ Triäthanolamin + 5 mg Pril trocken. In Tab. 3 ist das bei Zugabe des Benetzungsmittels erzielte Ergebnis den Bohrfortschritten der reinen Trägerpasten gegenübergestellt.

Tabelle 3. Einfluß eines Benetzungsmittels auf den Bohrfortschritt.

Trägerpaste	Bohrfortschritt ohne Benetzungsmittel μ/h	Bohrfortschritt mit Benetzungsmittel μ/h
Triäthanolamin	138 ± 15	179 ± 40
Polyäthylenglycol PG 4	110 ± 20	148 ± 25
Polyäthylenglycol PG 3	98	99 ± 10
Polyäthylenglycol PG 1	82 ± 5	88
Silikonöl DC 200 1,5 cSt	112 ± 15	85 ± 15
Silikonöl DC 200 100 cSt	102 ± 20	118 ± 10
Cyclohexanol	84 ± 30	115 ± 10
Glyzerin	81 ± 20	99 ± 15
Wasser	81 ± 20	60
Olivenöl	50 ± 15	70 ± 10
Trikresylphosphat	45 ± 15	52

Die Verwendung eines Benetzungsmittels beim Bohren von Diamantziehsteinen ist offensichtlich sehr vorteilhaft. Mit Ausnahme der wegen ihrer Flüchtigkeit ungeeigneten Trägerpasten Silikonöl DC 200 1,5 cSt und Wasser ist bei allen untersuchten Trägerpasten nach Beimengen des Benetzungsmittels ein z.T. erheblicher Anstieg des mittleren Bohrfortschrittes zu beobachten.

Es fällt auf, daß beim Cyclohexanol nach Zugabe des Benetzungsmittels die Streuung wesentlich kleiner wurde, woraus man auf eine Verbesserung der Beständigkeit schließen könnte.

Zusammenfassung der Ergebnisse

Das Anlegen eines elektrischen Feldes zwischen Nadel und Steinhalterung der Bohrvorrichtung verbessert den Bohrfortschritt bei unpolaren Trägerpasten, insbesondere von Cyclohexanol. Daraus kann man folgern, daß in unpolaren Trägerpasten die elektrische Beladung der Diamantkörner einen Einfluß auf den Bohrfortschritt ausübt.

In Abb. 6 sind die mit den verschiedenen Trägerpasten erzielten Bohrfortschritte graphisch dargestellt. Triäthanolamin, Polyäthylenglycol und Silikonöl

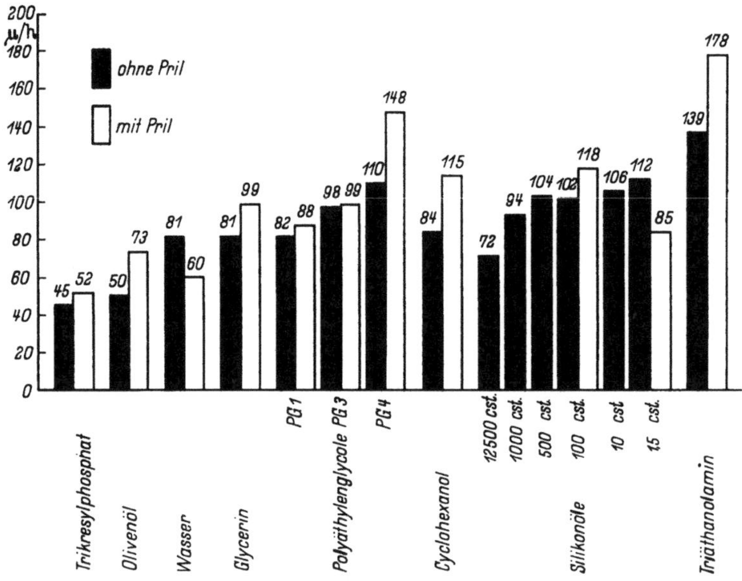

Abb. 6. Ergebnis von Bohrversuchen mit verschiedenen Trägerpasten.

ermöglichen wesentlich größere Bohrfortschritte als Glyzerin und Olivenöl. Durch Zugabe eines Benetzungsmittels läßt sich der Bohrfortschritt noch steigern und erreicht den doppelten bzw. dreifachen Wert des Bohrfortschrittes bei Verwendung von Glyzerin oder Olivenöl. Die größten Bohrfortschritte erzielt man mit Triäthanolamin und Polyäthylenglycol nach Zugabe eines Benetzungsmittels. Beide Mittel sind sehr beständig und wasserlöslich und lassen sich durch organische Farbstoffe leicht kennzeichnen. Sie sind somit für Trägerpasten sehr gut geeignet.

Literatur

[1] Grodzinski, P.: Werkstatt u. Betr. 81 (1948) S. 33.
[2] Grodzinski, P.: Werkstatt u. Betr. 87 (1954) S. 243.
[3] Peter, W.: Ind. Diamond Rev. 12 (1952) S. 120, Ref. Werkstatt u. Betr. 86 (1953) S. 190.
[4] Young, R. S., D. A. Benfield u. G. B. Dauncey: Ind. Engng. Chem. 45 (1953) S. 402; Ref. Angew. Chem. 65 (1953) S. 357.
[5] —: Amer. Machinist 97 (1953) S. 241, Ref. Bibl. Ind. Diamond Appl. 10 (1953) S. 314.
[6] Samuels, L. E.: Ind. Metals 81 (1952/53) S. 471, Ref. Metall 8 (1954) S. 125.
[7] Chem. Werke Hüls AG.: Druckschrift Polydiole, Polywachse.

Der Vertrauensbereich bei zweidimensionaler Merkmalsverteilung in geometrischer Deutung*)

Von

R. Fries

Mit 11 Abbildungen

1. Übersicht

Eine der Hauptaufgaben der praktischen Statistik ist die Angabe des Vertrauens, mit dem der Schluß von der Untersuchung einer Stichprobe auf das Verhalten der Grundgesamtheit hingenommen werden darf. Die Kenntnis dieses Vertrauens ist unerläßlich, wenn es sich um die Vereinbarung von Toleranzen oder die Beobachtung der Fabrikation im Rahmen schon bestehender Toleranzen handelt. Für ein einziges Merkmal, das beobachtet werden soll – z.B. Länge –, ist das Problem in allen einschlägigen Büchern erschöpfend behandelt. Für zwei Merkmale, die zugleich beobachtet werden müssen – z.B. die Normfarbwertanteile x und y im Farbdreieck –, konnte in der Literatur außer mathematischtheoretischen Andeutungen[1]) keine anschauliche Behandlung der Vertrauensfrage gefunden werden.

2. Vertrauensbereich und Sicherheit für ein Merkmal

Für das Verständnis des erwähnten Problems ist es nötig, die Definition der Grundbegriffe am einfachsten Fall herauszustellen. Wir zeigen in Abb. 1 die bekannte Normalverteilung für ein einziges Merkmal x. Wir kennen den Mittelwert $\bar{x}$ und die landläufig als Streuung bezeichnete Standardabweichung s. Die Verteilung umschließt eine Fläche vom Inhalt 1 oder 100%. Davon liegen – symmetrisch um $\bar{x}$ angeordnet – 90% innerhalb der unteren Grenze x_u und der oberen x_0. Daraus leiten wir in der üblichen Form etwa folgende Aussage ab: „Mit einer Sicherheit von $S = 90\%$ liegen die Meßwerte x innerhalb des Vertrauensbereiches $x_0 - x_u$." Dabei besteht ein festes Verhältnis zwischen dem Abstand der Grenzen vom Mittelwert und der Standardabweichung, welches bei der Normalverteilung nur von der Sicherheit abhängt. Man nennt es λ.

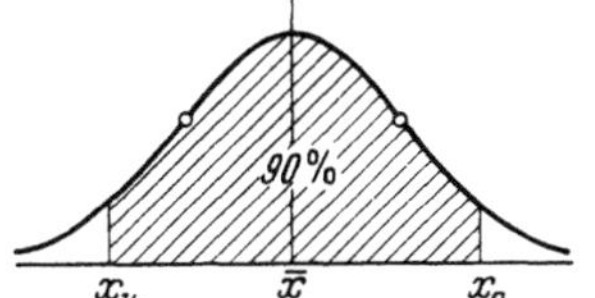

Abb. 1. Der Vertrauensbereich der Normalverteilung. 90% aller Meßwerte liegen zwischen x_u und x_0.

$$\lambda = \frac{x_0 - x_u}{2\,s} = f(S). \tag{1}$$

Tabellen für λ und S enthält jedes einschlägige Buch. Die wichtigsten Werte seien hier angeführt:

Tabelle 1

$S\ \%$	≈ 68	90	95	99	99,73	99,9
λ	1	1,65	$1,96 \approx 2$	2,57	3	3,29

Aus Gl. (1) und Tab. 1 folgt, daß es sinnlos ist, den Vertrauensbereich ohne gleichzeitige Angabe der Sicherheit zu nennen, mit der er besteht.

Es liegt auf der Hand, daß man den Vertrauensbereich – und seine Sicherheit – kennen muß, wenn man die Auswirkung bestehender Toleranzen beurteilen oder neue vereinbaren will.

---

*) Originalmitteilung.

3. Die Verteilung für zwei Merkmale

Es wurde schon ein Beispiel für die Notwendigkeit der Untersuchung zweier Merkmale angeführt. Es ließen sich noch zahllose andere finden. Wie berechnet man den Vertrauensbereich für zwei Merkmale? Gemeinsam oder getrennt? Wie sieht vor allem ihre Verteilung aus?

3.1. Die Merkmale sind voneinander unabhängig. — Wir denken uns zunächst als Beispiel Lampen einer Type, an denen Lichtleistung und Sockelabdrehfestigkeit gemessen werden, weil diese beiden Merkmale voneinander bestimmt unabhängig sind und jedes für sich normal verteilt ist. Wir berechnen für jedes Merkmal getrennt die Mittelwerte $\bar{x}$ und $\bar{y}$ und die Standardabweichungen s_x und s_y.

Nun möchten wir die Wertepaare x_i und y_i für jedes Exemplar in ein Achsenkreuz $x - y$ eintragen. Der Einfachheit halber legen wir den Mittelwert in den Ursprung und wählen als Maßstabseinheit für jede der beiden Koordinatenachsen die Standardabweichungen. So erhalten wir Abb. 2, in der die gefundenen Normalverteilungen oben und rechts herausgezeichnet sind. Sie sind kongruent, weil wir ja s_x und s_y als Maßstabseinheit festgesetzt haben.

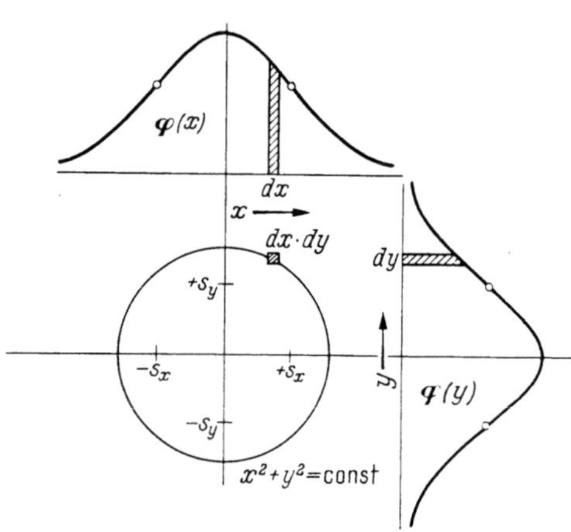

Abb. 2. Zwei Merkmale sind — voneinander unabhängig — normal verteilt. Wertepaare gleicher Wahrscheinlichkeitsdichte liegen auf einem Kreis, wenn die beiden Standardabweichungen als Maßstabseinheit gewählt werden.

Wie groß ist die Wahrscheinlichkeit dw_{xy}, daß ein Wertepaar in dem Feld zwischen x und $x + dx$ bzw. y und $y + dy$ liegt? Da die Merkmale voneinander unabhängig sind, dürfen wir die Teilwahrscheinlichkeiten für x bzw. y miteinander multiplizieren. Diese sind durch die schraffierten Flächenanteile in den beiden Verteilungen dargestellt und betragen

$$dw_x = \varphi(x) \cdot dx \tag{2}$$

und

$$dw_y = \varphi(y) \cdot dy, \tag{3}$$

worin φ die übliche Abkürzung für die Normalverteilung

$$dw_x = \frac{dx}{s\sqrt{2\pi}} \exp \frac{-(x-\bar{x})^2}{2s^2} \tag{4}$$

darstellt. Da wir s als Einheit und $\bar{x} = 0$ gesetzt haben, vereinfacht sich Gl. (4) zu

$$dw_x = \frac{dx}{\sqrt{2\pi}} \exp \frac{-x^2}{2} . \tag{5}$$

Multiplizieren wir nun Gl. (2) mit Gl. (3), so erhalten wir

$$dw_{xy} = \varphi(x) \cdot \varphi(y) \cdot dx \cdot dy. \tag{6}$$

Fragen wir nun, wo alle Wertepaare liegen, die dieselbe Wahrscheinlichkeit dw_{xy} für ihr Auftreten besitzen, so geht aus Gl. (6) und Gl. (5) hervor, daß sie die Bedingung $x^2 + y^2 = $ const erfüllen müssen, d.h. auf einem Kreis mit dem Radius

$$\varrho^2 = x^2 + y^2 \tag{7}$$

liegen. Das bedeutet als Verteilung für die Wertepaare einen Rotationskörper mit einer Normalverteilung als Erzeugende, wie er in Abb. 3 dargestellt ist. Sein Volumen ist 1 oder 100 %, weshalb sein Gipfel um den Faktor $\sqrt{2\pi}$ niedriger sein muß als die Gipfel der in Abb. 2 herausgezeichneten eindimensionalen Verteilungen. Doch die Standardabweichung, die in Abb. 3 als Höhenkreis gezeichnet ist, der die Wendepunkte verbindet, ist dieselbe.

Verzichten wir nun auf die Vereinfachung, s_x und s_y als Maßstabseinheit zu wählen, so gelangen wir zu Abb. 4, die sich von Abb. 2 lediglich dadurch unterscheidet, daß die Parallelkreise zu ähnlichen Ellipsen deformiert sind, die alle das

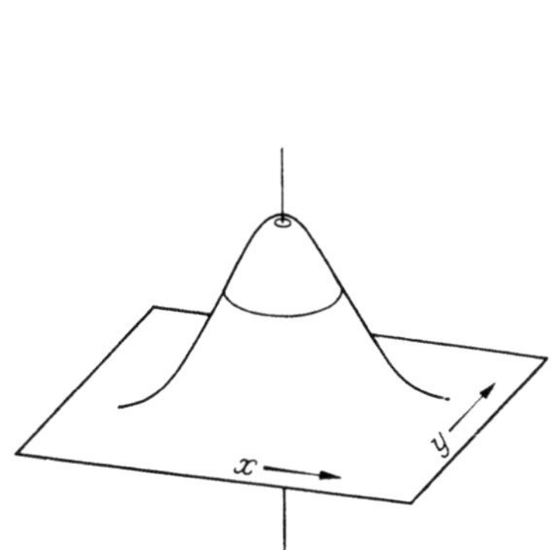

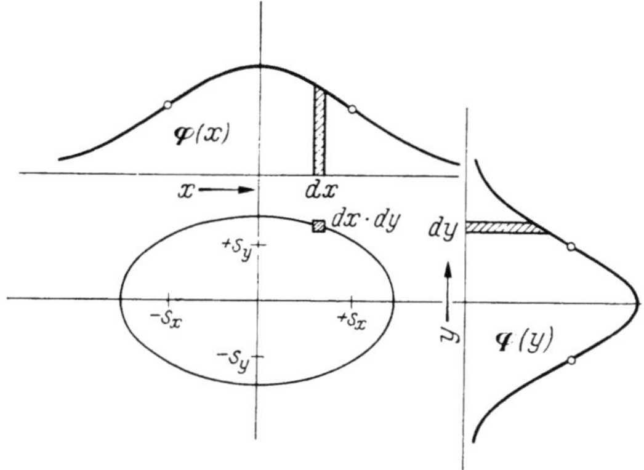

Abb. 3. Die räumliche Darstellung aller Werte aus Abb. 2 zeigt einen Rotationskörper, dessen Erzeugende eine Normalverteilung ist.

Abb. 4. Bei verschieden großer Standardabweichung der beiden Merkmale liegen Wertepaare gleicher Wahrscheinlichkeitsdichte auf Ellipsen, deren Achsen mit den Koordinatenachsen zusammenfallen.

Achsenverhältnis $s_x : s_y$ haben: die Abb. 4 und 2 sind zueinander affin. Waagerechte Schnitte durch den Verteilungskörper sind jetzt Ellipsen — er erscheint in der x-Richtung gestreckt und in der y-Richtung zusammengedrückt. Senkrechte Schnitte durch seine Achse zeigen wieder Normalverteilungen, deren Wendepunkte jetzt auf einer „Streuellipse" mit den Halbachsen s_x und s_y liegen. Alle Überlegungen, die sich an Abb. 2 knüpfen, gelten affin auch für Abb. 4.

3.2 Die Merkmale sind voneinander abhängig. — Dieser praktisch bedeutendere Fall liegt z. B. vor, wenn man Lichtstrom und Leistungsaufnahme an Glühlampen gleicher Type betrachtet oder den Zusammenhang der schon erwähnten Normfarbwertanteile x und y, deren Summe bei Messung gleicher Exemplare nur wenig schwankt, zu einem hohen x-Wert also wahrscheinlich — d. h.

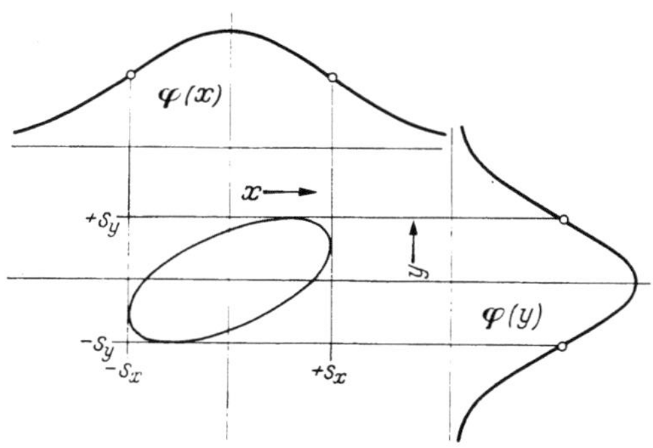

Abb. 5. Wenn beide Merkmale in ihrem Auftreten voneinander abhängig sind, liegen Wertepaare gleicher Wahrscheinlichkeit auf schiefliegenden Ellipsen. Die Abbildung zeigt die „Streuellipse" als Verbindung der Wendepunkte des elliptischen Rotationskörpers.

meist — ein niedriger y-Wert gehört und umgekehrt. Jetzt stellt sich in Abb. 5 die den Verteilungskörper repräsentierende Streuellipse als geneigt gegen die Merkmalsachsen dar. Dazu führt eine einfache Überlegung: man denke sich den Rotationskörper in Abb. 3 in senkrechte Platten von der Dicke dx zerschnitten.

Die Schnittebenen sind also parallel zur y-Achse. Wenn eine Abhängigkeit zwischen x und y besteht — beispielsweise mit x auch y zunimmt —, sind die Platten mit zunehmendem x-Wert proportional in Richtung y positiv zu verschieben. Das Volumen des Körpers ändert sich nicht, sondern nur die Lage der Platten. Waagerechte Parallelschnitte zeigen jetzt wieder ähnliche und in der Achsrichtung übereinstimmende, aber schiefliegende Ellipsen, von denen eben die Streuellipse in Abb. 5 dargestellt ist. Wegen ihrer Bedeutung für den später zu ermittelnden Vertrauensbereich werden wir sie etwas näher untersuchen und dabei für alle Größen, die in der Korrelationsrechnung vorkommen, eine geometrische Deutung finden, deren Anschaulichkeit dazu beiträgt, ihren Zusammenhang zu erkennen.

4. Streuellipse und Korrelationsrechnung

Mit Hilfe der Korrelationsrechnung untersucht man den mutmaßlichen Zusammenhang zweier Merkmalsreihen und gibt ihm ein Maß. Das am häufigsten verwendete Maß ist die Korrelationszahl r. Sie wird nach der Formel

$$r = \frac{s_{xy}}{s_x \cdot s_y} \tag{8}$$

berechnet. Darin sind s_x und s_y die schon erwähnten, voneinander unabhängigen Standardabweichungen der beiden Merkmale. Ähnlich aufgebaut ist die Größe s_{xy} im Zähler:

$$s_{xy} = \frac{1}{N-1} \sum_{i=1}^{N} (x_i - \bar{x})(y_i - \bar{y}) . \tag{9}$$

Sie kommt bekanntlich auch in der Methode der kleinsten Quadrate vor, über welche man ebenfalls zu einem identischen Wert für r gelangt. Die Korrelationszahl r kann je nach Richtung und Grad der Abhängigkeit $x - y$ zwischen ± 1 liegen. Das Vorzeichen gibt an, ob der Zusammenhang gleich- oder gegenläufig ist, und der Zahlenwert stellt seinen Grad — eng oder locker — dar. Er kann nur dann 1 sein, wenn alle N-Meßpunkte auf einer Geraden liegen, die man Regressionsgerade nennt. Wenn hingegen (wie in dem Beispiel in Abs. 31) überhaupt kein Zusammenhang besteht, wird $r = 0$. Dazwischen gibt es zwei Regressionsgeraden, die sich im Punkt $\bar{x}$, $\bar{y}$ schneiden und Regressionsschere genannt werden.

In Abb. 6 ist die Streuellipse aus Abb. 5 noch einmal herausgezeichnet. Wir wollen ihre Gleichung berechnen und — was noch zweckmäßiger ist — Richtung und Größe der Achse angeben, damit sie auf Grund des vorliegenden statistischen Materials gezeichnet werden kann. Aus ihr folgt in Abs. 5 unmittelbar der Vertrauensbereich.

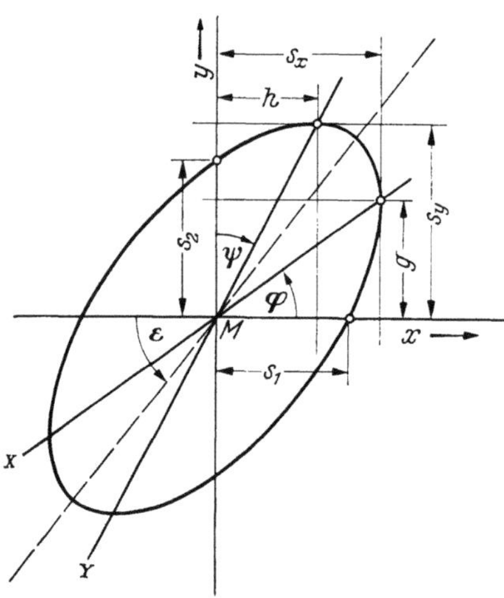

Abb. 6.
Die Streuellipse in analytischer Behandlung mit den charakteristischen Merkmalen der Korrelationsrechnung.

Man sieht, daß die Ellipse in ein Rechteck $2s_x \cdot 2s_y$ eingeschrieben ist. Dadurch ist sie aber noch nicht bestimmt. Die Lage ihrer Achsen folgt aus dem Streubegriff s_{xy} nach Gl. (9). In der Zeichnung stellt sich s_{xy} als der Inhalt der Rechtecke $g \cdot s_x$ oder $h \cdot s_y$ dar, die beide flächengleich sind. Das ihnen gemeinsame Rechteck $g \cdot h$ ist dem umschreibenden Rechteck $s_x \cdot s_y$ ähnlich. Deshalb werden durch g und h dessen Berührungspunkte mit der Ellipse festgelegt. Durch diese gehen die beiden Regressionsgeraden X und Y, die mit den Koordinatenachsen die Winkel φ und ψ einschließen. X ist der konjugierte Durchmesser zur y-Achse, und Y ist zur x-Achse konjugiert. Das bedeutet, daß jeder von ihnen die zum Konjugieren parallelen Sehnen halbiert, wie es ja dem Begriff einer Regressionsgeraden entspricht, die durch die Mittelwerte jener parallel verschobenen Platten gehen soll, von denen in Abs. 32 gesprochen wurde. Die Korrelationszahl r stellt sich in der Zeichnung in verschiedener Weise identisch dar:

1. als Verhältnis der Rechteckflächen $g \cdot s_x$ oder $h \cdot s_y$ zu $s_x \cdot s_y$, was der Gl. (8) entspricht;

2. als das Streckenverhältnis g/s_y oder h/s_x, was übrigens aus 1. folgt;

3. schließlich ist

$$r^2 = \operatorname{tg} \varphi \cdot \operatorname{tg} \psi. \tag{10}$$

Von Interesse sind noch die Koordinatenabschnitte s_1 und s_2. Denken wir nochmals an die parallel verschobenen Platten von der Dicke dx in Abs. 32. Jede von ihnen ist eine Normalverteilung. Benachbarte unterscheiden sich nur durch eine — wieder einer Normalverteilung nach s_x entsprechende — Veränderung der Gipfelhöhe. Aber ihre Standardabweichungen sind gleich groß, und zwar gleich s_2. Wollte man also die Wendepunkte aller Platten verbinden, so würde man zwei zu X parallele Tangenten an die Ellipse zeichnen müssen. Die entsprechende Überlegung gilt natürlich auch für s_1. Größenmäßig ist

$$s_1{}^2 = s_x{}^2 (1 - r^2) \text{ und } s_2{}^2 = s_y{}^2 (1 - r)^2. \tag{11}$$

Die analytische Gleichung der Streuellipse lautet entweder

$$s_y{}^2 \cdot x^2 - 2 s_{xy} \cdot xy + s_x{}^2 \cdot y^2 + s_{xy}{}^2 - s_x{}^2 \cdot s_y{}^2 = 0 \tag{12}$$

oder identisch

$$\frac{x^2}{s_x{}^2} - 2 r \cdot \frac{x}{s_x} \cdot \frac{y}{s_y} + \frac{y^2}{s_y{}^2} + r^2 = 1. \tag{13}$$

Besser ist, wie gesagt, die Berechnung der Ellipsenachsen. Es ist

$$\operatorname{tg} 2\varepsilon = - \frac{2 s_{xy}}{s_x{}^2 - s_y{}^2} \tag{14}$$

als Richtung für die Hauptachse. Sie ist identisch mit der in einem einschlägigen Buch[2]) erwähnten „besten Geraden" durch eine gegebene Punktschar. Die Länge der Halbachsen a und b folgt aus

$$a^2 + b^2 = s_x{}^2 + s_y{}^2 \tag{15}$$

und

$$ab = s_x \cdot s_y \cdot (1 - r^2). \tag{16}$$

5. Der Vertrauensbereich für zwei Merkmale

5.1 Normalverteilte Merkmale. — Wir sahen in Abs. 2 mit Abb. 1, daß bei nur einem Merkmal für beispielsweise 90%ige Sicherheit die Fläche der Normalverteilung bei 1,65facher Standardabweichung zu beschneiden ist. Tut man das beim zweiten Merkmal auch und denkt sich diese Maßnahme bei gemeinsamer Betrachtung beider Merkmale auf Abb. 2 übertragen, so erhält man als Grundfläche für den nunmehr begrenzten Restkörper ein Quadrat mit der Seitenlänge

$1,65 \cdot s_x$ bzw. $1,65 \cdot s_y$. Dessen Volumen ist aber nicht, wie erwartet, 90% oder 0,9, sondern $0,9^2$, also nur 81%, weil der Drehkörper zweimal beschnitten wurde. Man könnte den allerdings nicht befriedigenden Ausweg wählen, für die Einzelverteilungen eine Sicherheit von $\sqrt{0,9}$ anzusetzen. Das Volumen des Restkörpers wäre dann zwar 0,9, doch würde man, wie Abb. 7 zeigt, die Ecken E mit ihrer geringen Wahrscheinlichkeit auf Kosten der Mitten M mit größerer Wahrscheinlichkeit begünstigen.

Die beste Lösung dürfte ein konzentrisches Beschneiden des Drehkörpers sein, wie es in Abb. 7 die gestrichelten Teile des Grenzkreises andeuten. Nennen wir

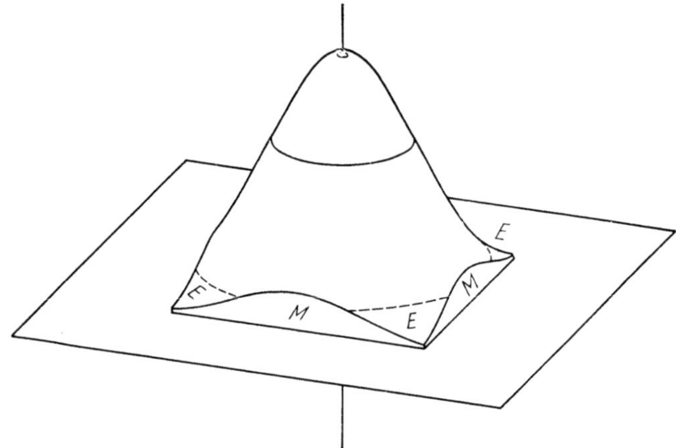

Abb. 7. Zwei Arten der Vertrauensbegrenzung am normalen Verteilungskörper.

seinen Radius $\varkappa \cdot s$ (entsprechend $\lambda \cdot s$ bei nur einem Merkmal), so läßt sich $\varkappa$ durch folgende Überlegung finden: wir denken uns aus dem Drehkörper nach Abb. 8 ein tortenförmiges Stück mit dem Winkel $d\alpha$ herausgeschnitten. Sein Volumen dV läßt sich im Gegensatz zum einfachen Gaussschen Fehlerintregal berechnen, und wir finden für die Sicherheit S die Gleichung

$$S\,\% = 100\left(1 - e^{-\frac{\varkappa^2}{2}}\right) \tag{17}$$

Einige Werte sind in der Tab. 2 angegeben.

Wenn man es also mit Verteilungskörpern zu tun hat, die durch eine Normalverteilung erzeugt sind, so findet man den Vertrauensbereich, indem man jeden Halbmesser der Streuellipse auf das $\varkappa$-fache verlängert, denn die eben am Streukreis angestellte Überlegung gilt natürlich auch für die affine Streuellipse.

5.2 Nicht normal verteilte Merkmale. — Als letztes wollen wir einen Fall betrachten, in dem eines der beiden Merkmale nicht normal verteilt ist. Wir dürfen dann zwar die an Abb. 8 erläuterte Methode anwenden, nicht aber die $\varkappa$-Werte nach Gl. (17) und Tab. 2.

Es handelt sich bei dem Beispiel um die Frage, ob eine Stichprobe mit $S\,\%$ Sicherheit aus einer bestimmten, definierten Grundgesamtheit stammen kann. Mit der Beantwortung dieser Frage wird gleichzeitig der in der Praxis wichtigere Rückschluß gezogen, in

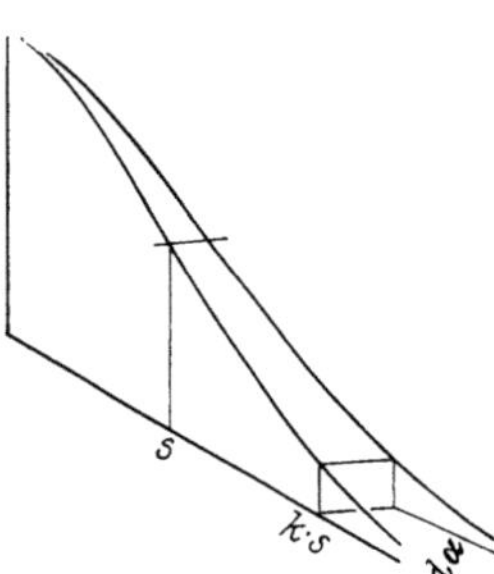

Abb. 8. Die Vertrauensgrenzen am Verteilungskörper beruhen auf dem Volumen tortenstückartiger Differentiale.

Tabelle 2

S % ...	≈ 40	90	95	99	99,73	99,9
$\varkappa$	1	2,15	2,45	3,04	3,44	3,72

welchen Grenzen die Grundgesamtheit nach der Untersuchung einer Stichprobe geschätzt werden darf.

Wir gehen aus von einer normal verteilten Grundgesamtheit mit dem Mittelwert μ und der Standardabweichung σ, der wir eine Probe von beispielsweise $N = 10$ Stück entnehmen. Die Messung der N-Werte liefert einen Probenmittelwert $\bar{x}$ und eine Standardabweichung s. Wir wiederholen diesen Versuch in Gedanken sehr oft und fragen nach den Grenzen für $\bar{x}$ und s, innerhalb welcher S % Wertepaare liegen.

Wir wissen aus der mathematischen Statistik, daß alle Mittelwerte x wieder normal um μ verteilt sind, und zwar mit der Streuung

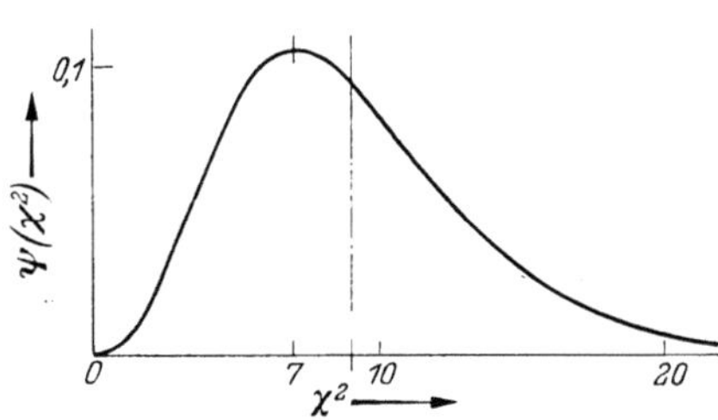

Abb. 9. Die Standardabweichungen von gleich großen Stichproben verteilen sich nach der χ^2-Verteilung.

$$\sigma_x{}^2 = \frac{\sigma^2}{N}. \tag{18}$$

Anders ist es mit den s-Werten. Diese verteilen sich nach der χ^2-Verteilung, die für $N = 10$ die in Abb. 9 dargestellte Form hat. Ihr Mittelwert liegt bei $n = N - 1 = 9$ und ihr Gipfel bei $n - 2 = 7$. Und zwar ist

$$\frac{s^2}{\sigma^2} = \frac{\chi^2}{N - 1}. \tag{19}$$

Beide Verteilungen sind in Abb. 10 in der bisher verwendeten Weise oben und rechts herausgezeichnet. Wir nennen die Koordinaten

$$u = \frac{\bar{x} - \mu}{\sigma} \qquad \text{und} \qquad v = \frac{s^2}{\sigma^2}. \tag{20}$$

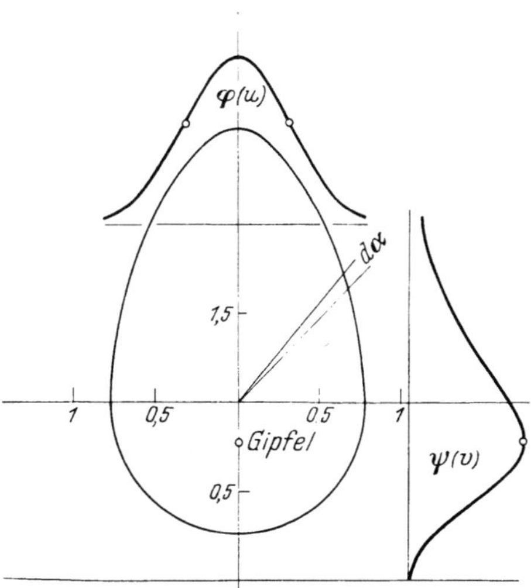

Abb. 10. Der Vertrauensbereich zweier voneinander unabhängiger Merkmale: Mittelwert und Standardabweichung von Stichproben. Nur die Mittelwerte sind normal verteilt. Der Verteilungskörper ist kein Rotationskörper mehr.

Weil sie voneinander hinsichtlich ihres Auftretens unabhängig sind, dürfen sie miteinander multipliziert werden und ergeben einen Verteilungskörper

$$dw = \varphi(u) \cdot \varphi(v) \cdot du \cdot dv, \tag{21}$$

der nur in bezug auf die v-Achse symmetrisch ist und seinen Gipfel nicht im Mittelpunkt $u = 0$ und $v = 1$, sondern über der v-Achse für $v = 7/9$ hat. Das Volumenelement der tortenförmigen Sektoren nach Abb. 8 zählt aber vom Mittelpunkt aus (Abb. 10). Beschränken wir die Sicherheit in diesem Beispiel auf $S = 95\%$, so erhalten wir den eiförmigen Vertrauensbereich, bei dem uns wahrscheinlich der unbequeme quadratische Maßstab in der v-Richtung stört. Wenn wir ihn auf einen linearen reduzieren, erhalten wir schließlich als brauchbar das Feld in Abb. 11.

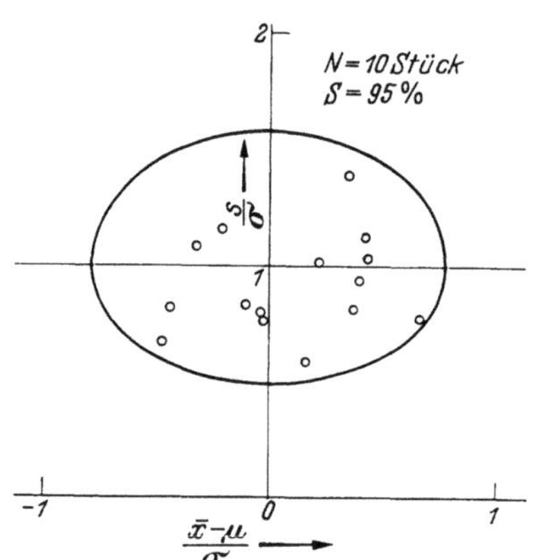

Abb. 11. Der Vertrauensbereich aus Abb. 10 in zweckmäßigerer Darstellung mit eingezeichneten Wertepaaren von 15 Stichproben.

Den praktischen Gebrauch dieses Feldes zeigen 15 eingetragene Wertepaare ($\bar{x}$ und s). Sie stammen aus einer normal verteilten Grundgesamtheit mit bekanntem μ und σ und stellen 10er Proben dar, die mit Hilfe von Zufallszahlen — dem Würfeln gleichwertig — aus dieser Grundgesamtheit entnommen wurden. Der vorgegebenen Sicherheit $S = 95\%$ oder 19/20 entsprechend ist zu erwarten, daß bei jeweils 20 Stichproben zu je 10 Stück durchschnittlich eine außerhalb des Vertrauensbereiches liegt.

Umgekehrt darf man den Rückschluß ziehen, daß bei nur einer 10er Probe die Relationen zur — jetzt unbekannten — Grundgesamtheit, nämlich $\dfrac{s}{\sigma}$ und $\dfrac{\bar{x}-\mu}{\sigma}$ mit 95% Sicherheit innerhalb des Vertrauensfeldes liegen dürften.

In dasselbe Diagramm lassen sich für andere Stichprobengrößen N entsprechende konzentrische Vertrauensfelder einzeichnen.

Literatur

[1] Linder, A.: Statistische Methoden für Naturwissenschafter, Mediziner und Ingenieure. Basel 1952.
[2] Graf, U., H. S. Henning: Statistische Methoden bei textilen Untersuchungen. Berlin 1952.

Gerät zur Feststellung von Mittelwert und Standardabweichung bei Qualitätsprüfungen*)

Von

R. Fries

Mit 7 Abbildungen

1. Die Berechnung von Mittelwert und Standardabweichung

Zur Charakterisierung einer statistisch gegebenen Häufigkeitsverteilung wird gemeinhin das Wertepaar Mittelwert und Standardabweichung (Streuung) als ausreichend angesehen. Formelmäßig ist

$$\text{der Mittelwert} \qquad \bar{x} = \frac{1}{n} \sum_{1}^{n} x_i \qquad (1)$$

$$\text{und die Standardabweichung} \qquad s^2 = \frac{1}{n-1} \sum_{1}^{n} (x_i - \bar{x})^2 . \qquad (2)$$

Während Gl. (1) keinerlei Rechenschwierigkeiten bereitet, ist die Berechnung der Standardabweichung zumindest langwierig. Und je langwieriger eine Rechnung ist, desto mehr Fehlerquellen stellen sich ein. Soll die Gleichmäßigkeit eines Fabrikates laufend an Stichproben beobachtet werden, so ist man gezwungen, die Berechnung von $\bar{x}$ und s Hilfskräften zu überlassen, denen man das Rechnen, nicht aber ein statistisches Urteil zumuten kann. Infolgedessen berechnen sie die beiden als charakteristisch geltenden Werte ohne Rücksicht auf die vielleicht gar nicht normale Verteilung rein mechanisch. Damit entgehen dem, der die Werte nachher verantwortlich zu beurteilen hat, vielleicht wichtige Merkmale, wie z. B. schiefe Verteilung oder Ausreißer. Zwar gibt es auch dafür Beurteilungsmaße, wie die „Schiefe" ϱ und den „Exzeß" ε, doch ist deren Berechnung noch umständlicher.

2. Die grafische Lösungsmethode

Die Gefahr, daß wichtige Nebenmerkmale verlorengehen, wird durch eine allseits bekannte grafische Methode verhindert, die auch die Fehlerquellen auf ein Mindestmaß verringert, weil kaum gerechnet zu werden braucht. Sie beruht darauf, daß man nicht die gegebene Häufigkeitsverteilung, sondern ihre laufende Summe (sinngemäß dem Integral entsprechend) in ein Koordinatenpapier nach Abb. 1 einzeichnet. Dessen Ordinate ist so verzerrt, daß die Integralfunktion einer strengen Normalverteilung (sog. Gauss-Verteilung) zu einer schrägen Geraden gestreckt wird. Geringe Abweichungen der gegebenen statistischen Verteilung von einer strengen Normalverteilung bewirken, daß die eingezeichneten Punkte nicht genau auf einer Geraden liegen, aber durch eine solche mehr oder weniger gut interpoliert werden können. In Abb. 1 sind folgende 12 Meßwerte als Beispiel angeführt:

$$-3,2 \quad -2,3 \quad -1,3 \quad -1,0 \quad -0,5 \quad +0,3 \quad +0,8 \quad +0,8 \quad +1,4 \quad +1,8 \quad +2,6 \quad +3,8$$

Ihre Ordinatenwerte sind jeweils in der numerischen Mitte der 12 Streifen eingetragen, deren jeder $8^1/_3 \%$ breit ist. Diese Streifen sind am linken Rand angedeutet. Der Mittelwert der Verteilung $\bar{x}$ zeigt sich im Schnitt der Geraden mit der 50%-Waagerechten mit $+0,2$, und die Standardabweichung s kann an der 16 bzw.

---

*) Originalmitteilung.

84%-Waagerechten mit 2,1 abgelesen werden. Die Rechnung liefert demgegenüber +0,2 und 2,0. Der Unterschied ist bedeutungslos.

Ein weiterer Vorteil der grafischen Methode ist, daß nur eine annähernd normal verteilte Probe das Interpolieren durch eine Gerade duldet. Wenn hingegen die Meßpunkte auf dem gezeigten Liniennetz unregelmäßig liegen oder eine krumme Tendenz zeigen, weiß man, daß die Verteilung der Stichprobe nicht mehr

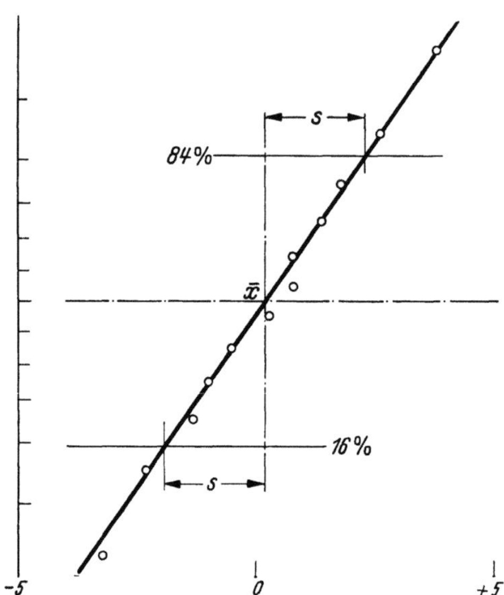

Abb. 1. Zeichnerische Ermittlung von Mittelwert und Standardabweichung im Wahrscheinlichkeitsnetz.

normal ist und kann weitere Untersuchungen anstellen. Der Hilfsarbeiter, den man mit dieser Auswertung betraut, wird angewiesen, Fälle, in denen ihm die Interpolation durch die Gerade Schwierigkeiten macht, zu melden.

Das Verfahren läßt sich erheblich vereinfachen, wenn laufend Stichproben gleicher Stückzahl auszuwerten sind. Dann benötigt man aus dem beschriebenen Wahrscheinlichkeitsnetz nur jene Ordinaten, die numerisch der Reihenfolge

$$\frac{2\,i - 1}{2\,n} \cdot 100\% \tag{3}$$

entsprechen. Darin ist n die Stückzahl der Probe und i das i-te der nach ihrer Meßgröße (z.B. Lebensdauer) geordneten n Stück.

Schließlich läßt sich auch noch das Zeichnen sparen, wenn man ein zweckmäßiges Auswertungsgerät baut. Ein solches wird im folgenden beschrieben.

3. Beschreibung des Gerätes

Das Gerät (Abb. 2) mißt in der Grundfäche etwa 30 × 20 cm. Es besteht aus einem Pult, das durch einen Rahmen abgedeckt ist, der mit Darmsaiten bespannt ist, deren Abstände der Gl. (3) im Wahrscheinlichkeitsnetz folgen. Der Rahmen gilt für $n = 8$ und — aus einem später zu besprechenden Grund — auch noch für $n = 7$. Auf jeder 8er Saite ist eine rote und auf jeder 7er Saite eine blaue Glasperle aufgefädelt. In der Abb. 2 sind die Perlen nach Farben getrennt an die Ränder geschoben. Dicht unter den Saiten ist ein waagerecht verschiebbarer Papierstreifen angebracht, der über zwei Walzen läuft, die durch die beiden äußeren Drehknöpfe bewegt werden können. Der Papierstreifen trägt die Merkmalsteilung. Aus bestimmten Gründen ist sie logarithmisch und besteht aus einem Teil mit 250-mm-Einheit und einem zweiten mit 2500-mm-Einheit. Dieser schließt sich an den ersten an und ist auf dem Lichtbild nicht zu sehen. Ein kurzer Blick auf die vorliegenden 8 Meßwerte zeigt den benötigten Meßbereich, den man sich durch

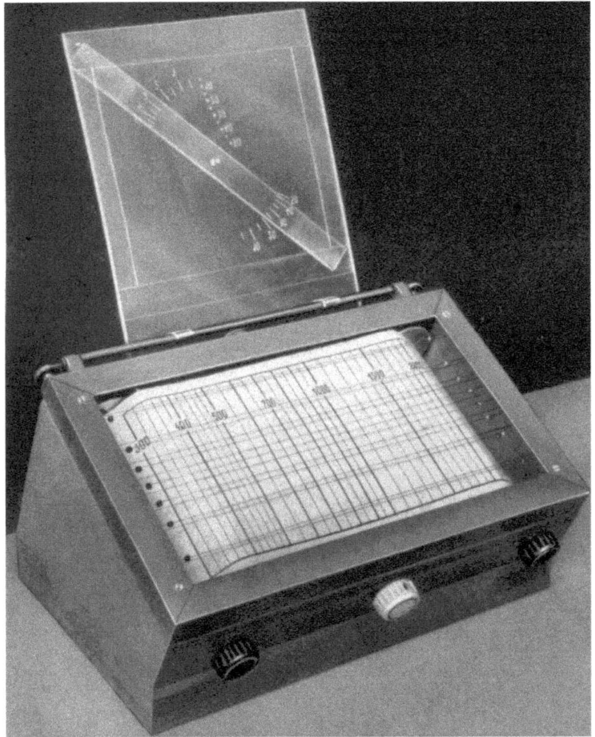

Abb. 2. Das Gerät vor dem Gebrauch mit hochgeklappter Meßtafel.

Drehen der Walzen heranholt. Dann werden die 8 roten Perlen mit einem Haarpinsel über ihre Meßwerte geschoben. Schließlich wird die Plexiglasscheibe, die in Abb. 2 hochgeklappt ist, um die Perlen einstellen zu können, heruntergeklappt (Abb. 3). Mit einer Hand am mittleren Drehknopf kann man sie waagerecht verschieben, während die andere Hand den Drehzeiger, der als Haarstrich die Interpolationsgerade trägt, in die entsprechende Lage bringt. Ist das geschehen, so liest man unter dem Zapfen, um den sich der Drehzeiger bewegt, den logarithmischen Mittelwert und auf der Bogenskala auf der Plexiglasscheibe die auf den Mittelwert bezogene relative Standardabweichung, also die sogenannte Varianz, in % ab*). Die Zahlen rechts oben bis 50 gelten für die log-Skala mit 250 mm, die links unten bis 5 für die mit 2500-mm-Einheit.

Die mit den Zahlen bis 50 versehene Punktreihe auf der Plexiglasscheibe dient zur Schätzung des linearen Mittelwertes. Dieser wird nicht, wie der logarith-

---

*) Der Zusammenhang zwischen der Varianz und dem logarithmischen Mittelwert wird am Schluß der Abhandlung erläutert.

mische, unter dem Drehzapfen, sondern unter jenem Punkt abgelesen, der mit der vorher festgestellten Varianzzahl versehen ist. Die Ableitung des linearen Mittelwertes aus dem logarithmischen und der Varianz verdanke ich Herrn Paschedag-Herbrechtingen.

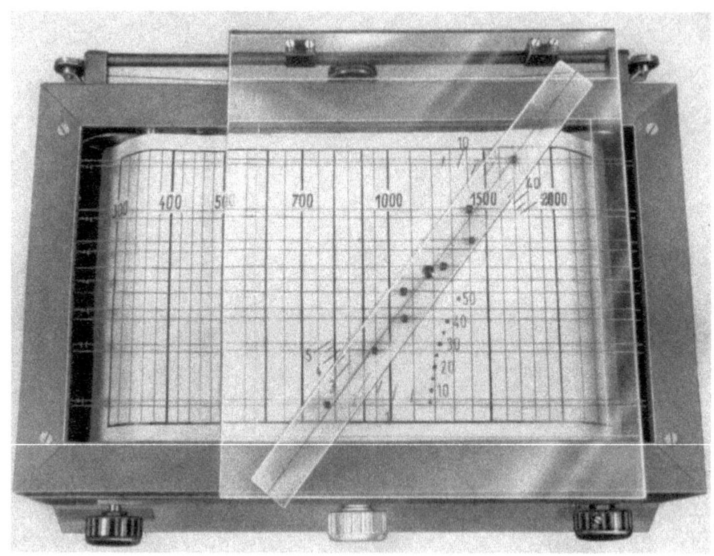

Abb. 3. Das Gerät nach Einstellung der Glasperlen mit Auswertung.

Abb. 4 zeigt die Einstellung und Auswertung desselben Versuches wie in der Photographie (Abb. 3) klarer in schematischer Darstellung. Es handelt sich um die Lebensdauer von Glühlampen, wofür die Skala mit 250-mm-Einheit zu nehmen ist.

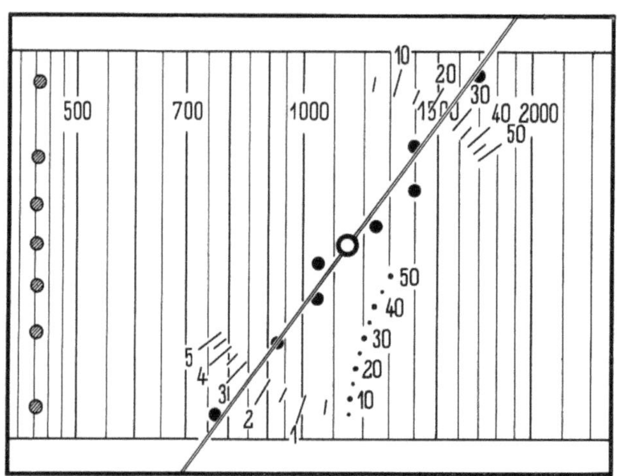

Abb. 4. Einstellung und Auswertung aus Abb. 3.

Die Einzelwerte sind:

770 − 930 − 1050 − 1050 − 1250 − 1400 − 1400 − 1700 h.

Man liest ab:

logarithmischer Mittelwert .... $\bar{x} = 1150$ h

Varianz .... $v = \ 25$ %

linearer Mittelwert geschätzt .... 1200 h.

Die Skala mit 2500-mm-Einheit wird verwendet, wenn eine Varianz von weniger als 5 % zu erwarten ist. Wegen der großen Einheit erscheint der im Rahmen sichtbare Skalenausschnitt praktisch linear.

4. Die Bewertung von Ausreißern

Gelegentlich kommt es vor, daß einer der äußersten Werte so extrem liegt, daß er die Interpolation durch eine Gerade verhindert, obwohl die übrigen $n-1$-Werte es zulassen würden. Damit entsteht die Frage, ob dieser ausgefallene Wert seine Ursache etwa einem Umstand verdankt, der mit dem eigentlichen Untersuchungszweck, nämlich dem Schluß von der Probe auf das Kollektiv, dem sie entstammt, gar nichts zu tun hat. Vielleicht handelt es sich um einen Meßfehler oder eine Veränderung, die nur dieses zufällig herausgegriffene Probestück erfahren hat. Dann dürfte es nicht mit ausgewertet werden. Diese als „Ausreißerproblem" bekannte Frage haben GRAF und HENNING behandelt[1]). Demnach ist

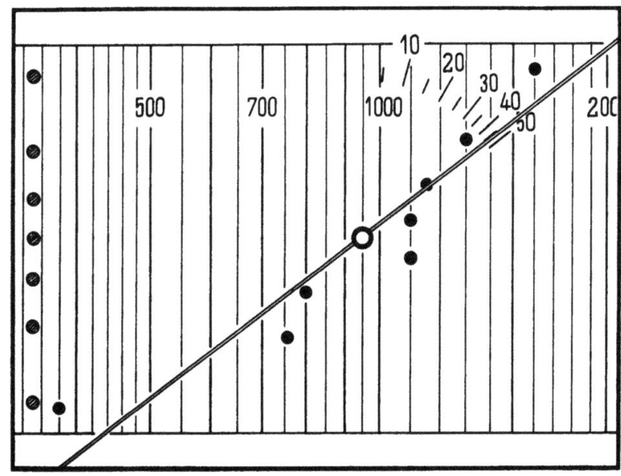

Abb. 5. Der Wert links unten ist ausreißverdächtig. Ist er bei der Auswertung zu berücksichtigen oder nicht?

ein verdächtiger Meßwert mit einer vorgegebenen Wahrscheinlichkeit als Ausreißer zu betrachten, wenn sein Abstand vom Mittelwert der übrigen $n-1$-Meßwerte größer ist als ein bestimmtes Vielfaches der Standardabweichung dieser $n-1$-Werte:

$$| x_i - x' | > k \cdot s'. \tag{4}$$

x_i ist der verdächtige Meßwert, und der Strich (') bezieht die Werte $\bar{x}$ und s auf die restlichen $n-1$-Meßwerte. Der Faktor k hängt von n und der gewünschten Urteilswahrscheinlichkeit ab. Wird diese für Reihenuntersuchungen mit 90 % gewählt, so ist für $n = 8$ der Faktor $k = 3{,}5$. Er ist in dem Gerät über eine einfache Proportionsrechnung durch die beiden Waagerechten, die die Merkmalsteilung oben und unten begrenzen, dargestellt (s. Abs. 52). Praktisch arbeitet man folgendermaßen:

Die Lebensdauerwerte seien jetzt, wie in Abb. 5 eingestellt,

380 — 760 — 800 — 1100 — 1100 — 1150 — 1300 — 1600 h.

Man versucht zunächst, durch die Gerade zu interpolieren und erhält mit einiger Großzügigkeit $x = 950$ h und $v = 46$ %. Die Werte werden vorerst notiert. Dann schiebt man bis auf den verdächtigen Wert 380 h die restlichen 7 roten Perlen beiseite und stellt deren Werte mit den 7 blauen Perlen nochmals ein (Abb. 6). Nun verfährt man in der üblichen Weise, ohne die stehengebliebene rote Perle zu beachten. Man erhält $\bar{x}' = 1100$ h und $v' = 26\%$. Nun wird die Plexiglasplatte – ohne den Strichzeiger zu verdrehen – so weit nach links verschoben, daß sie die obere Skalenbegrenzung bei $\bar{x}' = 1100$ schneidet. Dann schneidet sie die untere Begrenzung bei 420 h. Da der verdächtige Wert mit 380 h noch kleiner ist, wird er als Ausreißer weggelassen, und gültig bleibt $\bar{x}' = 1100$ h und $v' = 26\%$, gewonnen aus 7 Meßwerten. Wäre der Schnitt mit der unteren Skalenbegrenzung kleiner als 380 h gewesen, so hätte es bei den eingangs notierten Werten $\bar{x}$ und v, gewonnen aus 8 Meßwerten, bleiben müssen.

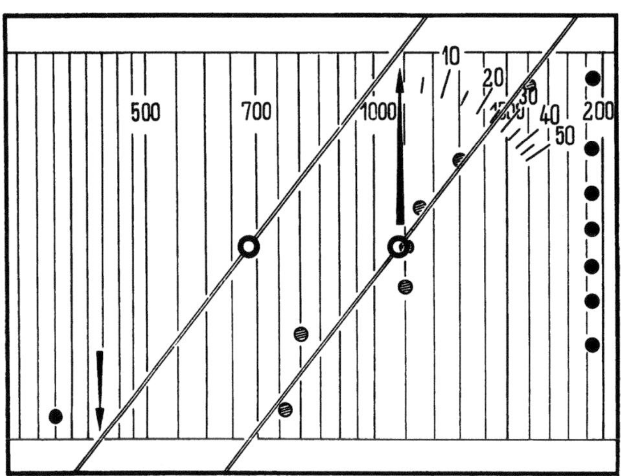

Abb. 6. Mit dem Gerät kann man feststellen, daß der verdächtige Wert in Abb. 5 als Ausreißer anzusehen und wegzulassen ist.

Die Auswertung eines Versuches ohne die seltenen Ausreißerkomplikationen dauert bei einiger Übung kürzer als eine Minute.

5. Theoretischer Anhang

5.1 Die Varianz in der logarithmischen Merkmalsteilung. Nach Gl. (1) und (2) ist die Varianz

$$v = s/\bar{x} \tag{5}$$

für den linearen Merkmalsmaßstab definiert. Lebensdauermessungen über längere Zeitspannen hinweg erfordern aber aus sachlogischen Gründen den logarithmischen Zeitmaßstab. Trotzdem sollte der im vorliegenden Fall übliche und gewohnte Begriff der Varianz bestehenbleiben. Der Zusammenhang läßt sich durch ein Näherungsverfahren schaffen, dessen Genauigkeit bei laufenden Beobachtungen völlig ausreicht.

In Abb. 7 (vergleichbar mit Abb. 1) ist die Standardabweichung s durch den Wertunterschied

$$s = a - \bar{x} \tag{6}$$

dargestellt. Der Wert von a entsteht dort, wo die interpolierte Gerade die Häufigkeitssummenordinate 84% (genauer 84,13%) schneidet. Entsprechendes gilt für a' auf der 16 (15,87)-%-Ordinate. Vorausgesetzt ist hierbei eine lineare Merkmalsteilung. Geht man zur logarithmischen Teilung mit der Einheit b mm über, so ist der Abstand nicht mehr $a - x$ nach Gl. (6), sondern $b(\log a - \log \bar{x})$.

Damit wird

$$\operatorname{tg}\varphi = \frac{b(\log a - \log \bar{x})}{h} \tag{7}$$

wenn h in mm der Abstand zwischen der 16- bzw. 84%-Ordinate von der Mittel-ordinate 50% ist. Dann wird aus Gl. (7)

$$\operatorname{tg}\varphi = \frac{b}{h}\log\frac{a}{x} \tag{8}$$

und unter Benutzung von Gl. (6)

$$\operatorname{tg}\varphi = \frac{b}{h}\log\frac{\bar{x}+s}{\bar{x}} = \frac{b}{h}\cdot\frac{1}{M}\ln\left(1+\frac{s}{\bar{x}}\right) = \frac{b}{h}\cdot\frac{1}{M}\ln(1+v). \tag{9}$$

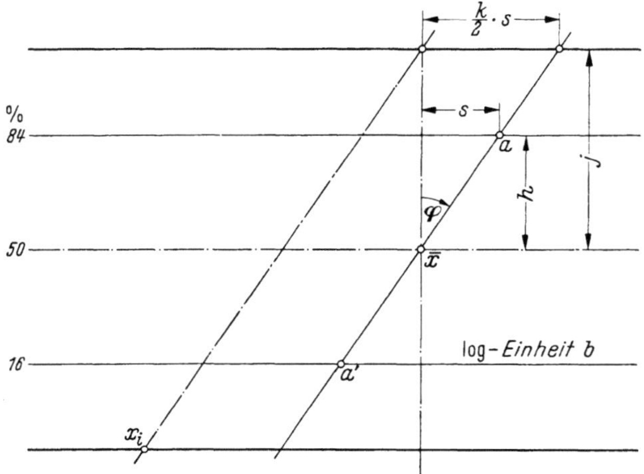

Abb. 7. Schematische Darstellung der Grundlagen des Gerätes.

Wenn v klein gegen 1 ist, darf man die Näherungsform

$$\operatorname{tg}\varphi = \frac{b}{h}\cdot\frac{1}{M}\cdot v \tag{10}$$

verwenden. Dies ist bei der langen logarithmischen Skala mit $b = 2500$ mm ohne weiteres statthaft, weil das vorhandene Blickfeld nur eine Varianz bis etwa 5% zuläßt. Bei der kurzen Skala mit $b = 250$ mm ist der Fehler durch die Näherungs-form als solcher zwar nicht mehr zu vernachlässigen, tritt aber in der Praxis gegen-über der Geschwindigkeit der Auswertung und dem eingangs erwähnten Wunsch, den Begriff der Varianz beizubehalten, zurück.

Da in dem beschriebenen Gerät $h = 36$ mm gewählt wurde, ist mit $M = \ln 10$ nach Gl. (10)

$$\operatorname{tg}\varphi = 30{,}2\cdot v \text{ für } b = 2500 \text{ mm}$$

und

$$\operatorname{tg}\varphi = 3{,}02\cdot v \text{ für } b = 250 \text{ mm.}$$

5.2 Die Beurteilung von Ausreißern. Die in 4 benutzten waagerechten Begren-zungen der logarithmischen Skala sind so angeordnet, daß Gl. (4) erfüllt wird. Aus Abb. 7 ist ohne weiteres zu erkennen, daß zu diesem Zweck der Zeiger um $k/2 \cdot s$ verschoben werden muß. Durch einfache Proportionalitätsrechnung folgt, daß da-zu $j = k/2 \cdot h$ sein muß.

Literatur

[1] GRAF, U., H. S. HENNING: Zum Ausreißerproblem. Mitteilungsbl. math. Statist. 4 (1952) H. 1.

Namenregister

Die kursiv gesetzten Ziffern bezeichnen die Anfangsseiten der Beiträge in diesem Band

Sachregister

Die kursiv gesetzten Ziffern schließen auch die folgenden Seiten ein

Cadmiumchlorophosphat, Abklingverlauf 213
—, Emissionsspektren 212
—, glow-Kurven *215*
—, Lumineszenz bei Mn- u. Bi-Aktivierung *211*
Calciumphosphat, sekundäres, Existenzgebiet in wäßriger Lösung *345*
—, Reindarstellung *346*
Calciumsilikat, Einfluß der Glühtemperatur
auf die Lumineszenz 209
—, — der Kristallstruktur auf die Lumineszenz *209*
—, Temperaturverhalten der Manganbanden
219
Cer, sensibilisierende Wirkung in Mn-aktivierten Sulfaten 223
Ceratkathoden *108*
cos i-gerechtes Photometer *313*

Dämmerungsschaltung von Leuchtstofflam-
pen, thyratrongesteuerte *138*
—, Abhängigkeit von Drosseln u. Netz-
spannung *148*
—, Dämmerungscharakteristik *138*
—, Dämmerungs- u. Grenzdämmerungsver-
hältnis *138*
—, Flimmern 143
—, Leuchtdichteunterschiede *145*
—, Strom-Spannungs-Charakteristik *146*
—, Vorgänge an der Zündhilfe *139*
Dämmerungsverhältnis (Thyratronsteuerung
von Leuchtstofflampen) *138*
Dämpfung (Schwingungs-) von Wolfram,
Einfluß von Verformung, Zugfestigkeit,
Glühen, Materialfehler, Temperatur *276*
— im Rekristallisationsgebiet (Gefügebilder)
279
—, Resonanzkurven 282
Dampfdruckmessungen an Vakuumpumpen-
ölen *369*
Deformation, plastische, Einfluß auf den
Restwiderstand von W 257, 260
Diamant s. Kohlenstoff
Diamantziehsteine (Bohren), Benetzungs-
mittel 379
—, Bohrfortschritt *376*
—, elektr. Felder *376*
—, Trägerpasten *379*
Doppelbrechung von Glas 245
Dresler-Element *314, 327*
Drossel-Starter-Betrieb, Bariumstrahlung bei
— 93
Druckverfärbung von Leuchtstoffen *200*
Druckzerstörung von Leuchtstoffen *200*
—, Strukturveränderung bei — 203
Drude-Lorentz-Formel 6
Durchschlagspannung der Xenonlampen 133

Eigenmagnetfeld, Einfluß auf Transport-
erscheinungen im Plasma *1*
—, Wirkung des -es einer Gasentladung *5*
Eisen (III), komplexometrische Bestimmung
360
Eisenwiderstände, Temperaturverteilung im
Draht *293*
—, Reihenschaltung von Teilwiderständen
294

Elektrodenstrahlung bei Xenon-Hochdruck-
lampen 29
Elektrolumineszenz *240*
Elektronen, strahlungsloser Übergang in
Sulfidphosphoren *185*
—, Übergang in Phosphoren *175*
Elektronen-Bahnquantisierung *155*
Elektronenbeweglichkeit (Bariumcerat) *117*
Elektronenblitz s. Blitzröhren
Elektronenemission von Metallkathoden 39
Elektronenstromanteil (bei verschiedenen
Kathodenmechanismen) *41*
Elenbaas-Hellersche Differentialgleichung
5
—, Integration *11*
—, Rechenschema zur Integration 20
Emission s. Elektronenemission
— s. Feldemission
— s. Thermoemission
Emissionsbanden Ce, Mn-aktivierter Sulfate
224
Emissionsmasse s. Barium
— s. Oxydkathoden
Emissionsspektren (Leuchtstoffe), Abhängig-
keit von der Art der Erregung 225
— von Ca-silikat 220
— von Cd-chlorophosphat 211
—, Einfluß der Aktivatorkonzentration 209,
220, 226
—, — der Glühtemperatur 209
—, Temperaturabhängigkeit 212, *219*, 226
— von Zn-berylliumsilikat 221
Emitter s. Barium
— s. Oxydkathoden
Empfindlichkeit, spektrale, lichtelektrischer
Empfänger *314*
—, Bestimmung mit Filtermonochromator
326
Energiebilanz des Ionisationsraumes *40*
— von Xenon-Hochdrucklampen 32
Energieübertragung bei Ce, Mn-aktivierten
Sulfaten 229
Energieverteilung s. Emissionsspektren
Entladungsschwingungen im Anodenraum *67*
Entropie bei Abbrennprozeß in Blitzlampe
(Al) *297*
Erdalkalioxyde, Verdampfungsgeschwindig-
keit 95
— s.a. Barium
— s.a. Oxydkathoden
Erdalkaliwolframbronzen 101
Europium-Ionen, Wertigkeit in SrO *164*

Fabrikationskontrolle s. Statistik, mathematische
Farbmeßgerät nach dem Dresler-Prinzip *327*
Farbmessung an Leuchtstofflampen, Gerät
zur lichtelektrischen — 327
Farborte u. Farbwiedergabeeigenschaften 332
— verschiedener Lichtquellen *332*
— bei Xenonlicht 330
Farbortverschiebung an Leuchtstofflampen
130
Farbtemperatur, ähnlichste 335
— von Xenon-Kurzbogenlampen 330

MIX
Papier aus verantwortungsvollen Quellen
Paper from responsible sources
FSC® C105338

If you have any concerns about our products,
you can contact us on
ProductSafety@springernature.com

In case Publisher is established outside the EU,
the EU authorized representative is:
Springer Nature Customer Service Center GmbH
Europaplatz 3, 69115 Heidelberg, Germany

Printed by Libri Plureos GmbH
in Hamburg, Germany